□ 中国高等职业技术教育研究会推荐

高职高专电子、通信类专业"十一五"规划教材

微电子制造工艺技术

主　编　肖国玲

副主编　黄从贵

主　审　劳文薇

西安电子科技大学出版社

2008

内 容 简 介

　　本书是一本综合介绍微电子制造工艺的教材，是按照高职高专电子、通信类专业"十一五"规划教材的要求编写而成的。

　　本书以硅器件平面工艺为主线，适当兼顾其他工艺方法。内容侧重于微电子制造工艺技术的介绍，为方便半导体业界以外人士阅读，还介绍了一些半导体理论基础知识以及半导体工业方面的内容，使读者可以在较短时间内对微电子制造工艺有较为完整的认识，同时深入了解微电子技术的特点，掌握微电子制造工艺技术。每章后附有复习思考题，便于读者自测、自查。针对微电子技术更新速度极快的特点，书后附录中给出了常用集成电路相关网址，便于读者及时查阅新技术与新工艺。本书参考教学时数为48学时。

　　本书针对高职高专院校微电子类专业学生的特点，坚持实用为主，够用为度，详细介绍微电子制造工艺，重点突出应用能力培养。本书结构清晰，语言通俗易懂，适用于教学、培训和自学。

　　★本书配有电子教案，需要者可登录出版社网站，免费下载。

图书在版编目（CIP）数据

微电子制造工艺技术 / 肖国玲，主编. —西安：西安电子科技大学出版社，2008.9

中国高等职业技术教育研究会推荐　高职高专电子、通信类专业"十一五"规划教材

ISBN 978-7-5606-2103-6

Ⅰ. 微…　Ⅱ. ① 肖…　② 黄…　Ⅲ. 微电子技术—高等学校：技术学校—教材　Ⅳ. TN4

中国版本图书馆 CIP 数据核字(2008)第 117652 号

策　　划	张　媛
责任编辑	曹　昳　张　媛
出版发行	西安电子科技大学出版社(西安市太白南路 2 号)
电　　话	(029)88242885　88201467　　邮　编　710071
http://www.xduph.com　　E-mail: xdupfxb001@163.com	
经　　销	新华书店
印刷单位	陕西光大印务有限责任公司
版　　次	2008 年 9 月第 1 版　　2008 年 9 月第 1 次印刷
开　　本	787 毫米×1092 毫米　1/16　印　张　13
字　　数	301 千字
印　　数	1~4000 册
定　　价	18.00 元

ISBN 978-7-5606-2103-6/TN • 0453

XDUP 2395001-1

序

进入 21 世纪以来，高等职业教育呈现出快速发展的形势。高等职业教育的发展，丰富了高等教育的体系结构，突出了高等职业教育的类型特色，顺应了人民群众接受高等教育的强烈需求，为现代化建设培养了大量高素质技能型专门人才，对高等教育大众化作出了重要贡献。目前，高等职业教育在我国社会主义现代化建设事业中发挥着越来越重要的作用。

教育部 2006 年下发了《关于全面提高高等职业教育教学质量的若干意见》，其中提出了深化教育教学改革，重视内涵建设，促进"工学结合"人才培养模式改革，推进整体办学水平提升，形成结构合理、功能完善、质量优良、特色鲜明的高等职业教育体系的任务要求。

根据新的发展要求，高等职业院校积极与行业企业合作开发课程，根据技术领域和职业岗位群任职要求，参照相关职业资格标准，改革课程体系和教学内容，建立突出职业能力培养的课程标准，规范课程教学的基本要求，提高课程教学质量，不断更新教学内容，而实施具有工学结合特色的教材建设是推进高等职业教育改革发展的重要任务。

为配合教育部实施质量工程，解决当前高职高专精品教材不足的问题，西安电子科技大学出版社与中国高等职业技术教育研究会在前三轮联合策划、组织编写"计算机、通信、电子、机电及汽车类专业"系列高职高专教材共 160 余种的基础上，又联合策划、组织编写了新一轮"计算机、通信、电子类"专业系列高职高专教材共 120 余种。这些教材的选题是在全国范围内近 30 所高职高专院校中，对教学计划和课程设置进行充分调研的基础上策划产生的。教材的编写采取在教育部精品专业或示范性专业的高职高专院校中公开招标的形式，以吸收尽可能多的优秀作者参与投标和编写。在此基础上，召开系列教材专家编委会，评审教材编写大纲，并对中标大纲提出修改、完善意见，确定主编、主审人选。该系列教材以满足职业岗位需求为目标，以培养学生的应用技能为着力点，在教材的编写中结合任务驱动、项目导向的教学方式，力求在新颖性、实用性、可读性三个方面有所突破，体现高职高专教材的特点。已出版的第一轮教材共 36 种，2001 年全部出齐，从使用情况看，比较适合高等职业院校的需要，普遍受到各学校的欢迎，一再重印，其中《互联网实用技术与网页制作》在短短两年多的时间里先后重印 6 次，并获教育部 2002 年普通高校优秀教材奖。第二轮教材共 60 余种，在 2004 年已全部出齐，有的教材出版一年多的时间里就重印 4 次，反映了市场对优秀专业教材的需求。前两轮教材中有十几种入选国家"十一五"规划教材。第三轮教材 2007 年 8 月之前全部出齐。本轮教材预计 2008 年全部出齐，相信也会成为系列精品教材。

教材建设是高职高专院校教学基本建设的一项重要工作。多年来，高职高专院校十分重视教材建设，组织教师参加教材编写，为高职高专教材从无到有，从有到优、到特而辛勤工作。但高职高专教材的建设起步时间不长，还需要与行业企业合作，通过共同努力，出版一大批符合培养高素质技能型专门人才要求的特色教材。

我们殷切希望广大从事高职高专教育的教师，面向市场，服务需求，为形成具有中国特色和高职教育特点的高职高专教材体系作出积极的贡献。

中国高等职业技术教育研究会会长
2007 年 6 月

前　言

　　信息产业是国民经济的先导产业，微电子技术是信息产业的核心。微电子技术的迅猛发展，使人类进入了高度信息化时代。满足现代电子信息技术飞速发展要求的基础与核心乃是集成电路(IC)。目前，集成电路产业正向高集成度、细线宽和大直径晶圆片等方向发展。

　　随着微电子制造工艺技术的不断发展，集成电路特征尺寸越来越小，速度越来越快，电路规模越来越大，功能越来越强，衬底尺寸越来越大，形成了集成电路小型化、高速、低成本、高可靠性、高效率的特点。

　　本书针对高职高专院校微电子类专业学生的特点，坚持实用为主，够用为度，详细介绍微电子制造工艺，重点突出应用能力培养。把集成电路的制造工艺原理和制造技术融为一体，在编写过程中突出半导体工艺制作流程，在讲授经典工艺原理基础上，尽力吸收当前先进的制造技术。

　　全书共 10 章，主要内容如下：

　　第 1 章介绍微电子技术的发展过程，微电子技术扩展的新领域，微电子技术的发展趋势以及半导体工业的构成。

　　第 2 章介绍半导体材料基础知识，包括集成电路主要基础材料硅单晶的晶体结构知识、物理性质，影响器件性能、成品率的原始晶体缺陷。

　　第 3 章介绍集成电路制造工艺流程。

　　第 4 章介绍晶体生长方法和晶圆制备工艺流程，以及集成电路硅衬底成型技术、硅衬底研磨和清洗技术、硅衬底片抛光技术。

　　第 5 章简要介绍集成电路的电路设计、版图设计、工艺设计以及集成电路设计的四项基础工艺，即薄膜制备、光刻、掺杂和热处理。

　　第 6 章集中介绍 IC 制备中的氧化及钝化技术、外延技术和淀积方法，包括二氧化硅的结构、性质及制备，以及硅气相外延设备、生长动力、基本化学反应、自掺杂效应及控制、外延层缺陷及控制、CVD 外延工艺优化、外延层的测试设备与方法等。

　　第 7 章主要介绍 IC 制备中的光刻技术与制版原理，包括光刻的作用、地位和方法以及光刻机性能及光刻版制备知识。

　　第 8 章重点介绍 IC 制备中掺杂杂质扩散，包括扩散原理与模型、离子注入技术及原理、常用元素的扩散工艺技术原理、扩散参数的测量。

　　第 9 章介绍封装的功能和形式、微电子封装工艺流程和微电子封装技术的发展。

　　第 10 章介绍半导体工业环境和材料洁净度要求，以及污染控制对于半导体工业的重要性。

　　本书由两位作者合作完成，无锡职业技术学院黄从贵老师编写了其中的第 2、3、10 章，并绘制了全书大部分用图，其余各章由无锡职业技术学院肖国玲老师编写完成。肖国玲老师负责全书的统稿工作。在编写过程中，无锡职业技术学院电子信息技术系潘健、王波等老师给予了很多的支持和帮助，在此一并向他们表示衷心的感谢！

由于微电子技术的发展非常迅速，加上编者的水平有限，书中定有不足之处，殷切希望广大读者批评指正。

编　者

2008 年 3 月

目　　录

第 1 章　半导体工业概述

　　整个电子工业可分为半导体工业和系统(电子产品)两个主要部分。广义的半导体工业包括原材料生产供应、电路设计、芯片制造和半导体工业设备制造及化学品供应；系统部分包括基于半导体器件的各类电子产品的设计和生产，比如消费类电子产品，甚至太空飞船。通常我们理解的半导体工业主要指狭义的概念，即电路设计和芯片制造。

1.1　引　言

1.1.1　半导体技术的发展

　　电信号处理工业始于 Lee Deforest 在 1906 年发现的真空三极管。真空三极管有两个重要的功能：开关和放大。开关是指电子器件可接通和切断电流("开"或"关")；放大则是指电子器件可把接收到的信号放大，并保持信号原有特征的功能。1947 年世界上第一台计算机 ENIAC(Electronic Numerial Integrator And Computer)就是主要用真空管制造出来的。ENIAC 的制造用了 19 000 个真空管和数千个电阻及电容器。这台电子计算机和现代的计算机大相径庭，它花费了当时的 400 000 美元，占据约 1500 平方英尺的面积，重量达 30 吨，工作时产生大量的热量，需要一个小型发电站来供电。

　　真空管有一系列的缺点，如体积庞大，元器件老化很快，要求相对较多的电能维持运行，连接处易于变松导致真空泄漏，易碎等。ENIAC 和其他基于真空管的电子设备的主要缺点是由于真空管易烧毁而导致运行时间有限，这种情形一直持续到 20 世纪 40 年代。

　　1947 年 12 月 23 日，贝尔实验室的三位科学家巴丁(John Bardeen)、布莱顿(Walter Brattin)和肖克莱(William Shockley)演示了用半导体材料锗制成的电子放大器件，这种器件不但有真空管的功能，而且为固态无真空，体积小、重量轻、耗电低且寿命长。这种器件最初被命名为"传输电阻器"，而后更名为晶体管(Transistor)，这三位科学家也因他们的这一发明而被授予 1956 年的诺贝尔物理学奖。

　　第一个晶体管和今天的高密度集成电路相去甚远，但它标志着固态电子时代的诞生。除晶体管之外，固态技术还用于制造二极管、电阻器和电容器。

　　现在，我们把这些每个芯片中只含有一个器件的电子器件称为分立器件。大多数分立器件在功能和制造上比集成电路的要求少。20 世纪 50 年代，早期半导体工业进入了一个非常活跃的时期，大量生产供晶体管收音机和晶体管计算机使用的器件。虽然分立器件不被认为是尖端产品，然而它们却用于最精密复杂的电子系统中。1998 年，它们的销售额仍占全部半导体器件销售额的 12%。

1959 年，分立器件的统治地位走到了尽头。当年，在德州仪器(TI)公司工作的青年工程师 Jack Kilby 第一次成功地在一块锗半导体基材上，用几个晶体管、二极管、电容器和利用锗芯片天然电阻的电阻器组成了一个完整的电路。这一发明就是影响深远的集成电路(Integrated Circuit)。

Kilby 开发的电路并不是现今所普遍应用的形式，早些时候在 Fairchild Camera 公司的 Jean Horni 开发出一种在芯片表面上形成电子结来制作晶体管的平面制作工艺，使用铝蒸气镀膜并使之形成适当的形状来做器件的连线，这种技术称为平面技术(Planar Technology)。Fairchild Camera 公司的 Robert Noyce 应用这种技术把预先在硅表面上形成的器件连接起来。Kilby 和 Noyce 开发的集成电路成为以后所有集成电路的模式，Kilby 和 Noyce 也共同享有集成电路的专利。

现在所说的集成电路是指由多个元器件(如晶体管、电阻器、电容器等)及其连线按一定的电路形式制作在一块或几块半导体基片上，并具有一定功能的一个完整电路。它具有体积小、重量轻、功耗低、可靠性高等一系列优点。

集成电路中器件的尺寸和数量是集成电路发展的两个共同标志。器件的尺寸是以设计中的最小尺寸来表示的，通常以微米(1 μm=10^{-6} m)为单位，称做特征图形尺寸。电路中器件的数量也就是电路的密度，用集成度水平表示，其范围从小规模集成(SSI)到超大规模集成(ULSI)，有些地方称其为百万芯片(Megachips)。

从 1947 年开始，半导体工业的工艺水平持续发展。工艺的提高导致了集成电路具有更高的集成度和可靠性，从而进一步推动了电子工业的革命。工艺进步使半导体工业可以以更小的尺寸来制造器件和电路，电路性能更佳，密度更高，数量更多，可靠性更高。半导体工业在整体上一直在全世界范围内持续增长，即使到了今天，虽然已显示出成熟迹象，但其增长速度依然高于其他成熟行业，说明它仍有很大的发展潜力。英特尔公司的创始人之一 Gordon Moore 在 1964 年预言集成电路的密度会每 18 个月翻一番，这个预言就是著名的摩尔定律。

近几十年来，在固体物理、微电子器件工艺和电子学三者的基础上发展起来一门新的学科——微电子学科。它发展迅速，主要归功于微电子器件工艺(也就是常说的半导体器件工艺)的迅速发展。大规模集成电路和超大规模集成电路的诞生和发展，是微电子器件工艺发展的里程碑。

1.1.2　集成电路产品发展趋势

半导体技术的兴起，是从 1947 年出现第一个晶体管开始的；1960 年发明了平面工艺及外延技术，为半导体集成电路的发展奠定了基础；1961～1962 年，出现了各类中、小规模半导体数字逻辑集成电路；1963～1964 年，出现了小规模线性集成电路；1967 年，大规模集成电路出现；1978 年，超大规模集成电路出现。在短短二三十年的时间内，经历了晶体管、集成电路、大规模集成电路、超大规模集成电路时代，目前已开始向巨大规模集成电路发展。今天，集成电路(IC)技术及其应用已经涉及到工业部门和人类生活的各个领域，以 IC 技术为基础，以计算机为核心的信息技术，正在推动着新的世界性工业革命高潮的来临。

集成电路产品的发展趋势主要体现在如下几个方面：

(1) 特征图形尺寸减小，芯片和晶圆尺寸增大。近几十年，集成电路的发展趋势是体积越来越小，速度越来越快，电路规模越来越大，功能越来越强，衬底硅片尺寸越来越大。这正是大规模和超大规模集成电路的小型化、高速、低成本和高可靠性、高效率生产等特点所带来的结果。提高速度和减小体积、提高集成度是统一的，而且前者必须通过后者来实现，体积小了速度就快。微电子学对无限小空间的追求也就是对速度的追求，MOS 集成电路的关键尺寸是"源"和"漏"之间的距离，双极型集成电路的关键尺寸是基极厚度。这些尺寸越小，载流子渡越时间越短，集成电路的开关速度也就越快。

工艺的进展不仅把线宽压缩到尽可能小的尺寸，还要使单位面积所含元器件数目更多，而且把集成块的面积扩大到尽可能大的程度，因而超微和超大同时出现，综合体现了集成电路工业的现在和未来。无论是电子计算机，还是电视、雷达等，它们的工作原理和作用早已为大家所认识，但正是因为出现了大规模和超大规模集成电路，才有可能将包含数亿只晶体管的电子计算机塞进巡航导弹的小小弹头里；计算机由数百平方米之大减小到不足半平方米，且可将这种过去需占满整幢大楼的电子设备安置在飞船上；将微小型跟踪雷达装到小型喷气式战斗机上；将小型自导雷达安装到火箭、导弹上；甚至将雷达信管装进炮弹弹头，以便随时测定目标距离和在临近目标时自动爆炸。这些都是过去不能想象的事情。

由于光刻和多层连线技术的极大提高，使单个元件特征图形尺寸减小，电路密度增加，电路速度大大提高，芯片或电路耗电量大大降低，集成度从 SSI 发展至 ULSI(百万芯片)。在圆形的晶圆上制造方形或长方形的芯片导致在晶圆的边缘处剩余一些不可使用的区域，当芯片的尺寸增大时，这些不可使用的区域也随之增大。为了弥补这种损失，半导体业界采用更大尺寸的晶圆。

(2) 低成本，高可靠性。超大规模集成电路制造成本和价格比小规模集成电路大幅度下降是显而易见的。不管超大规模集成电路内部线路结构多么复杂，它们所包含的元器件数目如何庞大，一旦完成制版，制造一块超大规模集成电路芯片，其所需的成本几乎与制造一块小规模集成电路芯片相差无几。

超大规模集成电路的生产特点是设计、研制费用较高，这实际上是将一部分整机设计所需要的费用转移到元器件上去了，但一经投产，成本就开始下降，且随着生产批量的加大成本可进一步降低。价格的降低又促进应用的普及，应用的普及又向电路的生产单位提出更大的需求量。可以说，没有电子设备的大规模集成化，就不会呈现电子技术应用的大普及。今天电子设备的价格已反映出集成电路的研制和生产水平，特别是超大规模集成电路的水平。现在每个家庭平均拥有的集成电路芯片在 200 块以上，而且还在不断增长，这在大规模集成电路发展起来之前是不可能达到的。

发展到超大规模集成电路后，一块电路就是一个系统，甚至就是一个功能齐全的完整电子系统，其内部包含的大量元器件都已彼此极其紧密地集成在一块小芯片上，避免了由于外部焊接和相互连接的损坏而引起的故障，以及由于元器件与元器件、电路与电路之间装配不密、互连线过长而受到的外来干扰及大量功耗，从而更保证了系统工作的可靠性。

晶体管和中、小规模集成电路的工作可靠性虽分别比电子管提高 10 倍和 100～1000 倍，而由大规模集成电路组装的系统，其可靠性要比具有相同功能的中、小规模集成电路组成的系统又高 100 倍以上。

(3) 缺陷密度减小，内部连线水平提高。虽然从晶体管发明至今，微电子技术的历史只有短短 60 多年，但发展之迅猛，常常令人感到迷惑：晶体管特征尺寸的极限是多少，50 nm，27 nm，还是更小尺寸；对于这个问题，如同原子物理中的"基本粒子"一样，发现"基本粒子"以后，又发现更小的"粒子"。光学光刻时代的极限问题也早已提出，可是光学光刻技术仍然在发展，人们还会利用几十年间形成的成熟的硅微电子技术去开拓新的领域，发展新型微电子技术。世界集成电路的生产水平在 2004 年左右进入 0.1 μm，2011 年有望达到 0.05 μm。整个微电子领域的前沿热点从制造技术、器件物理、工艺物理到材料技术等方面全部进入了 100 nm 以下的纳米领域。

随着特征图形尺寸的减小，以及在元件表面上使用多层绝缘层和导电层相叠加的多层连线工艺，在制造中，减小缺陷密度和缺陷尺寸的要求变得十分关键，污染控制变得更加重要，半导体厂家在污染控制上的花费将会更大。

综上所述，集成电路的这几方面特点正迎合了科学技术发展的迫切需要。集成电路的迅猛发展将为越来越多的技术领域提供日益优质的服务，从而不断为人类做出重大贡献。

1.2　半导体工业的构成

半导体工业被称为现代工业的"吐金机"。1998 年，美国出版了《美国半导体工业是美国经济的倍增器》一书，该书称："半导体是一种使其他所有工业黯然失色，又使其他工业得以繁荣发展的技术"。书中介绍，美国半导体工业 1996 年创造了 410 亿美元的财富，并以每年 15.7% 的速度增加，比美国整个经济增长速度快 13 倍以上。可以毫不夸张地说，半导体工业是现代工业的生命线。

半导体技术作为推动信息时代前进的原动力，是现代高科技的核心与先导。世界发达国家和地区的经济起飞都是从大力发展半导体产业开始的，其中最具有代表性的是美、日、韩和台湾地区。

半导体工业包括材料供应商、电路设计、芯片制造和半导体工业设备及化学品供应商，这是广义的概念。我们又往往把制造半导体固态器件和电路的企业的生产过程称为晶圆制造(Wafer Fabrication)，认为它是半导体工业的主要组成部分。在这个行业中有三种类型的芯片供应商：第一种是集设计、制造、封装和销售为一体的公司；第二种是做设计和晶圆市场的公司，它们从晶圆厂购买芯片；第三种是晶圆代工厂家，它们为顾客生产各种类型的芯片。

半导体产业中以产品为终端市场的生产商和为内部使用的生产商都生产芯片。以产品为终端市场的生产商制造并在市场上销售芯片，以产品为内部使用的生产商生产的芯片用于它们自己的终端产品，如计算机、通信产品等，其中一些企业也向市场销售芯片，还有一些企业生产专业的芯片供内部使用，在市场上购买其他的芯片产品。

1.3　半导体器件的生产阶段

固态器件的制造有四个不同的阶段，分别是原材料准备、晶体生长和晶圆准备、晶圆制造以及封装(见图 1-1)。

第 2 章　半导体材料基础知识

2.1　晶体学基础知识

2.1.1　晶体与非晶体

固体可分为晶体和非晶体两大类。

晶体是由原子、离子或分子有规律地排列而成的，它具有一定规则的几何形状和对称性。半导体中的锗、硅、砷化镓等材料都是晶体。晶体的基本特征是晶体结构的周期性，其外形的对称性是内在结构规律性的反映。也就是说，晶体中原子的排列完全是有规则、有秩序的，并且按照一定的方式不断地作周期性的重复。

非晶体是指不形成结晶的固体，也即不具有规则性、周期性、对称性等晶体特征的固体。陶瓷、玻璃、松香、石蜡等都是非晶体。非晶体没有明显的熔点，它的物理性质是各向同性的。非晶体中的原子排列是完全没有秩序的，也没有周期性。

实际上，无秩序的程度也是多种多样的。粒子的排列完全是随机的，约在几十个原子以至几百个原子的近距离范围内。非晶体的原子的排列是有秩序的，但随着距离的增大，这样有序性也就消失了，更长距离就没有规则了。非晶体的这个特性叫做近距离有序或称短程有序，而晶体有序性是长距离有序，又叫长程有序。

如果在整块晶体中其长距离的有序性保持不变，则该晶体称为单晶体。用人工方法控制形成的锗、硅晶体就是单晶体。单晶体具有完整可重复的晶体结构，这就使得它的物理性能，尤其是电学性质具有特殊的优越性。

2.1.2　原子间的键合

一切晶体中的原子或离子在空间的排列都是有规则的。不同的晶体有各自的排列规则，这主要取决于组成晶体的原子或离子间相互结合力的性质，这种相互结合力一般称为化学键。原子间的键合不同，所形成的晶体结构也就不同。下面我们具体讨论晶体中几种典型的化学键类型，以及它们和晶体结构的关系。

1. 离子键

我们知道，在元素周期表中，从左到右元素的非金属性逐渐增强，从上到下元素的金属性逐渐增强。两类不同的原子互相结合成晶体时，金属性强的原子容易失去价电子成为带正电的离子，非金属强的原子容易得到价电子成为带负电的离子。正负离子依靠静电吸引力而互相结合，组成晶体。这种正负离子间的静电引力作用称为离子键，依靠离子键组成的晶体称为离子晶体。离子晶体大多是键合力比较强而且稳定的晶体。一般离子晶体的特性是：配位数较高、硬度大、熔点高、电子的导电性弱、高温时离子可以导电、电导率随温度的增加而增加。

离子键是一种极性键，正负离子分别是键的两极，所以，离子晶体是一种极性晶体，如氯化钠(NaCl)晶体。金属性很强的钠原子(Na)(Ⅰ族元素)和非金属性很强的氯原子(Cl)(Ⅶ族元素)组成氯化钠(NaCl)晶体时，钠原子(Na)的一个价电子就容易转移到氯原子(Cl)的外层轨道上去，使钠原子(Na)失去一个价电子变成带正电的钠离子(Na^+)，而氯原子(Cl)获得了一个电子成为带负电的氯离子(Cl^-)。此时，它们的最外层电子呈 8 个电子的稳定壳层结构，钠离子(Na^+)和氯离子(Cl^-)具有相反电荷，彼此间依靠静电吸引力而互相结合，组成氯化钠(NaCl)晶体。

离子晶体结构都有一个共同的特点：由于离子晶体中正负离子间静电引力的作用，任何一个离子的最近邻必定是带相反电荷的离子，亦即每一个离子都被一定数目的带相反电荷的离子直接包围着。图 2-1 所示的是由实验测定的氯化钠(NaCl)晶体结构的一个基本单元，其中每一个钠离子(Na^+)的最近邻是 6 个氯离子(Cl^-)，而每一个氯离子(Cl^-)的最近邻是 6 个钠离子(Na^+)。通常我们把每一个离子(或原子)最近邻的离子数或原子数称为配位数。这里，氯化钠的配位数是 6。

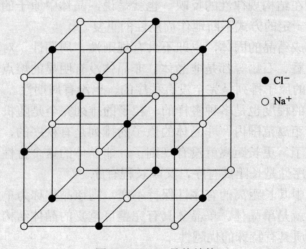

● Cl⁻

○ Na⁺

图 2-1　NaCl 晶体结构

在氯化钠(NaCl)晶体中，钠离子(Na^+)和氯离子(Cl^-)的最外层都是填有 8 个电子的稳定壳层，电子都被紧紧地束缚在各个离子上，而不能在晶体内自由行动，因此钠离子(Na^+)和氯离子(Cl^-)中的电子都不能参加导电。另一方面，在一般情况下，离子本身很难移动，所以也不能参加导电。只有在高温时离子才能移动，才会有一些导电性，但仍然是很弱的。因此，像氯化钠(NaCl)这样的典型离子晶体是一种良好的绝缘体。

2. 共价键

共价键晶体是由同一种原子所组成的，两个原子间共有一对价电子。它与离子晶体不同，价电子不可能从一个原子转移到另一个原子，而是它们的电子云在原子间互相重叠而具有较高的密度，于是带正电的原子实与集中在原子间的带负电的电子云互相吸引，从而把原子结合成晶体。这种依靠共有价电子对而使原子相互结合的力称为共价键。共价键没有极性，所以又称为无极键。由共价键结合成的晶体称为共价晶体，如金刚石、锗、硅都是典型的共价晶体。

共价键具有明显的饱和性和方向性。共价键的饱和性指某一原子和其他原子结合时，能够形成的共价键数目有一最大值，这个最大值取决于它所含有的未成对的电子数。共价键的方向性指原子只在特定的方向上形成共价键。

例如：碳、锗、硅等元素具有 4 个价电子，每个价电子只能与周围的 4 个原子相结合，形成 4 个共价键，从而使每个原子的最外层都成为具有 8 个电子的稳定壳层，因此共价键的配位数只能是 4。

根据共价键理论，共价键的强弱取决于形成共价键的两个电子轨道相互交迭的程度。实验和理论指出，在金刚石、硅、锗中，共价键是从正四面体中心原子出发指向它的 4 个顶角原子，共价键之间的夹角为 $109°28'$。这种正四面体通常称为共价四面体，如图 2-2 所示。

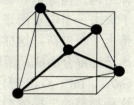

图 2-2　共价四面体

孤立碳原子外层电子的组态是 $2s^2 2p^2$，实验证明，在和其他碳原子结合时，有一个 $2s$ 电子被激发到 $2p$ 态，由一个 $2s$ 及 3 个 $2p$ 态组成 4 个杂化的共价键。所以，金刚石结构的碳原子外壳层公有 4 个价电子 $2s$、$2p^3$ 而形成共价键。每个碳原子和周围 4 个原子共价，一个碳原子在正四面体的中心，另外 4 个同它共价的碳原子在正四面体的顶角上，在中心的碳原子和顶角上每一个碳原子共有两个价电子。金刚石晶体中的几乎所有的价电子都被共价键束缚住，可以参加导电的自由电子极少。在室温下，金刚石晶体是良好的绝缘体。

半导体材料，如锗、硅等都有 4 个价电子，它们的晶体结构都和金刚石的结构相同，都属于共价晶体。不过在大多数共价晶体中，共价键的束缚并不像金刚石那么强。即使在室温下，仍有一部分价电子依靠热运动的能量，摆脱共价键的束缚，成为自由电子，使晶体具有一定的导电本领，这种晶体称为半导体。大多数的共价键晶体都是半导体，像锗、硅等都是典型的半导体。

一般说来，共价键晶体的物理性质与共价半径(最近邻原子中间距的一半)的大小有关。共价键半径越小，相邻两原子对其共有的价电子的束缚越紧，共价键的强度越大，晶体的导电能力就越差，硬度和熔点就越高。

表 2-1 列出了金刚石、硅、锗的电阻率、熔点、硬度和共价半径的关系。

表 2-1　共价晶体的物理性质与共价半径的关系

名称	金刚石	硅	锗
原子次序	6	14	32
共价半径/Å	0.77	1.17	1.22
最近邻原子间距/Å	1.54	2.34	2.44
电阻率(3000 K)/(Ω·m)	≈10	$2.1×10^3$	$47×10^{-2}$
熔点/℃	3800	1420	937
相对硬度	10	7	6

3. 混合键

单原子晶体大多数是由一种键构成的。大多数化合物半导体材料，如 GaAs、InSb、AlP 等具有比较复杂的键，它们既不是纯粹的共价键，也不是纯粹的离子键，而是两者的混合，称为混合键。

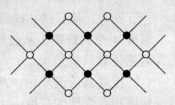

图 2-3　混合键示意图

化合物半导体中的锑化铟就是混合键晶体(如图 2-3 所示)。锑是 V 族元素，有 5 个价电子。铟是Ⅲ族元素，有 3 个价电子。它们构成共价键时，锑的原子移交一个电子给铟原子，以组成四面体结构，构成饱和键。但这时原子实际已不是电中性的了，锑由于失去一个电子而带上了正电荷，铟原子由于得到了一个电子而带上了负电荷，这样的晶体具有离子性。锑化铟晶体由共价键和离子键混合而成，所以把它们叫做混合键。Ⅲ-Ⅴ族化合物(InSb、GaAs、InP、GaP 等)、Ⅱ-Ⅵ族化合物(CdS、ZnS 等)和铅的化合物(PbS、PbSe 等)都是属于这种类型的半导体。

4. 金属键

金属键的基本特点是电子的"共有化"，也就是说，在结合成晶体时，原来属于原子的价电子不再束缚在原子上，而转变为在整个晶体内运动，它们的波函数遍及整个晶体。这样，在晶体内部，一方面是由共有化电子形成的负电子云，另一方面是浸在这个负电子云中的带正电的原子实。金属键就是靠共有化的负电子云和正离子实之间的相互作用而形成的，如图 2-4 所示。

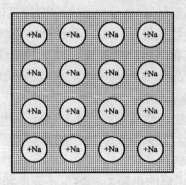

图 2-4　金属键示意图

金属键没有饱和性和方向性，故金属晶体一般按密堆积的规则排列，配位数高，密度大。我们所熟悉的金属特性，如导电性、导热性、金属光泽、很高的硬度和熔点等，都是与共有化电子可以在整个晶体内自由运动和金属晶体密堆积的规则排列、配位数高、密度大相联系的。

通过以上化学键性质的分析和讨论可以看出，价电子在两种不同原子间的完全转移形成离子键；价电子在同一种原子间的共有形成共价键；价电子在两种不同原子间的部分共有和部分转移形成混合键；价电子为晶体中所有金属原子所共有形成金属键。晶体中化学键的性质决定着原子如何键合，也是决定晶体种类的主要因素，对晶体的物理性质也有很大影响。而各种不同的化学键性质，归根结蒂是由晶体中原子的最外层价电子的分布情况决定的。所以，各种化学键相互之间既有联系又有区别。它们之间的变化过程是由电子转移程度或电子共有化程度从量变到质变的过程。

2.1.3　空间点阵

1. 晶体的结构特点

晶体物质在适当条件下，能自发地发展成为一个凸多面体形的单晶体。这个多面体的各相邻面之间的夹角都小于 180°，围成这样一个多面体的面称为晶面，晶面的交线称为晶棱，晶棱的会聚点称为顶点，如图 2-5 所示。

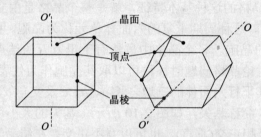

图 2-5　晶体结构

晶体可以是天然的，也可以由人工培养出来。发育良好的单晶体外形上最显著的特征是晶面有规则的配置。一个理想完整的晶体，相当的晶面具有相同的面积，晶体常能沿着某一个或某些具有一定方位的晶面劈裂开来。这种性质称为晶体的解理性，这样的晶面称为解理面。显露在晶体外表的往往是一些解理面。单晶体的另一显著的特征是它的晶面往往排列成带状，晶面的交线互相平行，这些晶面的组合称为晶带。这些互相平行的晶棱共同的方向称为该晶带的带轴(如图 2-5 中 $O'O$ 表示带轴)。晶轴是重要的带轴。

同一品种的晶体，由于生长条件的不同，其外形是不一样的，如图 2-6 和图 2-7 所示。例如，氯化钠晶体的外形可以是立方体或八面体，也可能是立方和八面的混合体。晶面本身的大小和形状受结晶生长时外界条件影响，不是晶体品种的特征因素，而晶面间的夹角却是晶体结构的一种特征因素。

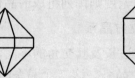

八面体　　　立方体

图 2-6　NaCl 晶体的不同外形　　　　　　图 2-7　石英晶体的不同外形

2. 空间点阵

晶体外形上的规律性，特别是外形上的对称性，是晶体内在微观结构规律性的反映。

理论和实践证明，晶体内部微观结构是：晶体中的原子、离子、分子等质点在空间有规则地作周期性的无限分布。这些质点的总体称为空间点阵，点阵中的质点所在的位置称为结点。

通过点阵中的结点，可以作许多平行的直线族和平行的晶面族。这样，点阵就成为一些网格，称为晶格，如图 2-8 所示。

图 2-8 晶体的晶格

晶格的具体形式是多种多样的，但是，一切晶格都有一个共同的特点，即具有周期性。我们说，晶格是原子的规则排列，这里所谓的"规则"，首先是指晶格的周期性。晶格的周期性可以看成是以完全相同的平行六面体单元堆积而成的。我们先用晶格中最简单的简单立方晶格来说明这一点。简单立方晶格是由沿三个垂直方向等距离排列的结点组成的，如图 2-9 所示，它沿 X、Y、Z 三个垂直方向每隔距离 a 有一个结点。在图上可以明显看到晶格的周期性。整个晶格可以看成是由边长为 a 的小立方体(即平行六面体单元)堆砌而成的，晶格的这种基本特征，就是整个晶格是由立方单元沿着 X、Y、Z 按照"周期" a 的不断重复。这种周期重复的六面体单元称为晶胞。图 2-9 右边的小立方单元就是一个简单立方晶格的晶胞。一个晶格中虽然有千千万万的结点，但是，其结构只是晶胞的不断重复，所以，讨论晶格问题时往往可以取其晶胞作为代表。

晶格的晶胞可以用其平行六面体的三边之长 a、b、c 及交角 α、β、γ 来表示。我们将这三个矢量称为基本矢量，简称基矢，如图 2-10 所示。基矢的大小可以彼此相等，也可以互不相等，它们之间可以互相正交(垂直)，也可以互不正交。在结晶学中，晶胞是按对称性和周期性的特点来选取的，基矢在晶轴方向，晶轴上的周期就是基矢的大小，称为晶格常数，一般用 a 表示。

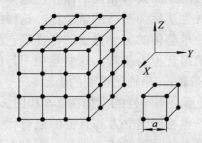

图 2-9 简单立方晶格

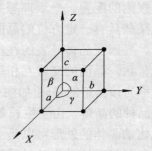

图 2-10 晶格对称轴和夹角

从晶胞的角度看，由无数个晶胞互相平行紧密地结合成的晶体叫做单晶体，由无数个小单晶作无规则排列组成的晶体称为多晶体。

3. 立方晶系

根据边长及其交角的不同，晶格的晶胞有 7 种不同的形状。按此可以把晶体分为 7 类，称为 7 个晶系。这 7 个晶系的名称为立方晶系、六方晶系、四方晶系、三方晶系、单斜晶系、三斜晶系、正交晶系。我们主要介绍立方晶系(见图 2-11)。

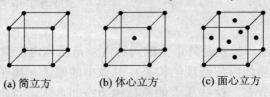

(a) 简立方　　　　(b) 体心立方　　　　(c) 面心立方

图 2-11 立方晶系图

立方晶系的三个基本矢量长度相等，并且互相正交。即 $a=b=c$，$\alpha=\beta=\gamma=90°$。

在立方晶系中又有简立方晶系、体心立方晶系和面心立方晶系之分。

1) 简立方晶系

原子在立方体的顶角上，晶胞的其它部分没有原子，这样的晶胞自然也是最小的重复单元，每个原子为 8 个晶胞所共有，它对一个晶胞的贡献只有 1/8，而每个晶胞有 8 个原子在其顶点，所以这 8 个原子对一个晶胞的贡献恰好是一个原子，晶胞的体积也是一个原子所"占"有的体积，如图 2-11(a)所示。

2) 体心立方晶系

原子除占有 8 个顶角外，还有一个在立方体的中心，故称体心。显然，体心立方的晶胞只有两个原子，如图 2-11(b)所示。

初看起来，顶角和体心上的原子周围情况似乎不同，实际上从整个空间的晶格来看，完全可以把晶胞的顶点取在另一晶胞的体心上，这样，心就变成角，角也就变成心。所以，在顶角和体心上原子周围的情况仍是一样的。

事实上可以把体心立方看成是由简立方套构而成的。它们的顶点取在相邻立方空间对角线的 1/2 处，如图 2-12 所示。

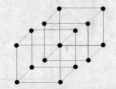

图 2-12　简立方套构成体心立方

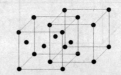

图 2-13　简立方套构成面心立方

3) 面心立方晶系

除顶角上有原子外，立方体的 6 个面的中心还有 6 个原子，故称面心立方。同体立方的体心讨论相同，面心的原子和顶角的原子周围的情况实际上是一样的。面心立方实际是由简立方套构成的，如图 2-13 所示。面心立方每个面为两相邻的晶胞公有，于是每个面心原子只有 1/2 是属于一个晶胞的。6 个面心原子有效地只有 3 个是属于这个晶胞的，因此，每个面心立方晶胞具有 4 个原子。

以上讨论的简立方、体心立方和面心立方都是简单格子。还有一种晶体，由两种或者两种以上的原子组成，或者虽属于同一种原子组成，但每个原子周围的情况不一样，如氯化钠和金刚石结构，就是复式格子。

锗、硅等元素半导体属于金刚石结构，砷化镓等化合物半导体属于闪锌矿结构。两者在几何结构上是相同的，所不同的是金刚石结构由同一种原子组成，闪锌矿结构是由两种不同的原子组成的。

2.1.4　晶向和晶面的表示方法

晶体的一个基本特点是各向异性，即沿晶格的不同方向具有不同的性质。下面介绍怎样区别标志晶格中的不同方向。

晶格中的结点在各个不同方向，都是严格按照平行直线排列的。图 2-14 所示是一个平面图，它形象地描绘了规则排列的结点沿两个不同方面都是按平行直线成行排列的。这些平行的直线把所有的结点包括无遗。在一个平面中，相邻直线之间的距离相等。此外，通过每一结点可以有无限多族的平行直线。当然，晶格中的结点并不是在一个平面上，而是规则地排列在立体空间中，它们在空间沿不同方向就是利用晶向来区分的，而每一个晶向是用写在方括号内的一组数目，如[111]，[110]，[100]，…来标志的。标志晶向的这组数目称为晶向指数。

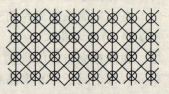

图 2-14　结点的规则排列

下面，我们以立方晶体为例说明如何确定晶向指数的问题。

确定晶向指数先要根据晶格结构规定一个坐标系。对于立方晶格，规定坐标平行于立方的三个边，三个轴构成一个直角坐标系，如图 2-15 所示。有了坐标系，空间任何一个点，如图中 P 点，都可以用(XYZ)三个坐标来确定其位置。立方晶格中的晶向如图 2-16 所示。

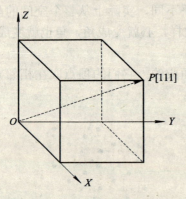

图 2-15　直角坐标系

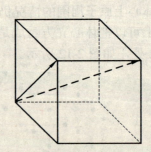

图 2-16　立方晶格中的几个晶向

在图 2-17 中，OA、OB、OC 表示立方晶胞的三个晶向。为了确定它们的晶向指数，随意选取晶体中任意一个结点作为坐标原点 O，选取从原点出发三个互相垂直的晶轴为 X、Y、Z 轴。从原点 O 出发沿 X 轴晶向至第一个结点 A，它在 X 轴上的投影为 a，所以，A 的坐标为 $X=a$，$Y=0$，$Z=0$，分别除以 a，就得到 $\overrightarrow{OA}$ 这个晶向的晶向指数[100]。图 2-17 中，$\overrightarrow{OC}$ 是晶胞底面的对角线，它在 X、Y、Z 轴上的投影分别为 $X=a$，$Y=a$，$Z=0$，分别除以 a 得到 $\overrightarrow{OC}$ 的晶向指数为[110]。图 2-17 中，$\overrightarrow{OB}$ 是一条体对角线，它在 X、Y、Z 轴上的投影分别为 $X=a$，$Y=a$，$Z=a$. 分别除以 a 得到 $\overrightarrow{OB}$ 的晶向指数为[111]。

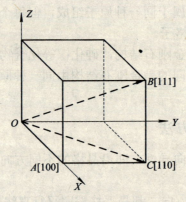

图 2-17　立方晶胞

根据坐标系的选定方法不同，晶向指数的表示方法也有正有负。例如我们选择图 2-18(a) 所示的直角坐标系，$\overrightarrow{OA}$ 的晶向指数可以表示成[111]，但是，假设选择图 2-18(b)所示的直角坐标系，很容易看出，$\overrightarrow{OA}$ 在 X、Y、Z 轴上的投影，分别为 X=a，Y=－a，Z=a，分别除以 a，则 $\overrightarrow{OA}$ 的晶向指数为[1$\bar{1}$1]。其中 $\bar{1}$ 就是－1，这是习惯表示方法。

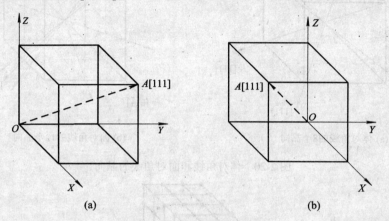

图 2-18　晶向指数的正负

由上面的讨论可知，X、Y、Z 三个轴都代表立方边的方向，每个轴又可区分正、负两个方向，所以，立方边一共有 6 个不同的晶向，如图 2-19 所示。由于晶格的对称性，这 6 个晶向并没有什么区别。晶体在这些方向上的性质是完全相同的，统称这样等效的晶向时，习惯的标志方法是用尖括号取代方括号，写成<100>。

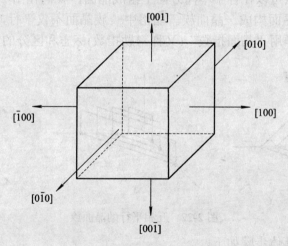

图 2-19　立方边的 6 个晶向

沿立方体对角线的晶向共有 8 个，如图 2-20 (a)所示。它们显然是等效的，统称这样的晶向时，写成<111>。

面对角线的晶向共有 12 个，如图 2-20 (b)所示。统称面对角线的晶向时，写成<110>。

晶格中的结点不仅按照平行直线排列成行，而且还排列成一层层的平行平面，这种由结点组成的平面称为晶面，如图 2-21 所示。

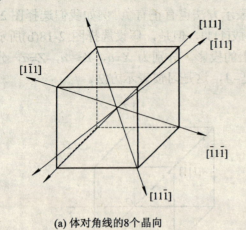 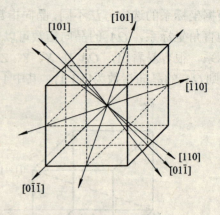

(a) 体对角线的8个晶向　　　　　　　　　(b) 面对角线的12个晶向

图 2-20　体对角线和面对角线的晶向

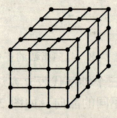

图 2-21　晶面族

一个晶格里的结点可以在各个不同方向上组成晶面，我们在图 2-22 中形象地画出了几组不同的晶面，每组晶面构成一晶面族。晶格中一族晶面不仅平行，并且等距。下面着重说明不同的晶面是怎样用"晶面指数"(又称密勒指数)标志和区分的。

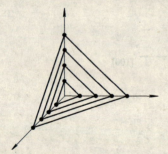 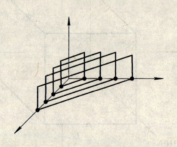 

图 2-22　互相平行的晶面族

确定晶面指数的具体步骤如下：

(1) 在坐标系中画出晶面，找出晶面在三个坐标轴上的截距 p、q、r 如图 2-23(a)所示。

(2) 把各截距用 a 除，即以晶格边长为单位表示截距 p/a，q/a，r/a。

(3) 找出它们的倒数的最小整数比：

$$h:k:l = \frac{1}{p/a}:\frac{1}{q/a}:\frac{1}{r/a}$$

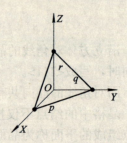

图 2-23　晶面的截距

式中，h、k、l 就是这个晶面指数，按照惯例写在圆括号里，即(hkl)。

例如：某一晶面截距 p=q=r=a 用 a 除得到 p/a=1，q/a=1，r/a=1，它们的倒数都是 1，所以，可直接得出最小的整数比为 h：k：l=1：1：1，晶面指数就写成(111)。

可以证明，在立方晶体中，一个晶面的晶面指数是和晶面法线(即与晶面相垂直的直线)的晶向指数完全相同的。这给确定晶面指数提供了一个简便途径。例如，与[100]、[110]和[111]晶向垂直的晶面就是实践中最常用的(100)、(110)、(111)晶面。图 2-24 表示了这几个典型的晶面。

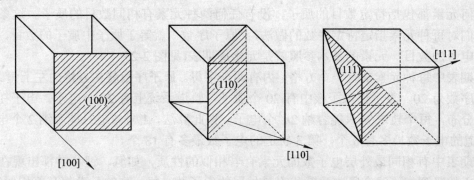

图 2-24　立方晶体的一些常用晶面

其他的立方边，面对角线和体对角线相垂直的晶面，显然是和以上晶面等效的。统称这一类等效晶面时，用花括号代替圆括号，写成 {100}，{110}，{111} 等。符号相反各多体相对的两个面都是相互平行的，它们的晶面指数是正好相反的。这样一对晶面只注出前面的晶面指数，改变符号就得到背面的晶面指数。如前面的晶面是(100)，背后的晶面就是($\bar{1}$00)；前面的晶面是(111)，与它相对的背面就是($\bar{1}\bar{1}\bar{1}$)。

因为括号相反的晶面指数所标志的晶面是相互平行的，所以，对标志晶格里面的晶面来讲，是没有什么区别的。从标志晶格内的晶面来讲，(111)和($\bar{1}\bar{1}\bar{1}$)描述的是同一组平行晶面。符号相反的晶面指数只是在区别晶体的外表面时才是有意义的。例如，沿[111]生长的单晶的横截面需要区分上下的切割面。这样的两个表面就是用符号相反的晶面指数区分的。

金刚石晶格的晶面和简立方晶格的晶面是完全相对应的，所以，金刚石晶格的晶面指数就是按简立方晶格确定的。

2.2　常用的半导体材料和工艺化学品

2.2.1　本征半导体和掺杂半导体

半导体材料拥有特有的电性能和物理性能，这些性能使得半导体器件和电路具有独特的功能。理解半导体材料就必须先了解原子结构的基本知识。

原子是自然界的基本构造单元。自然界中的任何事物都是由元素组成的，每一种元素都有不同的原子结构，不同的结构决定了元素的不同特性。著名物理学家尼尔斯·玻尔最早把原子的基本结构用于解释不同元素的不同物理、化学和电性能。在玻尔的原子模型中，带正电的质子和不带电的中子集中在原子核中，带负电的电子围绕原子核在固定的轨道上运动，就像太阳的行星围绕太阳旋转一样。带正电的质子和带负电的电子之间存在着吸引力，不过吸引力和电子在轨道上运行的离心力相抵，这样一来原子结构就稳定了。

每个轨道容纳的电子数量是有限的。在有些原子中，不是所有的位置都会被电子填满，这样结构中就留下一个"空穴"。当一个特定的电子轨道被填满后，其余的电子就必须填充到下一个外层轨道上。

不同的元素，其原子中的电子、质子和中子数是不同的。在任何原子中都有数量相等的质子和电子。中子是中性不带电的粒子，与质子一起构成原子核。

任何元素都包括特定数目的质子，没有任何两种元素有相同数目的质子。这条规则引出了人们对每种元素指定特定序数的做法，"原子序数"就等于原子中质子的数目，也等于原子中电子的数目。元素的基本参照就是元素周期表(见图 2-25)。

周期表中每种元素都有一个方格，内有两个字母。原子序数就在方格的左上角。钙(Ca)的原子序数为 20，表示钙原子核中有 20 个质子，轨道系统上有 20 个电子。电子在合适的轨道上分布，每个轨道(n)只能容纳 $2n^2$ 个电子。按此算法，1 号轨道只能容纳 2 个电子，第 2 个轨道的电子数最多有 8 个，第 3 轨道的电子数最多有 18 个。

周期表中有相同最外层电子数的元素有着相似的性质，如氢、锂和钠都出现在标着罗马数字 I 的竖列中，这个竖列数就代表最外层的电子数，每一列的元素都有着相似的性质，例如三种最好的电导体(铜、银、金)都出现在同一列中。最外层被填满或者拥有 8 个电子的元素在化学性质上要比最外层未填满的原子更稳定，而且原子会试图与其他原子结合而形成各轨道被填满或者最外层有 8 个电子的稳定结构，N 型和 P 型半导体材料的形成就是遵循这一规则的表现。

电流其实就是电子的流动。如果元素或者材料中的质子对外层电子的束缚相对较弱，就可以进行电传导，外层电子可以很容易地流动起来形成电流，大多数金属材料属于这种情况。材料的导电性用一个叫做导电率的因素来衡量。导电率越高，材料的导电性越好。导电能力也用导电率的倒数，即电阻率来衡量。材料的电阻率越低，相应导电能力也越好。

与导电性相对的是，有些材料中表现出核子对轨道电子的强大束缚，直接的效果就是对电子移动有很大的阻碍，这些材料就是绝缘体。它们有很低的导电率和很高的电阻率。在电子电路和电子产品中，二氧化硅可作为绝缘体。

把一层绝缘材料夹在两个导体之间就形成了一种电子元件，即电容。电容的实际效用就是存储电荷。在半导体结构中，MOS 栅结构、被绝缘层隔开的金属层和硅基体之间以及其他结构中都存在电容。电容在存储器中用于信息存储，或者形成场效应晶体管中的栅极。薄膜的电容能力与其面积、厚度，以及一个特性指数即绝缘常数有关。半导体金属传导系统需要很高的导电率，因而也就需要低电阻和低电容材料。这些材料就是低绝缘常数的绝缘体，用于传导层间隔离的绝缘层需要高电容或者高绝缘常数的绝缘体。

本征半导体是纯净的半导体。把特定的元素引入到本征半导体，称为掺杂。掺杂的材料表现出两种独特的特性，它们是固态器件的基础，这两种特性是：通过掺杂精确控制电阻率及电子和空穴导电。P 型导电掺杂剂，如：III 族的硼掺入硅中形成 P 型硅，半导体材料叫做受主(acceptor)材料，掺入 V 族元素(如砷)，形成 N 型半导体，半导体材料叫做施主(donor)或授主材料。

族\周期	IA	IIA	IIIB	IVB	VB	VIB	VIIB	VIII			IB	IIB	IIIA	IVA	VA	VIA	VIIA	0
1	1 H 氢																	2 He 氦
2	3 Li 锂	4 Be 铍											5 B 硼	6 C 碳	7 N 氮	8 O 氧	9 F 氟	10 Ne 氖
3	11 Na 钠	12 Mg 镁											13 Al 铝	14 Si 硅	15 P 磷	16 S 硫	17 Cl 氯	18 Ar 氩
4	19 K 钾	20 Ca 钙	21 Sc 钪	22 Ti 钛	23 V 钒	24 Cr 铬	25 Mn 锰	26 Fe 铁	27 Co 钴	28 Ni 镍	29 Cu 铜	30 Zn 锌	31 Ga 镓	32 Ge 锗	33 As 砷	34 Se 硒	35 Br 溴	36 Kr 氪
5	37 Rb 铷	38 Sr 锶	39 Y 钇	40 Zr 锆	41 Nb 铌	42 Mo 钼	43 Tc 锝	44 Ru 钌	45 Rh 铑	46 Pd 钯	47 Ag 银	48 Cd 镉	49 In 铟	50 Sn 锡	51 Sb 锑	52 Te 碲	53 I 碘	54 Xe 氙
6	55 Cs 铯	56 Ba 钡	La~Lu 57~71 镧系	72 Hf 铪	73 Ta 钽	74 W 钨	75 Re 铼	76 Os 锇	77 Ir 铱	78 Pt 铂	79 Au 金	80 Hg 汞	81 Tl 铊	82 Pb 铅	83 Bi 铋	84 Po 钋	85 At 砹	86 Rn 氡
7	87 Fr 钫	88 Ra 镭	Ac~Lr 89~103 锕系	104 Rf 𬬻	105 Db 𬭊	106 Sg 𬭳	107 Bh 𬭛	108 Hs 𬭶	109 Mt 鿏	100 Ds 鿏	111 Uuu	112 Uub						

镧系	57 La 镧	58 Ce 铈	59 Pr 镨	60 Nd 钕	61 Pm 钷	62 Sm 钐	63 Eu 铕	64 Gd 钆	65 Tb 铽	66 Dy 镝	67 Ho 钬	68 Er 铒	69 Tm 铥	70 Yb 镱	71 Lu 镥
锕系	89 Ac 锕	90 Th 钍	91 Pa 镤	92 U 铀	93 Np 镎	94 Pu 钚	95 Am 镅	96 Cm 锔	97 Bk 锫	98 Cf 锎	99 Es 锿	100 Fm 镄	101 Md 钔	102 No 锘	103 Lr 铹

非金属　　金属

图 2-25　元素周期表

2.2.2 常用的半导体材料

常用的半导体材料有锗和硅、半导体化合物及铁电材料。

1. 锗和硅

锗和硅是两种重要的半导体，在固态器件时代之初，第一个晶体管是由锗制造的。但是锗在工艺和器件性能上有不足，它的熔点只有937℃，限制了高温工艺，更重要的是，它表面缺少自然发生的氧化物，从而容易漏电。

硅与二氧化硅平面工艺的发展解决了集成电路的漏电问题，使得电路表面轮廓更平坦，并且硅的熔点高达1415℃，使生产厂能够允许更高温的工艺，而且硅的原材料丰富。因此，如今世界上超过了90%的生产用晶圆的材料都是硅。

2. 半导体化合物

有很多半导体化合物由元素周期表中第II族、第III族、第V族和第VI族的元素形成。在这些化合物中，商业半导体器件中用得最多的是砷化镓(GaAs)、锗化硅(SiGe)、磷砷化镓(GaAsP)、磷化铟(InP)、砷铝化镓(GaAlAs)和磷镓化铟(InGaP)。这些化合物有特定的性能。当电流激活时，由砷化镓和磷砷化镓做成的二极管会发出可见的激光，可用这些材料来制作电子面板中的发光二极管(LED)。

砷化镓的另一个重要特性就是其载流子的高迁移率。这种特性使得在通信系统中砷化镓器件能比硅器件更快地响应高频微波，并有效地把它们转变为电流。载流子的高迁移率也是对砷化镓晶体管和集成电路感兴趣的原因所在。砷化镓器件比类硅器件快两到三倍，应用于超高速计算机和实时控制电路(如飞机控制)。砷化镓本身就对辐射所造成的漏电具有抵抗性。辐射(如宇宙射线)会在半导体材料中形成空穴和电子，它会升高不想要的电流，从而造成器件或电路工作不正常或停止工作。可以在辐射环境下工作的器件叫做辐射硬化，砷化镓是天然辐射硬化的。

砷化镓也是半绝缘的。这种特性使邻近器件的漏电最小化，允许更高的封装密度，进而由于空穴和电子移动的距离更短，电路的速度更快了。在硅电路中，必须在表面建立特殊的绝缘结构来控制表面漏电。这些结构使用了不少空间并且降低了电路的密度。

尽管有这么多的优点，砷化镓也不会取代硅成为主流的半导体材料，原因主要在于其制造难度。另外，虽然砷化镓电路非常快，但是大多数的电子产品不需要那么快的速度。

具体来说，在性能方面，砷化镓如同锗一样没有天然的氧化物。为了补偿，必须在砷化镓上淀积多层绝缘体。这样就会导致更长的工艺时间和更低的产量。而且在砷化镓中占半数的原子是砷，对人类是很危险的。更令人遗憾的是，在正常的工艺温度下砷会蒸发，这就额外需要抑制层或者加压的工艺反应室。这些步骤延长了工艺时间，增加了成本。在晶体生长阶段也会发生蒸发，这样会导致晶体和晶圆不平整。这种不均匀性造成晶圆在工艺中容易折断，而且也导致了大直径的砷化镓生产工艺水平比硅落后。尽管有这些问题，砷化镓仍是一种重要的半导体材料，其应用也将继续增多，而且在未来对计算机的性能可能有很大影响。

与砷化镓有竞争性的材料是锗化硅。锗和硅这样的结合把晶体管的速度提高到可以应用于超高速的对讲机和个人通信设施当中。器件和集成电路的结构特色是用超高真空/化学气相沉积法(UHV/CVD)来淀积锗层。双极晶体管就形成在锗层上，不同于硅技术中所形成的简单晶体管，锗化硅需要晶体管具有异质结构(hetrostructure)和异质结(heterojunction)。这些结构中包括有好几层和特定的掺杂等级，从而允许高频运行。

主要的半导体材料和二氧化硅之间的比较见表 2-2。

表 2-2　几种半导体材料的物理性能比较

	Ge	Si	GaAs	SiO$_2$
原子(分子)质量	72.6	28.09	144.63	60.08
每立方厘米原子数	4.42×10^{22}	5.00×10^{22}	2.21×10^{22}	2.3×10^{22}
晶体结构	金刚石结构	金刚石结构	闪锌矿结构	无定形态
单位晶格	8	8	8	—
密度/(a/cm^2)	5.32	2.33	5.65	2.27
能隙/Å	0.67	1.11	1.40	8
绝缘系数	16.3	11.7	12.0	3.9
熔点/℃	937	1415	1238	1700
击穿电压/V	8	30	35	600
热膨胀线性系数	5.8×10^6	2.5×10^{-6}	5.9×10^{-6}	0.5×10^{-6}

3. 铁电材料

更快更可靠的存储器采用铁电材料。铁电材料电容，如锆钛酸铅 PbZr$_{1-x}$T$_x$O$_3$(PZT)和钽酸锶铋 SrBi$_2$Ta$_2$O$_9$(SBT)用"0"或"1"两种状态存储信息，能够快速响应和可靠地改变状态。通常把它们并入 SiCMOS 存储电路，称做铁电随机存储器(FeRAM)。

2.2.3　工艺化学品

1. 常用的物理化学术语

1) 物质的状态

物质有 4 种状态：固态、液态、气态和等离子态，相应的物质称为固体、液体、气体和等离子体。物体的温度往往反映了一定的能量。

固体指物体在常温、常压下保持一定的形状和体积；液体指物体有一定的体积，但形状是变化的，它会跟其容器形状一致，比如水；气体指物体既无一定形状，又无一定体积，它也会跟其容器形状一致，但跟液体不同之处是，它可扩展或压缩直至完全充满容器，如氧气、氢气等；在工艺气体上施加高能射频场可以诱发等离子体，等离子体是电离原子或分子的高能集合。恒星就是一个典型的例子，它当然不符合固体、液体或气体的定义。它可用于半导体技术中促使气体混合物化学反应，它的优点在于可以在较低的温度下传递能量。

2) 温度标识方法

不管是在氧化管中还是在等离子刻蚀反应室内，化学品的温度都对其化学品的反应发挥着重要影响，化学品的安全使用也需要了解和控制化学品的温度。标识材料的温度通常有三种表示方法，它们是华氏温标、摄氏温标和开氏温标。

华氏温标是由德国物理学家 Gabriel Fahrenheit 用盐和水溶液开发的。他把盐溶液的冰点温度定为华氏零度(0℉)。在华氏温标中水的冰点温度为 32℉，沸点温度为 212℉，两点之间相差 180℉。

将纯水冰点设为 0 度，沸点设为 100 度更有意义。摄氏或百分温标(℃)刚好满足这一要求，在科学研究中更为常用，注意这样在冰点和沸点之间正好是 100℃，这也意味着在摄氏温标中改变一度比华氏温标中需要更多的能量。

第三种温标是开氏温标(K)。它和摄氏温标用一样的尺度，只不过是基于"绝对零度"。所谓"绝对零度"，就是所有原子停止运动的理论温度，该值约为-273℃。在开氏温标中，水在 273 K 结冰，在 373 K 沸腾。

3) 密度、比重和蒸气密度

密度(dense)是物质的一个重要性质，指的是单位体积的重量。软木塞的密度就比等体积的铁密度低。某物质的密度是这样规定的：4℃时每立方厘米的水重 1 克，将其作为标准，其他物质的密度用和相当体积的水的比值来表示。这样，硅的密度为 2.3，就表示每立方厘米的硅重 2.3 克。

比重(specific gravity)指的是 4℃时液体和气体的密度，它是物质的密度与水的比值。汽油是水密度的 75%，则汽油比重为 0.75。

蒸气密度(vapor density)是指在一定温度和压力下气体的密度。每一立方厘米空气的密度为 1，用其作为参考值。例如：氢气的蒸气密度为 0.60，它是同体积空气密度的 60%。在同样大小的容器中，氢气的重量会是空气的 60%。

4) 压力和真空

压力定义为施加在容器表面上单位面积的力。压力通常用作为液体和气体的一种性质。气缸中的气压迫使气体进入工艺反应室。所有的工艺机器都用气压表来测量和控制气压。

气压用英磅每平方英寸(psia)、大气压或托(torr)表示。一个大气压就是在特定温度下包围地球的大气压力。这样，高压氧化系统在 5 个大气压下工作，其压力是大气压的 5 倍。

空气的大气压为 14.7 psia，在气缸中气压要用英磅每平方英寸或 psig 来表示。这意味着仪表的读数是绝对的，不包括外界的大气压。

真空(vacuum)也是在半导体工艺中要遇到的术语，它实际上是指低压的情况。一般来说，压力低于标准大气压就认为是真空。真空条件是用压力单位来衡量的。低压一般用托来表示，1 托就是压力计中 1 毫米汞柱(manometer)所对应的压力。这个单位是以意大利科学家托里切利命名的，他在气体和气体的性质领域做出了很多重要发现。

2. 半导体工艺化学品

半导体工艺需要大量化学液体来刻蚀、清洗和冲洗晶圆和其他部件。这些化学液体分为酸和碱两大类。

酸和碱的强度用 pH 值来衡量，该值为 0~14。pH 值大于 7，液体呈酸性，pH 值越大，酸性越强；pH 值等于 7，液体呈中性；pH 值小于 7，液体呈碱性，pH 值越小，碱性越强。

晶圆工艺中大多数溶剂是易挥发、易燃的。要在通风良好的地方使用，要按照规定规程来存储和使用，这是非常重要的。

为达到精确和洁净的工艺要求，半导体化学品需要具有非常高的纯度。晶圆越大，洁净度要求就越高，相应就需要更多的自动清洗工艺，清洗所用化学品的成本也就跟着升高。若把芯片的制造成本加在一起，其中化学品大约占总制造成本的 40%。

复 习 思 考 题

2-1　什么是晶体？什么是非晶体？什么是单晶体？

2-2　简述多晶和单晶的区别。

2-3　氯化钠晶体结构特点是什么？它属于什么晶体？它和砷化镓的原子键合有何异同？

2-4　共价键的特点是什么？试画出硅单晶体的共价键结构图。

2-5　什么是空间点阵？

2-6　请画出简立方晶胞图，并标示出晶棱、顶角和不同晶面。

2-7　画出简立方晶格图，并在图中标示出(100)晶面。

2-8　什么是本征半导体？什么是掺杂半导体？

2-9　请列举出至少 4 种Ⅳ族元素半导体材料和Ⅲ-Ⅴ族化合物半导体材料。

2-10　物质的状态分为几种？分别是什么？

第3章　集成电路有源元件和工艺流程

3.1　概　　述

3.1.1　半导体元器件的生成

集成电路是由一些单个的元器件组成的。现实中，半导体元器件结构有成千上万种，用它们可实现集成电路中特定的功能。半导体元器件结构千变万化，但组成每一种主要器件和电路类型的基本结构是不变的，了解集成电路的制造工艺首先需要了解组成它的单个元器件的制造工艺，这些元器件主要包括电阻器、电容器、二极管、晶体管、熔断器、导体等。下面我们来看看他们都是如何生成的。

1. 电阻器

集成电路中的电阻器大多数都由氧化、掩膜和掺杂工艺顺序生成的。典型的电阻器是哑铃型的(见图 3-1)，两端的矩形作为接触区，中间细长的部分起到电阻器的作用，用该区域的方块电阻和其所包含的方块数量就可以计算这个区域的阻值(方块的数量等于电阻区域的长度除以宽度)。此外，电阻器还可以通过隔离一部分外延层区域来形成 EPI 电阻器；利用双极

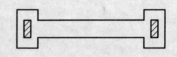

图 3-1　典型电阻器形状

型工艺通过减少横截面积制造嵌形(pinched)电阻器；采用金属薄膜如镍合金、钛、钨等淀积形成薄膜电阻器，这种金属薄膜电阻器不存在因辐射产生的漏电流，可用于空间环境。

2. 电容器

常用的平行板电容器结构是在 Si 晶片表面生长一层 SiO_2 膜，金属导线位于 SiO_2 上面，这事实上就是 MOS 电容器结构。为了使这种结构能发挥电容的作用，氧化物必须足够薄(大约 1500 Å 左右)。电容量的多少取决于氧化层的厚度、氧化层的介电常数及其表面金属板的面积。平行板电容器又称单片电路电容器、MD 电容器。

3. 二极管

平面二极管就是一个掺杂区，结的两边有两个接触区。1938 年，W.Schottky 发现金属一旦和低掺杂的半导体接触，就会形成特殊的二极管，这种二极管正向时间较短，运行电压较低，称为肖特基势垒二极管(Schottky barrier)(见图 3-2)。

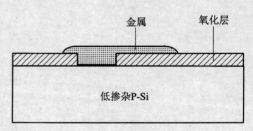

图 3-2　肖特基二极管示意图

4. 晶体管

使用最普通的 NPN 型晶体管常见的是一个四层三结构结构，四层分别是 N^+ 发射区层、P 型基层、N 型集电区(即外延层)和 P 型衬底层；三结分别是发射结、集电结和隔离结(衬底结)。结构示意图如图 3-3 所示。

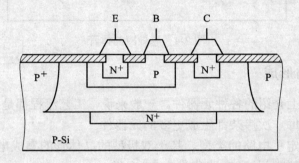

图 3-3　NPN 型晶体管结构示意图

晶体管的加工过程大致描述如下：

(1) 将抛光片进行化学清洗后，放在 1000～1200℃的氧化炉中进行隐埋氧化(预氧化)，在硅片表面形成一层 1.2～1.5 μm 厚的 SiO_2 层，作为隐埋扩散时的隐蔽膜。

(2) 利用光刻的办法刻出隐埋扩散窗口，在高温下，将杂质 Sb(锑)或 As(砷)从氧化层窗口扩散到硅片内部，形成高浓渡 N^+ 扩散区。隐埋层的薄层方块电阻 $R_\square$ 一般控制在 15～20 Ω/□ 以内，经隐埋扩散后的硅片放入氢氟酸液中，漂去全部氧化层，经化学清洗后，把硅片放在外延炉中，生长一层优质 N 型单晶硅外延层，层厚控制在 6～10 μm 左右，电阻率约为 0.3～0.5 Ω·cm。

(3) 浓硼扩散形成 P^+ 隔离层，把外延层分隔成一个个独立的 N 型隔离区(隔离岛)，将氧化层全部去净、烘干，在硅片背面蒸金后，高温氧化生成 0.5～0.8 μm 厚的氧化层，作为基区扩散的掩蔽膜，同时完成金扩散。

(4) 光刻出 NPN 管的基区和硼扩散电阻区后，进行淡硼扩散。使在 N 型隔离岛上形成 P 型基区和 P 型扩散电阻区，同时在表面形成一薄层(约 0.5～0.6 μm 厚)SiO_2 层，作为发射区浓磷扩散的掩蔽膜。然后光刻出 NPN 管的发射极区和集电极引线接触区，由浓磷扩散形成晶体管的发射区，并在集电极引线孔位置形成 N^+ 区，以便制作欧姆接触电极。然后再光刻出各元件电极的欧姆接触窗口。在硅表面蒸一层高纯铝膜，再将不需要的铝反刻。在合金化后的硅片表面淀积一层 Si_3N_4 或磷硅玻璃等钝化膜，再光刻出键合的压焊点。

(5) 将硅片初测，点掉不合格的电路芯片，再经划片，将大圆片划分成单个独立的芯片，键合压点与管座引出导线连接起来，密闭封装。经老化等工艺筛选后，进行成品测量(总测)，合格品即可分档、打印、包装、入库。

5. 场效应晶体管(FET)

场效应晶体管(如图 3-4 所示)又可以分为金属栅型 MOS 管和多晶硅栅极型 MOS 管。

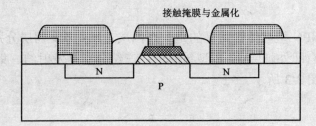

图 3-4　场效应晶体管

3.1.2　集成电路的形成

集成电路包含以上介绍的各种元器件。一般来说，工艺流程都是从晶体管开始进行的。电路设计者尽可能使每一次掺杂都生成更多的元器件。

晶体管的类型决定了电路的类型。基于双极型的晶体管的集成电路称双极型电路，基于任何一种 MOS 晶体管结构的电路称为 MOS 电路。

双极型电路运行速度快，而且能控制漏电流，适用于逻辑电路、放大电路和转换电路，但不适宜作存储容量较大的中央存储器。

MOS 型电路可以实现快速、经济的固态存储器功能，占用芯片面积小，运行过程中耗能较少。但早期的金属栅型 MOS 漏电流较大，参数也不易控制。

实际工作中，人们一般采用双极型电路作逻辑电路，而用 MOS 电路作存储器电路。

典型的双极型电路参见图 3-5，典型的 CMOS 电路参见图 3-6。

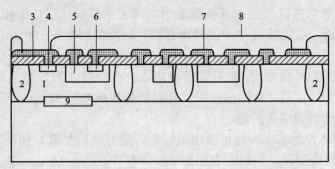

1—EPI 和集电极；2—隔离；3—表面氧化；4—集电极接触；5—基极；6—发射极；

7—金属化；8—钝化层；9—埋层

图 3-5　双极型电路

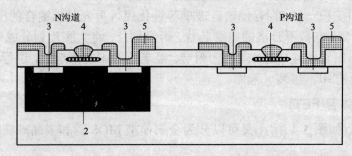

1—晶圆；2—P 阱；3—源和漏；4—栅；5—栅氧化物；6—金属层

图 3-6　CMOS 电路

3.2　集成电路制造工艺

3.2.1　双极型硅晶体管工艺

下面以 3DK2 晶体管为例，介绍硅外延平面晶体管的工艺流程，如图 3-7 所示，其中硅清洗工序省略。

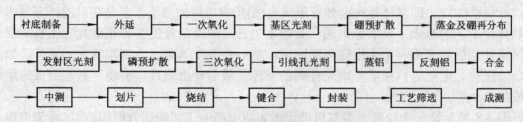

图 3-7　硅外延平面晶体管的工艺流程图

(1) 衬底制备。选用电阻率 ρ 为 $10^{-3}\ \Omega \cdot cm$，位错密度小于等于 3×10^{3} 个/cm² 的 N⁺ 型硅单晶，通过切、磨、抛获得表面光亮、平整、无伤痕、厚度符合要求的硅片。

(2) 外延。在衬底上生长一层 N 型硅单晶层，称为外延层。对于 3DK2 来说，外延层电阻率为 $0.8 \sim 1\ \Omega \cdot cm$，厚度为 $7 \sim 10\ \mu m$。

(3) 一次氧化。将硅片在高温下氧化，使其表面生成一层厚度为 $0.5 \sim 0.7\ \mu m$ 的 SiO_2 层。

(4) 基区光刻。在氧化层上用光刻方法开出基区窗口，使硼杂质通过窗口进入硅中。

(5) 硼预扩散。硼扩散是为了形成基区，通常硼扩散分为预扩散(或称预淀积)和主扩散(或称再分布)两步进行。预扩散后要求方块电阻为 $70 \sim 80\ \Omega/\square$。

(6) 蒸金及硼再分布。开关管要在硅片背面蒸金，金扩散与硼再分布同时进行。在高温下硼杂质进行再分布，同时，金也均匀地扩散到硅晶体中。再分布后，方块电阻为 $180 \sim 200\ \Omega/\square$，结深为 $2 \sim 2.5\ \mu m$，SiO_2 层厚度为 5000 Å 左右。

(7) 发射区光刻。用光刻方法开出发射区窗口，使磷杂质沿此窗口进入硅片中。

(8) 磷预扩散。磷杂质沿发射区窗口内沉积磷原子，具有一定杂质浓度和结深。

(9) 三次氧化。三次氧化就是在高温下使磷杂质进行再分布，形成发射结。对样品管进行参数测试：$\beta > 30$，$BV_{CB0} > 30\ V$，$BV_{CE0} > 20\ V$，$BV_{EB0} > 6\ V$。

(10) 引线孔光刻。刻出基区和发射区的电极引线接触窗口。

(11) 蒸铝。采用蒸发方法将铝蒸发到硅片表面，铝层要求光亮、细致，厚度应符合要求。

(12) 反刻铝。将电极以外的埋层刻蚀掉，刻蚀以后去除硅表面上的光刻胶。

(13) 合金。将硅片放在约 520℃ 炉内，通入氧气(含有磷蒸汽的氧气)进行合金。

(14) 中测。对制备的管芯进行测量，剔除不合格品。

(15) 划片。用划片机将硅片分成小片，每一小片有一个管芯。

(16) 烧结。用铝浆等粘结剂在高温下还原出金属银将管芯牢固地固定在管座上，也可以用金锑合金将管芯烧结在管座上。

(17) 键合。采用硅-铝丝通过超声键合等方法，使管芯各电极与管座一一相连。

(18) 封装。将管芯密封在管座中。

(19) 工艺筛选。将封装好的管子进行高温老化、功率老化、温度试验、高低温循环试验，从产品中除去不良管子。

(20) 成测。对晶体管的各种参数进行测试，并根据规定分类，对不同型号进行分类打印，然后包装入库。

3.2.2　TTL 集成电路工艺流程

双极型(TTL，即晶体管－晶体管逻辑电路)集成电路的制造工艺是在硅的外延技术和平面晶体管工艺的基础上发展起来的。其基本工艺过程是：首先在衬底硅片上生长一层外延层，将外延层划分为一个个电隔离的区域；然后在各个隔离区内制作特定的元件，如晶体管、二极管、电阻等；接着完成元件间的互连；最后经由装片、引线、封装而成为集成电路成品。

图 3-8 所示是一个较典型的双极型逻辑集成电路的工艺流程方框图。为了看清电路中元件的形成过程和结构，图 3-9 和图 3-10 以一个 NPN 晶体管和一个电阻组成的倒相器电路为例，说明了形成该倒相器电路的主要工艺步骤。

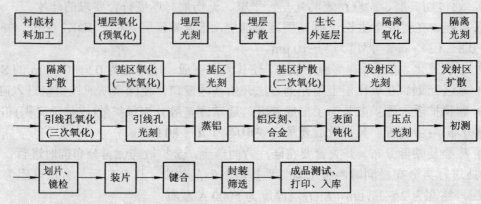

图 3-8　典型双极型(TTL)集成电路工艺流程方框图

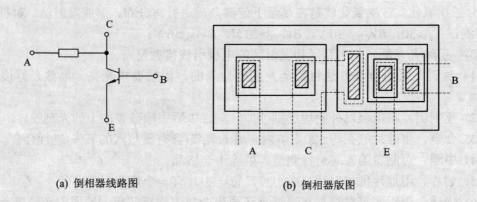

(a) 倒相器线路图　　　　　　　　　　(b) 倒相器版图

图 3-9　NPN 晶体管和电阻组成的倒相器电路

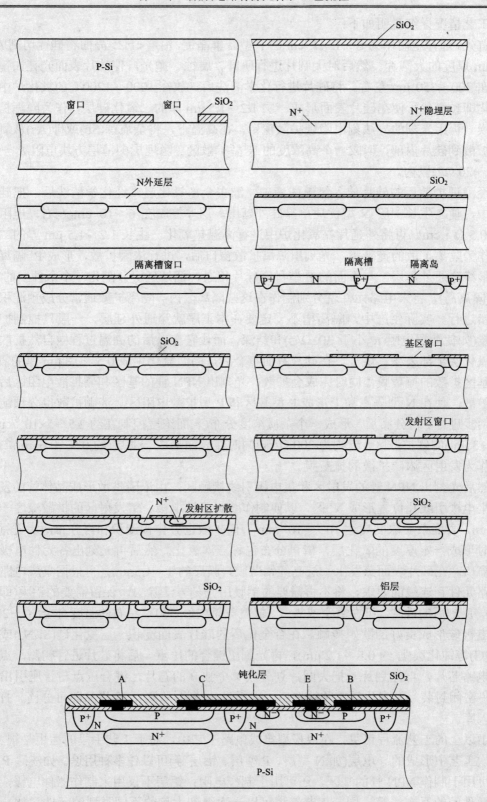

图 3-10　倒相器电路的主要工艺步骤

工艺情况详细说明如下:

首先,选择电阻率为 8～13 Ω·cm 的 P 型硅单晶锭,沿着 <111> 晶面将硅锭切割成 400～500 μm 厚度的大圆片。然后对大圆片进行研磨、腐蚀、抛光,使硅片表面光亮如镜,厚度大约在 300～350 μm 左右。将硅片进行化学清洗后,放在 1000～1200℃的氧化炉中进行隐埋氧化即预氧化,使在硅片表面形成一层 1.2～1.5 μm 厚的二氧化硅层,作为隐埋扩散时的掩蔽膜。再用光刻的方法刻出隐埋扩散窗口,在高温下,将杂质锑(Sb)或砷(As)从氧化层窗口中扩散到硅片内部,形成一个高浓度的 N^+ 型扩散区。隐埋层的薄层方块电阻 $R_□$ 一般控制在 15～20 Ω/□ 以内。

经隐埋扩散后的硅片放入氢氟酸液中,漂去全部氧化层,经化学清洗后,把硅片放外延炉中,使之生长一层 N 型优质单晶硅外延层,层厚控制在 6～10 μm 左右,电阻率约为 0.3～0.5 Ω·cm。再将外延片在氧化炉中进行高温热氧化,生长 1.2～1.5 μm 厚的二氧化硅层,作为隔离扩散的掩蔽膜。光刻出隔离扩散窗口后,进行浓硼扩散,形成 P^+ 隔离槽。隔离槽最终穿通外延层,与下面的 P 型衬底硅片相通,把外延层分割为一个个独立的 N 型隔离区(隔离岛),将来电路元件就分别制作在这些隔离区内。隔离扩散通常分成预淀积和再分布两步进行。实际生产中,隔离槽不一定要在本工序就穿通外延层,一般只控制扩入的杂质总量(如使薄层电阻 $R_□$ 小于 30 Ω/□)和结深,而让它在以后的高温过程中自然扩散穿通。再将氧化层全部去净、烘干,在硅片背面蒸金后,高温氧化生成 0.5～0.8 μm 厚的氧化层,作为基区扩散的掩蔽膜,同时完成金扩散。光刻出 NPN 管的基区和硼扩散电阻区后,进行淡硼扩散,使在 N 型隔离岛上形成 P 型基区和 P 型扩散电阻区。淡硼扩散也分预淀积和再分布两步进行。再分布后,形成一个杂质浓度分布(表面浓度控制在约 $2.5～5×10^{18}/cm^3$)和结深(2～3 μm)的硼扩散区,$R_□$ 约为 200 Ω/□,同时在表面形成一薄层(约 0.5～0.6 μm)二氧化硅层,作为发射区浓磷扩散的掩蔽膜。

然后光刻出 NPN 管的发射区和集电极引线接触区,由浓磷扩散形成晶体管的发射区,并在集电极引线孔位置形成 N^+ 区,以便制作欧姆接触电极。N^+ 发射区的扩散深度一般不超过 2 μm,表面杂质浓度高达 $10^{20}～10^{21}/cm^3$。磷扩散也分作预淀积和再分布两步进行。在再分布时形成一定厚度的氧化层,磷再分布也称三次氧化。然后再光刻出各元件电极的欧姆接触窗口。在硅片表面蒸发上一层高纯铝薄膜,膜厚约 1～1.5 μm,再根据集成电路引出线及电路元件互连线的要求,将不再需要的铝膜用光刻方法除去,保留需要的铝膜(即反刻铝引线)。反刻后的硅片,可在真空或氧气、氮气气氛中经 500℃左右的温度合金 10～20 分钟,使铝电极硅形成良好的欧姆接触。在合金化后的硅片表面淀积一层氮化硅(Si_3N_4)或磷硅玻璃(PSG)等钝化膜(厚约 0.8～1.2 μm),再光刻出键合的压点。后将硅片进行初测,点掉不合格的电路芯片,再经划片,把大圆片划分成单个独立的芯片,键合压点与管座引出线连接起来,密闭封装。经老化等工艺筛选后,进行成品测量(总测),合格品即可分档、打印、包装、入库。

由以上的工艺流程可见,在双极型集成电路工艺中,对于工艺手段的运用是很灵活的。同一次工艺中形成的导电层(如 N 型层、P 型层、铝层等)可以作多种用途。如淡硼 P 型扩散层既可用于制作 NPN 管的基区,还可用于制作电阻;铝层不仅用来制作器件电极,也用来完成元件间的互布线等。同一工艺流程可以一次得到大量的不同类型的元件,如一次工艺流程可以制得大量的晶体管、二极管、电阻等。可以想象,同一硅片上位置邻近的同类元件，由于它们经历的工艺过程和条件十分相似，因此它们的性能参数也将是十分一致的，即集成电路工艺有可能提供匹配性能十分优良的元件对。由于制造晶体管并不比制造电阻带来更多的麻烦，而且制造一个一般的晶体管往往比一个电阻占有更小的芯片面积，因此在半导体集成路中．总是尽量用有源的晶体管来代替无源的电阻器等，这引起了一个对电子线路设计的观念的变革，因为在传统的电子线路设计时，总是尽量少用电子管、晶体管等有源器件，比较多地应用电阻、电容等无源器件。而在半导体集成电路的设计中，恰恰相反，人们尽力用晶体管来取代电阻．以求得较高的电学性能和较好的经济效益。除上述特点外，与分立元件晶体管平面工艺比较，双极型集成电路典型工艺的显著特点是增加了隔离工艺和隐埋工艺。

1．隔离工艺

在双极型集成电路中，许多个元件做在同一块硅片上，各个元件之间必须互相绝缘，即需实现"隔离"。否则，元件间将发生电连通，电路就无法正常工作。隔离工艺的目的就是使做在不同隔离区内的元件实现电隔离。

典型常规工艺中，采用 PN 结隔离的方法，利用反向偏置的 PN 结具有高阻的特性来达到元件之间相互绝缘的目的。这种方法较简单方便，图 3-10 所示是采用这种方法制作在两个隔离岛上的 NPN 管的结构图，在晶体管 V_1 和 V_2 的集电区(N 型外延层)和隔离槽(P^+)间形成了两个背靠背的二极管，要使这两个隔离岛互不发生电连通，从而使 V_1、V_2 到电隔离的目的。其必要的条件是 P^+ 隔离槽(或 P 型硅衬底)必须接电路的最低电位(在 TTL 电路中即是接地)。这样，当晶体管 V_1、V_2 的集电区电位变化时．正极处于最低电位的 D_1、D_2 不可能相同，V_1、V_2 就被反偏 PN 结的支流高阻隔开。

PN 结隔离的缺点是制成的元件和芯片尺寸较大，寄生效应严重，不耐高压和辐射，从而影响电路性能的提高，它仅能适用于一般的场合。当对电路的性能和使用要求较高时，可采用其它的隔离方法。如果电路元件之间的绝缘是依靠二氧化硅等介质层来实现的，就叫做介质隔离。一种较好的隔离方法是"等平面隔离"，它的底壁仍是 PN 结隔离，而侧壁采用了介质隔离。

2．隐埋工艺

在工艺流程和结构图中，晶体管和硼扩电阻的下方，都做了一个 N^+ 隐埋扩散层，这与平面晶体管工艺不同。平面晶体管工艺一般是在 N^+ 硅衬底上生长 N 型外延层，制成的合格管芯被烧结在管架上，晶体管的集电极由下层 N^+ 硅衬底引出。而在集成电路工艺中，NPN管的集电极引线只能从硅片上面引入，这样，由集电极到发射极的电流，必然从高阻的外延层上横向流过，较平面晶体管的情形，电流流经的路途大为增长，而通导的截面积却大为减小，势必使晶体管参数如饱和压降、开关时间等变差，严重时会使电路无法正常工作。为解决这个问题，在 TTL 电路的制造过程中，增加了一道锑或砷扩散工序。在制作了 N^+ 引线孔横向流动到发射区下部集电结时的串联电阻，可视作外延层电阻和隐埋层电阻的并联。计算表明，设置埋层有效地降低了集成晶体管的集电极串联电阻。而在硼扩电阻下面设置 N^+ 埋层，可以改善电阻隔离岛电位的均匀性，在电阻岛接电情况不良时，N^+ 埋层的存在可以减小 P 型电阻扩散区到衬底的穿通电流。

新型电路的出现，电路性能数的提高，往往基于工艺质量的提高，或新工艺手段、新工艺流程的采用。如为了提高双极型数字电路传输速度，出现了以薄外延层、浅结扩散和细光刻线为基本特征的所谓"高速工艺"。新型双极数字电路中广泛采用肖特基势垒二极管(SBD)钳位、离子注入技术和等平面隔离等工艺手段。在模拟集成电路的设计制造中，因元件品种增加、参数要求严格，工艺过程一般更为繁琐。为适应电路品种增多、性能提高、新工艺手段的采用以及电路制造工艺流程的增删、调整和改革，集成电路制造工艺处于不断的变化发展之中。上面介绍的常规工艺流程是最基本的制造方法，由此工艺制得的 TTL 标准电路的分析方法所得的基本结论，对当前双极型集成电路的设计制造具有指导性的意义。

3.2.3　MOS 器件工艺流程

MOS 集成电路由于其有源元件导电沟道的不同，又可分为 PMOS 集成电路、NMOS 集成电路和 CMOS 集成电路。在 PMOS、NMOS 集成电路中，又因其负载元件的不同而分为 E/R(电阻负载)、E/E(增强型 MOS 管负载)、E/D(耗尽型 MOS 管负载)MOS 集成电路。各种 MOS 集成电路的制造工艺不尽相同，MOS 集成电路制造工艺根据栅电极的不同可分为铝栅工艺(栅电极为铝)和硅栅工艺(栅电极为掺杂多晶硅)。

由于 CMOS 集成电路具有静态功耗低、电源电压范围宽、输出电压幅度宽(无阈值损失)，且高速度、高密度，可与 TTL 电路兼容，因此使用广泛。

在 CMOS 电路中，P 沟 MOS 管作为负载器件，N 沟 MOS 管作为驱动器件，这就要求在同一个衬底上制造 PMOS 管和 NMOS 管，所以必须把一种 MOS 管做在衬底上，而另一种 MOS 管做在比衬底浓度高的阱中。根据阱的导电类型，CMOS 电路又可分为 P 阱 CMOS、N 阱 CMOS 和双阱 CMOS 电路。

传统的 CMOS IC 工艺采用 P 阱工艺，这种工艺中用来制作 NMOS 管的 P 阱，是通过向高阻 N 型硅衬底中扩散(或注入)硼而形成的。N 阱工艺与它相反，是向高阻的 P 型硅衬底中扩散(或注入)磷，形成一个作 PMOS 管的阱，由于 NMOS 管做在高阻的 P 型硅衬底上，因而降低了 NMOS 管的结电容及衬底偏置效应。这种工艺的最大优点是和 NMOS 器件具有良好的兼容性。双阱工艺是在高阻的硅衬底上，同时形成具有较高杂质浓度的 P 阱和 N 阱，NMOS 管和 PMOS 管分别作在这两个阱中。这样，可以独立调节两种沟道 MOS 管的参数，以使 CMOS 电路达到最优的特性，而且两种器件之间的距离，也因采用独立的阱而减小，以适合于高密度的集成，但其工艺比较复杂。

以上统称为体硅 CMOS 工艺，此外还有 SOS-CMOS 工艺(蓝宝石上外延硅膜)、SOI-CMOS 工艺(绝缘体上生长硅单晶薄膜)，它们从根本上消除了体硅 CMOS 电路中固有的寄生闩锁效应，而且由于元器件间是空气隔离的，有利于高密度集成，且结电容和寄生电容小，速度快，抗辐射性能好，SOI-CMOS 工艺还可望做成立体电路。但这些工艺成本高，硅膜质量不如体硅，所以只在一些特殊用途(如军用、航天)中才用。

MOS 晶体管与 MOS 集成电路在制作工艺上大致相同，只是后者更加复杂一些而已，现举例说明。

1. 铝栅 N 型沟道 MOS 晶体管工艺流程

铝栅 N 型沟通 MOS 晶体管工艺流程如图 3-11 所示。

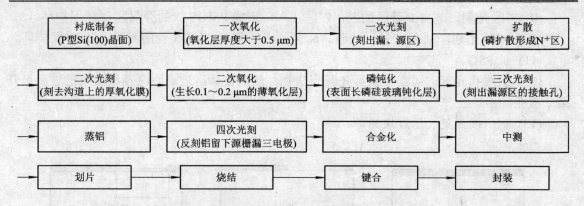

图 3-11　铝栅 N 型沟道 MOS 晶体管工艺流程图

2. P 阱铝栅 CMOS 集成电路工艺流程

CMOS-IC 主要器件是 N 沟道和 P 沟道 MOS 增强管组成的 CMOS 倒相器。P 阱是将 N 沟道 MOS 增强管制作于 P 阱中，而将 P 沟道增强管制作在硅衬底上。P 阱铝栅 CMOS 工艺流程如图 3-12 所示。

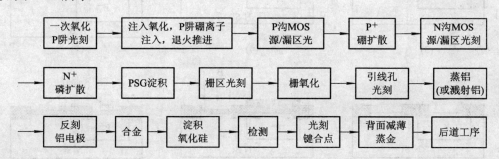

图 3-12　P 阱铝栅 CMOS 集成电路工艺流程图

3. P 阱硅栅 CMOS 工艺过程

典型的 P 阱硅栅 CMOS 工艺从衬底清洗到中间测试，总共 50 多道工序，需要 5 次离子注入、10 次光刻。下面结合主要工艺流程来介绍 P 阱硅栅 CMOS 集成电路中元件的形成过程。图 3-13 所示是 P 阱硅栅 CMOS 反相器的工艺流程及芯片剖面示意图。

主要流程简单介绍如下：

(1) 阱区光刻，刻出阱区注入孔。

(2) 阱区注入及推进，形成阱区。

(3) 去除 SiO_2，长薄氧，长 Si_3N_4。

(4) 有源区光刻，刻出 P 管、N 管的源、漏和栅区。

(5) N 管场区光刻，刻出 N 管场区注入孔。N 管场区注入，以提高场开启，减少闩锁效应及改善阱的接触。

(6) 长场氧，漂去 SiO_2 及 Si_3N_4，然后长栅氧。

(7) P 管区光刻(用阱区光刻的负版)。P 管区注入，调节 PMOS 管的开启电压，然后长多晶。

(8) 多晶硅光刻，形成多晶硅栅及多晶硅电阻。

(9) P⁺区光刻，刻去 P 管区的胶。P⁺区注入，形成 PMOS 管的源漏区及 P⁺保护环。

(10) N⁺区光刻，刻去 N 管区的胶。N⁺区注入，形成 NMOS 管的源漏区及 N⁺保护环。

(11) 长 PSG。

(12) 引线孔光刻。可在生长后先开一次孔，然后在磷硅玻璃回流及结注入推进后再开第二次孔。

(13) 铝引线光刻、压焊块光刻。

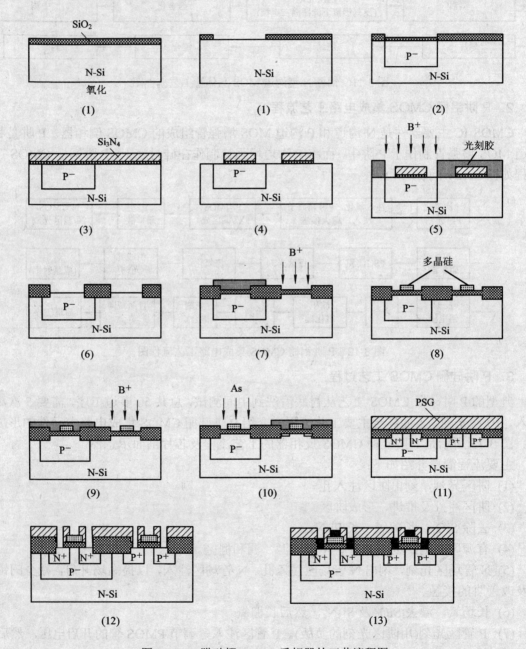

图 3-13 P 阱硅栅 CMOS 反相器的工艺流程图

4. N 阱硅栅 CMOS 工艺过程

N 阱硅栅 CMOS 制造工艺步骤(见图 3-14)类似于 P 阱 CMOS(除了采用 N 阱外)。N 阱硅栅 CMOS 制造工艺的优点是可以利用传统的 NMOS 工艺,只要稍加改进,就可以形成 N 阱。

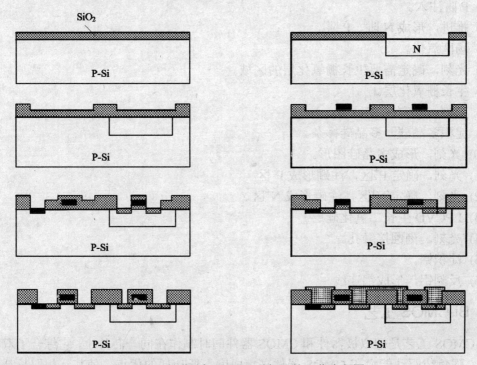

图 3-14 N 阱硅栅 CMOS 反相器的工艺流程图

5. 双阱硅栅 CMOS 工艺

与传统 P 阱工艺相比,用双阱 CMOS 工艺作出的 N 沟 MOS 电容较低、衬底偏置效应小。同理,与传统 N 阱工艺相比,用双阱 CMOS 工艺作出的 P 沟 MOS 性能更好。

双阱 CMOS 工艺流程除了阱的形成这一步外,其余都与 P 阱工艺类似。通常双阱 CMOS 工艺采用的原始材料是在 N^+ 或 P^+ 衬底上外延一层轻掺杂的外延层,以防止闩锁效应。双阱硅栅 CMOS 反相器剖面示意图如图 3-15 所示。

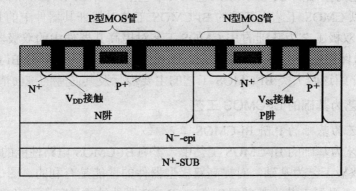

图 3-15 双阱硅栅 CMOS 反相器剖面示意图

双阱 CMOS 工艺流程简述如下：

(1) 光刻，确定阱区。

(2) N 阱注入和选择氧化。

(3) P 阱注入。

(4) 推进，形成 N 阱、P 阱。

(5) 场区氧化。

(6) 光刻，确定需要生长栅氧化层的区域。

(7) 生长栅氧化层。

(8) 光刻，确定注 B^+ 区域，注 B^+。

(9) 淀积多晶硅，多晶硅掺杂。

(10) 光刻，形成多晶硅图形。

(11) 光刻，确定 P^+ 区，注硼形成 P^+ 区

(12) 光刻，确定 N^+ 区，注磷形成 N^+ 区。

(13) LPCVD 生长二氧化硅层。

(14) 光刻，刻蚀接触孔。

(15) 淀积铝。

(16) 反刻铝，形成铝连线。

3.2.4　Bi-CMOS 工艺

Bi-CMOS 工艺是把双极器件和 CMOS 器件同时制作在同一芯片上，它综合了双极器件高跨导、强负载驱动能力和 CMOS 器件高集成度、低功耗的优点，使其互相取长补短，发挥各自的优点，它给高速、高集成度、高性能的 LSI 及 VLSI 的发展开辟了一条新的道路。

对 Bi-CMOS 工艺的基本要求是将两种器件组合在同一芯片上，两种器件各具优点，由此得到的芯片具有良好的综合性能，而且相对双极和 CMOS 工艺来说，不增加过多的工艺步骤。

许多种各具特色的 Bi-CMOS 工艺，归纳起来大致可分为两大类：一类是以 CMOS 工艺为基础的 Bi-CMOS 工艺，其中包括 P 阱 Bi-CMOS 和 N 阱 Bi-CMOS 两种工艺；另一类是以标准双极工艺为基础的 Bi-CMOS 工艺，其中包括 P 阱 Bi-CMOS 和双阱 Bi-CMOS 两种工艺。当然，以 CMOS 工艺为基础的 Bi-CMOS 工艺对保证其器件中的 CMOS 器件的性能比较有利，而以双极工艺为基础的 Bi-CMOS 工艺对提高其器件中的双极器件的性能有利。影响 Bi-CMOS 器件性能的主要是双极部分，因此以双极工艺为基础的 Bi-CMOS 工艺用得较多。下面简要介绍这两大类 Bi-CMOS 工艺的主要步骤及其芯片的剖面情况。

1. 以双极工艺为基础的 Bi-CMOS 工艺

1) 以双极工艺为基础的 P 阱 Bi-CMOS 工艺

以 CMOS 工艺为基础的 Bi-CMOS 工艺中，影响 Bi-CMOS 电路性能的主要是双极型器件。显然，若以双极工艺为基础，对提高双极型器件的性能是有利的。图 3-16 所示的是以典型的 PN 结隔离双极型工艺为基础的 P 阱 Bi-CMOS 器件结构的剖面示意图。它采用<100>P 型衬底、N^+埋层、N 型外延层，在外延层上形成 P 阱结构。该工艺采用成熟的 PN 结对通隔

离技术。为了获得大电流下低的饱和压降，采用高浓度的集电极接触扩散；为防止表面反型，采用沟道截止环。NPN 管的发射区扩散与 NMOS 管的源(S)漏(D)区掺杂和横向 PNP 管及纵向 PNP 管的基区接触扩散同时进行；NPN 管的基区扩散与横向 PNP 管的集电区、发射区扩散，纵向 PNP 管的发射区扩散，PMOS 管的源漏区的扩散同时完成。栅氧化在 PMOS 管沟道注入之后进行。

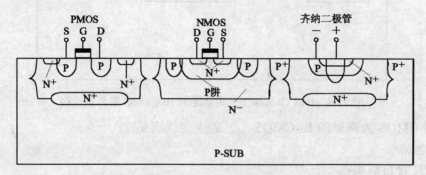

图 3-16　以 PN 结隔离双极型工艺为基础的 P 阱 Bi-CMOS 器件结构剖面图

这种结构克服了以 P 阱 CMOS 工艺为基础的 Bi-CMOS 结构的缺点，而且还可以用此工艺获得对高压、大电流很有用的纵向 PNP 管和 LDMOS 及 VDMOS 结构，以及在模拟电路中十分有用的 I^2L 等器件结构。

2) 以双极工艺为基础的双阱 Bi-CMOS 工艺

以双极工艺为基础的 P 阱 Bi-CMOS 工艺虽然得到了较好的双极器件性能，但是 CMOS 器件的性能不够理想。为了进一步提高 Bi-CMOS 电路的性能，满足双极和 CMOS 两种器件的不同要求，可采用图 3-17 所示的以双极工艺为基础的双埋层、双阱结构的 Bi-CMOS 工艺。

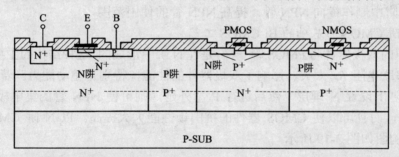

图 3-17　双极工艺为基础的双埋层、双阱结构的 Bi-CMOS 工艺图

这种结构的特点是采用 N^+ 及 P^+ 双埋层双阱结构，采用薄外延层来实现双极器件的高截止频率和窄隔离宽度。此外，利用 CMOS 工艺的第二层多晶硅作双极器件的多晶硅发射极，不必增加工艺就能形成浅结和小尺寸发射极。

2. 以 CMOS 工艺为基础的 Bi-CMOS 工艺

1) 以 P 阱 CMOS 为基础的 Bi-CMOS 工艺

此工艺出现较早，其基本结构如图 3-18 所示，它以 P 阱作为 NPN 管的基区，以 N^- 衬底作为 NPN 管的集电区，以 N^+ 源、漏扩散(或注入)作为 NPN 管的发射区扩散及集电极的接触扩散。

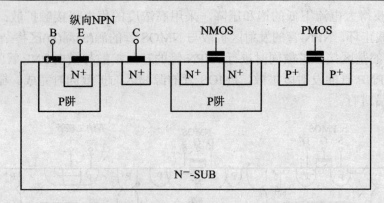

图 3-18 P 阱 CMOS 工艺为基础的 Bi-CMOS 器件剖面图

以 P 阱 CMOS 为基础的 Bi-CMOS 工艺的主要优点是：

(1) 工艺简单；

(2) NPN 管自隔离；

(3) MOS 晶体管的开启电压可通过一次离子注入进行调整。

以 P 阱 CMOS 为基础的 Bi-CMOS 工艺的主要缺点是：

(1) NPN 管的基区太大；

(2) NPN 管和 PMOS 管共衬底，限制了 NPN 管的使用。

为了克服上述的缺点，可对此结构作如下的修改：

(1) 用 N^+-Si 外延衬底，以降低 NPN 管的集电极串联电阻；

(2) 增加一次掩膜进行基区注入、推进，以减小基区宽度和基极串联电阻；

(3) 采用多晶硅发射极以提高速度；

(4) 在 P 阱中制作横向 NPN 管，提高 NPN 管的使用范围。

2) 以 N 阱 CMOS 为基础的 Bi-CMOS 工艺

此工艺中的双极器件与 PMOS 管一样，是在 N 阱中形成的。这种结构的主要缺点是 NPN 管的集电极串联电阻 R_{cs} 太大，影响了双极器件的性能，特别是驱动能力。若以 P^+-Si 为衬底，并在 N 阱下设置 N^+ 埋层，然后进行 P 型外延，则可使 NPN 管的集电极串联电阻 R_{cs} 减小 5～6 倍，而且可以使 CMOS 器件的抗闩锁性能大大提高。以 N 阱 CMOS 为基础的 Bi-CMOS 结构图如图 3-19 所示。

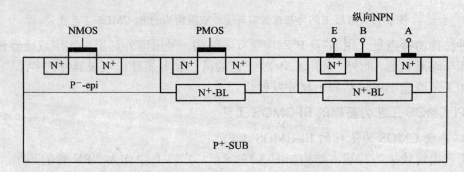

图 3-19 以 N 阱 CMOS 为基础的 Bi-CMOS 结构

复 习 思 考 题

3-1　肖特基势垒二极管和普通二极管的区别是什么？

3-2　简述硼扩散电阻的制造工艺流程。

3-3　简述晶体管制造工艺流程。

3-4　画出晶体管平面外延工艺流程并作简单描述。

3-5　双极型集成电路与晶体管工艺相比有何特点？

3-6　简述铝栅 N 沟道 MOS 制造工艺流程。

3-7　简述 P 阱硅栅 CMOS 制造工艺流程。

3-8　Bi-CMOS 工艺有何特点？

3-9　简述 P 阱硅栅 CMOS 工艺流程中每次光刻的目的是什么？

3-10　在隔离岛上制作 NPN 型管的工艺流程最少需几块掩膜版？依工艺顺序写出各掩膜版的名称。

3-11　双极型 IC 的隔离技术主要有几种类型？

3-12　PN 结隔离技术有何特点？N$^+$埋层扩散起何作用？

第4章　晶体生长和晶圆制备

半导体器件和电路是在半导体材料晶圆表层形成的，半导体材料通常是硅。如何合理选择和使用材料，以及如何获得"理想"的加工表面是首先要解决好的问题。

4.1　晶体和晶圆质量

衬底是器件制造的基础。衬底材料和衬底加工质量对器件参数和器件制造工艺质量具有重要的影响。衬底材料的种类很多，并且随着半导体技术的发展，还会不断出现新的材料。目前，在生产、应用方面主要有三种类型：一是元素半导体，如硅和锗；二是化合物半导体，如III-V族和II-VI族化合物半导体；三是绝缘体，如蓝宝石和尖晶石。其中以硅应用最广，产量最大。

4.1.1　对衬底材料的要求

用于衬底的材料，由于它们的结构、组成、获得方法和难易程度，以及作用各有不同，加上杂质、缺陷对器件制作工艺质量的不同影响，对它们的要求也不完全相同，对于硅、锗、砷化镓这些半导体材料，选用的主要要求有：

(1) 导电类型，N型或P型。根据不同的场合选择不同导电类型的衬底材料。

(2) 电阻率，一般要求在 $0.001 \sim 100\,000\ \Omega \cdot cm$ 之间，但不同器件对电阻率的要求不同，如不同击穿电压的器件所要求的硅单晶体电阻率(见表 4-1)。电阻率要均匀、可靠。电阻率均匀性包括纵向、横向及微区电阻率均匀度，它直接影响器件参数的一致性、击穿特性和成品率。大规模集成电路对电阻率微区均匀性要求更高。电阻率可靠性是指在器件加工过程中，具有较好的稳定性和真实性，它与掺杂技术、补偿度、氧和氢含量等有关。

表 4-1　不同器件所要求的硅单晶电阻率

硅器件名称	导 电 类 型	硅单晶体电阻率/($\Omega \cdot$ cm)
硅外延片衬底	N	10^{-3}
二极管	N	$0.05 \sim 100$
晶体管	N(P)	$1 \sim 3$，$(1 \sim 15)$
太阳能电池	N	$0.1 \sim 10.0$
可控硅	N	$100 \sim 300$
整流器	N(P)	$20 \sim 200$，$(n \times 10 \sim n \times 10^3)$

*注：$1 \leqslant n \leqslant 10$

(3) 寿命，它是反映单晶中重金属杂质和晶格缺陷对载流子作用的一个重要参数，与器件放大系数、反向电流、正向电压、频率和开关特性密切相关，一般要求在几至几千微秒。晶体管一般要求长寿命，开关器件要求短寿命(一般用掺入杂质金来获得)，整流器、晶体管要求少子寿命值为 $n \times 10\ \mu s$，可控硅要求寿命值为 $n \times 10 \sim n \times 10^2\ \mu s$。

(4) 晶格完整性，要求无位错、低位错(小于 1000 个/cm^2)。对无位错排和小角度晶界的要求尤其严格。其他缺陷要极少，特别是微缺陷。

(5) 纯度高，微量杂质对半导体材料性能影响很大，作用灵敏。微量杂质主要有受主、施主、重金属、碱金属及非金属杂质等，其影响各不相同。例如：P、B 决定着硅材料的类型、电阻率、补偿度等电学性能；铜、铁等金属杂质，会使单晶硅少子寿命降低，电阻率变化，并与缺陷相互作用，硅中的氧在热处理时产生热施主，使材料电阻率变化甚至变形，并与重金属杂质结合形成材料的假寿命，使器件的放大系数减小，噪声系数增大，击穿电压降低，漏电流增大，出现软击穿、低击穿等现象。

(6) 晶向，对于双极型硅器件，一般要求<111>晶向，MOS 硅器件为<100>晶向，砷化镓常用<100>晶向。

(7) 要求一定的直径和均匀性，并给出主次定位面。

除此以外，禁带宽度要适中，迁移率要高，杂质补偿度低等。

对于砷化镓材料，由于杂质和缺陷的种类、数量，以及它们在材料中的行为及其对器件性能的影响比锗、硅单晶更复杂和显得更重要，因此几乎所有的砷化镓材料都是采用外延层作工作层，而体单晶只用来制作衬底。至于蓝宝石和尖晶石，通常是作为硅外延的绝缘衬底，主要要求它与硅外延层的晶格匹配要好，晶格失配率尽可能小，纯度高，晶格缺陷少，对外延层的污染尽可能少。

4.1.2　晶体的缺陷

晶体可以是天然的，也可以由人工培养出来。晶体物质在适当的条件下，能自然地发展成为一个凸多面体的单晶体。从前面章节的学习我们知道，发育良好的单晶体外形上最显著的特征是晶面有规则的配置。晶面本身的大小形状，是受结晶生长时外界条件影响的，不是晶体品种的特征因素，而晶面间的夹角却是晶体结构的特征因素。

理论和实践证明，晶体中的原子、离子、分子等质点还在空间有规则地作周期性的无限分布，这些质点的总体称为空间点阵。点阵中的质点所在的位置称为结点。通过点阵中结点，可以作许多平行的直线族和平行的晶面族，这样，点阵就成为一些网格，称为晶格。晶格是原子的规则排列，具有周期可重复性。这种周期重复性的单元称为晶胞，从晶胞的角度看，由无数个晶胞互相平行紧密地结合成的晶体叫做单晶体。由无数个小单晶体作无规则排列组成的晶体称为多晶体。

硅、锗等元素半导体属金刚石结构，砷化镓等化合物属闪锌矿结构，两者的几何结构相同，所不同的是闪锌矿由两种不同的原子组成。

晶格中的结点在各个不同方向，都是严格按照平行直线排列。我们来画一个平面图描绘结点的规则排列。由图 4-1 可以看出，结点沿两个不同方向(实线和虚线)都是按平行直线成行排列，这些平行的直线把所有的结点包括无遗。在一个平面中，相邻直线之间的距离相等，此外，通过每一个结点可以有无限多族的平行直线。当然，晶格中的结点并不是在一个平面上，而是规则地排列在立体空间中，利用晶向指数来区分它们在空间的不同方向。

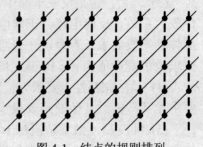

图 4-1　结点的规则排列

半导体器件需要高度的晶体完美。但是，即使使用了最成熟的技术，完美的晶体还是得不到的。在晶体中一些局部区域原子的规则排列被破坏，这种情况统称为晶体缺陷。这些缺陷的存在，对晶体的性能有很大的影响。

按照缺陷在空间分布的情况，可以把晶体结构中存在的缺陷分为点缺陷、线缺陷、面缺陷和体缺陷。在完成的器件中，晶体缺陷会导致器件在正常电压下不工作。重要的晶体缺陷分为点缺陷、位错和原生缺陷三类。

1. 点缺陷

空位、间隙原子和外来杂质原子在晶体中都能引起晶格结点附近发生畸变，破坏其完整性，是一种约占一个原子尺度范围的缺陷，称为点缺陷。

点缺陷的来源有两类，一类是空位和间隙原子，另一类来自于杂质缺陷。

1) 空位和间隙原子

(1) 空位。晶体的原子离开其正常点阵位置后，在晶格中形成的空格点称为空位。

离位原子转移到晶体表面的正常位置后，在晶格内部留下的空格点称为肖特基空位，如图 4-2(a)所示；离位原子转移到晶格的间隙位置留下的空位称为弗仑克尔空位，如图 4-2(b)所示。形成弗仑克尔空位时，间隙原子和空位总是成对出现，故称弗仑克尔对。空位可以由热激发产生，它的浓度取决于温度，在一定的温度下，晶体内存在一定的平衡浓度。这类点缺陷称为热缺陷。空位也可以由高能粒子轰出产生，并同时出现间隙原子。

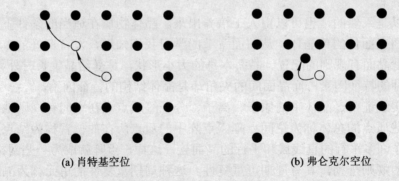

(a) 肖特基空位　　　　　　　　　　　(b) 弗仑克尔空位

图 4-2　硅中空位示意图

在平衡时，空位浓度由下式决定：

$$\frac{N_v}{N} = e^{-E_v/KT}$$

式中，N_v 为单位体积的空位浓度；N 为单位体积晶体中的格点数；E_v 为形成一个空位的内能增量，其典型值约为几千电子伏，在 1000 K 时 N_v/N 约为 10^{-5}；K 为玻尔兹曼常数；T 为绝对温度。

(2) 间隙原子：处于点阵间隙位置的原子称为间隙原子。当其为晶格本身的原子时，则称为自间隙原子，它可以由热激发产生。当形成弗仑克尔空位的同时，也形成自间隙原子，二者浓度相等。在化合物半导体中，形成间隙原子的几率与组成化合物的原子半径密切相关，离子半径越大，形成间隙原子的几率越小。间隙原子也可以由外来杂质形成，可以是受主型的，也可以是施主型的。

2) 杂质缺陷

晶体中因杂质存在，杂质原子周围受到张力，压力使晶格发生畸变而造成的缺陷称为杂质缺陷。

半导体中的杂质有的是由于制备半导体的原材料纯度不够带来的，有的是半导体晶体制备过程中沾污的，有的是器件制造过程中沾污的，有的是为了控制半导体的物理性质而人为掺入的。根据这些杂质在晶体中所处的位置可分成两类：间隙式杂质和代位式杂质。

间隙式杂质在晶体中占据着原子间的空隙位置。间隙式杂质一般比较小，因为只有这样才能挤到间隙中去，如 Li^+，其半径只有 0.68×10^{-10} m，所以，锂在硅中是间隙杂质。

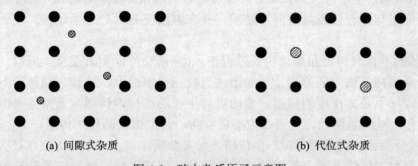

(a) 间隙式杂质　　　　　　　　　　　　　　(b) 代位式杂质

图 4-3　硅中杂质原子示意图

代位杂质在晶体中取代了基本原子的位置。一般形成代位杂质时，要求代位杂质的大小与被取代的基本原子大小比较接近，价电子数比较接近，两者的性质相差并不多，所以 B、AL、Ga、In 等Ⅲ族元素和 P、As、Sb、Bi 等Ⅴ族元素在硅和锗中都是代位杂质。

3) 点缺陷对晶体性质的影响

空位、间隙原子、杂质原子等点缺陷存在于晶体中，会引起晶格的规则结构遭到不同程度的破坏，直接影响到微观粒子电子或空穴在晶体中的运动状态，所以，对材料制备提出无缺陷、高纯度的要求。

这里，我们着重叙述一些缺陷，尤其是杂质缺陷对晶体性质的影响。

在高温下，晶体中存在较高浓度的空位。当温度降低后，如果这些空位来不及扩散到表面或与间隙原子相复合而消失，则会聚集成团。这些空位团的线度很小(约为 10^{-4} cm 左右)，形成"微缺陷"。杂质碳是形成微缺陷的因素之一，这些有关"微缺陷"对晶体性质和对器件的影响在微缺陷一节内容中再作介绍。

杂质缺陷存在于晶体中能形成杂质散射、杂质补偿，杂质电离复合中心，改变晶体的性质，使半导体中载流子的迁移率下降。

杂质能够引起晶体内出现局部的附加电势。杂质电离后形成正电中心或负电中心，当载流子运动到电中心附近时，就会受到它们的静电作用。这个静电作用力将改变载流子原有运动速度的方向和大小，这就是杂质散射。总之，杂质缺陷的存在能影响到晶体的电阻率、少子的寿命及在某种条件能形成微缺陷和位错(晶体生长过程中由杂质分凝可产生位错)。

2. 位错

位错是晶体中的线缺陷，即在一维方向具有宏观尺寸的缺陷。

晶体中的一部分相对于另一部分，在一定的晶面上沿一定方向产生部分滑移，滑移面边界的畸变区称为位错线，简称位错，也就是晶体中已滑移和未滑移面上的分界线。晶面上局部发生滑移，在分界线周围原子的相互位置发生了畸变，形成了位错线。

关于位错的起源，要追溯到晶体最初形成与晶体生长过程。硅晶体生长过程中，产生位错的因素很多，主要有以下几方面：

(1) 籽晶体内原有位错。拉制单晶时所用的籽晶内原来即存在位错，在晶体生长时原存在的位错不断延伸，使新生长的晶体产生位错。

(2) 籽晶表面损伤。籽晶表面的损伤，如机械磨损、裂痕等，使表面晶格破坏，高温时，在热应力作用下，这种不规则的晶格向体内传播而造成大量位错。

(3) 位错倍增。由于外界的振动、外加应力、热起伏等而使籽晶或单晶中位错倍增。这些倍增了的位错与原有位错具有同样性质，并在固液交界面处不断延伸，使新生长的晶体产生位错。

(4) 晶体的不良取向。在晶体生长过程中，固-液交界面附近温度太低时，会使新凝固的晶体不完全按籽晶轴方向排列，局部地区造成一些孪晶面，这称为晶体的不良取向。这些不良取向实际上是大密度的位错，会向以后生长的晶体内传播。若熔液表面悬浮着杂质或熔液中存在一些固态微粒，也可产生不良取向，使位错在晶体中传播。

(5) 杂质分凝。杂质分凝也可产生位错，如果杂质在锗、硅中的含量在最大溶解度范围内，则杂质分凝对位错是没有影响的，但往往拉晶快终了时，熔液中的杂质愈来愈多，超出了最大溶解度，在凝结或冷却时产生肋应力而使位错大量倍增。

位错有很多种类型，位错线与滑动方向(即柏氏矢量)垂直的位错称为刃形位错(如图 4-4 所示)。从晶格的排列情况看，就如在滑移面上部插进了一片原子，位错的位置正好在插入的一片原子的刃上。这种位错，在位错线之上的晶格受到压缩，在它之下的晶格是伸长的。

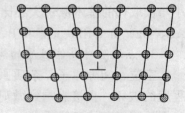

图 4-4　刃形位错示意图

位错线与滑动方向平行的位错称为螺型位错，这种位错的特点是垂直于位错的晶面被扭成螺旋面，晶体上表面本来是平面，而形成螺型位错后，如果围绕位错的回路走一周，则晶面就升高一层，形成一个螺旋面的特点，螺旋位错的名称就是从这里来的。

位错线与滑动方向既不平行又不垂直的位错称为混合型位错，此时柏氏矢量可以分解为刃型分量和螺型分量。此外，因排列形式之不同，常见的还有位错排、星形结构、小角晶界和系属结构等。

位错在晶圆里的发生，是由于晶体生长条件和晶体内的晶格应力，也可能是由于制造过程中的物理损坏，碎片或崩边成为晶格应力的交会点，产生一条位错线，随着高温工艺扩散到晶圆内部。

在应力的作用下，位错会发生运动。运动可分为滑移运动和攀移运动。位错在一个滑移面内运动称之为滑移运动；若在应力的作用下位错能够从一个滑移面上移到另一个滑移

甚至比硅单晶的一般常规参数(导电类型、电阻率、少子寿命、位错密度等)的影响还要大，对大规模集成电路其危害性还会更大。

微缺陷在锗中也同样存在，可能是由于过剩空位凝聚所形成的。锗中微缺陷也呈条纹状分布，密度在 $3×10^6～5×10^7 cm^{-3}$ 之间。化合物半导体晶体中也有微缺陷，例如，有位错的砷化镓晶体中已观察到棱柱位错环，简单的、双重和三重不全位错，各种形状的沉淀物等微缺陷。磷化镓中的微缺陷浓度高达 $10^{11}～10^{12} cm^{-3}$，这些情况也必须引起高度的重视。

必须指出的是，微缺陷并非总是有害的，当它出现在硅片表面时是有害的，但若设法使之只在硅片内部产生，那么微缺陷不但无害还能吸除表面有害杂质和缺陷，这就是 IG 效应。

4.2　晶　体　生　长

4.2.1　晶体生长的概念

半导体晶圆是从大块半导体材料切割而来的，这种半导体材料做晶棒，是从大块的具有多晶结构和未掺杂本征材料生长得来的。把多晶块转变成一个大单晶，给予正确的定向和适量的 N 型或 P 型掺杂，叫做晶体生长。

4.2.2　晶体生长的方法

晶体有天然晶体和人工晶体。人工晶体的制备方法很多，具体介绍如下：

(1) 溶液中生长晶体法。此法是将原材料(溶质)溶解在溶剂中，采取适当的措施造成溶液的过饱和，使晶体在其中生长。例如食盐结晶，就是利用蒸发的措施使 NaCl 晶体在其中生长，从而使食盐结晶。

(2) 助熔剂法生长晶体。此法生长温度较高，它是将晶体的原成分在高温下溶解于低熔点的助溶剂溶液中，形成均匀的过饱和溶液，然后通过慢降温，形成饱和溶液，使晶体析出。

(3) 水热法生长晶体。此法是一种在高温高压下的过饱和水溶液中进行的结晶方法，如目前普遍采用的生长人工水晶的主要方法是温差水热结晶法；有从熔体中生长晶体的方法，此法是从溶体中生长晶体制造大单晶和特定形状的单晶最常用和最主要的一种方法。锗、硅单晶的生长大部分就是用熔体生长方法制备的。

单晶体的生长主要包括成核和长大两个过程。当熔体温度降到某一温度时，许多细小的晶粒就在熔体中形成，并逐渐长大，最后形成整块晶体材料。如水结成冰时，先是形成一些小的冰粒，然后这些小冰粒逐渐长大，直至全部的水都结成冰。那么从这个过程中可以看到水结成冰要有两个先决条件：其一，必须存在冰粒(或晶核)；其二，温度必须降低到水的结晶温度(零度以下)。单晶硅的制备也必须具备这两个条件：一是系统的温度必须降到结晶温度以下(称过冷温度)，二是必须有一个结晶中心(籽晶)。

在自然界中，晶体有这样一种物质特性，即在熔点温度以上时，液态的自由能要比固态低，液态比固态稳定；相反，当温度降到熔点温度以下时，固态自由能比液态低，这时固态较为稳定。在单晶拉制过程中，就是使熔体处于过冷状态，这时固态自由能比液态低，一旦溶液中存在结晶中心(籽晶)，它就会沿着结晶中心，使自己从液态变成固态。如果同时存在几个结晶中心，就会产生多晶体，这是我们不希望出现的。因此，拉制单晶硅时，往往人为地加入一个籽晶作为结晶中心，使得熔体沿着这个籽晶，最后形成一个完整的单晶体。

在拉制单晶硅时，选择无位错、晶向正、电阻率高的单晶体按需要的晶向，切割成一定的形状的籽晶，随后进行严格的化学处理，使其表面无杂质沾污和无任何损伤。

目前常用的制备单晶硅的方法有直拉法(CZ法)和悬浮区熔法(FZ)两种。

1. 直拉法

直拉法又称提拉法，是熔体生长单晶的最常用的一种方法。其设备示意图如图4-5所示。

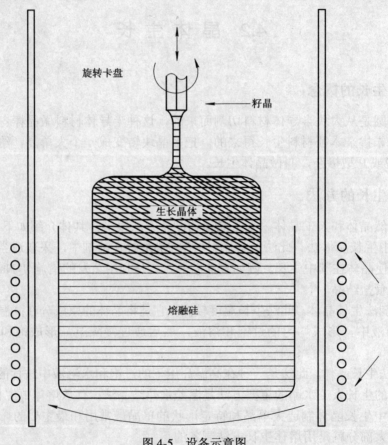

图4-5　设备示意图

材料装在坩埚内(石英或石墨坩埚)，加热到材料的熔点以上，坩埚上方有一根可以旋转和升降的提拉杆，杆的下端有一夹头，夹头上装有一根籽晶。降低拉杆，使籽晶与熔体接触，只要熔体温度适中，籽晶既不熔掉，也不长大。然后缓慢向上提拉同时转动晶杆，同时缓慢降低加热功率，籽晶就逐渐长粗长大。小心调节加热功率，就能得到所需直径的晶体。整个生长装置放在一个外罩里，以便使生长环境中有所需要的气体和压强。通过外罩的玻璃窗口可以观察生长的情况。

1) 设备简介

目前各国已设计和制造了各式各样的单晶炉，但根据硅在高温下化学性质活泼和生长单晶所必须满足的条件来看，都是大同小异的。就其共性来看，一般拉晶设备都具备加热部分、炉体和机械传动部分、真空和惰性气体保护装置三部分。分别简述如下(加热部分和机械传动部分的结构如图 4-6 所示)。

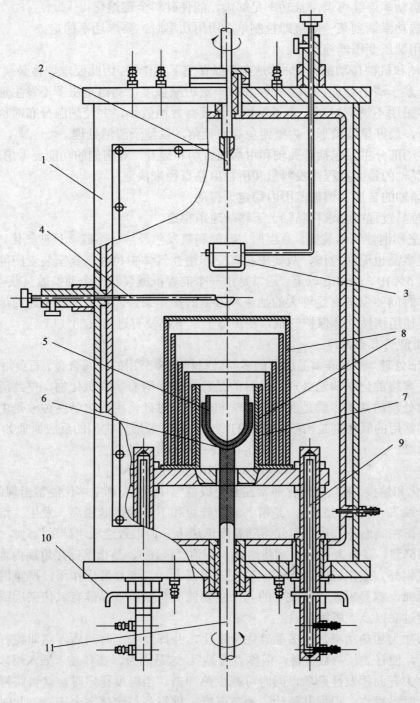

1—炉体；2—籽晶轴；3—籽晶保护罩；4—掺杂勺；5—石英坩埚；6—石墨坩埚；
7—加热器；8—多层石墨保温罩；9—电极；10—导线接板；11—坩埚轴

图 4-6 直拉法单晶炉剖面图

(1) 加热部分，加热形式一般用低频电阻加热和高频感应加热，单晶炉对加热部分的要求是：

① 加热功率连续可调，且功率足够大，能使硅料全部熔化；

② 加热功率调到某一数值即拉制单晶所用功率时，要求功率稳定；

③ 采用调压变压器控制。

(2) 炉体和机械传动部分。炉体是在高温真空下工作的，因此要求炉体必须由不易生锈、不易挥发、易于清洁处理、非多孔性并有一定机械强度，高温重压下不发生形变的材料制成，一般多采用不锈钢材料。为了保护炉体及有效地散热，并使炉温分布对称，要求炉体是双层水冷，最好呈圆筒形。内壁避免存在死角，以便于清洁处理。

机械传动部分主要包括籽晶轴和坩埚的转动和提升，对它们的功能要考虑以下几方面：

① 籽晶轴的最大行程由投料量和所拉单晶直径来决定；

② 籽晶轴的转速在调速范围内稳定无振动；

③ 在拉晶过程中要求籽晶轴上下移动速率稳定。

(3) 真空和惰性气体装置。高温时，硅能和氧发生反应，熔硅一旦被氧化，则很难成单晶，甚至连多晶也无法拉出，故要求在真空和惰性气体中拉晶。真空装置应能保证炉体内热真空度达 5×10^{-4} mmHg 以上。通常是由一个前置机械泵和一个油扩散泵获得，为缩短抽真空的工作时间要保证有足够大的抽速和方便的操作条件，由泵工作引起的地面振动要尽量小。如果使用惰性气体保护气氛，在炉体上、下都要有进出气的气口。

2) 拉晶前的准备工作

(1) 清洁处理。拉制硅单晶所用的多晶硅材料及掺杂用的中间合金、石英坩埚、籽晶等，都必须经过严格的化学清洁处理。其目的是除去表面附着物和氧化物，得到清洁而光亮的表面。化学处理的基本步骤是腐蚀、清洗和烘干。对硅常用的化学腐蚀液是由氧化剂与络合剂组成。常用的氧化剂是硝酸，常用的络合剂是氢氟酸，它们的反应原理如下：

$$SiO_2 + 6HF \rightarrow H_2SiF_6 + 2H_2O$$

$$Si + 4HNO_3 \rightarrow SiO_2 + 2H_2O + 4NO_2 \uparrow$$

(2) 熔化和熔接。多晶硅熔化通常在真空或氩气中进行，真空熔化经常出现的问题是"塔桥"和"硅跳"。所谓"塔桥"，是指上部的硅块和下部的熔硅脱离。发生"塔桥"时，如仍将熔硅停留在高温下，势必引起熔硅温度迅速上升，以致造成"硅跳"。如"塔桥"已出现，应立即降温，使其凝固后，重新熔化。所谓"硅跳"，是指熔硅在坩埚内像沸腾似地跳动或溅出坩埚外。发生硅跳时，熔硅溅在石墨器上，二者会发生作用，严重时甚至会损坏全套石墨器皿。容易出现"硅跳"的几个主要情况包括：多晶硅有氧化夹层或严重不纯；熔化后温度过高以及"塔桥"。

当逐渐加大加热功率，使多晶硅完全熔化，并挥发一定时间后，立即将籽晶下降使之与液面接近，使籽晶预热数分钟，俗称"烤晶"。这是因为，在籽晶未插入熔体前在熔体上方烘烤以除去表面挥发性杂质，同时可减少热冲击。当温度稳定时，就可将籽晶与熔体完全接好。此时，操作者根据其经验，调节温度，使籽晶与熔体完全接好。此时须注意，熔体温度不能过高或过低，温度过高会把籽晶熔掉，过低会引起坩埚内结晶，一般控制在熔点附近。熔料时，坩埚即开始转动，籽晶下降至熔体接近时，才开始转动，在操作过程中，由于升温影响，会使炉内真空度降低，一旦降温以后真空度即可回升。

3) 拉制硅单晶的工艺过程

硅单晶的拉制过程：用高频加热或电阻加热方法熔化坩埚中的高纯多晶硅料，把熔硅保持在比熔点稍高一些的温度下，把籽晶夹在籽晶轴上，使籽晶与熔硅完全吻合，缓慢降温，然后，一面旋转籽晶轴，一面缓慢向上拉，这样就获得了硅单晶体(硅单晶锭)。

直拉硅单晶的工序为：引晶→缩颈→放肩→等径→收尾，如图 4-7 所示。

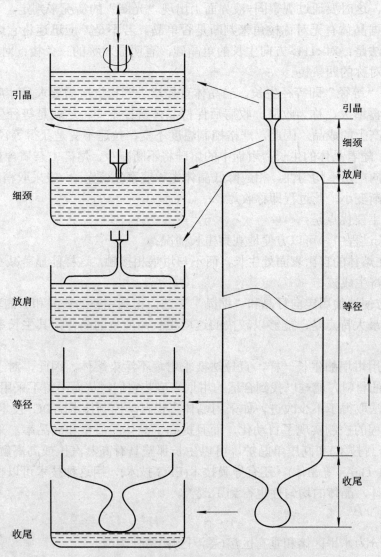

图 4-7　硅单晶直拉法生长过程示意图

(1) 引晶。"引晶"又称"下种"。当多晶材料全熔后，坩埚升起到拉晶位置，使熔硅位于加热器上部，把籽晶下降到液面上方几毫米(一般为 3～5 mm)处，略等几分钟，让熔硅温度稳定，籽晶温度升高后，再下降籽晶与液面接触，在浸润良好的情况下，即可开始缓慢提拉。随着籽晶上升，硅在籽晶头部结晶，这一步骤通常称为"引晶"。

(2) 缩颈。"缩颈"又称"收颈"，是指在引晶后略为降低温度，提高拉速，拉一段直径比籽晶细的部分，故称"缩颈"。收颈的主要作用在于排除接触不良引起的多晶和尽量消除籽晶内原有位错的延伸，故颈不宜太短，一般要大于 20 mm，也不宜太粗。收颈时，温度要控制在能观察到整个光圈。快速收颈对降低位错有一定效果，故它是消除位错延伸的一道关键工序。

(3) 放肩。缩颈到所要的长度后，略降低温度，让晶体逐渐长大到所需直径为止。此过程称为"放肩"。放肩时，根据单晶体外形上的特征可判断晶体是否单晶。放肩过程的温度控制也很重要，这时要通过观察固-液界面上出现"光圈"的情况来判定。

放肩时根据晶体有无对称棱角来判断是否单晶，若不是，应迅速将它熔掉重新引晶。判别的简单方法是：对<111>方向生长的单晶硅，有明显对称的三条棱；对<100>方向生长的单晶硅，有对称的四条棱。

(4) 等径。"等径"即等径生长。当晶体直径增大到接近所需要求尺寸后，升高拉速，使晶体直径不再增大，称为收肩。收肩后保持晶体直径不变，这就是等径生长。等径生长的晶体就是生产上的成品。因此，严格控制温度不变、拉速不变是获得等径的条件。

(5) 收尾。随着晶体的生长，坩埚中的熔硅将不断减少，熔硅中杂质含量相对提高，为了保证晶体纵向电阻率均匀性，相应降低晶体生长速率(拉速)。一般采取稍升温，降拉速，使晶体直径逐渐变小，此过程即称收尾。

直拉法的主要优点是：

① 在生长过程中，可以方便地观察生长情况；

② 晶体在熔体的自由表面处生长，而不与坩埚相接触，这样能显著减小晶体的应力及防止锅壁上的寄生成核；

③ 可以方便地使用定向籽晶和"缩晶"工艺，得到完整的籽晶和所需取向的晶体。

直拉法的最大特点是：能够以较快的速度生长高质量的晶体，其生长率和晶体尺寸令人满意。

像所有使用坩埚的生长一样，直拉法要求坩埚不污染熔体。因此，对于那些反应性极强或熔点较高的材料，就难以找到合适的坩埚来盛装它们，从而不得不采用其他生长方法。近年来，提拉法取得了不少改进，如采用晶体直径自动控制技术(ADC 技术)，这种技术不仅可使生长过程的控制实现了自动化，而且提高了晶体的质量和成品率。采用液相材料封盖技术(液相密封技术)和高压单晶炉，可以生长那些具有高蒸汽压或高离解压的材料(如生长 GaP、InAs、GaAs 等晶体)。还有导膜技术(EFG 技术)，用这种技术可以按需要的形状和尺寸来生长晶体，晶体的均匀性也得到了改善。

2. 区熔法

区熔法又分为水平区熔和垂直区溶(悬浮区熔)两种类型。

用区熔法可制备锗、硅单晶，区熔法更是锗、硅材料的物理提纯方法。下面简要地介绍水平区熔法制备锗单晶及用垂直区熔法制备硅单晶的过程。

1) 水平区熔法制备锗单晶

水平区熔法(或称横拉法)生长单晶与直拉法不同，结晶是在容舟中分段逐步结晶而成的，其示意图如图 4-8 所示。水平区熔装置与区熔提纯相同，不同之处是多放入一个籽晶。水平区熔制备单晶与直拉法另一个同之处，是固-液交界面与容舟壁发生接触，而且晶体大小形状受到容舟的限制。

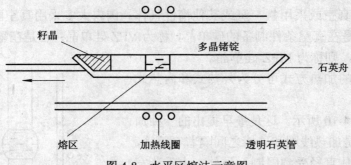

图 4-8　水平区熔法示意图

区熔法制备单晶过程是：把籽晶(如一般取向为<111>的籽晶)和多晶锗锭放在石英舟(或石墨船)中，使它们紧密地接触，然后用加热器在接缝处加热，使籽晶与锗锭在接触处熔合(注意不要让籽晶全部熔掉)，待熔到接缝完全看不出时，将加热器向锗锭尾端慢慢移动(或拉动石英舟使之慢慢通过加热器)，熔融的锗便在籽晶后面生长出单晶。

2) **垂直区熔法制备硅单晶**

垂直区熔法又称悬浮区熔法，图 4-9 所示是动圈式悬浮区熔法制备硅单晶的示意图。制备时，将预先处理好的多晶硅棒和籽晶一起竖直固定在区熔炉上、下轴间，以高频感应等方法加热，利用电磁场浮力和熔硅表面张力与重力的平衡作用，使所产生的熔区能稳定地悬浮在硅棒中间。在真空或某种气氛下，按照特定的工艺条件，使熔区在硅棒上从头至尾定向移动，如此反复多次，使硅棒沿籽晶长成具有预期电学性能的硅单晶。硅悬浮区熔法主要依靠熔硅有较大的表面张力和有较小的比重这一特点，可以使熔区悬挂在硅棒之间进行区熔，这也就是"悬浮区熔"名称的由来。这样，除了本身之外，再没有任何别的物体与熔硅接触，因而极大地减少了容器对硅的沾污。

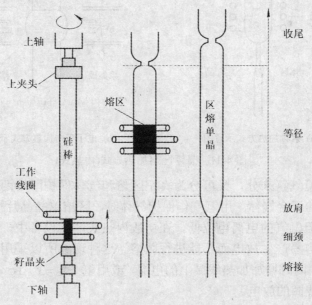

图 4-9　悬浮区熔法生长过程示意图

气氛可以是真空或采用氩、氢或其他惰性气体。国内大多采用真空区熔，在氢气氛中成晶的工艺。若是在真空条件制备的硅单晶，称为 VFZ 硅单晶；若是在氩气或含氢<10%的氩气氛下制备的，则称为 MFZ 硅单晶。

悬浮区熔法的加热方式可分为外热式和内热式两种。

外热式如图 4-10 所示。这是最早提出的一种加热方式，其缺点是加热线圈和硅棒之间隔着石英管，耦合较松，使晶体直径受到限制。另外，由于蒸发物沉积在石英管内壁上妨碍观察，若有沉积物落下将会影响单晶生长。此种加热方式在生产中常发生掉熔区和损坏石英管的现象。

内热式的加热器主要有高频加热和电子轰击加热(电子束加热)两种形式，分别如图 4-11(a)、(b)所示。高频感应加热(射频感应加热)装置中，一高频线

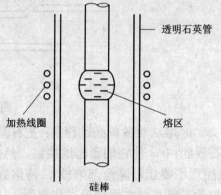

图 4-10　外热式加热方式

圈绕在垂直安装的材料棒上，该线圈或者封在工作室内，或者放在室外，为了达到高效率耦合，线圈应贴近料棒，如图 4-11(a)所示。电子轰击加热方式是把硅棒当作阳极，外绕钨丝(或钽电极)作为阴极。在钨丝和硅棒之间加高电压，钨丝发射出来的高速电子流打在硅棒上产生熔区，如图 4-11(b)所示。

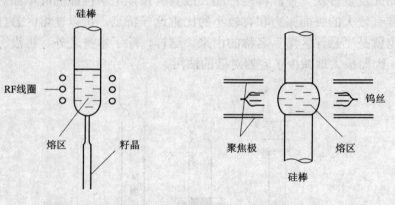

(a) 射频加热方式示意图　　　　　　　　　(b) 电子轰击加热方式示意图

图 4-11　悬浮区熔加热方式(内热式)

区熔法若按环境气氛来分，又可分为真空区熔和气体保护区熔两类，供使用的气体有氩、氢以及氩与氢的混合气体。用氢气作保护气体时，区熔单晶晶片性脆，腐蚀后有凹坑。故广泛使用氩气，但氩气的电离电位低，在一般内热式区熔设备中，如不带高频变压器，线圈上电压较高，容易产生放电而不能进行区熔。这种现象所以采用高频降压器，使加热线圈上电压降下来，同时增加加热线圈上的电流，或用氩∶氢=3∶1～4∶1的混合气体作保护气氛，即可消除线圈的放电。

熔区移动的方式有两种：　一是用硅棒移动(加热线圈固定)来带动熔区移动，其优点是高频引线短，便于使用单匝线圈，有利于得到粗直径单晶，缺点是区熔同样长度的单晶，炉体高度大大增加；其二是用线圈移动(硅棒固定)来带动熔区移动，此法可以克服上述缺点，

但高频引线较长，使输出效率受到一定影响，操作不如移动硅棒方式方便。

悬浮区熔制备硅单晶简单的工艺过程是：

(1) 预热至硅棒暗红(约 3～5 分钟)后立刻降低输出功率(切不可将硅棒熔化)，并将线圈移至熔接部位。

(2) 熔接，不必熔透，注意仔细加温，以免掉熔区。多晶棒与籽晶的熔接，要先把硅棒提起，与籽晶脱离后再进行熔接，熔化硅棒下端时，线圈应放在硅棒之下，然后逐渐增加熔区宽度，使熔成半圆球形。当使硅棒与籽晶连接时，应使硅棒下端的半圆球缩小后再接触，同时旋转籽晶。

(3) 产生起始熔区的长度与该处硅棒的直径相等或稍长，这样熔透较好，熔区稳定。

(4) 缩颈，要做到细颈均匀，保持熔区正常，收颈结束时先降慢拉速，后放慢线圈移速。如同时放慢二者速度，可能会使熔区中心凝固。

(5) 放肩。开始放肩之后，由于硅棒开始粗大，用线圈耦合较好，加上细颈的绝热作用，在不变功率的情况下熔区自动加长，此时必须缓慢降温和上提硅棒，否则易掉熔区或出现环状腰带。放肩和等径生长要注意圆滑过渡。

3) 内热式真空或氩气悬浮区熔法制备高纯度大直径硅单晶

综合上述各种方式各自的特点，利用内热式真空区熔可制备高阻大直径硅单晶。这是因为，利用高频感应加热线圈还有一个特殊的优点，就是除了熔硅本身有较大的表面能力外，还利用了高频加热线圈产生的较强的电磁托浮作用，以加强对熔区的支撑。同时，采用反线圈或短路线圈压缩磁场，使之造成一个十分狭窄而充分的熔融的熔区，使熔区重量尽可能减小，从而能够使区熔的硅棒直径加大。另外，采用真空区熔，利用了杂质分凝效应，可以大大地提高硅的纯度，从而可获得高纯度大直径且径向杂质分布均匀的硅单晶。晶体中含氧量在 10^{16} cm^{-3} 以下，几乎观察不出热施主效应。以上这些突出的特点对改善器件的电学性能是大有好处的，因此目前多采用内热式悬浮真空区熔法制备大直径的硅单晶，其设备如图4-12所示。

如果用氩气作保护气氛，由于氩气电离电位较低，多匝线圈之间易发生放电，影响熔区，改进办法是采用单匝线圈。经改进后，目前已全部采用内热式悬浮氩气区熔制备大直径硅单晶。

悬浮区熔法主要优点是从根本上取消了直拉法所需要的石英坩埚和石墨加热器系统，使产品的碳、氧等杂质含量较直拉单晶法低一个数量级以上，是一种既能进一步起提纯作用，又能同时生长单晶的工艺方法。悬浮区熔法不需要坩埚，从而避免了坩埚造成的污染，该法常用于制备高纯、高阻、长寿命、低氧、低碳硅单晶。此外，由于加热温度不受坩埚熔点的限制，因此，也可

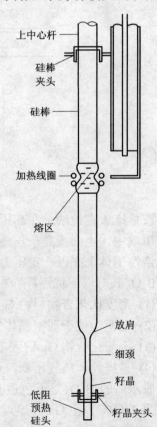

上中心杆

硅棒
夹头

硅棒

加热线圈

熔区

放肩

细颈

籽晶

低阻
预热
硅头

籽晶夹头

图 4-12 内热式悬浮区熔示意图

以生长熔点极高的材料(如钨单晶，其熔点为 3400℃)。但由于工艺条件的限制(如在大直径时获得比较平坦的固-液界面较困难)，目前在直径方面还不及直拉单晶，并且在制备低阻单晶时受到一定的限制。同时，由于存在分凝和蒸发效应、固-液界面不平坦、工艺卫生和气氛等的影响，仍然存在纵向、横向电阻率的不均匀。

3. 液体掩盖直拉法

对于砷化镓单晶，其制备方法也很多，但主要采用两种方法。一种是在密封石英管中装入砷源，通过调节砷源温度来控制系统中的砷压，与装入石英管另一端的镓进行合成并生成单晶。图 4-13 所示是水平区熔法示意图。制备时，将定量的砷和镓分别装在石英管两端的高低温加热区中，首先用真空加热法除去各自的氧化膜，然后密封石英管，通过低温炉控制砷压，由高温炉控制和移动熔区合成砷化镓，并进行提纯致均匀，同时生长单晶。另一种是将熔体用某种液体(如氧化硼)覆盖，并施以压力大于砷化镓离解压的气氛(惰性气体)，以抑制砷化镓分解和砷的挥发，达到密封熔体控制化学比的目的。然后，与硅、锗直拉法一样，在类似的单晶炉中，用籽晶拉制砷化镓单晶。所以，这种方法又称为液封直拉法或液体掩盖直拉法。

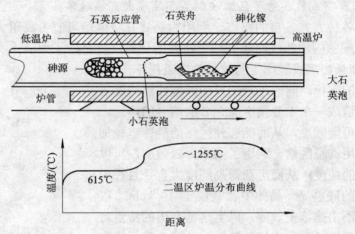

图 4-13　GaAs 单晶生长水平区熔法示意图

液体掩盖直拉法是在高压炉内(类似硅单晶炉，但耐高压)，将欲拉制的化合物材料盛于石英坩埚中，上面覆盖一层透明沾滞的惰性熔体(如 B_2O_3)，将整个化合物熔体密封起来，再在惰性惰体上充以一定压力的惰性气体，用此法来抑制化合物材料的离解。

B_2O_3 具有以下优点：

(1) 密度比化合物材料 GaAs 小，熔化后能漂在化合物熔体上面；

(2) 透明，便于观察晶体生长情况；

(3) 不与化合物 GaAs 及石英坩埚起反应，而且在化合物及其组分中溶解度小；

(4) 易提纯，蒸气压低，易去除。

脱水后的 B_2O_3 是五色透明的块状，在熔点 450℃时便熔化成透明的粘度大的玻璃态，沸点为 2300℃。在 GaAs 熔点 1238℃时，它的蒸气压约为 0.1 mmHg，密度为 1.8 g/cm^3，比 GaAs 密度 5.3 g/cm^3 小得多，不与熔体反应，对坩埚的浸润性小，易提纯。但 B_2O_3 也有不足之处，B_2O_3 极易吸水(强吸湿性)，在使用前必须对 B_2O_3 充分脱水，否则会产生气泡而使拉晶操作困难。另外，B_2O_3 在高温下对石英坩埚有轻微的腐蚀，从而造成 GaAs 晶体一定量的 Si 染污，用液态掩盖直拉法不能生长掺 Si 的 GaAs 单晶。

与硅、锗单晶类似，砷化镓单晶也存在纵向和径向电阻率不均匀及其他质量问题，并且情况更加复杂。由于杂质缺陷对晶体生长条件很敏感，砷源温度的波动会引起砷压的起伏，使砷不断地从熔体中逸出和熔入，导致生长杂散晶核。因此，要制备出一定性能的具有很好重复性的砷化镓单晶比较困难。

4.3　晶 圆 制 备

4.3.1　晶圆制备工艺流程

拉制成的单晶硅还要经过一系列加工才能用于器件及集成电路制造，加工过程包括截断、直径滚磨、晶体定向及电导率和电阻率检查、确定定位面、晶片切割、刻号、磨片和抛光 8 个步骤。

1. 截断

截断是用锯子截掉头尾，切去单晶硅的头部和尾部后，将其固定在滚磨机的转动轴上。

2. 直径滚磨

初拉出来的单晶硅尽管对外形直径有一定要求，但往往是不均匀的，不能将直径不均匀的单晶用于生产，因此先要进行滚磨工艺，使单晶硅的直径达到一致的要求。在无中心的直径滚磨机上进行滚磨，通过严格的直径控制以减少晶圆翘曲和破碎。

滚磨机上装有金刚砂轮(或金刚刀)，可以自动调节进刀量(或切削量)。一般进刀量是从头定到尾部，同时将冷却液喷到刀口上。经过这样的滚动摩擦处理，就可以把直径不均匀的单晶硅变得均匀一致。

3. 晶体定向及电导率和电阻率检查

单晶体具有各向异性特点，必须按特定晶向进行切割，才能满足生产的需要，也不至于碎片，所以切割前应先定向。

定向的原理是用一束可见光或 X 光射向单晶锭端面，由于端面上晶向的不同，其反射的图形也不同。根据反射图像，就可以校正单晶锭的晶向。

为了保证定向图像清晰，获得正确的晶向，必须对单晶体的端切面进行清洁处理。具体方法是：

(1) 用 80 号金刚砂进行研磨，接着放在 70~90℃的氢氧化纳熔液(浓度为 5%)中煮沸几分钟，以除去端面的损伤层；

(2) 用水清洁干净；

(3) 将清洁处理好的单晶锭用粘结剂粘结在石棉衬底上，然后将其粘结在切片夹具的底板上。

目前的定向方法有激光定向法、X 光定向法和光图定向法。光图定向法不仅设备简单，操作十分方便，而且精度也能达到要求，因此使用广泛。其工作原理是：当光源发出的光线通过透镜后产生一束平行光，此束平行光穿过带有小孔的光屏，射到单晶锭端面上，经反射后在光屏上出现各种晶向所产生的不同反射图形。根据反射图形的形状就可以确定单晶属于何种晶向，再根据反射图形的分布状况就可以确定晶向的偏离度。

当反射图形的发射中心点和光线入射孔重合，且发射图形对称时，表示晶向取向正确；不重合、不对称时，表示晶向有偏离。可以通过调整固定单晶体的支架，使反射中心点和光线入射孔重合，从而把单晶体的取向调整正确。激光定向法和 X 光定向法只是分别使用激光和 X 光作为入射光而已，原理相同。

半导体企业常用 X 光或平行光衍射来确定晶向，通过光像显示出晶体的晶向。用四探针仪确定晶体的电导率和电阻率。利用热点探测仪连接到极性仪，以显示导电类型。

4. 确定定位面

晶体在切割块上定好晶向，就沿着轴滚磨出一个参考面，这个参考面称为主参考面。参考面的位置沿着一个重要的晶面，这是通过晶体的定向检查来确定的。定向的方法包括光图像定向法、解理定向法、X 射线定向法等。在许多晶体中，在边缘有第二个较小的参考面。主参考面的位置是一种代码，它不仅用来区别晶圆晶向，而且区别导电类型。对于大直径的晶圆，在晶体上滚磨出一个缺口来指示晶向。

随着半导体器件和集成电路制造技术的发展，所使用的晶圆片的尺寸日益增大。若沿着解理面分割芯片，解理处比较平整，且比较容易裂开，晶片的碎屑也少，从而减少了碎屑铝条的划伤和划片中管芯的损伤率。同时，大晶片在制造过程中，需经过次数不同的挟持，这会产生很大的机械应力。有了定位面以后，就可以认定某个部位去挟持，这样就可减少损伤面积。另外，在制造芯片过程中，自动化过程越来越高，也需要有一个定位面来适合这种要求。因此单晶体经滚磨后，还要切割出一个定位面来。

通常在定位以后，紧接着要定$<1\bar{1}0>$定位面。先切出$<1\bar{1}0>$晶面，再对单晶体进行切割。

所谓定位面，就是在制作器件的大圆片上那个缺口所在的平面，它的结晶学位置是$<1\bar{1}0>$晶面。为什么要选择$(1\bar{1}0)$晶面呢？我们从锗、硅的金刚石结构中看到，其重要的一组晶面为(111)晶面。而(111)晶面就是解理面，(111)面上的$<1\bar{1}0>$方向是最佳的划线方向。对硅片而言，用作 TTL 电路的(111)晶面，还需确定$(1\bar{1}0)$面，这样才能确定划片方向。用作 MOS 器件的(100)晶面，一般不确定$(1\bar{1}0)$晶面。

5. 晶片切割

滚磨后，单晶体表面存在严重的机械损伤，需要用化学腐蚀的方法加以去除，接着进行定向切割，用有金刚石涂层的内圆刀片把晶圆从晶体上切下来。这些刀片是中心有圆孔的薄圆钢片。圆孔的内缘是切割边缘，用金刚石涂层。内圆刀片有硬度，但不用非常厚，这些因素可减少刀口(切割宽度)尺寸，也就减少了一定数量的晶体被切割工艺所浪费。

对于大尺寸晶圆，比如 300 mm 直径晶圆，使用线切割来保证小锥度的平整表面和最少量的刀口损失。

晶片切割的要求是：厚度符合要求；平整度和弯曲度要小，无缺损，无裂缝，刀痕浅。目前切片采用内圆切割法，它具有损耗小、速度快、效率高的优点。

内圆切割机主要由机械系统、冷却系统和驱动系统组成。机械系统有主轴、鼓轮、内圆刀片等部分。主轴上装有鼓轮，内圆刀片装在鼓轮上。冷却系统有泵和管道，它提供循环的切割冷却液。驱动系统包括驱动主轴旋转、进刀、退刀和进给等部分，如图 4-14 所示。

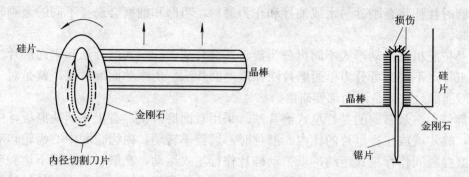

图 4-14　内圆切割机示意图

刀片的安装对切割质量关系很大，因此要求在运行时必须保证刀片的刀刃始终处于同一平面上，刀片的各部分所受的张力要均匀。在切割时要将冷却液对准切割刀口进行喷射，其目的是让刀片冷却，防止刀片在切割时产生大量的热量而使刀片损坏，同时把切割下来的碎屑冲洗掉，不让碎屑妨碍刀片正常运转，同时冷却液流动于刀缝之间，使刀片不至于产生过大的摩擦，起到润滑作用。

切割正式单晶锭之前，往往先切割样片，看看晶向、厚度是否符合要求，晶片的平整度和弯曲度是否正确。

正式切割时，要严格控制进刀量，要既能保证晶片质量又能不损伤刀片。对切割好的片子，先要清除粘结剂，再送往下道研磨工序。

晶片切割除了对晶向、厚度、平整度和弯曲度有严格要求外，还有少发生碎片，刀痕要浅，无踏边等质量要求。一般情况下，造成这些质量问题的主要原因是：

(1) 进刀速度过快，晶片因受力过大而破裂；
(2) 晶锭未粘牢固，在切割中晶片跌落而破裂；
(3) 冷却液未对准刀刃，从而使晶片受到过大的摩擦力；
(4) 刀片变形，使晶片受力不均匀；
(5) 鼓轮平衡失常从而引起振动；
(6) 主轴、鼓轮、刀片不是严格处于同心轴旋转。

6. 刻号

为了区别和防止误操作，往往使用条形码和数字矩阵码的激光刻号来区别晶圆。

7. 磨片

切片后，由于表面存在一定程度的机械损伤层和表面形变，切割好的晶片表面上还留有刀痕、划伤，甚至不够平整，还必须通过研磨的办法，使硅片的厚度、翘曲度、平行度得到修整并消除表面刀痕等机械损伤。

研磨实质上是在一定压力作用下，使晶片不断与外加磨料进行重复性的机械摩擦。通过摩擦作用，使晶片平整、光洁，并且达到厚度要求。

研磨的效果与研磨料、研磨条件、研磨方法和设备密切相关。

研磨时对磨料的要求是：对晶片的磨削性能好；磨料颗粒大小均匀；磨料具有一定的硬度和强度。

研磨时往往将金刚砂与水或油拌和作为磨料，粗磨和细磨会选择不同的金刚砂型号来进行研磨。

研磨按照机械运动形式不同可分为旋转式磨片法、行星式磨片法和平面磨片法等。按表面加工特点不同又可分为单面磨片法和双面磨片法。所谓单面磨片法，就是对一面进行磨研，双面磨片法就是两面都要研磨。

目前使用得最普遍的是行星式磨片法。采用双面磨片机，有上下两块磨板，中间放置行星片，硅片就放在行星片的孔内。磨片时，磨盘不转动，内齿轮和中心齿轮转动，使行星片与磨盘之间作行星式运动，以带动硅片作行星式运动，在磨料的作用下达到研磨的目的。行星片是特殊钢、普通碳钢或锌合金经铣岗或滚齿等方法加工而成。外径随磨盘尺寸不同可分为几种型号，一般特殊钢的行星片强度大一些。

研磨需注意以下事项：

(1) 研磨板的选择。研磨板是磨片机的关键部件，一般都采用耐磨铸铁或球墨铸铁，板面的光洁度和平整度要求很高。

(2) 行星片的要求。在双面磨片机中，上下磨板之间同时放入五个行星片，要求行星片平整，不能出现丝毫翘起现象，如果其中一个不合格造成碎片就会影响其余行星片。它的外齿应与中心齿轮和内齿轮很好地吻合，外齿形状不能过尖，否则容易造成碎片。它们的磨片质量取决于研磨设备、磨料和研磨条件等因素。

对于行星式磨片法，要求磨板的材料具有一定的硬度、很高的平整度和较高的光洁度，其板面结构要利于研磨剂的均匀流动，对单晶片的压力均匀，并选取合适的运动形式，同时，在使用过程中，板面要经常修整，以保证有很高的平整度或平行度。

研磨表面的损伤深度取决于与磨料及待磨材料有关的因素。对于已定材料来源，主要取决于磨料的硬度、形状和粒度等。磨料选用合适和处理得当，可以减少硅片边缘的机械损伤和表面损伤层。

8. 抛光

单晶片研磨后，用化学腐蚀法或 X 光双晶衍射法，测出其表面仍有 10 μm 左右损失层，且边缘常伴有较严重的损伤和破碎，因此，在磨片后用腐蚀法或机械法进行倒角，化学腐蚀减薄后还要进行抛光，进一步消除表面缺陷，获得高度平整、光洁和没有损伤层的"理想"表面，它是晶片加工的关键一步。

抛光是一种表面微细加工技术，按其加工作用的不同，可以分为三种：

(1) 机械抛光，如：氧化镁、氧化硅、氧化锆或金刚砂等微粒的机械抛光。

(2) 化学抛光，如：铜离子液相化学抛光，氯化氢、水汽等高温气相腐蚀抛光和电解抛光。

(3) 化学机械抛光，如：二氧化硅、氧化锆、铬离子和铜离子化学机械抛光。半导体器件和集成电路对晶片的质量要求十分高。所以经过切、磨之后，还要抛光，目的是除去硅片表面更细微的损伤层，获得光洁平整的表面。

无论是机械抛光或化学机械抛光，抛光过程与抛光机器都与单面磨片机类似，只是抛光液和抛光过程不同而已。抛光机是在抛光盘上覆盖一层抛光布，由马达带动旋转，粘有硅片的压块可绕自身的中心线旋转，在抛光盘带动下使硅片相对抛光盘作行星式运动，保持抛光均匀。下面介绍二氧化硅化学机械抛光法。

二氧化硅化学机械抛光是随着半导体器件的发展而发展起来的一种较理想的抛光方法。利用二氧化硅的胶体状溶液进行抛光，它的颗粒度大约是 $400 \sim 800$ Å。由于颗粒比较小，且硬度又与硅片相近，因而研磨造成的损伤小。

抛光液是由二氧化硅、氢氧化纳和水按一定比例组成的，其中氢氧化钠起到化学腐蚀作用，使硅片表面生成硅酸钢盐，通过二氧化硅胶体，对硅片产生机械摩擦，随之又被抛光液带走。这样就实现了去除表面损伤面的抛光作用。在抛光时要求化学腐蚀作用和机械磨削作用达到动态平衡。如果化学腐蚀作用大于机械磨削作用，则硅片表面被破坏；反之，抛光速度又太慢，达不到生产要求。

化学腐蚀的快慢取决于 pH 值的大小，一般配制的抛光液的 pH 值应控制在 $9 \sim 11$ 之间。实践证明，当 $pH \leqslant 8.5$ 时，抛光速度太慢；$pH \geqslant 11$ 时，硅片表面会出现腐蚀坑。

抛光注意事项如下：

(1) 抛光液浓度对硅片质量的影响。抛光液刚配制好，流动性好，抛光效果最好。使用一段时间以后，抛光液变稠，会对硅片表面有破坏作用，因此要注意抛光液的使用时间。

(2) 硅片上的压强、转速与抛光速度的关系。加在硅片上的压强要恰当，压强太大，则磨削时产生热量多，容易造成粘片；压强太小，抛光速度太慢，硅片表面可能出现枯皮形状。转速太高，易造成摩擦热，化学腐蚀速度增快，使硅片出现腐蚀坑，因此，硅片的压强和转速要控制好。

(3) 抛光时间与质量的关系。抛光时间不仅与工艺有关，还与质量要求有关。如果磨片十分光洁，而且表面损伤很小，这样抛光时间就缩短些，反之则加长。同时根据需要还可以分粗抛和细抛两步来做。一般用氧化镁进行粗抛，然后用二氧化硅进行细抛。

4.3.2　其他处理

1. 背处理

在许多情况下，只是晶圆的正面经过充分的化学机械抛光。晶圆的背面有的粗糙，有的需要腐蚀到光亮。某些器件在使用过程中，对其背面进行特殊的处理会导致晶体缺陷，叫做背损伤。背损伤产生的位错生长辐射进入晶圆，这些位错现象是陷阱，俘获在制造工艺中引入的可移动金属离子污染。这个俘获现象又叫做吸杂。一种标准的背处理技术是背面喷沙，其他的方法包括背面多晶层或氮化硅的淀积。

2. 双面抛光

大直径晶圆要求平整和平行的表面。许多 300 mm 晶圆的制造采用了双面抛光，以获得局部平整度在 25×25 mm 测量面时小于 $0.25 \sim 0.18$ μm 的规格要求。缺点是在后面的工序中必须使用不划伤和不污染背面的操作技术。

3. 边缘倒角和抛光

晶片经研磨后，锐利的边缘部分易剥落，而且在今后加工过程容易产生碎屑。因此，还要对边缘部分进行倒角(或称整圆)。边缘倒角是使晶圆边缘圆滑的机械工艺。应用化学抛光进一步加工边缘，尽可能减少制造中的边缘崩边和损伤，边缘崩边和损伤能导致碎片或是成为位错线的核心。

目前采用两种方法：一是使用一个有一定形状、高速旋转的金刚石金属粘合轮来研磨硅片边缘，直到它的外形与轮子相吻合为止；二是使用一个有弹性的圆盘，圆盘上有金刚石磨料，这个磨盘把硅片边缘"砂"到所希望的形状。其他倒角方法还有磨料喷射和化学腐蚀法，以化学腐蚀法使用较普遍，它能有效地去除表面的加工损伤和切、磨操作产生的应力，并且使硅片有一个致密和光洁的背面。传统方法采用氢氟酸和硝酸的不同组合，此外还加进如醋酸、碘之类腐蚀速率稳定剂和腐蚀反应调节剂。

4. 晶圆评估

在包装以前，需要根据用户指定的一些参数对晶圆(或样品)进行检查。主要的考虑因素是表面问题，如颗粒、污染和雾。这些问题能够用强光或自动检查设备检测出来。

5. 氧化

晶圆在发货到客户之前可以进行氧化。氧化层用以保护晶圆表面，防止在运输过程中的划伤和污染。许多公司购买有氧化层的晶圆，从氧化开始晶圆制造工艺。

6. 包装

虽然花费了许多努力生产高质量和洁净的晶圆，但从包装方法本身来说，在将晶圆运输到客户的过程中，这些品质会丧失或变差。所以，对洁净的和保护性的包装有非常严格的要求。包装材料是无静电、不产生颗粒的材料，并且设备和操作工要接地，放掉吸引小颗粒的静电。晶圆包装要在洁净室里进行。

7. 晶圆外延

尽管起始晶圆的质量很高，但对于形成互补金属氧化物半导体(CMOS)器件而言，还是不够的，这些器件需要一层外延层。许多大晶圆供应商有能力在供货前对晶圆进行外延。

复 习 思 考 题

4-1　常用作衬底材料的半导体有哪些？

4-2　衬底材料的选用需要考虑哪些因素？

4-3　硅、锗和砷化镓材料属于什么晶体结构？各有何特点？

4-4　晶体缺陷主要有几种？各有何特点？

4-5　什么是位错？位错对半导体材料有何影响？

4-6　什么是晶体生长？晶体生长的主要方法有哪些？

4-7　单晶硅制备方法有哪几种？

4-8　画出直拉法拉制单晶的工艺流程并作简单描述。

4-9　什么是塔桥？什么是硅跳？各有何危害？应如何处理？

4-10　为什么要用液体掩盖直拉法制备砷化镓？为什么选用 B_2O_3 作为掩盖液体？

4-11　简述晶圆制备基本工艺流程。

4-12　讲述由沙子转变成晶体及晶圆和用于芯片制造级的抛光片的生产步骤。

第 5 章　集成电路制造工艺概述

5.1　集成电路设计简介

5.1.1　概述

集成电路设计通常有两种途径：正向设计和逆向设计。

正向设计是指由电路指标、功能出发，进行逻辑设计(子系统设计)，再由逻辑图进行电路设计，最后由电路进行版图设计，同时还要进行工艺设计。

正向设计的设计流程为：根据功能要求画出系统框图→划分成子系统(功能块)进行逻辑设计→由逻辑图或功能块功能要求进行电路设计→由电路图设计版图，根据电路及现有工艺条件，经模拟验证再绘制总图→工艺设计(如原材料选择，设计工艺参数、工艺方案，确定工艺条件、工艺流程)。如有成熟的工艺，就根据电路的性能要求选择合适的工艺加以修改、补充或组合。这里所说的工艺条件包含源的种类、温度、时间、流量、注入剂量和能量、工艺参数及检测手段等内容。

逆向设计又称解剖分析，通过仿制原产品，获取先进的集成电路设计思想、版图设计技术、制造工艺等设计和制造的秘密，综合各家优点，确定工艺参数，制定工艺条件和工艺流程，推出更先进的产品。

逆向设计的设计流程为：

第一步，提取横向尺寸。主要内容包括：打开封装→放大、照相→提取复合版图→拼复合版图→提取电路图、器件尺寸和设计规则→电路模拟、验证所提取的电路→画版图

第二步，提取纵向尺寸。即用扫描电镜、扩展电阻仪等提取氧化层厚度、金属膜厚度、多晶硅厚度、结深、基区宽度等纵向尺寸和纵向杂质分布。

第三步，测试产品的电学参数。电学参数包括开启电压、薄膜电阻、放大倍数、特征频率等。

逆向设计在提取纵向尺寸和测试产品的电学参数的基础上确定工艺参数，制定工艺条件和工艺流程。

可见，不管是正向设计还是逆向设计，在由产品提取出电路图和逻辑关系后，还要经过工艺设计、版图设计才能完成集成电路设计。所以，又可以说集成电路设计包括逻辑(或功能)设计、电路设计、版图设计和工艺设计。

电路设计是产生芯片整个过程的第一步。电路设计从布局和逻辑功能图开始，设计结果可以是逻辑电路图或布尔代数式，或者是由特定语言所描述的逻辑关系。

在根据要求得出集成电路主要功能模块后，电路设计详细分析线路的工作原理，了解其特性和参数，掌握元件参数变化、温度变化对电路参数的影响。电路设计的目的是确定满足电路性能(例如：直流特性、开关特性和频率响应等)的电路结构和元件参数，并考虑由于环境变化(如温度变化)和制造工艺偏差所引起的性能变化。

电路设计的方法一般由设计工程师根据电路的性能要求，采用人机交互方法，设计好电路结构并确定元件参数，然后用电路模拟程序，进行性能模拟，输出模拟结果，最后由设计人员来评价好坏，并决定是否修改。

版图设计是根据逻辑功能和电路结构要求以及工艺制造约束条件来设计集成电路版图。在版图设计中，要遵守版图设计规则。所谓版图设计规则，是指为了保证电路的功能和一定的成品率而提出的一组最小尺寸，如最小线宽、最小可开孔、线条间的最小间距、最小套刻间距等。在版图设计时，只要遵守版图设计规则，所设计出的版图就能保证生产出具有一定成品率的合格产品。另外，设计规则是设计者和电路生产厂之间的接口，由于各厂家的设备和工艺水平不同，因此各厂家所提供给设计者的设计规则也是不同的。设计者只有根据厂家所提供的设计规则进行版图设计，所设计出的版图才能在该厂生产出具有一定成品率的合格产品。

工艺设计主要根据超精细加工水平以及扩散、离子注入等半导体工艺来确定晶体管的尺寸，例如，设计双极型晶体管的射极宽度、面积、基极面积、杂质浓度等，或 MOS 管的沟道长、宽、栅极厚度、杂质浓度等。其次是确定布线的宽度和线间距等的设计规则，并根据功率损耗、开关特性等电气指标和制造工艺方面的限制条件来设计器件。工艺设计要求全面熟悉工艺过程和步骤，掌握各种工艺参数。进行版图设计，必须首先掌握一整套具体工艺参数，这些参数包括材料特性参数、氧化扩散工艺参数、工艺水平参数等等。

电路设计、工艺设计、版图设计是集成电路设计的三个重要组成部分，它们之间是不能互相孤立的，在对电路进行版图设计之前，必须详细地分析线路的工作原理，了解其特性和参数，掌握电路在各种工作状态下的特性以及各种影响因素(如元件参数变化、温度变化等对电路参数的影响)。必要时，可以对线路进行模拟实验或模拟分析，以获取电路的实际资料，同时，应全面熟悉工艺过程和步骤，掌握各工艺参数，只有在对线路和工艺具有深刻的理解和掌握的基础上，才能设计出切实可行的高质量版图。

5.1.2　工艺设计

在掌握一套完整的具体工艺参数基础上，才能开始集成电路的版图设计。这些工艺参数主要包括材料特性参数、氧化扩散工艺参数及光刻水平参数等。由于受工艺水平的限制以及电路参数对各工艺参数互相制约的要求，常规工艺在参数的选取中大都作了折中。提高目前电路的工艺水平，采用新的工艺装备和技术手段，是提高电路性能和开拓新型电路的重要途径。

本小节以目前相对比较稳定和成熟的 TTL 电路工艺为例，简单分析工艺参数的选取。

1. 衬底材料参数的选取

采用 PN 结隔离的 TTL 电路中，衬底采用<111>晶向 P 型大圆片。<111>向原子面密度最大，杂质沿此晶向的扩散速度最慢，使扩散过程较易控制，获得的 PN 结面较为平整。单晶片厚度取 200～400 μm，太薄晶片易碎，太厚浪费材料。考虑到衬底结的反向击穿电压要求较高，隔离结的寄生电容要求较小等因素，衬底的电阻率不应太低，一般取 $\rho = 8 \sim 13\ \Omega \cdot cm$，但也不宜过高，防止因掺杂浓度过低，N 型外延过程中，部分 P 型衬底反型为 N 型。此外，衬底材料的质量要好，晶格缺陷如位错等应严格控制，否则，当杂质高温扩散时，如外延层晶格缺陷较多，掺杂原子将沿着晶体缺陷快速扩散，最终在器件中形成结面平整度不良或导电沟道的弊病，使制成的电路低击穿或漏电流很大。

2. 埋层扩散的工艺参数选取

隐埋层扩散应采用如锑、砷等慢扩散杂质进行扩散。扩散层方块电阻控制在 15～20 $\Omega/\square$，若埋层扩散浓度太低，$R_\square$ 较大，则制成的晶体管集电极串联电阻会增大，管子以及电路的性能会变差。若扩散浓度太高，则埋层表面形成合金点，无法保证其后的外延层晶格完整性。

3. 外延层的工艺参数选取

外延工艺是电路制造中的关键工艺之一，外延层的质量参数主要有掺杂浓度、厚度、晶格缺陷等。从提高晶体管击穿电压 BV_{CBO}、BV_{CEO} 和减小各 PN 结电容的角度考虑，外延层掺杂浓度低些，电阻率高些是有利的，但从减小晶体管集电极串联电阻，降低饱和压降，提高晶体管开关速度和减小电流调制效应角度考虑，电阻率过高又是不利的。目前常选用的电阻率为 0.2～0.5 $\Omega \cdot cm$。外延层厚度一般应大于硼扩基区深度、埋层反扩散深度和工艺过程中各次氧化消耗的外延层厚度之和，必要时还应考虑晶体管集电结的势垒扩展宽度。

在一般采用 PN 结隔离的电路中，为保证隔离扩散的深度和浓度，使隔离槽和隔离槽的横向扩散占去了电路总面积中的相当多部分，因此，若采用薄外延层工艺，则隔离扩散时间和占用的芯片面积可大幅减少，电路面积几乎可缩小一半。电路面积缩小后，还带来成品率提高和电路性能改善的好处，但采用薄外延后，由于埋层反扩散使集电区杂质浓度加大，会降低晶体管的击穿电压，这时隐埋扩散可改用扩散系数较小的砷作为杂质源。此外，集电结深和发射结深也应相应减小些。

4. 基区硼扩散和发射区磷扩散的工艺参数选取

基区淡硼扩散和发射区浓磷扩散的主要工艺参数是薄层方块电阻(或掺杂浓度)和扩散结深。再分布后基区硼扩的方块电阻一般控制在 150～200 $\Omega/\square$，这时表面掺杂浓度约为 $10^{18}/cm^3$，结深控制在 2～3 μm；发射区磷扩的方块电阻约在 2～3 $\Omega/\square$，相应表面掺杂浓度 $10^{23}/cm^3$，结深为 1～2 μm。方块电阻或掺杂浓度的高低，主要影响到晶体管的结电容、击穿电压、电流增益和扩散电阻的阻值，必须综合考虑，合理选择确定。

在采用薄外延层工艺时，基区和发射区的扩散结深要相应浅些。如基区结深常减小到 1 μm，甚至更小。作浅结工艺制得的晶体管可以有许多优点，如基区薄了，即 W_b 减小，晶体管的 f_T 及 β 值将提高；晶体管图形尺寸可缩小，整个管子的电容寄生也将减小；浅结扩散使晶体管基区的杂质浓度相应提高，有利于改善管子的大电流特性。发射区扩散结深相应减小后，要注意这时磷扩的浓度不要高到出现反常分布的程度，免得引起过多的位错线，同时过高的磷扩浓度将造成"重掺杂效应"，使发射区有效载流子浓度反而下降，发射效率从而降低，管子的电流增益也下降。总之，浅结扩散具有相当多的优点，但也有一定的工艺难度，成品率受表面缺陷的影响较大。为改善电路的表面状态，应进行表面钝化处理，并注意防止和去除有害杂质，如 Na^+ 离子的沾污等。

5. 光刻工艺基本尺寸的选取

一般而言，生产线的工艺水平在一定时期内具有相对的稳定性。光刻工艺的基本尺寸是由生产线的实际工艺水平并参考电路的性能要求而选定的。按不同的电路要求，各光刻基本尺寸可在一定的范围内有所变动。需选取的光刻基本尺寸主要有：

(1) 最小光刻孔(或线条)的尺寸。最小光刻孔尺寸限制了引线孔的最小尺寸、电阻条的最小宽度和铝条之间的最小间距。最小光刻孔的大小由制版和光刻水平来决定。光刻孔设计太小，开孔合格率下降，电路成品率会受到影响；光刻孔设计太大，电路的尺寸增大，集成度降低，成品率也会下降。

(2) 最小套准间距。套准间距决定了各次光刻间的套准精度，最小套准间距由制版精度和光刻水平来决定。

(3) 隔离槽宽度。隔离槽宽度应大于最小光刻线条宽度。由于隔离槽较长，太窄容易间断，而且因横向扩散，它的宽度大小对隔离扩散的浓度也有一定影响，因此隔离槽宽度总是取得比最小光刻宽度为大。

(4) 隔离槽到其他扩散图形的间距。假定隔离槽的横向扩散长度相当于外延层厚度，基区横向扩散长度相当于基区扩散的深度，隔离槽到相邻扩散图形的间距(如隔离槽到晶体管基区的距离)应大于外延层厚度、基区扩散深度和光刻套准精度三者之和。考虑到外延层厚度的误差、反偏隔离结的势垒扩展和其他各种工艺因素的影响，这个间距还有适当放大的必要。取值过小，会引起隔离槽与相邻扩散图形间的穿通或低击穿；取值过大，会降低电路的集成度，增加寄生电容和漏电流，降低电路成品率。

5.1.3　版图设计

熟悉了线路及特性，掌握了各工艺参数和光刻基本尺寸后，即可进行版图设计。版图设计的程序为：先对线路划分隔离区，再对各隔离区上的各元件进行图形及尺寸设计，最后进行排版、布线，绘制出电路的总图。

1. 版图设计主要内容

电路的版图设计，是根据电路参数应达到的要求，结合实际工艺条件，按照已确定的电路的线路形式设计各个元件的具体图形和尺寸，并进行排版布线，得到一套符合要求的光刻掩模版的过程。其内容主要包括：组件设计、芯片规划、划分和布局、总体布线、详细布线、人机交互设计等。

(1) 组件设计。对于一个芯片，可以由小到大地进行组件设计。最小的单位是元件，由元件到门，由门到元胞，由元胞到宏单元，由宏单元到芯片。其中门、元胞和宏单元都可以作为新的组件。

(2) 芯片规划。芯片规划是根据已知组件的个数和连接表，估计芯片所需要的面积，包括组件占有的面积和布线区域面积之和。通常，布线区域面积约占芯片面积的50%。

(3) 划分和布局。所谓划分，就是自顶向下地将芯片分成两块，然后再对每块一分为二，如此继续卜去，直到被划分的每　小块只包含一个组件为止。

把每一个组件考虑成一个点，根据组件之间的连接表，在芯片上分配各个组件的位置使得所占芯片面积最小，这就是布局。

(4) 总体布线和详细布线。总体布线是从总的方面考虑布线方式，合理分配布线空间使布线均匀合理，并符合电性能要求，对于每一条连线，指定其经过的布线区域。

详细布线则是根据芯片的层次在布线区域中进行具体连线。

(5) 人机交互设计。人机交互设计主要是用来保证 100%的布通率，并通过人工干预，调整布局布线结果，使之更为合理。

2. 版图设计规则

版图设计规则通常可分成两种类型，第一类叫做"自由格式"，第二类叫做"规整格式"。

在自由格式规则中，每个被规定的尺寸之间没有必然的比例关系。这种方法的优点是各尺寸可相对独立地选择，可以把每个尺寸定得更合理，所以电路性能好，芯片尺寸小。缺点是对于一个设计级别，就要有一整套数字，而不能按比例放大、缩小。

在规整格式规则中，绝大多数尺寸规定为某一特征尺寸 λ 的某个倍数。这样一来，就可使整个设计规则简化。例如对于双极型集成电路，是以引线孔为基准，尺寸规定如下：

(1) 引线孔的最小尺寸为 $2\lambda \times 2\lambda$；

(2) 金属条的最小宽度为 2λ，扩散区(包括基区、发射区和集电区)的最小宽度为 2λ，P^+ 隔离框的最小宽度为 2λ。

(3) 基区各边覆盖发射区(对 I^2L 为集电区)的最小富裕量为 2λ，扩散区对引线孔各边留有的富裕量大于或等于 1λ，埋层对基区各边应留有的富裕量大于或等于 1λ。

(4) 除 N^+ 埋层与 P^+ 隔离槽间的最小间距应为 4λ 外，其余的最小间距均为 2λ。这是因为 P^+ 的隔离扩散深度较深，故横向扩散也大，所以应留有较大余量。

规整格式的优点是简化了设计规则，对于不同的设计级别，只要代入相应的 λ 值即可，有利于版图的计算机辅助设计。缺点是有时增加了工艺难度，有时浪费了部分芯片面积，而且电路性能也不如自由格式。

3. 版图设计的一般原则

简单来说，划分隔离区原则、确定元件图形尺寸基本原则、排版和布线基本原则是设计过程中需遵循的版图设计一般原则。

在采用 PN 结隔离的集成电路中，元件间需要互相绝缘。隔离区可按电路要求来划分。划分隔离区基本的处理原则是：外延层电位相同的元件可共置于同一隔离区内。例如，凡是集电极电位相同的 NPN 管可以共岛，集电极电位不同的 NPN 管则应置于不同的隔离岛内，二极管可视情况按晶体管处理。所有的硼扩电阻原则上可共岛，但该岛必须接电路的最高电位。集电极接电路最高电位的 NPN 管可放在电阻岛上。有时为布局布线的方便，某些硼电阻可和其他元件如晶体管等放在同一隔离岛内，条件是该电阻上任意点的电位与所处隔离区外延层的电位差要小于一个 PN 结导通压降。如果电路中电阻数目较多，或为了布线的方便，同一个电路中可设置几个电阻隔离区。一般说，一个电路所需隔离区的数目以少些为好，但这并不是绝对的，应从缩小芯片占用面积，减小隔离结寄生电容和漏电流，便于排版布线等各方面去综合考虑。

电路划分隔离区后，结合选定的光刻基本尺寸、工艺基本参数，可确定各隔离区上元件的图形和尺寸。这是版图设计中一项最重要的内容，必须依据产品的电参数、电路对各个元件的具体要求，结合工艺水平和条件，通过定性、定量的综合分析和计算才能完成。原则上说，如电路中某些晶体管的特性频率要求较高，则可选择单基极条图形并按光刻的最小基本尺寸，设计较小面积的晶体管；某些晶体管要求较大的电流容量或较低的饱和压降，则可选取较大的尺寸并采用各种符合要求的图形；当电阻流过的电流较大或精度要求较高时，电阻条宽应较大；对于电路性能取决于比值误差的元件，则要按比例大小来决定图形尺寸，以减小工艺过程对元件比值的影响。

各隔离区上元件的图形尺寸基本设计完成后，接下来进行排版和布线工作。一般先排出草图，最后按有关作图规则绘制放大数倍的总图。在排版和布线过程中，有时对所设计的各元件图形尺寸尚需进行适当的调整。

排版和布线中元件的排列应尽可能紧凑，以减小每个电路实际占用的硅片面积和有关寄生效应，提高电路的性能和成品率。

参数相一致的元件应排布在邻近的区域，避免由于材料、工艺的不均匀造成元件参数之间的较大差异。

元件的分布要符合压焊点和管壳外引线的要求，使布铝方便。

整个电路的功耗应在管壳散热允许的范围内，尽可能使电路芯片上温度分布均匀。功耗较大的元件可放在版面中心，这可使芯片上热分布较为均匀，保证各元件之间的电参数有良好的温度跟随。对于要求温度平衡的元件对，要放在等温线上。

布线应尽量简短，避免交叉，整个电路的布线要简洁匀称。铝条走厚氧化层，三次氧化层上不布铝。当电路元件较多时，布线中难以避免交叉的个别地方可用"磷桥"作过渡，但使用"磷桥"作引线的穿接过渡时，将在被穿接的铝线中引入小值电阻，只有在确认引入的小值电阻对电路的正常工作和性能参数无妨时，"磷桥"方可使用。

在电路元件数较多的中大规模集成电路中，和电子电路布局布线原理相同，布线最困难的是连接元件很多的电源线和地线。为了避免铝线交叉，往往将电源线从中间插入电路中部，地线环绕电路两边或三边；或者地线从中间插入电路中部，电源线环绕两边或三边。如果电阻岛布置在中间，其他元件排列在四周，为便于引出线的安排，将电源线从中间插入较为有利，但这样的布线一般不能完全避免交叉，这时，除了利用"磷桥"穿接外，还常常需要对某些元件的图形尺寸进行一定的修改，供布线在元件图形上穿过。常用的方法如把多发输入管的脖子拉长变粗以供穿线，或把晶体管的 B、C 电极间距拉开供中间穿线，这时，要将集电极的磷扩区做大些。再如，某些元件的接地可通过接隔离槽来实现，当然通过接隔离槽的方法来接地也会引入一定的电阻。一般根据经验，电源线穿桥时只要附加电阻不太大即可，如门电路中输入端保护两极管通过隔离槽接地，只要附加电阻不太大，也是可行的。但地线穿桥往往问题较大，原因是地线往往与 V_{OL} 相联系，因此只有和 V_{OL} 无关的场合，地线穿桥才有意义。所有这些做法，都必须从电路工作原理上予以分析，经实践证明附加的电阻和电容对电路性能影响不大时才能采用。

在中大规模集成电路中，布线图形有时十分繁复。由于布线密度过大，铝条上的电流容量和压降过大，往往造成短路、断路，从而使电路功能混乱失效。这时可采用多层(如双层)布线的方法。双层布线是在两层铝布线之间加有一层介质层(如氮化硅)加以绝缘，两层布线间需要连接处可在介质层上开出连接孔。第一层铝布线可以先完成单元电路的连接，第二层铝布线再完成整个电路的连接。两层铝布线间的介质层针孔要少，绝缘性能要高，两层铝布线之间的感应及交连也要设计得较小，并且要采取措施防止氧化层台阶等引起的断铝问题。

铝条要有一定的宽度，特别是通过大电流的铝条和走线较长的铝条要适当宽些。对厚度为 1 μm 的铝层，其宽度大小大致可按 1 mA/μm 的电流容量来进行估计。个别的情况可放宽到 1 mA/μm，这是因为在大密度电流通过铝条时，存在着铝的"质量迁移现象"，并且硅原子也会不断迁移到铝膜中形成硅晶体，这两种现象都会使铝条在氧化层台阶等处易于造成断铝现象。

压焊点的分布要符合管壳外引线的排列次序，对有统一规定的电路，引出线次序要与标准规定相一致。压焊点大小要符合键合工艺的要求。压焊点与压焊点之间，压焊点与电路内部元件、布线之间应留有足够的距离，电路的输出引线与输入引线之间要防止窜扰。压焊点应做在隔离岛上，防止因氧化层针孔等原因造成压焊点与衬底的漏电或短路现象。

电阻岛应接电路最高电位，隔离槽应接电路最低电位，接触孔面积应开得足够大，以保证铝硅的接触良好。在电阻岛等 N 型外延层上的欧姆接触孔，应事先进行 N^+ 浓磷扩散。

版图设计要求布局合理，单元配置适当，布线合适，尽量避免铝线爬坡梯度过大，由最低处到最高处要分几个台阶过渡。同时，为便于检查工艺质量，版图上要安排大量的测试图形。

合理的版图设计是制备集成电路的先决条件，版图设计的优劣对电路产品的性能和成品率具有关键的影响，必须严肃认真地予以对待。

5.2　集成电路的四项基础工艺概述

集成电路晶圆的生产是指在晶圆表面上和表面内制造出半导体器件的一系列生产过程。整个制造过程从硅单晶抛光片开始，最终在晶圆上按要求制成数以百计的集成电路芯片。

集成电路芯片都是由为数不多的基本结构(主要是双极结构和 MOS 结构)按一定的生产工艺制造出来的，类似于汽车工业。汽车工业的产品范围很广，但是，金属成型、焊接、油漆等工艺对汽车厂都是通用的，在汽车厂内部，无非是以不同的方式应用这些基本的工艺，制造出客户希望的产品。

芯片制造也是一样，制造企业使用四种最基本的工艺方法，通过大量的工艺顺序和工艺变化制造特定的芯片。这些基本工艺方法是薄膜制备、光刻、掺杂和热处理。

5.2.1　薄膜制备

薄膜制备是指在晶圆表面形成薄膜的加工工艺。这些薄膜可以是绝缘体、半导体或导体。它们由不同材料组成，是使用多种工艺生产或淀积的。

在半导体器件中广泛使用各种薄膜，例如：作为器件工作区的外延薄膜；实现定域工艺的掩蔽膜；起表面保护、钝化和隔离作用的绝缘介质薄膜；作为电极引线和栅电极的金属及多晶硅薄膜等。

制作薄膜的材料很多，半导体材料有硅和砷化镓；金属材料有金和铝；无机绝缘材料二氧化硅、磷硅玻璃、氮化硅、三氧化二铝；半绝缘材料多晶硅和非晶硅等。此外，还有目前已用于生产并有着广泛前途的聚酰亚胺类有机绝缘树脂材料等。

制备这些薄膜的方法很多，概括起来可分为间接生长和直接生长两类：

(1) 间接生长法：是制备薄膜所需的原子或分子是由含其组元的化合物通过氧化、还原或热分解等化学反应而得到的，如气相外延、热生长氧化和化学气相淀积等。这种方法由于设备简单，容易控制，重复性较好，适于大批量生产，因而在工业生产上得到广泛应用。

(2) 直接生长法：它不经过化学反应，以源直接转移到衬底上形成薄膜，如液相外延、分子束外延、真空蒸发、溅射和涂敷等。

外延是指在一定的条件下，在一片表面经过细致加工的单晶衬底上，沿其原来的结晶轴方向，生长一层导电类型、电阻率、厚度和晶格结构完整性都符合要求的新单晶层的过程。

在有氧化剂及逐步升温条件下，经过特定方法，在光洁的硅表面上生成高纯度二氧化硅的工艺过程称为热氧化工艺。

淀积薄膜的方法有些主要是化学过程，有的是纯物理过程，另外一些是基于物理-化学原理的淀积法。在集成电路领域中，淀积薄膜的主要方法是化学气相淀积工艺。化学气相淀积是利用化学反应的方式，在反应室内，将反应物(通常是气体)生成固态生成物，并淀积在硅片表面上的一种薄膜淀积技术。因为它涉及化学反应，所以又称 CVD(Chemical Vapour Deposition——化学气相淀积)。化学气相淀积的方法很多，最常用的是常压化学淀积(APCVD)法、低压化学气相淀积(LPCVD)法和等离子体化学气相淀积(PCVD)法。

5.2.2　光刻

集成电路中的光刻是把掩膜版上的图形转换到硅片表面上的一种工艺。

光刻工艺的第一步要制备掩膜版。这些掩膜版上的图形是集成电路的一个组成部分，例如栅电极、接触窗口、金属互连等。要制造集成电路掩膜版，在完成电路小样试验和计算模拟以后，首先要绘制总图，然后把各道工序的分图分开，例如把栅电极、接触孔等分别刻制在各自的掩蔽纸上，再通过图像显示和把几何图形用数字转换的方法转换成数字，再用它来推动计算机控制的图形发生器，图形发生器能将设计特性直接转换到硅片上。通常用图形发生器来制版，再利用制出来的版进行光刻。光刻是通过一系列生产步骤将晶圆表面薄膜的特定部分除去的工艺。完整的光刻工艺应包括光刻和刻蚀，随着集成电路生产在微细加工的进一步细分，刻蚀被分出去作为一个工序。

光刻版制好后，通过连续的转换，把每一块光刻版上的图形都一一套准到硅片表面，然后进行光刻。

光刻前，首先要把光敏聚合物涂到硅片上进行前烘，因为这种聚合物材料的作用是阻止腐蚀的进行，所以它们被称做抗蚀剂。前烘后再用具有一定图形的光刻版作掩蔽，用紫外光或其它辐照源进行曝光。然后在显影液中进行显影，得到光敏聚合物材料的图像。光刻后的晶圆表面会留下带有微图形结构的薄膜，根据所使用的光刻胶是正胶还是负胶，被除去的部分可能形状是薄膜内的孔或是残留的岛状部分。显影液中去掉的是曝光部分还是非曝光部分由所用的光敏聚合物的性质决定。如果使抗蚀剂进行物理或化学作用的是光能，则这种抗蚀剂叫做光致抗蚀剂。此外还有对电子束、X 射线和离子束敏感的抗蚀剂。

显影之后进行腐蚀，然后进行掺杂、氧化和金属化等工作，最终形成电路。

曝光是在曝光机上完成的，曝光机要做以下几项工作：

第一，要把硅片和掩膜严格夹紧，并且要使掩膜版上的图形和硅片上原有的图形严格对准。在对准过程中必须做必要的机械运动，所以曝光机有时也叫做直线对准器。

第二，要提供一个对抗蚀剂进行曝光的光源。曝光可以通过掩模进行，也可以直接扫描。例如，电子束曝光机就能直接扫描曝光。曝光机的特性常用三个参量描述，即分辨率、套准和生产率。分辨率用重复曝光、显影，最后得到的抗蚀剂的特征尺寸来定义；套准是测量紧靠的两块掩模图形的覆盖情况；生产率是指每小时曝光的硅片数目。

在集成电路生产中使用的主要曝光设备是利用紫外光的光学系统。它能得到 1 μm 的分辨率、±0.5 μm 的套准精度和每小时曝光 100 片的生产率。电子束曝光系统的分辨率近似为小于 0.5 μm，套准精度为±0.2 μm。X 射线光刻系统有 0.5 μm 的分辨率，±0.5 μm 的套准精度。

我们把光刻和制版称为图形加工技术，主要指在半导体基片表面，用图形复印和腐蚀的办法制备出合乎要求的薄膜图形，以实现选择扩散(或注入)、金属膜布线或表面钝化等目的。因为光刻和制版决定了管芯的横向结构图形和尺寸，是影响分辨率以及半导器件成品率和质量的重要环节之一，所以在微细加工技术中被认为是核心的问题。

随着集成电路的集成度越来越高，特征尺寸越来越小，晶圆圆片面积越来越大，也给光刻技术带来了很高的难度。通常人们用特征尺寸来评价集成电路生产线的技术水平，如 0.18 μm、0.13 μm、0.1 μm 等。特征尺寸越来越小，对光刻的要求更加精细。

图形加工的精度主要受光掩膜的质量和精度、光致抗蚀剂的性能、图形的形成方法及装置精度、位置对准方法及腐蚀方法、控制精度等因素的影响。

光刻的目的是要把掩模板上的图形转换到硅片表面上去，不同的曝光方法工艺过程不同，在集成电路制造中要经过多次光刻，完整的光刻工艺必须尽可能做到无缺陷，如果芯片位置的 10%有缺陷，那么每道转换工艺得到 90%的成品率，经过 11 道光刻工艺后，只剩下 31%的芯片能正常工作。缺陷能影响其它各道工序，所以，如果不采取补救措施，最后成品率很容易变成零。因此光刻是平面工艺中十分重要的一步，它对清洁度要求特别高，一般在超净间或超净台中进行。因为光致抗蚀剂对大于 5000 Å 波长的光不敏感，所以光刻间通常用黄光照明。虽然集成电路生产中的多次光刻各次的目的、要求和工艺条件有所差别，但其工艺过程基本上是一样的。光刻工艺都需经过涂胶、前烘、曝光、显影、坚膜、腐蚀和去胶七个步骤的工艺流程。

(1) 涂胶前的硅片表面必须是清洁干燥的，最好在氧化或蒸发后立即涂胶，防止硅片表面沾污，如果硅片搁置太久，或光刻处理不良返工，都要重新清洁处理后再涂胶。

涂胶就是在晶圆 SiO_2 薄膜或金属薄膜表面，涂一层粘附良好，厚度约为 1 μm 的均匀光刻胶膜。涂胶一般采用旋涂法，利用光刻胶的表面张力和旋转产生的离心力的共同作用，将光刻胶在晶圆表面铺展成厚度均匀的胶膜。对胶膜厚度的工艺要求是胶膜厚度适当，膜层均匀，粘附良好。胶膜太厚或太薄都不好，太厚分辨率下降(一般分辨率为膜厚的 5～8 倍)，太薄针孔多，抗蚀能力差。

(2) 前烘又称预烘、软烘焙，是指在一定温度下，使胶膜里的溶剂蒸发掉一部分，使胶膜稍干燥，成"软"的状态，以增加与晶圆圆片的粘附性和耐蚀性。前烘的温度和时间要求适当，温度过高或时间过长，光刻胶产生热交联，会在显影时留下底膜，或者光刻胶中的增感剂挥发造成灵敏度下降；温度过低，前烘不足，抗蚀剂中有机溶剂不能充分逸出，残留的溶剂分子会妨碍交联反应，造成针孔密度增加、浮胶或图形变形等现象；时间过短，光刻胶骤热，会引起表面发泡或浮胶。前烘的温度和时间一般通过实验确定，随胶的种类和膜厚而有所不同，通常前烘在 80℃恒温干燥箱中烘 10～15 分钟，也有用红外灯烘焙的，胶膜里外干燥，效果较好。

(3) 曝光是对涂有光刻胶的晶片进行选择性的光化学反应，使曝光部分的光刻胶在显影液中的溶解性改变，经显影后在光刻胶膜上便得到和掩膜相对应的图形。曝光常采用紫外光接触曝光方法，其基本步骤是定位对准和曝光。定位对准是使掩膜版上的图形与晶片上原有的图形精确套合，因此要求光刻机有精密的微调和压紧机构，并有合适的光学观察系统。曝光量的选择决定于光刻胶的吸收光谱、配比、膜厚、光源的光谱成分等因素。另外还要考虑到衬底的光反射特性。在生产实践中，一般通过实验来确定最佳曝光时间。

(4) 显影有湿法显影和干法显影两种，湿法显影是把曝光以后的晶片放在显影液里，把应去除的光刻胶膜溶解去除干净，以获得腐蚀时所需要的被抗蚀剂保护的图形。显影液的选择要求对需要去除的胶膜溶解度要大，溶解得快，对需要保留的胶膜溶解度极小。并要求显影液里有害杂质少，毒性小。对于不同的光刻胶，要求选用不同的显影液。

湿法显影存在图形膨胀、收缩之类的变形问题，随着超大规模集成电路图形的微细化，提出了干法显影工艺。其基本原理是利用抗蚀剂的曝光部分和非曝光部分在特定的气体等离子体中有不同的反应，没有曝光的部位坚膜中抗蚀剂聚合物蒸发而厚度减少 40%～45%，而曝光部位不蒸发、厚度也不变。在其后的显影中，未曝光部分比曝光部位腐蚀速率快很多，这样使未曝光部位的抗蚀剂很快全部去除，而曝光部位尚有 85%以上厚度的抗蚀剂留下（称为留膜率），达到了显影的目的。

显影过程中，显影时间是很重要的。

显影时间过长，会使胶膜软化膨胀，图形边缘发生钻溶而影响分辨率，甚至出现浮胶。显影不足可能在应去除光刻胶的区域残留抗蚀剂底膜，造成腐蚀不彻底，产生花斑状氧化层小岛，还会使图形边缘出现过渡区，从而影响分辨率。因此，显影时间一般由实验确定，随抗蚀剂的种类、膜厚、显影液种类、显影温度和操作方法不同而不同。

显影后，一般应在显微镜下认真检查，图形是否套准，边缘是否整齐，有无残胶、皱胶、浮胶和划伤等，如有不合格的片子，应进行返工。

(5) 坚膜又称后烘、硬烘焙，是在一定温度下，将显影后的片子进行烘焙，除去显影时胶膜所吸收的显影液和残留水分，改善胶膜与晶片间的粘附性，增强胶膜的抗蚀能力。

坚膜的温度和时间要适当，若坚膜不足，膜的强度低，腐蚀时容易产生浮胶。坚膜过度，则抗蚀剂膜会因热膨胀而翘曲或剥离，腐蚀时产生钻蚀或浮胶。坚膜温度过高还可能引起聚合物发生分解，降低粘附性和抗蚀能力。

(6) 腐蚀就是用适当的方法，对未被胶膜覆盖的 SiO_2 或其它薄膜进行腐蚀，形成与胶膜相对应的图形，以便进行选择性扩散或金属布线等工序。

(7) 去胶就是去除光刻胶。在光刻图形腐蚀出来后，把覆盖在图形表面上的光刻胶膜去除干净。其主要方法有：溶剂去胶、氧化去胶和等离子去胶。

综上所述，整个光刻工艺过程的目标主要有两个：

(1) 在晶圆表面建立尽力能接近设计规律中所要求尺寸的图形；

(2) 在晶圆表面正确定位图形。

整个电路图形必须被正确地定位于晶圆表面，电路图形上单独的每一部分之间的相对位置也必须是正确的。光刻生产根据电路设计的要求，生成尺寸精确的特征图形，且在晶圆表面的位置要正确，而且与其他部件的关联也要正确。

基本光刻工艺是半导体工艺过程中非常重要的一道工序。所有四个基本工艺中光刻是最关键的工艺，光刻确定了器件的关键尺寸。光刻过程中的错误可造成图形歪曲或套准不好，最终可转化为对器件的电特性产生影响，图形的错位也会导致类似的不良结果。光刻工艺中的另一个问题是缺陷。光刻是在极微小尺寸下完成的，在制造过程中的污染物会造成缺陷，由于光刻在晶圆生产中要完成 5 层至 20 层或更多，因此污染问题将会放大。由于最终的图形是用多个掩膜版按照特定的顺序在晶圆表面一层一层叠加建立起来的，因此对图形定位的要求很高，而光刻蚀工艺过程的变异在每一步都有可能发生，对特征图形尺寸和缺陷水平的控制非常重要也非常困难。光刻工艺也因此成为半导体过程中的一个主要的缺陷来源。

5.2.3　掺杂

掺杂就是人为地将所需要的杂质，以一定的方式掺入到半导体基片规定的区域内，并达到规定的数量和符合要求的分布方法。掺杂是将特定量的杂质通过薄膜开口引入晶圆表层的工艺过程。通过掺杂，可以改变半导体基片或薄膜中局部或整体的导电性能，或者通过调节器件或薄膜的参数以改善其性能，形成具有一定功能的器件结构。

一种较为古老的掺杂方法是合金法，至今还在某些器件生产中使用。此外，常用的掺杂方法还有热扩散法和离子注入法。

(1) 合金法。合金法制作 PN 结是利用合金过程中溶解度随温度变化的可逆性，通过再结晶的方法，使再结晶层具有相反的导电类型，从而在再结晶层与衬底交界面处形成所要求的 PN 结。

(2) 热扩散法。热扩散法是在 1000℃左右的高温下发生的化学反应。晶圆暴露在一定掺杂元素气态下。气态下的掺杂原子通过扩散化学反应迁移到暴露的晶圆表面，形成一层薄膜。在芯片应用中，热扩散又被称为固态扩散，因为晶圆材料是固态的。热扩散是一个化学反应过程。

(3) 离子注入法。离子注入法是一个物理反应过程。晶圆被放在离子注入机的一端，气态掺杂离子源在另一端。掺杂离子被电场加到超高速，穿过晶圆表层，好像一粒子弹从枪内射入墙中。掺杂工艺的目的是在晶圆表层建立兜形区，或是富含电子(N 型)或孔穴(P 型)，这些兜形区形成电性活跃区和 PN 结，在电路中的晶体管、二极管、电容器、电阻器都依靠它工作。

掺杂技术能起到改变某些区域中的导电性能等作用，是实现半导体器件和集成电路纵向结构的重要手段。并且，它与光刻技术相结合，能获得满足各种需要的横向和纵向结构图形。半导体工业利用这种技术制作 PN 结、集成电路中的电阻器、互连线等。

5.2.4　热处理

热处理是简单地将晶圆加热和冷却来达到特定结果的工艺过程。热处理过程中晶圆上没有增加或减去任何物质，另外，会有一些污染物和水汽从晶圆上蒸发。

热处理的主要用途有三个：

(1) 退火：指在离子注入制程后进行的热处理，温度在 1000℃左右，以修复掺杂原子的注入所造成的晶圆损伤。

(2) 金属导线在晶圆上制成后热处理：为确保良好的导电性，金属会在 450℃热处理后与晶圆表面紧密熔合。

(3) 去除光刻胶：通过加热，在晶圆表面的光刻胶将溶剂蒸发掉，从而得到准确的图形。

复 习 思 考 题

5-1　什么是集成电路的电路设计？

5-2　什么是集成电路的工艺设计？

5-3　什么是集成电路的版图设计？

5-4　简述集成电路的正向设计和逆向设计。

5-5　集成电路制造基本工艺主要有哪些？哪种工艺用到光刻胶？

5-6　简要介绍光刻基本工艺流程。

5-7　热处理的作用是什么？

5-8　半导体制造中常用薄膜有哪些？它们通常包含哪几种工艺方法？

5-9　为什么说光刻(含刻蚀)是加工集成电路微图形结构的关键工艺技术？

5-10　图形转移工序由哪些步骤组成？

5-11　集成电路基本制造技术有哪些？

5-12　硅片制造中要注意哪些问题？

第 6 章　薄 膜 制 备

　　半导体器件制备过程中要使用多种薄膜，例如：起表面保护、钝化和隔离作用的绝缘介质膜；作为器件工作区的外延膜；实现定域工艺的掩蔽膜；作为电极引线和栅电极的金属膜及多晶硅膜等。

　　制作薄膜的材料很多，其中半导体材料有硅和砷化镓；金属材料有金和铝；无机绝缘材料有二氧化硅、磷硅玻璃、氮化硅、三氧化二铝；半绝缘材料有多晶硅和非晶硅等。此外，还有目前广泛应用于生产的聚酰亚胺类有机绝缘树脂材料等。

　　制备薄膜的方法概括起来可分为间接生长法和直接生长法两大类。

　　(1) 间接生长法。间接生长法是指制备薄膜所需要的原子或分子是由含其组元的化合物通过氧化、还原或热分解等化学反应而得到的。这种方法设备简单、容易控制、重复性好、适宜大批量生产，工业上应用广泛，如气相外延、热生长氧化和化学气相淀积等。

　　(2) 直接生长法。直接生长法是指将源直接转移到衬底上形成薄膜，不经过中间化学反应，如液相外延、分子束外延、真空蒸发、溅射和涂敷等。

　　本章将围绕薄膜制备技术，介绍常用薄膜的使用场合、作用和工艺要求。

6.1　外　　延

　　外延是指在一定的条件下，在一片表面经过细致加工的单晶衬底上，沿其原来的结晶轴方向，生长一层导电类型、电阻率、厚度和晶格结构完整性都符合要求的新单晶层的过程。可见，外延是一种制备单晶薄膜的技术。

　　新生长的单晶层我们称为外延层。若外延层与衬底材料相同，称为同质外延。例如，在硅衬底上外延硅，在 GaAs 衬底上外延 GaAs 等。若外延层在结构、性质上与衬底材料不同，则称为异质外延。例如在蓝宝石或尖晶石单晶绝缘衬底上外延硅单晶薄膜等。

　　大多数外延生长方法采用化学气相淀积法。此外还有液相外延、固相外延及分子束外延等。外延工艺已成为半导体器件制造工艺的一个重要组成部分，它的进展推动了器件的发展，它不仅提高了器件的性能，而且也增加了工艺的灵活性。

　　外延的名称比较多，采用不同的方法分类就有不同的名称(见图 6-1)。

　　从化学组成来看，外延可分为同质外延和异质外延。同质外延是指外延层和衬底是同一种物质，例如硅衬底上外延生长硅；异质外延是指外延层和衬底是不同种物质，如蓝宝石衬底上外延生长硅。

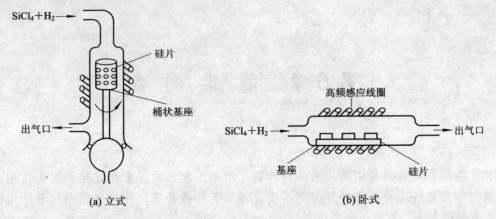

图 6-1　硅外延反应器

从外延层在器件制造中的作用来看，外延可分为正外延和反外延。如果器件做在外延层上，则称为正外延；如果外延层仅仅起支撑作用，而器件制造在衬底上，那么这种外延就称为反外延，例如介质隔离中所用的外延。

从生长过程看，外延可分为直接外延和间接外延。直接外延是使硅原子在超高真空条件下直接淀积在清洁的硅衬底表面上。它是一种物理过程，包括蒸发、溅射、分子束外延等方法。直接外延要求的设备比较复杂、成本也高，但它具有外延生长温度低、杂质分布和外延层厚度可精确控制的优点。随着设备的改进，它的应用将会越来越广泛。间接外延是将含硅化合物通过化学反应，把硅原子淀积到硅衬底上，其中化学气相外延是目前外延的主流。化学气相外延它还可以分为常压外延和低压外延两种方法。常压外延设备简单、操作方便。低压外延生长速率主要受混合气氛中各组分在样品表面的吸附及其表面化学反应的控制。书中如无特殊说明，均是指常压外延。

6.1.1　外延的机理和作用

外延生长是在化学反应受到固体表面控制的情况下，一个包括下列连续步骤的多相过程：

(1) 反应剂质量从气相转移到生长层表面；

(2) 反应剂分子被吸附在生长层表面；

(3) 在生长层表面进行化学反应，得到 Si 原子和其他副产物；

(4) 副产物分子脱离生长层表面的吸附(即解吸)；

(5) 解吸的副产物从生长层表面转移到气相，随主气流逸出反应室；

(6) Si 原子加接到晶格点阵上。

整个过程中步骤(1)和步骤(5)是物理扩散过程；步骤(2)和步骤(4)是吸附及解吸过程；步骤(3)是表面化学反应过程，而化学反应与吸(脱)附往往是交错进行的。因此，外延层的生长速率既涉及在固体表面的化学反应动力学，又与吸(脱)附和扩散动力学有关，其中较慢者控制着外延生长速率。

在开管外延中，系统维持在较高的常压(0.1 MPa)状态，与气相扩散速率和化学反应速率相比，吸附和解吸的速率又相当快。因此，混合气氛中各组分在样品表面的吸附状况可以看做是一定的。这时，外延层的生长速率将主要取决于质量传输和表面化学反应。

外延最早是在 20 世纪 60 年代初由硅外延发展起来的。外延技术所以能得到迅速的发展，主要它有以下优点：

(1) 外延技术能在高掺杂的衬底上生长几个微米厚的低掺杂的外延层，把晶体管做在外延层上，巧妙地解决了晶体管提高频率和增大功率对集电区电阻率要求上的矛盾。可以得到高集电结击穿电压和低集电极串联电阻的性能良好的晶体管。

(2) 利用外延技术成功地解决了器件之间的隔离问题。例如在集成电路制造中，器件之间的电学隔离方法很多，但大多数采用外延技术。常用的 PN 结隔离中，是在具有 N^+ 隐埋层的 P 型衬底上外延生长一层 N 型层，再进行 P^+ 隔离扩散形成 N 型隔离岛。然后在隔离岛中制作器件和元件。

(3) 外延增大了工艺设计的灵活性。外延过程中可以方便地控制外延层的电阻率、导电类型、杂质分布和厚度等参数，可以进行多层外延，所以外延工艺能在许多场合提供一些特殊杂质分布的材料。例如微波器件中所需要的具有不同电阻率和导电类型，具有陡峭杂质分布的多层结构材料。

当然，外延也存在着隐埋层畸变、含氧等杂质的缺点，从而使其物理性能不如体硅。

外延工艺的出现，推动了硅平面工艺及集成电路的发展。反过来，器件的发展又对外延工艺提出了更高的要求。例如，在超高频器件和超大规模集成电路制造中要求低自掺杂、高均匀性、低缺陷密度的薄外延层，促使硅外延不断发展，以满足器件的要求。

随着外延工艺和设备的不断改进，外延层质量不断提高，成本不断降低，因此它的应用领域不断扩大，例如在 JFET、VMOS 电路、动态随机存储器和 CMOS 集成电路等制造中都已采用外延工艺。可见，不仅双极型器件工艺离不开外延，单极型集成电路也采用外延以提高性能，使器件设计更加灵活。

随着集成电路的迅速发展，外延技术越来越被人们所关注，许多新型的外延工艺和设备都相继出现，这为发展集成电路产业创造了十分有利的条件。

6.1.2　外延方法

外延的方法很多，硅器件大多采用硅的气相外延，砷化镓器件有时也采用液相外延。还有真空蒸发、溅射等直接在衬底上形成外延层等，这些方法生长速率很低，外延层质量不大好，现在很少采用。20 世纪 70 年代，发明了分子束外延技术，其特点是能生长薄至几纳米的外延层，而且可精确地控制膜厚、组分和掺杂浓度，所以十分适合于一些特种器件及科学研究工作。

1. 气相外延

所谓硅气相外延就是利用硅的气态化合物，如 $SiCl_4$ 或 SiH_4，在加热的硅衬底表面与氢气发生化学反应或自身发生热分解，还原生成硅，并以单晶形式淀积在硅衬底表面。在气相外延中使用的化学反应主要是歧化反应、分解反应和还原反应。歧化反应大多用于闭管外延，但也适用于开管外延，特别适用于Ⅲ-Ⅴ族和Ⅱ-Ⅵ族化合物的外延生长，对于硅外延层大多采用后两种反应。下面以 $SiCl_4$ 氢还原外延生长为例进行讨论，当然也适用于其它卤化物源。

外延硅必须在 1000℃以上，只有足够高的温度，才有足够的动能，才能使淀积硅原子在衬底表面运动，并找到合适的位置固定下来形成单晶层，反应式如下：

$$SiCl_4 + 2H_2 \leftrightharpoons Si\downarrow + 4HCl\uparrow$$

这个反应是可逆反应。我们不仅要研究正反应，而且还要研究逆反应，因为反应物 HCl 气体对硅有腐蚀作用，这样有可能变成逆反应。外延前的气相抛光，以除去衬底表面残损层，就利用这个逆反应。与此同时，还会产生以下反应：

$$SiCl_4 + Si \rightarrow 2SiCl_2$$

1) 外延生长的微观过程

在电子显微镜下，对外延以后进行拍摄，可观察到在衬底上形成许多大小约数十纳米的分立岛状物，随着外延时间的增加，这些岛状物逐渐长大，最后连成一片，发展成新的层面。因此，可认为在外延的起始阶段，化学反应产生的硅原子在生长层表面上移动，在适当的位置上被结合进硅晶格中。一般在完整晶面上成核比较困难，然而晶核一旦形成，原子就能以此为基础，沿着某些方向，单个地或成对地加接到晶格点阵上，于是晶面便迅速地扩展开来。但由于晶核弯折处对原子的有效吸附和成核困难，所以横向扩散速度大于垂直方向的生长速度，因此生长一般是层状的。

由外延生长机理我们了解到，外延生长速率与扩散、吸附/解吸、化学反应三者的速率有关，并受速率最慢者控制。对于常压外延来说，吸附/解吸速率相对于扩散与化学反应速率要快得多，因此，生长速率主要取决于扩散和化学反应速度。

图 6-2 所示为外延生长速率 v 与 $SiCl_4$ 浓度 Y 的关系。当 $SiCl_4$ 浓度较低时，外延反应正方向起主导作用，外延层厚度变厚。当 $SiCl_4$ 浓度达到最高值时，逆反应起主导作用，此时，不仅停止了外延反应，而其衬底也发生了腐蚀。

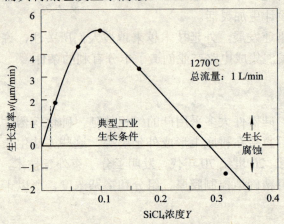

图 6-2 外延生长速率 v 与 $SiCl_4$ 浓度 Y 的关系

图 6-2 是实际测量的外延生长速率与浓度的关系曲线。图中横坐标 Y 定义为 $SiCl_4$ 气体分子数与气体总分子数之比。由图可见，在 $0<Y<0.1$ 时，v 随 Y 的增加而增加，即起始部分，两者基本成正比，腐蚀作用可以忽略；在 $0.1<Y<0.28$ 时，v 随 Y 的增加反而减小，说明腐蚀作用越来越明显了；当 $Y=0.28$ 时，v 为零，说明生长与腐蚀作用正好相消；如 $Y>0.28$，硅衬底腐蚀强烈。生产上典型的生长条件是 $Y=0.06\sim0.01$，相应的 $v\approx 0.5\sim1\ \mu m/min$，在此范围内，$v$ 和 Y 基本上是线性关系。

除了受浓度影响之外，外延层的晶体结构与多种因素有关。首先，与外延生长的温度和速度有关。因为温度会影响反应产生的硅原子的能量，如果硅原子的能量太低，则在生长层表面上还未到达适当位置就停下来了，从而影响晶体结构；生长速度过快，由于硅原子在表面上没有充分的移动时间，结果形成多晶。

衬底的晶向对外延层的生长也有影响。由于生长速度和台阶的移动都与晶向有关，因此为了获得均匀的厚度、埋层图形畸变和小漂移，常选择偏离<111>晶向 3°～4°。

其次是其它杂质对外延层生长的影响，因为生长层表面吸附的硅原子与掺杂原子、氢、氯和杂质原子相互竞争，一般掺杂原子的浓度是很低的，低到可以忽略的程度。但其它杂质原子如碳原子就会影响硅的结合和成核，使外延层产生堆垛层错或角锥体，因此外延对环境清洁度、材料纯度等有较高的要求。

2) 外延生长工艺

半导体器件制造对外延层提出了很高的要求，希望能得到晶体结构完整，厚度和电阻率符合器件设计要求，而且均匀性好的外延层。不同的半导体器件和集成电路外延生长工艺是不同的，图 6-3 所示为一般外延工艺流程图。

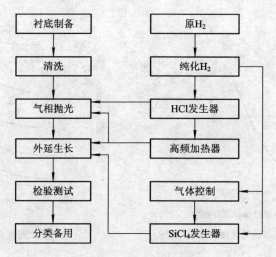

图 6-3　外延工艺流程图

衬底是外延生长的籽晶，它的质量直接影响外延层质量，因此必须认真处理，以去除硅片表面有机物和残余金属。硅片清洗常用有机溶剂超声清洗，再用其他化学药品清洗，还可用蘸水刷子冲刷或用高压喷射水流来冲洗。除此以外，外延还要在适当的工艺条件下，用 HBr、SF_6、无水 HCl、水汽等就地气相抛光。

半导体器件往往都在外延层上加工的，外延层的质量好坏会直接影响半导体器件的质量。通常对外延层的质量要求很高，具体包括晶格结构完整、电阻率和厚度符合要求，均匀性、重复性好，表面杂质沾污少等。

外延层的层错、小丘、细小亮点多来自于衬底表面。也可以说，衬底表面有微小的杂质沾污和晶格缺陷，都会反映到外延层上。因此，外延层质量好坏不仅取决于生长时各种条件的控制，而且还与衬底表面的质量好坏有直接关系。一般情况下，硅片在经过严格的切、磨、抛工序以后，仍会有一层小于 1 μm 厚的晶格损伤层，同时还有一层 80～200 Å 左右的氧化层。这些在外延之前都必须完全清除掉，让晶格在衬底表面完整地裸露出来，这样生长的外延层的晶格才是完整的，通常采用气相抛光方法完成这个任务。

气相抛光又叫气相腐蚀，是指用化学腐蚀的方法去除硅片表面晶格损伤层和氧化层。这种方法的优点是腐蚀可以在外延过程同一系统中进行，有效防止因改换系统而带来的沾污问题，而且方法简单、效果也很明显，适应大批量生产。

气相抛光方法有氯化氢(HCl)气相抛光、水汽抛光和氯气抛光三种。生产上常用氯化氢气相抛光。

(1) 氯化氢气相抛光。氯化氢气相抛光是用氖气携带无水氯化氢气体进入反应室，在高温下，氯化氢和硅发生反应，进行抛光(腐蚀)。反应式如下：

$$Si + 4HCl \xrightarrow{\Delta} SiCl_4 \uparrow + 2H_2 \uparrow$$

HCl 气体可以用硫酸、盐酸脱水制得，最好用钢瓶 HCl 气体。主要利用它在一定条件下，对硅表面能实现非择优腐蚀，即对硅表面的腐蚀速率基本上是一致的。抛光速度取决于 HCl 的气体浓度(如图 6-4(a)所示)。

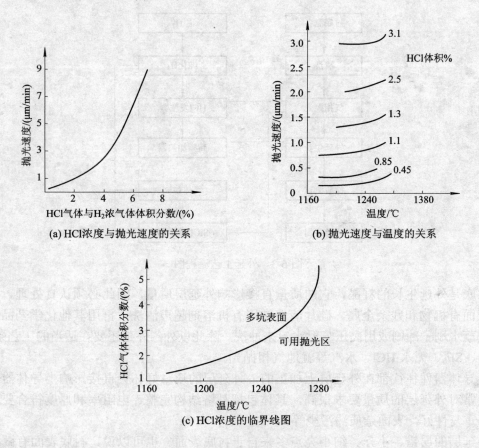

(a) HCl浓度与抛光速度的关系　　　　(b) 抛光速度与温度的关系

(c) HCl浓度的临界线图

图 6-4　HCl 气相抛光速度曲线

腐蚀条件一般取温度为 1200℃，HCl 在 H_2 中的浓度为 2%～3%，腐蚀速度为零点几微米/分钟数量级，腐蚀深度视具体情况而定。如果衬底没有隐埋层，可以腐蚀掉 5 μm 左右；

如果有隐埋层,那么埋层的方块电阻一定要控制好,不能腐蚀太深,一般为 0.1~0.3 μm。就地抛光的目的是去除衬底表面微小的晶格损伤和原始氧化层,如果采用在 H₂ 中高温烘烤(1200℃,10 min)和就地抛光交替进行则效果更好。

温度是不重要的,气相抛光速度(高温下)与温度不大相关,但是要控制好 HCl 的浓度(如图 6-4(b))。实验证明,硅的抛光速度与硅的电阻率、导电类型无关,但当 HCl 浓度超过一定数值后,腐蚀开始变成择优性腐蚀,硅片表面出现腐蚀坑,外延生长以后也会产生腐蚀坑(如图 6-4(c))。纵坐标代表 HCl 气体与气体体积百分比。临界曲线上方的区域为坑区,曲线下方为生长中可以采用的抛光区。因此,选择腐蚀条件时,既要考虑 HCl 浓度,又要注意使用温度,防止越过临界线。例如,选择 HCl 浓度为 2%,温度可选择在 1230~1250℃之间。

衬底经抛光以后,外延层中的层错密度有效降低,正常情况下可达到 10^2 个/cm^2 以下,表面缺陷大幅度下降。

氯化氢(HCl)气相抛光方法要注意两点:一是由于腐蚀温度通常较高(大于 1200℃),对于已经扩散的硅片,杂质会重新分布;二是已扩散过杂质的衬底表面,抛光会使表面杂质浓度减小,而且减小量与抛光量成正比。

生产中也使用临时配制的无水 HCl,这样可以保证高纯度。配制方法是:采用高纯度的 HCl 和 H₂SO₄,将 HCl 缓慢加入 H₂SO₄ 中(硫酸起脱水作用),脱水产生 HCl 气体,这样的 HCl 气体可直接使用。常用的 HCl 发生器如图 6-5 和图 6-6 所示。

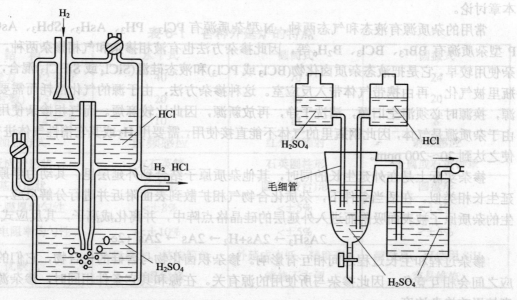

图 6-5　携带式 HCl 发生器　　　　　　图 6-6　无水氯化氢发生器

(2) 水汽抛光。水汽抛光是在高温下,利用氢气携带微量水汽,使硅片表面氢化,生成挥发性的 SiO,随气体排出系统,从而完成气相抛光的方法。反应式如下:

$$Si + H_2O \xrightarrow{\Delta} SiO_2 \uparrow + H_2 \uparrow$$

该主反应式也有部分逆反应。实验证明,在 1270℃,当氢气中含水量为 0.02%~0.1%

化学反应所需要的能量由加热的基座供给，该能量通过传导和辐射传输到晶片上。

辐射加热是用一系列的石英卤灯组成，它的温度均匀性比感应加热好。

温度的控制和测量一般用微机控制，操作者只要装卸薄片就行，改变温度只要对微机程序进行一些修改即可。温度测量可以用光测高温计，其焦点在反应室里的外延片上，由于硅的辐射，通常测得的比实际的低 $50\sim100℃$。

气体控制主要由浮子流量计和质量流量计及阀门来完成，常用浮子流量计。质量流量计可直接测出进入反应室的反应物克分子数，是监控 $SiCl_4$ 分压的一种比较合理的装置。

外延的加热设备都用高频感应加热的方式加热衬底，这样的加热方式，受热的只是基座和衬底，整个反应壁是冷的，可避免在外延过程中在壁上沉积，而且这种加热方式加热非常快，加热区域也容易调整，加热均匀。外延所用的高频感应的输出功率一般在 $15\sim30\ W$，振荡频率为 $200\sim500\ kHz$。

感应加热的原理是当一个导体通入交流电以后，在它的周围产生一个交变磁场。这时，如果将另一个导体放在它的旁边，则在交变磁场作用下，可以使这一导体产生感应电流，即涡流。如果交变磁场足够强，而变化又足够快时，产生的感应电流也就越大，从而使导体发热。用感应电流加热导体的方法又称感应加热法。在外延生长时，高频感应炉产生高频电流，流经加热线圈时，在石墨基座上感应出电流，使基座迅速升温，达到外延所需的温度。

当高频电流流经加热线圈时，会产生"趋肤"效应，即电流是在加热线圈的表面流过，内部几乎没有电流，因此加热线圈可以是空心的。一般用紫铜管烧制而成，紫铜管内部可以通冷却水冷却，防止紫铜管因温度过高而变形。

加热线圈上通过很强的高频电流，高频感应线路与线圈之间的连接线(高频电流馈电线)必须能承受较强的高频电流，因此，要用细铜丝编织成的软铜带或用多层紫铜片做成的折叠带。另外，高频感应炉要全部屏蔽。因为高频感应所产生的电磁感应不仅使基座加热，而且它也能辐射出电磁波来，特别是功率较大或频率较高时，更会影响周围物体。被加热的石英基座长度应与线圈的长度差不多，而且在石英管允许的情况下，基座应尽量宽一些，这样线圈的输出功率才能得以充分利用。

5) 对外延所用材料的要求

外延所用材料有石墨、氢气(H_2)和 $SiCl_4$(或 SiH_4)，对这些材料都有严格的要求。

(1) 石墨加热基座的处理。石墨加热基座是承放硅片的平面，要求其在高温下，不应当对硅有沾污。要求石墨加热器的纯度非常高，气孔少。因此，在外延生长之前，必须对基座进行化学清洗。方法是：先将石墨加热器浸在王水中泡 24 小时，然后分别用冷、热去离子水冲洗至中性，烘干后放入石英管中加热到 $1400℃$，通 H_2 或抽真空处理 2 小时，使嵌入石墨加热器中的杂质逸出挥发。然后再包一层致密的碳化硅，以防止残存杂质继续逸出。

包碳化硅的方法有高、低温两种，高温是 $1300℃$ 以上，采用 H_2 携带 $SiCl_4$ 和甲苯通入反应室进行化学反应，生成碳化硅；低温是在 $1060℃$，用 H_2 携带 $SiCl_4$ 和 CCl_4，适量调节各种源的比例，制备出高致密性、耐用的碳化硅层。目前开发出来的热解石墨是一种很优良的石墨材料，它是在 $2000℃$ 时，抽真空处理石墨，然后热分解甲烷，在石墨上淀积一层热解石墨。

在外延生长过程中，石墨加热器要定期清洗，一般清洗是在 $1200\sim1250℃$ 时，通入 H_2

及无水 H_2 气体，对石墨表面的多晶硅进行腐蚀，露出碳化硅(在外延过程中，石墨加热器表面气相淀积上多晶硅的)。

(2) 氢气的纯化。外延生长中所用的 H_2 必须是高纯度的，而且含水量极低，氯氧及有机物等杂质含量要尽可能低。气体纯化用分子筛吸附法和钯合金扩散法完成。

① 分子筛吸附法。分子筛吸附法纯化过程是：纯氢→分子筛→105 催化剂(分子筛)→多级分子筛→液氮→高纯氧。

分子筛是一种多孔性铝硅酸盐，具有多孔和均匀的晶体结构，好像是筛子。对于气体具有高度的吸附力，如把它放在液氮中，吸附力更强。分子筛吸附是择优性的，它只能吸附体积比自已小的气体分子。因此，不同规格的分子筛，对不同的气体分子含有不同的吸附力。生产上常用 4 Å 或 5 Å 孔径的分子筛。

105 催化剂也是一种分子筛，它能将 H_2 中的 O_2 生成水，然后被分子筛吸去，使得 H_2 中含氧量大大降低(一般降低到 0.5×10^{-6})。

分子筛的吸附能力不是无限的，一旦吸附足够的水分时，它的吸附能力就会大大下降。因此，必须进行活化处理(脱水)。活化采用抽真空加热方法(温度不超过 350℃)，也可以通 H_2 或 N_2，但温度不应超过 500℃，否则，会破坏分子筛的晶体结构，使其丧失吸附能力。

② 钯合金扩散法。钯合金是一种半透膜，在 450℃ 以下，仅能让氢原子通过，而其他分子或原子不能通过，从而达到纯化的目的。

目前，集成电路制造业的分工十分细，生产上所采用的高纯 H_2 决不由集成电路生产单位自制，而是由专门气体净化公司通过输送管道输送过来。

(3) $SiCl_4$ 纯度。$SiCl_4$(或 SH_4)的纯度高低直接影响外延层的质量，因此，$SiCl_4$ 的纯度特别高，一般要求达到 99.9999%。在生产中可用光谱分析，也可以在外延层生长以后，测量外延层的电阻率大小来估算出 $SiCl_4$ 的纯度。一般外延层电阻率大于 $10\,\Omega \cdot cm$。

6) 外延层参数测量

外延层参数有电阻率、厚度、层错与位错密度、夹层、少数载流子寿命、迁移率等。在生产中只测电阻率、厚度、位错密度。夹层只是抽测，而在一般情况下不测量少子寿命和迁移率。

(1) 电阻率测量。电阻率是外延层的重要参数。常用的有三探针、四探针和电容-电压法。具体测量原理和方法，与扩散层方块电阻的测量基本相同。

(2) 厚度测量。外延层的厚度及其均匀性对外延层质量来说十分重要，也是每次必测的参数之一。测量厚度一般采用磨角法和层错法。这两种方法其测量结果是一样的，只是层错法更简单、方便，因此，使用者较多。

在(111)晶面上生长外延层的层错形状是正四面体，如果层错的起点在衬底的表面，正四面体的高就是外延层的厚度。它同四面体的边长关系为

$$W_L = \sqrt{\frac{2}{3}}L \approx 0.816L$$

式中，W_L 为外延层的厚度(μm)。

测量时，必须先用腐蚀液显示出层错三角形来(腐蚀液配方为 50 g 三氧化二铬溶于 100 ml 水中，HF=1：1)，腐蚀时间为 20 s，然后在显微镜下测量三角形的边长，计算出外延

层厚度(实际厚度应加上腐蚀的厚度即 0.816 μm+1 μm)。由于层错可以起源于外延层和衬底的交界面，也可以起源于外延层中，因此在测量时，必须选取外延层和衬底交界面为起点的层错，这样的层错所腐蚀得到的三角形边长最大，即选取最大的图形来测量。

(110)晶面的外延层层错为两个相反的等腰三角形。以一个三角形为准，如果腰长为 L，夹角为 70.53°，则 $W_L=0.577L$。(100)晶面的外延层层错为正方形，若边长为 L，则 $W_L=0.707L$。

(3) 位错和层错密度的测量。测量位错的方法有 X 光衍射、电子显微镜和红外透射等。这些方法设备昂贵、工艺复杂，不适宜生产实践，生产中常用化学腐蚀金相法。它是用化学腐蚀液在硅片表面上腐蚀出位错坑(每一个腐蚀坑对应一条被测表面相交的位错线)，然后在显微镜下测量单位面积的腐蚀坑数，从而得到位错密度。当然，不与表面相交的位错线是测不出来的，这是这种测量法的一个缺陷(外延层的位错大多来有衬底中位错线延伸，因此不与表面交界的位错很少，可以忽略不计)。

如果样品表面偏离(111)、(110)、(100)晶面时，则腐蚀坑的形状也发生变化。若偏离角度大于 10°，位错就测不出来了。不同的晶面对腐蚀液反映也不完全相同。如(111)、(110)晶面的位错，用铬酸腐蚀液是十分理想的，而(100)的显示就不理想(用 HF∶HNO_3∶冰醋酸=1∶2.5∶10)。腐蚀液温度为 35℃左右。

层错密度的测量法与位错密度相同，不过时间要短些，一般为 15～20 s。

(4) 高阻夹层的检验。对于 N^+–N 型外延层，用四探针测量电阻率时，因低阻衬底与外延层并联，测量电压一般都小于 1 mV。但是在生产中，有时候测量的电压都大于 1 mV，甚至达到 1 V 以上，这种现象就被认为外延层与衬底之间存在"高阻层"，也称为夹层。如果用这种外延片去做半导体器件，其特性不良，会出现异常击穿。

测试夹层的方法是：用四探针测量，将通过被测样品的电流固定为 0.5 mA。若正向电压小于 0.1 mV，即可认为无夹层存在。当电压大于 0.1 mV 时，就认为存在夹层。电压越高，表明夹层越严重。

7) 外延层质量讨论

对于外延层的质量问题主要讨论三个方面：电阻率分布、厚度的均匀性、外延层的缺陷。

(1) 电阻率分布。影响外延层电阻率均匀性的主要有 $SiCl_4$ 的纯度和掺杂量。所谓的电阻率均匀性就是指同一炉的硅片、不同的片，甚至同一片上，其电阻率分布是不均匀的(纵向和横向有一定差异)。其原因分别从纵向和横向来讨论。

对于纵向来说，杂质浓度总是有表面到外延层内有一定的梯度。如在低阻衬底上生长高阻的外延层时，由于衬底的杂质浓度较高，在高温下，衬底内的杂质要向低杂质浓度的外延层内扩散。这样会造成外延层内杂质浓度岁厚度增加而减小。即电阻率随厚度增加而增加。对 H_2 还原 $SiCl_4$ 的化学反应是可逆的，反应开始时，将使低电阻率的衬底表面的杂质释放一部分进入外延层系统中。另外，衬底的背面和基底上的杂质都会通过气相传输到生长层中，这会造成外延层电阻率纵向不均匀。

横向分布不均匀的原因很多，主要有以下几个：

① 衬底杂质迁移。高温下，高浓度的衬底起着杂质源的作用，但这种扩散是不均匀的，从而使外延层电阻率边缘低于中心位置。

② 气流影响。衬底中被释放的杂质及化学反应释放出来的杂质将被气流带走。在此过

程中造成横向电阻率不均匀(沿着气流方向，有一个杂质浓度梯度)。

③ 系统沾有杂质。系统中(指石英管)的杂质，在高温下会挥发出部分杂质进入生长层中，影响横向电阻率分布。

④ 反应室结构。反应室(石英管)结构不同，气流的流动形状也不同，造成电阻率分布不均匀。

⑤ 生长温度和生长速率。不同的生长温度和生长速率下，各种杂质在一个固定界面处的杂质分配(杂质"分凝"现象)系数是不同的，因此会影响横向电阻率。

从以上分析可以看出，合适的加热温度和气体流量、较好的反应室结构、良好的工艺条件，有利于电阻率的均匀性。降低生长温度，在界面处将会得到较陡的杂质分布，但温度不宜过低，否则会影响其晶体结构的完整性。用硅烷法外延时，因为温度较低，能获得较陡的纵向杂质分布，即过渡区窄，也标志着电阻率均匀性更好。

(2) 厚度的均匀性。外延生长对厚度的均匀性要求较高。影响外延层厚度的因素很多，有时间、温度、H_2 流量和 $SiCl_4$ 浓度等。

在加热温度、H_2 流量和 $SiCl_4$ 浓度都固定时，厚度与时间成线性关系。一般在生产中，大多控制三个条件不变情况，调节一个条件来达到所需的厚度。

当加热温度、时间和 $SiCl_4$ 流量固定时，厚度随 H_2 流量增大而增加，但 H_2 流量不宜过大，否则，生长速率反而下降。

当时间、H_2 流量和 $SiCl_4$ 浓度不变时，厚度随加热温度升高而增加(一般情况下)。当加热温度控制在 1150～1250℃范围内时，厚度与加热温度关系不明显。

在加热温度、时间和 H_2 流量固定时，厚度随 $SiCl_4$ 浓度增加而增加，但是，当 $SiCl_4$ 浓度升到某一值后，厚度对 $SiCl_4$ 浓度关系不明显了。当 $SiCl_4$ 浓度继续升高，厚度反而不再增加。以上四个条件中，$SiCl_4$ 浓度对厚度的影响是最主要的。因此，要控制好 $SiCl_4$ 浓度，才能达到所需的厚度。

除了上述四个条件以外，反应室内气流对厚度的影响也是不能忽略的。如果气流是垂直于衬底的表面进入反应室，当喷口尺寸设计不当时，会使外延层出现凹或凸形。因此喷口的尺寸和位置应根据反应室的直径大小适当选择。当气流较大时，一定使石墨基座对气流有 3°～5°的倾斜角度，这样使气流能均匀地掠过硅片表向，从而得到均匀的厚度。也可以在石墨基座放一阻气架，使流过的气体变成紊流形式，这对改善均匀性的厚度很有好处。

(3) 外延层的缺陷。外延层的缺陷有表面缺陷和腐蚀缺陷。

表面缺陷是人的眼睛或显微镜能观察得到的，常见的有小亮点、星形缺陷、球状体、多晶点、乳突、表面氧化等。

小亮点的外形是乌黑发亮的圆点，大多是由于衬底因切、磨、抛质量不好或表面不干净而引起的。大的亮点是由于系统、反应室及加热基座不清洁或较大的灰尘颗粒造成的。

星形缺陷是由许多角锥体、高度集中镶嵌成的岛状物(如星形)，其产生的原因是衬底表面上残存的丙酮或其他有机溶剂，在高温下碳化成碳粒，在热生长过程中与硅生产碳化硅，因而这些杂质处形成了星形缺陷。

球状体、多晶点为黑色小球，中间有一发亮的小区域，有的还拖着一条尾巴。产生的原因是气体中含有固态细小颗粒，撞击到衬底表面，并附在上面，在外延生长时，不断地滚动，形成一条发亮的划道，从表面处看像一条尾巴。解决的方法是严格纯化气体，提高系统的清洁度。

乳突(也称角锥体)，形如沙丘，中心为制高点，它是一种较大的缺陷。乳突是由于衬底的晶向和外延生长速率的影响而造成的。经过切、磨、抛的衬底层尽管表面相当平整了，也很均匀、光亮，但至少仍存在一些微小的损伤层，这些区域的晶向对整个表面来说其晶向有所偏离。由于不同的晶向外延生长速率是不一样的，而在这些不均匀处，生长速率要比其他区域来得快，于是在表面处有微小突起，即角锥体。防止这类缺陷的方法是，一方面要提高衬底表面质量，另外在切片时，对(111)晶向的硅料有意偏离 $3°\sim5°$，并且生长速率尽量低一些，更不允许有超过极限的生长速率。

表面氧化表现为外延层有有雾状圆圈或条状物质，产生原因是生长温度过低、H_2 纯度不高、系统有漏气或气相抛光含水量过大等。实践证明，当 H_2 中含水量的露点高于 $-40℃$ 时，外延层就会出现多晶氧化。

腐蚀缺陷是必须经过腐蚀才能在显微镜下观察得到的，常见的有位错和层错。

经铬酸腐蚀液腐蚀以后，在显微镜下观察时发现了位错。外延层的位错与衬底的位错是一样的，即在(111)晶面上的腐蚀坑为三角形；(110)晶面上是长方形；(100)晶面上是正方形。经过对同一样品，在外延层生长前后进行观察，发现在外延后位错密度稍有增加，但数量级是相同的。因此，可以判断外延层上的位错来自于衬底。减少位错密度只有加强对衬底的处理。当然，生长温度均匀一些，位错也会减少一些。

在外延生长过程中，晶体某些区域的硅原子逐层排列的次序发生了错乱，这样就形成了层错。层错也会继续延伸，一直延伸到晶体表面，成为区域性缺陷。衬底表面如有划痕、拉丝或其他外来杂质、有机溶剂的沾污等，都会使生长的晶体内部产生较大的应力，造成晶格匹配，从而引起层错。另外，生长速度过快，生成的硅原子不能正常地有规则排列，也是产生层错的原因。

2. 分子束外延(MBE)

将薄膜诸组分元素的分子束流，直接喷射到衬底表面在其上形成外延层。其突出的优点在于能生长极薄的单晶膜层，能精确控制膜厚、组分和掺杂。

在高超真空系统中，加热外延层组分元素，使之形成定向分子流(即分子束)射向具有适当温度的衬底，淀积于衬底表面形成薄膜的一种物理淀积方法。它与气相淀积法相比有如下特点：

(1) 它的生长温度低，自掺杂小，对 VLSI 工艺很有利。

(2) 能精确控制杂质浓度和组分，而不依赖于衬底，可以得到过渡区小，杂质分布陡的外延层，还可以生长一些特殊杂质分布的薄外延层。

(3) 衬底和分子束源分开，附近的残余气体不影响膜的生长，膜的质量很高，而且可随时观察生长表面。

(4) 生长速度慢而可控，厚度控制相当精确，一般可精确到原子级，重复性好。

(5) 外延面积小。

(6) 需要超高真空，设备比较复杂。

3. 异质外延

异质外延是不同质的衬底材料上生长出另一种的技术，所以要找出这两种材料尽可能多的共同点和相容性，不然会影响外延层的质量甚至生长不出来。常用的硅异质外延的绝缘衬底材料有蓝宝石(Al_2O_3)、尖晶石($MgAl_2O_4$)等。SOS 和 SOI 的特点是：器件结构尺寸小，集成度高；寄生电容小，速度高；SOS 器件抗辐射能力强等。

6.2　氧　　化

硅暴露在空气中，即使在室温条件下，在表面也能长成一层有 40 Å 左右的氧化膜(二氧化硅膜)。这一层氧化膜相当致密，同时又能阻止硅表面继续被氧原子所氧化，而且还具有极稳定的化学性和绝缘性。正因为硅的氧化膜具有这些特性，才引起人们的广泛关注。经研究表明，硅氧化膜除具有上述特点之外，还能对某些杂质起到掩蔽作用(即杂质在二氧化硅中的扩散系数非常小)，从而可以实现选择性扩散。这样，二氧化硅的制备与光刻、扩散的结合，才出现了硅平面工艺及集成电路的发展。

在有氧化剂及逐步升温条件下，经过特定方法，在光洁的硅表面上生成高纯度二氧化硅的工艺过程称为热氧化工艺。

6.2.1　氧化层的用途

硅是半导体材料，二氧化硅却是绝缘材料。可以用二氧化硅来处理硅表面，做表面钝化层、掺杂阻挡层、表面绝缘层，以及作为器件中的绝缘部分。

1. 表面钝化层

SiO_2 膜硬度高，密度高，可防止表面划伤，并且对环境中的污染物可起到很好的屏障作用，一些可移动离子污染物，也被禁锢在 SiO_2 膜中。但是，钝化的前提是膜层的质量要好，如果二氧化硅膜中含有大量钠离子或针孔，非但不能起钝化作用，反而会造成器件不稳定。

2. 掺杂阻挡层

在掺杂工艺中，在 SiO_2 膜被光刻掉的特定区域内，特定的掺杂物进入绝缘表面，而覆盖 SiO_2 膜的硅表面得不到掺杂物，这是因为掺杂物在 SiO_2 里的运行速度低于在 Si 中的运行速度。当掺杂物在硅中穿行达到所要求的深度时，它在 SiO_2 里才走了很短的路径。所以，只要一层相对薄的 SiO_2，就可以阻挡掺杂物进入 Si 表面。

以硼扩散为例，当一定浓度的 B_2O_3 向硅体扩散的同时，也向二氧化硅表面进行扩散。B_2O_3 进入二氧化硅以后被电离，并将氧离子释放到二氧化硅网络体中，硼原子则占据网络体中的硅原子位置，使得二氧化硅表面形成硼硅玻璃层。但是，由于硼在二氧化硅中的扩散系数远远小于在硅中的扩散系数，所以当硼在硅中已经形成 PN 结时，硼在二氧化硅中的扩散深度却很小(无法穿透二氧化硅膜层)。这样，二氧化硅膜就保护了硼杂质的扩散作用，起到了掩蔽作用。但是，这种掩蔽作用是有条件限制的，不是绝对的。随着温度的升高，扩散时间延长，杂质也有可能会扩散穿透二氧化硅膜层，使掩蔽作用失效。因此，二氧化硅膜起掩蔽作用有两个先决条件：二氧化硅膜要有足够厚度，以确保其在扩散时能达到预想效果；所选杂质在二氧化硅中的扩散系数要比在硅中的扩散系数小得多。

3. 表面绝缘体

SiO_2 不导电，是绝缘体，而它的热膨胀系数与硅相近，在加热或冷却时，晶圆不会弯曲，所以 SiO_2 膜也常用作场氧化层或绝缘材料。

在 MOS 晶体管中，常常以二氧化硅膜作为栅极，因为二氧化硅层的电阻率高，介电强度大，几乎不存在漏电流。但作为绝缘栅极要求极高，因为 Si-SiO_2 界面十分敏感(指电学性能)，二氧化硅层质量不好，这样的绝缘栅极就不是良好的半导体器件。

集成电路中的电容器是以二氧化硅作介质的，因为二氧化硅的介电常数为 3～4，击穿耐压较高，电容温度系数小，这些性能决定了二氧化硅是一种优质的电容器介质材料。另外，生长二氧化硅的方法很简单，在集成电路中的电容器都以二氧化硅来替代。如二氧化硅厚度为 800～1000 Å 时，电容量可达到 3000～4000 F/cm^2。

6.2.2　氧化的机理和特点

硅与氧发生反应的方程式为

$$Si + O_2 \xrightarrow{\Delta} SiO_2$$

1. 线性阶段

晶圆表面纯净的硅材料，暴露在氧气环境中，氧原子与硅原子结合，生成 SiO_2，这一阶段是线性的，在每个单位时间里，SiO_2 生长量是一定的，大约长到 500 Å 以后，线性生长率达到极限，进入抛物线生长阶段。

2. 抛物线阶段

硅表面形成的 SiO_2 膜层阻挡了氧与硅原子的接触，为了继续生长，必须使氧通过现存的氧化层进入硅表面(称为扩散)。SiO_2 从硅表面消耗硅原子，氧化层长入硅表面。

随着膜层加厚，扩散的氧必须移动更多路程才能到达晶圆，生长速率变慢，氧化膜厚度、生长率及时间的数学关系是抛物线关系。

线性：
$$X = \frac{B}{A} t$$

抛物线：
$$X = \sqrt{Bt}$$

其中：B/A 为线性常数，B 为抛物线常数，t 为氧化时间。

通常来说，小于 1000 Å 的氧化受控于线性机制，这是 MOS 栅极氧化的范围。

抛物线关系反映出生长厚氧化层比薄氧化层需要更多的时间，例如在 1200 Å 的干氧反应中，生长 2000 Å 厚的膜需 6 分钟，而生长 4000 Å 的膜则需要 220 分钟，这实在太漫长了。加速氧化的方法是用 H_2O(水蒸气)来代替氧作氧化剂，化学反应式为

$$Si + 2H_2O \xrightarrow{\Delta} SiO_2 + 2H_2 \uparrow$$

水在氧化反应的温度时是以水蒸气的形态存在的，称作蒸汽氧化或水汽氧化。湿氧氧化则既有干氧氧化，又有水汽氧化两种氧化模式。而把只有氧气参与的氧化称作干氧氧化。由于湿氧氧化还产生 H_2，当它陷在 SiO_2 膜里时，SiO_2 膜的密度比干氧化时低，但经过在惰

性气体中进行加热后，两者在结构和性能上就非常相似了。

不管哪种热氧化方法，其生长机理是相同的。硅与氧经化学反应后形成具有四个 Si-O 键的 Si-O 四面体，是硅热氧化的基础。硅表面上如果没有氧化层，则氧或水汽可以直接与硅生成二氧化硅。生长速率由表面化学反应的快慢来决定。当硅表面已经生长上一层氧化层以后，氧或水汽必须以扩散的方式运动到 Si-SiO$_2$ 界面，再与硅反应生成二氧化硅。因此，随着二氧化硅层的增厚，其生长速率就下降了。这种情况下，生长速率将由氧化及通过二氧化硅层的扩散速率来决定。经实验表明，对于干氧氧化，当二氧化硅厚度超过 40 Å(对于湿氧氧化二氧化硅厚度超过 1000 Å)时，生长速率就由扩散速率来决定了。

6.2.3　氧化的方法

二氧化硅的制备方法有许多种，热氧化、热分解、溅射、真空蒸发、阳极氧化、等离子氧化等。各种制备方法各有特点，不过，热氧化是这些方法中应用最为广泛的，这是由于它具有工艺简单、操作方便、氧化膜质量最佳、膜的稳定性和可靠性好，还能降低表面悬挂键，从而使表面态势密度减小，很好地控制界面陷阱和固定电荷等优点。热氧化又分常压氧化和高压氧化。

硅的热氧化是指在 1000℃ 以上的高温下，硅经氧化生成二氧化硅的过程。热氧化又可分为干氧氧化、湿氧氧化、水汽氧化、掺氯氧化、氢氧合成氧化等。

1. 干氧氧化

干氧氧化是指在高温下，氧与硅反应生成二氧化硅，其反应式为

$$Si + O_2 \xrightarrow{\text{高温}} SiO_2$$

干氧氧化的氧化温度为 900～1200℃，氧气流量为 1 ml/s 左右。为了防止氧化炉外部气体对氧化的影响，一般设计氧化炉内气体压力稍高于炉外气压。

干氧氧化温度很高，而且时间又长，所以氧化层厚度与时间的关系是抛物线规律，如图 6-8 所示。

由图 6-8 可以看出，在同一温度下，二氧化硅层厚度随时间增加而增大。在同一时间下，温度越高，二氧化硅层越厚。

例如，当氧化温度为 1200 Å，氧化时间为 60 min 时，氧化层厚度约为 1930 Å，可以计算出 $C = 6.2 \times 10^{-4}$ μm^2/min。

由此可以看出，氧化速率主要受氧原子在二氧化硅中扩散系数影响。温度越高，氧原子在二氧化硅中的扩散也越快，氧化速率常数 C 也就越大，二氧化硅层也越厚。当温度低于 700℃ 时，

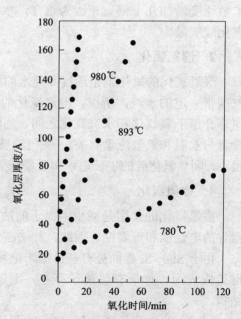

图 6-8　硅干氧氧化层厚度与时间的关系

氧原子和硅原子的反应速率十分低，这时的生长速率主要取决于反应速率。所以，二氧化硅层长得很慢，其厚度与时间成线性关系。

2. 水汽氧化

水汽氧化是指在高温下，硅与高纯水产生的蒸汽反应生成二氧化硅，反应式为

$$Si + 2H_2O \xrightarrow{\text{高温}} SiO_2 + 2H_2 \uparrow$$

从反应式可以看出，每生成一个二氧化硅分子，需要两个水分子，同时产生两个氢气分子。产生的氢气分子沿 SiO_2-Si 界面(或者以扩散方式)通过 SiO_2 薄层。

实际上，水汽氧化的过程是十分复杂的，一般认为是按下列方式进行的：

$$H_2O + Si\text{-}O\text{-}Si \longrightarrow Si\text{-}OH + HO\text{-}Si$$

因为部分桥联氧转化为非桥联羟基，使得二氧化硅结构变化很大。生成的羟基再通过二氧化硅层扩散到 SiO_2-Si 界面处，并和硅反应生成 Si-O 四面体和氢气，这个反应过程为

$$2(Si\text{-}OH) + 2(Si\text{-}Si) \longrightarrow 2(Si\text{-}O\text{-}Si) + H_2 \uparrow$$

随后生成的氢气以扩散方式通过二氧化硅层离开时，其中一部分氢同二氧化硅网络中的桥联氧反应生成羟基，反应式为

$$\frac{1}{2}H_2 + O\text{-}Si \Leftrightarrow HO\text{-}Si$$

这一过程使得二氧化硅结构强度减弱。在水汽氧化过程中，二氧化硅网络不断受到削弱，致使水分子在二氧化硅中的扩散加快。在 1200℃下，水分子的扩散速度比干氧氧化的扩散速度增加几十倍。正因为这样，水汽氧化生成的二氧化硅质量不如干氧氧化生成的二氧化硅质量。

3. 湿氧氧化

湿氧氧化的氧化剂是通过高纯水的氧气，高纯水须加热到 95℃以上。通过高纯水的氧气携带一定的水汽，所以，湿氧氧化的氧化剂既含有氧气，又含有水汽。二氧化硅的生长速率介于干氧氧化和水汽氧化之间。当然，具体情况还要视氧气的流量、水汽的含量(水汽含量与水温和氧气流量有关)。氧气流量越大，水温越高，则水汽含量越大。如果水汽含量很小，则二氧化硅的生长速率和质量越接近于干氧氧化的情况，反之，就越接近水汽氧化。

4. 掺氯氧化

掺氯氧化的作用是减少钠离子的沾污，抑制氧化垛层错，提高少子寿命，也就是提高器件的电性能和可靠性。因此，此法在生产中广泛地应用。

由于 SiO_2-Si 界面处有些价键未饱和，这些未饱和价键很有可能被杂质原子的价键所占据造成沾污。如果有氯离子存在，则氯离子就和这些未饱和价键结合成氯-硅-氧复合体结构。

同时，当钠离子移动到 SiO_2-Si 界面 Cl-Si-O 复合体附近时，钠离子将被束缚在氯离子周围，而且中性化，从而减少了 SiO_2 中可动钠离子的数目。

热氧化层垛是在热氧化过程中，硅晶体靠近 SiO_2-Si 界面附近形成的一种非本征堆垛层垛，它将造成 PN 结反向漏电流增加，击穿电压降低。界面处氯的存在，可以形成大量硅空位，这些硅空位可吸收堆垛层垛中过多的硅原子，使层垛减少直至消失。

在半导体材料中，经常存在一些重金属杂质，如铜、金等。另外，在氧化过程中，也很容易引入这些重金属杂质。它们在半导体中形成复合中心，使少子寿命变短。如界面处有氯存在，它能与这些重金属杂质发生作用，生成易挥发的氯化物，而被排除，从而减少了复合中心。

掺氯试剂常用氯化氢(HCl)、三氯乙烯(C_2HCl_3)、四氯化碳(CCl_4)及氯化铵(NH_4Cl)等。

HCl 较易获得，但吸水后有很强的腐蚀性，对氧化管道和仪器设备都有破坏性，而且 HCl 易挥发，容易影响环境，损害人体健康，所以使用较少。三氯乙烯具有 HCl 的作用，但没有 HCl 的缺点，因此，使用得较广泛。但它具有毒性，使用时要当心。

三氯乙烯氧化是在干氧中加入适量的二氯乙烯，在高温下和氧发生反应，生成氯参与二氧化硅膜的生长，其反应式为

$$C_2HCl_3 + O_2 \xrightarrow{\Delta} Cl_2 + HCl + CO + H_2O$$

$$HCl + O_2 \xrightarrow{\Delta} Cl_2 + H_2O$$

氯在 SiO_2-Si 界面附近与硅发生反应，生成氯化硅，然后再与氧生成二氧化硅，氯起着催化剂的作用。

5. 氢氧合成氧化

在湿氧氧化和水汽氧化时，都有大量水进入石英管道，这样会带来许多质量问题，如水的纯度不高时会引入杂质。在生产中常用一种叫氢氧合成的氧化方法，在高温下，将高纯氢气和氧气合成后，通入石英管道内，使其合成水，水随之汽化，与硅反应生成二氧化硅。其中的 $H_2 : O_2 = 2 : 1$。但实际中，通入氧气要过量一些，这样可以保证安全，这种氧化近似于湿氧氧化。

6.2.4 热氧化设备简介

1. 水平炉管反应炉

水平炉管反应炉从 20 世纪 60 年代早期开始应用在氧化、扩散、热处理及淀积工艺中。最早用于锗的扩散工艺，简称扩散反应炉或炉管反应炉。

1) 反应炉结构

水平炉管的反应炉最多可以有 7 个独立的加热区，每个加热区内有多铝红柱石材料的陶瓷炉管。管内表面有铜材料的加热管丝，每一段加热炉丝决定一个加热区并且由相应独立的电源供电，并由比例控制器控制其温度，反应在石英炉管内进行。石英炉管外有套筒，陶瓷材料的套筒紧贴石英反应室，起一个热接收器的作用，使沿石英炉管的热分配比较均匀。

同时，热电偶紧靠石英炉管，并把温度信号发回比例控制器，控制器按比例把能量加到炉丝上，炉丝靠辐射和热传导加热。热辐射来源于炉丝的能量蒸发和炉管的发射。控制

器非常复杂，可以通过控制使得中央区的温度精度达到±0.5℃。对于一个1000℃反应的工艺来讲，温度变化只有0.05%，对于氧化工艺，晶圆放在承载器上，置于中央区，氧化气体进入石英炉管后发生反应。

2) 氧化工艺步骤

氧化工艺步骤包括：晶圆进入→记录并清洗→刻蚀→装载晶圆舟→校准反应炉→装载舟循环氧化→卸载氧化舟→评估氧化并记录→转移。

氧化前需去除晶圆表面的污染和自然生长的氧化层。因为进入晶圆的污染会对器件电特性产生影响，导致失效，同时对SiO_2膜产生结构完整性影响。自然生长的薄氧化层也能改变厚度和氧化层生长的完整性。

氧化前晶圆的清洗从机械刷洗开始，接着是RCA湿洗步骤，去掉有机物和非有机物污染，最后用HF酸或稀释的氢氟酸刻蚀掉先天或化学反应的氧化层。

晶圆经预清洗、刻蚀，然后被推入推拉机械装置里，典型的推拉速率是每分钟一英寸。一个标准的四层反应炉要求每个炉管有一个自动推拉器。接下来在炉管反应炉中进行氧化。为了在晶圆表面产生精确的氧化厚度，在室温条件下装载晶圆进入反应室过程中，流入反应室的是干燥的经过计量的氮气，防止晶圆产生不必要的氧化反应。

一旦晶圆稳定在正确的温度条件时，气体控制器选择控制所需气体(1200 Å 以下用干氧)。完成氧化后，炉管内的气体回到充满干燥氮气的状态，以保护晶圆在退出时不被氧化。

晶圆从石英舟上卸下后，要进行检测和评估，测试的内容除了氧化层厚度，还包括晶圆表面检测，如表面颗粒、不规则度等，此外，还在氧化舟中放置一些测试晶圆，用来做工艺的评估。

3) 石英反应炉的重要组成部件

(1) 反应室。炉管反应室是圆形的，有气体入口和装片入口，气体进口端从上到下，逐渐变细，直到一个圆形接口，在此处与气源密封无泄漏相连。装片口与密封盖或晶圆传送单元相连，阻止污染进入炉管。

炉管反应室由高纯度石英材料制成，制造方法称为电熔合法与火焰熔合法，后者生产出的石英炉管特性较优。

石英炉管需要定期清洗，清洗方法是将它拆下充分冷却后放入氢氟酸或盛有氢氟酸与水的混合溶液的槽里进行清洗。也有更高级的在线炉管清洗方法。

石英炉管的替代材料是碳化硅，但因价格昂贵，重量较重，发展较慢。

(2) 温度控制系统。紧靠反应管的热电偶连接到比例控制器上，比例控制器把能量加到加热炉丝上，比例控制器按照炉管与设定值的差值按比例开关通向炉丝的电流以保持炉管内温度均匀。

快速加热过程会产生晶圆的翘曲，为防止翘曲通常采用两种方法：一是逐渐加温；二是缓慢地把装载晶圆的石英舟推进炉管(速度为 1 inch/min)。

(3) 反应炉结构。实际生产应用中反应炉有 3～4 个炉管，每个炉管有自己的温度控制器，这些炉管垂直地叠放在一起，炉管接在排风腔上，把反应完的气体和热气排出炉管。

(4) 气体柜。氧化工艺要求气体以一定的次序、一定的压力、一定的流量和一定的时间流入炉管，用来调节气体的设备附着在炉管上称为气体柜。通过气体流量控制器控制各种气体。

(5) 氧化源。氧化源包括干氧、水蒸气源、干氧化(H_2 和 O_2)、加氯氧化源等。

(6) 晶圆清洗站。晶圆清洗站包括漂洗机和干燥机,也可以是自动清洗站。用 VLF 湿槽盛放化学品,再用去离子水漂洗晶圆,后送进干燥单元进行干燥。

(7) 装片站。装片站采用自动晶圆装载方法或手动装载方法,将晶圆转移到反应炉中进行反应。

2. 垂直炉管反应炉

随着晶圆直径增大及越来越重,中央区温度越来越难以保证达到平衡,同样的问题还包括气体的压力容易不均匀。解决的办法是采用垂直炉管反应炉,它体积较小,气流均匀,同时避免了划伤炉管内壁的问题。

3. 快速升温反应炉

当晶圆尺寸变大时,升温降温时间便成为芯片厂的"瓶颈",解决办法是采用快速升温反应炉,通常的反应炉每分钟升温几度,而快速反应炉每分钟升温十几度。

除了常压氧化方法,热氧化工艺还包括高压工艺。采用高压氧化工艺,可以控制晶圆中错位的生长,同时,高压下的氧化速度比常压下快,而且高压氧化可以最小程度地减少"鸟嘴"侵蚀进器件区。

高压氧化系统结构和普通水平反应炉相似,只是炉管要求密封并有一个不锈钢套包住石英管以防止爆裂。

6.2.5 影响氧化率的因素

1. 晶格方向

实验表明,对于短时间薄层氧化时,硅<111>晶向的氧化速率要比<100>晶向大。这种在不同低温时的线性阶段更突出。对于长时间厚层氧化时,晶向对氧化速率影响不大。

2. 晶圆掺杂物的再分配

N 型掺杂物如 P、As、Sb,在硅中溶解度更高,表现为在 Si 和 SiO_2 交界处形成堆积。P 型掺杂物如 B,正好相反,会进入 SiO_2 膜,造成交界处的 Si 原子被消耗尽。同时,掺杂浓度对氧化率也有显著影响,高掺杂区与低掺杂区氧化得更快,在线性阶段表现更明显。

3. 特定的杂质

某些特定杂质,如 HCl 中的 Cl,对生长率有影响,在掺氯氧化或有 HCl 的情况下,生长率可提高 1%～5%,氯元素的存在可以使氧化速率明显增加。III-V 族元素是常用的掺杂元素。对于掺硼氧化,硼可以使氧化剂在二氧化硅中扩散加快,从而提高了氧化速率。

4. 多晶硅氧化

与单晶硅相比,多晶硅氧化更快。

5. 溶解度

SiO_2 中水的溶解度比 O_2 几乎大 600 倍,在界面处的 SiO_2 中,水分子与氧分子浓度高得多。

6. 压强

增加氧化剂气体的压强会使反应加快，实验表明，氧化速率与压力成线性关系，在 2533 kPa 以内，氧化时间与压强的乘积为常数，C=时间×压强。即当压力增大时，氧化速率也增大，这样就可以用增大压力的方法实现快速氧化，也可以用减小压力的方法来进行特殊的缓慢氧化。

7. 时间

热氧化生长二氧化硅中的硅来源于硅表面，也就是说，只有硅表面处的硅才能与氧化剂起化学反应生成二氧化硅层。随着反应继续进行，硅表面位置不断向硅内方向移动。因此，硅的热氧化将有一个洁净的界面，氧化剂中沾污物将留在二氧化硅表面。根据生产实践，生成的二氧化硅分子数与消耗掉的硅原子数是相等的，所以，要生长一个单位厚度的二氧化硅，就得消耗掉 0.44 个单位厚度的硅层。当氧化时间很短时，二氧化硅的厚度与时间成线性关系。随着时间增长，氧化层加厚的速率变慢，即氧化速率下降，即 $x \propto t^{1/2}$。

8. 温度

实验表明，温度与氧化速率成指数关系，也就是说，氧化速率随温度增加而增大。实际生产中，热氧化温度选择在 900～1200℃ 之间。表 6-2 为硅的热氧化速率常数比较表。

表 6-2 硅热氧化速率常数比较表

形式	温度/℃	$A/\mu m$	$B/(\mu m^2/min)$	$B/A/(\mu m/min)$	τ/min
干氧氧化	1200	0.040	7.5×10^{-4}	1.87×10^{-2}	1.62
	1100	0.090	4.5×10^{-4}	0.50×10^{-2}	4.56
	1000	0.165	1.95×10^{-4}	0.118×10^{-2}	22.2
	920	0.235	0.82×10^{-4}	0.0347×10^{-2}	84
湿氧氧化	1200	0.050	1.2×10^{-2}	2.40×10^{-1}	0
	1100	0.11	0.85×10^{-2}	0.773×10^{-1}	0
	1000	0.226	0.48×10^{-2}	0.211×10^{-1}	0
	920	0.50	0.34×10^{-2}	0.068×10^{-1}	0
水汽氧化	1200	0.017	1.457×10^{-2}	8.7×10^{-1}	0
	1094	0.083	0.909×10^{-2}	1.09×10^{-1}	0
	973	0.355	0.52×10^{-2}	0.148×10^{-1}	0

注：表中 A、B 为常数，τ 为修正系数。

由于上述各种因素的影响，在晶圆表面不同区域的氧化速度不同，形成氧化层的厚度不同，造成一个个台阶，称作不均匀氧化。

6.3 多晶硅和介质膜淀积

随着半导体工业的迅速发展，薄膜技术越来越受到重视。在现代 VLSI 电路的制造中，已广泛使用淀积薄膜，这些薄膜可以作为器件的导电层、金属层间的绝缘体以及器件的最终钝化膜。淀积薄膜必须满足下列要求：

(1) 在一次淀积中，每一器件及各硅片上的薄膜厚度必须均匀一致；

(2) 薄膜的结构及其组成成分必须容易控制，便于重复生产；

(3) 淀积薄膜的方法必须安全，价格便宜且易于实现自动化生产。

集成电路中使用最多的淀积材料是多晶硅、氧化硅、氮化硅，以及等离子体淀积氮化硅。其他的淀积材料，例如单晶硅的外延生长、金属化层的淀积等，分别在其他有关章节讨论。

多晶硅薄膜可以作 MOS IC 的栅电极材料、多层金属化电极的导电材料、扩散源以及浅结器件的欧姆接触材料。通常用硅烷热分解法制备多晶硅薄膜，可以掺杂，也可以不掺杂。常用的掺杂剂有砷、磷、硼，掺杂的方法可用是扩散、离子注入或者在薄膜淀积过程中加入掺杂剂。

淀积氧化硅薄膜的作用如下：

(1) 用于扩散或离子注入的掩膜；

(2) 掺硼或砷的 SiO_2 可作为固态扩散源；

(3) 用于增加 MOS IC 的场氧化层厚度；

(4) 可以作掺杂膜的覆盖层，防止掺杂剂向外扩散；

(5) CVD 法淀积的 SiO_2 也常用作腐蚀氮化硅膜的掩膜；

(6) 掺磷氧化硅(PSG)膜是一种性能良好的介质膜，它具有提取和阻止钠离子扩散的作用，而且，在 1000～1100℃的温度下，可形成软化的玻璃流体，使 PSG 层表面非常平滑，减小了覆盖台阶，对随后的金属化电极有利。因此，PSG 经常用来作为多层金属布线中的介质层。在大多数硅栅 MOS IC 中，PSG 作为多晶硅和覆盖金属层间的介质层。在有些情况下，淀积两层 PSG 膜，以确保多晶硅条边缘的介质不至太薄。

氮化硅薄膜在 VLSI 中的应用也很广泛。它可以作为氧化的掩膜，以获得各种形式的平面结构，例如等平面、共平面或局部氧化。氮化硅也可用来抵消热生长氧化层的压应力。作为氧化掩蔽或钠离子势垒的氮化硅膜，典型的厚度为 0.1～0.2 μm，等离子体淀积氮化硅可以在更低的温度(200～350℃)下形成，故可作为器件的最终钝化层，覆盖于金属化铝或金引线上，又能防止器件表面划伤。

CVD 介质膜的重要应用之一是做器件的表面钝化层。最常用的钝化系统是 PSG。SiO_2-PSG 双层结构也用作钝化层。由于氮化硅薄膜是钠离子扩散的势垒，又有很强的不透水性，适合作器件的表面钝化层，特别是等离子淀积的含氢氮化硅膜，对塑料封装 MOS LSI 器件的表面钝化特别有效。

由于薄膜技术在各项工程和工业方面的成功应用，迅速提高了对薄膜淀积工艺的了解，发展了满足新要求及更为先进的工艺技术。淀积薄膜的方法有些主要是化学过程，有的是纯物理过程，另外一些是基于物理-化学原理的淀积法。在集成电路领域中，淀积薄膜的主要方法是化学气相淀积工艺。化学气相淀积是利用化学反应的方式，在反应室内，将反应物(通常是气体)生成固态生成物，并淀积在硅片表面上的一种薄膜淀积技术。因为它涉及化学反应，所以又称 CVD(Chemical Vapour Deposition，化学气相淀积)。

化学气相淀积的方法很多，最常用的是常压化学淀积(APCVD)法、低压化学气相淀积(LPCVD)法和等离子体化学气相淀积(PCVD)法。在淀积过程中，当气相反应温度与淀积所需温度大致相同时，可用单温区反应炉；当温度不同时，或为提高淀积薄膜均匀性，可用双温区或三温区反应炉。加热方法可用高强度灯泡辐射加热，射频感应加热(冷壁加热)或电阻加热(热壁加热)。反应器有立式(或垂直)和卧式(或水平)两种。在水平反应器中，硅片放在加热基座上，反应气体以高速通过硅片表面并发生淀积反应过程；垂直反应器由垂直放置的钟罩反应室和可以旋转的样品架组成。

不同工作温度下所用的反应器也不相同，常压工作的低温(低于 500℃)反应器包括卧式水平气流反应器、旋转垂直气流反应器和适合于大量生产的带有传送带的连续反应器。对于中等温度(500～900℃)和高温(900～1300℃)工作的反应器有热壁式和冷壁式两种。热壁式反应器通常是管道型的，用于放热淀积过程，避免高温下淀积到反应器壁上；冷壁式反应器通常是钟罩型的，用于吸热淀积过程。目前 VLSI 工艺中，用得最多的是 LPCVD 法中用的热壁反应器和等离子体淀积工艺中用的热壁反应器及平板反应器。

6.3.1 薄膜的化学气相淀积

CVD 反应必须满足三个挥发性标准：

(1) 在淀积温度下，反应剂必须具备足够高的蒸汽压，使反应剂以合理的速度引入反应室。如果反应剂在室温下都是气体，则反应装置可以简化；如果在室温下挥发性很低，则需要用携带气体将反应剂引入反应室，在这种情况下，接反应器的气体管路需要加热，以免反应剂凝聚。

(2) 除淀积物质外，反应产物必须是挥发性的。

(3) 淀积物本身必须具有足够低的蒸汽压，使反应过程中的淀积物留在加热基片上。

表 6-3 列出了几种在器件晶片上淀积薄膜用的典型反应剂及其淀积温度。由表可以看出 CVD 淀积的主要反应形式。例如，在 VLSI 电路芯片上淀积氧化硅膜的反应可以是热分解有机硅酯，尤其是四乙氧基硅烷 $Si(OC_2H_5)_4$，即熟知的正硅酸乙酯(简称 TEOS)，这种液态化合物在 650～750℃的温度下受热分解出 SiO_2；或者由硅烷和氧气在 400～450℃温度下氧化生成 SiO_2；也可以用二氯甲硅烷($SiCl_2H_2$)和一氧化二氮(N_2O)在 850～900℃温度下反应生成。

表 6-3 淀积介质膜和多晶硅的典型反应剂

薄膜	反应气体	淀积温度/℃
氧化硅	$SiH_4+CO_2+H_2$	850～950
	$SiCl_2H_2+N_2O$	850～900
	SiH_4+N_2O	750～850
	SiH_4+NO	650～750
	$Si(OC_2H_5)_4$	650～750
	SiH_4+O_2	400～450
氮化硅	SiH_4+NH_3	700～900
	$SiCl_2H_2+NH_3$	650～750
等离子体氮化硅	SiH_4+NH_3	200～350
	SiH_4+N_2	200～350
等离子体氧化硅	SiH_4+N_2O	200～350
多晶硅	SiH_4	600～650

1. 淀积过程

化学气相淀积的基本过程是：

(1) 反应剂被携带气体引入反应器后，在衬底表面附近形成"边界层"，然后，在主气流中的反应剂越过边界层扩散到硅片表面；

(2) 反应剂被吸附在硅片表面，并进行化学反应；

(3) 化学反应生成的固态物质，即所需要的淀积物，在硅片表面成核、生长成薄膜；

(4) 反应后的气相产物离开衬底表面，扩散进边界层，并随输运气体排出反应室。

两个基本因素控制着 CVD 生长膜的淀积速率和均匀性，分别是反应气体向晶片表面的质量输运速率和反应气体在晶片表面的反应速率。

当温度较低时，淀积速率由晶片表面的反应速率决定，激活能约为十到数十千卡/克分子，因此，淀积速率随温度的升高而呈指数倍增大。当温度高于某一数值后，淀积速率随温度的升高几乎不变，激活能在数千卡/克分子以下，可以认为，这时气体中反应剂的质量输运限制着生长速率。薄膜淀积速率也与反应气体压力有关，降低气体压力，气体分子的自由程加长，气相反应中容易生成亚稳态的中间产物，从而降低了反应激活能，因此，在不改变淀积速率的情况下，淀积温度就可以低于常压 CVD 的淀积温度。也由于分子自由程变长，反应气体的质量迁移速率相对于表面反应速率大大增加，这就克服了质量迁移的限制，使淀积薄膜的厚度均匀性提高，也便于采用直插密集装片。这样，不仅提高了薄膜的淀积质量，而且提高了生产效率，这就是 LPCVD 技术广泛被人们所接受的道理。

2. 常压 CVD(APCVD)

采用 CVD 法所得薄膜的质量，常因生长条件和所用设备的不同而有很大的差别，由于目的不同，有许多结构形式不同的反应器。图 6-9 所示是最简单的常压 CVD 反应器，它实际上是原来的硅外延生长装置。在这种反应器中，为保证膜的均匀性，所用输运气体的流量很大，并使晶片基座倾斜，或使炉温分布具有一定的梯度。这样的反应器可作为硅烷(SiH_4)与氨(NH_3)热分解淀积 Si_3N_4 的装置。图 6-10 所示是用于淀积 SiO_2 的可连续生产的常压 CVD 反应器。样品由传送带送入反应室，反应气体由反应器中心流入，经两股流速很快的氮气稀释后，在样品表面进行反应。样品通过对流加热。这种反应器的优点是产量高，均匀性好，具有处理大直径晶片的能力。其主要缺点是需要大流量的气体，反应器必须经常清洗，以避免晶片受到杂质和尘粒的沾污。

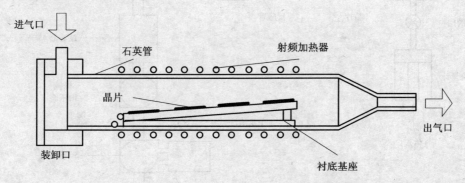

进气口

石英管　　　　　　　　　　射频加热器

晶片

出气口

装卸口　　　　　　　　　　衬底基座

图 6-9　冷壁、卧式 CVD 反应器

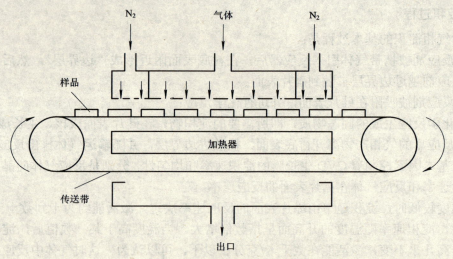

图 6-10　常压 CVD 反应器

3. 低压 CVD(LPCVD)

低压 CVD 是 1973 年开始发展起来的一种很有前途的 CVD 技术。LPCVD 法的主要优点是：

(1) 薄膜厚度均匀性好；

(2) 台阶覆盖性好；

(3) 可以精确控制薄膜的成分和结构；

(4) 低温淀积过程；

(5) 淀积速率快；

(6) 生产效率高；

(7) 生产成本低。

LPCVD 法的这些优点正好弥补了常压 CVD 生产效率低、厚度均匀性差(一般不优于 ±10%)的不足。因此 LPCVD 在 VLSI 制造中得到广泛应用。图 6-11 所示是 LPCVD 系统简图。

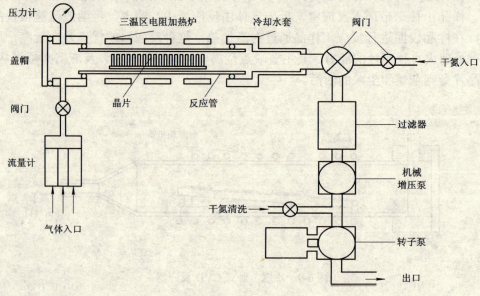

图 6-11　LPCVD 系统

图 6-11 所示是电阻加热的热壁反应器。在该 LPCVD 反应器中，因降低反应器压力(典型值为 0.25～2 托)，增加了反应气体分子自由程，改善了薄膜的均匀性。而且，硅片可以密集排列(硅片间空隙为 3～5 mm)，这样，每炉的装片量可达 100～200 片，并能装载大直径硅片，因而大大地提高了生产率，降低了生产成本。此外，由于反应室内没有携带气体，因此减少了微粒沾污。

用 LPCVD 技术淀积且已用于 VLSI 工艺的薄膜材料有多晶硅、外延单晶硅、氮化硅、氧化硅、PSG、氧化铝以及某些金属膜。表 6-4 所示是低压 CVD 生长膜的主要反应及典型淀积条件，由表可以看出 LPCVD 的优点。但是在低温(小于 400℃)下，用 LPCVD 淀积的 SiO_2 及其掺杂膜，均匀性及针孔密度很难做得比常压 CVD 好，这是 LPCVD 技术的最大弱点。

表 6-4 LPCVD 淀积膜

薄 膜	气体	淀积温度/℃	压力/托	淀积速度/(Å/min)	厚度均匀性/%		
					片内	片间	批间
未掺杂 SiO_2	SiH_4，O_2，N_2	400～430	1	100			
	$Si(OC_3H_5)_4$，O_2	650～800	0.5～3				
掺杂 SiO_2(PSG)	SiH_4，PH_3，O_2，N_2	400～430	0.7	90～110	±3	±5	±7
高温未掺杂 SiO_2	$SiCl_2H_2$，N_2O，N_2	960	0.8	140	±3	±4	±4
未掺杂多晶硅	SiH_4，N_2	610～640	0.1～1	100～125	±2	±3	±3
掺杂多晶硅	SiH_4，PH_3，N_2	730		200	±3	±5	±7
氮化硅	$SiCl_2H_2$，NH_3，N_2	740～800	0.5	40～65	±2	±3	±3

4. 等离子体 CVD

给低压系统中的气体加上高频电场，则气体中存在的少量电子很容易得到 10～20 eV 的能量，这种加速的电子与原子或分子碰撞时，就能将原子轨道或分子轨道撞断，产生新的电子、离子、游离基等不稳定的化学活性物质。它们再受到电场的加速，又能离解其他的原子或分子，这样，系统中的气体就立即处于高度电离状态，即形成所谓等离子体，并产生辉光。在等离子体反应器中，反应气体被加速电子撞击而离化，形成不同的活性基团，它们间的化学反应就生成所需要的固态膜。

图 6-12 所示是等离子体 CVD 设备简图。图 6-12(a)是径向流、平行板式等离子体 CVD 反应装置，反应室为圆柱形，用玻璃或铝制成，反应室内有两块平行铝板，样品放在下面的接地电极上，射频电压加在上电极上，以使两个极板间产生辉光放电。气体径向地通过放电区，再由真空泵抽出。样品(下电极)用电阻加热或高强度灯泡加热，温度在 100～400℃之间。这种反应器常用于淀积二氧化硅及氮化硅膜。它的主要优点是淀积温度低，缺点是系统的处理能力有限，对大直径的晶片就更为明显，而且晶片容易受到反应器壁的松散沉积物的沾污。图 6-12(b)是热壁式等离子淀积反应器，它解决了径向流反应器中遇到的许多问题。反应在一个由三温区炉加热的石英管内进行，样品垂直排列，且与气流方向平行，样品架由石墨或者铝板制成，同时又作为电极，与射频电源相连，以在电极之间产生辉光放电。这一系统的优点是容载能力高，淀积温度低。缺点是按放电极时所造成的微粒容易沾污晶片。

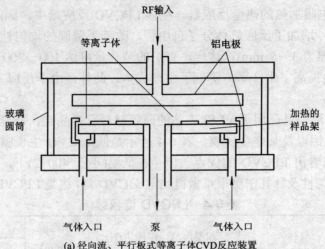

(a) 径向流、平行板式等离子体CVD反应装置

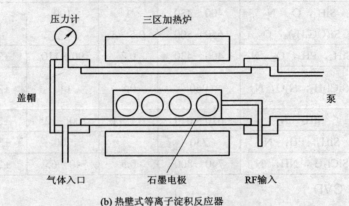

(b) 热壁式等离子淀积反应器

图 6-12　等离子体 CVD 设备简图

等离子 CVD 最重要的特征是能在更低的温度(100～350℃)下淀积出高性能的薄膜，例如用 SiH$_4$ 和 N$_2$ 或 NH$_3$ 反应生成的 Si$_x$N$_y$H$_z$；此外，等离子体 CVD 可以淀积多种薄膜，其中包括氧化硅、氮氧化硅、氧化铝和非晶硅。

由以上讨论可知，低压 CVD 法比常压 CVD 有更多的优点，但在低温条件下，必须用等离子体 CVD 技术，以获得器件的最终钝化膜。表 6-5 所示是三种方法的淀积条件、淀积能力、薄膜性能及其应用的比较。

表 6-5　三种 CVD 方法的比较

性　能	淀　积　方　法			
	APCVD	低温 LPCVD	中温 LPCVD	PCVD
淀积温度/℃	300～500	300～500	500～900	100～350
压力/托	760	0.2～2	0.2～2	0.1～2
淀积膜	SiO$_2$，PSG	SiO$_2$，PSG	多晶硅，SiO$_2$，PSG，Si$_3$N$_4$	Si$_3$N$_4$，SiO$_2$
薄膜性能	好	好	很好	差
台阶覆盖性	差	差	保角	差
低温性	低温	低温	中温	低温
生产效率	高	高	高	低
主要应用	钝化，绝缘	钝化，绝缘	栅材料，绝缘，钝化	钝化，绝缘

6.3.2　多晶硅

1. 淀积方法

多晶硅在 MOS 器件中用作栅电极(又称硅栅)，也用作高值电阻，形成浅结的扩散源，作为导体和单晶硅层的良好接触等。现在，广泛使用 LPCVD 技术淀积多晶硅薄膜，主要用硅烷法，即在 600～650℃温度下，被稀释的 SiH_4 由氢气(或氩气)携带进入反应室，在高温下发生化学反应，硅烷热分解生成多晶硅和氢气。反应式如下：

$$SiH_4 + H_2 \xrightarrow{\quad\Delta\quad} Si(多晶) + 3H_2 \uparrow$$

多晶硅的结构与温度有关。600～650℃淀积的多晶硅具有针状结构，晶粒尺寸为 0.03～0.3 μm，择优取向为<110>；在 950℃扩磷时，针状多晶硅转变为平均晶粒为 0.5～1 μm 的微粒；在 1050℃氧化时，多晶硅的晶粒最后可长到 1～3 μm。

多晶硅在用作高值电阻时是不需要掺杂杂质的，而用作硅栅(MOS)或双极型(TTL)杂质扩散源晶体管的发射区时，是低阻多晶硅，是需要掺杂的。此时应根据导电类型，适量掺杂磷烷(砷烷)或硼烷，形成具有一定电阻率的 N 型或 P 型低阻多晶硅。根据实验证明，加入硼烷可大大增加淀积速率，而加入磷烷或砷烷，反而会降低淀积速率。这是因为硅烷分子可视为极性分子，具有 $Si^+ - H^-$ 的离子链：

$$
\begin{array}{c}
H^- \\
| \\
H^- \!\!-\!\! Si \!\!-\!\! H^- \\
| \\
H^-
\end{array}
$$

具有这种极性的分子，可以被带正电荷的表面吸附，而被带负电的表面排斥。硼掺杂时增加空穴，它的表面吸附有利于表面呈现正电性，因而促使多晶硅淀积。而磷、砷的掺杂增加电子的积累，从而减小 SiH_4 分子的吸附，因而降低了多晶硅的淀积速率。

这一方法的优点是：

(1) 反应温度低，衬底和基座等的扩散及挥发效应很小；

(2) 因为上述反应是不可逆过程，没有副产物，对衬底和反应系统没有腐蚀性；

(3) SiH_4 在常温下以气态存在，容易净化和精确计量，气流中的分压较易控制。

常用的典型淀积工艺有两种，一种是用 100%的硅烷，另一种是用氮气稀释的 20%～30%的硅烷，两种方法的反应气体压力均为 0.2～1.0 托，其淀积速率为 100～200 Å/min，膜厚的均匀性在±5%以内，每次可淀积硅片 100～200 片。表 6-6 所示是用上述两种方法淀积多晶硅膜的具体例子。

表 6-6　LPCVD 多晶硅工艺的比较

硅烷浓度	硅烷流量 /(ml/min)	总流量 /(ml/min) (SiH_4+N_2)	淀积速率 /(Å/min)	压力 /托	SiH_4 流量对厚度影响	温度梯度	每批投片数
23%	150	650	200	0.7	低	+6	100～200
100%	47	47	125	0.6	高	+30～40	100～200

由表 6-6 可见，与纯 SiH_4 相比，稀释 SiH_4 工艺具有如下优点：

(1) 淀积速率高，因而生产效率高；

(2) SiH_4 流量的变化对淀积层厚度的影响小，便于控制；

(3) 为获得均匀淀积膜所需要的炉温变化小。

2. 淀积参数的影响

温度、压力、硅烷浓度和掺杂剂浓度是影响多晶硅薄膜的重要可变因素。

LPCVD 的淀积温度限制在 600～650℃因为薄膜淀积速率随温度上升而迅速增加，一旦温度过高就会出现气相反应，从而使淀积膜变得粗糙、疏松，并可能呈现出硅烷"耗尽"现象，使得淀积不均匀。如温度低于 600℃淀积速率缓慢，不适合实际应用。所以淀积温度选在硅烷发生热分解的温度范围内。

合理选择炉温分布，是在整个淀积区内获得均匀膜厚的重要条件。在淀积区的两端，淀积速率下降，这说明要获得厚度均匀一致的膜，就要求具有一定梯度的炉温分布。因为在进气端，气体的温度比标定温度低，反应速度慢，所以，这里的温度应当稍高于平均值；在出口端，大部分硅烷已被消耗，因此，温度也必须提高，以增加表面反应速度，补偿硅烷的不足。为获得最佳淀积效果，常用三温区加热炉，以求得合理的温度分布。在实际淀积中，常使炉尾的温度比前端和中部的温度高 5～15℃，以确保淀积膜的均匀性。

由图 6-13 和 6-14 都可看出，淀积速率明显地受压力影响。控制反应室压力的方法有三种：

(1) 改变泵的抽速；

(2) 改变气体中氮气的流量；

(3) 在保持流入气体比不变的情况下，同时改变硅烷和氮气的流量。

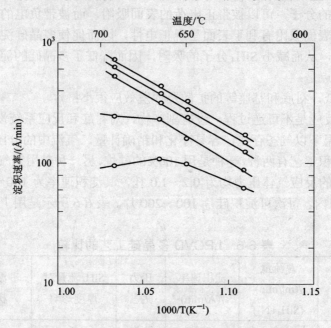

图 6-13　多晶硅薄膜淀积速率与淀积温度的关系

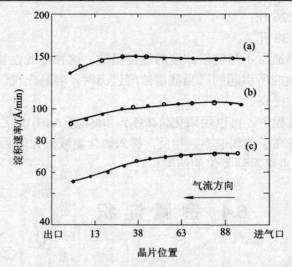

图 6-14　淀积速率沿淀积区长度的分布(各区的炉温均为 625℃)

图 6-15 表示反应室压力对淀积速率的影响。图 6-15(a)表明，当泵速和气体比恒定时，淀积速率与总压强成正比；如果泵速或氮气流量改变时，压强与淀积速率的关系不明显(见图 6-15(b)、(c))。在图 6-14 中，给出了三种压力下的淀积速率(泵速保持不变)，越向淀积区的出口端，低压强的淀积速率(图中曲线 c)下降得较高压强时的大，偏离了图 6-15 的线性关系。这可以认为，在压力较高时，硅烷被吸附到衬底表面，填满了大量可吸附空位，随后而来的硅烷分子就难以找到可吸附的位置，只好继续向炉尾流去，因而，高压强时后部的淀积速率就比低压强时的高。

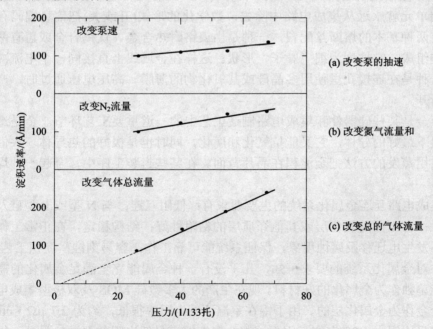

图 6-15　反应室总压力对多晶硅淀积速率的影响

图 6-14 中 a、b、c 三条曲线的硅烷流量和压力分布为：

a：110 ml/min，0.344 托；

b：56 ml/min，0.226 托；

c：29 ml/min，0.138 托。

多晶硅的淀积速率通常不是硅烷浓度的线性函数。这种非线性物质，可能是由于质量迁移效应或表面吸附效应所引起的。当硅烷浓度过高时，容易出现气相成核，这就限制了硅烷浓度和淀积速率的提高。

在淀积多晶硅的过程中，可以用磷化氢(PH_3)、砷化氢(AsH_3)或乙硼烷(B_2H_6)进行掺杂。加入乙硼烷后，大大提高了淀积速率；相反，掺入磷化氢或砷化氢后，淀积速率迅速下降。在常压 CVD 淀积中，也可看到类似的结果。

6.4　金 属 淀 积

6.4.1　金属膜的用途

集成电路的制造可以分成两个主要的部分。第一，在晶片表面制造出元器件；第二，在芯片上用金属系统来连接各个元器件和不同的层。

金属薄膜在半导体技术中最常见和最一般的用途就是表面连线，把各个元件连接到一起的材料、工艺、连线过程一般称为金属化工艺(Metallization)或者金属化工艺流程(Metallization Process)。电容器的极板和 MOS 栅极也经常采用金属材料。

ROM 芯片的存储陈列由大量的存储单元组成，每个单元都通过一个熔断丝和金属系统相连，在高压电流(熔断电流)通过其狭窄部分时，产生的高热使熔断丝达到熔点断开。与之相连的存储单元就永远从集成电路中除去，数学化的形式(开或关)把信息编码存入存储阵列。通常有两种基本的熔断丝配置，一种是由镍铬耐热合金、钛钨合金或盖有两层金属导线的多晶硅组成，它被列为细"脖子"形状。这样在金属线上直接同一个电流冲就可使之断开。另一种是在连接孔里使用多晶硅或其氧化物的薄膜。高压电压通过时，产生的热量就会使之断开。

背面蒸金是某些硅器件和集成电路制造工艺中的一道重要工艺环节。金是迄今为止所公认的常温下最好的导体，它又能抗氧化和腐化，同时也是极好的热导体。人们有时会在晶片分检前用蒸发的方法把金淀积在晶片背面。在某些封装工序中，金起一种焊接材料的作用。

满足集成电路互连金属化系统的主要要求有：低阻互连；与 N 型或 P 型硅及多晶硅形成低阻接触；与下面的氧化层或其他介质层的粘附性好；结构稳定，在正常工作条件下金属化系统不发生电迁移及腐蚀现象，保证系统能可靠工作；容易刻蚀；淀积工艺简单。

由器件对金属化系统的要求可知，几乎没有一种金属能完全满足金属化的需要，只有铝是一种能单独作为金属化的好材料。现在生产的大多数硅 MOS 及双极型集成电路都是用铝及其铝合金作为金属化层的。由于铝在室温下的电阻率很低，约为 2.7 $\mu\Omega \cdot cm$，其合金的电阻率也只比铝大 30%左右，因而这些金属能够满足低电阻的要求。另外，铝合金与热生长 SiO_2 以及熔解的硅化物玻璃黏附性也很好(Al_2O_3 的生成热比 SiO_2 要高)。此外，铝是一种廉价的金属，熔解也很方便。尽管铝有这些优点，但由于 VLSI 器件的结很浅，常常碰到电迁移和腐蚀带来的问题，使铝的应用受到限制。

随着单个器件变得越来越小，集成电路的运行越来越快。在几百兆赫的速度下，信号必须以足够快的速度通过金属系统才能防止程序延误。在这种情况下，铝金属就成了集成电路速度的限制条件。更大的芯片需要更长更细的金属导线，这就使金属连线系统的电阻变得更大。随着集成电路元件的增加，铝和硅之间的接触电阻已经达到了极限而不能够变得更小，而且铝也很难淀积在有很高纵横比的过孔接线柱中，这样铜导体又受到关注。铜的导电性能比铝优良，同时，铜本身就具有抗电迁移的能力，而且能够在低温下进行淀积，铜也能够作为接线柱材料使用。但是使用铜也有很多缺点，如易刮伤和腐蚀，需要隔离金属防止铜进入硅片中等。

6.4.2　金属淀积方法

金属化工艺材料的淀积，也经历了一个发展和进化的过程。直到 20 世纪 70 年代，金属淀积的主要方法仍然是真空蒸发。铝、金和熔断丝金属都通过这个技术来淀积。由于淀积多金属系统和合金的需要，以及对金属淀积的阶梯覆盖度的更高要求，使得溅射技术成为了 VLSI 电路制造的标准淀积方法。而难熔金属的应用，使金属化工艺发展出了第三种技术——CVD 技术。

1. 真空蒸发

真空蒸发技术一般被用在分立元件或较低集成度电路的金属淀积上。在封装工艺中，它也可以用来在晶片的背面淀积金，以提高芯片和封装材料的粘合力。真空蒸发工艺在真空反应室(见图 6-16)内部进行。真空反应室是一个钟形的石英容器或不锈钢密封容器。在反应室内部是一套金属蒸发装置、晶片夹持装置、一个遮挡板、淀积厚度、速率监控器和加热器。反应室与真空泵相连。

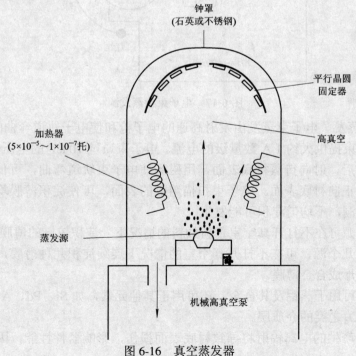

图 6-16　真空蒸发器

在介绍各种金属蒸发的工艺之前，先来系统地回顾一下基本的蒸发原理。我们都很熟悉液体从烧杯中蒸发的情况，这种情况之所以会发生，是因为在液体中有足够热能使得液体分子能够逸入空气中。一段时间之后，它们中的一部分就停留在空气，我们就称这种情况为蒸发。对固体金属来说，相同的蒸发过程也能够实现。这就需要将金属加热到液体状态以便于金属分子或原子蒸发进入周围的空气中。目前有三种利用真空系统进行金属蒸发的方法，即灯丝蒸发、电子束蒸发和快速电炉蒸发。

(1) 灯丝蒸发。灯丝蒸发(见图6-17)也即电阻加热蒸发，将钨丝(或其他耐高温的金属丝)缠绕在需要蒸发的金属材料上面。然后在钨丝上通以大电流。它将淀积金属加热到液态并进而蒸发到容器内，淀积在晶片上，另一种方式是将需要蒸发的金属放置在一个浅的容器中，使用平直的灯丝来加热。

灯丝蒸发的缺点在于：由于灯丝各个部位的温度分布不均匀，灯丝蒸发很难做到精确控制。而且源金属材料的污染物或灯丝的元素也会蒸发并淀积在晶片表面。合金就很难用这个方法淀积，在给定温度时，各种元素的蒸发速率不同。当一种合金，例如镍铬耐热合金在蒸发的时候，镍和铬就以不同的速率各自蒸发。这样，淀积在晶片上的膜层成分和原金属的成分就不同了。

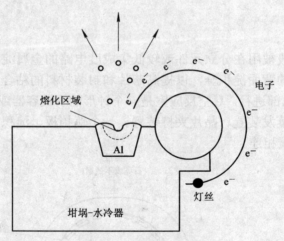

图 6-17　电子束枪蒸发源

(2) 电子束蒸发。电子束蒸发由发射高速的电子枪和使电子轨道弯曲的磁场所组成。

灯丝为电子束提供大约 1 A 数量级的电流。电子束通过 10 kV 的电压(典型值)加速，再经磁场作用偏转后，射向待蒸衬底表面，用磁场使电子束轨道弯曲，可使来自灯丝的杂质受到屏蔽，不致正向衬底表面。电子束扫描熔融的表面，可使淀积薄膜均匀。否则，由于熔融源形成空洞，不均匀淀积可能发生。

使较多的源可在不打开真空室重新加料的情况下，淀积较厚的薄膜。

若腔室有几个源，可在不打开真空室的情况下连续淀积几种薄膜，或者使用几个蒸发源同时蒸发，形成合金薄膜。

电束蒸发可用于蒸铝及其合金，还可用于其他元素，如 Si、Pd、Au、Ti、Mo、Pt、W 等，以及 Al_2O_3 之类的介质层。

电束蒸发产生的电离辐射将导致衬底表面损伤，影响器件性能，因此蒸发需要进行退火处理。并且，使用功率过高时，金属蒸汽微滴可能会沉积在衬底上。

电子束蒸发的优点是：

(1) 可在蒸发料上直接加热，而盛蒸发料的容器是冷的，避免了容器材料与蒸发料之间的反应和容器材料不必要的蒸发。

(2) 可以蒸发难熔金属。

(3) 由于加热的只是蒸发料，因此蒸发时的热辐射减少了。

对于任何一种金属淀积系统来说，其中的一个主要目的都是为了要获得良好的阶梯覆盖。这对真空蒸发来说是一个挑战，因为本质上来说它们所用的蒸发源都是点蒸发源。这样一个不可避免的问题就产生了，即从点蒸发源上来的蒸发材料会被晶片表面的阶梯遮蔽，造成晶片表面氧化物上凹孔的一个侧面淀积的金属很薄，甚至形成孔洞。因此有人使用行星状的夹持晶片"圆顶"在反应室中旋转，来保证均匀的膜厚(见图 6-18)。容器内的石英加热器通过保持晶片表面的原子活动性来增加阶梯覆盖度。它们通过毛细活动填充阶梯的角落。

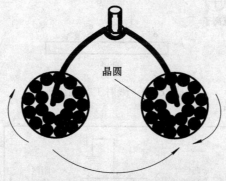

晶圆

图 6-18 行星状的晶片夹持装置

由于电子束蒸发膜的质量好，沾污少，对提高器件可靠性有显著效果，生产中应用广泛。

(3) 感应加热蒸发。将装有蒸发料的坩埚装在螺旋式线圈中央(但不接触)，在线圈中通以高频电流，可使蒸发料加热蒸发。射频频率和蒸发料的多少有关。蒸发料少，频率要高。一块只有几毫克的蒸发料，要用几兆的频率。若有几克重，用 10～500 kHz 频率即可。

该方法可以淀积低铝合金以及其他适合于用坩埚的金属，还可以蒸发非金属材料。同电子束相比，感应加热源的优点是没有离子辐射损伤，低温烧结可使铝膜与衬底形成欧姆接触。其缺点是：同电子束蒸发一样，过多的加热材料也可能引起熔融态的液滴溅在衬底上。

2. 溅射

1852 年，William Robert Grove 爵士第一次阐明了溅射工艺。它几乎可以在任何衬底上淀积任何材料，而且广泛应用在人造珠宝涂层、镜头和眼镜的光学涂层的制造。溅射与真空蒸发一样都在真空下进行。然而溅射是物理工艺，不是化学工艺(真空蒸发是化学工艺)，所以被称为物理气相淀积(PVD)。

在真空反应室中，由镀膜所需的金属构成的固态厚板被称为靶材(target)(见图 6-19)，它是电接地的。首先将氩气充入室内，并且电离成正电荷。带正电荷的氩离子被不带电的靶吸引，加速冲向靶。在加速过程中这些离子受到引力作用，获得动量，轰击靶材。这样在靶上就会出现动量转移现象(momentum transfer)。正如打桌球，球杆把能量传递到其他球，使它们分散一样，氩离子轰击靶，引起其上的原子分散。被氩离子从靶上轰击出的原子和分子进入反应室，这就是溅射过程。被轰击出的原子或分子散布在反应室中，其中一部分渐渐地停落在晶圆上。溅射工艺的主要特征是淀积在晶圆上的靶材不发生化学或合成变化。典型溅射工艺设备如图 6-20 所示。

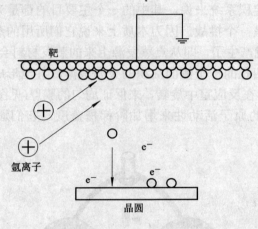

图 6-19　溅射工艺的原理

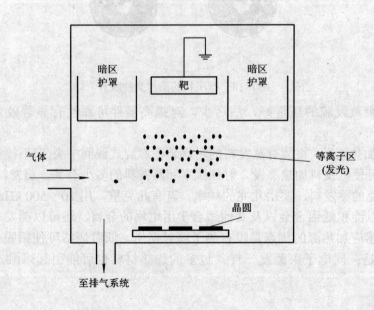

图 6-20　典型溅射工艺设备

溅射相对于真空蒸发的优点如下：

(1) 靶材的成分不会改变，有利于合金膜和绝缘膜的淀积。

(2) 阶梯覆盖度可以通过溅射来改良。蒸发来自于点源，而溅射来自平面源。金属微粒从靶材各个点溅射出来的，在到达晶圆承载台时，它可以从各个角度覆盖晶圆表面，阶梯覆盖度还可以通过旋转晶圆和加热晶圆得到进一步的优化。

(3) 溅射形成的薄膜对晶圆表面的粘附性也比蒸发工艺提高很多。轰击出的原子在到达晶圆表面时的能量越高，因而所形成薄膜的粘附性就越强。其次，反应室中的等离子环境有清洁晶圆表面的作用，从而增强了黏附性。因此，在淀积薄膜之前，将晶圆承载台停止运动，对晶圆表面溅射一小段时间，可以提高黏附性和表面洁净度。

(4) 通过调节溅射参数(压力、薄膜淀积速率和靶材)控制薄膜特性。通过多种靶材的排列，一种工艺就可以溅射出像三明治一样的多层结构。

3. 化学气相淀积

低压化学气相淀积(LPCVD)具有诸多优点，它不但不需要造价昂贵、维护复杂的高真空泵，而且提供了稳定的阶梯度和较高的生产效率。因此它为金属淀积提供了另一选择。通常我们用 CVD 淀积难以控制的金属膜，其中主要是钨。

钨可以用于各种元件构造，包括接触阻挡层 MOS 管的栅极互连和过孔填充。过孔填充是形成有效的多金属层系统的关键。我们选择淀积钨来填充整个过孔，而且为接下来的导电金属层淀积提供了平整表面。钨作为阻挡层金属，它的淀积可以通过硅与六氟化钨(WF_6)气体进行反应，还可以淀积在铝和其他材料上，其反应式为

$$2WF_6 + 3S_i \rightarrow 2W + 3S_iF_4$$

$$WF_6 + 3H_2 \rightarrow W + 6HF$$

以上反应都是在 LPCVD 系统中进行的，温度大约为 300℃。这可以与镀铝工艺相适应。

硅化钨和硅化钛层的工艺反应式为

$$WF_6 + 3S_iH_4 \rightarrow 2WS_i + 6HF + H_2$$

$$T_iCl_6 + 3S_iH_4 \rightarrow T_iS_{i2} + 4HCl + 2H_2$$

LPCVD、离子注入、蒸发和溅射工艺都是在低压(真空)反应室中进行的。真空反应室没有污染气体，提高了薄膜溶积的均匀度和可控性。利用机械真空泵可以获得中真空。要想进一步获得高真空，可采用油扩散泵、低温泵、离子泵、涡轮分子泵等。无论是哪种泵，它们都是由特殊材料制成，不会向系统漏气，破坏真空。有些泵用于抽取腐蚀性和毒性气体或反应后的副产品，它们的内壁必须是防腐的，在维护这些泵时也要格外小心。

6.5　金属化和平坦化

微电子器件有源区形成后，通过对金属薄膜的微细加工，使各个有源区在芯片表面经过适当的连接，实现特定的器件功能。这种通过金属薄膜连线实现各个相互隔离的器件连接工艺称为布线，一旦布线形成，就构成了一个具有完整功能的集成电路。

这里涉及到两个概念，即金属化与平坦化。所谓金属化，就是通过真空蒸发或溅射等方法形成金属膜，然后通过光刻、刻蚀，把金属膜的连接线刻画形成金属膜线，这是构成器件功能的关键。所谓平坦化，就是把随晶片表面起伏的介电层平坦化的一种工艺技术。平坦化处理后的介电层无悬殊的高低落差，这样，很容易进行接下来的第二层金属内连线制作，而且经转移的导线图案比较准确。

6.5.1　金属化

金属化工艺对这一层金属线的要求是：金属与半导体接触必须是在电学特性上可形成整流特性，又要形成良好的欧姆接触。也可以说，对金属布线与半导体的接触，基本上要求是形成欧姆接触。

1. 欧姆接触

欧姆接触是指金属与半导体间的电压与电流的关系具有对称和线性关系，而且接触电阻也很小，不产生明显的附加阻抗。

形成欧姆接触的方法有三种：半导体高掺杂的欧姆接触、低势垒高度的欧姆接触和高复合中心欧姆接触。分别介绍如下：

1) 半导体高掺杂的欧姆接触

在器件制造中常使用半导体高掺杂接触方法。由于隧道穿过几率与势垒高度密切相关，而势垒高度又取决于半导体表面层的掺杂浓度，当 $N_S > 10^{19}\,cm^{-3}$ 时，半导体表面势垒高度很小，载流子可以以隧道方式穿过势垒，从而形成欧姆接触。该方式的接触电阻是随掺杂浓度变化而变化的。

2) 低势垒高度的欧姆接触

低势垒高度的欧姆接触是一种肖特基接触，比如铂与 P 型硅的接触。当金属功函数大于 P 型功函数，而小于 N 型硅功函数时，金属-半导体接触即可形成理想的欧姆接触。但是，由于金属-半导体界面的表面态的影响，使得半导体表面感应空间电荷区层，形成接触势垒。因此，在半导体表面掺杂浓度较低时，很难形成较理想的欧姆接触。

3) 高复合中心欧姆接触

当半导体表面具有较高的复合中心密度时，金属-半导体间的电流传输主要受复合中心所控制。高复合中心密度会使接触电阻明显减小，伏安特性近似对称，在此情况下，半导体也可以与金属形成欧姆接触。引入高复合中心的方法还有很多，如喷砂、离子注入、扩散原子半径与半导体原子半径相差较大的杂质等。电力半导体器件接触电极和 IC 背面金属化(背面蒸金)常采用这种方式形成欧姆接触。

随着微电子器件特征尺寸越来越小，硅片面积越来越大，集成度水平越来越高，对互连和接触技术的要求也越来越高。除了要求形成良好的欧姆接触，还要求布线材料满足以下要求：

(1) 电阻率低，稳定性好；
(2) 可被精细刻蚀，具有抗环境侵蚀的能力；
(3) 易于淀积成膜，粘附性好，台阶覆盖好；
(4) 具有很强的抗电迁移能力，可焊性良好。

2. 金属化的要求

前面介绍了金属膜的制备方法，为适应互连布线要求，对金属膜还有下几个因素需要重点考虑。

1) 台阶覆盖

晶圆表面并不平整，而是像城市的街道充满了高高低低的建筑一样。由于各道工艺加工的结果，在晶片表面形成很多台阶，因为台阶的存在，蒸发源射向晶片表面的金属会在台阶的阴面和阳面间产生很大的沉积速率差，甚至在阴面根本无法得到金属的沉积，造成金属布线在台阶处开路或无法通过较大的电流。在工艺上改善台阶的覆盖性能可以利用多源蒸发和旋转晶片，也有工厂采用等平面工艺，以从根本上清除台阶覆盖问题。

2) 致密性

疏松的金属膜很容易吸收水汽和杂质离子，并发生化学反应，导致金属膜特性变差。通常采用降低淀积速率的方法以提高膜的致密性。

3) 粘附性

金属氧化物生成热比氧化层生成热更多，金属就会把氧化物还原。在金属膜与晶片表面的氧化层界面处形成很强的化学键，产生强的结合力，我们说金属膜与晶片表面的氧化层具有良好的粘附性。显然，提高淀积过程中的衬底温度，有助于还原反应，对提高粘附性有利。

4) 稳定性

金属与半导体之间的任何反应都会造成对器件性能的影响，例如，硅在铝中具有一定的固溶度，若芯片局部形成"热点"，硅就会溶解进入铝层中，造成浅结穿通，影响金属膜的稳定性。克服这种影响的主要方法是选择与半导体接触稳定的金属作为中间阻挡层，或者在金属中加入少量半导体元素，使其含量达到或接近固溶度。除固溶度的影响，铝在大电流的作用下，还会产生质量输送的电迁移现象，解决方法是加入少量的硅和铜，以降低铝原子在晶界面的扩散系数，提高铝的抗电迁移能力。这是因为所加杂质在晶粒界有分凝作用，在铝(94%)-硅(2%)-铜(4%)的质量分数的合金中，每增加 1%质量分数的硅，电阻率增加约 $0.7\ \mu\Omega \cdot cm$。每增加 1%的铜，则电阻率增加 $0.3\ \mu\Omega \cdot cm$。在溅射沉积工艺中，常用这种组合以提高稳定性。

3. 合金工艺

金属膜经过图形加工以后，形成了互连线。合金工艺是指对金属互连线进行热处理，使金属牢固地附着于晶片表面，并且与半导体形成良好的欧姆接触这一热处理过程。

合金的方法很多，可在扩散炉或烧结炉中通惰性气体或抽真空，也可在真空中进行。目前，一般都是反刻铝以后，把上胶和合金在一起完成，这样既去除光刻胶，又达到了合金目的，操作简单方便。

利用合金可以增强金属对氧化层的还原作用，提高粘附能力，并且半导体元素在金属中存在一定的固溶度。通过合金工艺进行热处理，使金属与半导体界面形成一层合金层或化合物层，并通过这一层与表面重掺杂的半导体形成良好的欧姆接触。例如硅-铝合金，当合金温度大于 577℃时，一部分铝溶化到硅中，形成铝硅合金，当冷凝以后，就形成了一层再结晶层，这样就得到了良好的欧姆接触。

合金工艺关键要控制好合金的温度、时间和气氛。对于铝-硅系列，一般选择合金温度为 500℃左右，恒温时间 10～15 min，采用真空或 N_2-H_2 混合气体气氛。在 500℃时，铝-硅合金中硅的质量分数约为 1%。若温度超过铝-硅共晶温度 577℃，则会出现铝-硅溶液，使铝膜收缩变形，同时还会加剧铝-二氧化硅界面的反应，甚至引起二氧化硅下面器件的短路。工艺上有时采用 H_2 改善硅-二氧化硅的界面特性。

在难熔金属-硅叠层系统中，只有经过一定温度和时间的热处理，才能形成金属硅化物。如果器件使用难熔金属硅化物作为布线层，控制硅化物热处理的温度、时间、气氛是十分重要的。由于金属硅化物处理温度各不相同，形成的结构也会有些差异。这种差异会引起电阻率和硅化物-硅间接电阻的差异。例如：二氧化钼在温度低于 600℃，氩气氛下退火 30 分钟，其结晶结构为六方晶系，电阻率大于 $600\ \Omega\cdot cm$；在 900℃的氩气氛下退火 30 分钟，其结晶结构为四方晶系，电阻率低于 $200\ \Omega\cdot cm$。

因此，实际生产中要根据最低共熔点来选择合金或烧结温度。如烧结分立晶体管，将金片或金锑片放在硅片背面，用钼夹具与管座夹好，推入烧结炉中，再通入惰性气体，烧结炉内温度控制在 400℃，恒温数分钟后，拉到炉口冷却，金硅便形成金-硅合金。这样，管芯就被牢牢地焊在管座上了。

在实际的合金工艺中，尤其是铝-硅合金中，加热温度往往低于 577℃，只在 520～540℃之间。温度太低，合金不良，器件的饱和压降将升高；温度过高，合金过深，同时铝层会球缩在一起造成断裂，造成器件电学件能变坏。在此温度下，只要合金的时间、条件掌握得合适，同样可获得低阻的欧姆接触。合金温度是合金质量好坏的关键。

硅铝的最低共熔点是 577℃。当合金温度低于此温度时，铝和硅不熔化。当高于 577℃时，交界面处的硅-铝原子相互熔化，并形成铝原子 88.7%、硅原子 11.3%的铝-硅溶液。并且，随着时间的增加，交界面处的溶液迅速增多，如果温度继续增加，铝硅熔化速度也增加，最后整个铝层变成铝硅熔体。这时，若缓缓降温，硅原子在熔液中溶解度将下降，多余的硅原子会逐渐从熔液中析出，形成硅原子结晶层，同时，铝原子也被带入结晶层中。若带入的铝原子过多，硅又是 N 型的，此时有可能在结晶区的前沿形成 PN 结。防止的办法是 N 型硅要具有一定的浓度。如果硅片为 P 型的，而铝本身也是 P 型的，这样就形成了纯欧姆接触。但是，如果硅片为 N 型硅，当 N 型硅片的杂质浓度远远大于铝在硅中的最大溶解度，结晶层的 P 型和 N 型互相补偿之后，结晶层仍是 N 型的，这样用铝做电极引线不会改变导电类型，而再结晶层仍能获得欧姆接触。

6.5.2　平坦化

随着集成电路的集成度的增加，晶圆表面无法提供足够的面积来制作所需的内连线，特别是一些十分复杂的产品，如微处理器等，需要更多层的金属连线才能完成微处理器内各个元件间的相互连接，这样两层以至于多层内连线就出现了。多层内连线在连接过程中，除插塞处外，必须避免一层金属线与另一层金属线直接接触而发生短路现象，金属层之间必须用绝缘体加以隔离。用来隔离金属层的这层介电材质，称为"金属间介电层"。金属间介电层的制作涉及到溅射、CVD、光刻、刻蚀等诸多工艺技术。要获得平坦的介电层是很困难的，而且容易发生孔洞现象。并且，介电层沉积随着金属层表面变得高低不平，因为沉积层不平坦，又将使得接下来的第二层金属层的光刻工艺在曝光聚焦上有困难，而影响光刻影像传递的精确度，给刻蚀也带来难度。集成电路的多层布线势在必行，于是平坦化就成为了新出现的一种工艺技术。

常用的介电层材料有硼磷硅玻璃(BPSG)、SiO_2 和 Si_3N_4，其中 SiO_2 使用得最普遍。图6-21 所示为各种不同层次的平坦化结果。

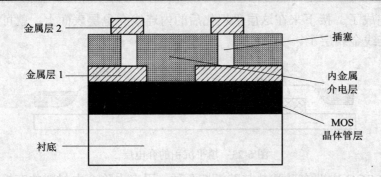

金属层 2

插塞

金属层 1

内金属
介电层

MOS
晶体管层

衬底

图 6-21 集成电路多重内连线剖面图

平坦化方法有很多，简单介绍如下。

1. 沉积超厚 SiO₂ 层

沉积超厚 SiO_2 层是比较简单的一种平坦化方法。在晶片高低起伏悬殊的表面上沉积一层厚度超过所需很多的 SiO_2 层，如图 6-22(a)所示。然后把这层 SiO_2 回蚀到所需厚度，如图 6-22(b)所示。这种方法工艺简单，但只能在晶片表面上获得部分平坦化的结果，要想得到整个表面的平坦化还需采用其它方法。

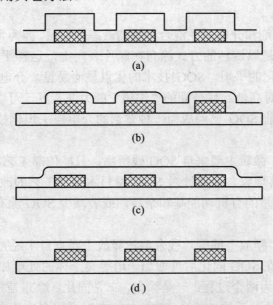

(a)

(b)

(c)

(d)

图 6-22 一种平坦化方法的示意图

2. 旋涂玻璃法

直接把沉积的介电层因表面的起伏而造成的凹槽处填平，这样得到制作下一层金属内连线时所需要的局部或整个平面的介电层平坦度的平坦化制作技术就是"旋涂玻璃法"。旋涂玻璃法简称 SOG(Spin On Glass)，是目前普遍采用的一种局部平坦化技术。旋涂玻璃法的基本原理是把一种溶于溶剂内的介电材料以旋涂的方式涂布在晶片上，类似光刻胶旋涂。经涂布的介电材质可以随着溶剂而在晶片表面流动，因此很容易填入如图 6-23 箭头所示的凹槽内。经过适当的热处理，去除用来溶解介电材料的溶剂，沉积介电层凹陷区域填补的平坦化制作就完成了。接下来在这层平坦化后的内连线介电层表面上，就可以制作第二层及以上的各内连线金属层了。

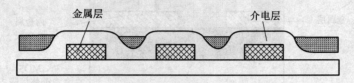

图 6-23　填平沉积的介电层

现在常用的 SOG 主要有硅酸盐与硅氧烷两种。用来去除介电材料的有机溶剂主要有醇类、酮类，如 $Si(OH)_4$、$RuSi(OH)_{4-n}$ 等。其中硅酸盐类的 SOG 使用时，常掺有磷的化合物，如 P_2O_5，以改善它的物理性质，特别是在防止硅酸盐 SOG 层的龟裂方面的物理性质；至于硅氧烷类的 SOG，因为本身含有有机类化合物，如 CH_3、C_6H_5，也可以改善这种 SOG 层的抗裂能力。

SOG 经适当加热之后，将成为一个非常接近于 SiO_2 的物质。SOG 法是以旋涂的方式覆盖一层液态的溶液，以达到使晶片表面的介电层的"平坦化"的目的。因此涂布在晶片表面的 SOG 不应完全清洗掉，因为它也类似一种 SiO_2，可以留在晶片表面上，以增加其对阶梯结构的平坦化能力。

SOG 是一种由溶剂和介电质经混合形成的液态介电层。因为含有 SiO_2 或接近 SiO_2 结构的材料，再加上本身是以旋转的方式涂布在晶片表向上，这样平坦化问题基本上解决了。当然它也仅仅是局部化的平坦。SOG 技术的优点显而易见，介电层材料是以溶剂形态覆盖在晶片表面上，因此对高低起伏外观的"沟填"能力非常好，可以避免 CVD 法制作所形成的孔洞问题，因此目前 SOG 已经成为一种普遍的介电层平坦化技术。但 SOG 使用时，还有一些缺点：

(1) 易造成微粒。微粒主要来自 SOG 残留物，只能依靠工艺及设备的改善而减少。

(2) 有龟裂及剥落现象。必须针对 SOG 材料本身与工艺的改进来避免。工艺上常用在 SOG 溶液里，加入适量的有机功能基和杂质，或者减少 SOG 涂布厚度，以强化 SOG 对龟裂和剥离抵抗能力。

(3) 有残余溶剂"释放"问题。残余溶液释放主要来自未经完全固化的 SOG 内剩余溶剂及水汽。这部分可在 SOG 固化后再增加一道等离子体的处理加以改善。

SOG 制作过程分为两个过程：一是涂布，二是固化。涂布是将 SOG 均匀地涂布在晶片表面上。涂布的厚度约数千埃(2000～5000 Å)，有时采用多次涂布方式(四次以上)，以获得均匀的厚度。涂布之后，先经数分钟的热垫板固化，以便让溶剂初步蒸除，并让 SOG 中的 SiO_2 键进行键结。常用热垫板温度为 80～300℃。为了达到最佳效果，有时使用三个不同温度进行。

固化是以热处理方式，在高温下，把 SOG 内剩余的溶剂赶走，使 SOG 的密度增加，并固化为近似 SiO_2 结构。涂布后，把晶片送入热炉管内，在 400～450℃时，进行 SOG 的最后固化，使得大多数 SOG 转换成低溶剂含量的固态 SiO_2。固化以后，其厚度缩减原来的 5%～15%左右。

目前广泛采用的 SOG 有两层 CVD 法所沉积的 SOG 和一层 SOG 法所覆盖的 SiO_2 层，

其中 SOG 就夹在中间，形成"三明治"式结构。资料显示，SOG 技术可以进行制程线宽到 0.5 μm 的沟填平坦化。但是，它毕竟还是一种局部性平坦化技术，随着集成电路制作的线宽向着更细小方向发展，SOG 技术也需要发展，否则将起不到真正平坦化的作用。

3. 化学机械抛光法

以上两种方法只能提供局部平坦化，如果整个平面的介电层平坦度是制造过程所需要的，势必采用其他平坦化技术，其中化学机械抛光法平坦化技术是能够提供整个介电层的平坦化的一种有效方法。

化学机械抛光法又称 CMP(Chemical Mechanical Polishing)法，用 CMP 法抛光硅片晶圆已有几十年历史了。超大规模集成电路制造过程中也用它作为全面平坦化的一种新技术。生产上用化学机械抛光来抛光金属钨，生产钨插塞及嵌入式金属结构。

抛光介电层和抛光硅片不同。抛光硅片是为了去除晶圆表面坑洼之处，抛去的厚度约几十微米。对介电层抛光的目的是去除光刻胶，并使整个晶片表面均匀平坦，不够平坦的金属间介电层会使窗口的刻蚀及插塞的生成变得困难，介电层抛光被去除的厚度大约为 0.5～1 μm。虽然抛光硅片已有几十年历史，但对介电层抛光远比对硅片抛光要求严格，对介电层抛光还需要开发新工艺和新设备来满足介电层抛光的要求。

化学机械抛光设备基本组成部分是一个转动着的圆盘和一个晶片固定装置，如图 6-24 所示。圆盘和固定装置都可以施力于晶片并使其旋转，抛光在胶状含有 SiO_2 悬浮颗粒的氢氧化钾研浆帮助下完成。用一个自动研浆添加系统，适当地送入新的研浆及保持其成分不变，就可以保证研磨垫湿润程度均匀。

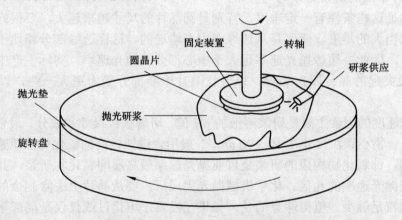

图 6-24　化学机械抛光设备示意图

目前还无法十分明确地解释这种平坦化的工作原理，通常认为化学机械抛光的作用既有机械的也有化学的。机械作用比较简单，其实质就是带有悬浮颗粒状 SiO_2 对晶片表面进行研磨。而化学作用包含一系列的化学反应：首先，在晶片和研浆颗粒表面的氧与氢形成化学键；其次，在晶片与研浆之间形成化学键；第三，在晶片与研浆之间形成分子键；最后在研浆颗粒离开时，晶片表面的化学键被打破，硅原子离开晶片表面。

化学机械抛光晶片不直接固定在固定装置上，而是在晶片和固定装置之间加一层背膜 (见图 6-25)。背膜由弹性物质制成，使得固定装置有弹性。抛光垫是由两层物质构成，既满足有刚性，又满足弹性需要。在固定装置与晶片接触面上，任何缺陷或小颗粒，都会使得晶片表面形变或产生小面积的突起，甚至会使晶片破碎。如果抛光垫太软，那么抛光就会沿表面进行，不会形成平面。抛光垫应该具有跨越低凹部分而优先去掉突起部分的能力，以便整个晶片表面平坦化。显然，弹性背膜起到了很好的缓冲作用。

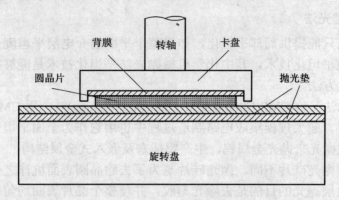

图 6-25　化学机械抛光设备固定方法示意图

虽然化学机械抛光有诸多优点，但使用化学机械抛光不容易保证整个晶片抛光的均匀性。要达到均匀抛光，必须满足以下四个条件：

(1) 晶片上每一个点相对抛光垫的运动速度必须相同；

(2) 抛光研浆在整个晶片范围内必须是均匀的；

(3) 晶片本身必须匀称；

(4) 在晶片下面的研浆必须均匀分布。

但同时满足这些条件有一定难度，特别是圆晶片的尺寸越来越大，要很好地满足晶片本身匀称有相当大的难度。研浆是从边缘向中心输送的，这样边缘部分相比于中心部分得到的研浆更多，因此，边缘抛光速率远大于中心部分的抛光速率。实际生产中有一些设备中间使用稍微突起的晶片固定装置，以便让晶片中心部分受力更大一些，以改善均匀性问题。

影响抛光速度的因素主要是研浆溶液的 pH 值、研磨颗粒尺寸和成分。最普遍的研浆中研磨颗粒硅氧合物小颗粒尺寸在 10～90 nm。一般用含键能较高的氧化物的研浆可以得到较高的抛光速率。铈氧化物构成的研浆是目前抛光速率最高层间氧化物研浆，其抛光速率是二氧化硅研浆抛光速率的几倍。化学机械抛光完成后，要从晶片上去除剩余的研浆，并保证晶片上的微粒足够少。值得注意的是，如果在没有平坦化过或仅仅是局部平坦化过的介质层上突然使用化学机械抛光工艺进行全面平坦化，就会有可能在介质层内产生不同深度的孔洞。

复 习 思 考 题

6-1　什么是外延？外延工艺的作用是什么？

6-2　外延工艺方法有几种？各有什么特点？

6-3　外延层缺陷有哪几项？

6-4　氧化工艺的作用是什么？二氧化硅有些什么用途？

6-5 氧化工艺的两个阶段分别是什么？各有何特点？

6-6 常用的氧化方法有哪些？试简单描述。

6-7 影响氧化速率的因素主要有哪些？为什么？

6-8 什么是 CVD？常用的 CVD 法有哪几种？

6-9 什么是 LPCVD？什么是 APCVD？

6-10 金属膜有哪些用途？

6-11 常用的金属膜制备方法有哪几种？各有何特点？

6-12 溅射方法和真空蒸发相比有何优点？

6-13 叙述溅射工艺的要点。

6-14 什么叫金属化？

6-15 形成欧姆接触有哪几种方法？

6-16 什么叫平坦化？

6-17 金属互连布线有何要求？

6-18 通常用什么方法制作 SiO_2 薄膜？

6-19 分别说明物理气相沉积和化学气相沉积在 IC 工艺中的两个应用实例。

6-20 说明下列英文缩写的含义：

(1) CVD；(2) PVD；(3) APCVD；(4) LPCVD；(5) PECVD

第 7 章　光　　刻

7.1　图形加工技术简介

基本光刻工艺是半导体工艺过程中非常重要的一道工序。光刻和制版，我们称之为图形加工技术，它是指在半导体基片表面，用图形复印和腐蚀的办法制备出合乎要求的薄膜图形，以实现选择扩散(或注入)、金属膜布线或表面钝化等目的，它决定着管芯的横向结构图形和尺寸，是影响分辨率以及半导器件成品率和质量的重要环节之一，在微细加工技术中被认为是核心的问题。

完整的光刻工艺应包括光刻和刻蚀两部分，随着集成电路生产在微细加工中的进一步细分，刻蚀又可独立成为一个工序。

集成电路的集成度越来越高，特征尺寸越来越小，晶圆圆片面积越来越大，给光刻技术带来了很高的难度。通常人们用特征尺寸来评价集成电路生产线的技术水平，如 0.18 μm、0.13 μm、0.1 μm 等。特征尺寸越来越小，对光刻的要求更加精细。

图形加工的精度主要受光掩膜的质量和精度、光致抗蚀剂的性能、图形的形成方法及装置精度、位置对准方法及腐蚀方法、控制精度等因素的影响。

光刻工艺过程的目标有两个：

(1) 在晶圆表面建立尽力能接近设计规律中所要求尺寸的图形；

(2) 在晶圆表面正确定位图形。整个电路图形必须被正确地定位于晶圆表面，电路图形上单独的每一部分之间的相对位置也必须是正确的。

由于最终的图形是用多个掩膜版按照特定的顺序在晶圆表面一层一层叠加建立起来的，所以对图形定位的要求很高，而光刻蚀工艺过程的变异在每一步都有可能发生，对特征图形尺寸和缺陷水平的控制非常重要，也非常困难。光刻工艺也因此成为半导体过程中的一个主要的缺陷来源。

7.2　基本光刻工艺流程

光刻蚀工艺是和照相、蜡纸印刷比较接近的一种多步骤的图形转移过程。首先是在掩膜版上形成所需要的图形，之后通过光刻工艺把所需要的图形转移到晶圆表面的每一层。每一次图形转移都是通过两步来完成的：

(1) 图形被转移到光刻胶层。光刻胶是和正常胶卷上所涂的物质比较相似的一种感光物质，曝光后会导致其自身性质和结构的变化。常用的光刻胶分为正胶和负胶两类。光刻胶被曝光的部分由可溶性物质变成了非溶性物质，这种光刻胶类型被称为负胶，这种化学变化称为聚合(polymerization)。相反，光刻胶被曝光的部分由非溶性物质变成了可溶性物质，这种光刻胶类型被称为正胶。通过化学溶剂(显影剂)把可以溶解的部分去掉，在光刻胶层就会留下对应掩膜版的图形。

(2) 第二次图形转移是从光刻胶层到晶圆层。当刻蚀剂把晶圆表面没有被光刻胶盖住的部分去掉的时候，图形发生了转移。光刻胶的化学性决定了它不会在化学刻蚀溶剂中溶解，它们是抗刻蚀的，因此称为光致抗蚀剂。

7.2.1　光刻胶

光刻胶即光致抗蚀剂，是一种有机高分子化合物，主要由 C、H 等元素组成。它与低分子化合物相比，分子量很大，可以是几百、几千、几万以致几十万，没有确定的数值，所以，它的分子量以平均分子量来描述，结构式常用[A]_n表示，A 表示一个单分子，n 表示高分子化合物的聚合度。

根据其结构类型的不同，高分子化合物又分为线型和体型两种。线型高分子化合物分子间的结合主要靠分子间的作用力；体型高分子化合物，其长链间的结合主要靠化学键，分子间作用力比化学键要弱得多，所以线型高分子化合物一般是可溶性的，而体型高分子化合物是难溶性的。

不论线型或体型高分子化合物，其长链间的结合都比较松弛，它们之间的间隙相对来说都比较大，所以一些低分子化合物，如通常用的溶剂，很容易渗入其间，使线型长链分子间彼此分离而溶解，即使未能溶解，由于低分子的热运动作用而渗入长链分子间，也会使它溶胀，对于体型高分子化合物，在低分子化合物的作用下，通常只发生溶胀，随着溶胀时体积的变化，长链分子间的结合减弱，其抗蚀能力和机械性能相应降低。溶胀时体积的变化随溶剂作用时间的长短和交链的强弱而有不同。

但是，如果其内部存在可变因素(如双键)的话，线型可以变为体型或另一种线型高分子化合物，一经变化，其物理、化学、机械性能等发生相应的变化，譬如，由可溶性变为不可溶性或由不溶性变为可溶性。当然，同时还必须有外界因素(如光、热)的作用。在半导体制造中的光刻技术，就是利用光致抗蚀剂这样内在的可变因素，在外界因素作用下，由可溶变为不溶，或由不溶变为可溶，达到复印图形的目的。

1. 负胶和正胶

1) 负胶

光刻胶在曝光前，对某些溶剂是可溶的，曝光后硬化成不可溶解的物质，这一类光刻胶称负型光致抗蚀剂即负胶。

负胶曝光时光致抗蚀剂结构的变化方式，又有两种典型的情况。

一种是利用抗蚀剂分子本身的感光性官能团(如双键)进行交链反应形成三维的网状结构，如常用的聚肉桂酸系光致抗蚀剂，它是由树脂、增感剂、稳定剂和溶剂等组合而成，其中的聚乙烯醇肉桂酸酯的光聚合反应如下：

$$\text{[CH}_2-\text{CH]}_{n+m} \quad \xrightarrow{hv} \quad \text{[CH}_2-\text{CH]}_n \cdots \text{[CH}-\text{CH}_2\text{]}_m$$

它的感光波长在 230～340 nm 范围内，最大吸收峰在 320 nm 左右，如果使用通常的曝光光源(如水银灯)，就不能得到充分的感度，必须添加适当的增感剂，使感光波长范围向长波(340～480 nm)方向扩展。

另一种是利用交联剂(又称架桥剂)进行交联形成三维的网状结构。聚烃类－双叠氮系光致抗蚀剂属于这一类，它由聚烃类树脂(如环化橡胶)、交联剂和增感剂溶于适当的溶剂中配制而成。这种抗蚀剂粘附力强、耐腐蚀、容易使用、价格便宜，所以一出现就成为光致抗蚀剂的主流。

2) 正胶

曝光前对某些溶剂是不可溶的，曝光后是可溶的，这类抗蚀剂称为正型光致抗蚀剂，即正胶。

正胶由光分解剂和碱性可溶的线型酚醛树脂及溶剂，经过特殊的加工精制而成。其中光分解剂常用苯醌双叠氮化物或萘醌双叠氮化物，如国产 701 正型光致抗蚀剂等。

曝光后可溶于有机或无机碱性水溶液，未曝光部分被保留下来，得到与掩膜相同的图形。

正胶的显影速度受温度影响比负胶大，需要把显影液的温度控制在一个很窄的范围内，此外，粘附性和耐腐蚀性都比负胶差，但分辨率强，线条边沿很好，在光刻胶中占有重要地位。

3) 光刻胶的配制

光刻胶的性能好坏与其配制有关。配制的原则是光刻胶既有良好的抗蚀力，又要有较高的分辨率，但两者是相互矛盾的，抗蚀力强的胶要厚，但是光刻胶变厚，其分辨率就下降了。因此配制光刻胶时要使两者兼顾为好。

负性胶配制材料如下：

聚乙烯醇肉桂酸脂 　10 g 　　5%～10%

5-硝基苊 　　　　　1 g 　　0.25%～1%

环己酮 　　　　　100 ml 　　90%～95%

正性胶配制材料如下：

重氮萘醌磺酸脂 　0.2 g

酚醛树脂 　　　　0.04 g

环氧树脂   0.02 g

乙醇乙醚   4 ml

配制光刻胶是在暗室中操作的，如果是自制光刻胶，一定要将配制好的光刻胶静置一段时间再进行过滤，把一些难溶的微小颗粒过滤掉。过滤后的光刻胶装在棕色玻璃瓶中，外加黑色厚纸包裹置于暗室中。如果是商品胶，也应好好保存，避免造成漏光或暗反应使胶失效。

2. 电子束和 X 射线抗蚀剂

电子束和 X 射线抗蚀剂也有正型和负型两种，但与上述比较，电子束和 X 射线曝光所产生的光化学反应要复杂得多，不可能用反应式具体地表示出每种高聚物的化学变化。

电子束曝光的基本原理，是当电子束照射光致抗蚀时，将产生二次、三次电子，由于激励抗蚀分子等原因而失去能量，渐渐地成为低能电子。组成光致抗蚀剂的原子为 C、H、O 等，这些原子的电离势大约为几十至几百 eV。因此，当这些电子(包括二次、三次电子)的能量低至几十电子伏特时，将强烈地诱导化学反应，引起不溶或可溶性的变化。此外，在电子束电子失去能量的过程中，还会产生多种离子和原子团(化学自由基)，它们都有强烈的反应性能，也会引起多种化学反应。

同样，X 射线曝光时，X 射线本身并不能直接引起抗蚀剂的化学反应，它的能量是消耗的光电子放射过程而产生低能电子束上。正是这些低能电子使抗蚀剂的分子离化，并激励产生化学反应，使抗蚀剂分子间的结合键解离，或键合成高分子，在某些显影液中变成易溶或不溶。因此，X 射线抗蚀剂和电子束抗蚀剂没有本质的区别。

由于电子束的电子能量高达几千至几万 eV，X 射线的光子能量也在 1 keV 以上，因此用于光刻时，可以利用到比光激发时更高的激发状态，有多种化学变化可供利用，几乎全部的高聚物被照射后都会引起键合或分解。这样从原则上讲，一般光致抗蚀剂都可用作电子束或 X 射线抗蚀剂。然而，电子束或 X 射线与抗蚀剂相互作用所产生的低能电子的数量比作为光致抗蚀剂使用时的光子数量要少得多。因此，对许多抗蚀剂来说，感度(灵敏度)并不很高。由于感度或分辨率等方面的限制，比较适用的抗蚀剂为数极少，特别是 X 射线抗蚀剂。表 7-1 和表 7-2 分别列出了一些电子束和 X 射线抗蚀剂，供参考。

表 7-1 电子束抗蚀剂

极 型	抗蚀剂名称及其缩写	感度/(C/cm^2)	备 注
正型	聚甲基丙烯酸甲酯(PMMA)	5×10^{-5}	高分辨率
	聚丁烯-1 磺(PBS)	7×10^{-7}	高感度
	聚苯乙烯磺	1×10^{-5}	耐离子腐蚀
	酸、酰氯化物改性聚甲基丙烯酸甲酯	8×10^{-6}	不易受热变形
负型	甲基丙烯酸缩水甘油酯-丙烯酸乙酯共聚物 P(GMA-CO-EA)或 COP	4×10^{-7}	高分辨率
	环氧化 1，4-聚丁二烯 EPB	3×10^{-8}	高感度
	聚亚胺系漆	3×10^{-4}	耐热、耐腐
	聚甲基丙烯酸缩水甘油酯	1×10^{-7}	高对比度

表 7-2　用于 X 射线曝光的抗蚀剂

极型	抗蚀剂名称及其缩写	敏感度/(J/cm³)	电子敏感度/(C/cm²)
正型	聚甲基丙烯酸甲酯(PMMA)	500	$5×10^{-5}$
	聚丁烯-1 磺(PBS)	14	$2～4×10^{-6}$
负型	邻苯二甲酸乙二烯酯(PDOP)	14	$2～4×10^{-6}$
	甲基丙烯酸缩水甘油酯与乙基丙烯酸的共聚物 P(GMA-CO-EA)	15	$1～6×10^{-7}$
	环氧聚丁二烯(EPB)	1	$1～2×10^{-7}$

3. 对光致抗蚀剂性能的要求

光致抗蚀剂应具有分辨能力高，感度高，粘附性、耐腐蚀性、成膜性和致密性好，针孔密度小且稳定，显影后无残渣，易去除干净等特点。

光刻胶的选择是一个复杂的程序，主要的决定因素是晶圆表面对尺寸的要求。光刻胶首先必须具有产生所要求尺寸的能力；在刻蚀过程中还必须能阻隔刻蚀，且一定不能有针孔存在；必须能和晶圆表面很好地粘结，否则图形会扭曲。以上这些因素，连同工艺纬度和阶梯覆盖度，都是工艺工程师在选择光刻胶时的考虑要素。具体来说，光刻胶的表现要素包括以下几点：

(1) 分辨力。在光刻胶层能够产生图形的最小尺寸作为光刻胶分辨力的参考，产生的线条越小，分辨力越强。总的来说，越细的线宽需要越薄的光刻胶膜来产生，然而，要实现阻隔刻蚀的功能并且不能有针孔，光刻胶膜又必须足够厚，光刻胶的选择是这两个目标的权衡。描述这一特性的参数是纵横比。纵横比是光刻胶厚度与图形打开尺寸的比值。由于正胶比负胶的纵横比高，也就是说，对于一个设定的图形尺寸开口，正胶的光刻胶层可以更厚。

(2) 粘结能力。作为刻蚀阻挡层，光刻胶层必须和晶圆表面黏结得很好，才能够忠实地把光刻胶层图形转移到晶圆表面层，通常负胶比正胶有更强的黏结能力。黏结能力的指标称为粘度，大多数光刻胶生产商用在光刻胶中转动风向标的方法测量黏度。

(3) 光刻胶曝光速度、灵敏度和曝光源。曝光速度越快，在光刻蚀区域晶圆的加工速度就越大，负胶通常需 5～15 s 时间曝光，正胶较慢，其曝光时间为负胶的 3～4 倍。

光刻胶灵敏度是通过能够使基本的反应开始所需的能量总和来衡量的，单位为 mJ/cm^2。能够和光刻胶反应的那些特定的波长称为光刻胶的光谱反应特征。

在光刻蚀工艺中所用的不同曝光源，实际上都是电磁能量，如可见光、红外光、紫外光等。普通的正胶和负胶会和光谱中 UV 和 DUV 的部分反应。

(4) 工艺宽容度。每一步工艺步骤都有它的内部变异。光刻胶对工艺变异容忍度用工艺纬度描述。容忍性越强，工艺纬度越宽，在晶圆表面达到所需尺寸的可能性越大。

(5) 针孔。针孔是光刻胶层尺寸非常小的空穴。针孔是有害的，因为它可以允许刻蚀剂渗过光刻胶层进而在晶圆表面层刻蚀出小孔。针孔是在涂胶工艺中有环境中的微粒污染物造成的，或者由光刻胶层结构上的空穴造成的。光刻胶层越厚，针孔越少，但它却降低了分辨力，光刻胶厚度选择过程中需权衡这两个因素的影响。正胶的纵横比更高，所以正胶可以用更厚的光刻胶膜达到想要的图形尺寸，而且针孔更少。

(6) 微粒和污染水平。光刻胶必须在微粒含量、钠和微量金属杂质及水含量方面达到严格的标准要求。

(7) 阶梯覆盖度。晶圆在进行光刻工艺之前，晶圆表面已经有了很多的层。随着晶圆生产工艺的进行，晶圆表面得到了更多的层。光刻胶要能起到阻隔刻蚀的作用，必须在以前层上面保持足够膜厚。光刻胶用足够厚的膜覆盖晶圆表面层的能力是一个非常重要的参数。

(8) 热流程。光刻工艺过程中有两个加热的过程：软烘焙和硬烘焙。工艺师通过高温烘焙，尽可能使光刻胶黏结能力达到最大化。但光刻胶作为像塑料一样的物质，加热会变软和流动，对最终的图形尺寸有重要影响，在工艺设计中必须考虑到热流程带来的尺寸变化。热流程越稳定，对工艺流程越有利。

4. 光刻胶的存储和控制

光和热都会激化光刻胶里的敏感机制。光刻胶必须在存储和处理中受到保护，所以光刻工艺区域使用黄色，并用褐色瓶子来储存。彩色玻璃也可以保护光刻胶，以免受到杂散光的照射，同时需要把温度严格控制在要求范围内。光刻胶在使用之前必须保持密封状态，光刻胶容器有推荐的保存期。所有用来喷洒光刻胶的设备要求尽可能洁净，光刻胶管需要定期清洗。

7.2.2　光刻工艺流程

光刻蚀是指在光致抗蚀剂的保护下所进行的选择性腐蚀，它主要利用光致抗蚀剂经曝光后在某些溶剂里的溶解特性发生变化这一现象，它的主要过程一般包括：基片前处理→涂胶→前烘→曝光→显影→后烘(坚膜)→刻蚀→去胶等。

由上述过程可知，曝光和腐蚀是两个主要环节，有了良好的光掩膜，还必须经曝光和显影复印到抗蚀剂膜层上，而后通过腐蚀转移到衬底上，在这当中精确的复印和转移是最为重要的，特别是生成微米和亚微米图形。

光刻工艺主要步骤如图 7-1 所示，下面详细介绍光刻步骤。

1. 基片前处理

光刻工艺过程好比涂漆工艺，为确保光刻胶能和晶圆表面很好粘贴，形成平滑且结合得很好的膜，必须进行表面准备，保持表面干燥且干净，主要包括三个步骤：

(1) 微粒清除。晶圆在生产、运输、存储过程中，不可避免会吸附到许多污染颗粒，微粒清除常用的方法是高压氮气吹除、化学湿法清洗、旋转刷刷洗和高压水流冲洗。实际生产中根据不同情况选用。

(2) 脱水烘焙。晶圆涂胶前，需要使其表面保持干燥。保持干燥的方法有两种，要么保持室内 50%的相对湿度，要么将晶圆保持在干净且干燥的惰性气体环境中。当然，涂胶之前还要进一步烘焙。在大多数光刻蚀工艺中，采用低温烘焙，确保表面干燥。

(3) 涂底胶。为提高光刻胶的附着性，低温烘焙后往往在晶圆表面涂上底胶保证晶圆和光刻胶粘接牢靠，底胶材料广泛应用 HMDS(六甲基乙硅烷)。涂胶的方法有沉浸式、旋转式、蒸汽式几种方法。

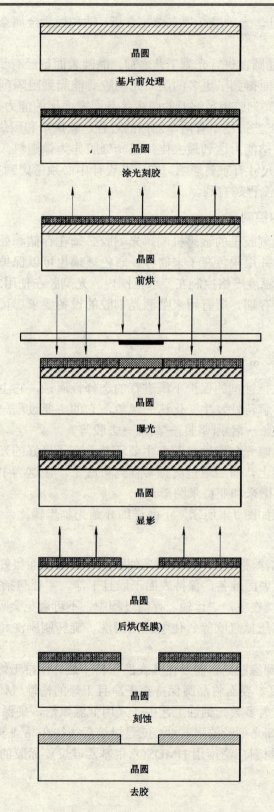

图 7-1　光刻工艺流程示意图

清洁、干燥的硅片表面能与光刻胶保持良好的粘附。因此，从氧化或扩散炉出来的硅片应立即涂胶保持表面洁净，以免环境气氛对硅片表面产生不良影响。如果硅片表面有颗粒沾污(如硅屑、灰尘、纤维等)，这些会造成硅片与光刻胶粘附不好，在显影和腐蚀时，会产生浮胶、钻蚀、针孔、小岛等质量问题。

工艺上常用聚光灯检查表面，也可用显微镜在暗场下观察硅片表面污染情况。暗场检查时能清晰地观察到不规则表面的发射，而平整表面由于发射光进不了物镜，看上去一片漆黑。经检查后的硅片要清洗后方可进行光刻。

绝大多数光刻胶所含的高分子聚合物是疏水性的。而氧化物(SiO_2)表面的羰基和物理吸附的水分子是亲水性的。疏水性的光刻胶与亲水性的衬底表面粘附肯定不好，因此在生产上往往有一道增粘处理。增粘处理方法有两种，一种是高温烘焙，不马上涂胶的硅片存放在通氯气的干燥箱内，若存放时间较长，则采用 200℃的氮气烘培去潮湿。另一种方法是使用增粘剂如二甲基二氯硅烷和六甲基硅亚胺(HMDS)进行增粘处理。增粘剂的涂覆有旋转涂布法和蒸汽涂布法两种。旋转涂布法有滴涂和喷涂两种。滴涂是将增粘剂滴到硅片表面后，以低速旋转法将增粘剂均匀地覆盖在硅片表面，再以 3000～5000 r/min 的高速进行干燥处理。蒸汽涂布法是将增粘剂以蒸汽形式挥发到硅片表面与 OH 基团进行反应，优点是涂布量大，处理时间短，适合大批生产，并能适用于 Al、SiO_2、Si_3N_4、多晶硅、石英玻璃等多种表面的除湿。

2. 涂光刻胶

涂胶的目标是在晶圆表面建立薄的、均匀的，并且没有缺陷的光刻胶膜。涂胶的质量要求有：胶膜厚度应符合要求，胶膜均匀，胶面上看不到干涉花纹；胶层内应无点缺陷(如针孔、溅斑等)；胶层表面没有尘埃、碎屑等颗粒。一般来说，光刻胶膜厚从 0.5 μm 到 1.5 μm 不等，均匀性必须要达到±0.01 μm 的误差，这么高的精度要求精良的设备和严格的工艺控制才能达到。

涂胶器有手动的、自动的、半自动式，涂胶工艺分静态和动态涂胶工艺。动态涂胶工艺又分动态喷洒和移动手臂喷洒两种方法。

涂胶方法有滴涂法和自动喷涂法两种。前者使用十分普遍，工艺和设备也都十分简单，就是将胶液滴到硅片表面中心位置上(让硅片在涂胶机上用吸气法固定)，先以低速旋转把多余的胶甩掉，然后以 3000～5000 r/min 的高速旋转，使硅片表面均匀地涂上光刻胶。另一种方法是自动喷涂法。将硅片放入喷涂胶机上盛片盆子里，借助电子计算机，根据设定的程序，让硅片自动地进入涂胶盘内进行喷涂，然后用传送带将涂好的硅片送入前烘机上。

光刻胶膜厚度一般都在 5000～10 000 Å 之间。

涂胶时不仅要求硅片表面清洁，而且涂胶盘内相对湿度也不能超过 40%，否则即使是放入干燥的硅片，硅片表面也立即会被水汽吸附，使得硅片表面与光刻胶粘结不良。

3. 前烘(软烘焙)

涂胶后光刻胶在晶圆表面形成一薄层。尽管胶膜很薄，但仍然有一定的溶剂物质被胶膜裹住，光刻胶里的溶剂会吸收光，干扰光敏聚合物中正常的化学变化，并且溶剂过多影响光刻胶的粘结能力，如果直接曝光，会造成粘版及损伤胶膜，从而影响图形完好率。必须通过前烘，去除一部分溶剂，烘焙后，光刻胶仍然保持"软"的状态，故又称软烘焙。软烘焙过程主要控制的参数是时间和温度。前烘温度一般为 60~100℃，时间为 1~2 min，如在烘箱内，前烘时间要稍长些。

前烘的目的是去除胶层内的溶剂，提高光刻胶与衬底的粘附力及胶膜的机械擦伤能力。

前烘分烘箱法和热板式。烘箱法是将涂好胶的硅片放入设有一定温度的烘箱内，使光刻胶挥发。热板式用传动的板带(加湿)对涂好胶的硅片进行热处理，可达到同样的目的。生产上大多采用后者。

对于较厚的胶膜，前烘的升温速度要慢，否则表面干燥得过快，内部溶剂来不及挥发，易造成胶膜发泡而产生针孔，造成接触不良，使显影或腐蚀时产生浮胶。

一般来说，前烘温度越高(温度允许范围内)，时间越长，光刻膜与片基粘附得越好。

涂胶后，由于交界面处的光刻胶中的溶剂尚未充分挥发，这些残留的低分子溶剂阻碍了分子间的交联，在显影时，就有部分的胶被溶解掉，会出现溶胶、图形变形等现象，影响光刻剂质量，因此前烘的温度不能过低或时间过短。但是，如果温度过高，则会导致光刻胶翘曲硬化，造成显影不完全，分辨率下降，甚至会使光刻胶膜碳化，从而失去抗蚀能力，进而破坏图形。前烘时间过长，光刻胶中增感剂挥发过多，会大大减少光刻胶的感光度，严重时会造成热感光。

4. 对准和曝光(A＆E)

保证器件和电路正常工作的决定性因素是图形的准确对准，以及光刻胶上精确的图形尺寸的形成。所以，涂好光刻胶后，第一步是把所需图形在晶圆表面上准确定位或对准。第二步是通过曝光将图形转移到光刻胶涂层上。

(1) 对准。对准第一个掩膜版时，把掩膜版上的 Y 轴与晶圆上的平边成 90°放置(见图 7-2)。接下来的掩膜对准都用对准标记(即"靶")与上一层掩膜对准标记相对准。对准标记是一些特殊的图形(见图 7-3)。它们分布在每个芯片图形的边缘，很容易找到。

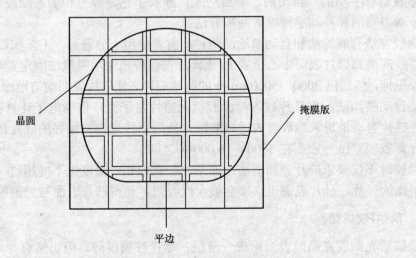

晶圆　　　　　　　　　　掩膜版

平边

图 7-2　光刻胶上图形衍射缩小

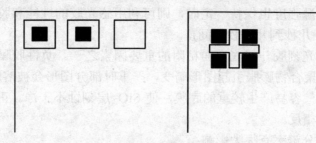

图 7-3　常见的几种对准标记

　　手动对准由操作员把掩膜版上的标记放在晶圆图形上相应的标记上来完成。自动对准系统由机器自动对准相应标记。经过刻蚀工艺后，对准标记就永远成为了芯片表面的一部分。于是就可以在下一层对准时使用它们了。

　　对准误差又称为未对准(misalignment)。常见的未对准分为几种不同类型(见图 7-4)：

　　(a) 简单的 X-Y 方向位置错误；

　　(b) 转动的未对准，晶圆的一边是对的，然而在通过晶圆的方向上，图形会逐渐变得不对准；

　　(c) 转动的未对准，芯片图形在掩膜版上有旋转。

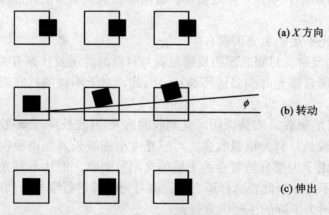

图 7-4　未对准种类

　　另外，当芯片图形偏心放置，或没有在掩膜版的恒定中心形成时，就会出现只有一部分掩膜版上的芯片图形可以准确地和晶圆上的图形对准，而在沿着晶圆的方向上，图形会逐渐变得未对准。这些未对准问题往往和掩膜版及光刻机有关，我们称之为发生了伸入和伸出。

　　由经验可得：对于微米或亚微米特征图形尺寸的电路，必须满足最小特征图形尺寸 1/3 的套准容差。通过计算可以得到整个电路的覆盖预算(overlay budget)，它是整个掩膜组允许对准误差的累加。例如对于 0.35 μm 的产品，允许的覆盖预算大约是 0.1 μm。

　　(2) 曝光。生产较复杂的集成电路需要经过几十次光刻，如果曝光量掌握得不好，图形尺寸有可能变大或变小，特别在微米级和亚微米级，这个问题会更严重。

　　影响光刻胶感光度的主要因素是光源的波长，每种光刻胶对在自己的吸收峰和吸收范围内的光是敏感的，而对不在该范围内的光是不敏感的。选择曝光源必须适应光刻胶的光谱特性。如适用于 KPR 胶的接触式曝光光源常选用高压汞灯、氙灯或钨灯。

　　光源选好，光源与硅片的距离保持一定后，曝光量的大小就可以通过光源强度和曝光时间来控制。如果光源强度也保持一定时，则可利用感光胶的性能和胶膜厚度来确定曝光时间(一般曝光时间在几秒到几十秒之间)。

曝光质量是影响光刻胶与衬底表面粘附的重要因素之一。负性胶曝光量不足，交联不充分，显影时会发生聚合物膨胀引起图形畸变，严重时部分图形会被溶解掉；曝光量过度，显影时不能完全显影，容易产生较重的底膜，使 SiO_2 层刻蚀不干净。正性胶曝光量对图形的影响与负性胶刚好相反。

曝光质量对光刻分辨率有很大影响：

① 若晶片弯曲，在晶片上有凸起或灰尘、光刻胶厚度不均匀、定位设备不良等，都将使曝光分辨率显著下降。

② 曝光光线应是平行光束，而且与掩膜版和胶膜表面垂直，否则将使光刻图形变形或图形边缘模糊。

③ 胶膜越厚，光刻胶中固态微粒含量高，则光线在胶膜中因散射产生的侧向光化学反应越严重，对分辨率的影响也越大。

④ 由于光的衍射、反射和散射作用，曝光时间越长，分辨率越低。但曝光不足，光反应不充分而使部分胶在显影时溶解，会使胶的抗蚀性能下降或出现针孔。

⑤ 掩膜版的分辨率和质量，以及显影、腐蚀和光刻胶本身的性能等也会影响光刻的分辨率。

生产中引起曝光不足的主要因素有：

① 衬底对光的反射。衬底表面的反射强弱与材料的性质及状态有关，如铝反刻，由于铝层反射光强烈，所以曝光时间要适当增长。因此，对于不同的衬底表面，光刻所需的曝光量有较大的差别。

② 光刻胶对光的吸收。实验证明，光刻胶的感光度(波长)和光刻胶的吸收光谱是一致的。即感光度大的波长，其光谱吸收也大，感光度小的波长其光谱吸收也小。另外，对于涂得较厚的胶膜，由于大部分能量会被上层的光刻胶吸收，而达不到光刻胶与衬底的界面处，从而造成曝光不足。因此要选择适当的光源对光刻胶进行曝光，同时涂胶厚度应合适。

生产中引起分辨力下降的主要因素有：

① 光的衍射。接触式曝光机曝光时，必须将掩膜版与光刻版紧密接触，防止光线因间隙发生衍射，使不该曝光的部分被曝光。这种不充分曝光显影之后，极薄的光刻胶残留在光刻衍射区内，经过刻蚀，图形的边缘会形成厚度逐步递减的过渡区，造成分辨力下降。

② 光的散射。由于光刻胶内微粒的存在引起光的散射是造成分辨力下降的另一个原因。光的散射造成光硬化反应同时向两侧进行，分辨力下降。当然，涂得极薄的胶膜由于对光的吸收小，入射光透过胶膜在硅片表面进行反射，也是一种散射现象，生产中应尽量注意避免。

根据曝光光源不同，曝光可分为光学曝光、电子束曝光、X 射线曝光和离子束曝光。

在光学曝光中，由于掩膜版位置不同，又可分为接触式曝光、接近式曝光和投影式曝光(见图 7-5)。目前生产上接触式、接近式曝光几乎不再使用了，投影式曝光使用较普遍。它的成像原理如图 7-6 所示：对准时，将显微镜置于掩膜版上方，光线经聚光镜和滤光片后形成单色光束，通过半透明折射镜，将硅片表面的反射光偏转 90°，通过物镜照射到掩膜上，利用显微镜观察硅片表面反射光与掩膜图形的相对位置并进行对准。曝光时，曝光源通过聚光镜和滤光片后，经掩膜版通过物镜，再由折射镜偏转 90°角，照射到涂有光刻胶的硅片表面进行曝光。

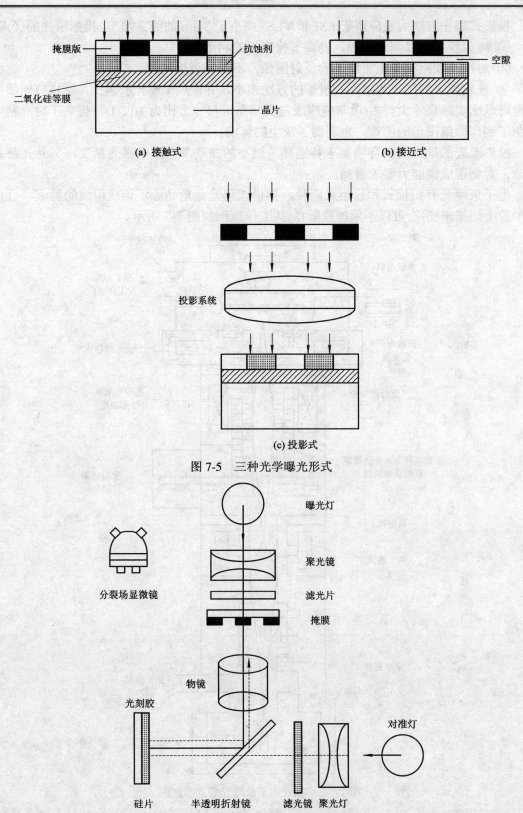

(a) 接触式   (b) 接近式

(c) 投影式

图 7-5　三种光学曝光形式

图 7-6　投影曝光成像原理图

投影式曝光方法大量应用于 LSI 和 VLSI 中小于 3 μm 的线条加工。投影曝光的优点是：

① 掩膜版不与晶圆片接触，提高了掩膜版的利用率；

② 对准是观察掩膜版平面上的反射图像，不存在景深问题；

③ 掩膜版上的图形通过光学投影的方法缩小，并聚焦于感光胶膜上，这样掩膜版上的图像可以比实际尺寸大得多(通常掩膜版与实际图形尺寸之比为 10∶1)，提高了对准精度，避免了制作微细图形的困难，也削弱了灰尘的影响。

投影曝光的缺点是对环境要求特别高，微小的振动都会影响曝光精度，另外光路系统复杂，对物镜成像能力要求很高。

电子束曝光有扫描式和投影式两种。扫描式曝光是把光源汇聚成很细的射束，直接在光刻胶上扫描出图案(可以不用掩膜版)，其工作原理如图 7-7 所示。

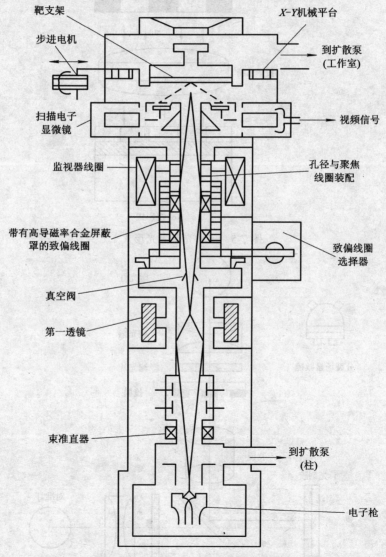

图 7-7　扫描式电子束曝光装置示意图

电子枪阴极产生电子，经栅极控制，形成定向发射的电子束，在阳极高电压的作用下加速，使电子获得很高的能量。系统中的电磁透镜完成聚焦，还设有电子束来、通、断和偏转扫描的装置，由计算机提供的脉冲调制信号进行控制。先用腐蚀法在基片上作出一定形状的标记图形(如"+"形)；标记图形也可以是基片表面凸起的台阶，一般为二氧化硅台阶或在低原子序数的基片上用高原子序数材料作台阶标记。标记图形上可以覆盖氧化层和抗蚀剂层。用标记识别各次套准的相对位置。对准时电子束扫描到记号边缘，检测器接收到反射电子，根据反射电子能量产生的脉冲信号与储存在计算机中心的位置信号进行比较，定出位置的偏差，再将控制信号供给偏转器自动调整电子束扫描位置，完成对准曝光。

显然这种方式不需要掩膜版，只要给出图形各部分的坐标值，并转变成相应的电信号储存于计算机中，然后通过扫描系统和通断装置，就可以控制电子束完成对图形的曝光。

电子束扫描曝光有矢量扫描和光栅扫描两种。

矢量扫描曝光的特点是电子束仅在图形的扫描场内进行扫描曝光。当一个扫描场全部完成后，X-Y 工作台移到新的扫描场。矢量扫描方式要求扫描系统偏转性能良好，结构十分复杂，但由于仅在需要曝光图形部分扫描，没有图形的空白部分不扫描，所以大大节约了扫描时间。

光栅扫描曝光是电子束只在 128 μm 的小范围内作一维运动，对扫描系统要求低。由于光栅扫描曝光的扫描场小，不在极限条件下，大大改善了扫描偏转线性度、图形误差和畸变。但由于是全面扫描，当需要曝光的图形面积所占比例较小时，扫描时间浪费较大。

投影式电子束曝光是利用从特殊掩膜获得的电子束图像与 EBR 上进行成像照射。所谓特殊掩膜就是往石英玻璃上先蒸一层钛，制备出图形后将其氧化成二氧化钛，获得二氧化钛掩膜，然后再在整个掩膜上蒸发一层 10 μm 左右的钯层(或碘化铯薄层)作为光电子发射材料即光阴极。

投影式电子束曝光分为摄像管式和透射电子成像式两种。

摄像管式是利用光电子发射材料制备的特殊掩膜，通过紫外光激励产生光电子图像，并被电场加速，对与掩膜平行而贴近的基片进行曝光。这种方法的对准精度和分辨率高，并且曝光速度快，但要求基片的平整度高，否则会影响加速电场的均匀性，导致图形畸变。曝光过程如下：紫外线从掩膜背面照射，在有二氧化钛掩膜的图形区，紫外线被高速率地吸收而挡住，该区域的钯或碘化铯不能发射电子。无图形区，光电效应激发出光电子，经高压电场加速并在磁场作用下会聚后照射在对面作为阴极的基片上。对准方法就是在基片上先做好五氧化二钽的标记，电子束照射到氧化钽层就产生 X 射线，利用 X 射线检测器测得的信号强度来判断是否对准。

透射电子成像式与精缩兼分步重复照相机相类似。电子枪发射的电子经过三级电磁透镜后，转变为一平行面电子束，投射到金属箔掩膜版上，掩膜版上的图形由许多能使电子束透过的微小圆形孔洞组成。精缩镜头是一组电磁透镜，使透过掩膜版的电子束在基片上形成 1/10 倍的掩膜版图形的缩小像。以扫描电子显微镜形成操作电子光学系统，并观察掩膜版图像与电子上的图像，使之重合来进行位置对准。每次曝光采用机械方式移动样片台，进行重复曝光。这种方法不仅具有高分辨率，而且具有比扫描式效率高的优点。曝光速度也十分快，但掩膜版制作很困难，设备也复杂。

电子束曝光和光学曝光相比，分辨率高，能扫描最小线宽为 0.1 μm 的微细图形。扫描式还可以不用掩膜版，缩短加工周期，有利于新产品试制。对准曝光、图形拼接等都由计算机来完成，大大提高了加工精度。

电子束曝光的缺点是设备复杂，成本高，投影曝光时间短，但掩膜版制备有困难。扫描式曝光一次曝光面积小，完成大圆片全部图形曝光所需时间较长。

电子束曝光还有一个特点就是存在邻近效应。邻近效应是指电子束在光致抗蚀剂层内的散射及基片底部表面的背散射，在一个图案内的曝光剂受到邻近图案曝光的影响的特性。邻近效应使得在显影后，发生线宽变化和图形畸变。要改善这种现象，需要将图形分割成较小的形状，然后调整每个小图形的入射剂量，使得每个图形的平均剂量比较合适。但是，因为增加了计算机分割和曝光图形所需的时间，这种修正降低了工作效率。

X 射线曝光利用 X 射线作为光源，透过 X 射线掩膜，照射到基片表面上的抗蚀剂上。X 射线不易聚焦，它是光学接触式曝光的一种发展，也是电子束曝光技术的一种补充，它能够比较有效地利用电子束制版分辨率高的特点。这种方法被认为是目前解决亚微米复印技术中最重要的途径，但仍有许多问题没解决。

X 射线曝光中，采用波长为 $0.4 \sim 1.4$ nm 的单色 X 光。作为曝光用的 X 射线，可采用电子束式或激光束激发靶物质而放出的 X 射线，在 10^{-4} Pa 的真空中，用高能电子束袭击靶材料就能产生 X 射线。目前生产上多采用铝靶，也可以用同步加速器放射出来的 X 射线。

X 射线曝光方法很多，基本原理和一般光学曝光中接近式曝光相似，在晶圆圆片和掩膜间留有很小的间隙。由于 X 射线的衍射、反射、折射及散射都很小，其影响对于亚微米而言是微不足道的。X 射线的能量比电子束曝光所需的能量小得多，它的二次电子效应小，邻近效应也小，X 射线穿透力强，不仅胶膜上下曝光均匀，甚至尘埃对 X 射线曝光也没有显著的影响，因而可获得极为精细的图形，理论分辨率可达到 0.05 μm。所以，X 射线有很大的发展空间。

离子束曝光的作用机理与离子注入机理相似。离子束注入抗蚀剂的离子，通过弹性和非弹性的碰撞，使抗蚀剂分子量或结构发生变化，致使溶解性发生变化，达到曝光的目的。

离子束和电子束一样，具有很高的分辨率。但离子的质量比电子大，抗蚀剂的散射要比电子束好掌握得多，而且离子轰击所产生的次级电子能量非常低，所引起的散射很有限，邻近效应也不明显。光效抗蚀剂对离子要比对电子更敏感，使用的抗蚀剂没有什么特殊要求，因此曝光时间大大缩短。

离子束曝光分为接近式离子束曝光和聚焦离子束扫描曝光。

接近式离子束曝光是将掩膜版与衬底相距 20 μm 左右。掩膜版采用单晶硅膜和无定型材料膜如氧化铝和氧化硼等制作穿透后，用能吸收离子的材料如金膜制作出所需的图形。当离子沿着单晶掩膜的主对称方向平行入射时，有 $95\% \sim 98\%$ 的离子在单晶原子之间沿一条波形轨道穿透出去。图形部分能阻止离子穿透过去，实现了离子束曝光。这种曝光方式对掩膜版的要求很高。如要提高分辨率，减少散射效应，则要求掩膜材料的厚度尽可能薄。如分辨率达到 $0.1 \sim 0.2$ μm，则要求穿透膜厚为 0.1 μm。同时，要在这样薄的硅膜上形成掩蔽图形阻挡层而不致损坏，难度较大。

聚焦离子束扫描曝光与扫描式电子束曝光相似，其关键部件是需要细聚焦的离子源。早期的等离子型离子源亮度小，很难推广应用。有些工厂采用强离子源和液体金属离子源。

实验证明，离子源的空间分辨率是令人满意的，但是，用静电偏转离子束，静电元件会改变离子的速度，散焦效应比磁偏转厉害。如何偏转离子束而不让它散焦，是一个很困难的问题。

5. 显影

显影是指把掩膜版图案复制到光刻胶上。晶圆完成对准和曝光后，器件或电路的图形就以已曝光和未曝光的形式记录在光刻胶层上，显影技术用化学反应分解未聚合光刻胶使图案显影。常见的显影工艺问题包括以下三个方面的情况：

(1) 不完全显影，会导致开孔尺寸出错，或开孔侧面内凹。

(2) 显影不够深，会在开孔内留下一层光刻胶。

(3) 过显影，会过多地从图形边缘或表面上去除光刻胶。

根据所选用的不同光刻胶的曝光机理，选择不同的显影液。对于大多数负性光刻胶，通常选用二甲苯、stoddard 溶剂作为显影剂，并用 n-丁基醋酸盐进行化学冲洗，以去除开孔区部分聚合的光刻胶和稀释曝光边缘过渡区的显影液。正胶显影通常采用 NaOH 或 KOH 碱水溶液，或 TMAH(叠氮化四甲基铵氢氧化物溶液)非离子溶液，有时还需要添加表面活性剂以增强其和晶圆表面的粘结能力。

显影方法包括湿法显影和干法显影。湿法显影又分为沉浸、喷射、混凝三种方式；干法显影常用等离子体刻蚀方法，将光刻胶曝光后的图案从晶圆表面上氧化掉。

湿法显影的缺点是：

(1) 由于显影液向抗蚀剂中扩散，因而引起刻蚀图形溶胀。

(2) 清晰度和尺寸精度不够高。

(3) 出于显影液的组分变化和变质，因而引起显影液特性变化。

(4) 晶片沾污，作业环境恶化和操作人员的安全性下降。

(5) 大量化学药品的使用和处理成本高。

(6) 难于实现自动化和合理化。

6. 后烘(坚膜)

后烘又称坚膜、硬烘焙。经显影以后的胶膜发生了软化、膨胀，胶膜与硅片表面粘附力下降。为了保证下一道刻蚀工序能顺利进行，使光刻胶和晶圆表面更好地粘结，必须继续蒸发溶剂以固化光刻胶。

硬烘焙在设备和方法上和软烘焙相似，有真空烘箱式或红外照射法，也有热板式全自动烘烤法。目前生产中大多采用全自动的热板式烘烤法，时间和温度的选择通常以光刻胶制造商推荐的标准为宜。

硬烘焙通常和显影机并排在一起。显影后马上进行硬烘焙，在此过程中，晶圆存放在 N_2 气中以防止水分被重新吸收到光刻胶中。

7. 刻蚀

显影检验后，掩膜版的图案被固定在光刻胶膜上。刻蚀是通过光刻胶暴露区域来去掉晶圆最表层的工艺，主要目标是将光刻掩膜版上的图案精确地转移到晶圆表面。刻蚀工艺主要分两大类，即湿法刻蚀(包括沉浸和喷射方法)和干法刻蚀(包括等离子体刻蚀、离子轰击、反应离子刻蚀)。刻蚀后图案就被永久地转移到晶圆的表层。刻蚀常见的问题是不完全刻蚀和过刻蚀，当刻蚀时间过长或刻蚀温度过高，还会产生严重的底切，生产上要采取各种措施防止底切。

8. 去除光刻胶

刻蚀之后，图案成为晶圆最表层永久的一部分。作为刻蚀阻挡层的光刻胶层不再需要了，必须从表面去掉。

传统方法采用湿法化学工艺去胶。依据晶圆表面(在光刻胶层下)、器件类型及所选光刻胶极性、光刻胶状态选择不同的化学品以去除光刻胶。光刻胶去除剂包括综合去除剂和专用于正或负光刻胶的去除剂。常见的有硫酸去除剂、有机酸、铬、硫酸溶液等。

除了湿法去胶，还可选用干法去胶。干法去胶是将晶圆放置于反应室中并通以氧气，等离子场把氧气激发到高能状态，光刻胶被氧化为气体由真空泵从反应室吸走。

离子注入工艺和等离子体工艺后的去胶常用干法工艺去除或减少光刻胶，再以湿法工艺去除，或通过设置工艺参数(如添加卤素)来去除光刻胶。

7.2.3 光刻的工艺要求

光刻技术是集成电路制造中最为关键的一道工序。每一种半导体器件都需要进行多次光刻，较复杂的集成电路光刻次数更多。随着集成电路的集成度越来越高，特征尺寸越来越小，晶圆片面积越来越大，带来光刻技术的难度越来越高。超大规模集成电路的光刻的工艺要求具体来说有以下几个方面。

1. 高分辨率

分辨率是光刻精度和清晰度的标志之一。分辨率的高低不仅与光刻胶有关，还与光刻的工艺条件和操作技术等因素有关。

分辨率的表示方法有两种：第一种是以每毫米最多能容纳的线条数来表示；第二种是以剥蚀以后的 SiO_2 层尺寸减去光刻掩膜版的图形尺寸除以 2 表示。生产中常用第一种方法。如果可以分清的线条宽为 $W/2$，而线与线间空白的宽度也为 $W/2$，这时，每毫米内最多可容纳的线条数即为分辨率，则分辨率等于 $1/W$，单位为条线/mm。按照按这种方法计算，如果线条宽 $W/2=0.25$ μm，则分辨率为 2000 条线/mm。随着集成电路的集成度提高，加工的线条越来越细小，对分辨率的要求也就越来越高。

2. 高灵敏度

灵敏度是指光刻胶曝光的速度。为了提高产量要求灵敏度越高越好，也就是要求曝光所需要的时间越短越好。

光刻胶的灵敏度与胶的组成材料及工艺条件密切相关。往往灵敏度的提高会使光刻胶的其他性能变差。因此，要求在保证光刻胶各项性能指标的前提下，尽量提高光刻胶的灵敏度。

光刻胶的灵敏度又称为感光度。通常光刻胶的感光度是以光刻胶发生化学反应所需的最小曝光量的倒数来表示，即

$$S = \frac{K}{E}$$

式中，K 为比例常数，E 为曝光量，S 为感光度。式中需要的曝光时间和光强度都是变量，

要使光刻胶变成不溶性物质，要求精确求出感光度是比较复杂的，生产中常采用滤光器进行测量求出感光度。

由于感光度与曝光量成反比，因此曝光量要小，光刻胶的感光度要高，也就是在一定的光强度下，曝光时间就短。生产中曝光的波长就是选择位于感光度的峰值位置附近(紫外光波长 3000～4000 Å 处)，否则会影响光刻质量。

3. 精密的套刻对准

由于图形的特征尺寸在亚微米数量级上，因此，对套准要求十分高。一块集成电路制作需要十几次甚至几十次光刻，每次光刻都要相互套准。半导体器件允许的套刻误差为半导体器件特征尺寸的 10%左右。对亚微米级的线宽来说，其套准误差仅为百分之几微米，已经小于可见光波的波长了，套准精度要求相当高。

4. 大尺寸硅片的加工

目前生产上由于晶圆片尺寸变大，周围环境温度的稍微变化都会引起晶圆圆片的膨胀收缩。硅的膨胀系数为 2.44×10^{-6}/℃，对于直径为 200 mm 的硅片，温度每变化 1℃，则产的形变就有 0.5 μm，要加工大尺寸晶圆圆片，对周围环境的温度控制要求十分严格，否则就会影响光刻质量。

5. 低缺陷

在集成电路加工过程中，往往会产生一些缺陷，一块集成电路的加工过程需要几道工序，甚至上百道工序，每道工序都有可能引入缺陷，特别是光刻这道工序，这些缺陷的引入是无法避免的。即使这些缺陷尺寸小于图形的线条宽，也会使集成电路失效。由于缺陷直接影响集成电路的成品率，因此在加工过程中尽量避免缺陷的产生，这对光刻来说更要引起重视。

7.3　光刻机和光刻版

7.3.1　光刻机

光刻机非常复杂，但它的基本工作原理却很简单。例如，在离墙面很近的地方拿着一把叉子，用闪光灯照射叉子，这时墙面上就形成了一个叉子的图像。用半导体行业的标准衡量，这个叉子的图像很不精确。光学基本原理告诉我们，光线在不透明的边缘区域或穿过狭缝时会发生弯折(弯折量由波长决定)，我们说光线会发生衍射。闪光灯所发出的白光是多种不同波长(颜色)的混合，由于白光有多个波长，多条光线在叉子的边缘处发生衍射，使边缘发散图像变得模糊。

我们可以通过几种方法来对图像进行改进。一种方法是用波长更狭的光来代替闪光灯发出的光，使用较短波长或单一波长的光源可以减少衍射。另一种改进图像的方法是使所有的光线通过同一光路。通过反射镜和透镜，可以把光线转化成一束平行光，这样就改善了图像质量。图像的清晰度和尺寸也受到光源到叉子以及叉子与墙面之间距离的影响。缩小这两个距离会使图像更清晰。光刻机正是利用狭波或单一波长曝光光源、准直平行光，以及对距离严格控制的方法得到所需的图像。

　　光刻机有多种类型。最早使用的光刻机是接触式光刻机,直到 20 世纪 70 年代中期,接触式光刻机一直是半导体工业中主要使用的光刻机。接触式光刻机系统中的对准部分是将一个和晶圆大小相同的掩膜版放置在一个真空晶圆载片盘上。晶圆被放到在载片盘上后,操作员通过一个拼合视场物体显微镜仔细观看掩膜版和晶圆的各个边(见图 7-8)。通过手动控制,可以左、右移动或转动载片盘(X, Y, Z 方向运动),直到晶圆和掩膜版上的图形对准。掩膜版与晶圆准确对准后,活塞推动晶圆载片盘使晶圆和掩膜版接触。接下来,由反射和透镜系统得到的平行紫外光穿过掩膜版照在光刻胶上。

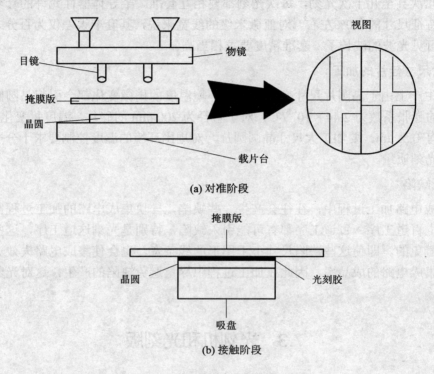

(a) 对准阶段

(b) 接触阶段

图 7-8　接触式光刻机

　　接触式光刻机主要用于分立器件产品、低集成度(SSI)电路和中集成度(MSI)电路,以及大约在 5 μm 或更大的特征图形尺寸的光刻。此外,它还可用于平板显示、红外传感器、器件包和多芯片模块(MCM),掌握好工艺技术,甚至还可以用接触式光刻机加工出亚微米图形。但接触会损坏光刻胶层,甚至损坏掩膜版,这样,逐渐发展出一种带有软接触掩膜版机械装置的接触式光刻机,我们称之为接近式光刻机。

　　随着半导体光刻技术的发展,还发展出其他性能更加完善的光刻机:

　　(1) 扫描投影光刻机,利用狭缝产生光束在晶圆表面扫描,像幻灯片一样,将掩膜版的图形投影到晶圆表面上;

　　(2) 步进式光刻机,带有一个或几个芯片图形的掩膜版被对准、曝光,然后移动到下一个曝光场,重复这样的过程,使每个芯片分别精确对准,常用于自动对准系统;

　　(3) 分布扫描光刻机,在小区域,以扫描方法对准,整个晶圆步进式对准。

7.3.2　光刻版

在平面晶体管和集成电路的制造过程中，要进行多次光刻，为此，必须根据晶体管和集成电路参数所要求的几何尺寸和图形，按照选定的方法，制备出生产上所要求的掩膜图案，并以一定的间距和布局，将图案重复排列于掩膜片上，进而复制批量生产用光刻掩膜版，供光刻曝光之用。

光刻版制作常用的是玻璃板涂敷铬技术，流程类似于晶圆上图案复制过程。大致流程为：玻璃/石英板形成→沉积铬涂层→光刻胶涂层→涂层曝光→图案显影→图案刻蚀→光刻胶去除。

1. 光刻掩膜版的制作方法

光刻掩膜版的制作方法可以分为手工制版和计算机辅助制版，生产上广泛使用计算机辅助制版方法。其中计算机辅助制版，根据掩膜版的材料及图形复印到片子上去的方法，或掩膜制备的种类不同，又有各种不同选择。

掩膜版图形的产生以光学的曝光方法为主，通常采用紫外光曝光。随着线宽越来越窄，必须采用波长更短的电子束和 X 射线曝光。不同的制作方法，其制造周期、成本和质量是不同的，在实际应用中必须根据具体要求来选择掩膜的制备方法。

在深亚微米光学光刻中，从光学掩膜图形到待曝光硅片的光刻胶图形之间的光学传输是非线性的。一方面，为了在不影响景深的前提下提高光学光刻的分辨率，通常需要采用移相曝光技术。另一方面，无论在深亚微米电子束光刻还是深亚微米光学光刻中，随着 IC 特征尺寸逼近 0.1 μm，邻近效应都会变得越来越严重，邻近效应会导致线条的拐角处变圆，线条变短和线条的线宽均匀性变差。邻近效应可以通过改变原有的版图尺寸和形状(如在线条的拐角处加上衬线)的办法来修正，光学临近效应校正(OPC，Optical Proximity Correction)将不可避免。OPC 关键是精度和速度，其复杂程度不仅取决于光学系统，而且还取决于光刻工艺。

目前 OPC 的商用软件有许多，如美国 Silvaco 国际公司的 Optolith 光学邻近软件、美国 Trans Vector 技术公司的 OPRX 软件、德国 Sigma-C 公司的 CAPROXPC 软件等，它们都各有特点。

下面主要介绍计算机辅助制版的一些原理和方法。

1) 原图数据的产生

首先，根据图面设计输入数据程序。在原图数据处理装置的输入数据中可能含有两种误差，即数据输入时的操作误差和设计误差，因此还需要靠更改设计来进行修正。考虑到集成电路制造工艺和成品率之间的关系，特别是大规模集成电路，还必须对设计规则进行校验，如检查元件的间隔、尺寸和套合等。在原图数据输出之前，还必须对元件的尺寸进行校正。

2) 图形的产生

由 CAD 的数据产生掩膜图形的方法主要有 XY 绘图仪、光学图形发生器、激光图形发生器和电子束图形发生器等方法。

(1) XY 绘图仪类似于手工制作原图，把实际图形尺寸放大 100～500 倍制作原图，用

CAD 系统的输出数据来驱动绘图仪，在透明的聚酯薄膜涂布的红膜上进行刻线，然后根据刻出的一根根的线，有选择地揭剥红膜，得到有反差的原图图形。其优点是：容易进行电路检查，而且对设计上的小变更、小修正，可不必修正图形数据，只需要局部地增加或剥去红膜。缺点是：首先，由于温度和湿度的影响，原图会随时间而畸变；其次，采用人工揭膜，容易发生差错，而用人工作完全的检查很困难，电路越复杂，作出的图形不完整的机会就越多；第三，制作初缩版时，由于初缩镜头和原图尺寸的限制，不能使用过大的原图；第四，芯片放大后，由初缩镜头制作的初缩版，图形四周的像质差，反差不好，缩小倍率也有偏差，并引起像的畸变。可见，此法不适合制造大芯片的大规模集成电路。

(2) 光学图形发生器本质上是一台特殊的照相机，它的工作原理是将原图分解成许多单元图形或单元复合图形，进行多次曝光，以完成照相的全过程。这种方法是将芯片内的图形看成各种尺寸形状的集合，在玻璃干版上逐个地进行曝光，因此，即使制造大芯片的图形也不会像初缩照相机那样，造成芯片边角的图形反差小和畸变等问题，极大地提高了制作初缩版的质量。

(3) 激光图形发生器是利用一般光学原理，在计算机的控制下，通过调制激光束，对基片进行选择性的加工，它是一种移动机械载物台对两个方向同时扫描的扫描系统。激光图形发生器具有较高的加工精度，但要求感光材料具有相应的高度单色的感光灵敏度。初缩版的底版采用氧化铁版，即在玻璃版上蒸发几百纳米厚的氧化铁。做初缩版时，一面使激光束通断，一面作栅状扫描，以便有选择地蒸发氧化铁膜层而形成图形。这种方法的优点是可在短时间内制得初缩版，其图形质量与图形复杂性无关。缺点是与光学图形发生器相比，图形边缘质量较差。

(4) 电子束图形发生器是电子束在计算机的控制下，利用光刻蚀的原理制备出所要求的掩膜图案。这种方法的关键在于必须具备高度精确的定位。它通常利用电视扫描式或矢量扫描式电子束装置进行。由于电子束可以聚焦成很细的束斑(可达 0.1 μm 数量级)，能描绘出最小尺寸在 1 μm 以下的微细图形，具有极高的分辨率，所以在计算机的控制下能直接制得精缩版，是发展微米与亚微米技术的重要工具。

3) 掩膜图形的形成

掩膜图形包括主掩膜和工作掩膜。

在实际的工艺过程中，主掩膜通常是由分步重复照相机的光学方法来制作完成。它是将初缩版的图形缩小 5～10 倍，并用重复曝光的方法将缩小的图形排列在 X、Y 方向各几十毫米范围内的母版上。

要想获得理想的光掩膜版，初缩照相是十分重要的。初缩的目的是将原图按预定倍数进行第一次缩小，变成单个图形，以供精缩或分步重复之用。如果原图放大倍数为 250 倍，那么初缩应缩小 25 倍(分步重复缩小 10 倍)。为了使图形尺寸准确，形变小，对初缩照相镜头的要求是能够在大视场下工作，失真度小，分辨能力高，而且有较好的消色差性能。因此一般应选择焦距 f 在 500～200 mm 之间，分辨率 R_0 不小于 200 条线/mm 的镜头，这样会具有较好的消差性能和较小的失真度。

精缩照相是将初缩后的单个图形利用分步重复照相机再进行一次缩小(缩小十倍)，重排成阵列形式，使图形缩小到设计所要求的尺寸，精缩照相是制版中最关键的一步，因此操作时必须细心和严格，否则图形阵列之间的步进间距及对准入位(俗称叉始线)时出现偏差，掩膜之间不能相互套准，这一步对于超大规模集成电路来说更为重要。

随着器件的线宽越来越细，精度要求越来越高，特别是大规模集成电路，为了获得成像质量好，精度高的掩膜，对于分步重复照相方法来说，必须尽量使主掩膜的曝光面照明均匀、照度大。尽量保证从聚光镜射出的光对初缩版照明均匀，并使通过初缩版的光射向物镜的入射中心。主掩膜和初缩版的底版，必须具有在物镜的焦深和景深之内的平整度，并保证初缩版和主掩膜与物镜光轴垂直，以及在照相过程中避免初缩版、物镜及主掩膜曝光面的位置发生变化。初缩版的直角边分别与移动工作台的 X、Y 相一致，防止旋转偏差。对器件各扩散层的套合精度来说，旋转偏差往往是致命的缺点。

对物镜的要求是镜头 f 数小、视场角不能太大。如果是长焦距，必须制作大口径的镜头，以得到较高的分辨率。

掩膜底版要求必须非常平整。因为复制 2 μm 以下的图形，整个版的平整度必须不超过 2 μm。对于掩膜材料，可分为在玻璃表面上涂有卤化银乳剂的高分辨率干版和在玻璃上附着金属薄膜的硬面版两种。高分辨率干版要获得足够的光密度，需要乳剂厚度有几微米厚，这样就存在光渗问题，乳剂表面的伤痕、污点，乳剂中的杂质、针孔，又将构成图形的缺陷。同时，在接触式光刻时寿命短，所以，只在精度要求不高及器件产量非常少的场合，它们的主掩膜或工作掩膜才用这种高分辨率干版来制作。硬面版是在玻璃底版上蒸发或溅射上几十至几百纳米厚的金属或金属氧化物，再利用光致抗蚀剂经光刻而形成图形的。它们的机械强度好，但表面反射率高(特别是铬膜)，影响其表面上的抗蚀剂分辨率。所以，分步重复照相常使用在铬表面再附着一层氧化铬的二层结构版。

底版最常用的玻璃是钠石灰玻璃，为了提高对准精度，也使用硼硅玻璃。

重复照相后，经显影、定影(干版)或腐蚀(硬面版)即可得到主掩膜图形。工作掩膜是从主掩膜复制出的，它与主掩膜制作相比，基本不同点只是曝光方法。工作掩膜的曝光通常是采用接触复印，其主要关心的问题是平整度、掩膜材料和复印照明系统的照度是否均匀。

2. 铬版制备技术

在半导体器件和集成电路生产中，普遍采用金属铬版。

金属铬膜与相应的玻璃衬底有很强的粘附性能，牢固度高，而且金属铬质地坚硬，使得铬版非常耐磨，使用寿命很长。铬膜是由真空蒸发而沉积在玻璃上的，其颗粒极细，膜厚可控制在 0.1 μm，图形边缘过渡区也极小，光刻图形的边缘十分整齐、光滑且精密度高，版面平整，不同尺寸的图形膜层厚度一致，在接触曝光中的光衍射效应所造成小图形失真程度相对小。铬版掩膜没有干版那种影响透明度的乳胶层，所以分辨率极高。膜的光密度大，反差极好。在室温的条件下用强酸也浸蚀不了铬膜，尤其是当铬版掩膜经化学钝化后，其稳定性更好。铬版对有机溶剂的浸蚀也有非常好的抵抗性，所以可用水或其他各种有机溶剂擦洗，除去光致抗蚀剂的沾污，这样就可以提高铬版的使用次数。实践证明，铬版掩膜经长时间使用，其图形的尺寸变化较少，而且制作时出现的缺陷很少。铬版工艺较为成熟，而且它还有以上许多优点，适合作为光刻掩膜。

铬版制备包括两部分：其一是蒸发镀膜，即在玻璃基片上蒸发铬膜的工艺，其设备及工艺方法基本上与真空蒸铝相同；其二是光刻技术，用空白铬版复印光刻版的方法基本上与 SiO_2 的刻蚀方法相同，即在空白铬版表面涂上一层光刻胶，然后进行曝光、显影、腐蚀等一系列光刻工艺，此详细工艺原理可参阅光刻工艺。

铬版的质量与所用的玻璃衬底有着密切的关系。铬版的某些缺陷往往是由于玻璃基片表面的缺陷引起的，而这些表面缺陷在清洗过程中是无法消除的。对玻璃版进行严格挑选是获得完美铬膜的必要条件，是制取高质量铬版不可忽视的重要一环。为保证版的质量，所选的玻璃衬底热膨胀系数越小越好，在 360 nm 以上的波长范围内，透射率在 90% 以上，化学稳定性好。选择表面光泽，无突起点、凹陷、划痕和气泡，版面平整，厚度适中、均匀，尽量选配热膨胀系数一致的玻璃。现有的磨光玻璃和优质的窗玻璃都可以选用。

挑选好的制版玻璃，通过切割、铣边、例棱、倒角、粗磨、精磨、厚度分类、粗糙、精抛、清洗、检验、平坦度分类等工序后，制成待用的衬底玻璃。

蒸发铬膜通常采用纯度 99% 以上的铬粉作为蒸发源，把其装在加热用的钼舟内进行蒸发。蒸发前应抽真空度、加热。其他步骤与蒸铝工艺相似。

铬膜质量不好的常见问题是针孔，主要是因为玻璃基片的清洁度不够好，有水汽吸附，铬粉不纯，或表面存在尘埃等原因。蒸好的铬版从真空室中取出，用丙酮棉花擦洗表面，然后放在白炽灯前观察。检查铬层有否有针孔，厚度是否均匀，厚薄是否适当。太厚腐蚀时容易钻蚀，影响光刻质量，太薄则反差不够高。

铬版复印前需事先根据光刻版的大小划好铬版，浸入四氯化碳，然后用丙酮棉花擦洗。在 60～80℃ 下烘 30 分钟备用。

下面简要介绍铬版的复印工艺流程。

采用旋转涂布法涂胶。为了使感光胶膜薄而均匀，可采用较稀的感光剂配方，即聚乙烯醇肉桂酸酯：5 一硝基苊：环己酮=11g：1g：160 ml。涂胶后在 60～80℃ 烘箱内前烘 20 分钟。

在复印机上进行对准曝光。此时原版的药膜面应朝上，而空白版的光刻胶膜面应朝下与其相贴，然后压紧进行曝光。为了使显影的线条陡直，一般采用甲苯或丁酮显影。用甲苯显影的时间约 60 秒。为了减少残渣，可把显影液分装两杯，依次进行显影。显影后用热风吹干，再在 200℃ 下烘 20～30 分钟。

制作铬版的腐蚀液一般要求透明易于观察，速度适中，不生成反应沉积物，易去除铬的氧化物，与抗腐剂的性质相适配。腐蚀温度为 50～60℃，时间约为 1～2 分钟。腐蚀后用水浸泡数分钟，再用丙酮棉花擦去残胶。

铬版复制好以后，为了使它能经久耐用，还需在 200～300℃ 下烘烤数小时进行老化，使铬层和玻璃附着得更牢固。

经老化后的铬版用投影仪进行质量检查，合格的铬版即可交付光刻工序作为光刻用版。

铬膜的厚度是不难控制的。生产时通过钟罩窗口观察透过铬层的白炽灯丝的亮度，当呈咖啡色时即可。制得的铬膜一般厚度控制在 100 nm 左右。若铬膜太薄，则会因反差不够而漏光，影响光刻的质量；若铬膜太厚，则由于光的散射，而使分辨率降低。此外，由于表面张力的关系，容易产生针孔。

钼舟加热器在真空蒸发时会使蒸发物质出现方向性，影响了铬膜厚薄的均匀性。生产中需通过选择一定的加热器形状和尺寸，以及调节玻璃与蒸发源之间的位置和距离或采用蒸发源均匀分布的方法，以获得厚薄均匀的铬膜。

影响铬膜针孔的因素很多，其中玻璃表面的不清洁是一个最基本的原因。因此，除了应保持恒温干燥烘箱、真空室的高度清洁以外，还必须对玻璃进行严格的表面清洁处理。此外，蒸发源的纯度也是一个十分重要的因素。加热器中的杂质可能会沾污蒸发源或直接沉积到玻璃上而沾污沉积层，而且加热器的热辐射也可能会使其附近部分的温度升高而放出吸附的杂质沾污沉积层。由于表面张力的关系，铬膜太厚也会产生针孔。当铬版突然冷却时也会由于铬与玻璃的膨胀系数不一致而引起针孔，因此，一般最好采用自然冷却的办法。另外，真空度的突然降低，如取铬版时，对真空室快速放气，也会产生针孔。

铬膜的牢固度(耐磨及与玻璃的附着力)基本上取决于玻璃的表面清洁与否，因此，对玻璃的表面必须进行严格的清洁处理。蒸发的速率越快则铬原子越能以密集的原子云飞向玻璃，并形成光亮而密实的膜层。如果蒸发的速率很慢，则铬原子与气体分子的碰撞机会也越多，结果铬原子便易氧化以致铬膜被氧化。实践证明，真空度越高则铬与玻璃的结合就越牢。其次，还应注意必须保持恒定的真空度进行蒸发。清洁的玻璃稍一暴露在大气中便很易受到污染，但是在沉积膜层之前在真空室中加热玻璃便可较为有效地除去这种污染，并且还可使铬膜与玻璃结合得更好，对膜的结构也好。不过如果真空度不高的时候，很易引起表面的氧化，严重时甚至玻璃会发生形变，因此，必须适当地选择玻璃的预热温度，以避免表面氧化的现象，一般预热到 400℃即可。另外，为了防止真空室的内壁及部件吸附气体、杂质、蒸汽，每次使用完毕，真空室必须抽低真空保存。

3. 其他制版工艺

半导体生产中通常采用超微粒干版和金属铬版，但是超微粒干版耐磨性较差，针孔也较多，而金属铬版虽然具有耐磨性强、分辨率高的优点，但也有易于反射光、不易对准和针孔较多缺点。随着半导体电子工业的迅速发展，当前正朝着超高频、大功率和高集成化方向发展。制版工艺是半导体器件和集成电路工艺的先导，半导体器件、集成电路，特别是大面积集成电路制造工艺对光刻掩膜提出了更高的要求，它要求光刻掩膜分辨率高、针孔少、耐磨性强，而且要求易于对准。因此目前制版技术主要朝两方面发展。一是掩膜设计和母版制备采用 CAD(即计算机辅助设计)技术和自动制版。将计算机辅助设计所得的最终结果通过计算机去控制图形发生器(如自动刻图机、电子束图形发生器等)而制得母版。它可提高精度和降低制版的成本。另一方面是采用新型的透明或半透明掩膜，即俗称彩色版，它可克服超微粒针孔缺陷多，耐磨性差及铬版针孔多、易反光、不易对准等缺点。

彩色版是半导体制造技术中的一种新工艺。对于彩色版，大家可能认为这种版一定是五颜六色、色泽鲜艳，其实彩色版虽然有颜色，但并不鲜艳，确切地说它是一种透明和半透明的掩膜。

彩色版的最主要特点是对曝光光源波长(紫外线 400~200 nm)不透明，而对于观察光源波长(可见光 400~800 nm)透明的一种光刻掩膜。也就是说这种掩膜，对于可见光波吸收很小，能透过，而对紫外线吸收较强，不能透过。因此使用这种掩膜版时，在可见光下观察是透明的，故光刻图形易于对准，而用紫外线曝光时这种掩膜又是不透明的，因此又能起掩膜的作用。在大面积集成电路的光刻中，由于集成度高，图形线条细，要求光刻精度高，用金属铬版是较难对准的(因为铬版反射光能力强)，而用彩色版光刻大面积集成电路时，因其透明所以能对器件图形的最关键部位进行直接观察，使图形对准较为容易。彩色版除了光刻图形易于对准外，还具有针孔少(少于 0.5 cm^{-2})，耐磨性较强(因为玻璃与氧化铁能力强)

为光学光刻对光学掩膜图形的指标要求远远要比硅片的图形指标要求严格。目前商用的制作深亚微米光学掩膜图形的工具主要有电子束和激光图形发生器两种，一般而言，对于深亚微米光学光刻，通常使用高精度电子束光刻手段来制作掩膜吸收体图形。

由于电路的图形越来越复杂，电路版图中的线宽变化也很快，因此除了要求电子束光刻有足够高的分辨率之外，还要求电子束光刻的速度要快，而这正是高精度电子束光刻机的致命缺陷所在。这也是深亚微米光学掩膜成本昂贵的一个重要原因。实际上，在电子束光刻中，增大电子束流会使束流电子之间的随机库仑作用增大，这会导致光刻分辨率变坏，而一旦降低电子束流，电子束光刻速度则会大大降低，为此需要在光刻分辨率和速度之间折中。

另外，深亚微米光学掩膜对电子束光刻的图形定位精度、电子腔中的温升和图形尺寸控制也提出了越来越近乎苛刻的要求。实际上，这种要求也会影响电子束光刻速度。

3) 光学掩膜的缺陷检测与修复

光学掩膜的缺陷检测与修复是影响集成电路电学性能和芯片成品率的重要因素。"零缺陷"光学掩膜的制作对工艺规范控制、净化环境、化学试剂的纯度、工艺管理等都提出了越来越严格的要求。

目前，光学掩膜检测系统使用的波长以 365 nm 居多，248 nm 光学掩膜检测系统不久将面世。比较著名的光学掩膜检测系统有美国 KLA 仪器公司的 ILA351、以色列 Orbot 仪器公司的 R8000、日本 Lasertec 公司的 9MD83SR 等，它们基本能满足 0.25 nm 光学掩膜的的检测要求，但是距 0.13 nm 光学光刻掩膜的检测要求还有相当的距离。

掩膜缺陷分为"软"和"硬"两种。"软"缺陷可以通过化学清洗的方法去除，而"硬"缺陷则往往不能。由于光学掩膜图形如此复杂，光学掩膜的"硬"缺陷修复通常需要自动化，通常用脉冲激光束或者聚焦离子束设备来去除多余的吸收体图形和溅射修复针孔，尤其值得注意的是，尽管近年来聚焦离子束光刻和聚焦离子束投影光刻进展状况不太理想，但是聚焦离子束设备在修补光学光刻掩膜缺陷和集成电路检测方面的进展却非常快。

5. 制版光刻技术展望

传统的曝光技术在光源上得到改进(如远紫外 I 线、深紫外 krF、ArF、F2 准分子激光光源等)，并利用波前工程(如移相掩膜、离轴照明移相光源、空间滤波、表面成像技术等)进一步挖掘光学光刻系统的潜力，近年来在亚微米及深亚微米领域取得很大进展，使 IC 技术提早一年跨进千兆位(1 Gb)和千兆赫(1 GHz)时代。然而，这也到了光学光刻技术的极限。在光学光刻技术努力突破分辨率极限的同时，替代光学光刻的所谓后光学光刻，或称为下一代光刻技术(Next Generation Lithography, NGL)的研究，在近几年内迅速升温，这些技术包括 X 射线光刻、极紫外(EUVL)即软 X 射线投影光刻、电子束投影光刻、离子束投影光刻等。这些技术研究的目标非常明确，就是在 0.1 μm 及更小尺寸的生产中替代光学光刻技术。

1) X 射线光刻技术

X 射线之所以会被用于光刻，是由于 X 射线波长极短，介于 0.01～1.0 nm。在这个波段范围内能穿透大多数的材料，因而能在很厚的材料上定义出分辨率非常高的图形。X 射线光刻技术作为光刻技术的替代技术，目前研究的光刻主要是同步辐射环产生的 X 射线作为曝光光源的接触式曝光系统。

由于目前还没有能在 X 射线领域使用的高精度光学零件，X 射线刻蚀法不得不采用把掩膜和晶片临近相对起来进行曝光的 1：1 复制式，要想在集成电路制造工艺中高精度地进行层间重合，掩膜上的图形位置精度必须十分高。掩膜制造技术几乎是所有后光学光刻技术的核心技术，也是 X 射线光刻开发中最为困难的部分。人们普遍认为，一倍的 X 射线光刻掩膜制作的高难度，是阻碍 X 射线光刻技术早日进入工业生产领域的障碍。可以说 X 射线光刻掩膜开发的成败，是关系到 X 射线光刻技术能否及何时应用于工业生产的决定性因素。尽管在过去的许多年里，人们提出了许多种 X 射线光刻掩膜制作的方案，而且已在实验室中制作成功，但是真正能成为正式生产所采用的制作方法至今没有。因此，X 射线光刻掩膜的开发是 X 射线光刻技术亟待解决的关键问题。X 射线光刻用的掩膜，在功能上与传统的光学光刻掩膜一样：在制备好的掩膜上，形成透 X 射线区和不透 X 射线区，从而形成掩膜曝光图形。但其材料组成、结构形式和制作工艺比普通光学掩膜难度大得多，技术也复杂得多。这是基于这样一个物理事实的存在：没有一种材料在比较厚时能对 x 射线完全透明，也没有一种材料在很薄时完全吸收 X 射线。因此，X 射线光刻掩膜，一般由低原子序数的轻元素材料组成约 2 μm 厚的透光薄膜衬底和高原子序数的重元素材料组成的吸收体图形构成，吸收体图形形成不透 X 射线区。有大面积曝光场区的薄膜衬底和高精度、高密度的深亚微米吸收体图形加工，是 X 射线掩膜技术的关键。由于 X 射线掩膜不得不采用在厚度几微米的薄支持膜上配置重金属吸收体的非常脆弱的结构，所以图形位置容易产生变形。

目前国际上研究应用的薄膜衬底材料主要有硅、氮化硅、碳化硅、金刚石等，而吸收体材料除广泛使用的金之外，还有钨、钽、钨-钛等。

作为同步辐射 X 射线光刻用的掩膜，其基本要求是：

(1) 低应力透光薄膜衬底不仅要具有对 X 射线有高的透明度，透过率大于 50%，同时又对可见光透明(便于对准)，透过率大于 70%，而且还要具有高的杨氏模量，以保证足够的强度及机械稳定性，不易破碎，应力低，掩膜的形变小；吸收体应具有高的 X 射线吸收系数和足够的厚度，以确保良好的曝光掩蔽性能。

(2) 具有深亚微米尺度的吸收体图形应精度高，侧壁陡直，有足够高宽比，以保证掩膜的分辨力和反差(一般大于 10)的要求。

(3) 缺陷密度低或无缺陷。

(4) 有高的掩膜尺寸的精度和稳定性。

透光薄膜衬底的制备，如氮化硅膜，多采用低压化学气相沉淀(LPCVD)技术。吸收体层常采用常规的蒸发、射频溅射或电镀等方法形成。深亚微米 X 射线吸收体图形的加工，一般由电子束扫描光刻和干法刻蚀、精细电镀等图形转换技术来实现。材料的选择和工艺优化，将会提高 X 射线掩膜的质量。

2) 电子束曝光技术

电子束加工技术是近 30 年来发展起来的一门新兴技术，它集电子光学、精密机械、超高真空、计算机自动控制等高新技术于一体，是推动微电子技术和微细加工进一步发展的关键技术之一，因而已成为一个国家整体技术水平的象征。先进的电子束曝光机主要适用于 0.1～0.25 μm 的超微细加工，甚至可以实现数十纳米线条的曝光。电子束曝光技术广泛地应用于精度掩膜、移相掩膜及 X 射线掩膜制造，新一代集成电路的研制及 ASIC 的发展，新器件、新结构的研究与加工等方面。世界各大国都投入电子束微细加工技术的研究。20世纪90年代以来，美、日的一些研究部门采用电子束曝光技术，相继研制成功0.1 μm的CMOS器件、0.04 μm的MOST及0.05 μm的HEMT器件。最新技术的进展以把微电子超微细加工水平推进到0.1 μm以下，进入纳米级，电子束曝光也将是研究新一代量子效应器件的有力工具。

电子束光刻是在扫描电镜技术的基础上发展起来的。20世纪80年代以前，人们主要进行电子束曝光方式的研究，而20世纪80年代以后则主要进行高速、高精度电子束光刻的研究。电子束光刻不受衍射现象限制，随着高质量的电子源和电子光学系统的研制进展，分辨率极限越来越细。而将电子束聚焦成小尺寸束斑，高能入射电子在光刻胶和衬底的散射引起的邻近效应使曝光图形模糊，又成为影响光刻分辨率的重要因素。因而电子束光刻的分辨率极限，将主要由邻近效应、光刻胶的分辨率极限和光刻工艺精度决定。

虽然电子束光刻技术具有极高的分辨率，其直写式曝光系统甚至可达到几个纳米的加工能力，但其主要局限是效率低。最近Lucent实验室提出了SCALPEL技术采用散射式掩膜技术，将电子束的高分辨率和光学分步重复投影的高效率相结合，使电子束曝光系统展现出光明的前景。电子束投影曝光技术原理与普通光缩小式投影曝光相似，只是用电磁"透镜"代替光学透镜。它既具有光学缩小式投影曝光系统的优点，又具有电子光学系统的高分辨能力，但电子束缩小投影曝光系统所使用的中间掩膜，是一种厚度为5～10 μm的镂空掩膜，制作难度大。SCALPEL技术正是认识到电子束投影曝光技术的缺点，采用了改进的掩膜。

SCALPEL掩膜版由低原子系数的薄膜(厚度在1000～1500 μm)SiN_x和高原子系数的Cr/W(厚度在250～500 μm)组成，SiN_x薄膜将电子微弱地小角度散射，而Cr/W将电子强散射到大角度。在投影系统的背焦平面上的光阑将强散射电子过掉，从而在基片上形成高反差的图形。相对于镂空结构的X射线掩膜版，这种结构的掩膜版有其优越性。

SCALPEL掩膜版制备和常规半导体工艺兼容。两面沉积SiN_x薄膜，背面开窗口，正面沉积Cr/W散射，KOH刻蚀去除顶层Cr，将基片粘合在支撑环，至此完成了一个掩膜的基版制备。然后在其上涂胶，用电子束曝光图形，形成SCALPEL掩膜版。

3) 极紫外光光刻技术(EUV)

EUV光刻技术是采用13 nm极紫外线(也成为软X射线)为光源的曝光系统。它是Intel、Motorola和AMD等公司联合投资支持的替代技术之一，该系统采用了反射式投影曝光系统，在光学光刻技术中采用的概念和技术均可以延伸过来。

EUVL的准确定义是光波波长范围为11～14 nm的极端远紫外线光波，经过周期性多层薄膜反射镜入射到掩膜上，反射掩膜反射出的EUV光波再通过由多面反射镜组成的缩小投影系统，将反射掩膜上的集成电路几何图形投影成像到硅片上的光刻胶中，形成集成电路所需要的光刻图形。一般来说，EUVL所采用的光源主要有EUV点光源和同步辐射EUV光源两种。根据所采用的光源不同，EUVL可以分为点光源EUVL和同步辐射EUVL两种。EUVL通常是反射式的，与157 nm光学光刻的原理差不多，都是采用短波长光和投影成像，所以从某种意义上可以说EUVL是光学光刻的延伸。但它与光学光刻又有许多不同的地方，其中最大的区别在于，几乎所有物质在EUV波段表现出的性质与可见光和紫外线波段截然不同，EUV辐射被所有物质甚至使气体强烈吸收，EUV的成像必须在真空中，讨论所有

EUVL 的技术都要基于这一点。

从技术上来说，EUVL 主要由光源、缩微光学系统、掩膜、光刻胶和光刻机等部分组成。

掩膜衬底是高反射率多层膜，在 13.0～13.5 nm 范围内，目前最好的多层膜涂层材料是 Mo-Si 和 Mo-Be。而吸收体材料则一般是铬，也有用其他金属如铝的。作为吸收体的铬薄膜通常采用高真空溅射的方法来沉积到掩膜衬底上的。需要通过优化溅射工艺来使铬薄膜基本没有针孔和降低铬薄膜内应力，有时需要采用一定的表面处理方法来提高铬薄膜和掩膜衬底之间的粘附能力。

无论以何种方式制作 EUVL 反射掩膜，反射掩膜的衬度都定义为高反射率区域与低反射率区域发射率之比，一般要求反射掩膜的衬度至少要大于 20。另外，由于 EUVL 是面向纳米的 4:1 式光刻手段，不如对于 50 nm 的光刻分辨率，EUVL 光学掩膜吸收体图形的分辨率为 0.2 μm。EUVL 对 EUV 掩膜图形的指标要求远远要比硅片上的图形指标要求严格，制作成本也非常高。

制造 EUV 掩膜的过程中多多少少会引起缺陷，缺陷的多少和大小取决于工艺技术水平的高低，但是缺陷的产生几乎是不可避免的。缺陷会直接影响集成电路的光学性能和芯片成品率，因此存在一个 EUVL 缺陷的检测与修复的问题。EUV 掩膜的检测与修复要比光学掩膜检测与修复技术难度大一些，通常需要同时使用脉冲激光束和聚焦离子束两种设备。目前看来，对多层缺陷的精确修复难度较大，需要重点发展非常低缺陷的多层膜制备技术。

4) 激光直写技术

激光直写系统是 20 世纪 90 年代制作集成电路光刻掩膜版的新型专用设备。利用该系统，通过高精度激光束在光致抗蚀剂上扫描曝光，将设计图形直接转移到掩膜或硅片上。激光直写系统的应用可以分成一次曝光制作光刻掩膜和多次套刻曝光制作器件两个方面。一次曝光制作光刻掩膜是系统的基本功能，主要用于制作半导体器件的各类光刻掩膜，也可用于制作光栅、码盘、鉴别率板等特殊图形掩膜，还可用于制作微光学元件和微机械元件等掩膜。多次套刻曝光利用系统的基片对准功能制作器件，可为 ASIC 器件直接配制连线，也可用于制作相移掩膜；还可不用掩膜，直接在基片上经过多次对准套刻制作各类微电子、微光学、微机械器件。

激光技术消除了掩膜产生的一大障碍。以前常因设计不当而造成生产事故，通过推广用计算机辅助工程进行芯片设计，情况有了很大改善。目前需要优良硅掩膜的客户急增，必须加快芯片设计周期。

与电子束制版系统相比，激光扫描制版设备的最大优势在于：比电子束曝光(抗蚀剂敏度太低所致)的作图速度快，精度高(电子束受邻近效应和电子散射效应影响)，特别是在 16MB DRAM 的 5 倍中间掩膜制作中，图形线宽的进一步缩小，掩膜技术指标越来越苛刻，数据量越来越大，导致了掩膜成本的急剧上升。制作一块普通的光学曝光中的中间掩膜成本约 2 千美元，制作一块移相掩膜的成本就需近 5 千美元，而制作一块 X 射线光刻掩膜的费用则高达 1.5 万美元。这就使掩膜制造商们必须考虑选择新的制版设备和工艺。

在未来纳米级工艺中，X 射线、激光束、电子束、离子束、质子束、分子束等高能粒子束直接注入成像加工技术和束致变性技术，将逐渐取代传统的工艺技术，并在超微细加工技术中占有越来越重要的地位。所有这些技术进入实用化后，就可能彻底省掉繁琐的光刻、扩散工艺，进入全真空加工工艺的新时代，取代40多年中为微电子技术发展立下汗马功的制版光刻技术。

复 习 思 考 题

7-1　光刻工艺的目的是什么？

7-2　什么是光刻胶？什么是正性光刻胶？什么是负性光刻胶？

7-3　选择光刻胶时需要考虑哪些影响因素？

7-4　画图说明光刻基本工艺流程。

7-5　光学光刻为何需要掩膜版？制版的目的是什么？

7-6　列出至少5种影响图形尺寸的因素。

7-7　完成第一次图形转移需要哪些步骤？

7-8　为什么需要前烘和后烘？它们的作用有何不同？

7-9　后烘的温度过高会出现什么问题？过低又会有什么问题？

7-10　干法刻蚀有何优点？

7-11　叙述各种干法腐蚀工艺的特点。

7-12　画出5层掩膜版硅栅晶体管的分层图和复合图。

7-13　常见的光刻方法有哪几种？接触与接近式光学曝光技术各有什么优缺点？

7-14　正性胶(光致分解)和负性胶(光致聚合)各有什么特点？在 VLSI 工艺中通常使用哪种光刻胶？

7-15　说明图形刻蚀技术的种类与作用。

7-16　说明光刻三要素的含义。

7-17　为什么说光刻(含刻蚀)是加工集成电路微图形结构的关键工艺技术？

7-18　影响显影质量的因素是什么？

7-19　说明图形刻蚀技术的种类与作用。

7-20　叙述铬版制作主要工艺流程。

第8章 掺 杂

掺杂就是用人为的方法,将所需要的杂质,以一定的方式掺入到半导体基片规定的区域内,并达到规定的数量和符合要求的分布。通过掺杂,可以改变半导体基片或薄膜中局部或整体的导电性能,或者通过调节器件或薄膜的参数以改善其性能,形成具有一定功能的器件结构。

掺杂技术能起到改变某些区域中的导电性能等作用,是实现半导体器件和集成电路纵向结构的重要手段。并且,它与光刻技术相结合,能获得满足各种需要的横向和纵向结构图形。半导体工业利用这种技术制作 PN 结、集成电路中的电阻器、互连线等。

常用的掺杂方法有热扩散法和离子注入法,此外还有一种方法称为合金法。合金法是一种较为古老的掺杂方法,但至今还在某些器件生产中使用。本章将对这些方法逐一进行介绍,其中着重介绍热扩散法和离子注入法。

8.1 合 金 法

合金法制作 PN 结是利用合金过程中溶解度随温度变化的可逆性,通过再结晶的方法,使再结晶层具有相反的导电类型,从而在再结晶层与衬底交界面处形成所要求的 PN 结,如铝硅合金。根据合金理论,当合金温度低于共晶温度时,铝和硅不发生作用(铝硅合金的共晶温度为 577℃),都保持原来各自的固体状态不变。当温度升高到 577℃时,交界面上的铝原子和硅原子相互扩散,在交界面处形成组成约为 88.7%铝原子和 11.3%硅原子的熔体。随着温度的升高和时间的增加,铝硅熔体迅速增多,最后整个铝层都变为熔体。如果再提高温度,硅在合金熔体中的溶解度增加,则熔体和固体硅的界面向硅片内延伸。

在达到规定温度并恒温一段时间后,缓慢降低系统温度,硅原子在熔体中的溶解度下降,多余的硅原子逐渐从熔体中析出,以未熔化的硅单晶衬底作为结晶的核心,形成硅原子的再结晶层。再结晶层中所带入的铝原子的数目由它们在硅中的固溶度所决定。如果带入的铝原子多到足以使其浓度大于其中的 N 型杂质浓度,则在再结晶层的前沿就形成 PN 结。当温度降到铝-硅共晶温度时,熔体即全部凝固成铝硅共晶体。此后,温度继续降低时,合金体系保持不变,合金系统的最终状态由 P 型硅再结晶层和铝硅共晶体组成(见图 8-1)。显然,这样形成的 PN 结,其杂质浓度的变化是突变的,所以合金结是一种突变结。

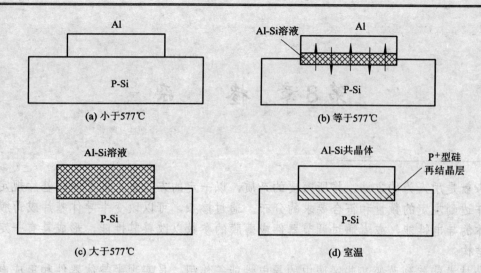

图 8-1　合金法示意图

合金法也常用来制作欧姆接触电极。例如，在硅功率整流器等元件中，常采用铝硅合金法制作欧姆接触；在硅平面功率晶体管的集电极欧姆接触中，常采用金锑合金片与硅晶片的合金烧结法来制作高电导欧姆接触，等等。

硅器件电极引线金属的合金化，虽然也是一种合金过程，但合金温度必须低于共晶温度。例如，铝-硅系统的合金温度一般为 500～570℃；对于浅结温度还要低一些，只有 400～500℃(但恒温时间长一些)。这是为了避免铝膜收缩"球化"，或因活泼的铝与 SiO_2 薄膜反应，造成铝引线与 SiO_2 层下面的元件短路。在低于共晶温度下进行合金，是通过铝—硅界面附近两种原子的互相扩散，即所谓"固相合金"来实现"合金化"的，从而达到良好的欧姆接触特性和铝-硅接触的机械强度，而且有利于热压或超声键合引线。但此时合金时间不可太短，否则因铝-硅界面附近的原子未能充分地互相扩散，将造成铝硅接触不良，影响器件的成品率和性能。

如果衬底片是锗片或其他半导体晶片，其原理和结果也是一样的，只是采用的合金材料、成分和合金温度不一样。

8.2　热 扩 散 法

8.2.1　扩散的条件

热扩散方法是一种化学过程，是在 1000℃ 左右的高温下发生的化学反应。晶圆暴露在一定掺杂元素气态下，气态下的掺杂原子通过扩散迁移到暴露的晶圆表面，形成一层薄膜。在芯片应用中，因为晶圆材料是固态的，热扩散又被称为固态扩散。

扩散是微观粒子一种极为普遍的运动形式，从本质上讲，它是微观粒子作无规则热运动的统计结果，这种运动总是由粒子密度较多的区域向着浓度较低的区域进行，所以从另一意义上讲，扩散是使浓度或温度趋于均匀的一种热运动，它的本质是质量或能量的迁移。

日常生活中经常可以观察到扩散现象，比如，在一杯水中，滴入几滴墨水，一开始，墨水的浓度高于周边水的浓度，经过一段时间后，这一杯水的颜色变得均匀一致了，表明发生了扩散运动。如果加热杯中的水，可以观察到墨水更快地扩散开来。

可见，扩散现象必须同时具备两个条件：

(1) 扩散的粒子存在浓度梯度。一种材料的浓度必须要高于另外一种材料的浓度。

(2) 一定的温度。系统内部必须有足够的能量使高浓度的材料进入或通过另一种材料。

8.2.2 典型的扩散形式

半导体中的原子是按一定规则周期排列的。杂质原子(或离子)在半导体材料中典型的扩散形式有两种：间隙式扩散和替位式扩散。

1. 间隙式扩散

杂质原子从一个原子间隙运动到相邻的另一个原子间隙，依靠间隙运动方式而逐步跳跃前进的扩散机构，称为间隙式扩散。

晶体中的间隙原子，由一个间隙运动到相邻的另一间隙，必须挤过一个较窄的缝隙，从能量来看，就是必须越过一个势能较高的区域。根据玻耳兹曼统计结果可知，间隙原子的运动与温度密切相关，用以表征这一特性的重要参数是扩散系数 D(单位为 cm^2/s)，D 的物理意义在于它反映了在扩散方向上净的运动粒子总数和每个粒子的运动速率。影响扩散系数 D 的相关因素除了扩散粒子本身的性质以外，还包括扩散时受到的阻力大小、势垒高低、扩散方式和材料性质。D 数值越大，表示扩散得越快，在相同时间内，在晶体中扩散得越深。

2. 替位式扩散

替位式扩散是替位式杂质原子从一个替位位置运动到相邻另一个替位位置，只有当相邻格点处有一个空位时，替位杂质原子才有可能进入邻近格点而填充这个空位。因此，替位原子的运动必须以其近邻处有空位存在为前提。也就是说，首先取决于每一格点出现空位的几率。另一方面，替位式原子从一个格点位置运动到另一个格点位置，也像间隙原子一样，必须越过一个势垒，所以，替位式杂质原子跳跃到相邻位置的几率应为近邻出现空位的几率乘以替位杂质原子跳入该空位的几率。所以，替位式杂质原子的扩散要比间隙原子扩散慢得多，并且扩散系数随温度变化很迅速，温度越高，扩散系数数值越大，杂质在硅中扩散进行得越快。在通常的温度下，扩散是极其缓慢的，这说明，要获得一定的扩散速度，必须在较高的温度下进行。

扩散系数 D 除与温度有关以外，还与基片材料的取向、晶格的完整性、基片材料的本体杂质浓度以及扩散杂质的表面浓度等因素有关。

对于具体的杂质而言，其扩散方式取决于杂质本身的性质，例如，对 Si 而言，Au、Ag、Cu、Fe、Ni 等半径较小的重金属杂质原子，一般按间隙式进行扩散，而 P、As、Sb、B、Al、Ga 等Ⅱ、Ⅲ族半径较大的杂质原子，则按替位式扩散，前者比后者扩散速度一般要大得多。

8.2.3 扩散工艺步骤

在半导体晶圆中应用固态扩散工艺形成结需要两步：第一步称为预淀积，第二步称为再分布。两步都是在水平或垂直炉管中进行的，所用设备和前面描述的氧化设备相同。

1. 预淀积

预淀积是指采用恒定表面源扩散的方式，在硅片表面淀积一定数量的杂质原子。

所谓恒定表面源扩散，是指在较低温度下，杂质原子自源蒸汽转送到硅片表面，在硅片表面淀积一层杂质原子，并扩散到硅体内，在整个扩散过程中，源蒸汽始终保持恒定的表面源浓度。由于扩散温度较低，扩散时间较短，杂质原子在硅片表面的扩散深度极浅，就如同淀积在表面。在扩散过程中，硅片表面的杂质浓度 Ns 始终保持不变，如基区、发射区的预淀积和一般箱法扩散均属于这种情况。

预淀积的工艺步骤分为 4 步，分别是预清洗与刻蚀、炉管淀积、去釉和评估。

2. 再分布

再分布是指经预淀积的硅片放入另一扩散炉内加热，使杂质向硅片内部扩散，重新分布，达到所要求的表面浓度和扩散深度(结深)。此时没有外来杂质进行补充，只有由预淀积在硅片表面的杂质总量向硅片内部扩散，这种扩散称为有限表面源扩散。在扩散过程中，杂质源限定于扩散前淀积在硅片表面及其薄层内的杂质总量，没有补充或减少，依靠这些有限的杂质向硅片内进行扩散。在平面工艺中的基区扩散和隔离扩散，都属于这一类扩散。

8.2.4　扩散层质量参数

在器件生产研制过程中，对扩散工艺本身来说，主要目的就是获得合乎要求、质量良好的扩散层。具体来说，主要有以下 5 个参数。

1. 结深(x_j)

扩散时，若扩散杂质与衬底杂质型号不同，则扩散后在衬底中将要形成 PN 结。这个 PN 结的几何位置与扩散层表面的距离称为结深，一般用 x_j 表示。结深是扩散工艺中要着重控制和检验的参数之一。

由高斯分布的结深表达式可知：

$$x_j \propto \sqrt{Dt}$$

式中，D 为扩散系数，t 为时间。

在扩散温度范围内，用实验确定扩散系数 D 的常用表达式为

$$D = D_0 \exp\left[-\frac{E}{KT}\right]$$

式中，D_0 是频率因子(cm^2/s)，E 是激活能(eV)，T 是绝对温度，K 是玻耳兹曼常数(eV/K)。可见，影响结深的因素包括扩散时间和扩散温度外，在同时进行氧化的工艺中，结深还受到氧化生长速率的影响。

结深的测量通常分为先磨斜面和染色两个步骤，然后用干涉显微镜进行测量。常用的方法是用 49% HF 和几滴 HNO_3 的混合液，滴在 1°～5°角斜面的样品上进行化学染色(有时可用 HF 滴在斜面上，后用强光照射 1～2 分钟染色)，使 P 型区比 N 型区更黑。用 Tolansky 的干涉条纹技术，可精确地测量 0.5～100 μm 的结深。对于深度较大的 PN 结(例如大功率

器件中的结),可直接掰开片子,经显结后,在显微镜下测量;对于较浅的 PN 结,要在硅片侧面直接测出读数很困难,必须将测量面扩大,或采用其他方法测量。

2. 方块电阻($R_\square$ 或 R_s)

方块电阻是标志扩散层质量的另一个重要参数,一般用 $R_\square$ 或 R_s 表示,单位为 Ω/□。如果扩散薄层为一正方形,其边长都等于 l,厚度就是扩散薄层的结深 x_j,那么,在这一单位方块中,电流从一侧面流向另一侧面所呈现的电阻值,就称为方块电阻,又称薄层电阻。

方块电阻的概念可以这样来理解,如果扩散层其他参数相同,那么,只要是方块,其电阻就是相同的,如图 8-2 所示,假定左边小方块的电阻是 1 kΩ,根据电阻串并联知识可知,右边大方块的电阻同样是 1 kΩ。

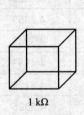
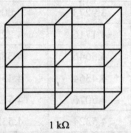

1 kΩ   1 kΩ

图 8-2   方块电阻示意图

这样的薄层电阻可以表示为

$$\rho \cdot \frac{l}{l \cdot x_j} = \frac{\rho}{x_j}$$

式中,l 为正方形的边长,ρ 为电阻率。薄层电阻与薄层电阻率成正比,与薄层厚度(结深)成反比,而与正方形边长无关。ρ/x_j 所代表的只是一个方块的电阻,故称为方块电阻,符号"□"只不过是为了强调是一个方块的电阻而已。由于扩散层存在杂质浓度分布梯度,电阻率 ρ 指的是平均电阻率。方块电阻主要取决于扩散到硅片内的杂质总量,杂质总量越多,$R_\square$ 越小。

通过逐层测量方块电阻,可以求得扩散层中杂质浓度的分布。方块电阻的测量,目前多用四探针法,表达式如下:

$$R_s = \frac{V}{I} F$$

式中,R_s 是扩散层的方块电阻(单位为 Ω/□);V 是横跨电压探测器的直流测量电压(单位为 V);I 是通过电流探测器的恒定直流电流(单位为 A);F 是修正系数,即样品几何形状和探针间距的函数。表 8-1 给出了简单的圆形、矩形、正方形样品的修正系数。

表 8-1   四探针测量层电阻的修正系数

d/S	圆	正方形	矩 形		
d/S	d/S	$a/d=1$	$a/d=2$	$a/d=3$	$a/d \geqslant 4$
1.00				0.9988	0.9994
1.25				1.2467	1.2248
1.50			1.4788	1.4893	1.4893

续表

d/S	圆	正方形	矩　形		
	d/S	$a/d=1$	$a/d=2$	$a/d=3$	$a/d{\geqslant}4$
1.75			1.7196	1.7238	1.7238
2.00			1.9475	1.9475	1.9475
2.50			2.3532	2.3541	2.3541
3.00	2.2662	2.4575	2.7000	2.7005	2.7005
4.00	2.9289	3.1137	3.2246	3.2248	3.2248
5.00	3.3625	3.5098	3.5749	3.5750	3.5750
7.50	3.9273	4.0095	4.0361	4.0362	4.0362
10.0	4.1716	4.2209	4.2357	4.2357	4.2357
15.0	4.3646	4.3882	4.3947	4.3947	4.3947
20.0	4.4364	4.4516	4.4553	4.4553	4.4553
40.0	4.5076	4.5120	4.5129	4.5129	4.5129
∞	4.5324	4.5324	4.5325	4.5325	4.5324

表中，d 为直径，a 为探针平行的一边，b 为探针垂直的一边，S 为探针间距。对大的 d/S 修正系数接近于一个二维薄板在两个方向伸展到无穷远处，即 $F=4.5324$。仅对单面扩散的浅结有效，一般 VLSI 的扩散都是单面浅结扩散。

当在低浓度浅扩散层的测量时，要达到无噪声的测量结果是有困难的，因此，有时用两个方向的电流和电压的测量方法来克服这个问题，然后取二次读数的平均值，这样可以消除一些接触电阻的影响。如果测量时电压的差别大，就应该首先检查探针和样品表面的清洁情况。为了保证读数的正确性，可测量 2～3 个电流强度时的方块电阻，再来进行平均。测量结果表明：在测量电流的范围内，方块电阻是一个常数。对于高电阻率的硅样品，在 150℃ 的 N_2 中退火几分钟后，可以提高测量读数的精度。在测量时，我们总是尽可能使用较小的电流，以避免因热发生穿通而影响测量结果的准确度。

对于离子注入的样品，扩散层电阻的测量是在样品退火或扩散后，采用检验电活性的方法来测量。

3. 表面浓度(N_s)

表面浓度经常要用到的又一个重要参数。理论分析指出：表面浓度不同，杂质分布可以有很大的差异，从而对器件特性带来影响。根据方块电阻与杂质总量的关系，以及杂质总量和结深的表达式，可以知道，在本体杂质浓度不变的情况下，$R_\square$、N_s 和 x_j 三者之间存在对应的关系，已知其中的两个，第三个就被唯一地确定，从而具有确定的杂质分布，反之亦然。对于一定的分布形式，只要其中的任意两个参数给定，杂质分布唯一确定，并且第三个参数也自然被确定。可见，表面浓度 N_s、结深 x_j 和方块电阻 $R_\square$ 都是描述杂质分布的常用参数。

这三个参数中，结深和方块电阻能方便地测得，而表面浓度的直接测量比较困难，必须采用放射性示踪技术或其他较麻烦的手段，因此在生产中，常由测量 $R_\square$ 和 x_j 来了解扩散层的杂质分布，并通过调节扩散条件来控制 $R_\square$ 和 x_j 的大小，从而达到控制扩散杂质分布的目的。

表面浓度的大小一般由扩散形式、扩散杂质源、扩散温度和时间所决定。但恒定表面源扩散表面浓度的数值基本上就是扩散温度下杂质在硅中的固溶度。也就是说，对于给定的杂质源，表面浓度由扩散温度控制。对有限表面源扩散(如两步扩散中的再分布)，表面浓度则由预淀积的杂质总量和扩散时的温度和时间所决定。但扩散温度和时间由结深的要求所决定，所以此时的表面浓度主要由预淀积的杂质总量来控制。在结深相同的情况下，预淀积的杂质总量越多，再分布后的表面浓度就越大。在实际生产中，发现基区硼预淀积杂质总量 Q 太大(也即 R_s 偏低)时，再分布时应缩短第一次通干氧的时间(即湿氧时间提前)，造成较多的杂质聚集到 SiO_2 层中，使再分布后基区的表面浓度 N_s 符合原定的要求。

表面浓度的实际大小，还与氧化温度和时间有关。氧化温度愈高，杂质扩散愈快，就愈能减弱杂质在表面附近的堆积。氧化时间愈长，再分布所影响到的深度就愈大。因此，杂质再分布影响到的深度和最终杂质浓度的分布，与氧化温度和时间有很大的关系。这当然也包括了对表面浓度的影响。

4. 击穿电压和反向漏电流

PN 结的击穿电压和反向漏电流，既是扩散层质量的重要参数，也是晶体管的重要直流参数。对该参数的要求是反向击穿特性曲线平直，有明显的拐点，且漏电流小。

5. β 值

β 为共发射极电流放大系数，它既是检验晶体管经过硼磷扩散所形成的两个扩散结质量优劣的重要标志，也是晶体管一个重要的电学参数。影响 β 值的因素很多，可以通过扩散工艺提高 β 值，比如减小基区宽度、减少复合、减小发射区薄层电阻 R_{se} 与基区薄层电阻 R_{sb} 的比值以提高发射极的注入效率。

8.2.5　扩散条件的选择

扩散层质量参数与扩散条件密切相关，扩散条件合适，才可能获得合乎质量要求的扩散层。扩散条件包括扩散方法、扩散杂质源和扩散温度和时间。

1. 扩散方法的选择

扩散方法分气—固扩散、液—固扩散和固—固扩散。其中常用的气—固扩散又可分为闭管扩散、箱法扩散和气体携带法扩散。

闭管扩散的特点是把杂质源和将要扩进杂质的衬底片密封于同一石英管内，因而扩散的均匀性重复性较好，扩散时受外界影响小，在大面积深结扩散时常采用这种方法。由于密封还能避免杂质蒸发，对扩散温度下挥发剧烈的材料最适用(如 GaAs 扩散)。其缺点是工艺操作繁琐，每次扩散后都需敲碎石英管，石英管耗费大。另外，每次扩散都要重新配源。

箱法扩散是将源和衬底片(如硅片)同置于石英管内，这种方法只要箱体本身结构好，源蒸汽泄漏率恒定，仍然具有闭管扩散的优点，常用于集成电路中的埋层锑扩散。但它比闭管扩散前进了一步，不用每次敲碎石英管。

气体携带法扩散又包括气态源、液态源和固态源三种。气态源(如 AsH_3、B_2H_6)可通过压力阀精确控制，使用时间长，但稳定性较差，毒性大。液态源扩散不用配源，一次装源后可用较长时间，且系统简单操作方便，但受外界因素影响较大。固态源扩散(如氮化硼片、磷钙玻璃片扩散法等)，源片和硅片交替平行排列，有较好的重复性，均匀性使用于大面积扩散，但片源易吸潮变质，在扩散温度较高时还容易变形。

扩散方法多种多样，各种方法都有自己的特点和问题，应根据实际情况选择合适的扩散方法。

2. 扩散杂质源的选择考虑因素

扩散杂质源的要求为：

(1) 对所选择的杂质源，SiO_2 膜能有效地掩蔽扩散；

(2) 在硅中的固溶度大于所需要的表面浓度；

(3) 扩散系数大小适当，不同杂质的扩散系数大小应搭配适当，例如基区扩散杂质硼，发射区扩散杂质磷；

(4) 纯度高；

(5) 杂质电离能小；

(6) 使用方便安全。

例如，磷扩散的时间比较短(约 10 min)，难以控制，重复性差，用磷来实现浅结高浓度扩散很困难。如果采用砷杂质，由于在相同温度和相同杂质浓度下，砷在硅中的扩散系数比磷要小一个数量级左右，可在较高温度下进行较长时间的扩散，易于实现浅结高浓度扩散。另外，由于砷原子的四面体半径与硅相接近，砷扩散到硅中后，一般不易产生失配位错，从而不会产生高浓度磷扩散所引起的"发射区陷落效应"，可使基区宽度做到小于0.1 μm，有利于提高微波晶体管的性能。因此，在微波晶体管中，通常用砷代替磷做施主杂质。

已经掺入的杂质，在后续的热处理过程中，要求杂质分布变化小。例如，硅集成电路的埋层杂质源，为了不致在以后的长时间隔离扩散时，使埋层向外延层推移太多，要求埋层扩散杂质源的扩散系数尽可能小。锑和砷的扩散系数都比较小，可以用于埋层的杂质源，从埋层扩散对杂质扩散系数要求来看，采用砷比锑更理想，而且固溶度大。但砷有毒，蒸汽压又高，在工艺操作上有一定的困难，因此一般还是不采用砷而采用锑。

可见，实际选用什么杂质较合适，要根据不同扩散对杂质源的要求来选择。

3. 扩散温度和扩散时间的确定

选定扩散方法和扩散源后，可以根据给出的结构参数来估计所需要的扩散温度和扩散时间。

所选定的温度，必须使它所对应的固溶度大于所要求的表面浓度，对于 B、P、Sb 等在硅中的固溶度，在 900～1200℃ 范围内变化不大，因此，预淀积的温度最低可选取至 900℃；要易于控制，具体地说，就是温度不可太高，以免扩散时间太短，难于控制，影响扩散的重复性和均匀性；在所选定的温度范围附近，杂质的扩散系数、固溶度、化合物源的分解速率等方面随温度的变化要小，以便使温度的偏离对扩散结果的影响较小。根据上述考虑，对于硅中硼基区预淀积的温度一般选取 900～980℃。如果要求较大的扩散结深和较高的表面浓度，为缩短扩散时间，也可以选得高一些，如隔离硼预淀积和埋层锑扩散等。

再分布考虑的主要问题是获得一定的结深。扩散温度和时间必须统筹考虑。一般来说，要求扩散时间不要太长，温度也不宜太高，以免影响器件的性能。对于表面浓度较高和扩散结深较大的慢扩散杂质，在不影响 PN 结性能及表面不出现合金点的前提下，可适当提高温度，以缩短扩散时间。对于结深较浅的扩散，温度选择不宜太高，以免扩散时间太短，结深不易控制，以满足器件设计的要求，即达到一定的结深和表面浓度。

方块电阻的大小主要靠调节预淀积的温度和时间，特别是调节温度来实现。通过调节预淀积和再分布的温度与时间以及 SiO_2 层的厚度，就可以调整和控制扩散层的方块电阻。但必须指出，至于再分布的温度和时间，因为决定着器件所要求的结深，一般不应变动，因此用以调节 $R_\square$ 的余地很小。调节再分布时通干氧和湿氧的时间比例，也可以调节 $R_\square$，但往往对 SiO_2 层的厚度有一定的要求，所以调节的幅度也是有限的。

8.3　离子注入法

离子注入是一个物理变化过程。晶圆被放在离子注入机的一端，气态掺杂离子源在另一端。掺杂离子被电场加到超高速，穿过晶圆表层，好像一粒子弹从枪内射入墙中。

注入离子在靶片中分布的情况与注入离子的能量、性质和靶片的具体情况等因素有关。对于非晶靶，离子进入靶时，将与靶中的原子核和电子不断发生碰撞。碰撞过程中，离子的运动方向将不断发生偏折，能量不断减少，最终在某一点停下来。离子从进入靶起，到最终停止下来的点之间所通过路径的总距离称为入射离子的射程。在入射离子进入靶时，每个离子的射程是无规则的，但大量以相同能量入射的离子仍然存在一定的统计规律，在一定条件下，其射程具有确定的统计平均值。为了确定注入离子的浓度(或射程)分布，首先应考虑入射离子如何与靶片中的原子核和电子发生相互作用的过程。有人认为，在离子进入靶的过程中，与靶原子核和电子发生碰撞而损失能量时，这两种碰撞机构的情况是不同的。当离子与靶原子核碰撞时，由于两者的质量一般属于同一数量级，散射角较大，经过碰撞，离子运动方向将发生较大的偏折。同时，在每次碰撞中，离子传递给靶原子核的能量也较大。在离子与靶原子碰撞时传递的能量大于晶格中原子的结合能时，靶原子将从其格点位置上脱出，同时留下一个空位，这些空位将形成晶格缺陷。而入射离子与靶电子碰撞时，由于电子质量比离子质量小几个数量级，故在一次碰撞中，离子损失的能量要小得多，而且碰撞时离子的散射角也很小，可以忽略不计，即可以认为离子与靶中电子碰撞时其运动方向不变。所以，可以把入射离子能量的损失分为入射离子与原子核的碰撞过程和束缚电子与自由电子的碰撞过程是两个彼此独立的过程，即核阻挡过程和电子阻挡过程。

8.3.1　离子注入法的特点

与热扩散工艺相比，离子注入法有如下几个突出的优点：

(1) 可在较低温度下(低于 750℃)将各种杂质掺入到不同半导体中，避免由于高温产生的不利影响；

(2) 能精确控制基片内杂质的浓度、分布和注入浓度，对浅结器件的研制有利；

(3) 所掺杂质是通过分析器单一地分选出来后注入到半导体基片中去的，可避免混入其他杂质；

    (4) 能在较大面积上形成薄而均匀的掺杂层；

    (5) 获得高浓度扩散层不受固浓度限制。

离子注入法也有如下几个明显的缺点：

    (1) 在晶体内产生的晶格缺陷不能全部消除；

    (2) 离子束的产生、加速、分离、集束等设备价格昂贵；

    (3) 制作深结比较困难。

8.3.2　离子注入设备

离子注入设备示意图如图 8-3 所示。

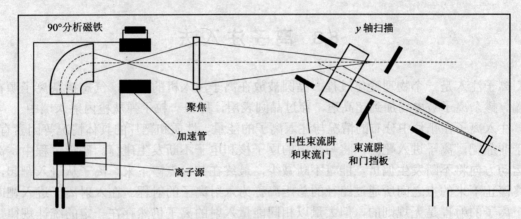

图 8-3　离子注入设备示意图

离子注入设备包括以下几个主要部件：

1. 离子源

离子源是产生注入离子的发生器。常用的离子源有高频离子源、电子振荡型离子源和溅射型离子源等。把引入离子源中的杂质，经离化作用电离成离子。用于离化的物质可以是气体也可以是固体，相对应的就有气体离子源和固体离子源。为了便于使用和控制，偏向于使用气态源，但气态源大多有毒且易燃易爆，使用时必须注意安全。

2. 分析器

从离子源引出的离子束一般包含有几种离子而需要注入的只是某一种，需要通过分析器将所需要的离子分选出来。

分析器有磁分析器和正交电磁场分析器。磁分析器用得较多。分析器的末端是一个只能让一种离子通过的狭缝，通过调整磁场强度大小获得所需离子。

3. 加速器

离化物质失去电子变成离子后，还必须利用一强电场来吸引离子，使离子获得很大的速度，以足够的能量注入靶片内。

4. 扫描器

通常，离子束截面比较小，约为 mm² 数量级，且中间密度大，四周密度小，这样的离子束流注入靶片，注入面积小且不均匀，根本不能用。扫描就是使离子在整个靶片上均匀注入而采取的一种措施。

扫描方式有：靶片静止，离子束在 x、y 两方向上做电扫描；离子束在 y 方向上做电扫描，靶片沿 x 方向做机械运动；离子束不扫描，完全由靶片的机械运动实现全机械扫描。

5. 偏束板

离子束在快速行进过程中，有可能与系统中的残留中性气体原子或分子相碰撞，进行电荷交换，使中性气体分子或原子成为正离子，而束流电子成为中性原子，并保持原来的速度和方向，与离子束一同前进成为中性束。中性束不受静电场作用，直线前进而注入靶片的某一点，因而严重影响注入层的均匀性。为此，在系统中设有静电偏转电极，使离子束流偏转 5° 左右再到达靶室，中性束因直线前进不能到达靶室，从而解决了中性束对注入均匀性的影响。

6. 靶室

靶室也称工作室，室内有安装靶片的样品架，可以根据需要做相应的机械运动。

7. 其它设备

其它设备主要包括真空排气系统、电子控制设备等。

8.3.3 晶体损伤和退火

注入离子在靶片中的分布情况与注入离子的能量、性质和靶片的具体情况等因素有关，可以把整个过程看成是核阻挡过程(离子和原子核的碰撞)和电子阻挡过程(束缚电子和自由电子碰撞)两个过程共同作用的结果。

对于非晶靶，射程分布决定于入射离子的能量、质量和原子序数，靶原子的质量，原子序数和原子密度，注入离子的总剂量和注入期间靶的温度。对于单晶靶，射程分布还依赖于晶体取向。离子沿沟道前进时，来自靶原子的阻止作用要小得多，因此射程也大得多，这种现象称为"沟道效应"。

在利用离子注入技术制备半导体器件的 PN 结时，为了精确控制结深，常采用注入方向相对于晶片的晶轴方向偏离 8°。

杂质离子注入到半导体样品的过程中，要与靶原子发生多次猛烈的碰撞。如果入射离子与靶原子在碰撞时传递给靶原子的能量大时，则靶原子从晶格的平衡位置脱出，成为移位原子，同时在晶格中留下一个空位，而移位原子和注入离子则停留在间隙或替位位置上。因此，离子注入在固体内形成了空位、间隙原子、间隙杂质原子和替位杂质原子等缺陷。这些缺陷的相互作用，还会形成大量的复合缺陷。我们把晶体损伤分为晶格损伤、损伤群簇和空位—间隙等几种情况。

修复晶体损伤和注入杂质的电激活可以通过加热的步骤来实现，称为退火。退火的温度应低于扩散掺杂时的温度，以防止横向扩散。通常炉管中的退火在 600～1000℃ 之间的氢环境中进行。退火方法有热退火、激光退火和电子束退火等。

对于热退火，因为离子注入形成的稳定缺陷群，在热处理时分解成点缺陷和结构简单的缺陷，在热处理温度下，能以较高的迁移率在晶体中移动，逐渐消灭，或被原来晶体中的位错、杂质或表面所吸收，从而使损伤消除，晶格完整性得以恢复。一般，按这种方式恢复晶格时，需要的退火温度较低，通常只需要在600～650℃下退火20 min即可。但如果注入剂量不大，则退火温度较高，例如850℃以上。为了使注入层的损伤得到充分消除，也有把退火温度提高到950℃或1000℃以上，退火时间增加到数小时的。

热退火能够满足一般的要求，但也存在较大的缺点：一是热退火消除缺陷不完全，实验发现，即使将退火温度提高到1100℃，仍然能观察到大量的残余缺陷；二是许多注入杂质的电激活率不够高。

激光退火是用功率密度很高的激光束照射半导体表面，使其中离子注入层在极短时间内达到很高的温度，从而实现消除损伤的目的。激光退火时整个加热过程进行得非常快速，加热仅仅限于表面层，因而能减少某些副作用。激光退火目前有脉冲激光退火和连续激光退火两种。

电子束退火是用电子束照射半导体表面，其退火机理一般认为与脉冲激光退火一样，也是液相外延再生长过程。它与激光退火相比，束斑均匀性较好，能量转换效率可达50%，比激光退火的1%高得多。

8.4　金　扩　散

金扩散的主要目的是减少晶体管集电区的少数载流子寿命，缩短储存时间，提高开关速度。合理的金扩散，能有效地提高开关速度，对质量不太好的外延片来说，金扩散还有改善集电结反向特性的作用。金扩散工艺是某些硅器件和集成电路所特有的一道工艺。

金在硅中的扩散，一般认为是以间隙—替位分解扩散方式进行的。所谓间隙—替位分解扩散，就是扩散既有间隙式又有替位式的，但主要是以间隙式机构进行扩散，间隙式扩散约占90%左右。间隙式金原子遇到晶格空位时，可以被空位俘获，成为替位式的金原子，当然，如果过程反过来也是一样。

金在硅中的扩散是一个复杂的过程，它的扩散系数除了与温度有关外，还与缺陷浓度和掺杂浓度等因素有关。掺入硅中的金原子大部分是占据替位位置，这样，当一些空位被金原子占据后，在一定温度下，为了保持空位在热平衡时的数目，就要求额外增加空位。金在硅中扩散的快慢与硅中产生空位的难易程度有关。对于缺陷严重的晶体如位错、层错密度很大，或者晶体表面、高浓度磷扩散区和氧化层的下面等，较易产生空位，易于维持热平衡时的空位数目，在这种情况下金的扩散系数较大，反之，扩散系数较小。

金在硅中的浓度分布很复杂，除了受到通常的影响因素之外，还受到硅衬底的缺陷，以及金在硅中的固溶度与衬底掺杂浓度等有关因素的影响。金在硅中浓度的大小，由间隙式金原子和替位式金原子的比率所决定。一般情况下，扩散后占据替位位置的金原子数目远比占据间隙位置大，金扩散在硅中的浓度主要由替位式金原子数目所决定。对于缺陷严重的晶体，较易产生空位。于是金原子在以间隙式进行扩散的过程中，当遇到晶格空位时，便被俘获转变为不太容易移动的替位式金原子。显然这种转变在空位源处最多，硅片表面特别是进行了热氧化的表面，位错线和高浓度磷扩散区域等晶格缺陷或断面都是空位源，这些地方有较多的金堆积。

对于位错密度较低的磷扩散硅片，金扩散后没有发现金高度集中的区域，而且金浓度下降也比较缓慢。在这种情况下，集电区可以获得较高的金浓度分布，使晶体管的储存时间比较短，开关速度较快。这一点对制造开关管很重要。

金扩散工艺要求金扩散温度所对应的固溶度应当高于所要求的掺金浓度，扩散时间应当选得使金能完全扩透整个硅片。常取扩散温度为 800～1050℃，扩散时间为 10～15 min，采用 N_2 保护气氛。扩金后的冷却过程和后面各道工序的冷却过程，必须采取急速降温的方法。这是因为金在硅中的扩散系数很大，固溶度较小，固溶度随温度的变化极大，所以在金扩散后的冷却过程中，如果是逐渐冷却的，则金就要在表面析出，或者在硅片中局部积聚起来，起不到复合中心的作用。此外，磷扩散的浓度不要高到出现反常分布的程度，以免引入过多的位错线。磷再分布的温度也不要过低，以便使集电区保持较高的金浓度分布。扩散用的金源，通常是事先蒸发到硅片表面上的一层厚度约为 50 nm 的金膜。因为 Au-Si 的共熔点为 870℃，因此金扩散时，实际上是以 Au-Si 合金液态源的形式进行的。形成 Au-Si 合金时将损伤硅片表面，所以扩散前总是将金层蒸发在硅片的背面上。若是经过氧化扩散后的硅片，则在蒸金前应该除去硅片背面的 SiO_2 层。

金扩散虽然能改善某些器件和集成电路的开关特性，但也带来了一些不利的影响，例如，有时会引起共发射极电流放大系数 β 做不大和集电区电阻增大，所以，有时也采用其他途径来改善开关特性。

复 习 思 考 题

8-1　什么是掺杂？主要的掺杂方法有哪些？

8-2　什么是热扩散方法？有什么特点？

8-3　什么是离子注入方法？有什么特点？

8-4　简述热扩散方法的两步扩散工艺。

8-5　什么叫退火？离子注入方法为什么需要退火？

8-6　退火有哪几种方法？各有何特点？

8-7　扩散层质量参数主要有哪几项？试对其进行简单描述。

8-8　什么是替位式扩散？哪些杂质扩散属于替位式扩散？

8-9　什么是间隙式扩散？哪些杂质扩散属于间隙式扩散？

8-10　为了在 N 型衬底上获得 P 型区，需掺何种杂质？为了在 P 型衬底上获得 N 型区，需掺何种杂质？

8-11　热扩散与离子注入工艺各有什么优缺点？

第9章 封　　装

封装是利用某种材料将芯片保护起来，并与外界环境隔离的一种加工技术。大多数情况下，我们完成了晶圆上的芯片制造，需要将其封装以后，才能应用于电子电路或电子产品中。

微电子的封装史从晶体管出现就开始了。20 世纪 50 年代以三根引线的 TO(Transistor Outline，晶体管外壳)型金属-玻璃封装外壳为主，后来又发展出金属封装、塑料封装、陶瓷封装和表面安装技术(SMT)等，随着每块集成电路芯片上器件数目的增长和器件性能要求的提高，封装设计面临更大的挑战。

9.1　封装的功能和形式

9.1.1　封装的功能

微电子封装的功能通常有五种：电源分配、信号分配、散热通道、机械支撑和环境保护。通过封装，使管芯有一个合适的外引线结构，提高散热和电磁屏蔽能力，提高管芯的机械强度和抗外界冲击能力等。

1．电源分配

电路需要电源才能工作，不同的电路所需电源也是不同的，微电子封装首先要能接通电源，使芯片能流通电流；其次，微电子封装时，要将不同部位的电源分配恰当，以减少电源的不必要损耗。当然，还要考虑地线的分配问题。

2．信号分配

布线时应尽可能使信号线与芯片的互连路径及引出路径最短，以保证电信号延迟尽可能小。对于高频信号，还应考虑信号间的串扰。

3．散热通道

不同的封装结构和材料具有不同的散热效果，微电子封装要考虑器件、部件长期工作的热量散出的问题。对于功耗大的集成电路，使用中还应考虑附加热沉或使用强制风冷、水冷方式，以保证系统能正常工作。

4．机械支撑

通过封装，将芯片与电路板或电子产品直接相连接。微电子封装可为芯片和其他部件提供牢固可靠的机械支撑，防止芯片破碎，并能适应各种工作环境和条件的变化。

5. 环境保护

环境保护分为两个方面，首先，半导体芯片在没有将其封装之前，始终处于周围环境的威胁之中，有的环境条件极为恶劣，必须将芯片严密封装，使芯片免受微粒的污染和外界损伤，特别是免受化学品、潮气或其他干扰气体的影响。另外，半导体器件和电路的许多参数，以及器件的稳定性、可靠性都直接与半导体表面的状态密切相关，微电子封装对芯片的保护作用显得尤为重要。

9.1.2　封装的形式

集成电路的封装形式从晶体管的 TO 封装发展到今天的 BGA、MCM 封装，各个时期的封装技术都是随着集成电路芯片技术的发展而发展的。集成电路的尺寸、功耗、I/O 引脚数、电源电压、工作频率是影响微电子封装技术发展的主要内因。现代集成电路的芯片面积更大，功能更强，结构更复杂，I/O 引脚数更多，工作频率更高，使微电子封装呈现出 I/O 引脚数急剧增加(塑封 BGA 可达 2600 个引脚)，封装更轻更薄更小，电、热性能更高，可靠性更高，安装使用更方便，向表面安装式封装(SMP)方向发展的诸多特点。

常见的微电子封装形式简单介绍如下：

1. 玻璃封装

小功率二极管大多采用玻璃封装。玻璃既可保护管芯不受外界环境影响，又可对管芯表面起钝化作用。封装时先将玻璃粉加水调成糊状，涂敷在管芯及两侧的圆杆状引线上，送入链式炉，经 650～700℃烧结 10 分钟左右即可。若将玻璃钝化工艺与塑封技术相结合，既可实现玻璃封装的高稳定性、可靠性，又可大大降低成本。这种封装形式正逐步代替玻璃封装。

2. 金属管壳封装

晶体管普遍采用金属管壳封装。金属管壳坚固耐用、抗机械损伤能力强，导热性能良好，还有电磁屏蔽作用，可防止外界干扰。

3. 塑料封装

塑料封装是利用某些树脂和特殊塑料来封装集成电路的方法。塑料封装的特点是价格低廉、体积小、重量轻。用于塑料封装的主要是有机硅和环氧类。有机硅酮树脂固化后有优良的介电性能及化学稳定性，高温、潮湿情况下介电常数变化不大，可在 200～250℃条件下长期工作，短期可耐 300～400℃的温度，具有一定抗辐射能力；缺点是与金属、非金属材料粘结不好。环氧类物质具有较高的粘结性，介电损耗低，绝缘性、耐化学腐蚀性及机械强度比较好，成型后收缩性小，有一定的抗辐射、抗潮湿能力，耐温到 150℃左右，但高频性能及抗湿性能不佳。

4. 陶瓷封装

陶瓷封装是利用陶瓷管壳进行器件密封。其特点是体积小、重量轻，能适合电子计算机和印制电路组装的要求，而且管壳对电路的开关速度和高频性能影响很小，封装工艺也比金属封装简便得多。陶瓷封装的绝缘性、气密性、导热性都比较好，但成本较高，对于那些可靠性要求特别高的 IC 或芯片本身成本较高的器件，才用陶瓷封装。陶瓷封装有扁平结构和双列直插结构两种形式。

5. 表面安装技术(SMT)

SMT 包括元器件的安装、连接和封装等各种技术，是高可靠、低成率、小面积的一种封装或组装技术。它利用钎焊等焊接技术将微型引线或无引线元器件直接焊接在印制板表面。元器件贴装形式有单面贴装和双面贴装两种。在高可靠电子系统中常采用陶瓷基板。

9.2　微电子封装工艺流程

微电子封装基本工艺流程为：底部准备→划片→取片→镜检→粘片→内引线键合→表面涂敷→封装前检查→封装→电镀→切筋成型→外部打磨→封装体→印字→最终测试。

1. 底部准备

底部准备包括底部磨薄和去除底部的受损部分及污染物，某些芯片底部还要求镀一层金(利用蒸发或溅射工艺完成)。加工过程中晶圆圆片不宜过薄，厚度一般为 55～65 丝左右，这么厚的硅片，后道加工不便，需要底部磨薄。同时，底部磨薄还可以减少串联电阻，且有利于散热。磨薄须将正面保护起来，方法是在正面涂一层薄光刻胶或粘一层和晶片大小尺寸相同的聚合膜，借助真空吸力来吸住硅片。将圆片的正面粘贴在片盘上后，用金刚砂加水进行研磨，一般磨掉 20～30 丝。减薄后再去除正面的保护膜，比如，可用三氯乙烯去白蜡。

蒸金可以减少串联电阻，使接触良好，同时也便于焊接。蒸金方法与蒸铝类似，仅是蒸发源不同而已。

2. 划片

划片是利用划片锯或划线—剥离技术将晶片分离成单个芯片。划片有划片分离或锯片分离两种方法。

1) 划片分离

将晶片在精密工作台上精确定位，用尖端镶着钻石的划片器从划线的中心划过，划片器在晶片表面划出了一条浅痕，通过加压的圆柱滚轴后晶片得以分离。当滚轴滚过晶片表面时，晶片将沿划痕分离开。分裂是沿着晶片的晶体结构进行的，会在芯片上产生一个直角的边缘。

由于半导体材料具有各向异性的特性，因此在划片时，一般平行于<111>晶向的表面上，力求刀痕比较平坦、连续，才能使沿划痕断裂较方便。一旦划片偏离此晶向，硅片就会沿着解理面而裂开，不能获得完整的芯片。因此，对于划片分离要调整好晶向，不能随意划片。划片时要求刀痕深而细，而且要一次定刀，这样碎片少，残留内部应力小。因此，刀尖要求极细而锋利，刀具安装必须注意刀刃方向，要求严格与划线方向一致。

具体操作步骤如下：

(1) 把硅片放在划片机载板上，用吸气泵吸住，调节金刚刀压力，用显微镜观察刀刃的走向是否偏离划片中心定位并适当调整。

(2) 用刀刃沿锯切线划线。先一个方向划线，然后再转 90°划另一个方向。有些划片机安装有自动步进设备和自动调压装置，以提高划片精度和质量。

(3) 取下硅片，放在塑料网格中，浸入丙酮进行超声波清洗，去除表面残屑，最后烘干。

(4) 把硅片放在橡皮垫板上，用玻璃棒在硅片背面轻轻辗过，硅片就裂成单个独立的芯片。

金刚刀划片虽然工艺简单，但是，随着集成度越来越高，线条越来越细，常用激光划片代替金刚刀划片。

激光划片是用高能量的激光束，在硅片背面沿划片槽打出小孔(类似邮票孔)，然后用同样方法裂成小管芯。由于激光束小于 10 μm(金刚刀刀痕约 20～25 μm，划片时两边的损伤及裂缝有 20～30 μm)，因此可大大减少划线的损伤区，而且作用时间很短，不至于影响不同器件的性能，对提高器件的可靠性大有好处。激光划片用红外显微镜来对准，从背面进行打点。

2) 锯片分离

对于厚晶片，常采用锯片分离法。锯片机由可旋转的晶片转台、自动或手动的划痕定位影像系统和一个镶有钻石的圆形锯片组成。用钻石锯片从芯片划过，锯片降低到晶片的表面划出一条深 1/3 晶片厚度的线槽，然后用圆柱滚轴加压法将芯片分离成单个芯片，也有直接用锯片将晶片完全锯开的。锯片分离法划出的芯片边缘较好，裂纹和崩角也较少，所以在划片工艺中锯片法是首选方法。

3. 取片

划片后，从分离出的芯片中挑选合格的芯片(非墨点芯片)。划片时将芯片粘结在一层塑料薄膜上，加热使薄膜受热膨胀向四周拉伸，粘在薄膜上的芯片随之分割开来，称为绷片技术。常用这种方法辅助取片工艺。

手动模式中，操作工用真空吸笔将一个个非墨点芯片取出放入到一个区分的托盘中。

自动模式中，真空吸笔会自动拣出合格品芯片并将其置入用于下一工序中分区的托盘里。

4. 镜检

在划片与裂片之后，还要对那些合格的芯片进行镜检。所谓镜检就是经过光学仪器(如显微镜)的目检，来确定边缘是否完整，有无污染物及表面缺陷，剔除不合格芯片，提高器件的可靠性。

镜检工作单调而简单，但对于质量从严把关和质量反馈，开展全面质量管理(TQC)，是很重要的一个环节。

5. 粘片

粘片是将芯片和封装体牢固地连接在一起，同时还能把芯片上产生的热传导到封装体上。

粘片要求永久性的结合，不会在流水作业中松动或变坏或者在使用中松动或失效。尤其对应用于很强的物理作用下，例如火箭中的器件，此要求显得格外重要。

粘片剂的选用标准应为不含污染物，加热时不释放气体，高产能，经济实惠。有两种最主要的粘片技术，即低熔点融合法和银浆粘贴法。

1) 低熔点融合法

金的熔点为 1063℃，硅的熔点为 1415℃，若金和硅混合，在 380℃时就可以溶解成合金。在粘片区域沉积或镀上一层金和硅的合金膜，然后对封装体加热，使合金融化成液体，把芯片安放在粘片区，经研磨，将芯片与封装体表面挤压在一起。冷却整个系统，便完成了芯片与封装体的物理性与电性的连接。

2) 银浆粘贴法

银浆粘贴法采用渗入金属(如金或银)粉的树脂作为粘合剂。一开始先用针形的点浆器或表面贴印法在粘片区沉积上一层树脂黏合剂。芯片由一个真空吸笔吸入粘片区的中心，向下挤压芯片以使下面的树脂形成一层平整的薄膜，最后烘干。将来料放入烤炉内，升至特定温度时，完成对树脂粘结点的固化。

树脂粘贴法经济实惠，易于操作，容易实现工艺自动化，缺点是在高温时树脂容易分解，粘结点的结合力不如金-硅合金牢靠。

成功的粘片包括三个方面：

(1) 芯片在粘片区持续良好的位置摆放和对正；

(2) 与芯片接触的整个区域形成牢固、平整、没有空洞的粘片膜；

(3) 粘片区域内没有碎片或碎块。

6. 内引线键合

将半导体器件芯片上的电极引线与底座外引线连接起来的过程，就是内引线键合，又称打线工艺。这道工艺可能是封装流程中最重要的一步。

随着半导体器件和工艺的不断发展，内引线焊接工艺也从早期的烧结镍丝(合金管)和拉丝(合金扩散管)，逐步发展到热压焊接和超声键合。尤其是随着集成电路的迅速发展，焊接工艺又发展到载带自动焊(TAB 焊)。

1) 线压焊

通常采用一条直径约 0.7～1.0 mm 的细线，先压焊在芯片的压焊点上，然后延伸至封装框架的内部引脚上，再将线压焊至内部引脚上，最后，线被剪断。然后在下一个压焊点重复整个过程。

线压焊概念上虽然很简单，但定位精确度要求高，线头压焊点电性连接要好，对延伸跨度的连线要求保持一定的弧度且不能扭结，线与线间要保持一定的安全距离。理想的引线材料应具备下列特点：

(1) 能够与半导体材料形成低阻接触；

(2) 电阻率低，有良好的导电性能；

(3) 与半导体材料之间结合力强；

(4) 化学性能稳定，不会形成有害的金属间化合物；

(5) 可塑性好，容易焊接；

(6) 在键合过程中能保持一定的几何形状等。

线压焊材料通常选用金线或铝线，这两种材料的延展性强、导电性好、牢固可靠、能经受住压焊过程中产生的变形。

(1) 金线压焊法。金的化学稳定性、延展性、抗拉性好，同时又容易加工成细丝，是迄今为止公认的常温下最好的导体，导热性也极好，又能抗氧化和腐蚀，因此，常把金丝作为首选引线材料。不过，金丝容易与蒸发铝电极在高温(200℃)时，相互作用形成金属化合物"紫斑"。"紫斑"使导电性能降低，也易造成碎裂而脱键，因此，使用金丝时应尽量避免金铝系统。在多层结构电极中，导电层大多采用金，因而可采用金-金结合。

金线压焊有两种方法：热挤压法和超声波法。

热挤压法又称 TC 压焊法，先将封装体在卡盘上定位，然后将封装体连同芯片加热到 300～350℃之间，芯片经过粘片工艺固定在框架上，被压焊的金线穿过毛细管(见图 9-1)。用瞬间的电火花或很小的氢气火焰将金线的线头熔化成一个小球，将带着线的毛细管定位在第一个压焊点的上方。毛细管往下移动，迫使熔化了的金球压焊在压焊点的中心，在两种材料之间形成一个牢固的合金结。这种压焊法通常称为球压焊法。芯片上的球压焊结束后，毛细管移到相应的内部引脚处，同时引出更多的金线。同样，在内部引脚处，毛细管向下移动，金线在热和

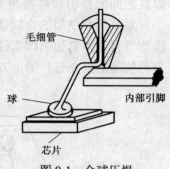

图 9-1　金球压焊

压力的作用下熔化到镀有金层的内部引脚上。电火花或小氢气焰对金线头进行加工，为下一个压焊点做出金球。持续进行整个步骤，直至完成所有的压焊点和其对应的内部引脚的连接。

超声波法与热挤压法步骤类似，不同的是工作温度可以更低。通过毛细管传到金线上的脉冲超声波能量，足以产生足够的热量和摩擦力来形成一个牢固的合金焊点。

大多数金线压焊的生产是用自动化设备来完成的，这些设备使用复杂的技术来定位压焊点和把线引出至内部引脚。最快的打线机可在一小时内压焊上千个点。

(2) 铝线压焊法。尽管铝线没有像金线那样好的传导性和抗腐蚀性，但仍然是一种重要的压线材料。铝的优点是其低成本，与压焊点属同一种金属材料，不容易受腐蚀且压焊温度较低，这与使用树脂粘合剂粘片的工艺更兼容。

铝线压焊的主要步骤与金线压焊大致相同，不同的是形成压焊结的方式。当铝线定位至压焊点上方时，一个楔子向下将铝线压到压焊点上，同时有一个超声波的脉冲能量通过楔子传递来形成焊结(见图 9-2)。焊结形成后，铝线移到相应的内部引脚上，形成另一个超声波辅助的楔压焊结。这种形式的压焊通常称为楔压焊。压焊结束后，线被剪断。金线压焊中，在封装体处于固定的位置下，毛细管可以自由地在压焊点与内部引脚之间移动。在铝线压焊中，每次单个的压焊步骤完成后，封装体必须被重新定位。压焊点与内部引脚之间的对正要与楔子和铝线的移动方向一致。大多数铝线压焊的生产仍是由高速的机器来完成的。

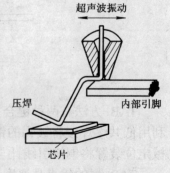

图 9-2　铝线压焊

2) 反面球压焊

线压焊每一个连接点处均有电阻。如果线与线靠得太近，可能会造成短路。另外，每个线压焊要求有两个焊点，并且一个接着一个，这些限制了线压焊的发展。为解决这个问

题，可用沉积在每个压焊点上的金属突起物来替代金属线，把芯片翻转过来后对金属物的焊接实现了封装体的电路连接。每个金属突起物对应封装器件内部的一个引脚。封装体可以做得更小，电阻可以降到最低，连线也可以做到最短。

3) 载带自动焊(TAB 焊)

TAB 焊接技术包括载带内引线与芯片凸点间的内引线焊接和载带外引线与外壳或基板焊区之间的外引线焊接两大部分，还包括内引线焊接后的芯片焊点保护及筛选和测试等。

系统所要使用的金属通过喷溅法或蒸发法沉积到载带上，使用机械压模方法制造一条连续的带有许多单独引脚系统的载带，芯片定位在卡盘上，载带的运动由链轮齿的转动来带动，直至精确定位在芯片的上方进行压焊。图 9-3 和图 9-4 分别所示为反面球压焊和载带自动焊。

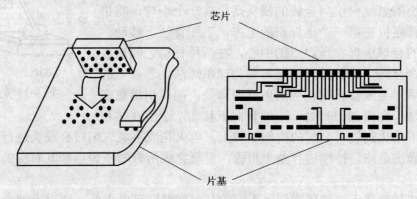

芯片

片基

图 9-3　反面球压焊

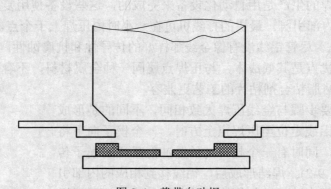

图 9-4　载带自动焊

TAB 方法有两种键合方式：一种是利用热压将镀金的铜箔针与键合点键合；另一种是利用低共熔焊接将镀锡的铜箔针与镀金的键合点键合。铜箔带上有定位孔，计算机控制机械定位装置将铜箔引线针与芯片或基座键合点对准，然后键合。

TAB 焊的优点是速度快，可一次性完成所有引脚的焊接，而且载带和链齿轮的自动控制系统易于操作。

7. 表面涂敷

表面涂敷工艺指管芯压焊后的表面覆盖一层粘度适中的保护胶，经热固化后，牢固地紧贴在管芯表面上的工艺。表面涂敷目的有两个：一是使电极与引出线之间的连接更加牢固可靠；二是避免周围气氛中水汽、盐雾等对器件性能的影响。表面涂敷可以保护管芯、保护表面和固定内引线。

玻璃的导热性较差，玻璃封装的晶体管在工作时，PN 结处产生的热量通过周围涂料的热传导作用散发到管壳，再散发到管子外部，通常在管壳内填充一种涂料(一般常用的填充料为国产 295 硅脂)，它能将晶体管管芯保护起来，还能改善晶体管的散热问题。也有在管壳内放置一小块分子筛，或通氯气及抽真空，其目的都是为了提高器件的稳定性和可靠性。

8. 封装前检查

在线压焊完成后进行检查，目的是对已进行的工艺质量进行反馈，同时挑出那些可靠性不高的待封装芯片，避免芯片在使用过程中失效。

检查分商用级标准和军用级标准，内容包括芯片的粘片质量，芯片上压焊点和内部引线上打线的位置准确度、压焊球和楔压结的形状，质量及芯片表面完好度，有无污染、划痕等。

9. 封装

封装体的电子部分包括粘片区、压焊线、内部引脚及外部引脚，除此之外的其它部分称为封装外壳或封装体，它提供散热或保护功能。

封装按照完整性可分为密封型和非密封型两大类。密封型的封装体不受外界湿气和其他气体的影响，可用于非常严酷的环境中，如火箭和太空卫星等。金属和陶瓷是制造密封型封装体的首选材料。非密封型准确地说应是"弱密封性"，指封装体材料由树脂或聚酰亚胺材料组成，通常称为"塑料封装体"。

10. 电镀

封装体的引脚大多被镀上一层铅—锡合金。引脚电镀上金属，改善了引脚的可焊性，使器件与电路板间的焊接更牢固可靠；同时对引脚提供保护，防止其在存储期内不被氧化或腐蚀；另外，电镀还可以保护引脚，免受在封装和电路板安装工艺期间的腐蚀剂的侵蚀。常用的电镀方法有电解电镀(镀金和锡)和铅—锡焊接层。

在电解电镀工艺中，封装体被固定在支架上，每个引脚都连接到一个电势体上。支架浸入一个盛有电镀液的电解池中，在电解池中的封装体和电极上通一个小电流，电流使得电解液中的特定金属电镀到引脚上。

铅—锡焊接层加工有两种方法，一种是将封装体浸入到盛有熔化金属液的容器中得到焊层，另一种使用助波焊接技术，能很好地控制镀层的厚度并且缩短了封装体暴露在熔化焊料金属中的时间。

11. 切筋成型

切筋成型是将引脚和引脚之间多余的连筋去除掉，并且引脚也被切成同样的长度。如果此封装体是表面安装型，引脚会被弯曲成所需的形状。

12. 外部打磨

塑料封装器件需要将塑料外壳上的多余毛刺打磨掉，外部打磨可以用化学品腐蚀打磨，再用清水冲洗，也可以直接使用物理的方法用塑料打磨粒打磨。

13. 封装体印字

封装体加工完毕后，必须对其加注重要的识别信息，诸如产品类别、器件规格、生产日期、生产批号和产地。主要的印字手段有墨印法和激光印字法。

墨印法适用于所有封装材料而且附着性好。墨印法是先用平板印字机印字，然后将字烘干，烘干采用烤干炉、常温下风干或采用紫外线烘干完成。

激光印字法特别适用于塑料封装体，信息可永久地刻入在封装体的表面，对于深色材料的封装体又能提供较好的对比度。另外，激光印字速度快、无污染，因为封装体表面不需要外来材料加工，也不需要烘干工序。缺点是若印错字或器件状况改变则很难更正。

14. 最终测试

封装工序结束，器件要经过一系列测试，包括环境测试、电性测试、老化性测试。当然，有些产品只是抽检其中一项或两项而已，这要视封装器件的使用情况和客户的要求而定。

9.3 我国微电子封装技术的现状

我国的微电子封装技术经数年发展，已研制开发出一系列新型微电子封装结构，如 LCCC、PLCC、PGA、QFP、BGA、SOP 等。但由于对微电子封装认识上的落后，使得微电子封装技术长期处于附属位置，没有把它放到独立发展的应有地位，至今我国的微电子封装仍是以 PDIP 和 TO 型为主，只有为数不多的 PQFP、SOP 生产线，对 IC 芯片的封装也多以引进生产 SOP 和 PQFP 为主，至于当前国际上正飞速发展的 BGA、CSP、FC 等各类先进的微电子封装技术，几乎还是一片空白。

复 习 思 考 题

9-1 封装有什么功能？

9-2 简述微电子封装基本工艺流程。

9-3 什么是划片？划片工艺需要注意些什么？

9-4 为什么封装工艺需要镜检？如何镜检？

9-5 内引线键合主要有哪几种方法？

9-6 粘片工艺如何完成？

9-7 试比较线压焊中金线和铝线的优缺点。

9-8 封装体印字方法有哪几种？

9-9 IC 的后工序包括哪些步骤。

9-10 说明下列英文缩写的含义:

(1) DIP; (2) PGA; (3) BGA; (4) SOP; (5) SOJ; (6) QFP; (7) PLCC; (8) SMT.

第 10 章　污 染 控 制

在这一章里，我们将介绍芯片生产区域存在的污染类型和主要的污染源，以及主要的污染控制方法。解释污染对器件工艺、器件性能及器件可靠性的影响，同时，也将讨论对洁净室的规划要求，并对晶片表面的清洗工艺进行讨论。

10.1　污染控制的重要性

污染问题是芯片生产工业必须慎重对待并且要花大力气解决的首要问题。污染不仅仅来源于大规模集成电路生产过程，还包括提供的洁净室专用化学品和材料，甚至建造洁净室的建筑材料和建造手段也会引入污染。

10.1.1　主要污染物

半导体工业起步于由航空工业发展而来的洁净室技术。大规模集成电路的生产，不仅需要洁净室技术，还需要能够提供洁净室专用化学品和材料的供应商，以及具备建造洁净室知识的承包商。通过不断解决在各个芯片技术时代所存在的污染问题，洁净室技术与芯片的设计及线宽技术同步发展，如今，大规模的、复杂的洁净室辅助工业已经形成，并不断发展。

半导体器件极易受到多种污染物的损害，这些污染物大致可归纳为微粒、金属离子、化学物质和细菌四类。

1. 微粒

微粒包括空气中所含的颗粒、人员产生的微粒、设备和工艺操作过程中使用的化学品产生的颗粒等。在任何晶片上，都存在大量的微粒。有些位于器件不太敏感的区域，不会造成器件缺陷，而有些则属于致命性的。根据经验得出的法则是：微粒的大小要小于器件上最小的特征图形尺寸的 1/10，否则，就会形成缺陷。例如，1994 年，半导体工业协会将 0.18 μm 设计的光刻工艺中的缺陷密度，定为每平方厘米、每层尺寸为 0.06 μm 以下的微粒应少于 135 个。

随着集成电路特征图形尺寸的减小和膜层越来越薄。微粒对集成电路器件的影响越来越显得严重。落于器件的关键部位并毁坏了器件功能的微粒被称为致命缺陷。当然，致命缺陷还包括晶体缺陷和其他由于工艺过程引入带来的问题。由于特征图形尺寸越来越小，膜层越来越薄，所允许存在的微粒尺寸也必须被控制在更小尺度上。

2. 金属离子

在半导体材料中，以离子形态存在的金属离子污染物，我们称之为可移动离子污染物(MIC)。这些金属离子在半导体材料中具有很强的可移动性。即使在器件通过了电性能测试并且从生产厂运送出去，金属离子仍可在器件中移动从而造成器件失效。遗憾的是，绝大部分化学物质中都有能够引起器件失效的金属离子。

最常见的可移动离子污染物是钠。钠离子同时也是在硅中移动性最强的物质，因此，对钠的控制成为硅片生产的首要目标。

MIC 的问题对 MOS 器件的影响更为严重。有必要采取措施研制开发 MOS 级或低钠级的化学品。这也是半导体业的化学品生产商努力的方向。

3. 化学物质

化学物质指半导体工艺中不需要的物质。这些物质的存在将导致晶片表面受到不需要的刻蚀，在器件上生成无法除去的化合物，或者引起不均匀的工艺过程。最常见的化学物质是氯(CL)。在工艺过程用到的化学品中，氯的含量受到严格的控制。

4. 细菌

细菌是在工艺过程中的水的系统中或在不定期清洗的表面生成的有机物污染。细菌一旦在器件上生成，会成为颗粒状污染物或给器件表面引入不希望见到的金属离子。

10.1.2　污染物引起的问题

1. 器件工艺良品率下降

污染改变了器件的尺寸，使表面洁净度和平整度下降。在一个污染环境中制成的器件会引起许多问题。由于污染会导致成品率下降，成本上升，器件工艺良品率下降，因此生产过程中需要一系列特殊的质量检验来检测被污染的情况。

2. 器件性能下降

更为严重的问题是工艺过程中漏检的小污染，晶片表面看起来是干净的，但其中未能检测出的颗粒和不需要的化学物质、高浓度的可移动的离子污染物可能会改变器件的性能。而这个问题往往要等到进行电测试时才会显现出来。

3. 器件可靠性降低

小剂量的污染物可能会在工艺过程中混入晶片，如果未被通常的器件测试检验出来，这些污染物就会在器件内部移动，最终停留在电性能敏感区域，引起器件失效。如果该器件用于航空工业或国防工业，将会带来无法预料的损失。

污染控制技术伴随半导体工业的发展，如今已成为一门学科，而且是制造固态器件必须掌握的关键技术之一。

10.2　主要污染源及其控制方法

这里所说的污染源是指任何影响产品生产和性能的事物。由于半导体器件要求较高，半导体工业的洁净度要求远远高于其他工业。生产期间任何和产品相接触的物质都是潜在污染源。

主要污染源包括空气、厂务设备、洁净室工作人员、工艺用水、工艺化学品、工艺化学气体和其他污染源，下面将逐一介绍这些污染源及其控制方法。

10.2.1　空气

普通的空气中含有大量微粒或浮尘等颗粒污染物，只有经过处理后才能进入洁净室。洁净室的洁净度是由空气中微粒大小和微粒的含量来决定的。

按照美国联邦标准 209E 规定，空气质量由区域中空气级别数来表示。评价空气级别主要包括两方面的内容，即颗粒大小和颗粒密度。区域中空气级别数是指在一立方英尺(约合 0.0283 m³)中所含直径为 0.5 μm 或更大的颗粒总数，如每立方英尺含 1 万个颗粒则为 1 万级，一般城市的空气中大约 500 万个颗粒则为 500 万级。随着芯片加工精度越来越高，特征图形尺寸越来越小，对污染物颗粒大小和颗粒密度的限制也将越来越苛刻。

净化空气的方法主要有四种：洁净工作台法、隧道型设计、完全洁净室方法和微局部环境。

1. 洁净工作台法

航空航天工业为保证生产环境的空气清洁，首创了许多基本污染控制理念，包括人员的服装、洁净室建造材料的选择等。早期半导体工业把带有过滤天花板夹层和过滤墙体的方法改进为洁净工作台法，即使用无脱落的物质，把过滤器装在单个工作台上。在工作台以外，晶圆被装在密封的盒子中储存和运输。在大型车间中，按顺序排列的工作罩组成加工区，使晶圆依工艺次序经过而不暴露于空气中以避免污染。

洁净工作罩中的过滤器是一种高效颗粒搜集过滤器，称 HEPA 过滤器，含高密度小孔和大面积过滤层，使得大量的空气低速流过。

过滤方式根据空气流的方向命名。一般 HEPA 过滤器装在洁净工作台顶部，空气由风扇吸入，先通过前置过滤器，再通过 HEPA 过滤器，并以均匀平行的方式流出，气流在工作台表面改变方向，流出工作台。通常这种方式称为空气层流立式(VLF)工作台。有些工作台把 HEPA 过滤器装于工作台后部，称为空气层流平行式(HLF)工作台。

VLF 和 HLF 一方面完成工作台内的空气净化，另一方面，净化过程在工作台内产生一点空气正压，正压可防止由操作员与走廊产生的污染物进入工作台，用这两种方法可以保持晶圆清洁。

因为化学溶液蒸汽存在人身安全及污染的危险，如果工艺需要使用化学溶液，必须对 VLF 式工作台进行特殊设计，这种工作台必须接有空气排风，以吸收化学溶液蒸汽。在这种设计下，必须平衡 VLF 与排风中的空气流，来维持工作台的洁净级别数，而且晶片需存放在工作台中相对较洁净的前部。净化工作台的方法还应用在现代晶圆加工设备中。在每台设备上安装 VLF 或 HLF 式工作台来保持晶圆在装卸过程中的洁净度。

2. 隧道型设计

车间众多工作人员的移动而产生的污染可以用隧道加工车间解决。VLF 型过滤器装在车间天花板上，而不是在单独的工作台中。这种方法可保持流入的空气继续洁净，缺点是费用较高，不适于工艺改动。

3. 完全洁净室方法

天花板的 HEPA 过滤器实现空气过滤，并从地板上回收空气，保持持续的洁净空气流。工作台顶部带有贯通穿孔，可使空气无阻碍地流过。一级洁净车间中，洁净室的空气再循环要求每 6 秒钟循环一次。

VLF 式洁净罩隔离了晶圆与室内空气，隧道设计隔离了晶圆和大量的人员流动，加工车间面积的增大和设备增多增加了潜在的污染源。设备与厂务系统的设计趋势要隔离晶圆与污染源，这使得洁净室的建造费用高达几十亿美元。

4. 微局部环境

由于建造完全洁净室方法花费巨大，新的发展方向是把晶圆密封在尽量小的空间内。这项技术已应用于曝光机和其他的工艺之中，为晶圆的装卸提供了洁净的微局部环境。

在 20 世纪 80 年代中期惠普公司发明了一种重要的连接装置——标准机械接口装置(SMIF)。该系统包含三个部分：传输晶圆的晶圆盒(POD)、设备中的封闭局部环境和装卸晶圆的机械部件。POD 作为与工艺设备的微局部环境相连的机械接口，在工艺设备的晶圆系统中，特制的机械手把晶圆从 POD 中取出和装入，或者利用机械手把晶片匣从 POD 中取出送入工艺设备的晶圆处理系统中。利用 SMIF，封闭的晶圆加工系统代替了传统的运输盒，系统中利用干净空气或氮气加压以保持清洁。微局部环境可提供更优的温度和适度控制。为使晶圆不暴露在空气中，需要把一系列的微局部环境连在一起。

随着大尺寸晶圆的出现，增加了 POD 的重量，也就增加了机械手的建造费用和复杂性。同时，微局部设计规划还要考虑等待加工的晶圆存储问题。

除了控制颗粒，空气中温度、相对湿度和烟雾的含量也需要规定和控制。

温度控制对操作员的舒适性和工艺控制是很重要的，特别是在利用化学溶剂作刻蚀和清洗的工艺时，化学反应会随温度的变化而不同。

相对湿度也是一个非常重要的工艺参数，尤其在光刻工艺中，如果湿度过大，晶圆表面太潮湿，会影响聚合物的结合，如果湿度过低，晶圆表面会产生静电，这些静电会在空气中吸附微粒。一般相对湿度应保持在 15%～50% 之间。

烟雾同样对光刻工艺影响最大。烟雾中的主要成分是臭氧，臭氧易影响曝光，通常在进入空气的管道中装上碳素过滤器可吸附臭氧。

10.2.2　厂务设备

传统的洁净室设计是舞厅式的设计，由各个工艺隧道向中央走廊敞开的方式组成。现代设计由主要工艺区域或一些小型局部洁净车间围绕一个中心地区组成，由中心地区提供物料和人员。

洁净室设计的首要问题是净化空气方法的选择，需要建造一个封闭的房间，用无污染的材料建造，包括墙壁、工艺加工设备材料和地板，所有材料都由不易脱落材料制成。所有的管道、孔要密封，连灯丝也要封罩。洁净室能提供洁净的空气，还要能有效防止由外界或操作人员带入的意外污染。制造工作台广泛应用不锈钢材料。

在每个洁净室入口放置一块带有黏性地板垫，可以粘住鞋底脏污。一般地板垫有很多层，脏了一层便撕掉一层。

洁净室的更衣区是洁净室与厂区的过渡区域，此区域利用长凳分为两个部分：工作人员在长凳一侧穿上洁净服，而在长凳上穿戴鞋套，这样可以使长凳和洁净室保持干净。更衣区通常通过天花板中的 HEPA 过滤器提供空气。洁净室和厂区的门不能同时打开，保护洁净室不会暴露在厂区的污染环境中。有些厂还在走廊上提供更衣柜。洁净室衣物和物品也要妥善管理。

严格防止空气污染的厂房设计方案要求平衡洁净室、更衣间和厂区的空气压力，使得洁净室的空气压力最高，更衣间次之，而厂区和走廊最低。洁净室相对的高压可防止空气灰尘进入。

洁净室和更衣间之间建有风淋室，工作人员进入风淋间，高速流动的空气可以吹掉洁净服外面的颗粒。风淋间装有互锁系统，防止前后门同时打开。

洁净室周围是维修区，一般要求它的洁净级别数高于洁净室(通常要求 1000 级或 10000级)。技术员在洁净室外维护设备，而不必进入洁净室。

用净鞋器去除鞋套和鞋侧的灰尘。用手套清洗器清洗手套并烘干。

晶圆、存储盒、工作台表面与设备上可产生静电，会吸附空气和工作服中的尘埃，有时静电电压高达 50 kV，对晶圆性能产生严重影响。静电吸附到晶圆表面的较小微粒也容易影响晶圆上高密度的集成电路的制造和性能。静电控制包括防止静电堆积和防止放电两个方面，防止静电堆积使用防静电服、防静电周转箱和防静电存储盒。放电技术包括使用电离器和使用静电接地带，电离器一般放在 HEPA 过滤器的下面，中和过滤器上堆积的静电；静电放电包括人员的接地腕带和工作台接地垫等。

10.2.3　洁净室工作人员

洁净室工作人员是最大的污染源之一。一个洁净室操作员即使经过风淋，当他坐着时，每分钟仍会释放 10 万到 100 万个颗粒。这些颗粒包括脱落的头发和坏死的皮肤，还有喷发胶、化妆品、染发剂和暴露的衣服等。当他移动时，这个数字还会大幅增加。

普通的衣服，即使在洁净服内，也会给洁净室增加上百万个颗粒。操作员只能穿用无脱落材料而且编织紧密的衣服，同时洁净服要制成高领长袖口。禁止穿用毛线和棉线编织的服装。

人类的呼吸也包含大量的污染。每次呼气向空气中排出大量的水汽和微粒。吸烟者更甚。此外，还有含钠的唾液也是半导体器件的主要杀手。健康的人是许多污染的污染源，病人就更加严重了，特别是皮肤病患者和呼吸道传染病患者还会产生额外的污染源，有些制造厂对相关岗位制定了相应的人员体检标准。

防止人员产生的污染的解决办法就是把人员完全包裹起来。

洁净服选用无脱落材料，且含有导电纤维以释放静电，在满足过滤能力的情况下考虑穿着的舒适度。身体的每一个部分都要被罩住，头用内帽罩住头发，外面再套一层外罩，外罩带披肩，用工作服压住披肩，以压住头罩；面部用面罩罩住；眼睛用带侧翼的安全眼镜罩住。衣服以宇航服的头套为模型，可接过滤带、吹风机和真空系统。新鲜空气由真空泵提供，过滤器保证呼出的气体的污染物不被吹进洁净室。

皮肤涂上特制的润肤品，可进一步防止皮肤脱落物，润肤品中不含盐分和氯化物。

穿衣的顺序应该从头向下穿，使上一部位扬起的灰尘用下一部位的服饰盖住，最后戴上手套。

10.2.4　工艺用水

半导体器件容易受到污染，所有工艺用水必须经过处理，达到非常严格的洁净度要求。

普通水中含有的污染物包括溶解的矿物质、颗粒、细菌、有机物、溶解氯和二氧化碳。普通水中的矿物质来自盐分，盐分在水中分解为离子。每个离子都是半导体器件与电路的污染物。反渗透和离子交换系统可去除离子，把水从导电介质变成高阻抗的去离子水。制造工艺中通过监测工艺用水的电阻(25℃时为 15～18 MΩ)来决定是否要重新净化。

颗粒通过沙石过滤器、泥土过滤器和次微米级薄膜从水中去除。

细菌和真菌由消毒器去除，这种消毒器使用紫外线杀菌，并通过水流中的过滤器滤除细菌和真菌。

有机物通过碳类过滤器去除。溶解氧与二氧化碳可用碳酸去除剂和真空消毒剂去除。

制备好的去离子水存储时需用氮气覆盖以防止二氧化碳溶于水中。

10.2.5　工艺化学品

制造工厂刻蚀及清洗晶圆和设备的酸、碱、溶剂必须是最高纯度的，涉及的污染物有金属离子和其他化学品。工业化学品分不同级别，共有一般溶剂、化学溶剂、电子级和半导体级四种，前两种对半导体工业而言太脏，电子级和半导体级相对洁净些。

化学品的纯度由成分表示，成分数指容器内所含化学品的百分数，如 99.9%的硫酸表示含 99.9%的纯硫酸和 0.01%的其他溶液。

化学品的传输不只包括保持化学品的洁净，还包括对容器内表面的清洁、容器的材质不易溶解、标示牌不产生微粒等，并在运输前把化学品瓶放置于化学品袋中，注意定期清洗管道和运输瓶，每一种化学品瓶应专用，防止交互污染。

10.2.6　工艺化学气体

和化学品一样，气体也必须清洁地传输至工艺工作台与设备中，衡量气体质量的指标有纯度、水汽含量、微粒、金属离子。

气体的纯度取决于气体本身和该气体在工艺中的用途。纯度由小数点右边 9 的个数表示，范围一般为 99.99%～99.999999%。气体的传输过程中要防止泄漏和散气。

水汽的控制也很重要。水汽会参与不需要的反应，这时它就相当于污染气体。在晶圆制造厂中加工晶圆时，若有氧气或水分存在，硅很容易氧化，控制不需要的水汽对阻止硅表面的氧化非常重要，水汽的上限量是 3～5 ppm。

气体中的微粒或金属离子会产生与化学溶剂污染相同的影响，气体最终会过滤至 0.2 μm 级，金属离子也要被控制在百万分之一以下。

10.2.7　其他污染源

大量石英器的使用，使石英内的许多重金属离子进入扩散和氧化工艺气流中，特别是在高温反应中。石英件也是一种非常大的污染源。

随着对空气、化学品和生产人员污染的控制越来越先进，使得设备变为污染控制的焦点。一般来讲，每片晶圆每次通过设备后增加的颗粒个数(ppp)是有详细说明的，并使用每片晶圆每次通过的颗粒增加数(pwp)这一术语进行定量监控。

洁净室的物质和供给必须满足洁净度要求，定期维护的器具和人员也要保持洁净度等级。

10.3　晶片表面清洗

晶片表面有 4 大常见类型的污染，即颗粒、有机残余物、无机残余物和需要去除的氧化层。清洗工艺必须在去除晶片表面全部污染物的同时，不会刻蚀或损害晶片表面。同时清洗液的生产配置应是安全的、经济的。

清洗工艺采用一系列的步骤将大小不一的颗粒同时除去，最见的颗粒去除工艺是使用手持氮气枪吹除。氮气枪配置离子化器，以去除氮气流中的静电。洁净等级很高的洁净室中不使用喷枪。

将晶片承载在一个旋转的真空吸盘上，在去离子水直接冲洗晶片表面的同时，晶片刷洗器用一个旋转的刷子近距离地接触旋转的晶片，在晶片表面产生了高能量的清洗动作。液体进入晶片表面和刷子末端之间极小的空间，从而达到很高的速度，以辅助清洗。

常见的化学清洗采用硫酸清洗、硫酸和过氧化氢混合清洗、臭氧通过硫酸溶液清洗等有效清洗无机残余物、有机残余物和颗粒。

氧化层的去除采用 RCA 清洗，这是 20 世纪 60 年代中期，RCA 公司的一名工程师开发出的一种过氧化氢与酸或碱同时使用，通过两步清洗工艺以去除晶片表面的有机和无机残留物的清洗方法。

每一步湿法清洗的后面都跟着一步去离子水的冲洗。清水冲洗具有从表面去除化学清洗液和终止氧化物刻蚀反应的双重功效。

10.4　烘 干 技 术

清水冲洗后，必须将晶圆圆片烘干，否则，表面的水可能对后续工序产生影响。常用的烘干方法有旋转淋洗烘干法(SRD)、异丙醇蒸汽烘干法和表面张力/麦兰烘干法。

旋转淋洗烘干法通过高速旋转把水从晶片表面甩掉，并用热氮气去除紧附其上的小水珠。

异丙醇蒸汽烘干法是将晶片悬置于异丙醇储液罐上方，烘干时，晶片上的水被异丙醇取代达到烘干效果。

表面张力/麦兰烘干法利用液体的张力使晶片变干，用异丙醇或 N_2 产生表面张力梯度，从而加强芯片去水的效果。

10.5　整体工艺良品率

半导体制造工艺异常复杂，制造步骤很多，使工艺良品率受到关注，维持和提高工艺良品率至关重要。当然，良品率不高的制约因素除了以上两点以外，还有一个重要原因，就是半导体元器件制造过程中产生的绝大部分缺陷无法修复，这一点和电子产品整机有天壤之别。此外，巨额的资金设备投入、高昂的运营维护费用、大量的高薪酬技术人员以及激烈的市场竞争造成的利润空间压缩，导致芯片高昂的分摊成本，如果没有较高水平的良品率支持，企业的发展很困难。生产性能可靠的芯片并保持高良品率是半导体厂商持续获得高收益的保证。这也是半导体工业不断追求高良品率的原因所在。遗憾的是，尽管大部分原材料和设备供应商及半导体厂家的工艺部门都把维持和提高良品率作为重要的工作内容，但由于我们以上提到的种种因素，通常只有20%～80%的芯片能完成生产全过程，成为成品出货。

半导体工艺的出货芯片数相对最初投入晶圆上完整芯片数的百分比，称为整体工艺良品率。它是对整个工艺流程的综合评测。因为整体工艺良品率的重要性，半导体厂家必须加强各环节的监控和检测，通过优化工艺手段和工艺过程保证每个步骤的良品率水平。

整体工艺良品率主要分为三个部分，我们常常称其为整体工艺良品率的三个测量点，它们分别是累积晶圆生产良品率、晶圆电测良品率和封装良品率。整体工艺良品率的计算以三个主要良品率的乘积结果来表示，整体工艺良品率用百分比来表示，即：

$$整体良品率=累积晶圆生产良品率 \times 晶圆电测良品率 \times 封装良品率$$

10.5.1　累积晶圆生产良品率

累积晶圆生产良品率又称 FAB 良品率、CUM 良品率、生产线良品率或累积晶圆厂良品率。计算公式为

$$累积晶圆生产良品率=\frac{晶圆产出数}{晶圆投入数}$$

由于大部分晶圆生产线同时生产多种不同类型的电路，不同类型的电路拥有不同的特征工艺尺寸和密度参数，每一种产品又都有其各自不同数量的工艺步骤和难度水平，因此简单地使用投入与产出的晶圆很难反映每一种类型电路的真实良品率。通常的计算方法是计算各道工艺过程的良品率，即以离开这一工艺过程的晶圆数比上进入该工艺过程的晶圆数，再将计算得到的良品率依次相乘就可以得到累积晶圆生产良品率，即

$$累积晶圆生产良品率=良品率 1 \times 良品率 2 \times \cdots \times 良品率 n$$

当然，对同一种产品，这样计算出来的累积晶圆生产良品率与简单方法计算出来的结果应该是相等的。

典型 FAB 良品率在 50%～90% 之间。计算出来的 FAB 良品率用于指导生产，或作为工艺有效性的一个指标。

累积晶圆生产良品率的制约要素主要包括：

1. 工艺操作步骤的数量

商用半导体厂 FAB 良品率至少要保证 75% 以上，自动化生产线更要达到 90% 以上标准才能获利。

根据累积晶圆生产良品率的计算公式不难看出，电路越复杂，工艺步骤越多，预期的 FAB 良品率就会越低。如果要求保持较高的 FAB 良品率，就必须保住每一个步骤的良品率

很高，例如，要想在一个 50 步的工艺流程上获得 75%的累积晶圆生产良品率，每一单步的良品率必须达到 99.4%，我们称之为数量专治。因为数量专治，FAB 良品率决不会超过各单步的最低良品率。如果其中一个工艺步骤只能达到 60%的良品率，整体的 FAB 良品率不会超过 60%。

2. 晶圆破碎和弯曲

在芯片生产制造过程中，晶圆本身会通过很多次的手工和自动的操作。每一次操作都存在将这些易碎的晶圆打破的可能性。同时，对晶圆多次的热处理，增加了晶圆破碎的机会，破碎的晶圆，只有通过手动工艺，才有机会进行后续生产。对于自动化的生产设备，无论晶圆破碎大小，整片晶圆将被丢弃。相比较而言，硅晶圆的弹性优于砷化镓晶圆。

晶圆在反应管中的快速加热或冷却，容易造成晶圆表面弯曲，影响到投射到晶圆表面的图像会扭曲变形，并且图像尺寸会超出工艺标准。这也是影响良品率的一个重要因素。

3. 工艺制造条件的变异

在晶圆生产时，每一步都有严格的物理特性和洁净度要求，但是，即使最成熟的工艺也会存在不同晶圆、不同工艺运行、不同时间、操作者工作状态不同等条件的影响。偶尔某个工艺环节还会超出它的允许界限，生产出不符合工艺标准的晶圆。因此，工艺工程和工艺控制程序的目标，不仅仅是保持每一个工艺操作在控制界限以内，更重要的是维持相应的工艺参数分布(通常是正态分布)稳定不变。但如果每一个环节数据点都落在规定的界限内，但是大部分的数据都偏移至某一端，表面上看这个工艺还是符合工艺界限，但是工艺数据分布已经改变了，很可能会导致最终形成的电路在性能上发生变化，达不到标准要求。所以生产中必须采取措施保持各道工艺数据分布的稳定性。为减小工艺制程变异，常用工艺制程自动化将变异减至最小。

4. 工艺制程缺陷

晶圆表面受到污染或不规则的孤立区域(或点)，称为工艺制程缺陷(或点缺陷)。如果点缺陷造成整个器件失效，则称为致命缺陷。

光刻工艺中很容易产生这些缺陷，不同液体、气体、人员、工艺设备等产生的微粒和其他细小的污染物寄留在晶圆内部或者表面，造成光刻胶层的空洞或破裂，形成细小的针孔，造成晶圆表面受到污染。

5. 光刻掩膜版缺陷

光刻掩膜版缺陷会导致晶圆缺陷或电路图形变形。

第一种是污染物。光刻时，掩膜版透明部分上的灰尘或损伤会挡住光线，像图案中不透明部分一样在晶圆表面留下本不该有的影像。

第二种是石英板基中的裂痕。它们不光会挡住光刻光线甚至会散射光线，导致错误的图像，甚至扭曲的图像。

第三种是在掩膜版制作过程中发生的图案变形，包括针孔、铬点、图案扩展、图案缺失、图案断裂或相邻图案桥接。

芯片尺寸越大，密度越高，器件或电路的尺寸越小，控制由掩膜版产生的缺陷就越重要。

10.5.2　晶圆电测良品率

晶圆电测是指完成芯片生产过程后，对芯片进行电学测试。每个电路将会接受多达数百项的电子测试。

晶圆电测良品率计算公式如下：

$$晶圆电测良品率 = \frac{合格芯片数}{通过最终测试的封装器件数}$$

晶圆电测是非常复杂的测试，很多因素会对良品率有影响。

1. 晶圆直径

由于晶圆是圆的，而芯片是矩形的，晶圆表面必然存在边缘芯片，这些芯片不能工作。如果其他条件相同，较小直径的晶圆不完整的芯片所占比例较高，而较大尺寸的晶圆凭借其上更多数量和更大比例的完整芯片将拥有较高的良品率。

2. 芯片尺寸

增加芯片尺寸而不增加晶圆直径会导致晶圆表面完整芯片比例缩小，需用增大晶圆直径的办法维持良品率。

3. 工艺制程步骤的数量

工艺制程步骤越多，打碎晶圆或误操作的可能性越大，晶圆电测良品率越低。

4. 电路密度

由于特征图形尺寸减小，器件密度增加，电路集成度升高，缺陷落在电路活性区域的可能性增加，晶圆电测良品率降低。

5. 晶体缺陷和缺陷密度

晶圆经受越多的工艺步骤或越多的热处理，晶体位错的数量就越多，长度就越长，受影响的芯片数量越多。对这一问题的解决方案是增加晶圆直径，使得晶圆中心能有更多未受影响的芯片。

另外，对于给定的缺陷密度，芯片尺寸越大，电测良品率就越低。

10.5.3　封装良品率

第三个良品率测量点是封装良品率。计算公式为

$$封装良品率 = \frac{晶圆上的芯片数}{投入封装线的芯片数}$$

完成晶圆电测后，进入封装工艺。晶圆被切割成单个芯片，封装于保护性外壳中，整个过程需要进行很多测试，封装合格的芯片不仅仅指完成封装工艺的合格芯片，更进一步的要求是，这些合格芯片最终要通过严格的物理、环境和电性测试。

复 习 思 考 题

10-1 污染有哪些危害？为什么半导体企业对污染控制要求极高？

10-2 主要的污染源有哪些？简单描述如何控制这些污染源。

10-3 去离子水的规范要求是什么？

10-4 空气净化的方法有哪些？各有什么优缺点？

10-5 防止人员污染的措施是什么？

10-6 你认为应该采取哪些静电防护措施？

10-7 半导体生产工艺中的良品率测量点是什么？通常影响整体良品率的最主要的是哪个测量点？

10-8 列出至少三种提高晶圆电测良品率的措施。

10-9 假设晶圆生产良品率 90%，晶圆电测良品率 70%，晶圆封装测试良品率 92%，计算晶圆整体良品率。

10-10 假设一个 60 步方能完成的工艺，要求晶圆整体良品率不低于 75%，则每步骤的良品率至少达到多少？

附录 A　洁净室等级标准

表 A-1　美国联邦标准

级别	尘埃			压力/Torr	温度/°C		
	粒径/μm	粒/ft³	粒/l		范围	推荐值	误差
100	≥0.5	≤100	≤3.5				±2.8
10 000	≥0.5	≤10 000	≤350	≥1.25	19.4~25	22.2	
	≥5.0	≤65	≤2.3				
100 000	≥0.5	≤100 000	≤3500				
	≥5.0	≤700	≤25				±0.28

表 A-2　宇宙航行局标准

级别	尘埃		生物粒子		压力/Torr	温度/°C	湿度/%	气流换气次数	照度/lx
	粒径/μm	粒/升	浮物量/(个/升)	沉降量/(个/m²·周)					
100	≥0.5	≤3.5	≤0.0035	12 900					
10 000	≥0.5	≤350	≤0.0176	64 600	≥1.25	指定值	45~40	层流 0.45 m/s 乱流 720次/s	1080~ 1620
	≥5.0	≤2.3							
100 000	≥0.5	≤3500	≤0.0884	323 000					
	≥5.0	≤35							

表 A-3 原电子工业部洁净室试行等级

级别	洁净度		温度/℃		湿度/%		压强/Torr	噪声 (A声级) /dB	适用范围
	粒径 /μm	浓度 /(粒/升)	最高	最低	最高	最低			
1		≤1							
10		≤10							光刻、制版
100	≥0.5	≤100	27	18	60	40	逐级相差 ≥0.5	≤70	扩散、刻蚀
1000		≤1000							封装
10 000		≤10 000							腐蚀

表 A-4 原七机部洁净室试行等级

级别	平均浓度/(粒/升)		湿度 /%	温度 /℃	照度 /lx	压强 /Torr	噪声 (A声级) /dB	系统新鲜空气量
	≥0.5 μm	≥5.0 μm						
5	≤5	0						不应小于 总送气量的50%
50	≤50	0	≤60	根据 样品	≥400	1~1.5	≤65	
500	≤500	≤5						不应小于15%
5000	≤5000	≤40						

表 A-5 洁净室统一标准

级别	尘 埃			温度/℃	湿度/%
	粒径/μm	浓度/(个/ft³)	个/升		
100	0.5	≤100	≤3.5		
10 000	0.5	≤10 000	≤350		
	5	≤65	≤2.3	20~25	20~40
100 000	0.5	≤100 000	≤3500		
	5	≤700	≤25		

附录 B 微电子行业常用网址

1. 中国集成电路教育网：http://www.icedu.net

2. 中国半导体行业协会：http://www.csia.net.cn

3. 半导体技术：http://www.semiait.com

4. 中国集成电路设计网：http://www.csia-iccad.net.cn

5. 中国集成电路网：http://www.cicmag.com

6. 中国电子信息产业网：http://www.cena.com.cn

7. 国际电子商情：http://www.esmchina.com

8. 电子产品世界：http://www.eepw.com.cn

9. 半导体行业：http://www.csiaic.com

10. 中国半导体网：http://www.zgzo.com

11. 德州仪器：http://www.ti.com.cn

12. 西安集成电路网：http://www.xaic.com.cn

13. 意法半导体：www.stmicroelectronics.com.cn/

14. 安森美半导体：http://www.onsemi.cn

15. ADI(Analog Devices)：http://www.analog.com

16. 大唐微电子：http://www.dmt.com.cn

17. 中国科学院微电子研究所：http://www.ime.ac.cn/cn/index.html

18. 北京微电子研究所：http://www.bmti.com.cn

19. 中科院半导体研究所：http://159.226.228.70/semi/

20. 清华大学微电子研究所：http://dns.ime.tsinghua.edu.cn

21. SEMI 半导体产业网：http://www.semi.org.cn

22. 《半导体科技》：http://www.solid-state-china.com

23. 半导体国际：http://www.sichinamag.com/

24. 电子元器件网：http://www.dianziw.com

25. Synopsys：http://www.synopsys.com

26. Mentor：http://www.mentor.com

27. Magma：http://www.magma-da.com

28. 中芯国际：http://www.smics.com

29. 宏力半导体：http://www.gsmcthw.com

30. 特许半导体：http://charteredsemi.com

31. 中兴集成电路设计：http://www.zteic.com/cn

32. 奎克半导体：http://www.quick-semi.com

33. 珠海南方集成电路：http://www.zhsic.org

34. 炬力集成电路设计：http://www.actions.com.cn

附录 C　常用专业词汇表

A

Acceptor　受主

Acceptor atom　受主原子

Active region　有源区

Active component　有源元件

Active device　有源器件

Aluminum-oxide　铝氧化物

Aluminum passivation　铝钝化

Ambipolar　双极的

Amorphous　无定形的，非晶体的

Angstrom　埃

Anisotropic　各向异性的

Arsenic (As)　砷

Avalanche　雪崩

Avalanche breakdown　雪崩击穿

Avalanche excitation　雪崩激发

B

Ball bond　球形键合

Band gap　能带间隙

Barrier layer　势垒层

Barrier width　势垒宽度

Base contact　基区接触

Binary compound semiconductor　二元化合物半导体

Bipolar Junction Transistor (BJT)　双极晶体管

Body-centered　体心立方

Body-centred cubic structure　体立心结构

Bond　键、键合

Bonding electron　价电子

Bonding pad　键合点

Boundary condition　边界条件

Bound electron　束缚电子

Break down　击穿

Bulk recombination　体复合

Buried diffusion region　隐埋扩散区

C

Capacitance　电容

Capture carrier　俘获载流子

Cathode　阴极

Ceramic　陶瓷(的)

Channel breakdown　沟道击穿

Channel current　沟道电流

Channel doping　沟道掺杂

Charge-compensation effects　电荷补偿效应

Charge drive/exchange/sharing/transfer/storage　电荷驱动/交换/共享/转移/存储

Chemmical etching　化学腐蚀法

Chemically-Polish　化学抛光

Chemmically-Mechanically Polish (CMP)　化学机械抛光

Chip yield　芯片成品率

Clamped　箝位

Clamping diode　箝位二极管

Compensated OP-AMP　补偿运放

Common-base/collector/emitter connection　共基极/集电极/发射极连接

Common-gate/drain/source connection　共栅/漏/源连接

Compensated impurities　补偿杂质

Compensated semiconductor　补偿半导体

Complementary Darlington circuit　互补达林顿电路

Complementary Metal-Oxide-Semiconductor Field-Effect-Transistor(CMOS)　互补金属氧化物
半导体场效应晶体管

Compound Semiconductor　化合物半导体

Conduction band (edge)　导带(底)

Contact hole　接触孔

Contact potential　接触电势

Contra doping　反掺杂

Controlled　受控的

Copper interconnection system　铜互连系统

Couping　耦合

Crossover　跨交

Crucible　坩埚

Crystal defect/face/orientation/lattice　　晶体缺陷/晶面/晶向/晶格

Current density　　电流密度

Current drift/dirve/sharing　　电流漂移/驱动/共享

Custom integrated circuit　　定制集成电路

Czochralshicrystal　　直立单晶

Czochralski technique　　切克劳斯基技术(Cz 法直拉晶体)

D

Diffusion　　扩散

Dynamic　　动态的

Dark current　　暗电流

Dead time　　空载时间

Deep impurity level　　深度杂质能级

Deep trap　　深陷阱

Defeat　　缺陷

Degradation　　退化

Delay　　延迟

Density of states　　态密度

Depletion　　耗尽

Depletion contact　　耗尽接触

Depletion effect　　耗尽效应

Depletion layer　　耗尽层

Depletion region　　耗尽区

Deposited film　　淀积薄膜

Deposition process　　淀积工艺

Dielectric isolation　　介质隔离

Diffused junction　　扩散结

Diffusivity　　扩散率

Diffusion capacitance/barrier/current/furnace　　扩散电容/势垒/电流/炉

Direct-coupling　　直接耦合

Discrete component　　分立元件

Dissipation　　耗散

Distributed capacitance　　分布电容

Dislocation　　位错

Donor　　施主

Donor exhaustion　　施主耗尽

Dopant　　掺杂剂

Doped semiconductor　　掺杂半导体

Doping concentration　　掺杂浓度

Double-diffusive MOS(DMOS) 双扩散 MOS

Drift field 漂移电场

Drift mobility 迁移率

Dry etching 干法腐蚀

Dry/wet oxidation 干/湿法氧化

Dual-in-line package (DIP) 双列直插式封装

E

Electron-beam photo-resist exposure 光致抗蚀剂的电子束曝光

Electron trapping center 电子俘获中心

Electron Volt (eV) 电子伏特

Electrostatic 静电的

Emitter 发射极

Emitter-coupled logic 发射极耦合逻辑

Empty band 空带

Enhancement mode 增强型模式

Enhancement MOS 增强性

Environmental test 环境测试

Epitaxial layer 外延层

Epitaxial slice 外延片

Equilibrium majority/minority carriers 平衡多数/少数载流子

Etch 刻蚀

Etchant 刻蚀剂

Etching mask 抗蚀剂掩膜

Extrinsic 非本征的

Extrinsic semiconductor 杂质半导体

F

Face-centered 面心

Field effect transistor 场效应晶体管

Field oxide 场氧化层

Film 薄膜

Flat pack 扁平封装

Flip-flop toggle 触发器翻转

Floating gate 浮栅

Fluoride etch 氟化氢刻蚀

Forbidden band 禁带

Forward bias 正向偏置

Forward blocking/conducting 正向阻断/导通

G

Gain   增益

Gamy ray   γ射线

Gate oxide   栅氧化层

Gaussian distribution profile   高斯掺杂分布

Generation-recombination   产生—复合

Germanium(Ge)   锗

Graded (gradual) channel   缓变沟道

Graded junction   缓变结

Grain   晶粒

Gradient   梯度

Grown junction   生长结

H

Heat sink   散热器、热沉

Heavy/light hole band   重/轻空穴带

Heavy saturation   重掺杂

Heterojunction structure   异质结结构

Heterojunction Bipolar Transistor (HBT)   异质结双极型晶体

Horizontal epitaxial reactor   卧式外延反应器

Hot carrier   热载流子

Hybrid integration   混合集成

I

Impact ionization   碰撞电离

Implantation dose   注入剂量

Implanted ion   注入离子

Impurity scattering   杂质散射

In-contact mask   接触式掩膜

Induced channel   感应沟道

Injection   注入

Interconnection   互连

Interconnection time delay   互连延时

Interdigitated structure   交互式结构

Intrinsic   本征的

Intrinsic semiconductor   本征半导体

Inverter   倒相器

Ion beam   离子束

Ion etching   离子刻蚀

Ion implantation   离子注入

Ionization   电离

Ionization energy   电离能

Isolation land   隔离岛

Isotropic   各向同性

J

Junction FET(JFET)   结型场效应管

Junction isolation   结隔离

Junction spacing   结间距

Junction side-wall   结侧壁

K

Key wrapping   密钥包装

L

Layout   版图

Lattice binding/cell/constant/defect/distortion   晶格结合力/晶胞/晶格/晶格常熟/晶格缺陷/晶格畸变

Leakage current   (泄)漏电流

linearity   线性度

Linked bond   共价键

Liquid Nitrogen   液氮

Liquid-phase epitaxial growth technique   液相外延生长技术

Lithography   光刻

Light Emitting Diode(LED)   发光二极管

Load line or Variable   负载线

Locating and Wiring   布局布线

M

Majority carrier   多数载流子

Mask   掩膜版，光刻版

Metallization   金属化

Microelectronic technique   微电子技术

Microelectronics   微电子学

Minority carrier   少数载流子(少子)

Molecular crystal   分子晶体

Monolithic IC   单片 IC

MOSFET   金属氧化物半导体场效应晶体管

Multi-chip module(MCM)   多芯片模块

Multiplication coefficient   倍增因子

N

Naked chip   未封装的芯片(裸片)
Nesting   套刻

O

Optical-coupled isolator   光耦合隔离器
Organic semiconductor   有机半导体
Orientation   晶向、定向
Out-of-contact mask   非接触式掩膜
Oxide passivation   氧化层钝化

P

Package   封装
Pad   压焊点
Passination   钝化
Passive component   无源元件
Passive device   无源器件
Passive surface   钝化界面
Parasitic transistor   寄生晶体管
Permeable-base   可渗透基区
Phase-lock loop   锁相环
Photo diode   光电二极管
Photolithographic process   光刻工艺
(photo) resist   (光敏)抗腐蚀剂
Planar transistor   平面晶体管
Plasma   等离子体
Plezoelectric effect   压电效应
Point contact   点接触
Polycrystal   多晶
Polymer semiconductor   聚合物半导体
Poly-silicon   多晶硅
Potential barrier   势垒
Potential well   势阱
Power dissipation   功耗
Power transistor   功率晶体管
Preamplifier   前置放大器
Print-circuit board(PCB)   印制电路板

Probe　探针
Propagation delay　传输延时

Q

Quality factor　品质因子
Quartz　石英

R

Radiation conductivity　辐射电导率
Radiative-recombination　辐照复合
Radioactive　放射性
Reach through　穿通
Reactive sputtering source　反应溅射源
Recombination　复合
Recovery time　恢复时间
Reference　基准点 基准 参考点
Resonant frequency　共射频率
Response time　响应时间
Reverse bias　反向偏置

S

Sampling circuit　取样电路
Saturated current range　电流饱和区
Schottky barrier　肖特基势垒
Scribing grid　划片格
Seed crystal　籽晶
Self aligned　自对准的
Self diffusion　自扩散
Semiconductor　半导体
Semiconductor-controlled rectifier　可控硅
Shield　屏蔽
Silica glass　石英玻璃
Silicon dioxide (SiO$_2$)　二氧化硅
Silicon Nitride(Si$_3$N$_4$)　氮化硅
Silicon on Insulator　绝缘硅
Simple cubic　简立方
Single crystal　单晶
Solid circuit　固体电路
Source　源极

内 容 简 介

本书以品牌基础理论为基本点,围绕品牌管理的全过程,阐述了品牌定位、品牌设计、品牌传播、品牌延伸、品牌危机管理等品牌管理理论,最后探讨了品牌管理前沿理论及实践。本书共 7 章:第 1 章介绍了品牌管理基础理论;第 2 章介绍了品牌定位理论;第 3~5 章分别介绍了品牌设计、传播、延伸理论;第 6 章介绍了品牌危机管理,阐述了品牌管理过程中可能出现的危机和如何进行品牌保护;第 7 章探讨品牌管理前沿理论及实践。每章章前设有学习目标,章内还设有案例分析及技能训练环节,可帮助学生更深入地理解和巩固各章节的学习内容。

全书内容新颖、脉络清晰,讲解由浅入深,便于学生学习及教师教学使用。本书理论体系严谨,案例丰富经典,兼有专业性、趣味性、实用性。本书可作为应用型本科院校经济管理类专业或高职高专院校相关专业的教材及企业培训的教参,也可供企业高层经理及品牌管理专业人士阅读参考。高职高专类学生可选学品牌管理前沿理论及实践章节的内容,以及目录和正文中标有星号(★)的内容。

图书在版编目(CIP)数据

品牌管理/胡君,左振华主编. —西安:西安电子科技大学出版社,2018.2(2022.8 重印)
ISBN 978–7–5606–4350–2

Ⅰ.① 品…　Ⅱ.① 胡…　② 左…　Ⅲ.① 品牌—企业管理　Ⅳ.① F273.2

中国版本图书馆 CIP 数据核字(2016)第 322174 号

策　　划　马琼
责任编辑　马乐惠　马琼
出版发行　西安电子科技大学出版社(西安市太白南路 2 号)
电　　话　(029)88202421　88201467　　　邮　　编　710071
网　　址　www.xduph.com　　　　　　　　电子邮箱　xdupfxb001@163.com
经　　销　新华书店
印　　刷　广东虎彩云印刷有限公司
版　　次　2018 年 2 月第 1 版　　2022 年 8 月第 2 次印刷
开　　本　787 毫米×1092 毫米　1/16　印张 15
字　　数　350 千字
印　　数　3001~3600 册
定　　价　35.00 元
ISBN 978 – 7 – 5606 – 4350 – 2 / F
XDUP　4642001–2
如有印装问题可调换

应用型本科 管理类专业系列教材
编审专家委员名单

主 任：施 平（南京审计学院审计与会计学院 院长/教授）

副主任：

范炳良（常熟理工学院经济与管理学院 院长/教授）

王晓光（上海金融学院工商管理学院 院长/教授）

左振华（江西科技学院管理学院 院长/教授）

史修松（淮阴工学院经济管理学院 副院长/副教授）

成 员：(按姓氏拼音排列)

蔡月祥（盐城工学院管理学院 院长/教授）

陈丹萍（南京审计学院国际商学院 院长/教授）

陈爱林（九江学院经济与管理学院工商管理系 副教授/系主任）

池丽华（上海商学院管理学院 副院长 / 副教授）

费湘军（苏州大学应用技术学院经贸系 主任/副教授）

顾 艳（三江学院商学院 副院长/副教授）

何 玉（南京财经大学会计学院 副院长/教授）

胡乃静（上海金融学院信息管理学院 院长/教授）

后小仙（南京审计学院公共经济学院 院长/教授）

贾建军（上海金融学院会计学院 副院长/副教授）

李 昆（南京审计学院工商管理学院 院长/教授）

李 葵（常州工学院经济与管理学院 院长/教授）

陆玉梅（江苏理工学院商学院 副院长/教授）

马慧敏（徐州工程学院管理学院 副院长/教授）

牛文琪（南京工程学院经济与管理学院 副院长/副教授）

宋 超（南通大学管理学院 副院长/教授）

陶应虎（金陵科技学院商学院 副院长/教授）

万绪才（南京财经大学工商管理学院 副院长/教授）

万义平（南昌工程学院经贸学院 院长/教授）

王卫平（南通大学商学院 副院长/教授）

许忠荣（宿迁学院商学院 副院长/副教授）

张林刚（上海应用技术学院经济与管理学院 副院长/副教授）

庄玉良（南京审计学院管理科学与工程学院 院长/教授）

前　言

　　品牌的概念最早出现在广告营销中。虽然"品牌"一词至今仍未能列入主要的词典当中，但却早已成为现代社会所认可的、最为重要的经济类词汇之一。品牌已经不仅仅是企业营销组合工具箱中的一种工具了，随着产品竞争向市场竞争的转变，品牌对于企业的意义甚至超过了企业与商品本身。品牌自从作为企业实行差异化战略的工具出现在市场营销理论中之后，一直就是经营管理研究的重点，尤其在现代市场经济多元化经营的条件下，不断增加的经营风险和很大程度上的不确定性对企业的管理水平提出了非常高的要求。在这样的背景下，"品牌学"这一学科就越来越受到企业经营者及理论研究人员的关注和重视。

　　"品牌学"是研究品牌运动规律的一门科学，重在研究企业对品牌进行科学管理、科学经营的实务规律，是一门具有很强综合性和应用性的学科。随着品牌研究的深入和品牌管理实践的发展，工商管理学科品牌管理方向的发展已经逐渐成熟，品牌管理已经成为有方向性的培训学科，"品牌学"课程在工商管理学科中的重要性越发凸显，其相关内容也成为企业经营管理知识系统中不可或缺的一部分。

　　作者编写本书的目的是：为企业管理、市场营销等专业的师生提供一本实用性极强且具有很强针对性的理论教材，也为企业管理者了解和掌握品牌管理的一些方法提供辅助性的参考建议。本书以现实教学为基础，内容安排既能起到鼓励学生学习系统的品牌管理知识的作用，同时也注重培养其理解能力以及实际应用能力。

　　本书从应用型人才培养的需要出发，结构全面、简洁、清晰，内容框架简洁明了，讲解深入、详实，做到学生易学、教师易教，力争成为学生喜爱的辅导用书和老师手中实用的教参用书。以品牌研究为主线，本书分为7章，主要包括品牌管理基础理论、品牌定位、品牌设计、品牌传播、品牌延伸、品牌危机管理以及品牌管理前沿理论及实践等内容。

　　在写作思路方面，本书从理论到实践，将具体的方法和生动的案例有机结合，用简单明了的理论来解释方法和操作，用生动实际的案例来印证理论、方法和实践之间的相互关系，可为学习和了解品牌以及品牌管理起到很好的导向作用。

　　本书最重要的创新之处在于对品牌学的科学划分，搭建起了品牌学学科的研究框架和知识体系。与已有的同类书籍比较，知识体系更为完整，结构划分也更为清晰合理。本书基本涵盖了品牌学理论与实践应用的所有内容，既阐述了品牌学的基本概念、思想、理论，又探究了品牌学的发展历程和研究方向。在对品牌研究进行系统回顾的基础上，详细论述了品牌学研究的理论框架和研究思路，全面介绍了品牌学原理和品牌应用。

本书在编写的过程中，不但搭建了完整的品牌学理论结构，同时也与现实生活紧密结合，所用案例均来自企业的经营实践，便于读者深刻理解书中的内容。

本书适合工商管理、市场营销等经济管理类相关专业本科阶段的学生学习和使用，也可以作为品牌管理者的实践指导用书。同时，本书大部分内容也适合高职高专院校的学生，目录和正文章节前标星号(★)的内容供其选学。

本书由江西科技学院胡君副教授担任主编，第1章由左振华编写，第2章由王雪峰编写，第3章由陈丽编写，第4章由贺银娟编写，第5章由胡君和李兴国合作编写，第6章由王银双编写，第7章由胡君和南昌市政公用集团工程项目管理分公司的副总工程师陶云合作编写。在本书的编写过程中，主编力求在保证大家基本观点统一的前提下，突出自身特色。全书在完成初稿以后，由主编进行了最后的统稿工作。

本书在编写的过程中，借鉴了国内外许多很有价值的文献资料，再次对相关的作者表示由衷感谢。

虽然本书的作者致力于编写一本适宜教学需要，体系分明、结构完整、重点突出、具有实用性和实践性的教材，但由于水平和能力有限，加上时间仓促，书中难免有不足和疏漏之处，敬请广大读者批评指正，以便不断修正完善。

胡君
2016 年 10 月于南昌

目　　录

第1章　品牌管理基础理论

【学习目标】

(1) 掌握品牌的涵义及特点。

(2) 掌握品牌管理的定义及作用。

(3) 了解品牌资产的概念模型及构成。

(4) 理解创建和发展品牌对现代企业生存与发展的重大意义。

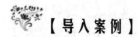

【导入案例】

屈臣氏品牌管理

屈臣氏个人护理用品商店(以下简称屈臣氏)是现阶段亚洲地区最具规模的个人护理用品连锁店，是目前全球最大的保健和美容产品零售商以及香水和化妆品零售商之一。屈臣氏在"个人立体养护和护理用品"领域，不仅聚集了众多世界顶级品牌，而且还自己开发生产了1500多种自有品牌。截至2008年年底，屈臣氏在亚洲以及欧洲的36个市场、1800个城市共拥有18个零售品牌，超过7700间零售店铺，每星期都为全球超过2500万人提供个人护理用品服务。

因为屈臣氏在中国本土化进程中取得了显著成绩，其已经成为当今国内美妆连锁业逆风中的旗帜，越来越多的日化企业品牌商和日化专营店经营者开始不断关注屈臣氏的市场经营策略，并对屈臣氏的自有品牌战略进行了深入的研究。

屈臣氏自有品牌在国内市场的发展主要分为四个阶段：

第一阶段：明确战略方向。在1997年以前，屈臣氏系统内的自有品牌很少，不足商品销售比例的5%。自1997年以后，屈臣氏开始将自有品牌的开发和推广提上了工作议程，开始走出了以代理一线个人护理用品品牌为主的"围城"。

第二阶段：试水零售。从2001年起，屈臣氏开始着力发展自有品牌，短短一年时间，屈臣氏在国内市场的自有品牌数量就达到了200多个，并在商品的销售中占据了10%的市场份额。

第三阶段：战术跟进和演变。从2004年开始，为了配合屈臣氏在全国市场推行的"低价策略"，屈臣氏的自有品牌开始加大了促销推广力度，除了要求有效控制和降低自有品牌的低成本水平指标，更对零售店铺的市场运作提出了明确的要求。通过一系列的政策扶持,屈臣氏自有品牌与屈臣氏全国门店系统的一线代理品牌的差距正在不断缩小。截至2006年,屈臣氏自有品牌的数量已经达到了 700 多个,并在商品的销售中占据了 21%的市场份额。

第四阶段:专业化和多元化并重。从 2006 年开始,在自有品牌发展的道路上,屈臣氏可以说是获取了很多"心得",并巧妙地将其附注于现实生产力的改进和提升中。一方面屈臣氏将自有品牌的单纯战术向多元化延伸;另一方面屈臣氏更着力将自有品牌的开发战略提升到专业化的高度,并适时地将两者进行有机结合和并重推广,以期寻求加法倍增效应。经过这些切实的努力,果然成绩斐然。截至 2008 年年底,屈臣氏的自有品牌数量已经达到了 1500 多个,并在商品的销售中占据了 34%的市场份额。

后期公司进一步加大品牌扩张力度。2009 年,屈臣氏集团全球门店达 8800 家,中国屈臣氏第 500 家店在上海开业。2010 年,中国屈臣氏第 600 家店在深圳开业。2011 年屈臣氏集团的全球门店数高达 10 000 家,中国屈臣氏第 1000 家店在上海开业。2013 年,中国屈臣氏第 1500 家店在安徽开业。2014 年 12 月 2 日,中国屈臣氏第 2000 家店在天津开业。2015 年 8 月 11 日,屈臣氏第 12 000 家门店即香港旗舰店开业。

(资料来源:http://wenku.baidu.com/view/fb6ecd1c650e52ea55189834.html)

【点评】 这一引例表明:屈臣氏在中国本土的业务经过了 19 年卓有成效的规模化发展,除了努力营建"发现式陈列"和"体验式购物"的经管理念之外,还稳固地建立起了以代理商品与自有品牌共同发展的模式。

1.1 品牌管理基本概述

1.1.1 品牌相关概念

1. 品牌定义

在生活中,人们通过图形、文字、符号和色彩或者这些内容的组合来识别和记忆品牌,然而对品牌的理解不能仅仅局限于对这些表象的认识,关于品牌的内涵,不同学者给出了不同的解释。最早品牌一词来源于英文单词"brand"或"trademark",原本是指中世纪烙在马、牛、羊身上的烙印,用以区分不同的饲养者。

对品牌持符号说的学者主要以著名的营销学家菲利普·科特勒为代表。美国市场营销协会将品牌定义为:用以识别一个或一群产品或劳务的名称、术语、象征的事情或设计及其组合,以和其他竞争者的产品或劳务相区别。

美国学者 Lynn B.Upshaw 在《塑造品牌特征》一书中将品牌定义为:名称、标识和其他可展示的标记,使某种产品或服务区别于其他产品和服务。

韩光军等在《打造名牌》一书中认为:品牌是指能够体现产品个性,将不同产品区别开来的特定名称、标志物、标志色、标准字以及标志性包装等的综合体……它是消费者记忆商品的工具,是有利于消费者回忆的媒介。

自世界著名的广告大师大卫·奥格威 1950 年提出"品牌"这个概念以来,至今已有 60 多年的时间。他在 1955 年时给品牌作了如下定义:品牌是一种错综复杂的象征,它是品牌的属性、名称、包装、价格、历史、声誉、广告风格的无形组合，品牌同时也因消费者对其使用的印象及自身的经验而被界定。这是品牌综合说的典型代表。

以奥美广告公司和联合利华的董事长迈克·佩里的观点为代表，提出了消费者与产品间的关系，消费者才是品牌的最后拥有者，品牌是消费者经验的总和。这种观点是品牌关系说的代表。

以亚历山大的观点为代表的学者认为：品牌资产是一种超越生产、商品及所有有形资产以外的价值……品牌带来的好处是，可以预期未来的进账远超过推出具有竞争力的其他品牌所需的扩充成本。

以上四种观点分别代表了品牌的四种说法：符号说、综合说、关系说和资产说。这些说法分别从不同的角度出发对品牌的内涵做出了不同的界定，各有侧重点。后期著名的营销学家菲利普·科特勒进一步解释了品牌的五层含义：一是属性，即一个品牌的外在固有印象；二是利益，即使用该品牌带来的满足；三是价值，即品牌给消费者带来的有用性；四是文化，即品牌所附加和象征的文化；五是个性，即品牌体现了购买和使用这种产品的是哪一类消费者。一个品牌只有具备了这五层含义，才是一个完整的品牌。

综合以上定义，本书将品牌定义为：品牌是能给拥有者带来溢价、产生增值的一种无形资产，它的载体是用以和其他竞争者的产品或劳务相区分的名称、术语、象征、记号或设计及其组合，增值的源泉是消费者心智中形成的关于其对载体的印象。

产品品牌对产品而言，有两层含义：一是指产品的名称、术语、标记、符号、设计等方面的组合体，可以作为外显要素；二是代表有关产品的一系列附加值，包含功能和心理两方面的利益点，可以作为内显要素，如产品所能代表的效用、功能、品味、形式、价格、便利、服务等。

(1) 外显要素：一是品牌名称——品牌可用语言表达的、可读性的部分，是形成品牌的第一步，是建立品牌的基础，如"可口可乐"；二是品牌标志——品牌中可识别、但不能用言语称谓的，包括符号、图案、色彩、字体。

(2) 内显要素：一是品牌承诺——品牌体现商品或服务的个性以及消费者认同感，象征生产经营者的信誉，它是一种货真价实的标志，是一种产品持续一致的保证，如"可口可乐"——新鲜，"Inter"——高速处理器，"宝洁"——一直的好品质；二是品牌个性——品牌不同于商标，不仅是一种符号，更是一种个性，如"万宝路"——阳刚、硬汉，用人作比喻很容易使消费者接受品牌；三是品牌体验——消费者的体验直接影响了其对品牌的印象，特别是第一次的消费体验若不好，则以后需要花费较大精力去改变消费者已经先入为主的观念，而且这种体验与售后服务也有关系，如"可口可乐"——清凉，酷体验，"戴尔"——无条件上门服务；四是品牌文化——文化是品牌之间最有力的连接，品牌之所以长久存在，是因为品牌之后的文化力量，如"可口可乐"——美国文化，乐观积极。

2. 品牌的特征

(1) 品牌是多种元素与信息的结合体。各种元素如商标、符号、包装、价格、广告风格、文化内涵等和谐结合在一起，形成完整的概念而成为品牌。品牌以自身内涵的丰富性和元素的多样性而向受众传达多种信息。企业把品牌作为区别于其他企业产品的标识，以引起消费者和潜在消费者对自己产品的注意。从消费者的角度看，品牌作为综合元素与信息的载体一同存储于大脑中，成为他们搜寻的线索和记忆的对象。

(2) 品牌是无形的。品牌虽是客观存在的，但它不是物质实体，它通过一系列的物质载体表现自己。直接载体主要是图形、文字、声音等，间接载体主要是产品的价格、质量、服务、市场占有率、知名度、亲和度、美誉度等。

(3) 品牌是一种无形资产。品牌的内涵、个性、品质和特征产生品牌价值，这种价值看不见、摸不着，却能为品牌拥有者带来超额回报。例如，可口可乐的品牌价值是其有形资产的好几倍。

【知识拓展】

品牌与商标的联系和区别

品牌与商标是极易混淆的一对概念，在我们和企业打交道的过程中，我们发现很多人把这两个术语混用、通用。这使得一部分企业认为产品进行商标注册后就成为了一个品牌。果真如此的话，那所有在工商局注册了的商标都可以称之为品牌了。事实上，两者既有联系，又有区别。

(1) 商标是品牌的一部分。商标是品牌中的标志和名称部分，它使消费者便于识别。但品牌的内涵远不止于此，品牌不仅仅是一个区分的名称和符号，更是一种综合的象征，需要赋予形象、个性、生命。品牌标志和品牌名的设计只是建立品牌的第一步，也是必不可少的一道程序。但要真正成为品牌，还要着手完善品牌个性、品牌认同、品牌定位、品牌传播、品牌管理等各方面的内容。这样，消费者对品牌的认识才会由形式到内容、从感性到理性、从浅层到核心，从而完成由未知到认识、理解、确信、行为的阶梯，最终成为忠诚顾客。

(2) 商标是一种法律概念，而品牌是市场概念。

(资料来源：李华　第四期江苏省品牌管理师培训班)

(4) 品牌具有专有性。不同的企业和产品有不同的品牌，不同的品牌代表不同的产品，属于不同的企业。因此，品牌具有专有性，不能互相通用。

品牌属于知识产权范畴。企业可以通过法律、申请专利、在有关国家或有关部门登记注册等手段保护自己的品牌权益，并以良好的产品质量和在长期经营活动中形成的信誉取得社会的公认。这些都说明，品牌是企业独特劳动的结晶，是专有的。

(5) 品牌具有影响力。品牌作为多种元素与信息的载体，作为产品质量与企业信誉的象征，时刻影响受众，引起受众注意，激发消费欲望，引导消费潮流，传播消费文化，因而它具有影响力。

(6) 品牌是企业参与市场竞争的武器。品牌代表着企业的形象和地位，是企业联系市场的桥梁和纽带，是企业的身份证。强势品牌能够在竞争中占据有利位置，留住老顾客，吸引新顾客，为企业树立良好形象，提高市场的覆盖率和占有率，为企业赢得最大限度的利润。因此，从某种意义上说，品牌是企业参与市场竞争的资本、武器和法宝。在品牌对市场份额的切割中，巴莱多定律也适用，即 20% 的强势品牌占有 80% 的市场份额，20% 的品牌企业为社会提供 80% 的经济贡献。

(7) 品牌是一种承诺和保证。品牌的承诺和保证是在品牌经营中建立起来的。对消费者来说，在购买或使用某种品牌的产品时，品牌已经向他提供了质量承诺和信誉保证。消费者的选择显示了其对品牌的信赖。品牌必须提供足够的价值利益以满足消费者的需求与欲望，从而博得他们的忠诚与好感。

(8) 品牌具有伸缩性。品牌的伸缩性是指品牌的强弱、价值、竞争力、影响力等，它不是一成不变的，在各种条件的作用和影响下可以发生变化。比如，美国《商业周刊》发布的世界强势品牌价值评估结果显示：可口可乐的品牌价值 2001 年为 689.5 亿美元，2004 年为 673.9 亿美元；微软的品牌价值 2001 年为 650.7 亿美元，2004 年为 613.7 亿美元。

 【视野拓展】

普莱姆品牌特征

普莱姆——一个皮草服装品牌，以其时尚、奢华、个性的设计理念和传统的手工经验为客户提供更加尊贵、艺术的着装享受。普莱姆皮草品牌致力于打造中高端时尚皮草女装，定位于 30~45 岁，主打白领、时尚新贵客层，风格雍容华贵、奢侈高档。该品牌名源于意大利语，意为"美丽的后花园"，因为皮草具有细腻、温暖、华丽等特点，皮草着装更能体现女人的高贵、从容、奢华，像极了美丽的后花园，或者是高贵的牡丹，或者是纯洁的百合，或是浓郁的郁金香，或是拥有爱情气息的玫瑰，一切都是那么的美好。

(资料来源：http://wenku.baidu.com/view/850ff66b14791711cc79179f.html?from=search)

3. 品牌的作用

(1) 品牌能够帮助企业建立目标消费者的忠诚度。企业有了品牌之后，目标消费者就可以通过品牌来识别目标产品，通过品牌来购买目标商品，所以品牌能够帮助企业培养目标消费者的忠诚度。

(2) 品牌能够帮助企业提高产品质量。企业想要做品牌就必须综合考虑品牌的内涵和组成要素；同时，如果一个品牌没有严格的质量管理体系做保证，也就不是品牌。

(3) 品牌可以节约新产品的市场进入门槛和费用。当一个品牌在市场上被目标消费者广泛接受以后，品牌的价值和美誉度都已在消费者的心目中形成了，然后企业推出新品并借助老品牌的优势，就能很快被消费者接受和认可。

4. 品牌的分类

1) 按品牌知晓度的辐射区域分类

根据品牌知晓度的辐射区域，可以将品牌分为当地品牌、地区品牌、国内品牌和国际品牌。凡是在某一特定的地区范围内被公众认知的品牌就称为当地品牌，其影响力和辐射力也只限于此地区。地区品牌是指在一个较小的区域之内生产销售的品牌，例如地区性生产销售的特色产品。这些产品一般在一定范围内生产、销售，产品辐射范围不大，主要是受产品特性、地理条件及某些文化特性影响，这有点像地方戏种，如秦腔主要在陕西，晋剧主要在山西，豫剧主要在河南等。国内品牌是指国内知名度较高，产品辐射全国，在全国销售的产品，例如，电脑巨子——海尔，香烟巨子——红塔山，饮料巨子——娃哈哈。国际品牌是指在国际市场上的知名度、美誉度较高，产品辐射全球的品牌，如可口可乐、麦当劳、万宝路、奔驰、微软、皮尔·卡丹等。

2) 按产品经营环节不同分类

根据产品生产经营的所属环节，可以将品牌分为制造商品牌和经销商品牌。制造商品牌是指制造商为自己制造的产品设计的品牌。经销商品牌是经销商根据自身的需求，对市场的了解，结合企业发展需要创立的品牌。制造商品牌很多，如 SONY(索尼)、奔驰、长虹彩电、联想电脑等。经销商品牌如西尔斯、耐克、沃尔玛、华润集团、王府井等。

3) 按品牌的来源分类

根据品牌的来源，可以将品牌分为自有品牌、外来品牌和嫁接品牌。自有品牌是企业依据自身需要创立的，如本田、东风、永久、摩托罗拉、全聚德等。外来品牌是指企业通过特许经营、兼并、收购或其他形式而取得的品牌，例如联合利华收购北京"京华"牌，香港迪生集团收购法国名牌商标 S. T. Dupont。嫁接品牌主要指通过合资、合作方式形成的带有双方品牌的新产品，如琴岛-利勃海尔。

4) 按品牌的生命周期长短分类

根据品牌的生命周期长短，可将品牌分为短期品牌和长期品牌。短期品牌是指品牌生命周期持继时间较短的品牌，由于某种原因在市场竞争中昙花一现或持续一时。长期品牌是指品牌生命周期随着产品生命周期的更替，仍能经久不衰，永葆青春的品牌，例如，历史上的老字号——全聚德、内联升等，也有些是国际长久发展起来的世界知名品牌，如可口可乐、奔驰等。

5) 按品牌产品是内销还是外销来分类

根据产品品牌是针对国内市场还是国际市场，可以将品牌分为内销品牌和外销品牌。由于世界各国在法律、文化、科技等宏观环境方面存在巨大差异，一种产品在不同的国家市场上有不同的品牌，在国内市场上也有单独的品牌。品牌划分为内销品牌和外销品牌对企业形象整体传播不利，但由于历史、文化等原因又不得不采用，而对于新的品牌命名应考虑到国际化的影响。

6) 按品牌的原创性与延伸性分类

根据品牌的原创性与延伸性，可将品牌分为主品牌、副品牌和副副品牌，如"海尔"品牌，现在有海尔冰箱、海尔彩电、海尔空调等，海尔洗衣机中又分海尔小神童、海尔节能王等。另外也可将品牌分成母品牌、子品牌、孙品牌等，如宝洁公司旗下又有海飞丝、飘柔、潘婷等。

7) 按品牌的本体特征分类

根据品牌的本体特征，可将品牌分为个人品牌、企业品牌、城市品牌、国家品牌、国际品牌等。例如，李宁属于个人品牌，哈尔滨冰雪节、宁波国际服装节等属于城市品牌，金字塔、万里长城、埃菲尔铁塔、自由女神像等属于国家品牌，联合国、奥运会、国际红十字会等属于世界级品牌。

8) 按品牌层次理论分类

根据品牌层次理论，可将品牌分为企业品牌、家族品牌、单一品牌(产品品牌)和品牌修饰四层。以"通用别克"这一系列的车为例，这里通用是企业品牌，别克是家族品牌，君威、赛欧、荣御是单一品牌，G2.0、GS2.5 是品牌修饰。从红旗的历史来看，红旗现阶段只适合做单一产品品牌，不适合做包括高、中、低档轿车的企业品牌或家族品牌。

1.1.2　品牌管理相关概念

1. 品牌管理的定义

企业品牌创建以后，困难的是如何将其巩固和发展下去。这时最重要的就是依靠品牌管理。品牌管理就是建立、维护、巩固品牌的全过程，通过品牌管理有效监管、控制品牌与消费者之间的关系，最终形成品牌的竞争优势，使企业行为更忠于品牌核心价值与精神，从而使品牌具有持续竞争力。

2. 企业品牌管理的作用

品牌管理作为企业营销的一种手段，是企业参与竞争的要素之一，那么，如何管理好品牌，品牌如何使管理更有魅力呢？

1) 由竞争到合作，打响主品牌战役

品牌较之竞争者而言是一种竞合(竞争-合作)关系。竞争的核心并非是对抗，而是根据市场的实际、竞争者在市场中的地位、竞争者的态度等建立相应的竞争与合作关系。一家企业可以同时拥有多个品牌，但是主打品牌只能有一个。因为主打品牌是支柱和核心，对主打品牌要予以绝对的重视和投入，在发展好主打品牌的同时，企业可以发展其他的品牌，进而产生一好百好的"马太效应"。企业在有了一个领军品牌之后，又陆续推出一些子品牌，涉及不同的产业，做出不同的定位，满足不同的消费群体。但在品牌的经营中，对子品牌的重视程度，明显要弱于支柱品牌。这就是品牌管理中的"强'干'弱'枝'"战略，以"干"带"枝"，形成企业品牌家族"树大根深、枝繁叶茂"的繁荣景象。

2) 品牌沟通管理，提升内涵形象

企业形象是商品形象和品牌文化的主要载体及重要体现。良好的企业形象更容易为企业赢得客户的信赖和合作，更容易获得社会的支持。对消费者而言是一种沟通关系，品牌管理的目标是通过研究明确目标消费者的需求所在，依据总体战略规划，通过广告宣传、公关活动等推广手段，实现目标消费者对品牌的深度了解，在消费者的心目中建立品牌地位，促进品牌忠诚。

3) 品牌资本运营，节省费用投入

创立品牌是品牌发展的初级阶段，经营品牌则是品牌发展的高级阶段。从成熟品牌的发展过程来看，企业的品牌管理经历了创立品牌——经营品牌——买卖品牌的三步曲。

企业管理好一个品牌存在不少困难，在开拓市场时，不得不投入更多，其中包括大量的宣传费用。但是即便如此，其品牌形象和品牌文化也很难塑造，即使知名度颇高，但是美誉度不足，没有魅力，缺乏号召力，顾客只是听说过你的产品，但是不认同也不购买，更别说培养顾客的忠诚度了，最终的市场表现都是不堪一击的。这些都是先天不良导致的后果。相反，管理好品牌，在品牌资本运营上做足"文章"，将大大减小品牌推广的阻力，从而大大减少品牌的推广成本。

4) 挖掘品牌价值，提升管理效率

品牌管理得好不仅能够升华企业的外在形象，而且对企业的内部管理也非常有帮助。

(1) 交换分享：品牌受众不仅分享了企业的产品，同时也分享了企业的商业模式和思想。这会带给品牌消费者便利和消费习惯的改变。

(2) 协作精神：品牌将企业内外的人群连接在一起，品牌上的所有资源均可共享，这是品牌独有的功能，品牌超越了时间和空间的限制，同一公司的员工可以通过为某一品牌共同工作，即使不见面，也可以把产品生产出来。

(3) 商业效率：品牌管理使得企业的决策者可以在很短时间内处理公司的事情，提高商业效率，这个效率是无强势品牌企业无法比拟的。

(4) 品牌影响：企业员工可以通过品牌管理更多地了解企业的文化和特征，有利于企业确定目标市场，有针对性地实施营销策略。同时，通过加大品牌传播的广度和力度，使知名品牌更加知名，有效提升品牌的影响力。

(5) 竞争精神：品牌使很多企业快速走出了国门，本土产品国际化、国际品牌本土化的进程加快，国内品牌不想和国际大品牌竞争都不可能。这种品牌竞争精神，使不同市场之间交叉融合，形成一个统一的大市场，竞争也更为激烈。品牌管理对企业的影响极为深远，可以说，企业的管理离不开品牌时代的竞争精神。

拥有品牌的企业不一定成功，但成功的企业必定拥有一个成功的品牌，且懂得如何管理品牌。因为只有懂得管理品牌，将品牌效应发挥到最大，建立一套品牌管理的体系，才能从情感上赢得企业员工对品牌的忠诚，从而实现真诚的顾客服务。

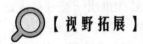 【视野拓展】

王老吉的品牌管理

"开创新品类"永远是品牌定位的首选。一个品牌如若能自己定位在与强势对手所不同的方向上，这时广告只要传达出新品类信息就行了，其效果往往是惊人的。红罐王老吉将自己作为第一个预防上火的饮料推向市场，让人们知道和接受了这种新饮料，最终红罐王老吉就自然成为预防上火饮料的代表，随着品类的成长，自然获得最大的收益。

确立了红罐王老吉的品牌定位，就明确了营销推广的方向，也确立了广告的标准，所有的传播活动就都有了评估的标准，所有的营销努力都将遵循这一标准，从而确保每次的推广在促进销售的同时，都对品牌价值(定位)的打造进行积累。红罐王老吉成功的品牌定位和传播，给这个有 175 年历史、带有浓厚岭南特色的产品带来了巨大的经济效益：2003 年红罐王老吉的销售额比 2002 年同期增长了近 4 倍，由 2002 年的 1 亿多元猛增至 6 亿元，并以迅雷不及掩耳之势冲出广东。2004 年，尽管企业不断扩大产能，但仍供不应求，订单如雪片般纷至沓来，全年销量突破 10 亿元，以后几年持续高速增长，2010 年销量突破 180 亿元大关。

(资料来源：http://wenku.baidu.com/link?url=CyAP_ddT0IxpPQI_8s16sdWLoefQ643wuQUOyqi8zmxarq

JViZwKaEBqZ4BWI6yljBwqrRAeV9KhgQramOzDIVWSugBWAwxhhmngkIIXor3)

1.2　品牌的发展史

1.2.1　品牌理论的发展历程

品牌标识出现之初只是为了识别，但那时还不是品牌。后来，随着产品供过于求以及产品的同质化，市场由卖方转向买方，同类产品竞争更加激烈，且产品越来越复杂，生产者和消费者都需要一个工具把产品区别开来。企业为了消费者能记住本企业产品，使销售变得更容易有效；消费者则为了能更快速地选择自己所需的产品，而且选择适合自己性格和形象的产品。由于市场、企业以及消费者的需要，品牌应运而生。

西方品牌理论的发展大体上经历了五个阶段：品牌观念阶段、品牌战略阶段、品牌资产阶段、品牌管理阶段和品牌关系阶段。

1. 品牌观念阶段

品牌观念阶段主要指 20 世纪 60 年代之前的一段时期。20 世纪 60 年代以前出现了一些关于品牌的研究，特别是五六十年代，出现了一些较以前更加系统成熟的品牌观念，主要回答"什么是品牌"的问题。

总体来说，在 1915—1928 年间，主要在广告方面突出对品牌的宣传，有了新的管理方式——职能管理制。就是在企业的统一组织与协调下，品牌管理的职能主要由各职能部门分别承担，各职能部门在各自的权责范围内行使权力、承担义务。直到 20 世纪 50 年代，职能管理制在西方都很盛行。当然，现在很多企业仍然很钟爱这种品牌管理制度。

20 世纪 30 年代到 40 年代中期，以宝洁公司的 Neil McElroy 提出和建立的品牌经理制与品牌管理系统为标志，品牌实践才真正开始繁荣起来，品牌也日益成为提升企业竞争力的主要源泉。品牌经理制的要点是：企业为其所辖的每一个子品牌都专门配备一名品牌经理，品牌经理对其所负责品牌的产品开发、销售及利润负全部责任，并统一协调产品开发、生产及销售部门的工作，负责品牌管理，影响产品的所有方面以及整个过程。与职能管理制相比，品牌经理制有许多优点：第一，品牌经理制比职能制具有更强的品牌运动协作性，进而有利于提高品牌运营的业绩；第二，有利于达到品牌定位目标，可以快速地实现品牌个性化；第三，有助于长期维护品牌整体形象。二战后，许多消费品生产企业都纷纷学习宝洁开创的这种制度。到 1967 年，采用品牌经理制的主要日用品生产企业已达到 84%。自第三次科技革命开展以来，品牌与科技尤其是与传播技术的紧密结合，促使品牌开始逐步走向成熟。这一阶段，世界各著名广告公司的定位纷纷从广告版经纪人逐渐向提供全面品牌服务的信息咨询公司转变；同时品牌传播的形式也层出不穷，除报纸、杂志、广播、电视广告外，霓虹灯广告、路牌广告、邮递广告以及空中广告在欧美甚为流行；品牌策划与创意更是被广泛使用。1955 年，奥美创始人大卫·奥格威最早在其"形象与品牌"演说中提出了品牌的定义。他认为，"品牌是一种错综复杂的象征，它是商品的属性、名称、包装、商标、价格、历史、声誉、广告风格的无形组合。品牌同时也因消费者对产品使用的印象及其自身的经验而被界定。"1960 年，美国市场营销协会对品牌给出的定义是，"品牌是一种名称、术语、标记、符号或设计，或是它们的组合应用，其目的是借以辨认某个销售者或某群销售者的产品和服务，并使之与竞争对手的产品和服务区别开来。"这一定义得到大多数品牌研究者的认可。

2. 品牌战略阶段

20 世纪 60 年代至 80 年代是品牌战略阶段。这一阶段，学者们首先侧重于从品牌的定义、命名、标识、商标等方面对品牌的内涵和外延进行规范研究；其次，从塑造角度提出了许多具有战略性意义的品牌理论，如独特销售主张理论、品牌形象理论、品牌定位理论、品牌个性理论等。

1961 年，瑞夫斯提出了 USP(独特销售主张)理论，该理论有三条原则，即每则广告都向顾客提出同一个主张，但这个主张必须是竞争对手所不能或不曾提出的，并且必须有足够的促销力来打动顾客。其中，寻找产品或服务的独特性是 USP 理论的根本。

随着科技革命的进一步深入，以产品功能的差异来吸引消费者变得越来越困难，品牌的感性因素变得更为重要，品牌形象时代悄然来临。大卫·奥格威在他的《一个广告人的自白》一书中提出了品牌形象理论，该理论有三个原则，即随着产品同质化的加强，消费者对品牌的理性选择减弱；人们同时追求功能及情感利益，广告应着重赋予品牌更多情感利益；任何一则广告，都是对品牌形象的长期投资。

然而随着时代的改变，创新已不再是通向成功的关键。A·里斯和 J·特劳特预言定位时代的到来。他们认为，要在这样一个传播过度的社会取得成功，企业必须在预期顾客的头脑中占据一席之地，即要求企业和品牌要有一个明确的区别于竞争者的独特定位，就是要在消费者头脑中留下深刻、独特的印象。1969 年，他们在《定位是现代 Me-Too 市场的游戏》一文中提出了品牌定位理论。

随着对品牌内涵的进一步挖掘，20 世纪 60 年代美国 Grey 广告公司提出了"品牌性格哲学"，品牌个性理论逐渐形成。该理论认为，在与消费者的沟通中，从标志到形象再到个性，个性是最高的层面；为了实现更好的传播与沟通效果，应该将品牌注入人格化的属性；塑造品牌个性应使之独具一格、历久不衰，关键是怎样的品牌设计能表现出品牌的特定个性；寻找、选择能代表品牌个性的象征物极为重要。

3. 品牌资产阶段

20 世纪 80 年代末至 90 年代是品牌资产阶段，这一阶段是品牌理论的深化发展阶段，以品牌资产理论的提出为标志，这一阶段品牌理论的内容主要包括品牌资产理论、品牌权益管理理论和品牌资产管理运作模型等。

1988 年雀巢用高于英国罗特里公司财务账面总值 5 倍的金额收购其品牌。受其启发，大卫·艾克等人意识到品牌的溢价效应，他在《管理品牌资产》一书中首次提出了品牌资产的概念，他认为，"品牌资产是与品牌、品牌名称和品牌标志相联系，能够增加或减少企业所销售产品或者提供服务的价值和顾客价值的一系列资产与负债。"并指出了构筑品牌资产的五大元素：品牌忠诚、品牌知名度、心目中的品质、品牌联想和其他品牌资产。品牌资产将古老的品牌思想推向了新的高峰，它说明了品牌竞争制胜的武器是建立起强势的品牌资产。凯特·莱恩·凯勒 1993 年在《基于顾客来源的品牌资产评估》一文中则认为，"以顾客为本的品牌资产就是由于顾客对品牌的认知而引起的对该品牌营销的不同反应。与没有标明品牌的产品相比，顾客更倾向于标明品牌的产品，并会对它的市场营销做出更积极的反应。"

随着对品牌权益、资产和价值概念及其理论研究的深入，人们认识到，为保证品牌权益的有效形成和长期发展，必须设立专门的组织和规范的指南进行管理。为此，品牌权益管理理论研究应运而生。这方面的主要研究成果有：Aaker 的著作《管理品牌权益》、Keller 的著作《战略品牌管理》及论文《品牌报告卡》、Lehu 的著作《品牌维护：如何通过对品牌的保护、强化和增加价值以防止品牌衰老》等。还有由世界品牌实验室独创的国际领先的"品牌附加值工具箱(BVATools)"，可以对品牌资产进行评估。

在品牌资产管理理论的基础上，实践界特别是咨询界围绕如何做好品牌资产管理实践，提出了不少运作模型，例如奥美的"Brand Stewardship"、萨奇的"The Global Branding"、电通的"Brand Communication"、达彼思的"Brand Wheel"、智威汤逊的"Total Branding"等。总体来说，在此阶段，品牌开始上升为公司战略和管理中重大的新兴领域。

4．品牌管理阶段

品牌管理阶段的研究主题是如何开展品牌管理，主要包括战略品牌管理理论、品牌领导理论和品牌组合理论等。1950—1960 年，许多企业开始尝试实施品牌管理系统，特别是消费品企业，重塑品牌忠诚，品牌管理和品牌营销在市场营销中的地位与作用充分体现了出来，Burleigh B. Gardner 和 Sidney J. Levy 开始对品牌管理理论进行研究。1998 年，凯勒提出了建立品牌资产、品牌资产评估和管理品牌资产的品牌管理过程。他认为，"品牌本身就是具有价值的无形资产，应谨慎处理。品牌给顾客和公司提供很多利益。品牌化的关键在于，消费者在一个产品类别中易于发现品牌的不同之处。"

传统的品牌理论曾经对企业的品牌管理发挥过巨大的作用。但随着环境的变化，传统的模式如职能制和品牌经理制在新的市场环境下已变得力不从心。2000 年，大卫·艾克提出了品牌领导的概念，并对品牌领导模式和传统品牌管理模式的区别进行了详尽的论述。和传统模式相比，品牌领导实现了从战术到战略的管理，品牌经理的传播任务由有限的焦点到广阔的视野，战略的推动者由销售转为品牌识别。

2004 年艾克提出了品牌组合和品牌延伸的品牌管理过程。品牌组合是指所有依附于产品市场受托人的品牌和亚品牌，包括与其他公司合作的品牌。品牌组合里的产品相关性和品牌协同作用，使品牌管理更加系统。

5．品牌关系阶段

品牌关系阶段是指从 20 世纪 90 年代至今的品牌理论全面发展的时期。此阶段除前面几个阶段的理论进一步创新、完善和相互渗透之外，主要以品牌关系理论的深入研究为标志，其中包括品牌关系理论、品牌创建理论、品牌传播理论等。

Leonand L. Berry 最先提出关系营销的概念，认为品牌关系理论基于文化背景的顾客认同。布莱克斯通将品牌关系界定为"客观品牌与主观品牌的互动"，指出品牌关系是品牌的客观面(主要是品牌形象)与主观面(主要是品牌态度)相互作用的结果；邓肯从企业实际运作角度提出用八个指标——知名度、可信度、一致性、接触点、同应度、热忱心、亲和力和喜爱度来评价消费者与品牌的关系。弗尼尔将品牌关系分为四个层面，即消费者与产品的关联、消费者与品牌的关联、消费者与消费者的关联、消费者与公司的关联，从而扩大了品牌关系的外延。

　　凯勒提出了基于顾客价值创造的品牌创建理论。这里的顾客不仅包括个人消费者，也包括机构购买者。他认为，品牌的价值基于顾客的认知，以及由这个认知而产生的对企业品牌营销所作出的相对于无品牌产品而言的差异性反应。品牌创建就是要创建基于顾客的品牌的正面价值。

　　品牌是传播的产物，整合营销空前凸显品牌的传播价值。舒尔茨和劳特朋等人在1993年提出了整合营销传播的4C组合理论，从消费者的角度重新阐释了4P组合理论。

【视野拓展】

知名企业的品牌发展史

品牌	品牌的发展史	品牌的市场占有率	产品的特点及卖点
飞利浦	1891年杰拉德在荷兰创建公司，以生产灯泡为主 1920年进入中国市场 1985年在上海设立第一家合资企业	在中国市场占有率为5%	飞利浦最主要的特点及卖点是超长待机和节电模式，这两项均获国家专利
三星	三星公司由李秉喆先生创立于1938年，总部位于韩国汉城，是一家集电子、机械化工、金融及贸易服务为一体的集团，是一家从不足百人的小公司发展成为亚州知名手机品牌的大集团公司	三星电子从2000年全球第六到目前第二位(2015年数据)	三星手机简单实用，操作方便，外形大方，质量上乘
联想	1984年，创始人柳传志成立中国科学院计算技术研究所新技术发展公司，1989年公司更名为北京联想计算机集团公司，1990年开始生产联想品牌个人电脑，1994联想在香港上市，1997年北京联想和香港联想整合，2000年集团一分二，2002年4月1日成立联想移动公司	国内第一品牌，市场占有率为10%～12%	特点：科技含量高 卖点：功能全，价格低，质量高
海尔	由张瑞敏创立于1984年，30多年来海尔持续稳定发展，已成为海内外享有较高美誉度的大型国际化企业，海尔的目标是成为真正的世界著名品牌	在全国家电市场的占有率为86%	外观漂亮，适合大众要求，产品售后及时，服务好

1.2.2　品牌理论演化的新趋势

不同时代的市场环境孕育出了符合时代特征的不同品牌理论。随着经济社会的发展、市场环境的变动、消费者需求的变化以及企业目标的调整，品牌理论的研究又将呈现出一些新的趋势和方向：

(1) 品牌内涵将更为丰富，竞争将更为激烈。从前面品牌理论的研究进程来看，对品牌的研究由浅入深，由外延到内涵，越来越透彻，所以品牌的内涵将会更加丰富。

(2) 品牌资产将得到特别的管理，品牌管家走上前台。品牌资产如果得到正确的管理，将是一笔远高于公司财务账面值的无形资产，所以品牌需要专门的品牌专家来管理。

(3) 品牌竞争走上网络。随着信息时代和 IT 时代发展的不断深化，更多企业选择方便快捷、投入相对较少的电子商务模式来宣传和延伸自己的品牌，网络品牌也越来越多，品牌竞争将逐渐由实体店竞争转向网络竞争，品牌理论也应该延伸到网络品牌上去。

(4) 未来市场将是绿色品牌的天下。1998 年，Aaker 明确提出了基于单个企业品牌系统的"品牌群"概念，首次将生态学的种群概念引入到品牌理论的研究中，并指出这是一个认识品牌的全新角度。1999 年，Agnieszka Winkler 提出了品牌生态环境的新概念，并指出品牌生态环境是一个复杂、充满活力并不断变化的有机组织的论断。此后，生态学和品牌学的交叉学科——品牌生态学被提出，从理论上讲，品牌生态学是网络经济时代各种具体品牌思想、方法及先进品牌管理技术的综合和创新。从品牌理论研究和发展的历程看，品牌与生态的结合将成为品牌理论发展的新趋向，生态学将成为解决品牌复杂性问题的桥梁，成为品牌理论创新与发展的新视角。对生态破坏较小的绿色品牌也将成为消费市场的"新宠儿"。

★1.3　市场经济与品牌

人类的社会经济形态经历了由自给自足的自然经济形态到半自给型自然经济形态到小商品市场经济形态再到大商品市场经济形态的发展过程。在自然经济与小商品市场经济的状态下，由于交易规模、种类有限，交易频率低，尤其是持续交易很少，交易规则与价值度量微弱，品牌问题不突出。自工业革命开始，人类社会进入大商品市场经济时代，出现了四种情况：

第一，大企业、大批量、多种类、多规格、标准化的产品日益增多，市场交易规模、边界空前扩大。

第二，竞争的制度约束、规则、契约被提上议事日程，且要求越来越高。

第三，价值要素(创造产品价值的内在要素)发生差异、溢价收益因素增多，谁能在交易性、生产规模、工艺、技术分工、标准化、产业化/企业化、差别化、生命周期等价值要素中创造出较多的要素，达到较高的水平，谁就能获得较高的溢价性。

第四，用户关系、文化使命、社会责任被提上议事日程，并同创利能力形成一体互动。

由于这四个原因，企业为了在竞争中获胜，自觉、不自觉地强化了区别性，并在区别性内涵上附加信守规则、契约、忠于用户、忠于社会的等内容，寻求尽可能多与尽可能高水平的价值要素与溢价性。强化区别性的品牌与围绕品牌集中文化要素和价值要素的品牌经济应运而生。

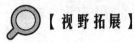 【视野拓展】

青岛市名牌的发展在国内外的比较

青岛市拥有 6 个中国驰名商标，其中海尔、海信、青啤、双星、澳柯玛是驰名商标中的"五朵金花"；拥有中国名牌产品 31 个、山东名牌 79 个、青岛名牌 157 个以及"中国质量管理奖"企业 4 家。在中国向世界名牌进军的 16 家具有国际竞争力的企业中，青岛就有海尔、青啤两家，占比 12.5%。世界品牌实验室评出世界最具影响力的 100 个品牌，海尔成为唯一入选的中国本土品牌。2004 年的《中国 500 最具价值品牌》排行榜，海尔集团公司以品牌价值 612.37 亿元高居榜首，标志着青岛品牌经济的发展水平达到了新高度。

1.3.1　品牌经济的定义

在较为成熟的市场经济中，大多数企业都采取并融入了品牌经济模式，只有少数、非主流的经济仍然采用非品牌经济。因此可以说品牌经济是成熟的市场经济的主体和核心经济模式，也是企业参与市场竞争乃至控制市场的主导形式。

在后发区域经济中，或者说在不成熟的市场环境中，品牌经济形态是一种局部经济形态，但却是先导形态、精英形态、优势形态，也是一种跨越形态。中国的市场经济形态应当说是不成熟的，品牌经济还未成为主体、核心的形态。在这样的市场经济中，谁首先推出品牌化运营，谁就会成为先锋，形成优势乃至占据领导地位。后发国家面临的一个共同课题是跨越式发展，一方面要经历工业化阶段的循序渐进，同时又要直接切入现代化的前沿。在不成熟的市场经济中，跨越式地推进品牌经济，是一个具有领导潮流、后来居上的远见卓识的举措。

综上观点，所谓品牌经济，就是以品牌为核心整合各种经济要素，带动经济整体发展的经济形态。它是企业经营的高级形态，也是市场经济高级阶段的形态和一种新高度的经济文明。品牌经济具有市场经济的基本要素，但又具备市场经济初级阶段不具备的新经济要素乃至新文化要素，并且具有一系列新的结构、规范和秩序。

1.3.2　品牌经济的构成

品牌经济可以分为单个企业的品牌化运营体系、市场总体的品牌化运营体系和区域品牌化运营体系三个组成部分。

1. 单个企业的品牌化运营体系
单个企业的品牌化运营体系大致包括：
(1) 品牌标识设定与所含品牌的定位、命名和标识设计。
(2) 围绕品牌相关层面的品牌化运营，包括：

① 物质层面的产品与服务、技术研发、设备、环境、货币、资本等的品牌化运营。

② 知识智能层面的专有知识、技术、智力、能力、信息的品牌化运营及无形资产的运营。

③ 行为制度层面的组织、管理、营销、公关、研发、生产行为及规章制度、员工行为方式的品牌化运营。

④ 文化精神层面的企业文化、价值观、企业目标、经营理念、凝聚力等的品牌化运营。

⑤ 人力资源层面的领导者及各类员工的素质、智能、工作状态的品牌化聚集与培养。

⑥ 市场用户层面的用户体验、认知、忠诚、购买等方面的品牌化运营以及知名度、美誉度的营造。

⑦ 效益规模层面的市场占有率、创利、发展规模、社会效益、社会评价等品牌化运营。

(3) 品牌自身的运营，包括：

① 品牌总体体系构成，即核心价值，核心竞争力与总体个性、风格养成。

② 品牌形象战略、品牌驰名战略(含传播推广)。

③ 品牌扩张、延伸、输出及品牌无形资产的积累及运营。

④ 品牌的国际化运营。

2. 市场总体的品牌化运营体系

单个企业品牌化运营融入市场与社会后，至少发生了六种关系：单个企业品牌化运营与用户、社会的关系，与非品牌经济的关系，与实行品牌化运营的企业之间的关系，与国家、地区政府及行业相关组织的关系，对文化包括价值观、企业宗旨、伦理、社会理想等因素的吸纳，对新经济因素如知识经济、信息经济、网络经济的吸纳。这些关系相互作用的结果形成了市场总体的新格局、新规范和新秩序，从而推动市场经济进入高级形态——品牌经济形态。品牌经济形态作为市场经济形态的高级阶段，具有与初级阶段的市场经济不同的特征与要素，主要有：

(1) 以品牌为核心，对各种经济要素进行重新自组织，并吸纳了知识经济、信息经济、网络经济等新经济因素乃至文化、伦理、社会理想因素，导致经济形态的整体提升并抵达一种新的经济文明。

(2) 以品牌市场机制代替产品市场机制，提升市场经济的总体效率，催生市场经济新秩序，保证先进的、合理的规则和契约被遵守。

(3) 代表了市场经济成熟阶段控制市场乃至全球经济的最高形式。市场经济的初级阶段是产品输出控制、资本输出控制，高级阶段进展为知识输出控制、品牌输出控制。耐克公司可以一双鞋不做而用品牌控制全球鞋市场；可口可乐老板说，如果把他的固定资产全部烧光，他可以立刻凭品牌的无形资产而重生；迪斯尼的行政总裁奥维兹甚至说，"工商界中无论谁，其全部未来都维系在我的品牌资产及有关的一切之上。"

(4) 最大限度地促进现代企业制度的成熟，提高经济效益与社会效益，提供具有卓越性能、可靠质量、精湛技术的产品与服务，满足市场和消费需求，带动创造社会财富与人类福祉。

(5) 在文化、价值观、伦理上的承诺向相互忠实的人类关系乃至社会公正、全球公正靠近，为"取之于社会、用之于社会"的最终境界预留了可能性。当然全球品牌经济体系还远远不是理想的，可以分为现状的品牌经济体系及理想的品牌经济体系来研究，甚至可以结合后品牌经济形态来加以更富远见的考虑。

3. 区域品牌化运营体系

尽管全球一体化正在形成，但全球经济在很大程度上还是由国家或区域经济组成。进入品牌经济阶段也不例外，由于地缘、文化、民族、地区利益的原因，总会形成自觉的或事实上的国家或区域的品牌经济战略与体系。区域品牌经济体系的内容包括：

(1) 国家或区域内单个企业的品牌化运营。

(2) 国家或区域政府的组织、驱动及经济与政策支持。

(3) 区域品牌经济主体化与新经济化推进。

(4) 区域品牌经济规范、秩序的建立与管理。

(5) 区域品牌经济链(品牌产品、品牌服务、品牌企业、品牌及品牌市场、品牌管理、品牌营销)。

(6) 区域品牌产业柔性集群与合作网络(供应商、生产商、销售代理商、顾客及企业、政府、大学、研究机构、金融机构、中介服务、咨询组织)。

(7) 品牌组合，如在青岛组建为海尔提供配件的企业，这些企业实行品牌化运营，与海尔品牌组合并借海尔品牌提升组合品牌。

(8) 品牌消费包括养成消费品牌产品的习惯与支持本地品牌的消费。

(9) 区域品牌经济跨域化与国际化。

★1.4 品牌资产

1.4.1 品牌资产的含义

自 20 世纪 80 年代以来，品牌资产一直是学界和业界关注的热点。随着市场经济的发展、企业竞争手段的丰富和人们认识水平的提高，品牌资产理论的研究不断发展。不同地区和不同国家因市场经济环境不同及营销方式各异，对品牌资产的理解也各不相同，因此至今仍没有一个通用的品牌资产定义。学界和业界对品牌资产的描述都有自己独特的视角。学界对品牌资产的解释主要有三种视角：一是基于企业的品牌资产概念模型，二是基于市场的品牌力概念模型，三是基于消费者的概念模型。

1. 基于企业的品牌资产概念模型

基于企业的品牌资产概念模型是从财务和营销两个角度出发的。从财务角度出发提出的品牌资产概念模型是为了方便计算企业的无形资产，以便向企业投资者或股东提交财务报表，为企业的并购、合资等商业活动提供依据。这种概念模型认为，品牌资产本质上是一种无形资产，一个强势品牌应被视为具有巨大价值的可交易资产。

财务会计概念模型着眼于对公司品牌提供一个可衡量的价值指标。它也存在一定的不足之处：首先，过于关心股东的利益，集中于短期利益；其次，简单化、片面化；第三是对品牌管理没有帮助。

2. 基于市场的品牌力概念模型

基于市场的品牌力概念模型认为，品牌资产的大小应该体现在品牌自身的成长与扩张能力上，例如品牌延伸能力。与财务会计概念模型不同，基于市场的品牌力概念模型着眼于品牌的长期利益。

3. 基于消费者的概念模型

Keller 指出，品牌资产是品牌知识(Consumer Brand Knowledge)的效应，这种效应发生在消费者对品牌营销活动的反应中。若消费者发现品牌产品之后，对产品本身以及产品的价格和宣传都产生好感，则品牌资产是良性的。基于消费者的概念模型品牌资产的核心是如何为消费者建立品牌的内涵。

关键点：品牌的核心利益，即品牌能够满足消费者哪一方面的核心需要。例如产品是否方便使用，口味如何，是否能给消费者带来成就感，是否能够挑战自我，是否能获得异性青睐，是否与以前品牌有区别，是否新奇，是否具有荣誉感，能否炫耀，能否凸显个性，能否带来征服感。

以上三种类型的品牌资产概念模型都存在着不妥之处，只有把三者结合起来，从企业和消费者互动的角度来阐释品牌资产，才是正道。所以本书认为，品牌资产是由企业与消费者共同创造，最终在消费者头脑中形成的、对企业以及产品的整体理性认识和情感印象。

1.4.2　品牌资产的特征

品牌资产的特征主要有以下几点：

(1) 品牌资产是无形资产。品牌是企业竞争的关键性资产，这一资产不同于有形资产，不能使人凭借眼(看)、手(摸)等感官直接感受到它的存在及大小。因此品牌资产是一种无形资产，而且是一种组合的无形资产。这种组合的无形资产是由为数众多且错综复杂的要素所构成的，比如精明的管理队伍、卓越的销售机构和业务网络、有效的广告宣传、企业商誉、企业文化等。

(2) 品牌资产具有开发利用价值。品牌资产不像企业有形资产那样，完全生成于生产过程，生成后的价值随着磨损而不断减少；也不像应收款项等债权，具有向债务人收取款项的权利。

(3) 品牌资产价值难以准确计算。品牌的价值现在已广泛为人们所认知，如何计量品牌资产现已成为企业非常关心的问题。但品牌评估是一项全新而又复杂的技术，需要利用一系列指标体系进行综合评价。

(4) 品牌资产价值具有波动性。品牌从无到有，从消费者感到陌生到消费者熟知并产生好感，这是品牌营销者长期不懈努力的结果。但是，市场风云莫测、千变万化，像技术创新、理念创新以及市场环境变化，这一切都会对品牌价值产生影响。

1.4.3　品牌资产的构成

美国著名的品牌专家 David Aaker 于 1991 年提出的品牌资产由五项要素组成：品牌忠诚度(Brand Loyalty)、品牌知名度(Brand Awareness)、品牌品质认知(Perceived Quality)、品牌联想(Brand Association)和其他品牌专有资产(Other Proprietary Brand Assets)，这被人们称

为五星模型(如图 1-1 所示)。

图 1-1　品牌资产五星模型

1996 年 David Aaker 又进一步提出品牌忠诚度(Brand Loyalty)、品牌品质认知(Perceived Quality)、品牌联想(Brand Association)、品牌知名度(Brand Awareness)和市场状况(Market Behavior)，并提出了这五个方面的十项具体评估指标，称为品牌资产十要素模型，如表 1-1 所示。

表 1-1　品牌资产十要素模型

五　要　素	十　项　具　体　指　标
忠诚度评估	(1) 价差效应；(2) 满意度/忠诚度
品质认知/领导性评估	(3) 品牌认知；(4) 领导性/受欢迎度
联想性/区别性评估	(5) 价值认知；(6) 品牌个性；(7) 品牌联想
知名度评估	(8) 品牌知名度
市场状况评估	(9) 市场占有率；(10) 市场价格、市场覆盖率

根据国内外学者的观点及相关研究成果，我们认为品牌资产的构成要素主要包括品牌认知、品牌形象、品牌联想、品牌忠诚和附着在品牌上的其他资产。

1. 品牌认知

品牌认知是消费者认出、识别和记忆某一品牌是某一产品类别的能力，从而在观念中建立起品牌与产品类别间的联系。从品牌认知的广度来讲，是品牌知名度；从品牌认知的深度来讲，便是品牌认知度。它是一个由浅入深的过程，包含三个层次：品牌再识、品牌回忆、深入人心，又包括四个基础元素：

(1) 差异性。差异性代表品牌的不同之处，这个指标的强弱直接关系到经营利润率。差异性越大，表明品牌在市场上的同质化程度越低，品牌就更有议价能力。差异性不仅表现在产品特色上，也体现在品牌的形象方面。

(2) 相关性。相关性代表品牌对消费者的适合程度，关系到市场渗透率。品牌的相关性强，意味着目标人群接受品牌形象和品牌所做出的承诺，主观上愿意尝试，也意味着在相应的渠道建设上有更大的便利。

(3) 尊重度。尊重度代表消费者如何看待品牌，关系到其对品牌的感受。当消费者接触品牌进行尝试性消费后，会印证他们的想象从而形成评价，并进一步影响到重复消费和口碑传播。

(4) 认知度。认知度代表消费者对品牌的了解程度，关系到消费者体验的深度，是消费者在长期接受品牌传播并使用该品牌的产品和服务后，逐渐形成的对品牌的认识。

2. 品牌形象

品牌形象即品牌体现的质量，是指消费者对某一品牌的总体质量感受或在品牌上的整体印象。它是消费者的一种判断和感性的认识，是对品牌的无形的、整体的感知。其内容主要由两方面构成：第一方面是有形的内容，第二方面是无形的内容。品牌形象的有形内容又称为"品牌的功能性"，即与品牌产品或服务相联系的特征；品牌形象的无形内容主要指品牌的独特魅力，是营销者赋予品牌的，并为消费者感知、接受的个性特征。

3. 品牌联想

所谓品牌联想，是指人们的记忆中与品牌相连的各种事物。建立正面品牌联想与提高销售额之间具有强烈的正相互关联性，因此，品牌经理人在塑造品牌形象时，应透过各种不同的营销渠道，竭尽所能地为品牌建立并累积正面的品牌联想，进而在消费者心中建立持久性的印象，更能巩固品牌的市场优势。

品牌联想虽然是人们的一种意识，但是这种意识的集合显然具有资产作用。它可以通过影响消费者对信息的回忆，帮助消费者获得与品牌有关的信息，为消费者的购买选择提供方便。其次，品牌联想本身就凸显出了品牌定位和品牌个性，有助于把一个品牌同其他品牌区别开来。另外，品牌联想还可以影响消费者的购买行为。例如，百事集团旗下的薯片品牌乐事(Lay's)在阿根廷开发出一种特别的派样方法——一台自动贩卖机。可别以为这只是一台普通的贩卖机，它不吃硬币，吃的可是一整颗马铃薯，而且它还是一台有着"从原料到包装的完整生产过程的小工厂"。这样的设计无疑让消费者更清楚地了解该品牌薯片的制作过程，使消费者产生丰富的联想，更容易形成品牌印象。

4. 品牌忠诚

品牌忠诚是消费者对品牌偏爱的心理反应。它作为消费者对某一品牌偏爱程度的衡量指标，反映了消费者对该品牌的信任和依赖程度，也反映出一个消费者由某一个品牌转向另一个品牌的可能程度。品牌忠诚的价值主要体现在以下几方面：一是可以降低行销成本，增加利润；二是易于吸引新顾客；三是可以提高销售渠道拓展力；四是面对竞争有较大弹性。

5. 附着在品牌上的其他资产

附着在品牌上的其他资产指的是与品牌密切相关、对品牌的增值能力有重大影响的、不易准确归类的特殊资产，一般包括专利、专有技术、分销渠道、购销网络等。

【随堂思考】

品牌可以根据不同的特点分类，请列举一些企业品牌的例子，看它们分属于哪一类品牌。

【本章小结】

(1) 品牌指公司的名称、产品或服务的商标和其他可以有别于竞争对手的标示、广告等构成公司独特市场形象的无形资产。产品品牌是对产品而言，包含两个层次的含义：一是指产品的名称、术语、标记、符号、设计等方面的组合体，可以作为外显要素；二是代表有关产品的一系列附加值，包含功能和心理两方面的利益点，可以作为内显要素。

(2) 品牌的特征包括：品牌是多种元素与信息的结合体，品牌是无形的，品牌是一种无形资产，品牌具有专有性，品牌具有影响力，品牌是企业参与市场竞争的武器，品牌是一种承诺和保证，品牌具有伸缩性。

(3) 企业品牌管理就是建立、维护、巩固品牌的全过程。通过品牌管理有效监管控制品牌与消费者之间的关系，最终形成品牌的竞争优势，使企业行为更忠于品牌核心价值与精神，从而使品牌保持持续竞争力。

(4) 西方品牌理论的发展大体上经历了五个阶段：品牌观念阶段、品牌战略阶段、品牌资产阶段、品牌管理阶段和品牌关系阶段。

【基础自测题】

一、选择题

1. 品牌中可以用语言称呼、表达的部分是(   )。

A. 品牌　　　　　B. 商标　　　　　C. 品牌标志　　　D. 品牌名称

2. (   )品牌就是指一个企业的各种产品分别采用不同的品牌。

A. 个别　　　　　B. 制造商　　　　C. 中间商　　　　D. 统一

3. 制造商品牌又称(   )。

A. 全国品牌　　　B. 分销商品牌　　C. 商店品牌　　　D. 私人品牌

4. 品牌最基本的含义是品牌代表着特定的(   )。

A. 消费者类型　　B. 文化　　　　　C. 利益　　　　　D. 商品属性

5. 最先提出品牌概念的是(   )。

A. 大卫·奥格威　B. 舒尔茨　　　　C. 特劳特　　　　D. 尼尔·鲍顿

6. 品牌资产包括(   )。

A. 品牌认知　　　B. 品牌形象　　　C. 品牌联想

D. 品牌忠诚度　　E. 其他专利资产

二、名词解释

1. 品牌

2. 品牌管理

3. 品牌资产

【思考题】

1. 什么是外显要素？什么是内显要素？请举例说明。

2. 为什么说品牌是企业参与市场竞争的有力武器？

3. 根据品牌与消费者的关系，品牌可分为哪些种类？

【**案例分析题**】　　ONLY——来自欧洲时尚最前沿的设计

ONLY 是丹麦国际时装公司 BESTSELLER 集团旗下的知名品牌之一。总部设在丹麦的 Bestseller，集团成立于 1975 年，拥有 ONLY(女装)、VEROMODA(女装)、JACK&JONES(男装)和 EXIT(童装)四个知名品牌。ONLY 于 1996 年来到中国，2008 年 8 月 15 日，该集团的又一全新品牌——SELECTED 男装正式登陆中国市场。"ONLY 代表的是一种风格、一种年轻人的独特风格"，ONLY 女士如此形容自己的设计，她不是不断思索接下来要做什么，而是自问要以何种方式表现，这么一来创新将永不停止。自信热情的 ONLY 女士将这股精神融入她的每一件设计，使 ONLY 成为相当具有个人风格的品牌。

ONLY 的设计带有鲜明的个人色彩，她追求自由；她强悍独立但是却有十足的女人味。

ONLY 创立 25 周年以来，已经在全球 18 个国家拥有 650 间形象专卖店和超过 6000 间加盟店，主要市场包括挪威、丹麦、瑞典、德国、芬兰、荷兰、西班牙等 11 个欧洲市场。Bestseller 的设计师遍布欧洲，总是站在世界潮流的前沿，为大都市的年轻人营造超级时尚。

分析：ONLY 品牌成功的原因。

【**技能训练设计**】　　品牌案例赏析

5～6 个学生组成一个小组，以小组为单位，选择某一熟悉品牌或自创品牌，分析该品牌的外显因素和内显因素。

第 2 章 品 牌 定 位

【学习目标】

(1) 了解品牌定位的概念与意义。

(2) 理解品牌定位的原则和决策过程。

(3) 掌握品牌定位的方法与策略。

【导入案例】

星巴克：第三生活空间

走在世界各大都市的街头，常常会发现一个绿色的美人鱼标志。当循着美人鱼的微笑进入店内，沁人心脾的咖啡香味和舒适幽雅的环境会让人很快放松下来，轻松地享受一段美好的午后时光——这就是星巴克(Starbucks)。

"星巴克"这个名字来源于美国著名作家梅尔维尔的小说《白鲸》。该书描述了船长埃哈伯指挥他的船"皮阔得"号追捕莫比·迪克白鲸的故事，因为这条白鲸鱼曾经吃掉埃哈伯船长的一条腿。"星巴克"正是"皮阔得"号上处事冷静、好喝咖啡、极具性格魅力的大副的名字，这位大副还是一个性情温和、热爱大自然的人，因而星巴克这个名字也传达了品牌对环境的重视和对自然的尊重。

星巴克的美人鱼店标是西雅图著名的设计师泰瑞·赫克乐设计的。他阅读了大量古老的海事书籍，最后找到了一幅 16 世纪的双尾美人鱼木雕图案，这个美人鱼的形象巧妙地反映出咖啡诱人的特性，充满了和星巴克咖啡同样的浪漫主义文化气息。

星巴克 1971 年创办于西雅图，创始人查理·巴尔迪尼，而使星巴克脱胎换骨的人物则是霍华德·舒尔茨。1983 年，星巴克董事长霍华德·舒尔茨被派到米兰考察，在米兰，他被意式咖啡馆的浪漫气息所打动。回国以后，他说服老板，开始在星巴克咖啡店中尝试销售咖啡饮料，从而诞生了美国咖啡饮料的第一家零售店。意式咖啡馆的模式，加上杰出的营销手段，逐渐塑造出星巴克这个世界闻名的品牌。

星巴克这个名字也暗示了它咖啡的较高定位，不是像麦当劳那样的大众水平消费产品，而是为有一定社会地位、有生活情趣的人提供的服务。舒尔茨曾说："当你进入一家星巴克咖啡店时，你获得的不仅是最优质的咖啡饮品，你还有机会结识各类人才精英，享受动人的音乐和温馨的会客环境，以及有关在家调制咖啡的实用性建议。"

在舒尔茨的设想中，星巴克咖啡店应该成为顾客的"第三生活空间"。人们生活有两大场所，一是家庭，二是公司，它们分别代表了休息和工作。但是人还有社会交往的需求，社会越发展，人们对交往的需求就越高，而星巴克就提供这样一个适宜的社交场所。

星巴克的所有摆设，从墙纸、灯光到桌椅、门窗、沙发都请专业设计师专门设计过，一方面体现星巴克的总体风格，另一方面也考虑各店的实际特点，使设计风格与周围的环境及文化相适应，顾客们对这种融入当地文化的做法相当有好感。在星巴克，顾客们心情放松，把咖啡店当成自家客厅的延伸，既可以会客，也可以独自享受，有些顾客甚至"躺"在星巴克的沙发里，悠闲地阅读店内提供的杂志。

近年，星巴克咖啡店提供的无限高速上网服务，也使顾客能够一边品尝咖啡，一边体会上网冲浪的乐趣，扩展了"第三生活空间"的理念。这一做法甚至被某些 IT 企业借鉴过去，在自己的工作场所中辟出一块专门的"星巴克区域"，让员工能以在星巴克的轻松心态享受工作。"第三生活空间"的成功营造，为星巴克吸引到一些固定的客户群，尤其是一些成功的白领女性。

星巴克认为，它们销售的主要产品不是星巴克咖啡，而是星巴克体验。星巴克从产品、服务和顾客感受三方面来实现它的星巴克体验。与顾客建立"关系"是星巴克战略的核心部分，它特别强调顾客与站在咖啡店吧台后面、直接与每位顾客交流的店员的关系。星巴克规定：顾客进门 10 秒钟内店员就要给予眼神接触；如果顾客不知哪种口味的咖啡最适合自己，星巴克的员工要细致而耐心地为其介绍合适的品种；如果顾客想与人分享品味咖啡的心得，星巴克的员工还需要与顾客讨论各种咖啡的知识和咖啡文化。

星巴克要维持扩张性政策就必须进军海外市场。星巴克在美国和加拿大境内共有 4400 多个店面，在其他的包括中国在内的 30 多个国家开的咖啡店数量也达 1200 多家，目前在日本已经有近 400 家星巴克的连锁店。日本的年轻白领女士对星巴克情有独钟。星巴克财务总监麦克尔在回答记者提问时表示，星巴克会在全球设立至少 20 000 家分店，其中 10 000 家设在北美，另外 10 000 家设在其他地区。与其他许多"全球最有价值的品牌"不同，星巴克的广告投入极少，年均广告费甚至不到 100 万美元。

为控制星巴克体验即"第三生活空间"的品质，最重要的是要加强员工培训和激励。星巴克体验多数建立在咖啡店内员工与顾客一对一的交流上，保持了员工的激情，就会留住星巴克品牌的品质。

（资料来源：白光. 品牌经营的故事——中外经典品牌故事丛书[M].中国经济出版社.2005）

【点评】星巴克的定位是其成功的一把利器，星巴克希望提供给人们第三个生活空间。星巴克咖啡的定位是 20～35 岁的城市白领和在校学生，尤其是需要第三生活空间的人。星巴克咖啡开设地点的定位可以分为三种类型，即繁华的购物区、成熟的生活社区、现代的办公楼区。

2.1 品牌定位概述

在这个传播泛滥的社会，资讯爆炸、传播过度已经使人们的眼珠、大脑受尽骚扰，而市场营销的本质归根结底是对消费者的关注和心智的争夺，这样就产生了产品过剩时代、传播过度时代的"品牌定位理论"。为了能够准确地理解品牌定位，首先需要弄清楚什么是定位。

2.1.1　定位概念的由来

定位(Positioning)一词是商品经济发展的产物。定位的概念最早由美国著名市场营销学者艾·里斯和杰克·特劳特在1969年6月的《工业营销》(Industrial Marketing)杂志上提出，他们认为，"定位乃是确立商品在市场中的位置。"定位概念的提出与当时的时代背景紧密相关。20世纪六七十年代，市场上产品数量虽然不断增多，但彼此之间却日趋同质化；与此同时，消费者又在不断分化，个性化的需求增多。在激烈的市场竞争中，企业不仅得想方设法地维持品牌鲜明的风格，又要疲于奔命地应对消费者的多种需要。为适应这种变化，企业开始转变经营思路。与其贪大求全，致使企业投入产出完全不成比例，倒不如转而瞄准一个特定的市场，集中火力对消费者进行轰炸，攫取他们的心智，占据特定的市场份额，反而更能确保收益，同时也可将自己与竞争对手区别开来。面对这种情况，艾·里斯和杰克·特劳特经过缜密分析，于1969年首次提出了定位的概念，其基本含义是：定位始于产品，一件商品、一项服务、一个机构或者一个人等，定位并非对产品本身作什么改变，而是针对潜在顾客的心理采取行动，即要在顾客的心目中对产品定一个适当的位置。市场营销大师菲利普·科特勒教授也紧接着阐释了自己对定位的看法，他认为，定位是指企业设计出自己的产品和形象，从而在目标顾客中确定产品与众不同的、有价值的地位。

【知识拓展】

艾·里斯简介

艾·里斯是世界最著名的营销战略家之一，是定位理论的创始人。作为第一作者，他与杰克·特劳特合著的《定位》、《商战》、《营销革命》、《22条商规》以及《人生定位》等作品是享誉世界的营销经典。20世纪90年代以来，艾·里斯与女儿劳拉·里斯先后出版了《聚焦》、《品牌的起源》、《董事会里的战争》等著作，把定位理论带上了新的巅峰。2008年，作为营销战略领域的唯一入选者，艾·里斯与管理学之父彼得·德鲁克、GE前CEO杰克·韦尔奇一起并列美国《广告时代》评选的"全球十大顶尖商业大师"。艾·里斯专门辅导全球500强企业如微软、宝洁、GE等的营销战略，目前是里斯伙伴(全球)营销公司(里斯和里斯(Ries & Ries)咨询公司)的主席，该公司主要业务是为众多知名企业提供战略选择服务，总部位于美国亚特兰大。

(资料来源：http://www.cehuajie.cn/a/dingwei/dingweililun/20140210/300.html)

艾·里斯和杰克·特劳特在其合著的《定位：有史以来对美国营销影响最大的观念》一书中认为，特定的目标市场是从大众市场中细分出来的产物，由一群在某些方面极为相似的消费者组成。如果你的产品像你说的一样好，他们便会在选购这一类产品时将你的品牌列为首选。消费者头脑中存在一级级小阶梯，他们将产品或多个方面的要求在这些小阶梯上排队,而定位就是要找到这些小阶梯,并将产品与某一阶梯联系上。定位理论的精髓就在于舍弃普通平常的东西,突出富有个性特色的东西和竞争优势,努力做到差异化,从而让目标消费者看到消费该品牌所能得到的确实利益。

2.1.2 品牌定位的内涵

定位理论最初被应用于产品定位,后来发展到品牌定位。关于品牌定位,国内外学者都有不同的理解。里克·乔基姆塞勒和戴维·A·阿克认为(从品牌拥有者的角度所理解的品牌概念)品牌定位是任何品牌创建计划的基础,一个清晰、有效的品牌定位,必须是企业上下对这个品牌定位都有恰当的理解和认可,必须使其与企业的发展理念及企业的文化和价值观联系起来,这有助于得到消费者的认可,因此知道什么时候说"不"非常关键。加强品牌定位对提升企业知名度是十分重要的。

《跨位》一书的作者指出:定位以前的营销是"请消费者注意",定位是强调"请注意消费者",而跨位则强调"定位不在产品本身,而在消费者心底"。在承袭原有定位理论的基础上,其对定位理论加以补充和完善,更加注重它在实践中的应用技巧。跨位的最大特点和突出贡献是对消费者心理的深切把握,指出营销的终极战场是消费者的心灵。跨位的终极目标是:使处于二流地位的品牌缩短或超越与一流品牌之间的差距。

屈云波认为,品牌定位是指建立(或重新塑造)一个与目标市场有关的品牌形象的过程与结果。

从以上品牌定位概念可以看出,品牌定位的研究主要从品牌形象层和品牌功能层出发,缺乏从消费者角度出发的品牌定位研究。但是阿尔·里斯的跨位概念却比以往的定位研究更进一步,开始回归到消费者的角度对品牌定位进行了深入的探讨。"定位不在产品本身,而在消费者心底"是对定位理论本质的回归,对消费者真切的把握。

通过品牌定位可以使产品在消费者心中占领一个有利的位置,获取一个无可替代的地位。它是细分市场、选择目标市场活动的延续与发展,一方面是站在企业的角度通过品牌定位来选择消费者(目标市场),另一方面则要从消费者的角度,让企业及产品有一个清晰的形象与特色,从而使消费者对品牌有一个深刻的记忆。据此,本书将品牌定位定义为:品牌定位是指在对市场进行调研和细分的基础上,发现或创造品牌的差异点,借助传播渠道建立与目标消费者的需求相一致的策略行为。实际上就是希望消费者感受该品牌不同于其他竞争者品牌的一种方式。

品牌定位可以通过以下六个元素,分别从不同的角度进行界定。

1. 目标消费群

目标消费群是指通过市场细分来筛选并确定品牌所要满足的潜在的消费对象。可以通过人口特征、使用习惯等来识别目标消费群。

1) 人口特征

人口特征是区分目标消费群体的首要一步,通过对人口特征的区分,我们可以为品牌的媒体传播确定消费群体的基本面,确定传播的大方向。例如,娃哈哈果奶的媒介传播基本面向5~12岁左右的少年儿童群体;染发剂的消费群体基本是55~75岁的老年人,而色泽多样的焗油膏的目标群体则是16~28岁、追逐时尚的青年等。

2) 使用习惯

使用习惯是每一个消费者都具有的生活惯性，例如，张先生习惯穿深色的西服，李先生习惯喝麦芽浓度高的啤酒。很多习惯一旦养成就很难改变，所以品牌在定位目标消费群体时，对消费者的消费习惯、使用习惯进行深入的调查分析是非常有必要的。例如，微软公司在设计办公软件时通过对办公族的调查分析发现，在这个族群中，左撇子的人占有相当大的一部分，经过确认和经济分析后，微软公司在鼠标的选项中设置了左右手方向的选项，照顾了消费群体的习惯性需求。

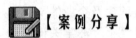 【案例分享】

护舒宝卫生巾：女人，"月"当"月"快乐

宝洁公司的护舒宝卫生巾的广告诉求照顾了消费群体的习惯性需求。现在的青年女性中青春、活泼好动的居多，睡觉时动来动去是许多青年女性的共同习惯和特点。在每月最难过的那几天时间，晚上睡觉就像被绑在床上一样难受，于是护舒宝就认准了这个共性的习惯，在以前的单独诉求——产品的吸水性强、有效预防侧漏的前提下，加上了"晚上睡觉想怎么动就怎么动"的诉求，取得了很好的效果。

(资料来源：http://www.cnljd.com/?p=220)

2. 消费者需求

消费者需求是指通过识别或创造消费者需求，以明确品牌是要满足消费者的哪一种需求。一个是对产品功能性的需求，例如，买房子为了遮风避雨，安居乐业；买电视为了看电视节目，丰富业余生活；买衣服为了遮羞御寒等。满足这些基本需求也是消费者购买商品的基本动因。另一个则是情感需求，比如奔驰轿车，成为成功与尊贵的代名词；原本是止咳药水的可口可乐成为了美国人的精神象征性饮料；与它同属一类的百事可乐成为"新一代的选择"。它们各自所代表的都是世界上一大群人的情感利益需求和寄托。

3. 品牌利益

品牌利益是指品牌给消费者提供的竞争对手无法比拟的产品利益或情感利益，这种利益能有效地吸引消费者。品牌为消费者提供的利益点大致有三：一是产品利益；二是消费者利益；三是情感利益。

1) 产品利益

所谓的产品利益是指产品本身能够做什么。这种利益往往是品牌最核心利益的支撑点，例如，消费者买电视因为电视可以收看电视节目，宝洁公司的舒肤佳香皂含有迪保肤成分，能有效地杀灭细菌，并能在 24 小时内抑制细菌的再生。这种益处的有效与否，直接关系到产品是否能够满足消费者的基本动机需求，如果产品在这一层面没有使消费者获得满足的话，也就谈不上上升到更高的需求层次了。

2) 消费者利益

消费者利益就是产品利益为消费者带来了什么好处。这就有一个与竞争对手的比较问题。例如，同是香皂，另一种香皂与舒肤佳香皂一样都具有杀菌的功效，为什么消费者就一定要选择舒肤佳呢？因为舒肤佳独特的迪保肤成分能够在 24 小时内有效地抑制细菌的再生，使皮肤更干净，更健康。在这个利益层面上，舒肤佳已经把利益提升到了健康的层面，企业给消费者的利益不仅仅是洗得干净和杀灭细菌这些，而是还可以 24 小时抑制细菌的再生，意即别的香皂洗完后仅当时干净卫生，舒肤佳则可以保持 24 小时。综上所述，所谓的消费者利益实际上就是将产品利益转化为对消费者具有现实意义的东西，同时与竞争对手的产品产生区隔，让目标消费群体清晰地感觉到哪一个更重要。

3) 情感利益

情感利益是产品利益、消费者利益的一种升华。比如，在观看具有政治色彩的联欢晚会时常常可以听到这样的话语：这首《黄河大合唱》的旋律雄壮激昂、气势磅礴(产品利益)，大家一定都是精神振奋、热血沸腾、雄心万丈(消费者利益)，它更象征着我们中华民族不屈不挠、反击外侮的决心和坚定的信念(情感利益)。在许多情况下，人们总是自觉不自觉地遵循着从产品利益到消费者利益再升华到情感利益的这个过程。

特别是在产品同质化程度很高的竞争环境下，情感利益更是成为了企业之间大把花钱比拼的利益点。以中国的白酒市场为例，除了几家老字号如茅台、五粮液等巨头以百年窖池、独特的酿造工艺作为核心竞争优势之外，其他酒厂产品的同质化程度已非常高了，在从产品的利益点上无法取得优势的情况下，各家酒厂都不约而同地打起了文化牌、情感牌，它表明了一种竞争发展演变的趋势和必然的路径。

情感利益的成立必须建立在产品利益和消费者利益的前提下，如果前两个利益点不成立，空谈情感利益就会成为无本之木、无源之水。以前文提到的舒肤佳香皂为例，如果没有产品利益点(舒肤佳含有迪保肤成分、能有效地杀灭细菌、并能在 24 小时内抑制细菌的再生)以及消费者利益点(舒肤佳独特的迪保肤成分能够在 24 小时内有效地抑制细菌的再生、使皮肤更干净更健康)支撑的话，那么最后的情感利益(舒肤佳，健康护全家)也就无从谈起。

"感冒没了，心更近了"、"非常可乐，中国人自己的可乐"、"创维情，中国心"等，无一不在运用情感利益诉求占据消费者的脑海和心田，这也正好暗合我国古代兵法中的攻心为上的韬略。

4. 竞争性框架

竞争性框架是指对于品牌的产品所属的类别、特征以及品牌竞争者的相应情况进行界定。例如，当我们面对一台创维电视机时会怎样描述它呢？照实说，这是一台创维彩电，独有的镜面屏幕清澈光滑，独有的环保设计不会对人体造成辐射伤害，而且它的音响效果非常好，不看画面听声音也是一种享受。从这个例子我们可以看出，所谓的竞争性框架就是清晰地界定这样几点：你的产品是什么？它具有什么样的独特功能？它与竞争对手的不同之处在哪里？它能替代其他什么产品？

对品牌竞争性框架的定义，其目的在于让包括消费者、代理商、供应商、零售商以及其他产品的制造商都知道、了解品牌的核心资源，本产品的竞争对手，本产品的核心竞争力。

而其中最重要的是：通过定义品牌的竞争性框架，利用品牌的传播策略在目标消费群体的脑海中形成一幅清晰的识别印象，使他们能够准确地将产品的功能性利益、给消费者的利益以及情感利益等品牌的利益点组合。

5. 原因(或利益支撑点)

原因(或利益支撑点)是指为品牌的独特性定位提供的具有说服力的依据，是产品的独特配方或是新颖的设计、包装等。

不论是产品利益、消费者利益乃至情感利益，都需要具有说服力的支撑依据。三种利益之间的关系是相互依托的：情感利益的成立来源于消费者对既得的消费者利益的接受和认同，消费者利益的成立则来源于消费者对产品利益的接受和认同，而产品利益的表现依托于消费者利益和情感利益的外化行为，三者密不可分。前文提到，必须要给消费者一个可信的、非买不可的理由，虽然这些理由就是品牌带给消费者的益处，但是比益处更加重要的是，这些益处从何而来，为什么会有这些益处，其理由是什么，最终还得落实到产品利益点上来。如果产品利益点缺乏充分的支撑，消费者凭什么相信你能够为他们提供包括消费者利益到情感利益的好处呢？比如，某牛奶品牌宣称，其牛初乳进口于新西兰的奶牛基地，健康乳牛分娩后 72 小时内分泌的乳汁。一头健康的奶牛一年仅仅能提取 2 公斤，那么这家品牌的初乳要满足中国上亿家庭的需求，需要多少初乳？这样的宣传会让消费者明显地感到依据不足，进而怀疑其产品原料的真实性。

再如，维萨卡和万事达卡在为用户提供花旗购物卡的服务活动中，花旗银行为了验证令人信服的理由的作用，他们告诉消费者：使用花旗购物卡可以让您享受到 20 万种名牌商品的最低价。结果出人意料的是消费者回应寥寥。经过自省后，他们发现自己的错误就是他们为消费者解释了利益，但是却没有为消费者提供令人信服的理由。于是他们在后续的宣传中这样说道：使用花旗购物卡购物，可以让您享受 20 万种名牌商品的最低价，因为我们的计算机一刻不停地监控着全国各地 5 万家零售商的价格，以保证您能够享受到市场上的最低价位。广告一经登出，注册人数大增，几乎爆棚。

有一些宣传夸大不实的品牌，出现失误的更多情况是发生在消费者初次购买之后，消费者发现该产品的功能功效并非如广告宣传的那么好，于是产生一种被欺骗的感觉，对该品牌产生强烈的厌恶感。对于企业来说，这是很不划算的。

6. 品牌特征

品牌特征是指品牌所具有的独特个性，是品牌给消费者提供的选择本品牌的理由。心理学中的个性原是对人的心理特征的一种描述，是个体在心理发展过程中逐渐形成的稳定的心理特点。在消费行为学中，个性是指让消费者从同质的商品中持久地选择自己的产品的内在特质，它是影响消费者行为的重要因素。当年百事可乐在入市之初采取的是仿效策略，即从口感、包装、宣传上对可口可乐依样画瓢，注重的是品牌外在的建设，结果不可避免地遭受了挫折，后来在确认了从品牌个性上彻底与可口可乐对抗后，百事可乐就成了新一代的选择，成功地做到了与可口可乐的差异化，从而开辟了一个消费者认可的新市场。

可口可乐与百事可乐，两个世界最具影响力的品牌，若没有"永远的、美国精神"与"渴望无限，新一代的选择"这样充满个性的品牌内涵做支撑，让消费者仅仅从名称、标识甚至口味上对两者做出区分并能持续地辨别这些差异，恐怕是很难的。

2.1.3　品牌定位的意义

品牌定位可以在消费者的头脑中为品牌构筑一个有利的地位，给预期消费者留下深刻、独特、鲜明的印象。品牌是否具有定位的优势，关键在于品牌能否向预期消费者提供他们所需要的、所期望的、并据此做出购买决策的利益点。品牌定位对于企业的意义在于它具有不可低估的营销价值。

1. 促进企业脱颖而出

进入品牌竞争时代，品牌具有独特的形象，或者使消费者认定品牌具有与众不同的形象，才有可能在竞争中区别于竞争对手，在市场中获得一席之地。身处信息爆炸的世界，消费者被包围在数不清的、有用或无用的信息当中。但是由于作为个体的消费者的局限性和选择性，消费者对信息的吸收并没有因为信息的增加而增加，他们仍旧只能了解并记住少量感兴趣的信息，仍然只是选择对他们有用的信息，这样就迫使企业不仅要简化自己品牌的信息，而且要努力使自己的品牌与众不同，以引起消费者的注意和兴趣。

2. 帮助企业打造品牌

现代市场营销学的一个基本理念是：每个品牌都不可能满足所有消费者的需求，每家公司只有以市场上的部分特定顾客为其服务对象，才能发挥其优势，才能提供更有效的服务，这也是市场细分的直接依据。因而，明智的企业根据消费者需求的差别将市场细分，从中选出有一定规模和发展前景、符合企业目标和能力的细分市场作为企业的目标市场。然而仅仅选定目标市场是不够的，关键在于要针对目标市场进行产品或品牌定位，要以这个定位为出发点，制定营销组合策略来服务于目标市场。

企业服务目标市场的成败包括了很多的因素，但是作为起点的品牌定位如果没有一个有竞争性的、独特的定位将极有可能导致企业的失败。品牌定位是企业打造一个品牌的起点，有了一个好的品牌定位，还要围绕这个定位来组织企业的营销资源，为这个定位服务，用以加强这个定位。这样一个过程也就是品牌定位引导营销活动，反过来营销活动加强品牌定位的过程。

3. 提供差异化利益

品牌定位是为了在目标消费者心中形成一个对该品牌的独特印象，也就是体现该品牌的与众不同。通过定位向消费者传达品牌与众不同的信息，要提炼出品牌的差别化利益，这种利益可能是价值上的，也可能是功能上的、情感上的，使品牌的差异性清楚地呈现于顾客面前，从而引起消费者对品牌的关注，并使其产生某种认同。

品牌如果没有清晰的定位，势必导致各产品资源浪费，这种浪费不仅体现在广告支出、宣传开支上，更是一种产品形象的重叠与交错，不但不能给消费者留下深刻的印象，而且还影响消费者的忠诚度。因此，企业要想塑造一个强势品牌，必须给品牌一个明确的市场定位。合理的品牌定位可以为企业的品牌在市场上树立一个明确的、有别于竞争对手的、符合消费者需要的形象，并在消费者心目中占领有利的位置。

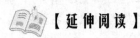

【延伸阅读】

奔驰汽车目标消费群的定义游戏

　　买汽车可以说是每个消费者的欲望，或者说是潜在的消费欲望。那么他们就都是奔驰轿车的目标消费群体吗？显然不是。再进一步的延伸，年收入达到或超过 100 万元的消费者都会是奔驰的目标消费群体吗？不见得，因为在豪华轿车产品里面还有许多的选择，诸如宝马、凯迪拉克、劳斯莱斯、凌志、法拉利等，这些轿车品牌都有着专为其目标消费群体设计的功能、服务和情感利益。宝马轿车凸显驾驶者的乐趣；劳斯莱斯彰显尊贵；法拉利年轻、时尚、极速动感同时也着意凸显驾驶者的乐趣；而奔驰轿车则凸显乘坐者的身份。

　　那么这样一来似乎很明朗了，年收入达到或超过 100 万、追求乘坐者身份凸显的消费者就是奔驰轿车的目标消费群体。实际说来，依旧不是，因为在追求凸显乘坐者身份的这个需求领域内，还有诸如劳斯莱斯、凌志、凯迪拉克的品牌可以选择。于是我们再往深层分析，对于购车消费金额上限可无限上延的消费者来说，劳斯莱斯无疑是最佳选择；对于不超过 150 万元的消费者来说，很明显地排除了购买劳斯莱斯的可能性；在追求凸显乘坐者身份的前提下，对于轿车的安全性能更加注重的消费者，购买富豪(沃尔沃)理应是他们的最佳选择，因为多年以来富豪轿车在汽车安全性能方面的努力成效卓著。对于既想追求乘坐者的尊贵，又不愿花太多金钱的消费者来说，购买凌志轿车应该是他们的选择，因为一直以来，凌志轿车都在宣传其卓越的性能足可以与奔驰媲美，但是价格仅仅是奔驰车售价的一半。

　　那么我们现在可以定义了吗？年收入达到或超过 100 万，购车消费上限不超过 150 万，对于安全性不十分苛求并且追求乘坐者身份凸显的消费者就是奔驰轿车的目标消费群体吗？我要遗憾地告诉你，依旧不是。我想我们在日常生活中经常可以看到，因为购车的用途不同，选择也将随之改变。一些有钱人虽然完全具备上述购买奔驰轿车的条件，但是由于他们的工作环境、地域特征或者喜欢驾车旅行以及个性使然等原因，他们就会选择价格昂贵的越野车、小客车等。就像一些明星，虽然很有钱，但是他们往往更多选择造价昂贵的吉普车和越野车。所以由于购车用途和个性差异的不同，导致一部分符合以上描述的消费者不会成为奔驰轿车的目标消费群体。

　　由此，我们来进行奔驰目标消费群体的定义游戏。他们是这样的一群人：

(1) 他们的年龄在 35～55 岁；

(2) 他们在事业上很成功；

(3) 他们有着很好的生活和工作环境(集中在大中型城市)；

(4) 他们经常有许多的社交活动，愿意向人们展示他们的实力和成功；

(5) 他们坚信一切都要用实力说话；

(6) 他们在购车时不会为了刻意地追求安全而放弃尊贵的体验(因为富豪车的外观不算豪华)；

(7) 他们了解奔驰的历史，他们信赖奔驰。

(资料来源：http://www.cnljd.com/?p=220：品牌定位——品牌成功的基石)

2.2　品牌定位的原则

为品牌进行定位策划之前，必须对品牌定位的原则有一个统一的认识。就品牌定位而言，由于品牌本身就包含了产品，但品牌又不仅仅只是产品，品牌在产品的物质属性之上还附加了许多意识层面的精神属性。因此，相对于产品定位来说，品牌定位应该更多地从传播的层面和视角予以策划和制定。

一般而言，品牌定位应该遵循以下基本原则：易于识别原则、有效整合资源原则、努力切中目标市场的原则、差异化原则、积极传播品牌形象原则以及动态调整原则。

2.2.1　易于识别原则

只有当一个品牌的定位存在时，该品牌的识别和价值主张才能够完全得到发展，并且具有系统脉络和深度。这就要求做到以下几点：

1. 尽可能突出产品特征

遵循品牌个性化原则，以迎合相应的顾客需求。品牌是产品的形象化身，产品是品牌的物质载体。二者相互依存的紧密关系决定了在进行品牌定位时必须考虑产品的质量、结构、性能、款式、用途等相关因素。品牌定位应因产品使用价值的不同而有所区别。这种区别可能与产品的物理特性和功能毫无关系，而是通过定位赋予在这个产品身上。同时，产品品牌所表现的个性要与消费者的自我价值观吻合，要得到消费者的认同，否则也不能为消费者所接受，定位也不会成功。

2. 简明扼要，抓住关键

简明扼要就是消费者一看即知，不需要费心费力就能领会品牌定位。因为消费者不喜欢复杂，没有兴趣去记忆很多有关品牌的信息，抓住关键的一两个独特点，以简洁明了的方式表达出来，让消费者充分感知和共鸣。这也是品牌定位的一条重要原则。

2.2.2　有效整合资源原则

将品牌定位于尖端产品，就要有尖端技术；定位于高档产品，就要有确保产品品质的能力；定位于全球性品牌，就要有全球化的运作能力和管理水平。品牌定位的最终目的在于让产品占领市场，为企业带来最佳经济效益。因此品牌定位要充分考虑企业的资源条件，以优化配置、合理利用各种资源为宜，既不要造成资源闲置或浪费，也不要超越现有资源条件，追求过高的定位，最后陷入心有余而力不足的被动境地。因此，品牌定位要与企业的资源能力相匹配，既不能好高骛远，盲目拔高自己，也不能妄自菲薄，造成资源浪费。

2.2.3　努力切中目标市场的原则

品牌定位只有针对目标市场，目标市场才能成为特定的传播对象，而这些特定对象可能只是该品牌所有传播对象中的一部分。任何的品牌定位必须以消费者为导向。杰克·特劳特(JackTrout)与史蒂夫·瑞维金(SteveRivkin)在《新定位》一书中，一再强调定位的中心在于消费者的心理，对消费者的心理把握得越准，定位策略就越有效。让品牌在消费者心目中占据一个有利的位置，让定位信息进驻于消费者心灵。这一切，都是为了找到切中消费者需要的品牌利益点。而思考的焦点要从产品属性转向消费者利益。产品属性是从生产者立场上来看的，消费者利益则是站在消费者的立场上来看的，它是消费者期望从品牌中得到的价值满足。因此可以说，定位与品牌化其实是一体两面，如果说品牌就是消费者认知，那么定位就是公司将品牌提供给消费者的过程。

2.2.4　差异化原则

竞争者是影响定位的重要因素。没有竞争的存在，定位就失去了价值。因此，不论何种方法，定位策略始终要考虑与竞争者的相对关系。品牌定位在本质上展现其相对于竞争者的优势。品牌定位必须与众不同，只有与众不同，才能将产品与其他品牌的产品区别开来，才能让品牌信息凸显在消费者面前。通过向消费者传达差异性信息，而让品牌引起消费者的注意和认知，并在消费者心智上占据与众不同的、有价值的位置，差异创造品牌的"第一位置"，这就是差异化创造出的竞争价值。

2.2.5　积极传播品牌形象原则

可以认为品牌定位是连接品牌识别和品牌形象之间的桥梁，也可以认为其是调整品牌识别与品牌形象之间关系的工具。这存在四种情况：第一，品牌识别的部分内容未反映出来时，可以通过品牌定位传达其形象；第二，当品牌面临激烈的竞争时，可以通过品牌定位强化其形象；第三，当品牌形象的适应面过于狭窄时，可以通过品牌定位扩展其形象；第四，当品牌形象违背品牌识别时，可以通过品牌定位修正其形象。

但是传播也要追求成本效益最大化。这是企业发展的最高目标，任何工作都要服从这一目标，品牌定位也不例外。从整体上讲要控制成本，追求低成本高效益，遵循收益大于成本这一原则。收不抵支的品牌定位只能是失败。

2.2.6　动态调整原则

品牌定位不是一成不变、一劳永逸的，因为整个市场都在不断发生变化，产品在不断地更新换代，消费者的需求在不断发生变化，市场上不断有新的同类产品加入竞争，产品在自身生命周期中所处的阶段也在不断演进，因此，品牌定位要根据市场情况的变化不断做出调整，使品牌永远具有市场活力。任何以不变应万变的静态定位思想都将使品牌失去活力，最终被市场淘汰。

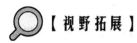**【视野拓展】**

十大汽车品牌定位

品牌	标志	定位	品牌	标志	定位
红旗		中国领导坐骑	道奇	DODGE//	大众化
奔驰		尊贵	奥迪	Audi	科技
沃尔沃	VOLVO	安全	路虎	LAND-ROVER	豪华越野
凯迪拉克		高贵奢华	林肯	LINCOLN	总统级别
宾利	BENTLEY	顶级的运动型豪华轿车	玛莎拉蒂	MASERATI	豪华舒适

(资料来源：十大汽车品牌定位 http://www.chebiaow.com/car/shijiemingche/)

2.3 品牌定位的过程

品牌定位的过程是指企业从市场调研入手，采取一系列的步骤进行品牌定位并将定位理念传达给目标消费群，一般包括品牌定位调研、品牌定位设计、形成品牌定位以及形成品牌的检测等。

2.3.1 品牌定位调研

调研是品牌定位的基础性工作，这项工作的效果直接决定品牌定位的成败，其主要包括以下三个方面。

1. 了解消费者的需求

对目标市场消费者的深入研究是品牌定位的第一步。要深入了解消费者的所思所想，了解他们的价值观念和生活方式，分析他们的喜好甚至偏好。运用市场细分变量诸如生活

于实现有效定位具有重要意义。

2.3.4　形成品牌的检测

通过对品牌定位的检测，将品牌目标与设计的品牌定位进行比较，及时发现两者之间存在的差异。对于存在的差异要分析其原因：是属于表达问题，还是属于理解问题；是需要强化，还是应该重新定位等。这些信息应及时反馈到决策部门，以便对品牌定位策略做出调整，或者重建。

品牌再定位应以微调为主，除非经过一定改善和相当努力仍无成效。一般不要放弃原来定位，应保持定位的连续性和稳定性，因为品牌定位是一项长期的任务。

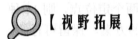 【视野拓展】

红罐王老吉的品牌定位过程

谈起红罐王老吉的成功，加多宝集团总裁阳爱星认为："2003 年年初，经过一个月的定位研究，广州成美营销顾问公司为我们(加多宝公司)制定了红罐王老吉的品牌定位战略，将其定位为预防上火的饮料，并且帮助我们确立了'怕上火，喝王老吉'的广告语。从今天看来，这项工作成果成为了红罐王老吉腾飞的一个关键因素。"

1. 品牌释名

凉茶是广东、广西地区的一种由中草药熬制、具有清热去湿等功效的"药茶"。在众多老字号凉茶中，又以王老吉最为著名。王老吉凉茶发明于清道光年间，至今已有 175 年，被公认为凉茶始祖，有"药茶王"之称。到了近代，王老吉凉茶更随着华人的足迹遍及世界各地。

20 世纪 50 年代初由于政治原因，王老吉凉茶铺分成两支：一支完成公有化改造，发展为今天的王老吉药业股份有限公司，生产王老吉凉茶颗粒(国药准字)；另一支由王氏家族的后人带到香港。在中国大陆，王老吉的品牌归王老吉药业股份有限公司所有；在中国大陆以外的国家和地区，王老吉品牌为王氏后人所注册。加多宝是位于东莞的一家港资公司，经王老吉药业特许，由香港王氏后人提供配方，该公司在中国大陆地区独家生产、经营王老吉牌罐装凉茶(食字号)。

2. 背景

2002 年以前，从表面看，红色罐装王老吉(以下简称"红罐王老吉")是一个很不错的品牌，在广东、浙南地区销量稳定，盈利状况良好，有比较固定的消费群，红罐王老吉饮料的销售业绩连续几年维持在 1 亿多元。发展到这个规模后，加多宝的管理层发现，要把企业做大，要走向全国，就必须克服一连串的问题，甚至原本的一些优势也成为困扰企业继续成长的障碍。

而所有困扰中，最核心的问题是企业不得不面临的一个现实难题——红罐王老吉当"凉茶"卖还是当"饮料"卖？其困扰性表现在二个方面：(1) 广东、浙南消费者对红罐王老吉认知混乱；(2) 红罐王老吉无法走出广东、浙南；(3) 推广概念模糊。

3. 重新定位

2002 年底，加多宝公司将红罐王老吉定位的制定，以及 2003 年年度广告推广代理的全部业务交由成美营销顾问公司(以下简称"成美")完成。

2003 年 1 月 1 日，成美红罐王老吉项目组(以下简称成美项目组)正式展开工作。通过对红罐王老吉基本情况的了解，成美项目组形成了红罐王老吉定位研究的总体思路。

首先对于当时销售额仅 1 个多亿的加多宝公司而言，寻求发展的同时更要考虑生存，也就是说在寻求扩大市场份额的同时必须要先稳固住现有市场；其次，由于当时红罐王老吉的销量连续多年稳定在 1 个多亿，已形成了一批稳定的用户群，因此成美项目组认为，定位研究可以从这群现有用户中寻找突破，具体是看红罐王老吉满足了他们什么需求，在他们头脑中，红罐王老吉和其他饮料或者凉茶之间到底存在什么差异，从而导致他们坚持选择红罐王老吉。在将这群稳固的用户群选择红罐王老吉的核心价值提炼出来之后，再研究该核心价值与潜在用户群对红罐王老吉的认知是否存在冲突，即现有顾客的购买理由能否延展到潜在用户身上。如果这个选择红罐王老吉的理由是潜在用户群体也能认同并接受的，同时该核心价值在产品力以及企业综合实力上能够确立，就可以认为已经寻找到红罐王老吉开拓市场的最佳方式。

从 1 月 1 日到 1 月 5 日，一方面，成美项目组从加多宝市场获取了以往对红罐王老吉的市场推广信息；另一方面，成美项目组前往加多宝公司进行企业内部专家的深度访谈。

成美项目组面临多个问题：首先是红罐王老吉的现有用户是谁？其次是浙南和广东两大核心市场的现有用户为什么选择红罐王老吉？然后通过现有用户对红罐王老吉的认知以及潜在用户对王老吉的认知，精准的界定红罐王老吉是饮料还是凉茶或者是其他，并根据竞争对手寻求差异化的核心价值。

这些问题需要进行消费者调研来解决，为此，成美项目组找到了加多宝公司长期合作的市场调查公司——广州蓝田智业市场研究有限公司，成美项目组将加多宝公司希望解决的问题与蓝田公司进行了详尽的沟通，然后双方共同制定出消费者调研方案。

通过与蓝田的深入沟通，成美项目组决定将消费者调研分为三个阶段进行：第一阶段重点解决一个核心目的，就是红罐王老吉现有用户以及重度用户是谁；第二个阶段是分别在浙南和广东研究红罐王老吉重度用户的心智，他们为什么选择红罐王老吉，并同时对两地潜在用户进行王老吉、凉茶、红罐王老吉的认知调查；第三阶段是对定位方向进行验证，看看成美项目组形成的品牌定位能否得到消费者的认同。

从第一阶段对消费者的调研可以看出，以广州为代表的凉茶文化深厚地区的消费者，对红罐王老吉的认识主要是来自他们对王老吉品牌的认知，他们非常了解凉茶、了解王老吉品牌，这种传统的代代相传的认知使他们对红罐王老吉的产品有了"清热解毒、治疗感冒、祛湿等"功效认知，因此他们饮用红罐王老吉更多是在身体不舒服时。

深圳的消费者对红罐王老吉的认知主要来自红罐王老吉产品自身，包含成分、产品上的说明文字等，还有来自身边广东朋友的介绍，他们一方面知道红罐王老吉是凉茶，另一方面认为红罐王老吉是饮料，他们在身体不舒服和平时口渴时都饮用红罐王老吉。

温州的消费者对红罐王老吉的认知完全来自红罐王老吉自身，他们通过产品包装知道红罐王老吉是凉茶，但他们将红罐王老吉完全当成普通饮料在消费，只有 2% 的消费者在身体不舒服时选择红罐王老吉，结合对加多宝公司一线人员的调研以及成美项目组对温州市场一线走访的情况，温州消费者购买红罐王老吉主要是通过餐饮渠道，这与加多宝早期在温州采用的营销方式有关。

第一阶段对消费者调研的数据直接为第二阶段调研对象的甄选提供了可靠依据，指导成美项目组寻找到有代表性的消费者进行焦点小组访谈。

成美在定位研究时，严格坚持采用多角度、渐进式的定位研究方式，以避免犯"盲人摸象"的错误。因此，在市调公司进行消费者电话调查的同时，成美项目组展开了经销商的专家访谈，希望从企业外合作伙伴的角度了解红罐王老吉的市场情况，调查对象主要是与加多宝有良好的合作关系、代理罐装王老吉半年以上、同时也代理其他饮料的经销商。

从对这些长期在一线的经销商的调查中，成美项目组发现了大部分经销商们并不认同红罐王老吉是一种凉茶，他们认为红罐王老吉是一种饮料，广东经销商们认为红罐王老吉不是凉茶的原因主要是红罐王老吉的价格较高，比当时其他品牌的凉茶高出 2 倍左右，而且口味偏甜、药味太淡。而在浙南，由于加多宝多年来弱化红罐王老吉的凉茶身份，浙南经销商认为红罐王老吉是一种高档的、吉祥的饮料。

2003 年 1 月 21 日，根据定位研究的要求，成美项目组整理出第二阶段的调研目的和调研具体内容，并提交给蓝田公司。通过与蓝田公司的充分沟通，完成了第二阶段调研焦点小组座谈会的访问大纲，并且与座谈会主持人进行了非常充分的沟通，让主持人对调研的目的、重点内容有了完全的理解，从而能更好地在座谈会上进行有价值的追问与深挖。

2003 年 1 月 22 日，第二阶段消费者的调研开始，1 月 22 日到 23 日广州消费者座谈会顺利举行，1 月 25 日到 26 日温州消费者座谈会顺利举行，1 月 28 日到 29 日深圳消费者座谈会顺利举行。各地消费者座谈会均根据被访者特征将其分为红罐王老吉的潜在用户(知道红罐王老吉而没有购买饮用的消费者)、红罐王老吉的用户、红罐王老吉的重度用户三个类别，然后根据年龄再划分为不同组别。其中重度用户和年龄的具体划分条件通过第一阶段消费者电话调研形成。

正是因为红罐王老吉属于饮料还是凉茶存在争议，而这又对红罐王老吉的定位具有重大影响，其不仅决定了目标人群，还决定了竞争对手以及与竞争对手相比差异化的价值。所以成美项目组在消费者调研中先后采取了两种方法分别做"品类测试"。

方法一：在座谈会一开始，主持人直接拿出一罐红罐王老吉，不做任何提示直接问消费者，"现在有些产品让大家看一下，大家会认为这是什么产品？"，调查结果显示：广州消费者的认知最为混乱，看到包装第一眼认为是饮料，拿到手上看到王老吉三个字认为是凉茶。被访者的回答主要有三种：主要是凉茶，但平时可以当饮料喝；或认为主要是饮料，但有一点凉茶的功能；或认为既是凉茶也是饮料，说不清楚。

方法二：在座谈会一开始，没有进行任何关于凉茶或者王老吉的讨论之前，将不同品牌的饮料制成卡片，包含有可乐类、茶饮料、果汁、凉茶(铺)等品牌，然后让消费者进行卡片分类，分类标准由消费者自己定，分好类后再将红罐王老吉拿出来让消费者再次进行归类。调研结果显示，消费者都是根据果汁饮料、水、牛奶、啤酒等各大品类进行分类的，给红罐王老吉归类也显示了部分消费者对红罐王老吉品牌认知的模糊，他们觉得红罐王老吉既不能完全和黄振龙等归到凉茶类，也无法和其他任何一个饮料类别放到一起，结果红罐王老吉单列一个类别。

在第二阶段的消费者调研中，成美项目组研究人员觉得非常欣慰的是，广州、深圳、温州市场的消费者选择红罐王老吉主要是因为心理安慰，熬夜打麻将、秋天气候太干、上火不是太严重没有必要喝黄振龙、小孩吃麦当劳以及烧烤时可以经常喝，王老吉是老牌子，比夏桑菊、清凉茶好。这意味着选择红罐王老吉的最主要原因是对饮料的需求，然后是和其他饮料相比，红罐王老吉可以减少上火的发生几率，即预防上火。

"预防上火的饮料"定位能否成立，需要从多角度再进行检验。首先，对于加多宝而言，罐装王老吉是企业的"输血线"，是否能稳固现有销售量关系到企业的命脉和未来。显然，如果将红罐王老吉定位为"预防上火的饮料"，符合红罐王老吉现有用户尤其是重度用户对红罐王老吉的购买动机，能够最大的稳固现有市场。

其次"预防上火的饮料"能否在稳固现有市场份额的同时，扩大销量。扩大销量主要来自几个方面，对于浙南、深圳等成熟市场是增加消费频次和消费量；对于新开拓或尚未开发的城市，主要是增加消费人群。成美项目组定位研究组认为，"预防上火的饮料"是有利于扩大销量的，定位清晰可使所有的营销推广都围绕消费者的价值需求而展开。

第三阶段是对定位方向进行检验。首先，一个定位要成立是需要产品力来支撑的。根据前期对加多宝公司内部生产研发专家的访谈，成美项目组了解到，凉茶是广东、广西地区的一种由中草药熬制、具有清热去湿等功效的"药茶"。在众多老字号凉茶中，王老吉凉茶被公认为凉茶始祖，有"药茶王"之称，王老吉凉茶的产品力可以说是经过了 180 多年的市场考验。

其次，一个定位要成立，还需要在法律法规的允许下进行。红罐王老吉是一种普通饮料，能否宣传"预防上火"是需要进行研究验证的，成美项目组一方面寻找相关法律法规的条款，一方面寻找其他类似产品是否有此宣传，同时委托企业向国家相关部门进行咨询。通过研究，成美项目组发现上火既不是药品的适应症，也不在保健食品的二十七项可申报功能范围内，上火更加像是一种民间通俗的说法；其次对上火是预防而非治疗，并不违反国家相关法律法规；第三成美项目组在牙膏等产品上找到了类似宣传预防上火的案例——中华草本抗菌牙膏。

最后，一个定位要成立还需要看竞争对手是否已经占据目标市场，显然"预防上火的饮料"当时属于国内饮料业从未被宣传过的。综合上面各角度的定位验证，成美项目组最终确立了红罐王老吉"预防上火的饮料"的定位战略。

2003 年 2 月 17 日下午，成美向加多宝公司正式提交定位报告，董事长陈鸿道当场大声赞叹："好！我想了七年，就是要这个东西！"由于他当场拍板通过红罐王老吉的定位战略，因此成美项目组准备的第三阶段消费者调研——品牌定位的验证调查被取消了。

4. 品牌定位的推广(略)

5. 推广效果(略)

6. 结语

红罐王老吉能取得巨大成功，总结起来，以下几个方面是关键：红罐王老吉品牌的准确定位；广告对品牌定位传播到位，包括广告表达准确、投放量足够；确保品牌定位进入消费者心智；企业决策人准确的判断力和果敢的决策力；优秀的执行力以及较强的渠道控制力；量力而行，滚动发展，在区域内确保市场推广力度处于相对优势地位。

(资料来源：http://www.chengmei-trout.com/case_detail.aspx?id=85：

红罐王老吉品牌定位战略制定过程详解)

★2.4　品牌定位的方法与策略

2.4.1　战略层面的品牌定位

战略层面的定位主要是静态定位需要定格的部分，也就是凝结品牌核心价值、塑造品牌个性的定位内容，具体到定位点，即能够满足消者心理需求、精神享受的价值定位点。战略层面的定位涉及品牌整体战略，具有长期性和稳定性。战略层面的定位相对战术层面的定位而言更稳定、更持久，不易跟随定位参照系的改变而改变。

1. 人性化的价值定位

品牌价值定位要与人性相连接。首先要洞察消费者，什么会令他们心动，什么对他们来说是重要的，他们的感受是怎样的，他们的生活、他们的想法是什么，品牌已经为他们做了些什么，品牌还可以为他们做些什么，品牌想和他们建立什么样的关系，本品牌如何切入消费者的生活形态或基本信念，它又如何和消费者产生关联或丰富他们的生活，等等。

对消费者的洞察来自生命和生活的基本事实。例如，"三人行必有我师"，"你敬我一尺，我敬你一丈"，"不在乎天长地久，只在乎曾经拥有"，"天助自助者"，"人生而平等、自由"，"自然就是美"，"养儿方知父母恩"等。

接下来，将品牌的核心价值与目标消费者内心深处的价值观、信念相联系。例如，舒肤佳品牌宣传选取了众多妈妈照顾全家的生活场景，反复诉求"杀菌"的产品属性给消费者提供了保护全家健康的利益，并与"妈妈的爱心"这一传统价值观相联系。

又如，宝洁公司生产一次性尿布，与同类产品相比占有技术上的绝对优势，它的产品方便、卫生、柔软、吸水，用后即可丢弃。这一产品的最大的特点是方便。因此，品牌一开始定位于品牌的功能性利益，即产品能给妈妈们提供极大的便利，品牌定位的传播也在极力表明这是一件对母亲极为省力的物品。原本市场调查表明：在美国，一次性尿布应该是一个前景非常诱人的市场，全国每星期要用 3.5 亿条以上。然而事与愿违，宝洁的一次性尿布投入市场后，市场行情并不看好，在相当长的时间内还未占领市场份额的1%。这真是不可思议，这么好的产品，怎么会得不到母亲的青睐呢？在经过了细致入微的调研分析之后，宝洁发现，将品牌定位于产品带给母亲的方便，正是问题的症结所在，因为这一定位与"母爱"的人性价值相去甚远。首先妈妈们自己认为纸制的尿布是一种不可靠的东西，她们只有在外出时不得已才会选用；其次她们会觉得仅仅为了自己的方便而使用这种一次性尿布，是一种对孩子的不负责任，这样的母亲将会被看作是一个懒惰、浪费和放纵的母亲，没有尽到做母亲的职责。妈妈们潜意识中觉得，使用纸制尿布是一件不光彩的事情，让别人知道后会觉着她是个不称职的母亲。洞察到这一点微妙的人性后，宝洁调整了品牌定位，以母亲对宝宝的爱作为品牌核心价值定位，满足了妈妈们对婴儿的关爱体贴，是个称职的母亲的价值期待，在这个基础上诉求新产品能给消费者提供功能性利益，即可以使婴儿体表保持干燥、舒适和卫生，再以产品具有卫生、柔软、吸水的属性特征作为支撑性定位点。事实上，宝洁一次性尿布的品牌定位是一个复合的定位点系统，涉及产品属性层面、品牌利益层面以及价值层面，然而真正能打动消费者的、具有长久统摄力的是价值层面的定位，以后的定位调整以及品牌传播都要以此为核心。

2. 情感化的个性定位

塑造品牌个性，赋予品牌以拟人化的性恪特征，能够赋予品牌强烈的情绪感染力，它能够抓住潜在消费者的兴趣，不断地保持情感的转换。优良鲜明的品牌个性能够吸引消费者，在消费者购买某个品牌的产品之前，这个品牌的个性已经把那些潜在的消费者征服了。万宝路以粗犷、豪放、不羁的品牌个性深深地感染着香烟消费者，它激发了消费者内心最原始的冲动、一种作为男子汉的自豪感，因而深受香烟爱好者的推崇，以致消费者将万宝路作为展示其男子汉气概的重要媒介。

百事可乐定位于"新一代的选择"，通过一系列的品牌创建活动展示"年轻有活力、特立独行、自我张扬"的品牌个性，迷倒了一大批新新人类，获得了青少年乃至具有年轻心态的消费者的高度认同。而可口可乐在百事可乐推出"新一代的选择"的广告后，也始终坚持以激情为导向的定位，致力于塑造"动感、激情和活力"的品牌个性，依此与百事可乐争夺年轻消费者。

品牌个性具有强烈的情感感染力，能够抓住消费者及潜在消费者的兴趣，使其不断地保持情感的转换。品牌个性蕴含着其关系利益人心中对品牌的情感附加值。正如我们可以认为某人(或某一品牌)具有冒险性并且容易兴奋一样，我们也会将这个人(或品牌)与激动、兴奋或开心的情感联系起来。另一方面，购买或消费某些品牌的行为可能带有与其相联系的感受和感情。如喝喜力啤酒表达了一种豁达，"Green Your Heart"；穿"红豆"衬衣产生相思的情怀；"De Beers"钻石代表着爱情，代表着坚贞，正如其广告语表达的"钻石恒久远，一颗永留传"。

3. 理念化的文化定位

品牌文化是指文化特质在品牌中的积淀和品牌经营中的一切文化现象。品牌文化主要包括经济文化、民族历史文化和企业经营理念三个方面。例如仁、义、礼、智、信、诚、孝、爱都是历经岁月锤炼沉淀下来的美好的中国传统文化，浙江纳爱斯的雕牌洗衣粉，以一句"妈妈，我能帮您干活啦"的广告语拨动了消费者的心弦，引发了其内心深处的震撼以及强烈的情感共鸣，将"母亲之爱"、"女儿之孝"注入品牌。至今，"纳爱斯"和"雕牌"还一直印在人们的心间。

在产品日趋同质化的今天，赋予品牌理念化的文化定位，对于品牌定位的长期发展甚至具有决定性的作用。对具有文化内涵的品牌消费，人们表达自己的价值观，展现一定的生活方式，昭示自己的身份与地位。给品牌注入文化内涵，营造出独具特色的品牌文化，能够激发消费者的心智从而获得消费者的认同。麦当劳说："我们不是餐饮业，我们是娱乐业。"它卖给消费者的，既是优秀的快餐食品，也是清洁、卫生、快捷、标准化所构成的餐饮文化体验。1971年诞生于美国西雅图的星巴克咖啡(Starbucks)，把典型的美式文化融入其品牌并逐步分解成可以体验的元素，创造性地将星巴克定位为"第三空间"，把一种独特的文化格调传递给顾客。正如《公司宗教》作者 Jesper Kunde 指出的，星巴克凭借理念化的品牌文化定位，成功地创立以"星巴克体验"为特点的"咖啡宗教"。

麦氏咖啡也是品牌文化定位极为成功的一个案例。麦氏咖啡在进入中国市场时，对中国传统文化和消费者的心理进行了深入的调查和研究，结果发现中国人极为重视友情，有在节假日与朋友聚会畅饮这一文化风俗，这对麦氏咖啡这种较高档的饮品而言，无疑是良好机会。与中国传统文化相结合，麦氏提出了"好东西与好朋友分享"，拉近了其与中国消费者的距离，得到了人们的心理认同，创造出极佳的市场效果。

再如企业以经营理念定位："IBM 就是服务"是美国 IBM 公司的一句响彻全球的口号，是 IBM 公司经营理念的精髓所在；飞利浦的"让我们做得更好"；诺基亚的"科技以人为本"；TCL 的"为顾客创造价值"等都是经营理念定位的典型代表，在很长的时期内都成为主导企业品牌的灵魂。

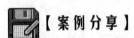 【案例分享】

佰草集：中国传统文化的融合

作为一个中国本土的护肤品牌，佰草集就很好地利用了中国传统文化以及传统价值观的文化复兴。它融合了中医的智慧和当代科技，创造了取东西方文化精华的产品。佰草集用现代的方式诠释了阴阳的概念，当中蕴含着过去和将来、自然和科技。

它的品牌传播一方面使用了传统的象征(中药成分、复杂的环形纹样、太极鱼、竖式文字)，另一方面也使用了当代元素(具有未来感的设计、荧光色色调、透明感、动画和极简的创作)，以创造传统智慧和专业技术相结合的文化内涵。

佰草集超越了商业的范畴，作为新兴文化的符号，它整合了对过去的骄傲和对未来的乐观展望，这也是它持续发展和成为经典的原因。

(资料来源：http://madbrief.com/archives/17756)

2.4.2 战术层面的策略定位

战术层面的策略定位是指从消费者、竞争者、产品这三个主维度出发，侧重于某定位点的定位选择，主要是与品牌竞争、品牌维系相关，带有权宜性和应变性的特征。战术层面的策略定位由战略定位决定，随定位维度的变化而适时调整。例如潘婷，品牌的战略层面定位始终是"营养头发"，营养物质"从发根渗透到发梢，使头发健康亮泽"。而战术层面的定位则是产品提供的"发根到发梢的滋养"物质在不断改进，从几年前的含有维生素原 B5 到含有成分 Pro-V 再到现在的珍珠白成分。潘婷的产品属性层面的策略定位一直在变化，但始终都是围绕"营养头发"的战略定位大做文章，给消费者提供了与时俱进、强而有力的"相信理由"。

1. 从消费者维度开发品牌定位点

从品牌产品的目标消费者角度开发定位点，根据消费趋势、购买动机、消费需求等信息，具体可从以下几个方面入手进行定位。

1) 从使用者角度去定位

这种定位的开发是将产品和一位用户或某一类用户联系起来，直接表达出品牌产品的目标消费者，并排除其他消费群体。事实上，这种定位往往与品牌产品的利益点相关，暗示着品牌产品能给消费者解决某个问题并带来一定的利益。例如太太口服液，定位于已婚女士，其口号是"太太口服液，十足女人味"。这一定位既表达了产品的使用者——太太，也表达了产品的功能性利益点——让太太有十足的女人味。还有诸如奥妙洗衣粉、大宝SOD蜜等不少日常用品都采用这种定位方法。

2) 从使用或应用的场合和时间去定位

这种定位是为消费者设定一个使用品牌的情境。例如"喝了娃哈哈，吃饭就是香"，将娃哈哈酸奶与小朋友饭前开胃的应用场合联系起来进行定位。还有红牛饮料，其定位是"累了困了喝红牛"，强调其功能是迅速补充能量，消除疲劳。此外，白加黑感冒药也是成功运用此种定位法的案例。它提出了"白天服白片，晚上服黑片，黑白分明"的广告语，将使用时间区分开来，先提出"日夜分开服药"新概念，给消费者提供了一个独到的利益：白天服药缓解一切感冒症状且保证精力充沛；夜晚服用黑色片剂，抗过敏作用更强，使患者休息得更好。

3) 从消费者购买的目的去寻找定位点

消费者购买总是要实现一种目的，其中的请客送礼是很重要的一个部分。亲朋好友之间的礼尚往来，商务社交中的互赠礼品都是非常普遍的事情。于是很多产品都瞄准消费者的这一需求，保健品、时尚电子消费品、食品等行业纷纷以此为定位的开发点。逢年过节打开电视，各台播放的广告"送礼"声不绝于耳。最为典型的是"脑白金"，牢牢把住"送礼"的定位点，每年春节，各大电视台都会出现一对卡通的老头老太边跳边唱着"今年过年不收礼，收礼只收脑白金"。尽管广告引起很多人的反感，但是脑白金的销量却让人瞠目结舌。

4) 基于消费者人口统计特征的定位点

(1) 年龄空档。年龄是人口细分的一个重要变量，品牌经营者不应去抓住所有年龄阶段的消费者，而应寻找合适的年龄层，它既可以是该产品最具竞争优势的、也可以是被同类产品品牌所忽视的或未发现的年龄层。例如，百事可乐定位于"新一代的选择"，显然是将富有激情、活力、可乐消费量大的年轻人作为定位对象。

(2) 性别空档。现代社会，男女地位日益平等，其性别角色的区分在许多行业已不再那么严格，男性中有女性的模仿，女性中有男性的追求。对某些产品来说，奠定一种性别形象稳定的客户群体，如服装、领带、皮鞋等产品，由于具有严格的性别区分，其消费群也截然不同。常规的做法是加强品牌形象定位，强调其性别的特点，例如金利来"男人的世界"，向消费者明确表示出了男性服饰品牌的定位。

5) 从消费者生活方式寻找定位点

市场研究表明仅从消费者的人口特征来划分市场越来越难以把握目标市场了，消费者的生活方式、生活态度、心理特征和价值观念对消费者购买决策的影响也越来越大，开始成为市场细分的重要变量。因此从生活方式的角度寻找品牌的定位点，日益成为越来越多企业的选择。例如苏格兰威士忌"Chivas"推出的电视广告片刻画了一种贵族的生活情调——冰天雪地里，几个人休闲自在、超然物外地垂钓于冰面上，画面同时响起慵懒、随意的广告曲，其营造的生活格调给消费者留下了深刻的印象，也奠定了"Chivas"高端的品牌地位。

6) 从品牌与消费者的关系去寻找定位点

由品牌与消费者的结合点出发，是开发品牌定位点的又一种途径。品牌与消费者的关系反映了如果品牌是一个人，他对消费者是一种怎么样的态度，是友好、乐意帮助，是关心爱护、体贴入微，或是其他态度。例如，海尔的冰箱每推出一个新产品总有一个诉求点，但海尔作为一个母品牌，其定位不在每一个具体的产品利益点，而是定位于"真诚到永远"，即不断帮助顾客解决他们的问题。通过这种定位，海尔深入消费者心里，牢牢占据一席之地。

2. 从竞争者维度开发品牌定位点

从竞争者维度开发品牌定位点是许多企业普遍的做法。通常由竞争者角度定位品牌需要经过以下步骤：一是企业先要明确自身的战略市场地位；二是通过竞争者维度收集的信息进行 SWOT 分析，寻找自身的竞争优势；三是确定具体的定位策略。

1) 企业的战略市场地位

企业的战略市场地位有四种，分别是市场领导者、市场追随者、市场挑战者、市场补缺者，具体如下：

(1) 市场领导者。作为市场领导者的企业一般具有以下的特点：在相关的产品市场上，拥有最大的市场占有率；拥有行业的定价权或者对价格调整的话语权；走在产品研发潮流之前；所有企业都知道它的优势，会受到其他企业的尊重。市场领导者的地位是企业多年积累的结果，是业内公认的。作为市场领导者，要想继续保持领导地位，就要有足够的耐心和细心，这包括持续创新，继续保持品牌差异；谋求做大整个市场，提升品类的竞争力；保持品牌市场占有率；灵活利用价格来整合市场等。

例如，领导时装流行长达 30 年的"皮尔·卡丹"，同时也是品位高尚、新潮时髦的象征，任何服饰只要贴上他的品牌立刻就身价百倍，这是世界公认的事实。品牌定位准确，决策正确，求新求变勇于开拓，善于表现大师级风范，这是作为时装界领导者的"皮尔·卡丹"长盛不衰的秘诀。

取得市场领导者地位的企业在进行品牌定位时，通常使用"首席定位"、"第一定位"，即赫然昭示品牌为本行业中领导者的市场地位，可在广告宣传中使用"正宗的"、"第一家"、"市场占有率第一"等口号，牢牢占据消费者心中"第一"的位置。

(2) 市场追随者。在顾客心目中所认定的属于非市场领导者的企业，都是追随者，其中有些后来成为了挑战者，而那些一直追随市场领导者开拓市场、模仿领导者的产品开发、经营模式的企业即为市场追随者。市场追随者并不一定向市场领导者挑战，而是根据自己的实力甘居次位。

"高级俱乐部"的品牌定位策略是这些企业常用的，即企业品牌如果不能在一些有意义的属性方面排第一，但却可以宣称自己是"五大品牌之一"或"十大品牌之一"。通过这种方式，品牌与市场领导者比肩，进入市场中的"第一集团军"。并且给顾客的印象是，顾客只要选择了这"五大品牌"或是"十大品牌"，都是一个不错的选择。

面对强势的市场领导者，追随者避其锋芒，追随其后，将自身与领导者的品牌捆绑在一起，形成"我也是"的平起平坐的品牌定位，从而一起分享市场。如果能使顾客产生某种需求时，除了能在头脑中出现市场领导者的品牌外，接着就能想到追随者的品牌，那么市场追随者的品牌定位就算是成功了。

(3) 市场挑战者。当行业为新兴行业，或者适逢行业洗牌、诸侯混战之时，市场领导者的根基尚未牢固，位居其次的企业与市场领导者之间的实力差距不是很大，那么居次位的企业往往倾向于以挑战者的姿态出现，攻击市场领导者与其他的竞争者，以掠夺更大的市场占有率。

挑战某一特定竞争者的定位法，虽然可以获得成功(尤其在短期内)，但是就长期而言，也有其限制条件，尤其是遭遇强有力的市场领导者反击时就更加明显了。因此市场挑战者一方面要以市场领导者为标杆，力求创新，追求产品质量、服务的改善提高；另一方面要知己知彼，选择竞争对手的薄弱环节和市场进攻，将阵地战与游击战、正面进攻与侧翼攻击相结合，而且要预计到竞争对手可能采取的还击措施，想好应对之策，做到进可攻、退可守。

行业不同，竞争结构和竞争强度也不同，领导者和挑战者的实力对比不同，就决定了挑战者应对的定位策略也应不同，相同的是挑战者都要紧密关注市场领导者的动向，保持柔性，随时准备调整自己的应对策略。

(4) 市场补缺者。市场补缺者通常是实力薄弱的中小型企业的战略市场定位。它们一般聚焦于某一大公司忽略或放弃的细分市场，并全力满足细分市场的顾客，以期占据既安全又能获利的市场空缺。市场补缺者为避免与行业内的主要企业发生市场冲突，一般是仔细深入地研究消费者的需求，可能在细分的基础上还要再细分出一个亚细分市场，然后再采取专业化的品牌定位来提供合适的产品或有效的服务，以期长期占据这部分顾客的心智资源。

2) 通过 SWOT 分析寻找自身的竞争优势

从竞争者维度开发定位，关键是企业要设法在自己的产品上找出比竞争对手更具有竞争优势的特性。竞争优势一般有两种类型：一种是价格竞争优势，即在同样的条件下比竞争对手定出更低的价格。这就要求企业采取一切努力，力求降低产品成本。另一种是偏好竞争优势，即能提供确定的特色来满足消费者的特定偏好。这就要求企业采取一切努力在产品特色即品牌差异化上下工夫。品牌竞争中的优势主要体现在偏好竞争优势上。

用 SWOT 分析工具找出相对优势。品牌定位的 SWOT 分析要经历三个环节的筛选过滤和凝聚。

第一环，寻找自身品牌的优势。这是最基本的一环，企业要认清自身品牌的哪些方面是自己的强项。

第二环，评价哪些是企业品牌所独有的优势。只有独有的优势才能构成竞争优势。这一环需要对竞争品牌的优势进行深入分析，主要包括对竞争品牌的功能性优势分析、品牌的知名度优势分析及消费者对品牌的忠诚度分析，即研究主要竞争品牌通过哪些方面取得品牌优势，这些优势源自哪里。通过这些分析，企业可以明确哪些是企业自身所独有的优势点。

第三环，从独特的竞争优势中选择消费者最关注、最能打动消费者的优势。例如，舒肤佳通过寻找自身优势，对照当时的市场领导者力士香皂提出定位点——杀菌香皂。这是因为在市场调研中发现，消费者越来越重视环境污染对健康的危害，舒肤佳定位于杀菌自然会引起消费者的注意。

3) 确定具体的定位策略

通过以上的分析，企业要制定出具体的品牌定位策略。

(1) 首次定位点。寻找竞争对手不具备而消费者需求的定位点。例如 AT&T 作为世界上首家电话公司，尽管分分拆拆，但在电信服务质量方面第一的地位始终未变。

(2) 关联比附定位点。这时的定位点挖掘是以竞争者为参考点，在其周边寻找突破口，同时又与竞争者相联系，尤其是当竞争者是领导者时，这种定位能突出相对弱小品牌的地位。具体操作上，肯定竞争者的位置，用转折语来强调本品牌的特色。比附定位是以竞争者品牌为参照物，依附于竞争者的品牌定位。比附定位的目的是通过品牌竞争提升自身品牌的价值和知名度。

比附定位主要有三种方法：

方法一：不做第一，甘居第二。这种策略就是明确承认同类中另有最负盛名的品牌，自己只不过是第二而已。这种策略会使人们对公司产生一种谦虚诚恳的印象。最为经典的案例莫过于美国艾维斯(AVIS)汽车租赁公司了，以"我们是第二，但我们更努力"的定位而大获成功。其定位战略就是把 AVIS 放在和 Hertz 租车公司一样的主要租赁代理地位上，并且远离 National 汽车租赁公司，National 当时和 AVIS 规模一样庞大。它首先承认了自己某些方面的不足，但这种承认又将自己的劣势转化为与市场第一品牌相关联的优势。这种战略是相当成功的。

方法二：攀附名品牌。这种策略的切入点与第一种很相似，首先是承认同类中已有卓有成就的品牌，本品牌自愧不如，但在某地区或在某一方面还可以与这些最受消费者欢迎和信赖的品牌并驾齐驱，平分秋色。如内蒙古宁城老窖宣称是"宁城老窖——塞外茅台"，借助白酒中的极品茅台，来提升自己品牌的价值和知名度，获得了很大的成功。

方法三：奉行"高级俱乐部策略"。这种策略是在公司如果不能取得第一名或攀附第二名时，退而求其次的策略。这种策略借助群体的声望和模糊数学的手法，强调自己是这一高级群体中的一员，从而提高自己的地位形象。例如，美国克莱斯勒汽车公司宣布自己是美国"三大汽车公司之一"，使消费者感到克莱斯勒和第一、第二一样都是知名轿车，从而收到了良好的效果。

(3) 关联或比附式定位，其原则往往不是去进攻或排挤已有品牌的位子，而是遵守现有秩序和消费者的认知模式，并在现有框架中选择一个相安无事的位置，服务某个目标市场。但进攻式定位点或防御式定位点，都是为了侵占其他品牌地位或防止其他品牌进攻定位。防御性定位点是处于某一稳固位子的品牌，为了避免其他品牌入侵其核心位置而选择的防御性定位点。为竞争对手重新定位的方法就是一种进攻式的定位策略。例如，百事可乐定位于"新一代的选择"，其实是暗示了竞争对手可口可乐老土、守旧过时，是上一代的选择，这一定位策略让可口可乐苦闷不已，始终无法作出有力的反击。

3. 从产品维度开发品牌定位点

从产品维度出发开发品牌定位点，就是根据产品的特征属性、功能或者服务的特点进行定位。在具体实施时，首先要对产品进行分析，然后再确定品牌具体的定位策略。

1) 产品分析

任何品牌都是建立在确定的产品或服务之上的，对产品进行分析是品牌定位的最基本前提。产品分析的目的是明确产品能给消费者带来什么样的使用价值和附加价值，它包括对产品基本功能的分析、对产品品质和特色的分析以及对产品的适用对象分析等方面。产品品质分析是针对产品的质量进行界定，即产品的质量在同行业中的水平如何，是否高于行业平均水平，次品率、返修率怎样；产品基本功能分析是针对产品能够满足消费者哪些功能需求，满足的程度如何；产品适用对象分析是指产品能够满足哪些消费者的需求，这些消费者中满意度最高的可能是哪类人群；产品特色分析是指分析产品与其他品牌产品相比在功能、外观、款式、质量、附加值等方面有何独特之处。

2) 具体的定位策略

(1) 由产品的属性产生的定位点，即根据产品的某些特点和属性进行定位。比如某种洗衣粉含有别的洗衣粉所不具备的某种成分，某种食品是用某种独特的工艺制造而成。如美国象牙香皂强调它"会漂浮"；沃尔沃汽车强调它的安全和耐用；海飞丝强调它能去头皮屑等。

产品的独特属性是品牌定位最低的层次，如果采取单一的属性定位风险很大，因为产品的独特性很容易被模仿而难以长久保持，很难具备真正长期的竞争优势，如果竞争者以更快的速度或更完美的改进产品参与竞争，常常能做到后发制人。

然而，如果产品的某个特性是目标市场始终关心的，而且这个指标是始终不断地需要改进而且确实在改进的，那么这种策略也能长期使用并始终赢得竞争优势。例如，汽车的安全性，这是消费者都非常关心的产品属性，沃尔沃定位于"安全"，面对同类竞争对手宝马、奔驰、凌志等在安全方面的赶超，沃尔沃不断创新改进产品"安全"的技术，先后发明了防侧撞钢板，发明了一次成形的整架钢铸，发明了白天的亮灯，发明了车上免提电话等。因此，即使在低层次的属性定位层面，沃尔沃也能始终保持优势并成功地捍卫了在消费者心中代表着"安全"的心智资源。

(2) 将产品给消费者带来的利益作为定位点。产品给消费者带来的利益点是产品定位的重要凭依，但是这个利益点必须是最早开发出来的或最早表达的，而且应该是消费者关心的，否则没有多大的价值。在同类产品品牌众多、竞争激烈的情形下，运用利益定位可以突出品牌的特点和优势，让消费者按自身的偏好和对某一品牌利益的重视程度，更迅捷地选择商品。如摩托罗拉和诺基亚都是手机市场高知名度的品牌，但它们强调的品牌利益点却大为不同。摩托罗拉向目标消费者提供的利益点是"小、薄、轻"等特点，而诺基亚宣扬"无辐射、信号强"等特点。

利益定位是根据产品所能满足的需求或所提供的利益解决问题的程度来定位。进行定位时，向顾客传达单一的利益还是多重利益并没有绝对的定论。但由于消费者能记住的信息是有限的，往往容易只对某一强烈诉求产生较深刻的印象。因此，向消费者承诺一个利益点上的单一诉求更能突出品牌的个性，获得成功的定位。早期的 USP(独特销售主张)定位，可以看作是这一类型的定位。即任何成功产品传达给消费者的都有一个独特的主张，即所谓的产品 USP，它必须超出产品本身的物理属性，区别于竞争品给消费者购买利益的心理认同，同时它必须是强而有力的，将利益集中在一点上，即集中诉求，以打动目标消费者，促使他们前来购买。

比如施乐复印机在促销定位时，强调操作简便，复印出来与原件几乎一样，表现方式是让一个五岁的小女孩操作复印机，当把原件与复印件交到她父亲手里时，问"哪一个是原件？"但产品定位毕竟不同于品牌定位，当品牌与产品处于一一对应的状态时，产品利益点可以作为品牌定位点，如"高露洁，没有蛀牙"，"佳洁士，坚固牙齿"，"吗丁啉，增强胃动力"等。一旦品牌产品多元化，这种定位就会出问题。这时实力雄厚的名牌企业可以利用利益定位在同一类产品中推出众多品牌，覆盖多个细分市场，提高其市场占有率，例如，同是洗发用品，基本成分和功能相同，而宝洁公司在中国推出了四个品牌：海飞丝、飘柔、潘婷、沙宣，每一品牌都以基本功能以上的某一特殊功能为诉求点，吸引着不同需要的消费者。希望自己"免去头屑烦恼"的人会选择海飞丝；希望自己头发"营养、乌黑亮泽"的人会选择潘婷；希望自己头发"舒爽、柔顺、飘逸潇洒"的人会选择飘柔；希望自己头发"保湿、富有弹性"的人会选择沙宣。这种突出产品 USP 的品牌，比那些泛泛而谈产品既营养、又去头屑、又柔顺、又保湿的全功能品牌，其可信度要高得多，也更容易打动消费者的心。

(3) 根据产品类别寻找品牌定位点。根据产品类别建立的品牌联想称作类别定位。类别定位力图在消费者心目中造成该品牌等同于某类产品的印象，以成为某类产品的代名词或领导品牌，在消费者有了某类特定需求时就会联想到该品牌。

企业常利用逆向思维的类别定位法寻求市场或消费者头脑中的空隙，设想自身正处于与竞争者对立的类别或是明显不同于竞争者的类别，消费者会不会接受。

类别定位最为成功的要属美国的七喜汽水。美国七喜汽水，面对激烈竞争的饮料市场，宣称自己是"非可乐"型饮料，是代替可口可乐和百事可乐的消凉解渴饮料，突出其与两"乐"的区别，因而吸引了相当部分的"两乐"转移者，成功地成为除百事可乐、可口可乐之外的美国第三大软性饮料。

(4) 根据产品的质量和价格关系寻找品牌定位点。质量和价格始终是消费者关注的焦点。不同的价格或销售量会产生不同的心理反应。人们总是笃信"好货不便宜"、"一分钱一分货"的原理，因此，价格高的商品总有价格高的理由。在缺乏辨别产品质量高低的专业知识和技能的情况下，消费者往往将价格高低作为质量好坏的指示器。

许多企业以此作为品牌定位的出发点，尤其是奢侈品领域，价格代表的不仅仅是质量，其更是档次、身份、地位的象征。例如，定位高品质、高价格的劳斯莱斯汽车，号称"世界上最贵的香水"的喜悦香水等。

 【延伸阅读】

产品生命周期与品牌定位

1. 引入期与占位策略

引入期产品是指刚刚进入市场的新产品，产品差异性明显、成长率高，但是接受度低、品牌知名度低、市场成本大，几乎没有利润。不过，产品处于引入期，任何品牌对于消费者而言都是陌生的，因此，如果企业能够利用良好的传播手段，就可以一开始为品牌奠定强势地位，这即是品牌占位策略。

例如，小鸭圣吉奥洗衣机，是国内最早引进的滚筒式自动洗衣机。当时，以小天鹅为首的套缸式自动洗衣机品牌已经全面占领了上海洗衣机市场。小鸭圣吉奥当时制定了以占位为核心的品牌战略，推出"洗衣革命先锋"的核心广告主题，以滚筒式自动洗衣机类别代表的身份，强调滚筒式自动洗衣技术的领先地位，加深创造类别占位的社会形象。结果小鸭圣吉奥在上海市场迅猛发展，占领了滚筒式自动洗衣机的领导者地位。

2. 成长期与跟随策略

成长期的产品已被市场接受，迅速成长、利润率高，开始进入品牌竞争时期。这时，最为经济有效的方式是跟随定位。采用跟随定位策略需要注意两点：

(1) 找准时机：确认产品已经被广泛接受，及时跟进，可能用较少的代价分享市场领导者开拓所获取的利润。

(2) 找准对象：跟随声誉很好的市场领导者，让自身品牌与跟随品牌建立联系，产生"高级俱乐部"效应，使自己的品牌进入消费者的心智。

3. 成熟期与品牌扩散策略

品牌具有扩散效应，即当一种品牌赢得消费者的认可和好评后，企业即可利用"晕轮效应"成功地推出系列产品。"晕轮效应"就是在人际交往中，人身上表现出的某一方面的特征掩盖了其他特征，从而造成人际认知的障碍。

产品在成熟期，成长缓慢、利润率降低，各种品牌竞争激烈，企业可以采用品牌扩散策略推出新产品。

例如，1993 年的香港乳制品市场已经处于成熟阶段，各种品牌的牛奶在市场上竞争激烈。香港牛奶公司面对竞争激烈的市场，一时无计可施。这时，一项消费者调查引起了该公司的关注：相当多的香港人开始意识到钙元素在预防骨质疏松症中起着重要作用。于是，香港牛奶公司在牛奶中加入容易吸收的钙质，适时向市场推出了高钙牛奶。这一策略，使香港牛奶公司远超竞争对手，获得了 56%的市场份额，巩固了市场领导者地位。

4. 衰退期与重新定位策略

产品在衰退期，需求明显减少、利润下降，企业可运用重新定位的策略，挖掘消费者的潜在消费点。

例如，"维他奶"上市后以"营养健康"为广告诉求。"维他奶，更高、更强、更健美"的广告语，一用就是 10 年，塑造了维他奶健康饮品的品牌形象。然而，随着岁月流逝，维他奶的形象已经日显陈旧、老化，销量连年下降。经过市场调查，策划者将维他奶重新定位为"解渴"，而"健康"则从侧面带出，着重塑造其年轻、时髦的新形象。重新定位，使"维他奶"获取了新的增长空间。

【随堂思考】

选择一个手机品牌，分析该品牌的定位。

【本章小结】

美国著名市场营销学者艾·里斯和杰克·特劳特提出的定位理论经过多年的发展和实践，日渐成熟与完善，逐步演变为市场营销理论中的一个重要分支理论，并且被评为 20 世纪最重要的营销理论。到现在为止，定位已经贯穿于品牌运作的始终，成为品牌理论的重要基石。品牌定位的成功与否，可以说很大程度上直接取决于品牌定位的过程本身，其实，过程往往比结果更重要。只要过程稳妥、缜密、有序、科学的进行，结果自然就有效、合理、正确，并且经得起推敲。品牌定位的过程为人们进行品牌定位提供了一个可资借鉴的模板，经营管理人员可以依葫芦画瓢，并且将这个"瓢"画得好、画得像、画得出彩。进行品牌定位，依然需要思考运用哪些定位方法与策略。策略选择得当与否，关系到定位成功与否。一个好的定位策略可以出奇制胜，化腐朽为神奇，不战而屈人之兵；一个蹩脚的定位策略，则荼毒企业，贻害无穷。品牌定位策略有很多，包括 USP 定位策略、档次定位策略、消费者定位策略、形状定位策略、类别定位策略、比附定位策略、情感定位策略、文化定位策略、情景定位策略和附加定位策略等。对于上述策略，我们可以取其一二用之，不可贪多求全。

【基础自测题】

一、单项选择题

1. 创立定位理论的是(　　)。

　　A. 科特勒　　　　B. 里斯和特劳特　　　C. 奥格威　　　　　D. 瑞维金

2. "非常可乐，中国人自己的可乐"这句话说明了非常可乐为消费者提供的利益点是(　　)。

　　A. 品牌利益　　　B. 产品利益　　　　C. 消费者利益　　　D. 情感利益

3. "舒肤佳含有迪保肤成分，能有效地杀灭细菌，并能在 24 小时内抑制细菌的再生"说明了舒肤佳为消费者提供的利益点是(　　)。

　　A. 品牌利益　　　B. 产品利益　　　　C. 消费者利益　　　D. 情感利益

4. "舒肤佳独特的迪保肤成分能够在 24 小时内有效地抑制细菌的再生，使皮肤更干净，更健康"说明了舒肤佳为消费者提供的利益点是(　　)。

　　A. 品牌利益　　　B. 产品利益　　　C. 消费者利益　　　D. 情感利益

5. "舒肤佳，健康护全家"说明了舒肤佳为消费者提供的利益点是(　　)。

　　A. 品牌利益　　　B. 产品利益　　　C. 消费者利益　　　D. 情感利益

6. 百事可乐定位于"新一代的选择"是(　　)。

　　A. 从消费者人口统计特征去寻找定位点

　　B. 从使用或应用的场合和时间去寻找定位点

　　C. 从消费者购买的目的去寻找定位点

　　D. 从品牌与消费者的关系去寻找定位点

7. "累了困了喝红牛"是(　　)。

　　A. 从消费者人口统计特征去寻找定位点

　　B. 从品牌与消费者的关系去寻找定位点

　　C. 从消费者购买的目的去寻找定位点

　　D. 从使用或应用的场合和时间去寻找定位点

8. "今年过年不收礼，收礼只收脑白金"是(　　)。

　　A. 从消费者人口统计特征去寻找定位点

　　B. 从消费者购买的目的去寻找定位点

　　C. 从消费者购买的目的去寻找定位点

　　D. 从使用或应用的场合和时间去寻找定位点

9. "太太口服液，十足女人味"是(　　)。

A. 从消费者生活方式寻找定位点

B. 从使用或应用的场合和时间去寻找定位点

C. 从消费者购买的目的去寻找定位点

D. 从品牌与消费者的关系去寻找定位点

10. 海尔冰箱"真诚到永远"是(　　)。

A. 从消费者人口统计特征去寻找定位点

B. 从使用或应用的场合和时间去寻找定位点

C. 从消费者购买的目的去寻找定位点

D. 从品牌与消费者的关系去寻找定位点

二、多项选择题

1. 品牌为消费者提供的利益点有(　　)。

A. 品牌利益　　　　　B. 产品利益　　　　　C. 消费者利益

D. 情感利益　　　　　E. 企业利益

2. 品牌定位的过程包括(　　)。

A. 品牌定位规划　　　B. 品牌定位调研　　　C. 品牌定位设计

D. 形成品牌定位　　　E. 形成品牌的检测

3. 战略层面的品牌定位方法包括(　　)。

A. 价值定位　　　　　B. 个性定位　　　　　C. 文化定位

D. 比附定位　　　　　E. 利益定位

4. 以下属于从竞争者维度开发品牌定位点的是(　　)。

A. 价值定位　　　B. 属性定位　　　C. 文化定位

D. 比附定位　　　E. 进攻或防御式定位

5. 以下属于从产品维度开发品牌定位点的是(　　)。

A. 比附定位　　　B. 个性定位　　　C. 文化定位

D. 属性定位　　　E. 利益定位

【思考题】

1. 品牌定位的含义是什么？

2. 品牌定位的意义有哪些？

3. 品牌定位的原则有哪些？

4. 品牌定位的过程有哪些？

5. 品牌定位的策略和方法有哪些？

【案例分析题】　哥伦比亚广播公司的 Fender 吉他：两种文化的故事

对于吉他爱好者来说，Fender 品牌是个令人崇拜的偶像，约翰·列侬和乔治·哈里森都拥有 Fender，而杰米·亨德里克斯将那款特殊的电吉他变成了传奇。

在 20 世纪 60 年代初，利奥·分德做出了近乎致命的决定：将公司卖掉。1965 年，他发现买家哥伦比亚广播公司播送的广播节目极受欢迎，非常成功。这一交易双方都认为很合理，毕竟，哥伦比亚广播公司身处音乐商业界而 Fender 制作的是乐器，二者的协作空间很大。

1975 年，公司开始失去市场份额。Fender 乐器公司现任公关总监摩根·林沃尔德说："问题是哥伦比亚广播公司对真正的生产并不了解。质量控制放松，专利技术流失，研发投资无法保证。很快，亚洲生产商模仿 Fender 的设计，生产出更便宜、质量更好的吉他。"

公司的主要卖点吉他被忽视了。Fender 爱好者创办的网站认为这是个大错误："这家综合公司最后做了一件别人都不会做的事情：让 Strar 不再那么强大。随着时间流逝，吉他新手买 Fender 吉他，而有经验的吉他手选择旧式的 Strar，一是因为它设计上的出众，二是因为它轻描淡写却非常出色的多功能性。到 1985 年，Strar 被复制，被掠夺，被伪造，或者遭到其他形式的滥用。

1981 年，哥伦比亚广播公司招聘新的管理团队来重塑 Fender 品牌，它们依据改善 Fender 产品质量的想法设计了一个 5 年商业计划。但是，直到 1985 年才出现真正的好转。当时哥伦比亚广播公司决定放弃所有的非广播业务时，Fender 被以威廉·舒尔茨为首的一群雇员和投资者买走。

这次"重生"之后产生的 Fender 公司当然在规模上要小于 CBS-Fender。哥伦比亚广播公司出售的仅仅是 Fender 名称专利和仓库里的零部件，交易并不包括建筑和机器设备。不过，新 Fender 公司拥有的是一群真正理解 Fender 品牌的员工，许多人在 20 世纪 40 年代当利奥·分德开始制作吉他时就在公司工作。很快，Fender 品牌又在世界范围的吉他爱好者心目中恢复了它的地位。

20 世纪 90 年代，Fender 的销售大幅度增长，公司根据电吉他弹奏者日益增长的需求，将产品种类进行延伸，Fender 延伸成功的秘密在于它理解让这一品牌受到欢迎的价值是什么，即制作工艺和对吉他手的深入理解。在哥伦比亚广播公司 1965 年至 1985 年掌管该公司期间，这些价值被忘却，品牌也就遇到了麻烦。

现在，Fender 重回正轨，而它的消费者也比以往更欣赏它，Fender 在各地吉他手的心目中、脑海里、手指间保持着它的地位，这不仅仅因为它出色的质量，还在于它热忱地致力于本行业的研究与发展。Fender 公司塑造着全世界人们弹奏、收听音乐的方式。

思考问题：请应用品牌定位理论分析哥伦比亚广播公司在 Fender 品牌管理中所暴露的问题。

【 技能训练设计 】

将班级成员分成若干小组，每组 5～8 人，以小组为单位，各小组选取互不相同的一种品牌，搜集品牌产品及该企业的有关资料，根据所掌握的资料，分析并评价该产品的品牌定位及其所采用的定位策略或方法。要求各小组充分讨论，认真分析，形成小组总结报告，最后由各小组派代表进行报告演示。

第3章 品牌设计

【学习目标】

(1) 了解品牌识别的含义以及品牌识别模型。
(2) 掌握品牌设计的含义与指导原则。
(3) 熟练掌握品牌有形要素的设计技巧。
(4) 了解品牌无形要素的设计要点。
(5) 了解企业 VI 系统。

【导入案例】

可口可乐的品牌设计

　　早期的可口可乐 VI 设计定位很准，采用红红火火的单一大红色调，并且配合 LOGO 的白色字体，这样的红白神话直到现在还被人们所熟记。而最符合可口可乐品牌形象推广的可乐瓶元素诞生于 VI 设计。而这个可乐瓶造型的元素，被应用在可口可乐几乎所有相关的产品上，我们不仅不会觉得不顺眼，反而觉得很贴切、很形象，假如把可乐瓶这个造型元素给拿掉，那就不是可口可乐了，恐怕还会有一大批的消费者不买账。

　　可口可乐的海报设计画面以红色为主色调，可乐瓶造型元素也是少不了的，可以是实物瓶型，也可以是矢量瓶型。当然其创意也很贴切有趣，使人为之眼前一亮。打开瓶盖的可口可乐喷出的不是汽水，而是各种风格各异的故事，有奥运人物组合图、人物呐喊图、抽象元素图，形式各种各样，但打开的可口可乐和与之相关的可口可乐故事这两个重点主题是不变的。

　　可口可乐的画册封面就一个可乐瓶造型元素，配上 LOGO，其他没有任何修饰元素。打开画册，摄影图片大多采用红色系，打开的圆形瓶盖以及瓶盖与瓶身的结合应用等设计元素都来自 VI 设计。

　　近期，可口可乐推出的罐装可口可乐包装十分有趣，两只大手环绕握住围成的形状，就是可口可乐独有的可乐瓶造型。

　　瓶盖，瓶身，罐装、瓶装上的包装，海报，画册，网站，服装，汽车车身广告，大型户外广告，店面陈列柜，企业内外建筑等，其形象都由 VI 视觉识别系统所统一设计。

（资料来源：世界经理人，2013）

　　【点评】　这一引例表明：VI 视觉识别系统的精准定位加之可口可乐的强大执行力，使得可口可乐的标准字体——白色字体与红色标准色的对比强烈，加上可乐瓶的独特造型，使其深深地印在了几乎全球消费者的脑海里，这是就算花费巨额的广告费也不能比的精神财富。

3.1 品牌识别

当市场进入品牌竞争时代，"品牌设计"就成为人们经常要谈到的词汇。据统计，企业在品牌形象设计上每投资 1 美元，将获得 227 美元的收益。如此高的投资回报率，引起了企业对品牌设计的重视。

日常生活中，我们看到金黄色的拱门就能比较容易联想是麦当劳。这种情形是偶然还是另有其他原因。我们解释为，麦当劳的金黄色拱门设计比较显眼、典型，已经在人们心中产生了与麦当劳一致性的印象，因此，看到金黄色的拱门，就联想到麦当劳。品牌识别的魅力可见一斑。

品牌识别涵盖了企业、产品、名称、文化、风格和传播等方面的内容，品牌识别是品牌整体形象的构建。自 20 世纪 50 年代以来，随着日益加剧的品牌竞争，品牌识别的概念也应运而生。

【名人名言】

"品牌识别意味着品牌有自己的品格，有自己独特而不同的抱负和志向。"

——让·诺尔·卡菲勒

3.1.1 品牌识别概念

1. 品牌识别定义

品牌识别(Brand Identity)是一个较新的概念。它并非是由营销和传播理论家凭空想出的新潮词语，而是对品牌有真正重要性的新概念。

品牌识别是品牌营销者希望创造和保持的，是能引起人们对品牌美好印象的联想物。这些联想物暗示着企业对消费者的某种承诺。品牌识别将指导品牌创建及传播的整个过程，因此必须具有一定的深度和广度。对于品牌识别，国内外学者站在不同的角度给出的定义也有所不同。

卡普菲勒的定义：品牌识别属于品牌设计者的业务范畴，目的是确定品牌的意义、目的和形象，而品牌形象是这一设计过程的直接结果。

阿克等人的定义：品牌识别是战略制定者希望建立和保持的、能引起人们对品牌美好印象的联想物。从这个定义中可以知道，品牌识别是一种联想物，目的是为了引起人们对品牌的美好印象。

我国品牌专家翁向东的定义：品牌识别是指对产品、企业、人、符号等营销传播活动具体如何体现品牌核心价值进行界定，从而形成区别于竞争者的品牌联想。该定义强调品牌识别是品牌所有者的一种行为，作用是通过传播建立差别化优势。

本教材将品牌识别定义为：品牌识别(Brand Identity)是指品牌所希望创造和保持的、能引起人们对品牌美好印象的联想物。掌握品牌识别定义需要把握三个方面的关键点：

(1) 品牌识别是品牌管理者的设计规划。

(2) 品牌识别包含品牌核心价值和外在联想物。

(3) 品牌识别的目的是让消费者认同品牌。

2. 品牌识别与品牌形象

品牌形象是营销管理领域的一个重要概念。人们在提到品牌识别与品牌形象时，经常将两者混淆，事实上，两者是不同的。

品牌形象从消费者的角度出发，反映了顾客对品牌的感知。相对于品牌形象，品牌识别是个新的概念，它是企业通过各种沟通手段试图达到的品牌预期状态。品牌形象是针对接受者而言的，它是公众通过产品、服务和传播活动所发出的所有信号来诠释品牌的方式，是一个接受性的概念；而品牌识别则是针对信息传播者而言的，品牌传播者的任务书详细说明品牌的含义、目标和使命，形象是对此诠释的理解结果，是对品牌含义的推断和符号的解释。可见，品牌识别代表了企业希望品牌达到的状态，而品牌形象则反映了在消费者看来品牌事实上的表现如何。在品牌管理中，品牌识别先于品牌形象而形成。

品牌形象与品牌识别的关系如图 3-1 所示。"识别"这一概念做出了品牌"形象"所没有的贡献。许多公司花费了大量金钱来衡量他们的品牌形象，为什么我们现在讲"识别"而不光讲"形象"？因为形象是针对接收者方面来讲，形象集中公众对一产品、品牌、公司等的想象。企业品牌形象可能很糟糕或是和产品不协调，也有可能这个品牌的形象不错，但不符合企业的理想。完全由顾客决定"品牌是什么"，会使企业陷入品牌形象的陷阱，变得被动和消极。企业只有积极、主动地创造品牌识别，引导品牌形象，让顾客产生渴望的品牌联想，才能建立真正成功的品牌形象。简而言之，品牌识别和品牌形象好比同一事物的两个方面：品牌形象是品牌识别的顾客感知，而品牌识别是指导品牌形象建设的基准。从品牌管理角度来看，识别必须先于形象形成。在向公众描绘一个观点之前，必须已明确出要描绘什么。也就是，消费者如何在品牌传达的所有信息的综合中（品牌名称、视觉信号、产品、广告、赞助活动、新闻发布等）形成形象，形象则是诠释的结果。

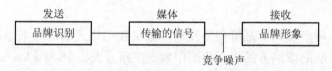

图 3-1　品牌形象与品牌识别的关系

3.1.2　品牌识别模型

每一个市场环境促成与其适应的观念和方法。当市场上的产品不是那么丰富时，简单求助于"独特销售主张(USP)"就行了。在形象时代、定位时代和品牌个性时代过后，我们进入了品牌识别时代。要成为一个强大的品牌并得以一直保持，品牌必须忠诚于它的识别。品牌形象是一个变化无常的概念——它太过关注外表而忽视了品牌本身的实质。品牌核心识别的概念表达了部分传播战略家要超越表象，要从品牌的源头进行研究的意愿。品牌识别并不像品牌形象那样倾向惟心主义，易变成机会主义。在这里，我们主要学习两种品牌识别模型。

1. 卡普费尔的六棱镜品牌识别模型

卡普费尔(Kapferer)认为品牌个性只是品牌身份的一个关键棱面。把品牌比作人的明显优势在于，对消费者来说(尤其是非专家型的普通消费者)，品牌变得更加容易理解与沟通，消费者能够轻易地感知品牌，就好像它们也有了人的属性。品牌识别可用六面棱柱来表示，以下就分别介绍组成品牌识别的这六个方面，如图 3-2 所示。

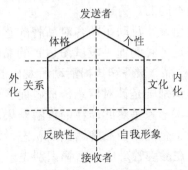

图 3-2 Kapferer 六棱镜模型图示

1) 体格

一个品牌首先要有一体格，即显著的(一提及该品牌就立即引起注意)或主要的(可能并不突出)独立特性的外在表现。"La Vauh Quikit(大笑的奶牛)"让人想起装在红篮子里的箔包装奶酪，"Citroen(标致车)"让人产生高技术的汽车悬置、原始的外形和勇敢的印象，"Volk Swagen(大众车)"意味着经久耐用，"BMW(宝马车)"让人想到的是它的行驶表现和速度。

体格是品牌的基础，就如花的茎，若没有茎花就会枯死，它是花独立的、有形的维持者。这是传播的传统基础，与品牌的标准定位相符，它从品牌的主要或突出产品中提炼出外貌特征。如 Rossignolin 体格与滑橇相连，而 Salomon 则与建筑相关。这就是为什么 Rossignolin 激起乐趣和冲劲，而 Salomon 则是代表精确和安全。体格是必不可少的，但只有它并不足够，它只是构筑品牌的第一阶段。

2) 个性

一个品牌有一种个性，即品牌要有性格，如果我们用人的形象来描述品牌，那么我们会逐渐形成谈论该产品或服务的拟人化的印象。在西方人心中，La Vache Quikit 有一大方、仁慈的灵魂；Peugeve 是保守的，非理想主义的；Citroen、Atari 则喜爱竞争与挑战。

自 1970 年个性成了品牌的中心，许多美国广告公司都将其作为所有传播活动的前提。Ted Bates 创立了新的 USP(独特销售个性)，而 Grey 广告公司将个性作为他们对品牌的定义，Ewn-RSLG 广告公司将体格和个性作为所有品牌传播的两大支柱，并认为这是传播风格的源泉。这种情况解释了为什么品牌性格会盛行，以及企业为什么会大量使用发言人、明星或动物赋予品牌个性的简单方法。

3) 文化

品牌从各产品中提炼出自己的文化。产品是物质的体现和文化的指向。文化包含了价值观系统、灵感的来源和品牌力量。文化与统领品牌对外标记(即产品和传播)的基本准则相关联。文化是识别固有的一面，它是品牌的主要动力。苹果电脑反映了加利福尼亚文化，因该州是以尖端的科技为象征。即使苹果公司的创始人已离开公司，一切仍在原先的基础上发展，苹果电脑仍给公司——从更广义来看——给人类自身带来了变革。这一梦想的实现，这灵感的主要来源地确立不仅在于高度独创的电脑产品和服务，也在于它的广告风格。

4) 关系

品牌也体现出一种关系。它经常为人们之间的无形沟通提供机会，这会在服务业中尤甚。如 Yves Saint Laurent 的名字就散发一种诱惑的气息——一种潜在的男女情欲关系弥漫于它的产品和顾客要求中，即使没有人的形象出现也能明显感到。Dior 体现的关系更为夸大，甚至有点浮华，它将欲望夸耀得如金子般耀眼。La Vache Quirit 以母子关系为中心。Iuuths 是一个挑剔的世界，它因不开放的银行、对顾客进行严格挑选而成为了最有威望的俱乐部。

5) 自我形象

自我形象即消费者心目中对品牌形象的反映。当消费者被问及对某种车的意见时，他们的即时反应是想起与其最相称的驾驶者的类型——一个放荡的人，一个有家庭观念的人，一个装腔作势的人或一个守旧的人。这种影像中的产品使用者与品牌的目标市场通常是有冲突的。目标市场是指品牌的潜在购买者或使用者，而影像中的使用者则不一定是目标消费者，而是品牌向目标消费者传达的形象，它是用于造成区别的一种手段。

6) 反映性

品牌识别的第六方面是消费者的内在反映性。如果说形象是目标消费者的外在反映，那么反映性则是目标消费者自己通过品牌的内在反映。通过我们对某些品牌的态度，建立起了自己与品牌的某种形式的内在关联。

例如，许多保时捷(Porsche)的主人只是简单地为证明他们有能力购买这种车。这一购买可能与他们的职业状况并不相符，在一定程度上这可说是一种赌博。于是该品牌就表现为自强者千方百计要实现的目标——这样 Porsche 的广告表现为与自我进行的一场比赛，一场永没终结的比赛。正如我们所见，Porsche 的影像可能与消费者的自我形象并不相同。

【知识应用】

耐克的 Kapferer 品牌识别六棱镜模型

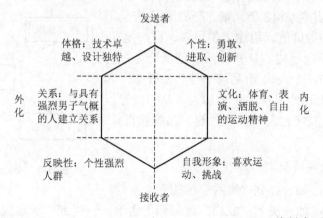

(资料来源：品牌实验室：2013)

2. Aaker 的品牌识别系统模型

国际著名的品牌研究专家、美国的大卫·艾格(Aaker)教授在 1996 年提出品牌识别系统模型，如图 3-3 所示，其涵义是指一个品牌识别实际上包括由 12 个元素组成的四个方面，包括产品识别、组织识别、个人识别和符号识别。这个识别结构包括一个核心识别特性和延伸识别特性，还有一个内聚的、有意义的识别元素系统。

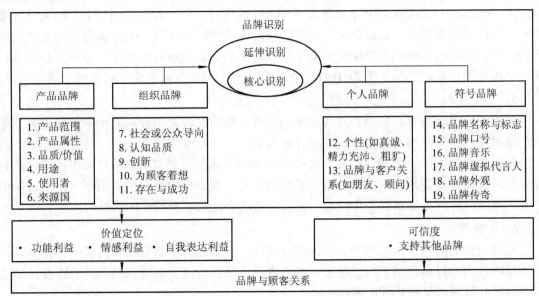

图 3-3　Aaker 的品牌识别系统模型示

品牌识别结构包括核心识别和延伸识别。核心识别——品牌最重要的、永恒的本质，当品牌进入新的市场和产品领域时最有可能保持不变的本质。例如，土星汽车——世界一流的品质、尊重顾客，以朋友的方式对待顾客；麦当劳——清洁、快速、友善、儿童乐园。

延伸识别是指由那些完美的品牌识别元素组成附属的、有意义的类别。例如，潘婷的核心识别是能让头发健康亮泽的洗发、护发、美发产品；其延伸识别是含有维他命 B5 的技术支持、瑞士维他命研究机构的权威认证、拥有一袭亮泽长发的年轻女性、女性化的品牌名称和标志设计。

品牌识别具体的四个方面构成，也可以简化表示，如图 3-4 所示。

以上四个方面共包含 12 个元素：产品识别(产品范围、产品属性、品质/价值、用途、使用者、原产地)，组织识别(社会或公众导向、认知品质、创新、为顾客着想、存在与成功)，个人识别(品牌个性、品牌与顾客之间的关系)及符号识别(品牌名称与标志、品牌口号、品牌音乐、品牌虚拟代言人、品牌外观、品牌传奇)，具体内容如下。

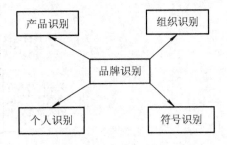

图 3-4　Aaker 的品牌识别内容

1) 产品角度的品牌识别

产品范围识别：如一提到"雕牌"就想到洗衣粉。

产品属性识别：如一提到"立白"就想到不伤手；一提到"沃尔沃"就想到安全。

品质/价值识别：如一提到"星巴克"就想到"第三空间"的轻松和最美味的咖啡。

用途识别：如一提到"雀巢咖啡"和"立顿奶茶"就想到办公室加班；一提到"白加黑"就想到白天吃一粒白片，晚上吃一粒黑片。

使用者识别：如一提到"护彤"就想到儿童；一提到"静心口服液"就想到更年期妇女。

原产地识别：如一提到"涪陵榨菜"就想到四川；一提到"茅台"就想到贵州。

2) 组织角度的品牌识别

社会或公众导向识别：如一提到"王老吉"就想到四川汶川地震时的慷慨解囊，是一家有社会责任的公司。

认知品质识别：如一提到"海尔"就想到这是一家精益求精的企业。

创新识别：如一提到"华为"就想到这是一家有创新精神的企业。

为顾客着想识别：如一提到"好孩子"就想到这是一家真正为消费者着想的企业。

存在与成功识别：如一提到"九芝堂"、"杨裕兴"就想到这些都是有悠久历史和荣耀的企业。

3) 个人角度的品牌识别

品牌个性识别：如一提到"雅芳"就想到它善解人意，比女人更了解女人；一提到"万宝路"就想到具有阳刚之气的男人。

品牌与客户关系识别：如一提到"土星汽车"就想到友谊关系。

4) 符号角度的品牌识别

品牌名称和标志识别：如一提到"中国银行"就想到它的图形、标识及文字。

品牌口号识别：如一提到"飞利浦"就想到精于心，简于形。

品牌音乐识别：如一提到"新闻联播"就想到片头音乐。

品牌虚拟代言人识别：如一提到"米其林"轮胎就想到造型独特的米其林卡通人物。

品牌外观识别：如一提到"大众甲壳虫"就想到该款汽车的外观。

品牌传奇识别：如一提到"茅台"就想到它在 1915 年获得"巴拿马国际金奖"的故事。

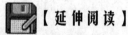 【延 伸 阅 读】

"土星"的品牌识别

◆核心识别

质量：世界一流的汽车。

关系：尊重顾客，以朋友的方式对待顾客。

◆延伸识别

产品范围：美国造超小型汽车。

零售体验：没有压力，信息充分、友善，不讨价还价的定价。

口号：不一样的公司，不一样的汽车。

个性：有思想且友善，脚踏实地且可靠，年轻、幽默、充满活力、完全的美国制造，全身心投入的员工，忠诚的使用者。

斯普林希尔工厂：土星的美国工人象征。

◆价值体现

功能性利益：高品质经济型轿车，愉快的购买体验，卓越、友善的服务支持。

情感利益：对美国产轿车的骄傲，与土星及其经销商的朋友关系。

自我表达利益：拥有土星证明一个人节俭、脚踏实地、有趣且内心年轻。

◆关系

顾客受到尊重，并被以朋友的方式对待。

(资料来源：品牌管理. 周志明：2013)

3. 对两种品牌识别模型的评价

Kapferer 和 Aaker 的模型都较为全面、深刻地描述了品牌识别系统的构造，但 Aaker 的模型概括性更强。虽然有学者指出上述两模型都存在一些缺憾，但是，不可否认，这两个模型都揭示了一个事实，即品牌识别的理论与模型都在试图对品牌的"外在"与"内在"的有机统一进行系统的认识。

【随堂思考】

品牌识别包括产品识别、组织识别、个人识别及符号识别，各举例说明。

3.2 品牌设计的含义与指导原则

品牌设计是现代企业价值的一种体现，同时也是企业生存的一种保证。在产品的价格、质量和功能都类似的情况下，品牌的设计就成为企业主导消费的一种重要因素。

3.2.1 品牌设计含义

广义的品牌设计包括战略设计(如品牌理念、品牌核心价值、品牌个性)、产品设计、形象设计、企业形象(CI)设计等。

狭义的品牌设计则是将品牌的名称、标识、形象、包装等方面结合品牌的属性、利益、文化、表现等进行的综合设计。

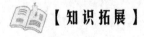 【知识拓展】

品牌设计 CI 导入

CI 是企业形象识别，是一个系统性工程，包括企业理念识别(MI)、企业行为识别(BI)和企业视觉识别(VI)三个方面。

理念识别(MI)，是指企业由于具有独特的经营哲学、宗旨、目标、精神、作用等而与其他企业相区别。例如 IBM 的经营理念是"尊重个人、服务顾客、追求尽善尽美"。

MI 是 CI 的灵魂，它对 BI 和 VI 具有决定作用并通过 BI、VI 表现出来。

行为识别(BI)，是指在企业理念统帅下企业及全体员工的言行和各项活动所表现的一个企业和其他企业的区别。例如郑州亚细亚商场，每天早晨总经理带领全体员工举行升国旗唱亚细亚歌的仪式，向顾客展现亚细亚人的精神风貌。BI 是 CI 设计的动态识别形式，是理念识别的重要载体。

视觉识别(VI)，是指企业由于具有独特的名称、标志、标准包装等视觉要素而区别于其他企业。例如麦当劳黄色的大写 M 和可口可乐的红色标志给人以强烈的视觉冲击。由于人们所获取信息的 80% 都来自视觉，因此，VI 是 CI 中最形象直观、最具有冲击力的部分。人们对 CI 的认识是从 VI 开始的，早期的 CI 策划也主要是 VI 策划。

MI、BI、VI 三者共同构成 CI 的完整系统，三者相互联系、相互依托。如果说行为识别系统是 CI 的手，视觉识别系统是 CI 的眼的话，理念识别系统就是 CI 的脑，无论缺少哪一块，CI 都是残缺的。

品牌理念设计——MI

如前所述，品牌理念设计(Mind Identity，MI)是企业的存在价值、经营思想、企业精神的综合体现；企业的经营哲学是对企业全部行为的根本指导；企业精神是整个企业的共同信念、价值观念、经营宗旨、风格风尚等一系列完整精神观念的体现。企业经营理念与精神风貌是企业文化的主体，是企业理念识别系统的核心内容。

成功企业的 CI 战略，往往并非仅仅追求表面的美化与粉饰，其真正动机在于企业的内部经营理念的再认识、转变和定位，并借此来指导企业长期的经营、管理和名牌商标在市场及消费者心目中地位的巩固。

行为识别——BI

企业行为识别也称名牌商标形象战略的行为识别，简称 BI(Behavior Identity)，是指在企业的经营理念、经营方针、企业价值观、企业精神(即上一节中提到的 MI)指导下的企业识别活动。它通过企业的经营管理活动以及社会公益活动等来传播企业的经营理念，使之得到企业内部员工的认可和支持之后，进一步得到社会公众的接受，从而更进一步强化其品牌形象，在市场创立的品牌中树立一种美誉度极高的企业形象，创造更加有利于企业深化发展的内外部环境。从这一意义上讲，BI 以企业独特的经营理念为基本前提，这就决定了 BI 具有其个性化特点，它始终围绕着企业经营理念这个核心展开。BI 包括两方面的内容：

(1) 企业的内部活动识别。所谓企业内部活动的识别即企业行为识别在企业内部对本企业员工的传播活动，其目的是使企业理念得到主体员工的认同，因此有人称其为企业的自我认同。

(2) 企业的外部行为识别。企业对外的识别活动，是指企业在市场调研和营销策划的基础上，通过一系列公共关系活动、社会公益活动等，向社会公众进行的信息传播活动，其目的是有计划、有步骤地传播企业文化和经营理念，以求得社会公众的认可，如通过企业的经营活动营造一个理想的外部环境。

视觉识别——VI

VI 全称 Visual Identity，即企业 VI 视觉设计，通译为视觉识别系统。是将 CI 的非可视内容转化为静态的视觉识别符号。设计到位、实施科学的视觉识别系统，是传播企业经营理念、建立企业知名度、塑造企业形象的快速便捷之途。企业通过 VI 设计，对内可以征得员工的认同感、归属感，加强企业凝聚力，对外可以树立企业的整体形象，进行资源整合，有控制地将企业的信息传达给受众，通过视觉符号不断强化受众的意识，从而获得其认同。

(资料来源：品牌实验室案例. 北京：2012)

品牌 VI 设计与企业 VI 设计的区别

品牌 VI 设计与企业 VI 设计，首先是针对的对象有很大的不同：企业 VI 针对的主要是与企业直接打交道的小众群体，比如经销商、供应商、政府机关等；而品牌 VI 针对的主要对象是消费者，是大众。企业 VI 的相关应用，比如名片、办公用品、办公环境，只有关联单位才会接触到，除了个别消费者与周边人群，最大多数的消费者几乎永远都没有机会接触到企业内部环境。

企业形象的视觉识别核心是标志，而品牌形象的视觉识别系统的核心元素是品牌符号，这是品牌 VI 设计与企业 VI 设计在表达上的不同。企业 VI 设计的主要线索就是企业标识与辅助图形，品牌 VI 的主要线索就是前面所说的品牌符号。

(资料来源：盛和品牌设计. 北京：2015)

3.2.2 品牌设计原则

企业进行品牌设计的目的是将品牌个性化为品牌形象，为了更好地实现这一目标，在进行品牌方案设计和实施时，应遵循下列原则。

1. 全面兼顾的原则

企业导入品牌战略，会涉及到企业的方方面面，因此，品牌设计必须从企业内外环境、内容结构、组织实施、传播媒介等方面综合考虑，以利于全面地贯彻落实品牌策略。具体而言，就是说品牌设计要适应企业内外环境，符合企业的长远发展战略；在具体实施时，措施要配套合理，以免因为某一环节的失误影响到全局。

2. 以消费者为中心的原则

品牌设计的目的是表现品牌形象，只有为公众所接受和认可，设计才是成功的，否则，即便天花乱坠也没有意义。以消费者为中心就要做到：

(1) 进行准确的市场定位，对目标市场不了解，品牌设计就是无的放矢。

(2) 努力满足消费者的需要。消费者的需要是企业一切活动包括品牌设计的出发点和归宿，如 IBM 成功的最大奥秘即在于其"一切以顾客为中心"的企业理念。

(3) 尽量尊重消费者的习俗。习俗是一种已形成的定势，它既是企业品牌设计的障碍，也是其机会。

(4) 正确引导消费者的观念。以消费者为中心并不表明一切都迎合消费者的需要，企业坚持自我原则，进行科学合理的引导是品牌设计的一大功能。

3. 实事求是的原则

品牌设计不是空中建楼阁，而是要立足于企业的现实条件，按照品牌定位的目标市场和品牌形象的传播要求来进行。品牌设计要对外展示企业的竞争优势，但绝非杜撰或编排子虚乌有的故事。坚持实事求是的原则，不隐瞒问题、不回避矛盾，努力把真实的企业形态展现给公众，不但不会降低企业的声誉，反而更有利于树立真实可靠的企业形象。

4. 求异创新的原则

求异创新就是要塑造独特的企业文化和个性鲜明的企业形象。为此，品牌设计必须有创新，发掘企业独特的文化观念，设计不同凡响的视觉标志，运用新颖别致的实施手段。日本电子表生产厂家为了在国际市场上战胜瑞士的机械表，在澳大利亚使用飞机把上万只表从空中撒到地面，好奇的人们拾起手表发现居然完好无损，于是对电子表的看法大为改观，电子表终于击溃了机械表，在国际市场上站稳了脚跟。

5. 两个效益兼顾的原则

企业作为社会经济组织，在追求经济效益的同时，也要努力追求良好的社会效益，做到两者兼顾，这是一切企业活动必须坚持的原则，也是要在品牌设计中得到充分体现的原则。很多人认为，追求社会效益无非就是要拿钱出来赞助公益事业，是花钱买名声，其实不然。赞助公益事业确实有利于企业树立良好的形象，但兼顾经济利益和社会效益并不仅止于此。它还要求企业在追逐利润的同时注意环境的保护、生存的平衡；在发展生产的同时注意提高员工的生活水平和综合素质，维护社会稳定；在品牌设计理念中体现社会公德、职业道德，坚持一定的道德准则。

3.2.3 品牌设计内容

品牌设计是企业树立品牌的重要方法。一个好的品牌设计可以帮助企业在市场中形成良好的品牌效应，带动企业产品的销售量。品牌设计包括的内容较多，主要分为两个方面：品牌有形要素设计和无形要素设计。其中有形要素包括品牌名称、品牌标志、品牌广告语、品牌音乐、品牌包装等内容，无形要素包括品牌核心价值与品牌个性等内容。

3.3 品牌无形要素设计

美国品牌专家 Davidson 曾提出过一个"品牌冰山"的理论，意思是说品牌就像大海中的一座冰山，消费者只能看到浮在海面上的部分，海面下的部分只能去感受和体会。这其中，海面下的部分是隐性的品牌内涵，如品牌理念、品牌的核心价值、品牌个性、品牌文化等。海面上的部分就是显性的品牌符号，如品牌名称、品牌标识、品牌形象代表、品牌口号、品牌音乐、品牌包装等。

3.3.1 品牌理念

1. 品牌理念定义

品牌理念应该包括核心概念和延伸概念，必须保持品牌理念与概念的统一和完整，具体包括企业业务领域(行业、主要产品等)、企业形象(跨国、本土等)、企业文化(严谨、进取、保守)、产品定位(高档、中档、低档)、产品风格(时尚、新潮、动感)等的一致。

品牌理念是得到社会普遍认同的、体现企业自身个性特征的、促使并保持企业正常运作以及长足发展而构建的并且反映整个企业明确经营意识的价值体系。

2. 品牌理念构成

品牌理念由企业使命、经营思想和行为准则三个部分内容构成：

(1) 企业使命。企业使命是指企业依据什么样的使命开展各种经营活动，是品牌理念最基本的出发点，也是企业行动的原动力。

(2) 经营思想。经营思想是指导企业经营活动的观念、态度和思想。经营思想直接影响着企业对外的经营姿态和服务姿态。不同的企业经营思想会产生不同的经营姿态，会给人以不同的企业形象的印象。

(3) 行为准则。行为准则是指企业内部员工在企业经营活动中所必须奉行的一系列行为准则和规则，是对员工的约束和要求。

3. 品牌理念功能

确立和统一品牌理念，对于企业的整体运行和良性运转具有战略性功能与作用。具体而言，品牌理念有如下主要功能：

(1) 导向功能。品牌理念是企业所倡导的价值目标和行为方式，它引导员工的追求。因此，一种强有力的品牌理念，可以长期引导员工们为之奋斗。

(2) 激励功能。品牌理念既是企业的经营宗旨、经营方针和价值追求，也是企业员工行为的最高目标和原则。因此，品牌理念与员工价值追求上的认同，就构成员工心理上的极大满足和精神激励，它具有物质激励无法真正达到的持久性和深刻性。

(3) 凝聚功能。品牌理念的确定和员工普遍认同，在一个企业必然形成一股强有力的向心力和凝聚力。它是企业内部的一种黏合剂，能以导向的方式融合员工的目标、理想、信念、情操和作风，并造就和激发员工的群体意识。企业及员工的行为目标和价值追求，是员工行为的原动力，因而品牌理念一旦被员工认同、接受，员工自然就对企业产生强烈的归属感，品牌理念就具有强大的向心力和凝聚力。

(4) 稳定功能。强有力的品牌理念和精神可以保证一个企业决不会因内外环境的某些变化而衰退，从而使一个企业具有持续而稳定的发展能力。保持品牌理念的连续性和稳定性，强化品牌理念的认同感和统整力，是增强企业稳定力和技术发展的关键。

品牌理念是企业统一化的识别标志，但同时也要标明自己独特的个性，即突出企业与其他企业的差异性。要构建独特的品牌理念需要实现以下目标：首先，品牌理念必须与行业特征相吻合，与行业特有的文化相契合；其次，在规划企业形象时，应该充分挖掘企业原有的品牌理念，并赋予其时代特色和个性，使之成为推动企业经营发展的强大内力；再次，品牌理念要能与竞争对手区别开来，体现企业自己的风格。

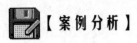 【案例分析】

香奈儿的品牌理念

香奈儿品牌走高端路线，时尚简约、简单舒适、纯正风范。"流行稍纵即逝，风格永存"依然是品牌背后的指导力量；"华丽的反面不是贫穷，而是庸俗"，Chanel 女士主导的香奈儿品牌最特别之处在于实用的华丽，她从生活周围撷取灵感，尤其是爱情，不像其他设计师要求别人配合他们的设计，香奈儿品牌提供了具有解放意义的自由和选择，将服装设计从男性观点为主的潮流转变成表现女性美感的自主舞台，将女性本质的需求转化为香奈儿品牌的内涵。

(资料来源：品牌管理. 周志明：2013)

3.3.2 品牌核心价值

西方学者曾用"品牌精华(Brand Essence)"、"品牌咒语(Brand Mantras)"、"品牌代码(Brand Code)"、"品牌精髓(Brand Kernel)"、"品牌主题(Brand Themes)"等词汇来表示品牌核心价值(Brand Core Value)。

1. 品牌核心价值定义

Keller(2003)的品牌核心价值定义获得了广泛认同：品牌核心价值是一组抽象的能够描述品牌最基本、最重要特征的产品属性或利益的组合。

本教材认为品牌核心价值是指一个品牌承诺并兑现给消费者的最主要、最具差异性与持续性的理性价值、感性价值或象征性价值，它是一个品牌最中心、最独一无二、最不具时间性的要素。品牌核心价值是品牌资产的主体部分，它让消费者明确、清晰地识别并记住品牌的利益点与个性，是驱动消费者认同、喜欢乃至爱上一个品牌的主要力量。

2. 品牌核心价值重要性

品牌核心价值是品牌的精髓，也是品牌一切资产的源泉，因为它是驱动消费者认同、喜欢乃至爱上一个品牌的主要力量。品牌核心价值是在消费者与企业的互动下形成的，所以它必须被企业内部认同，同时经过市场检验并被市场认可。品牌核心价值还是品牌延伸的关键。如果延伸的领域超越了核心价值所允许的空间范围，就会对品牌构成危害。

核心价值是品牌的终极追求，是一个品牌营销传播活动的原点，即企业的一切价值活动(直接展现在消费者面前的是营销传播活动)都要围绕品牌核心价值而展开，是对品牌核心价值的体现与演绎，并丰满和强化品牌核心价值。品牌管理的中心工作就是清晰地规划勾勒出品牌的核心价值，并且在以后的十年、二十年乃至上百年的品牌建设过程中，始终不渝地坚持这个核心价值。只有在漫长的岁月中以非凡的定力做到这一点，不被风吹草动所干扰，让品牌的每一次营销活动、每一分广告费都为品牌作加法，起到向消费者传达核心价值或提示消费者联想到核心价值的作用。久而久之，核心价值就会在消费者大脑中打下深深的烙印，并成为品牌对消费者最有感染力的内涵。例如，劳斯莱斯的品牌核心价值是"贵族风范"，万宝路则是"牛仔形象"，而耐克的品牌核心价值就是"体育精神"。

3. 品牌核心价值的构成维度

品牌的核心价值既可以是品牌象征价值的维度，也可以是情感维度和物理维度，对于某一个具体品牌而言，它的核心价值究竟以哪一种为主？这主要应按品牌核心价值对目标消费群起到最大的感染力并与竞争者形成鲜明的差异为原则。

国内学者翁向东认为，一个具有极高的品牌资产的品牌往往具有让消费者十分心动的情感性与自我表现性利益，特别是在经济发达地区，品牌是否具有触动消费者内心世界的情感性与品牌象征价值已成为一个品牌能否立足市场的根本。品牌成为消费者表达个人价值观、财富、身份地位与审美品位的一种载体与媒介的时候，品牌就有了独特的自我象征价值。

物理维度价值也非常重要，只不过具体到许多产品与行业，情感维度与象征价值维度成为消费者认同品牌的主要驱动力，品牌的核心价值自然会聚焦到情感维度利益与象征价值维度。但这都是以卓越的品牌功能性价值为强力支撑的，也有很多品牌的核心价值就是三种维度的和谐统一。品牌核心价值三种维度之间的关系可以概括为图3-5所示内容。

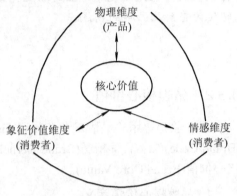

图3-5　品牌核心价值构成维度

【案例分享】

安全：沃尔沃的核心价值

在汽车行业，沃尔沃已经成为了"安全"的代名词，这是因为在80多年的发展历程中，沃尔沃汽车始终不懈努力，在汽车安全领域笑傲群雄，独领风骚。

自1970年伊始，沃尔沃汽车公司事故研究组历时35年，对36 000多起事故进行了调查研究。在此基础上，第一手的调查数据被转化成为最新的研究成果，并运用到车型的开发和改进之中，沃尔沃汽车的安全性能得以不断提升。可以说，沃尔沃汽车的安全理念已经超越了简单的碰撞评级，而是从现实生活的交通事故出发，最终回到现实中说交通安全。2000年，世界上最先进的汽车碰撞测试中心之一——沃尔沃汽车安全中心成立，该中心几乎可以真实地再现现实生活中发生的各类车辆碰撞事故，代表着安全研究领域的真正突破。沃尔沃还开发了一系列创新的预防式安全技术，如带自动刹车功能的碰撞警示系统、城市安全系统，等等。沃尔沃在汽车安全方面的研究和开发早已经超越了简单的碰撞试验和评级，而是对人、生命与福祉的真诚呵护。

(资料来源：世界经理人，2013)

4. 品牌核心价值的提炼

然而如何确定品牌的核心价值呢？由于可选择的价值主题很多，如果没有科学方法的指引，这一确定过程无异于海底捞针。一般而言，品牌核心价值提炼应坚持以下原则：

(1) 品牌核心价值提炼的原则之一——高度的差异化。开阔思路、发挥创造性思维，提炼个性化品牌核心价值。一个品牌的核心价值与竞争品牌没有鲜明的差异，就很难引起公众的关注，会石沉大海，更别谈认同与接受了。缺乏个性的品牌核心价值是没有销售力量的，不能给品牌带来增值，或者说不能创造销售奇迹。高度差异化的核心价值一亮相市场，就能成为万绿丛中一点红，低成本获得眼球，引发消费者的内心共鸣。差异化的品牌核心价值还是应该避开正面竞争，这也是低成本营销的有效策略。

(2) 品牌核心价值提炼原则之二——富有感染力。一个品牌具有了触动消费者内心世界的核心价值，就能引发消费者共鸣，那么花较少的广告传播费用也能使消费者认同和喜欢上品牌。

(3) 品牌核心价值提炼原则之三——核心价值与企业资源能力相匹配。尽管传播能让消费者知晓品牌的核心价值并且为核心价值加分，但品牌核心价值就其本质而言不是一个传播概念，而是价值概念。核心价值不仅要通过传播来体现，更要通过产品、服务不断地把价值长期一致地交付给消费者，才能使消费者真正地认同核心价值。否则，核心价值就成了空洞的概念而已，不能成为打动消费者的主要力量。

而企业的产品和服务需要相应的资源和能力的支持，才能确保产品和服务达到核心价值的要求。因此，核心价值在提炼过程中，必须把企业资源能力能否支持核心价值作为重要的衡量标准。

(4) 品牌核心价值提炼的原则之四——具备广阔的包容力。由于无形资产的利用不仅是免费的而且还能进一步提高其价值，所以不少企业期望通过品牌延伸提高品牌无形资产的利用率，进而获得更大的利润。因此，要在提炼规划品牌核心价值时充分考虑前瞻性和包容力，预埋好品牌延伸的管线。否则，想延伸时发现核心价值缺乏应有的包容力，就要伤筋动骨地改造核心价值，意味着前面付出的大量品牌建设成本有很大一部分是浪费的，就像市政工程中造路时没有预设好煤气管线，等到要铺煤气管道时必须掘地三尺，损失有多大可想而知。

(5) 品牌核心价值提炼的原则之五——有利于获得较高溢价。品牌的溢价能力是指同样的或类似的产品能比竞争品牌卖出更高价格。品牌核心价值对品牌的溢价能力有直接和重大的影响。一个高溢价能力的品牌，其核心价值与品牌识别有如下特点：首先，物理维度价值有明显优于竞争者的地方，如技术上的领先乃至垄断、原料的精挑细选、原产地，像沈永和黄酒，始创于清朝康熙年间，拥有百年酿酒工艺；其次，在情感维度与象征价值维度方面要突出"豪华、经典、时尚、优雅、活力"等特点。

5. 品牌核心价值的管理策略

根据塑造品牌核心价值的重要性，中国企业的品牌核心价值管理应从两个方面下功夫：一是品牌核心价值的定位；二是品牌核心价值的推广。

(1) 品牌核心价值的定位。品牌的核心价值既可以是产品的功能性利益，也可以是情感性利益和自我表现性利益，一般而言，每一个行业，其核心价值的归属都会有所侧重。例如食品产业，会侧重于生态、环保等价值；信息产业，会侧重于科技、创新等价值；医药产业，会侧重于关怀、健康等价值。

提炼某一个具体品牌的核心价值，应结合目标群心理，对竞争者品牌和本品牌的优势进行深入研究，突出鲜明的特点，可以分以下几步进行：

第一，分析同类品牌核心价值寻找差异点。品牌的核心价值应是独一无二的，具有可识别的明显特征，并与竞争品牌形成鲜明的区别。塑造差异化的品牌核心价值是企业避开正面竞争，低成本营销的有效策略。农夫山泉在竞争异常激烈的瓶装水市场杀出一块地盘，靠的就是"源头活水"这一高度差异化的核心价值。

企业在定位差异化核心价值时首先应对同一生存环境下的其他品牌的核心价值作分析，尤其是要分析主要竞争者的核心价值，品牌的核心价值要与竞争者有所区别；其次可以分析一下竞争品牌的核心价值与这一企业的核心竞争力，以及长远发展目标是否相一致。如果确信竞争者的核心价值并不适合其长远发展，而又与自己非常贴切，则可以取而代之。

第二，从同一品牌下的不同产品中寻找共同点。品牌核心价值也是消费者对同一品牌下的不同产品产生信赖和认同的共同点。在确立品牌核心价值时，应考虑到它的这一包容性。对品牌下属的所有产品进行清理盘点，找到其共同点。有的品牌可能只有一个产品，也有可能拥有几十个或上百个产品，品牌的核心价值就是要在它们身上找到共性。

品牌的核心价值包容企业的所有产品，为企业日后跨行业发展留下充分的空间。通过市场调查获得能拨动消费者心弦的品牌核心价值。

一个品牌核心价值只有贴近消费者的内心，才能拨动消费者心弦，使消费者喜欢。所以提炼品牌核心价值，一定要揣摩透消费者的内心世界，他们的价值观、审美观、喜好、渴望等。

企业可以召集消费者进行座谈会、深度访谈等定性调查。座谈会、深度访谈等定性调查能有效地激发消费者把各种想法详细地讲出来，如信仰、意见、态度、动机、对产品的使用评价、对各竞争品牌的看法等都蕴涵着提炼差异化核心价值的机会。

(2) 品牌核心价值的推广。品牌核心价值要能水到渠成地烙在消费者脑海里，从而建立起丰厚的品牌资产，中国企业需要做到以下两个方面：

第一，用品牌的核心价值统帅企业的一切营销传播活动。只有在产品功能、包装与外观、零售终端分销策略、广告传播等所有向消费者传达品牌信息的机会中都体现品牌核心价值，即用品牌核心价值统帅企业的一切营销传播活动，才能使消费者深刻记住并由衷地认同品牌核心价值。这就是名牌企业的最佳实践。

第二，持续地维护和宣传所定位的核心价值。品牌的核心价值一旦确定，就应保持相对的稳定性。在以后的十年、二十年乃至上百年的品牌建设过程中，始终不渝地坚持这个核心价值。

品牌的价值不仅仅在于帮助企业提高销售额，同时也见证了企业成长壮大走过的每一步，品牌的核心价值是品牌的精髓，是一个品牌区别于其他品牌最为显著的特征，品牌的核心价值对于企业的进一步发展起到不可替代的作用，因此中国企业抓住品牌的核心价值是当前品牌建设的关键一步。

3.3.3　品牌个性

品牌个性(又名品牌人格)作为一个较新的专业术语，既根植于心理学的经典人格理论，又体现了品牌所特有的人格特征(Milas & Mlacic，2007)。虽然很早就有学者运用人格理论对品牌个性进行定义，但学术界对品牌个性概念界定还存在一些分歧。其中最主要的分歧表现为品牌个性与品牌形象的关系，这种分歧导致品牌个性定义分为两大派系。在品牌与消费者的关系中，品牌个性是一个重要的方面。世界上，许多著名的品牌都具有鲜明的个性。

1. 品牌个性的含义

有些学者从消费者视角进行定义。例如，Batra，Lehmann 和 singh(1993)将品牌个性定义为消费者所感知到的品牌所表现出来的个性特征；Keller(1993)认为品牌个性体现的是消费者对某一品牌的感觉，与产品特性相比，它能够提供象征及自我表达的功能；Pitta(1995)则提出品牌个性可能源自创意广告，是消费者对生产者及使用情境所做的推论；Hayes(2000)也认为作为品牌形象重要构成维度的品牌个性，是指人们对品牌所联想到的人类特征。

还有部分学者则从企业视角进行定义。例如，Sirgy(1982)认为品牌个性是品牌所具有的个性特征，可以用一些形容个性特征的词来描述，如友善的、摩登的、传统的、年轻的；Goodyear(1993)将品牌个性定义为品牌所创造的自然和生活的特质；Blackston(1995)则认为品牌个性是指品牌所具有的人的特质。Aaker 和 Fournier(1995)总结归纳认为品牌个性是指品牌所具有的一组人类特征。这里的人类特征既包括个性特征，例如可靠的、时尚的、成功的；又包括其他人口统计特征，例如性别、年龄、社会地位。Azoulay 和 Kapferer(2003)在批判 Aaker 等人定义的同时，提出了一个更窄、更精确的定义，指出品牌个性是一套适用于品牌且与品牌密切相关的个性特征。其中 Aaker 等人的定义被广大学者所认可、推崇。

此外，还有个别学者综合认为品牌个性可以从两个角度来理解：一是品牌被呈现出来的方式，如产品本身、包装、名称、销售渠道等；二是品牌最终是如何被消费者理解的(Plummer，1985)。

综上可以看出，学术界比较赞同品牌形象维度论关于品牌个性的定义。虽然定义的视角还存在一些分歧，但从现有的研究文献来看，在大部分品牌个性研究的过程中，学者们更多的偏重于基于消费者视角的品牌个性定义，即品牌个性是消费者所感知的品牌所体现出来的一套个性特征。

品牌个性是品牌持续内涵的外在表现，是一种特殊境界的品牌力的集合。研究表明，可口可乐在西方被认为是传统的和正宗的，而百事可乐则代表着年轻和充满活力。

2. 品牌个性的维度

对品牌个性维度的研究，直接关系到如何将品牌个性理论应用于品牌管理的实践之中。在"维度"概念出现于品牌个性研究中之前，品牌个性的测量一直处于比较混乱、无系统的状态。营销人员或者根据产品的具体特点、具体品牌设计进行品牌个性描述，或者直接把心理学研究中的个性词表用于品牌个性测量。20 世纪 90 年代，品牌研究学者开始以品牌个性概念本身及其与个性之间的关系为切入点，借鉴人格理论进行品牌个性维度的研究。基于对不同人格理论的借鉴，品牌个性维度研究主要集中于两个方面：其一是基于人格类型论的品牌个性维度，其二是基于人格特质论的品牌个性维度。本教材主要介绍前者。

Jenniffer Aaker 根据西方人格理论的大五模型，以西方著名品牌为研究对象，开发了一个系统的品牌个性维度量表。该量表通过一个 631 人组成的样本对 40 个品牌的 114 个个性特征进行评价。该研究将品牌个性分成 5 个维度：纯真、刺激、称职、教养和强壮，如表3-1 所示。每个维度下又有多个面相(如真诚、激动人心、能力、精细和粗犷)。例如，美国品牌个性维度的核心是"强壮(Ruggedness)"，日本是"平和(Peacefulness)"，西班牙是"激情(Passion)"。国内学者在此基础上，基于我国特殊的文化背景以及不同的产品背景，提出了中国的大五模型，如表 3-2 所示。

表 3-1　基于人格类型论的品牌个性维度

品牌个性的五个维度	品牌个性的 18 个层面	51 个品牌人格
纯真	务实	务实, 顾家, 传统
	诚实	诚实, 直率, 真实
	健康	健康, 原生态
	快乐	快乐, 感性, 友好
刺激	大胆	大胆, 时尚, 兴奋
	活泼	活力, 酷, 年轻
	想象	富有想象力, 独特
	现代	追求最新, 独立, 当代
称职	可靠	可靠, 勤奋, 安全
	智能	智能, 富有技术, 团队协作
	成功	成功, 领导, 自信
	责任	责任, 绿色, 充满爱心
教养	高贵	高贵, 魅力, 漂亮
	迷人	迷人, 女性, 柔滑
	精致	精致, 含蓄, 南方
	平和	平和, 有礼貌的, 天真
强壮	户外	户外, 男性, 北方
	强壮	强壮, 粗犷
	成功	成功, 领导, 自信
	责任	责任, 绿色, 充满爱心

表 3-2　大 五 模 型

中国品牌个性维度	品牌个性的 13 个层面	39 个品牌人格
仁	诚/家	温馨的、诚实的、家庭的
	和	和谐的、和平的、环保的
	仁义	正直的、有义气的、仁慈的
智	朴	质朴的、传统的、怀旧的
	稳	沉稳的、严谨的、有文化的
	专业	专业的、可信赖的、领导者
勇	创新	进取的、有魄力的、创新的
	勇德	勇敢的、威严的、果断的
	勇形	奔放的、强壮的、动感的
乐	群乐	吉祥的、欢乐的、健康的
	独乐	乐观的、自信的、时尚的
雅	现代之雅	体面的、有品位的、气派的
	传统之雅	高雅的、美丽的、浪漫的

【知识拓展】

中国品牌个性维度

国内学者在人格类型论的品牌个性维度理论的基础上，基于我国特殊的文化背景以及不同的产品背景，也对品牌个性维度进行了深入研究。其中学者黄胜兵和卢泰宏(2003)通过实证研究开发了中国的品牌个性维度量表，并从中国传统文化角度阐释了中国的品牌个性维度为"仁、智、勇、乐、雅"；迪纳市场研究院的李金晖和包启挺在 2007 年将中国家电品牌个性维度概括为"信、礼、专、勇、天、雅"；北京工商大学的刘勇在 2008 年将卷烟品牌的个性维度概括为：追求卓越、悠然自得、成功、豪迈、祥和、醇和芳香、清新天然、神秘的异域风情、友情、尊贵和真实可信。

【案例分享】

卷烟品牌个性

"红塔山"的"山外有山，天外有天"和"山高人为峰"等广告彰显的是"卓越"个性；

"白沙"的"鹤舞白沙，我心飞翔"显示出"恬淡自由"的个性；

"红河"的"万牛奔腾，红河雄风"突出"雄壮"个性；

"黄果树"的"岁月流金、黄果树"体现"悠远"个性；

"中华"的"尽显尊贵，唯我中华"展现"尊贵"个性。

(资料来源：世界经理人，2013)

【随堂思考】

选择一品牌，分析其品牌个性维度"仁、智、勇、乐、雅"。该企业的营销策略是如何体现消费者的个性与自我概念的。

3.4　品牌有形要素设计

品牌有形要素用以识别和区分品牌的构成。主要的品牌有形元素有：品牌名称、标识符号、形象代表、品牌口号、广告曲、包装等。

3.4.1　品牌要素组合的原则

如上所述，品牌要素有无形要素和有形要素。两者是相辅相成、相互促进的关系，不能单独设计一面而忽略另一方面，否则在消费者心目中，容易产生品牌信息偏差。因此，品牌有形及无形要素组合时要考虑以下原则：

(1) 品牌要素的组合要有内在的、较强的可记忆性，易于消费者记忆和识别。

(2) 品牌要素的组合要有内涵，能够使消费者体会到品牌产品的特点及个性。

(3) 品牌要素的组合要能够支持产品线的延伸和品牌的延伸，也能够满足跨地域营销的需求。

(4) 品牌要素的组合要能够获得法律的保护。

(5) 品牌设计就是利用品牌要素或者要素的组合形成风格，表达主题。

3.4.2　品牌名称设计

1. 品牌名称的含义

品牌名称是指品牌中可以用语言清楚表达出的部分，也称"品名"。品牌名称设计得好，容易在消费者心目中留下深刻的印象，也就容易打开市场销路，增强品牌的市场竞争能力；品牌名称设计得不好，会使消费者看到品牌就产生反感，降低购买欲望。

【名人名言】

品牌构成中可以用文字表达并能用语言进行传播与交流的部分。从长远观点来看，对于一个品牌来说，最重要的就是名字。

——(美国)营销大师　阿尔·里斯

---

2. 品牌名称设计要求

(1) 易懂好记，易于传播沟通。这是品牌记忆的关键点所在，产品所起的名字应该不冷僻，为大多数人一目了然，读起来朗朗上口。好名字本身就是一则微型广告。品牌设计时，文字上要简洁流畅，读音清晰响亮，节奏感强，易于传播沟通。

(2) 鲜明、独特、富有个性。优秀的品牌名是与众不同的，一般都是特色鲜明，极有自我个性。使顾客一目了然，过目不忘。

(3) 揭示产品功能、利益。品牌要表示产品的性能、用途，揭示产品能够提供给消费者的效用和利益，品牌要与产品实体相符合，能反映产品的效用。

(4) 突出情感诉求，寓意美好。消费者购买的归根到底不是产品本身，而是心理上的想象和感受，如果产品名称仅仅停留在属性或功能上，在同质化的海洋里，消费者只能随机选择，而不会特意关注，只有突出情感、文化等内涵的诉求，才能吸引受众。

【延伸阅读】

樱 花 胶 卷

20世纪50年代，樱花公司在胶卷市场的占有率超过了50%，然而，后来富士的市场份额越来越大，以至最终击败樱花公司，成为霸主。根据调查，樱花公司失败的原因并不是产品质量问题，而是产品名称。在日文里，"樱花"一词代表软性的、模糊的、桃色的形象，樱花公司因此受到其樱花牌胶卷名称的拖累。相反，"富士"一词则同日本的圣山"富士山"联系在一起。

点评：品牌名称尤其重要。美国一家著名调查机构曾以"品牌名与效果相关研究"为题，对全美大大小小的品牌名称做深入探讨，结果发现：12%的品牌名称对销售有帮助；36%的品牌名称对销售有阻碍；而对销售谈不上贡献者，则高达52%。可见，现有企业在销售中对品牌名称价值的挖掘还远远不够。

(资料来源：品牌实验室案例. 北京：2012)

3．品牌名称设计思路

(1) 核心价值的定位。品牌的典故、功能、个性、风格都可能成为品牌定位的依据，但是，通常一个品牌理论上只能有一种真正意义上的定位。

(2) 要有清晰的概念。概念清晰准确，就能振奋人心，先声夺人，使消费者在清晰的概念中知道自己应选择什么品牌。

(3) 要有鲜明的描述。简洁、明了、富有感染力的名称描述，表达了品牌的特征，在消费者心目中占据位置，并能迅速传播开来，提升品牌形象。

4．常见品牌命名方式

如何命名一个令人满意的、让消费者乐于接受的品牌名称呢？下面列举一些常见品牌的命名方式：

(1) 人名：菲利浦、松下、张小泉、李宁。

(2) 地名：青岛啤酒、北京吉普。

(3) 动物名：雕牌、白象、小天鹅。

(4) 花草树木名：水仙、牡丹、杉杉、椰树。

(5) 数字或数字与文字的组合：三枪、三洋、999、555、21金维它。

(6) "宝"字：大宝、健力宝、护舒宝、宝马。

(7) 产品的组成成分：草珊瑚、两面针、西瓜霜含片。

(8) 引起美好联想的词：神奇、雅芳、奔腾、希望、娃哈哈、婷美、雪碧、七棵树。

(9) 产品功能：泻立停、白加黑。

(10) 地位的象征：金霸王、老板、皇冠、公爵。

(11) 文化内涵：红豆、小糊涂仙。

(12) 无特定含义：埃克森、海信、海尔、澳柯玛、吗丁琳、Yahoo。

(13) 有一定含义：雅戈尔"Youngor"更年轻、更有活力(有利于品牌国际化，易体现独特性)、Lenovo(联想)、可口可乐(Co Ca - Co La)、雪碧(Spirit)、阿里巴巴。

(14) 麦当劳(McDonald's)、万宝路(Marlboro)、李字牌牛仔(Levi's)、美国联联快递(Federal Express)—(FedEx)。

5．品牌命名策略

(1) 单一品牌名称策略：企业在各种产品系列和产品类别中都使用一个品牌名称和同

一种视觉设计。如海尔集团的洗衣机、空调、手机、笔记本等产品都统一使用"海尔"品牌。雀巢公司的产品都统一使用"雀巢"品牌。

(2) 二元品牌名称策略：企业在同一商品上使用两个品牌名称：共同的品牌名称(通常是企业名称)＋每种商品独有的品牌名称。美的一系列副品牌如"美的冷静星"、"美的超静星"、"美的智灵星"、"美的健康星"。

(3) 多元品牌名称策略：企业为其每种商品都使用一个独自的品牌名称。如：宝洁公司的洗发水有飘柔、海飞丝、沙宣、伊卡璐、潘婷；洗衣粉有汰渍、碧浪。科龙冰箱有科龙、容声和华宝。在日化食品企业多采用该策略。

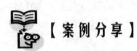

【案例分享】

品牌名称的重要性

美国一家著名调查机构曾以"品牌名与效果相关研究"为题，对全美大大小小的品牌名称做深入探讨，结果发现：12%的品牌名称对销售有帮助；36%的品牌名称对销售有阻碍；而对销售谈不上贡献者，则高达52%。研究表明，品牌名称虽然很重要，但真正能设计出对销售有贡献的名称却十分不易。

埃克森的起名：20 世纪 70 年代初，美国美孚石油公司为了适应形势的需要，动用 7000 多人，耗资 1 亿美元给自己取了一个满意的新名字：埃克森。

6. 品牌名称的划分

类 型	举 例
1. 描述型。用文字描述产品或公司的事实	以人名、地名命名，如福特汽车、青岛啤酒 以工艺或成分命名，如 LG 竹盐牙膏、两面针
2. 暗示型。暗示了某种功能或价值	象牙让人想到洁白、柔和 飘柔让人想到头发的飘逸、柔顺
3. 复合型。由两个或更多个词汇组合而成	Microsoft(微软)、波音 737、奥迪 A8、UT 斯达康、美特斯·邦威、新郎·希努尔
4. 古典型。出自拉丁文、希腊文或梵文	Oracle(甲骨文)、Lenovo(联想)、百度
5. 随意型。与公司没有明显联系，通常由一些大家所熟悉的真实事物来表示	苹果电脑、猎豹汽车、亚马逊网上书店、富士胶卷、狗不理包子、小天鹅洗衣机
6. 新颖型。由一些新造的词语组成	IBM、SONY(索尼)、Canon(佳能)、SAMSUNG(三星)、LG、TCL

7. 确定品牌名称的原则

在确定品牌名称时需要坚持营销层面、法律层面及语言层面的三大原则。

1) 营销层面

营销层面原则是指根据营销传播的预算大小、品牌和产品的关系、品牌的竞争地位、品牌的开发路线来确定品牌名称。

首先，营销传播预算的大小，决定品牌名称适于作为象征还是适于作为信号。若营销传播费用很少，品牌名称主要依据乔伊斯原则发生作用。倘若营销传播预算较多，品牌名称主要依据朱丽叶原则发生作用。

其次，若某一品牌基于功能与其他品牌区别开来，那么为该品牌选择的名称最好能体现产品的特点。若品牌基于表现因素体现差别化，那么直接指明品牌名称通常不是最好的选择。这时，品牌名称最好能够带给人一种独特的感受。

再次，若推向市场的品牌商品具有极强的差别优势，品牌名称应十分新颖。若商品推出时遵循的是趋同化策略，品牌最好是能与该产品类别中的龙头品牌相协调，或与人们已经形成的对该产品类别固有的重要形象相适应。

最后，不同国家在意识形态、宗教、语言、习俗等文化方面千差万别，如菊花在拉丁美洲与欧洲的有些国家就被视为葬花，因此品牌命名不能仅考虑在本国范围内使用，而应力图使之具有全球通用的能力。

 【知识拓展】

乔伊斯原则与朱丽叶原则

乔伊斯原则：柯林斯将消费者第一次接触某一品牌名称时便萌生某种联想的现象称为乔伊斯原则。

朱丽叶原则：朱丽叶曾说"名字算什么？即使我们不称之为玫瑰，它照样会芬芳。"

确定品牌名称时，遵循乔伊那原则还是朱丽叶原则并不最重要，而是要看广告被用来作为品牌的营销传播手段的力度。

2) 法律层面

法律层面是指品牌名称要以能受到法律保护为前提。再好的名字，如果不能注册，得不到法律保护，也不是真正属于自己的品牌。

3) 语言学层面

品牌名称基本的目的是要让人知道并记住。从语言学层面要求：首先是品牌名称要简洁明确，易认、易读、易写、易理解、易传播，如 Bic 笔、可口可乐 Coca-Cola。其次，品牌名称语义具有独特性，有创意，如花花公子、Kodak、Lenovo，再者品牌名称应能唤起品牌的正面心理形象、心理画面，同时要有一定的环境延续性，避免在命名时只考虑一个国家或一个地区消费者的语言环境，而要考虑全球的消费者，如苹果、雪花等名称。

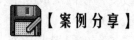 **【案例分享】**

Poison 香水

"Poison"是法国 Dior 公司于 1985 年推出的一个香水品牌。该品牌最初在法国上市时，巴黎一家大型百货公司每 50 秒便售出一瓶，反应极为强烈。这是西方女性解放、独立意识增强的反应。这个名称触动了女性内心深处充满梦想、希望自己超凡脱俗、寻求冒险刺激、与传统女性温柔和娇艳角色背叛的心理需要。正如某女士所说"我希望用此香水后，所有与我接近的男人都中上我的毒"真是一语道破天机。

然而在中国市场上，如果把"Poison"按其原意翻译为"毒药"、"毒香""毒液"，显然要冒相当大的风险。据 1998 年初，奥美集团针对亚洲市场展开的一项名为"沸腾女人心"的调查。调查表明，尽管在女性心灵深处，对生活有着日渐沸腾的期待和梦想，她们开始从传统角色以外追寻满足，但他们依然温柔，保持着东方女性的本色。

因此，经销商在中国市场上将其命名为"百爱神"，使得该香水在刚进入中国市场时就受到了广大女性消费者的关注。

8. 品牌名称设计步骤

第一是根据品牌所要达到的营销目标建立品牌命名目标；第二是通过集思广益和个人调查创建一个候选名称清单；第三是评估相应的名称，对候选名称进行筛选并展开法律调研；第四是在消费者中对候选名称进行测试调查；最五是确定最终的品牌名称并申请注册。设计步骤如图 3-6 所示。

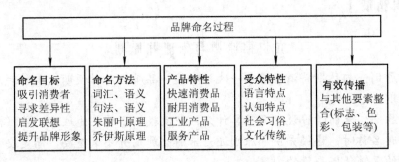

图 3-6　品牌名称设计步骤图示

9. 品牌名称变更

品牌名称变更是指将原品牌名字更换为另外一个品牌名称的过程。一旦名称发生变化，品牌所有累积的资产便很容易随着而消亡。在品牌符号系统中，企业或组织最少改变的就是品牌名称。但在某些非常特殊的情况下，企业的主观策略发生变化或受外界环境客观影响，即使有风险，品牌更名也是必需的选择。

1) 品牌名称变更动因

商业性和目的性是品牌价值的前提。引入品牌，删减某个品牌，合并某个品牌，这种"加减乘除"决策，决定了品牌的诞生、消失或者改变，也决定了品牌名称是否需要改变以及如何改变。品牌名称变更的原因有以下方面：

(1) 品牌战略决策的需要。它是指通过品牌更名来配合企业战略改变。校内网成立于 2005 年，2006 年千橡收购校内网，并将其与千橡旗下校园社区 5Q 整合。2009 年 8 月 4 日，千橡集团在校内网发布消息，将旗下著名的校内网更名为人人网。"为了给校内网带来一个更长远、更广阔的发展前景，我们需要割舍对校内品牌的依恋之情，去积极的、勇敢地创造一个更伟大、更具延展性的新品牌，一个广大用户心目中的至爱品牌"，最实际的原因，是因为当年热衷于校内网的许多大学生毕业并踏入社会后，发现他们并不在学校，然而每天还在登录校内网，所以感到不适应。所以，千橡集团决定把校内网更名为人人网，社会上所有人都可以来到这里，从而跨出了校园内部这个范围。

2010 年 9 月，千橡互动集团宣布将逐步合并旗下的两家网站：人人网(renren.com)和开心网(kaixin.com)。千橡互动集团一直致力于为用户提供最好的 SNS 平台，在技术上不断创新的同时，将旗下两家网站进行合并，既是改善用户体验的举措之一，也是实现 SNS 资源最优化、最大化的努力尝试。

千橡互动将校内改名为"人人"，应该是一种不令人吃惊的必然选择。毕竟"人人"作为千橡互动旗下的互联网品牌，早在 1999 年 5 月创立，并于 2000 年 3 月 15 日通过并购实现香港主板的借壳上市，并在上市后展开了一系列收购行为。因业务模式一直未得到明确，人人网发展之路一直坎坷波折，甚至遭到股市停牌危机。寻找复活之路，一直是"人人网"的探索目标，因此，2009 年 7 月，千橡集团将旗下著名的"校内网"更名为"人人网"应该是理性合理的一种决策，包括后来将"开心网"并入"人人"，也是一种合理的决策。毕竟，市场竞争中优胜劣汰的选择，利益最大化的目标，需要品牌来作为一种昭示。

(2) 为抹去原有名称对品牌未来发展的不利影响或改善在公众中的形象。1998 年，美国几十个州政府状告五大烟草公司危害公众健康。最终，法官裁定美国五大烟草公司在未来 25 年内向烟民赔偿 1450 亿美元。作为烟草老大，美国"万宝路"香烟的母公司——菲利普·莫里斯承担了其中的 739 亿。受官司的影响，菲利普·莫里斯进行战略调整，其主营业务从香烟转向食品，大力扶植旗下的卡夫食品公司。现在，卡夫食品公司已经拥有麦氏咖啡、tent 果珍、卡夫牛奶等世界名牌，年销售额达 350 亿美元，仅次于瑞士雀巢咖啡，比可口可乐还要多 160 亿美元。2001 年 11 月 15 日，菲利普·莫里斯集团宣布，从 2002 年开始改名为高特利集团(altria group inc)。该公司发表声明说，"altria"这个词来源于拉丁文的"altus"，意思是"高的"，我们希望这个词能给公司带来好运气。我们已经不再是几年前的菲利普·莫里斯了，新名字将帮助公司树立更鲜明的企业形象。这是一次具更深层次战略意义的更名，说明作为烟草业的代名词"菲利普·莫里斯"正在慢慢远离烟草，同时标志着美国烟草年代的结束。

(3) 为消除企业发展中法律上的阻碍而更名。企业在创建之初，没有考虑到名称在国内国际能否受到法律的保护，因此在市场上遇到了很多障碍，不得不变更其企业名称。由于联想的英文名称"legend"在国外已被注册，使联想在国际业务拓展方面屡屡受阻，因此联想集团痛下决心，宣布启用新标识，已使用了 19 年的英文标识"legend"被新的"lenovo"所代替。据联想介绍，此次启用的英文新标识"lenovo"中"le"取自原先的"legend"，承继"传奇"之意；"novo"则代表创新意味。更有传言说联想为寻找新英文标识，花了近亿的资金。杨元庆表示，"国际化是联想两代人的理想，迈向国际化是我们一定要做的，做国际化会有很大风险，我们已经做好了思想准备，希望稳健推进，今天新标识的发布只是第一步。"

(4) 企业并购或拆分之后需重新命名。品牌联合策略是两个甚至多个强势品牌相互借力的结合，有时会作为全新品牌。例如，"索尼爱立信"、"戴姆勒奔驰"。

索尼爱立信诞生于 2001 年，公司全球总部位于伦敦，是由索尼和爱立信各控股 50% 的合资公司。分别融合了索尼在影音、产品规划及设计能力、消费电子产品营销和品牌推广方面的专长。以及爱立信在移动通信技术、与运营商的关系、网络设施建设等方面的专长。

双方合资背景：2000 年爱立信移动连续亏损，手机的营收只占据爱立信总收入的 30%。为恢复利润，2001 年初，爱立信将手机制造环节外包，随后和索尼合资成立共同品牌的手机公司，爱立信和索尼各控股 50%。长久以来，公司坚持并呼吁"索尼爱立信"不能被非正式简称为"索爱"，因为公司认为"索爱"并不能代表"索尼爱立信(Sony Ericsson)"，不能代表两家母公司对索尼爱立信的支持。

把"索尼爱立信"简称为"索爱"，一方面不能充分体现两家母公司原来的品牌效应，另一方面也会使消费者失去理解"索尼爱立信"背后含义的机会。

品牌的混淆干扰了索尼爱立信品牌与用户的沟通，影响索尼爱立信的品牌战略的推进。

把索尼爱立信简称为"索爱"，就不能反映全称的优势与 Walkman 和 Cyber-shot 的关系，这无疑会影响消费者从产品中获得丰富的体验。

坚持这样的联合名称，将是一种保护和有效运用双方品牌资产的有效策略。但消费者就是以"索爱"来称呼"索尼爱立信"的。由于索尼爱立信固执于主观的视角，忽略了对"索爱"的商标保护意识，导致了后来"索爱"商标被广州市索爱数码科技有限公司注册并在同类产品中使用，后来索尼爱立信移动通信产品(中国)有限公司以索爱数码注册的"索爱"商标是不合法的为由，想通过协商、法律手段以及媒体舆论等多种方式希望把索爱商标占为己有，但一切皆为时晚矣，着实令人惋惜和引以为戒。

(5) 摆脱地域性特征的限制而命名。地域性特征是指企业或品牌名称间接或直接指示了产品出产地或出处。有些产品能利用其传统产地-历史文化-资源优势等，赢得消费者的信任和青睐。如青岛啤酒，茅台酒等。但如果地名既无传统文化的积累，又没有新时代的鲜明特色，那么，将地名引入品牌就会成为累赘。比如厦新手机，作为国产手机的排头兵，正饱受其地域性特征品牌的苦恼，正张罗着改名。

(6) 为使品牌引领潮流、鲜明化以及增强亲和力而更名。企业为了在年轻人心目中保持年轻有活力的形象，通过更改企业名称或品牌标识来引起消费者的注意，并以新的形象来表现自己的潮流和时尚。可口可乐中英文新标识现已正式在中国全面启用。据称，可口可乐的这个全新的品牌视觉标识通过三个方面向消费者传递品牌的信息：功能诉求，感官诉求和情感诉求。

2) 企业更名的注意事项

实际上，从某种意义上说，企业的经营就是品牌的经营。而品牌资产的增值，是一个长期的、系统的累积过程。因此作为品牌的重要组成部分，更改企业名称或多或少都会为品牌的增值带来损失，这是不得已而为之的下策。企业除了在命名时应高瞻远瞩些，尽量避免以上缺憾外，同时，如果在不得不对企业名称进行更改时，则应注意以下几点，以把损失降到最低程度，并深入进去，以此大做文章，化不利为有利因素，为下一步的发展推波助澜。

(1) 时机要选择恰当。更改企业名称或品牌标识作为企业的一个重大事件，一定要选择"天时、地利、人和"的时机，如果是在企业处于重大经营危机或公关危机当中时，贸然出此招，则势必会导致公众、媒体及合作伙伴的不信任，出现墙倒众人推的不利局面。

(2) 新的名称或标识要进行有序、有力地推广和管理。作为企业 VI 的重要组成部分，企业应责成强有力的管理部门来进行内部的深化和外部的推广。否则就会出现龙头蛇尾的现象，甚至混乱不堪。

(3) 向公众、媒体全方位讲解企业未来的发展战略。更改企业名称，从一定程度上说明企业的高层对于企业的发展战略已经形成了更高层面的理解和更成熟的思路。因此应该利用各种形式向公众、媒体说明企业未来的目标和策略，以博得好感和支持。

(4) 把事件营销做足做深。在信息化时代，作为企业应不断地顺势和造势。因此企业应利用这样一次事件，全方位地整合企业内外部资源，充分地进行事件营销，使企业借变脸更上一层楼。在这方面联想做得很好，联想在更改品牌的英文标识后，通过多种媒体进行了强势的宣传，使社会的方方面面都聚焦在联想的新品牌名上，再一次强化了其在 IT 业的霸主地位。

(5) 加强创新意识，实现全面创新。更改企业名称或品牌标识，只是在塑造企业新形象的历程上跨出的第一步。要在激烈的市场竞争中立于不败之地，需要企业加强创新意识，实现全面创新。这样才能真正增强企业活力，提升竞争力。

(6) 保持和强化核心竞争能力。不管企业的名称或品牌标识如何变化，企业一定要在变化中不断强化自己的核心竞争能力，使自己在竞争中永远站在主动的地位。

【案例分享】

品牌更名升级之路——去渍霸

立白集团旗下去渍霸先后在《小爸爸》《爸爸去哪儿》投入广告，并投资 10 亿为去渍霸更名投资，以电视、网络、移动端等整合销售的方式，真正引爆洗衣液市场的争霸战。

在去渍霸更名之际，立白集团联手妇女联合会，提高公众对社会上爸爸角色缺失的思考，开设好爸爸课堂，热心做公益，为品牌带来积极的影响力。而《爸爸去哪儿》亲子节目的大热，掀起了社会上对亲情的感召，对好男人的缺失遗憾的同时，呼唤好男人、顾家的男人回归，去渍霸更名"好爸爸"，更能迎合社会潮流，同时也更有利于增加消费者对此产品的心理认同感，慢慢获取更大的市场份额。

而且好爸爸洗衣液选择素有"中国好爸爸"之称的黄磊担任好爸爸洗衣液代言人。众所周知，消费者看到最多的是广告，给消费者印象最深刻的也是广告，其余的产品、渠道、价格等部分是一般的消费者看不到的，在实际的消费中才能感受到。但是单纯的产品广告在现代营销中显得势单力薄，必须借助品牌形象代言人在更高的层面将各类产品统领在一面旗帜下。而品牌形象代言人这种消费者易于辨认的形象，不仅给产品制造商带来了滚滚财富，也在消费者心目中形成了感性因素，因此备受关注。去渍霸更名之际选黄磊担任代言人，可见在品牌的宣传力和形象力上，去渍霸更名的好爸爸已做足准备。

去渍霸在前期投资《小爸爸》以使去渍霸具备亲子关爱的品牌特性，更名后，"好爸爸"再次与湖南卫视最新热播的亲子类节目《爸爸去哪儿》挂钩，开始新一轮销售旋风。去渍霸更名好爸爸后，又创造了市场销售经典。

（资料来源：世界品牌实验，2014）

3.4.3　品牌标识设计

品牌标识是品牌建设中需要消费者用视觉来加以识别、区分的概念。它的外在表现为各种图案造型与色彩组合，以展示自己的独特形象和企业文化。品牌标识不同于品牌名，它以形象、直观的形式向消费者传达品牌信息，以创造品牌认知、品牌联想和消费者的品牌依赖，从而给品牌企业创造更多价值。因品牌标识被运营者赋予了独特的文化内涵，它对企业具有重要的现实意义。

1．品牌标识定义及构成

品牌标志是指品牌中可以被认出、易于记忆但不能用言语称谓的部分，包括符号、图案或明显的色彩或字体，又称"品标"。

标识按表现形式可分为文字标识、图形标识和图文相结合的标识三种类型。一般，品牌标识包括标志物、标志字和标识色。

标志物是指品牌中可以被识别的，但不能用语言表达的部分，即品牌的图形记号包括抽象的图案和实物图案。

标志字是指品牌中可以读出来且用独特的形式书写文字的部分，如品牌名称、经营口号、广告语等。

标志色是品牌颜色标志，也称标志色或标准色，品牌名的一种解释。例如，花旗银行的标志色以蓝为主。

2．品牌标识的作用

品牌标识能够引发人们对品牌的联想，尤其能使消费者产生有关产品属性的联想。例如汽车品牌 PEUGEOT 的标志是一个狮子，它张牙舞爪、威风凛凛的兽中之王形象，使消费者联想到该车的高效率、大动力的属性。美国普鲁登舍尔公司产品上的直布罗陀岩石标志，给人以力量、稳固的感觉。品牌标识的作用主要表现在以下三个方面：

第一，引发消费者的品牌联想，尤其是消费者产生有关产品属性的联想。例如，兰博基尼的公牛会让我们联想到运动车大马力、高速度的特性；康师傅方便面的胖厨师使人联想到厨房里的活色生香和煎炒烹炸，可增进食欲。

第二，引起消费者的兴趣，使消费者产生喜爱的感觉。例如，Hello Kitty 歪带蝴蝶结的无嘴猫、骆驼牌香烟的骆驼、卡帕(Kappa)背靠背的男孩女孩等，这些标志形象可爱、线条简单、易读易记、容易引起消费者的兴趣，并对其产生好感，而消费者都倾向于将自己喜爱或是厌恶的感情从一种事物上传递到与之先联系的另一种事物上，所以，如果品牌的标志设计使消费者产生好感，在某种意义上可以转化为积极的品牌联想，有利于企业开展品牌文化营销活动。

第三，帮助公众识别品牌。在历史上，标志往往比名称更能发挥识别作用。据考古发现，早在公元前 79 年，在古罗马的庞德镇，如果外墙上画着一只壶把表示是茶馆，画牛的地方表示牛奶店或牛奶厂，画有常春藤的是有房等。当然这些标志还比较具象的，现代的品牌标识更为简约和抽象。

3．品牌标识设计的原则

第一，简洁明了。物质丰富的社会，品牌多如牛毛，人们不会特意去记忆某一个品牌，只有那些简单的标志才留在了人们的脑海中。

苹果(Apple)电脑是全球五十大驰名商标之一，其"被咬了一口的苹果"标志非常简单，却让人过目不忘。创业者当时以苹果为标志，是为纪念自己在大学读书时，一边研究电脑技术，一边在苹果园打工的生活，但这个无意中偶然得来的标志恰恰非常有趣，让人一见钟情。苹果电脑作为最早进入个人电脑市场的品牌之一，一经面市便大获成功，这与其简洁明了、过目不忘的标志设计密不可分。

耐克品牌的红色一勾，可以说是最简单的标志了，但它无处不在，给人以丰富的联想。小时候，我们做完作业，等着的就是老师那红色的一勾，它代表着正确、表扬和父母的笑脸；长大了，这一勾仍然如影相随，开会签到、中奖了领奖，甚至在我们小小的记事本上，都要在已经来过的人或已经完成的事的前面打上一个勾，它代表着顺利、圆满。当年设计出这个标志的一名大学生只得到了 35 美元的报酬，但今天，这一勾已经价值上百亿美元。

第二，准确表达。品牌的标志，归根到底是为品牌服务的，标志要让人们感知到这个品牌是干什么的，它能带来什么利益。比如食品行业的特征是干净、亲切、美味等，房地产的特征是温馨、人文、环保等，药品行业的特征是健康、安全等，品牌标志要很好地体现这些特征，才能给人以正确的联想。

"M"只是个非常普通的字母，但是在许多小孩子的眼里，它不只是一个字母，它代表着麦当劳，代表着美味、干净、舒适。同样是以"M"为标志，与麦当劳(McDonald's)圆润的棱角、柔和的色调不一样，摩托罗拉(Motorola)的"M"标志棱角分明、双峰突出，以充分表达品牌的高科技属性。

第三，设计有美感。造型要优美流畅、富有感染力，保持视觉平衡，使标志既具静态之美，又具动态之美。

百事可乐的圆球标志，是成功的设计典范，圆球上半部分是红色，下半部分是蓝色，中间是一根白色的飘带，视觉极为舒服顺畅，白色的飘带好像一直在流动着，使人产生一种欲飞欲飘的感觉，这与喝了百事可乐后舒畅、飞扬的感官享受相一致。

第四，适用性与扩展性。标志的设计要兼具时代性与持久性，如果不能顺应时代，就难以产生共鸣，如果不能持久，经常变脸，就会给人反复无常的混乱感觉，也浪费了传播费用。

作为杀虫剂产品的枪手，其品牌标志是青蛙+手枪，青蛙是专吃害虫的，用在这里非常贴切，但考虑到将来枪手品牌要向非杀虫剂产品延伸，品牌标志就显得有些束缚。新的标志是一个枪手的形象，很好地解决了这一问题，并有可能使这一新的标志成为品牌的象征符号。

第五，讲究策略。首先，字体要体现产品特征，例如食品品牌多以明快流畅的字体，以表现食品带给人的美味与快乐；化妆品品牌字体多为纤细秀丽，以体现女性的秀美；高科技品牌字体多为锐利、庄重，以体现其技术与实力；男人用品字体多为粗犷、雄厚，以表达男性特征。其次，字体要容易辨认，不能留给消费者去猜，否则不利于传播。再次，字体要体现个性，与同类品牌形成区别。

4. 品牌标志色设计

在色彩的运用上，首先要明白不同的色彩会有不同的含义，给人不同的联想，适用于不同的产品。当然，作为个体的人，对于色彩的感觉有时会差异很大，由于人们的生活经历不同，红色也可以联想到暴力和恐怖，白色也可以联想到生病、死亡等。其次，相同的颜色也会因为地区、文化、风俗习惯的差异而产生不同的联想。因此，进入不同的国家和地区，有时需要对色彩因地制宜，进行调整。

品牌的标志色是用来象征品牌并应用在视觉识别设计中所有媒体上的特定色彩。标志色在视觉识别中具有强烈的识别效应。品牌标志色须根据品牌的内涵而定，突出品牌与竞争者的区别，并创造出与众不同的色彩效果，吻合受众的偏好和表达品牌个性。标志色的选用通常是以国际标准色谱为标准的，品牌的标志色使用不宜过多，通常最多不超过三种颜色。它可以通过剔除的方式进行选定，下面简要介绍品牌标志色的三大选择原则：

第一，与众不同。过去许多品牌都喜欢选择与竞争品牌相近的颜色，试图通过比附策略来表达自己的身份，这种方式鲜有成功者；至于那些试图浑水摸鱼、以假乱真来经营的品牌则迟早会走向毁灭。品牌的专用色一定要与竞争品牌鲜明地区别开来，只有与众不同、别具一格才是成功之道，这是品牌专用色选择的首要原则。如今越来越多的品牌规划者开始认识到这个真理，比如中国联通已经改变过去模仿中国移动的色彩，推出了与中国移动区别明显的红黑搭配组合作为新的标准色。

第二，吻合偏好。由于受众的色彩偏好非常之复杂，而且是多变的，甚至是瞬息万变的，因此要选择最能吻合受众偏好的色彩非常困难，甚至是不可能的。最好的办法是剔除掉那些目标受众所禁忌的颜色，剩下的参与"竞争"。比如由于出卖耶稣的犹大曾穿过黄色衣服，因而西方信仰耶稣的国家都厌恶黄色；又如巴西人忌讳棕黄色和紫色，他们认为棕黄色使人绝望，紫色会带来悲哀，紫色和黄色配在一起，则是患病的预兆；他们还讨厌深咖啡色，认为这种颜色会招致不幸；再如埃塞俄比亚人出门做客时是绝对不能穿淡黄色衣服的，他们只有在悼念死者时才穿黄色服装。

第三，表达个性。将通过前面两大原则剔除剩下的颜色与品牌个性一一对照，从中选择一种或几种组合作为品牌的专用色。一旦选定就要全面应用到所有可以合理使用的地方并长期坚持，也只有这样才能成就品牌的特别之色，使其像可乐红、电信蓝、邮政绿等那样家喻户晓、深入人心。

5．品牌设计注意事项

按照上面介绍的原则、方法和流程等，我们可以设计品牌标识。但是在设计过程中也有一些值得我们注意的地方。

第一，防止雷同。品牌标志主要的功能之一就是用以区别与其他产品或服务品牌。如果我们在设计标志时同其他企业出现雷同，将会大大减弱品牌标志的识别性能。所以我们在设计时，既要与企业的形象、产品的特征联系起来，又要体现构思新颖、别出心裁的风格。

第二，大小修正。有些标志图案可以完美地用在名片或图章上，但是放大运用在广告牌上时，却容易失真；有的则正好相反，大的标志压缩变形后，原来的设计精神和形象变得茫然无存。因而在标志设计中，要注意这种放大或缩小引起的变形。

第三，错觉改正。在设计时对可能引起公众和消费者心理错觉的地方作某种修正。例如，设计的是垂直线，由于其他部分斜角的影响，使它看起来歪了，要纠正这种错觉，就得把线条略向相反一方微斜，使之平衡。标识设计还应注意实际使用问题。如品牌可能在很小的空间使用，要求标志的实际尺寸很小，应能用通用的工艺制作。

第四，各国禁忌。跨国公司在设计品牌标志时必须考虑到产品行销国对色彩的偏好和禁忌。品牌标志的设计受到营销原则、创意原则、设计原则等各方面的规范，以前随便画一个飞禽走兽、花草树木的图案已远不能满足品牌发展的需要了。激烈的品牌竞争对品牌标志的设计提出了更高的要求，把设计的程序推上了更专业化的道路。我们普通的企业内部很少具备专业的设计能力，所以最好还是请一个优秀的设计公司设计，把标志的设计与企业的理念、产品的特征等多方面综合起来进行构思策划。

第五，多种形式结合。作为具有传媒特性的 LOGO，为了在最有效的空间内实现所有的视觉识别功能，一般是通过特示图案及特示文字的组合，达到对被标识体的出示、说明、沟通、交流从而引导受众的兴趣，达到增强美誉、记忆等目的。表现形式的组合方式一般分为特示图案、特示字体、合成字体。

第六，便于识记。关于品牌标志设计首先是特示图案，这属于表象符号，独特、醒目、图案本身易被区分、记忆，通过隐喻、联想、概括、抽象等绘画表现方法表现被标识体，对其理念的表达概括形象，但与被标识体关联性不够直接，受众容易记住图案本身，而对图案与被标识体的关系的认知需要相对较曲折的过程，可是联系一旦建立，印象会较深刻，受众对被标识体的记忆也会相对持久。

 【知识小链接】

品牌的色彩设计

色彩设计在包装设计中占据重要的位置。色彩是美化和突出产品的重要因素。包装色彩的运用是与整个画面设计的构思、构图紧密联系着的。包装色彩要求平面化、匀整化，这是对色彩过滤、提炼的高度概括。它以人们的联想和色彩的习惯为依据，进行高度的夸张和变色是包装艺术的一种手段。

包装设计中的色彩要求醒目，对比强烈，有较强的吸引力和竞争力，以唤起消费者的购买欲望，促进销售。例如，食品类常用鲜明丰富的色调，以暖色为主，突出食品的新鲜、营养和味觉；医药类常用单纯的冷暖色调；化妆品类常用柔和的中间色调；小五金、机械工具类常用蓝、黑及其他沉着的色块，以表示坚实、精密和耐用的特点；儿童玩具类常用鲜艳夺目的纯色和冷暖对比强烈的各种色块，以符合儿童的心理和爱好；体育用品类多采用鲜明响亮的色块，以增加活跃、运动的感觉……不同的商品有不同的特点与属性。设计者要研究消费者的习惯和爱好以及国际、国内流行色的变化趋势，以不断增强色彩的社会学和消费者心理学意识。

(资料来源：郭京生，潘立.人员培训实务手册.北京：机械工业出版社，2005)

3.4.4　品牌形象代表设计

品牌形象代表是指企业或组织为向消费者传递品牌产品的属性、利益、价值、文化、个性等特征所聘请的特殊人物或塑造出来的虚拟形象。品牌形象代表通常以虚拟或实在的人、动物、景物等为创作原型。品牌形象代表与标识图案一样都是图形，但标识图案是比较抽象的图形，而品牌形象代表是比较具体的图形，例如名人代言。

品牌形象代表可以分为真实人物代表和虚拟人物代表。

1) 品牌真实人物代表

真实人物代表通常是文艺界或体育界的明星。明星代言的作用在于，可以利用明星的知名度和人们对明星的喜爱，提高品牌的关注度和知名度，从而产生爱屋及乌的效果，增加人们对品牌的喜爱程度，并通过明星的个性或形象魅力，强化品牌的个性和形象等。但是真实人物代表具有双面性，一方面可以通过正向黏性来强化品牌形象，另一方面也会因为真实人物形象不良，对品牌形象产生负面影响。因此，选择真实人物代表要注意以下方面：

(1) 真实人物的匹配性。

(2) 真实人物的正向黏性。

(3) 真实人物的时效性。

(4) 真实人物的关联性。

(5) 真实人物的受众单一性。

2) 品牌虚拟人物代表

品牌虚拟人物代表是指广告商在综合分析竞争环境、竞争对手以及消费者心理的基础上，结合自身产品特点，虚构一个产品的代言人，这个代言人可以是一个卡通或漫画人物，也可以是一个并不存在的和真人相似的人物。它代表的是品牌个性，实现品牌与消费者的有效沟通。

其职能包括各种媒介宣传，传播品牌信息，扩大品牌知名度、认知度等，参与公关及促销，与受众近距离的信息"沟通"，并促成购买行为的发生，建立起品牌的美誉度与忠诚度。这里的沟通有别于明星代言人与受众的沟通，它更多的是一种视觉与想象的沟通，通过与受众近距离的接触，使受众产生一种角色的自我体验，认同这个角色并喜爱这个角色，从而促成购买行为的发生，并增加品牌的认知度和好感。而真实形象代言人的一些原有人本行为往往"稀释"了企业的文化并剥取了高昂的费用。所以，虚拟形象代言人比起真实形象代言人，不仅是科技与艺术的结合，更是设计世界里个性与创作灵感的撞击。

3) 虚拟人物代表的优势

虚拟形象代言人比真实形象代言人制作费用更低。目前，市场上许多虚拟代言人在各行业的应用比较成功，例如，腾讯、七喜、纳爱斯牙膏、海尔等，他们为品牌创造了价值，也在市场中博得掌声。它们在历史的发展中已经成为一种个性的风范。制作费用上，虚拟代言人是根据企业及产品特色虚构出来的一个形象，在现实生活中不存在，所以虚拟代言人的使用者不必支付使用明星代言人所必须支付的巨额费用，只需向制作虚拟代言人的个人或单位支付一笔制作费。而在不同时期，由于真实形象代言人的知名度的"高热期"而引发各种费用的高涨。媒体跟进中，市场中明星代言人需要支付各种昂贵的媒体费用和代言费用。

下面，我们一起来看看这些例子：05年百事可乐花巨资请得周杰伦、蔡依林、郭富城、F4等塑造蓝色广告新形象，声势非常浩大，他们的代言费用3100万。而在1985年，七喜

创造了动画人物 "Fido Dido(FIDO)"，其制作虚拟代言人的费用只有 10 万，成为市场推广最成功的例子之一。启用极富个性的卡通形象 FIDO 来担当产品与消费者的沟通大使，公司解释，在如今很多企业纷纷聘请当红明星作为品牌代言人的浪潮中，七喜这样做不仅能够节省成本，而且这样一个卡通人物可以垄断使用，明星就很难了。他们往往会同时身为数个品牌的代言人，这样就会使消费者产生一种混淆。FIDO 也不会有明星存在的很多不确定因素，其接受范围也更广泛。

可以说花较少的钱就达到了很好的效果。每次奥运会、亚运会等产生了一批国人的骄傲，也产生了体育广告天王，比如田亮、郭晶晶成了风靡一时的广告超人。游泳冠军田亮代言了波力海苔，正值当时吹出"冠军"风"亮晶晶"等，使其代言费用一路飙升。身价一夜暴涨，不仅给广告带来了经济泡沫，也影响了他们在群众中的光辉形象，甚至扭曲了他们在人们心目中的伟岸形象。而同是饮料类的高乐高，推出了维灵娜、大头锌等卡通形象代言人，其更具感染力和趣味性的形象以各种营养成分命名更是标新立异，令人意向顿生。

在电子产品中，虚拟形象代言人更是具有费用优势。腾讯 QQ 推出可爱的企鹅虚拟形象代言人后，先后推出以企鹅为形象的 QQ 游戏形象、QQ 个人形象、QQ 宠物形象等憨态可掬的一系列虚拟形象，相对范冰冰代言某电子类游戏的天价代言费用和造型费用可真是节约的多了。

由此可见，虚拟形象代言人比真实形象代言人真是省钱、省心多了，给企业减轻了经济负担，也减少了生产成本，使商家和消费者达成"双赢"。所以，从长期广告效应和成本上来说，引用虚拟形象代言人真是一举两得。

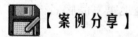
【案例分享】

尼康的形象代言人策略与产品策略

尼康相机在 2000 年前最先使用的媒介介质是全国各地火车站广场上的大型广告牌，当时是因为出门和旅游的人是最先使用相机的人群。后来的尼康也一直在摄影家、摄影爱好者领域保持着专业的做派，经常组织摄影者一起进行摄影比赛等之类的活动。后来随着奥林巴斯、佳能、松下、三星、索尼等在大众媒介领域广告的不断投放，尼康的电视广告的大众传播也开始缓慢地、似乎不情愿地从专业传播开始走向大众。尼康一直认为专业的摄影师应该以男性为主，因此即使面向大众的尼康也不忘专业的身份，邀请王力宏和木村拓哉这样有实力男士作为品牌形象代言人，从而表明自己一直很专业的态度，因而，产品策略主要突出镜头的优质和正统，消费者人群也以理性的男性消费者为主。

3.4.5 品牌口号设计

在设计品牌口号时，最重要的是对品牌本质和价值的把握，赋予品牌口号深刻的内涵。Keller 列举了一些设计品牌口号的方法。如将品牌和相应的品类放在同一句话中，把两者紧密结合起来；通过演化品牌名称来设计品牌口号；根据产品内容来设计等。品牌口号是关于品牌信息的记述或品牌承诺、思想传达的短语。

品牌口号代表了品牌所倡导的精神，具有深刻的内涵，是长期的，企业不仅要长期地宣之于口，还要长期地付之于行。而广告口号则可以是短期行为，在大部分情况下，广告口号都定位于产品本身，强调功能与促销所达到的效果。

【案例分享】

经典广告语品鉴

雀巢咖啡：味道好极了

大众甲壳虫汽车：想想还是小的好

耐克：Just Do It

戴比尔斯钻石：钻石恒久远，一颗永流传

人头马 XO：人头马一开，好事自然来

德芙巧克力：牛奶香浓，丝般感受

3.4.6　品牌音乐设计

品牌音乐是指那些用以传递品牌内涵的声音效果。品牌需要借助声音的力量来助推并强化目标受众对品牌的联想。由声音所产生的联想通常与情感、个性及其他无形的东西相关。

品牌音乐能有效调动目标受众对品牌的情感认识，进而将品牌核心价值与内涵传递给消费者。从加强认知的角度讲，音乐非常有用，它往往能巧妙而有趣地重复品牌名称，增加消费者接触品牌的频率。

3.4.7　品牌包装设计

1．品牌包装概念

品牌包装是指设计和制造产品的容器或包裹物。包装除了具有保护产品、促进销售的作用外，还有一些其他方面的重要作用。包装的外观能成为品牌认知的一个重要载体。包装传递的信息还能够建立或加强品牌联想。

2．品牌包装的核心方向

品牌包装的核心主要有两个方面，一个是品牌自身的建设，即品牌产品外观设计，另外一个是品牌外部的推广。关于品牌自身的包装，企业本身可以调整和修改。而企业外部的策划推广亦是企业的品牌包装能否成功的重中之重。特别是企业新产品的营销与推广。如何更广泛而有效地把新产品推广出去，是摆在企业经营者面前的一道难题。线下推广、电视广告推广是不错的选择，但是成本开销非常巨大，而网络市场是未来企业开拓的理想领地。

3．品牌包装技巧

企业品牌由于其信誉高、销量大、附加值高，可以使企业加速资金周转，获得高额利润。因此，企业品牌战略应纳入企业整体战略中，而企业品牌包装作为企业品牌战略的一部分，只有与企业整体战略有机结合，才能发挥整体效应，否则遗憾无穷。企业的品牌战略具有长期性、整体性和前瞻性，这就要求企业必须树立"品牌"意识，端正"创立品牌"的思想。

首先，是品牌商标设计。品牌商标必须掌握两个基本要素，名称定位与产品设计定位。名称定位有很多技巧，企业品牌名称是否产生"一眼望穿"效应，最大限度提高公众的"直接联想力"，让众人在短短几秒钟内知道品牌的含义，这是品牌营销中成功品牌名的基本特征之一。

企业品牌名称产品设计定位需要对历史、文化、风俗、习惯、民族心理及现代意识有全面的把握。同时，品牌名称定位还应重视韵律感、视觉美、寓意美、个性化。对一新企业的新产品来说，商标的首要问题是搞好商标设计，确定商标投资。它主要是提出新商标开发的经费估算，包括商标的设计费、注册费、宣传费以及设计和使用新包装的材料费等，如果要发展国际商标，则还要研究各国政府及商标国际组织的有关规定、商标所指的市场情况，即要搞清市场饱和程度和竞争对手情况，并且要掌握各国的消费心理。

总体来说，塑造企业品牌战略需要考虑的要素非常多。涉及品牌定位、品牌外部营销、以及企业内部管理整个品牌建设的跨度。对于外部营销管理，就要有一个专业、可行性高的营销团队，毕竟术业有专攻，专业的营销人才能够在最短的时间帮助企业提升品牌知名度，而且也能够防止企业走"弯路"，减少不必要的投资成本。

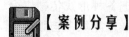 【案例分享】

品牌包装案例赏析

www.teambuy.com.cn　　舍得酒业广告语——智慧人生 品味舍得

3.5　VI 系统

VI 即企业视觉识别，是 CI 的静态表现，是一种具体化、视觉化的符号识别传达方式。它是将企业理念、企业文化、服务内容、企业规则等抽象语言，以视觉传播的手段，转换为具体的符号概念，应用在形象的展开上面。

根据心理学报告显示：人所感觉和接收到的外界信息中，83%来自眼睛，11%来自听觉，

3.5%来自嗅觉，1.5%来自触觉，另有 1%来自味觉。因此，视觉因素在企业识别系统中具有非常重要的地位。

3.5.1　VI 设计的定义及内容

VI 设计(Visual Identity)，通译为视觉识别系统，是 CIS 系统最具传播力和感染力的部分。是将 CI 的非可视内容转化为静态的视觉识别符号，以无比丰富多样的应用形式，在最为广泛的层面上，进行最直接的传播。设计到位、实施科学的视觉识别系统，是传播企业经营理念、建立企业知名度、塑造企业形象的快速便捷之途。

在品牌营销的今天，没有 VI 设计对于一个现代企业来说，就意味着它的形象将淹没于商海之中，让人辨别不清；就意味着它是一个缺少灵魂的赚钱机器；就意味着它的产品与服务毫无个性，消费者对它毫无眷恋；就意味着团队的涣散和士气的低落。

VI 设计一般包括基础部分和应用部分两大内容。其中，基础部分一般包括：企业的名称、标志设计、标识、标准字体、标准色、辅助图形、标准印刷字体、禁用规则等；而应用部分则一般包括：标牌旗帜、办公用品、公关用品、环境设计、办公服装、专用车辆等。

3.5.2　VI 设计的一般原则

1. 统一性原则

为了达成企业形象对外传播的一致性与一贯性，应该运用统一设计和统一大众传播，用完美的视觉一体化设计，将信息与认识个性化、明晰化、有序化，把各种形式传播媒介上的形象统一，创造能储存与传播的统一的企业理念与视觉形象，这样才能集中与强化企业形象，使信息传播更为迅速有效，给社会大众留下强烈的印象与影响力。

对企业识别的各种要素，从企业理念到视觉要素予以标准化，采用统一的规范设计，对外传播均采用统一的模式，并坚持长期一贯的运用，不轻易变动。

要达成统一性，实现 VI 设计的标准化导向，必须采用简化、统一、系列、组合、通用等手法对企业形象进行综合的整形。

(1) 简化：对设计内容进行提炼，使组织系统在满足推广需要的前提下尽可能条理清晰，层次简明，优化系统结构。如 VI 系统中，构成元素的组合结构必须化繁为简，有利于标准的施行。

(2) 统一：为了使信息传递具有一致性和便于被社会大众接受，应该把品牌和企业形象不统一的因素加以调整。品牌、企业名称、商标名称应尽可能的统一，给人以唯一的视听印象。如北京牛栏山酒厂曾经出品的华灯牌子北京醇酒，厂名、商标、品名极不统一，在中央广播电台播出广告时很难让人一下记住，如把三者统一，信息单纯集中，其传播效果会大大提升。

(3) 系列：对设计对象组合要素的参数、形式、尺寸、结构进行合理的安排与规划。如对企业形象战略中的广告、包装系统等进行系列化的处理，使其具有家族式的特征，鲜明的识别感。

(4) 组合：将设计基本要素组合成通用性较强的单元，如在 VI 基础系统中将标志、标准字或象征图形、企业造型等组合成不同的形式单元，可灵活运用于不同的应用系统，也可以规定一些禁止组合规范，以保证传播的统一性。

(5) 通用：即指设计上必须具有良好的适合性。如标志不会因缩小、放大产生视觉上的偏差，线条之间的比例必须适度，如果太密缩小后就会并为一片，要保证大到户外广告，小到名片均有良好的识别效果。

统一性原则的运用能使社会大众对特定的企业形象有一个统一完整的认识，不会因为企业形象识别要素的不统一而产生识别上的障碍，增强了形象的传播力。

2. 差异性的原则

企业形象为了能获得社会大众的认同，必须是个性化的、与众不同的，因此差异性的原则十分重要。

差异性首先表现在不同行业的区分上，因为在社会大众心目中，不同行业的企业与机构均有其行业的形象特征，如化妆品企业与机械工业企业的企业形象特征应是截然不同的。在设计时必须突出行业特点，才能使其与其他行业有不同的形象特征，有利于识别认同。其次必须突出与同行业其他企业的差别，才能独具风采，脱颖而出。

3. 民族性的原则

企业形象的塑造与传播应该依据不同的民族文化，美、日等许多企业的崛起和成功，民族文化是其根本的驱动力。美国企业文化研究专家秋尔和肯尼迪指出，"一个强大的文化几乎是美国企业持续成功的驱动力。"驰名于世的"麦当劳"和"肯德基"独具特色的企业形象，展现的就是美国生活方式的快餐文化。

塑造能跻身于世界之林的中国企业形象，必须弘扬中华民族的文化优势，灿烂的中华民族文化，是我们取之不尽，用之不竭的源泉，有许多我们值得吸收的精华，有助于我们创造中华民族特色的企业形象。

4. 有效性的原则

有效性是指企业经策划与设计的 VI 计划能得以有效的推行运用。VI 是解决企业问题，不是企业的装扮物，因此其具有可操作性即能够操作和便于操作，是一个十分重要的问题。

企业 VI 计划要具有有效性，能够有效地发挥树立良好企业形象的作用，首先在其策划设计上必须根据企业自身的情况及企业的市场营销地位，在推行企业形象战略时确立准确的形象定位，然后以此定位进行发展规划。在这点上，协助企业导入 VI 计划的机构或个人负有重要的职责，一切必须从实际出发，不能有迎合企业领导人等一些不切合实际的心态。一家实力并不雄厚的企业导入 VI 计划，其产品在市场上刚有较好走势时，该企业领导人就提出要在五年进入全国百家企业前几名等过于盲目乐观的规划与想法。如果迎合企业家这种不正常心态来构建企业形象战略的架构，其有效性将大打折扣。事实上，一年之后该企业由于营销失误而全面跌入了低谷。

企业在准备导入 VI 计划时，能否选择真正具有策划设计实力的机构或个人，对 VI 计划的有效性也是十分关键的。VI 策划设计是企业发展一笔必要的软投资，是一项十分复杂而耗时的系统工程，是需要花费相当经费的。曾有一家乳制品企业谈及其 VI 战略时，专业公司的方案得到该乳制品企业领导的认同，涉及计划费用时因双方差距太大未能合作，后来该企业花极低的费用找了一家广告公司，推出的标志、吉祥物等企业形象要素水平十分低劣，其有效性也大打折扣。

要保证 VI 计划的有效性，一个十分重要的因素是企业主管有良好的现代经营意识，对企业形象战略也有一定的了解，并能尊重专业 VI 设计机构或专家的意见和建议。因为没有相当大的投入，是无法找到具有实力的高水准的机构与个人的，而后期的 VI 战略推广更要投入巨大的费用，如果企业领导在导入 VI 计划的必要性上没有十分清晰的认识，不能坚持推行，那前期的策划设计方案就会失去其有效性，变得毫无价值。

3.5.3　VI 设计的作用

人们所感知的外部信息，有 83%是通过视觉通道到达人们心智的。也就是说，视觉是人们接受外部信息的最重要和最主要的通道。在整个 CIS 系统中，MI(理念识别 Mind Identity)、BI(行为识别 Behavior Identity)是领导决策层的一种思维方式以及内部管理的推导，往往是无形的，给人的只是一个企业的思维、约束和表达，而 VI(视觉识别 Visual Identity)是把这些思维方式的结果以一个静态的视觉识别符号，在企业整个管理和营销过程中加以具体运用和体现。VI 具有以下几个方面的作用：

(1) 在明显地将该企业与其他企业区分开来的同时又确立该企业明显的行业特征或其他重要特征，确保该企业在经济活动当中的独立性和不可替代性；明确该企业的市场定位，属企业无形资产的一个重要组成部分。

(2) 传达该企业的经营理念和企业文化，以形象的视觉形式宣传企业。专业的广告策划设计公司在进行 VI 设计的时候，都会事先对企业经营理念和企业文化进行深入的了解，并在设计时将相应的理念文化注入企业 VI 设计，从而使得企业品牌形象在市场当中传播的同时，企业文化也可以得到广泛的传播，从而赢得消费者和社会的认可。

(3) 以自己特有的视觉符号系统吸引公众的注意力并使其产生记忆，使消费者对该企业所提供的产品或服务产生最高的品牌忠诚度。

(4) 个性化、独特的企业 VI 可以在帮助企业建立品牌形象的同时确立起企业独特的市场地位，使得企业在市场当中具备一定的不可替代性，从而进一步巩固企业的品牌地位。

(5) 提高该企业员工对企业的认同感，提高企业士气。VI 可以让人们更直观地感受到企业的文化理念和雄厚的实力，一套完整的 VI 不但能让企业得到社会的认同，同时也会让企业内部的员工更有认同感和归属感以及企业的荣誉感，可以有效地鼓舞企业员工的士气，帮助企业更加平稳快速地发展。

3.5.4　经典案例

1. 麦当劳的视觉识别系统

如前所述，VI 设计包括多方面的内容，具体到每一方面的操作都有其准则和要求，如品牌命名、商标的使用、企业标准字、标准色的配合等，各有许多成功的案例以资借鉴。

麦当劳的视觉传达独具特色，企业标志是弧形的 M 字，以黄色为标准色，稍暗的红色为辅助色，标准字设计得简明易读，宣传标语是"世界通用的语言：麦当劳。"这个标语没有设计成"美国口味，麦当劳"，实在是麦当劳的成功之处。

麦当劳的视觉识别中，最优秀的是黄色标准色和 M 字形的企业标志。黄色让人联想到价格普及的企业，而且在任何气象状况或时间里黄色的辨认性都很高。M 形的弧形图案设计非常柔和，和店铺大门的形象搭配起来，令人产生走进店里的欲望。从图形上来说，M形标志是很单纯的设计，无论大小均能再现，而且从很远的地方就能识别出来。

麦当劳企业识别的优越性就在于企业理念实施得非常彻底，为了达到这个目的，麦当劳进行员工的教育、发行编制相当完备的行动手册，同时，还完成了非常优秀的视觉识别设计。从企业识别的立场来审视麦当劳的历史，可以发现，麦当劳是综合性企业识别的范本，实行得很成功。

2. 海尔 VI

海尔的第一代识别是象征中德儿童的吉祥物海尔图形。第二代企业识别是以"大海上冉冉升起的太阳"为设计理念的新标志，中英文标准字组合标志以及"海尔蓝"企业色，这个阶段中企业名称简化为"青岛海尔集团公司"，产品品牌也同步过渡为青岛海尔品牌，实现企业与产品商标的统一。1993 年，海尔将第二代识别中的图形标志去掉，将企业名称简化为海尔集团，将英文 Haier 作为主识别文字标志，集商标标志、企业简称于一身，信息更加简洁、直接，在设计上追求简洁、稳重、信赖感和国际化。为了建立长期稳固的视觉符号形象，以中文海尔及海尔吉祥物与 Haier 组合设计作为辅助推广。

3. 香奈儿 VI

香奈儿品牌创始人 Gabrielle Chanel 于 1910 年在法国巴黎创立香奈儿，香奈儿的产品种类繁多，有服装、珠宝饰品、配件、化妆品、香水，每一种产品都闻名遐迩，特别是她的香水与时装。

香奈儿是一个有着 100 多年历史的著名品牌，香奈儿时装永远有着高雅、简洁、精美的风格，她善于突破传统，早在 40 年代就成功地将"五花大绑"的女装推向简单、舒适，这也许就是最早的现代休闲服。

香奈儿最了解女人，香奈儿的产品种类繁多，每个女人在香奈儿的世界里总能找到合适自己的东西，在欧美上流女性社会中甚至流传着一句话"当你找不到合适的服装时，就穿香奈儿套装"。

(1) 产品品类。1913 年开设女帽及时装店制作服装；1921 年起开发各式香水，如 1921 年的 No.5 香水和 No.22 香水，1924 年的 Cuir de Russie 香水，1970 年的 No.19 香水，1974 年的 Cristalle 香水，1984 年的 COCO 香水，1990 年的 Egoiste 男用香水，1996 年的 Allure 香水；另外还有各类饰品、化妆品、皮件、手表、珠宝、太阳眼镜及各类配件。

(2) 品牌识别。首先，双 C 识别。在香奈儿服装的扣子或皮件的扣环上，可以很容易地就发现将 COCO Chanel 的双 C 交叠而设计出来的标志，这更是让香奈儿迷们为之疯狂的"精神象征"。它的具体品牌识别包括如下几点：

识别元素 1：双 C 交叠而设计出来的标志。这是一个世纪以来让无数美丽女性为之疯狂的"个性魅力标志"，同时它也承载了香奈儿独立、打破陈规的精神与文化永远不会随着时光岁月的流逝而年华老去。

识别元素 2：菱形格纹。从第一代香奈儿皮件越来越受到喜爱之后，其立体的菱形车格纹竟也逐渐成为香奈儿的标志之一，不断被运用在香奈儿新款的服装和皮件上，后来甚至被运用到手表的设计上，尤其是"MATELASSEE"系列，K 金与不锈钢的金属表带，其至都塑形成立体的"菱形格纹"。

识别元素3：山茶花。香奈儿对"山茶花"情有独钟，现在对于全世界而言"山茶花"已经等于是香奈儿王国的"国花"。不论是春夏或是秋冬，它除了被设计成各种材质的山茶花饰品之外，更经常被运用在服装的布料图案上。

在21世纪的今天，有哪个品牌能得到一家三代：祖母、母亲、孙女的同时钟爱，那非香奈儿莫属。香奈儿从它诞生以来就注定了永远的"经典、时尚和个性"，它成就了一个"世纪服饰王国"，也造就了一个"浪漫的传奇"。做为20世纪的改革家，毕加索曾称她是"欧洲最有灵气的女人"，萧伯纳给她的头衔则是"世界流行的掌门人"。

★3.6　CI 之发展

随着社会的发展，企业与消费者、社会公众之间沟通交流的手段、途径越来越多，MI、BI、VI 已不能完全涵盖企业 CI 战略的全部内容，情感识别、听觉识别、环境识别、战略识别等一些新的识别系统为 CI 开拓了更广阔的空间。

3.6.1　听觉识别——AI

1. 听觉识别定义

听觉识别(Audio Identity，AI)是根据人们对听觉视觉记忆比较后得到的一种 CI 方法，是通过听觉刺激传达企业理念、品牌形象的系统识别。

表 3-3　听觉视觉记忆比较

记忆保持率 　保持时间 视听	3 小时后	3 天后
听	70%	10%
视	72%	20%
听视结合	85%	65%

由表 3-3 可见，听觉刺激在公众头脑中产生的记忆和视觉相比毫不逊色，而且一旦和视觉识别相结合，将会产生更持久有效的记忆。

大家熟知的中国人民解放军，冲锋时吹冲锋号，能使人精神百倍；熄灯时吹熄灯号，使人迅速进入梦乡；训练方阵时奏军歌，就能反映我军威武之师的光辉形象。这些都是十分成功的 AI 导入。

2. 听觉识别的功能

为了能更好地分析听觉识别的功能，我们把它归纳为两类，分别是对企业内部的作用和对外部的作用。

(1) 对内：弘扬企业文化，提高企业综合素质，增强品牌意识和凝聚力，并转化为高效的生产力。

　　鼓舞职工的热情、振奋精神。听觉识别体系既是词作者与曲作者共同创作的，更是作者与企业家、企业员工主体一起创作的。有的歌曲其歌词甚至就是由企业领导填写的，所以，能够在一定程度上传达出企业的精神作风等基本理念，其曲风一般比较激昂、富于节奏，便于职工齐唱与合唱，同时又悦耳动听，为职工所乐唱、乐听。

　　(2) 对外：强化企业形象与产品品牌，也是增强企业核心竞争力的重要手段。

　　首先，传达出企业的行业性质。好的企业听觉识别体系应该迅速传达出企业的行业性质，甚至包括企业的核心产品。例如，中国移动通信的歌曲《沟通从心开始》第一句这样唱："天空中有一座桥把心和心相连，让超速的梦放飞在天地之间，无论在何时何地，彼此近在身边，是无线的祝福传递着无限的情感。"一开始就以比喻手法道出移动通信公司的行业性质，接着进一步委婉地宣传自己的通信产品。

　　其次，传达出企业的名称。在激烈的市场竞争中，听觉识别体系对外传播时第一位要传达的就是本企业的名称，并且通常是简称而不是全称。通过这一信息告知人们自己是一家企业及什么企业。就像视觉识别体系设计有企业标志一样，听觉识别体系也应该设计有企业标志，不过这标志不是用来看的，而是听的。它应该比较简短，一般由曲子、词与伴奏三部分组成。词可以是一句广告词，十分巧妙地将企业的简称放在里面。在传播到一定时间后，伴随企业的综合发展与宣传，形成了较高的知名度与美誉度，熟悉的人不必再去一个字一个字、一个音符一个音符地听，只要听个开头，就知道这是哪一家企业。

3. 听觉识别主要由以下内容构成

1) 主题音乐

　　主题音乐是企业的基础识别，主要包括企业团队歌曲和企业形象歌曲。企业歌曲是一种用音乐来传递企业形象、文化的艺术形式，是用最直接的方式来表达企业的内部文化、产品性、核心竞争力等诉求。企业歌曲对内可以振奋精神、鼓舞斗志、增强企业凝聚力，对外可以显示企业的活力与实力、提升企业的形象。

　　对企业而言，企业主题歌就是企业的精神标志，一首优秀的企业主题歌将会给企业带来无穷的凝聚力和号召力，从而为企业在激烈的竞争环境中增加动力。因此，首先企业歌曲歌词的创作要根据企业理念、企业文化、企业经营的特色来设计。企业主题歌要求从歌词上充分体现企业发展理念和企业奋斗精神；其次，从歌曲旋律上要求充满激情，同时要不失音乐的传唱特性，让员工都要会唱并对外宣传，使员工产生精神号召力和企业向心力，更加热爱自己的企业，把企业当成自己的家。再次，企业歌曲的制作是以基本的歌曲为核心，同时最大面积地利用现代的音频、视频和传播媒介，对企业各个环节不同的诉求进行不同的表达。即企业歌曲的制作已经不是简单地写一首歌、唱一首歌，要更多地突出企业文化或产品的特性，打造企业独特的听觉识别系统。比如洋酒芝华士的歌曲，暂且不说其歌词，单纯就其旋律就足以吸引大众，它把芝华士的品位和高雅表达得淋漓尽致，给人一个轻松自然的好心情。

2) 标识音乐

　　标识音乐是主要用于广告和宣传乐曲中的音乐，一般是从大企业主题音乐中摘录出的高潮部分，具有与商标同样的功效。听觉识别系统是利用人的听觉功能，以特有的语音、音乐、歌曲、自然音响及其特殊音效等声音形象建立的识别系统，与其他识别系统一样，可以体现企业或品牌的个性差异。声音包括语言、音乐、音响、音效等诸元素。企业特殊的声音即指公众用耳朵可感受到的语言、音乐、音响、音效等具有特殊代表性的诸元素。

从品牌保护的角度分析,企业在申请某一类的商品注册时可以适当扩大指定商品的范围。我们知道注册商标可以由文字(包括个人姓名)、标示、设计式样、字母、字样、数字、图形要素、颜色、声音、气味、货品的形状或其包装,以及上述标志的任何组合所构成。因此,企业可以注册具有代表性的特殊声音,以利于企业形象的识别。比如,著名的本田公司将自己生产的摩托车发动机的特殊声音进行了注册保护,公众通过这一声音就可以识别本田企业。

3) 主体音乐扩展

主体音乐扩展是从高层次出发来展示企业形象,通过交响乐、民族器乐、轻音乐等来进行全方位的展示。

4) 广告导语

广义的广告语指通过各种传播媒体和招贴形式向公众介绍商品、文化、娱乐等服务内容的一种宣传用语,包括广告的标题和广告的正文两部分;狭义的广告语指广告作品的标题部分或影视作品的旁白、独白文字,如广告口号等,通常情况下会和品牌的 LOGO 组合应用或单独应用,或者以固定的形式出现在电视广告的结尾、Campening 稿的相对固定的位置等相关的物料上。广告语是由蕴含着各种意思的字组成的。它可以告诫人们爱护环境、保护地球、珍惜生命、互相帮助,也可以用于推销、介绍。例如,轩尼诗酒将"对我而言,过去平淡无奇;而未来,却是绚烂缤纷"作为自己的广告语,非常有内涵。

5) 商业名称

商业名称又称商号,是商事主体在从事商事行为时为表明不同于他人特征而使用的名称,类似于自然人的姓名。商事主体通过使用商业名称,可以同其他商事主体相区别。商业名称要求简洁且朗朗上口,能体现企业理念。例如,某保健品企业命名为"健康久久",让人一听名称就对企业理念、经营业务有所认识。

3.6.2 感觉识别——FI

感觉识别(Feeling Identity,FI),是指通过视觉、听觉、嗅觉、味觉等综合的感官刺激传递企业信息,树立品牌形象的系统识别方法。在纷繁复杂的产品信息中,只有抓住公众的感觉的信息才会引起公众的注意,让他们记住信息所要传达的企业形象。

有人说,品牌是 20 世纪的神话,那到了 21 世纪这个神话变成什么了呢?21 世纪,全球已进入品牌国际化的竞争时代,品牌已成为一种新的国际语言融入到全世界消费者的经济生活中,而且中国的老百姓也生活在了一个品牌国际化的时代。那么,这些顶级品牌的视觉语言又怎样对我们的感官和身心产生着潜移默化的影响呢?

毋庸置疑,在今天企业的经营活动中,品牌资产已成为企业重组和资源重新配置的重要因素;市场营销战略的制定重心转向品牌策划和推广;如何建立和维护管理品牌成为现代企业管理的重要课题,而且也成为许多非营利机构甚至城市和政府组织追求的目标。

从某种意义上讲,企业的品牌不仅仅是一种产品或服务,而且是一种识别。品牌的识别并没有给产品本身的物理属性增添任何价值,但相对于消费者,构成品牌的图形、标志、色彩、口号、创意风格、形象代言人、产品包装和设计造型等外在的可以感觉识别的因素，构成了一个品牌基本的视觉形象。这也就是我们通常所说的品牌形象。

其实，很多人在谈到品牌视觉时都忽视了一个很重要的识别——广告创意。因为一个优秀的品牌，特别是世界顶级的品牌，经历过从产品到品牌发展的漫长之路后，品牌识别中很多要素一旦确定之后，都会基本保持不变，例如，标志、色彩、产品设计风格等要素相对需要保持稳定，但是，广告创意则要求推陈出新，打动人心。吸引用户产生购买的广告创意构成一个品牌最具有活力和灵性的识别，它是鲜活的，也是最具有价值的。

好的广告创意可以增加品牌的附加值，因为它通过视觉的、有创造性的表现手法将品牌的定位、价值诉求以及个性等隐藏在产品背后的要素都形象生动地表达了出来，而这些要素恰恰是打动消费者心灵和其心理需求的"精神食粮"。在产品体现品牌差异的条件下，广告创意的力量起着左右消费者和市场竞争砝码的作用，同时，它通过创意的巧妙构思、出其不意的想法和产品的关联建立起和受众有机的心理联系。而创意所采用的"构"、"想法"和"关联"等一系列手段，都是一种艺术的表现，用所谓的"广告创意"构成的品牌视觉艺术生动地表达了品牌的诉求。

人的感觉是很复杂的，同一件事物或活动在不同的人心目中可能引起完全不同的感觉。因此，企业应针对自己的目标市场选择恰当的方式，给消费者带来美妙的感觉享受。

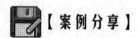

【案例分享】

百 年 润 发

企业所作的形象广告往往能唤起人们的某种感觉。人的感觉是很复杂的，同一件事物或活动在不同的人心目中可能引起完全不同的感觉。因此，企业应针对自己的目标市场选择恰当的方式，给消费者带来美妙的感觉享受。如百年润发的广告，此作品将中国人文、传统意义上代表死亡和恐惧的骷髅头作为广告主角和画面主体，整个画面色调阴暗，且没有文案的支持，不去认真思考，很难理解其传达的主旨；另外，从骷髅上的头发长度看，十有八九是一名女性，据此推测该产品的目标消费群体应是女性。

广告绝不是天马行空玩创意，它是企业或产品在市场行销中的一个手段和方式。广告不是创作人员比才华、比新意，关键要看它是否起到了其在整个营销阶段中应起的作用，广告是讲实效的！评价一则平面广告，不仅要看直接的视觉冲击是否强烈，更要看它在吸引了人的眼球之后向人们传达了什么信息，这信息是否传递到位。

广告是产品的一部分，广告中主要角色(广告演员或模特)基本就应是产品目标消费群的大概形象，是产品的感性化身。视觉冲击是有了，深刻印象也有了，但如果看了产品广告，却连兴趣和好感都没有的话，还谈什么购买？百年润发的"骷髅头"着实会让受众惊诧、恐惧。这样的创意怎能用于一个日用清洁品牌？这样的创意怎能用在中国？

但经过仔细考虑，受众也能明白，为此创意的出发点基本还是明确的，即使用百年润发洗发水清洁、护理头发，纵使在百年之后肉身化为了尘土，头发仍可光彩如新。

站在广告的专业角度看，这称得上是个真正的"创意"，完全跳出了洗发水广告俊男、美女的大众思路，无论是作品的视觉冲击力，还是创意的另类程度，都是"个性洋溢"的。这也许是其最终获奖的真正原因。

(资料来源：世界品牌实验室，2014)

3.6.3　市场识别——MAI

市场识别(Market Identity)，为了将其与理念识别(MI)区别开来，我们暂且称之为 MAI，它是指企业运用公关、促销、广告等市场活动树立品牌形象的识别系统。

市场是企业生存和竞争的场所，企业的绝大多数活动都是通过市场传播的，促销和广告是企业传递信息、树立形象、打开市场的主要手段，通过这些活动，消费者才初步形成对品牌的认识和评价。而公关活动则有利于树立企业的良好形象，建立品牌忠诚度，形成良好的品牌信誉。

对于企业来说，可以从多种途径和采用多种方法来寻找和进行市场识别。但必须注意以下几个方面：

(1) 最大范围地搜集意见和建议，发现市场机会。提出新观点的可能有各种人员。企业内部各个部门是一大来源，但更为广泛的来源在企业外部，特别是广大消费者，他们的意见直接反映着市场需求的变化倾向。因此，企业必须注意和各方面保持密切的联系，经常倾听他们的意见，并对这些意见进行归纳和分析，以期市场识别，在这方面经常采取的方法有：

① 询问调查法。询问调查法又称直接调查法，是调查人员以询问为手段，从调查对象的回答中获得信息资料的一种方法。它是市场调查中最常用的方法之一。询问调查法在实际应用中，按传递询问内容的方式以及调查者与被调查者接触的方式不同，有面谈调查、电话调查、邮寄调查、留置问卷调查等方法。

② 德尔菲法。德尔菲法又名专家意见法或专家函询调查法，是依据系统的程序，采用匿名发表意见的方式，即团队成员之间不得互相讨论，不发生横向联系，只能与调查人员发生关系，通过反复地填写问卷，以集结问卷填写人的共识及搜集各方意见，用来构造团队沟通流程，应对复杂任务难题的管理技术。

③ 召开座谈会。座谈会调查法是利用从总体中抽取的一个样本，以及设计好的一份结构式的问卷，从被调查者中抽取所需的具体信息的方法。调查的内容可涉及到行为、要求、态度、知识、动机、人口状况和生活方式等方面。这种结构式的直接调查是最为常用的数据收集方法，所设计的大多数问答题都是固定选择题，或叫封闭式的问答题，被调查者只需从事先给定的几个可能答案中选定一个(或多个)就可以了。调查的样本是从总体中按一定的抽样方法抽取的。为了用样本的信息对总体作推断，一般采用随机抽样的方法。

④ 头脑风暴法。在群体决策中，由于群体成员心理相互影响，易屈于权威或大多数人的意见，形成所谓的"群体思维"。群体思维削弱了群体的批判精神和创造力，损害了决策的质量。为了保证群体决策的创造性，提高决策质量，管理上发展了一系列改善群体决策的方法，头脑风暴法是较为典型的一个。

(2) 采用产品、市场发展分析矩阵来发现和进行市场识别。这种产品、市场发展分析矩阵除了用于企业战略计划中发展战略的研究之外，它也被用来作为寻找和市场识别机会的主要工具。

将产品分为现有产品和新产品，市场也相应分为现有市场和新市场，从而形成了一个有四个象限的矩阵，企业可以从这四个象限的程度上来寻找和发现市场机会。

对由现有产品和现有市场组成的第 I 象限来说，企业主要是分析需求是否到了最大，有没有渗透的机会存在。如果有这种市场机会，企业相应采取的就是市场渗透战略。

对由现有产品和新市场所组成的第 II 象限来说，市场机会分析主要是考察其他企业还未进入的所有市场。如果在这些市场上存在对企业现有产品的需求，这就是一种市场机会，企业相应采取的就是市场开发战略。

对第 III 象限来说，企业主要是分析现有市场上是否有其他未被挖掘的需求存在。如果有，经过分析和评价，这种市场机会适合企业的目标和能力，企业就要开发出新产品来满足这种需求，这种策略就是产品开发策略。

对第 IV 象限来说，企业主要是分析新的市场中存在哪些未被挖掘的需求。由于在对这些市场识别机会经过分析和评价之后，这些市场识别机会大多属于企业原有经营范围之外，因而，企业采取的策略就称为多角化经营策略。

(3) 聘用专业人员进行市场识别机会分析。市场识别是建立在市场调查基础上的一项重要工作，同时也是一项比较专业的工作，企业必须聘请专业的人员来识别市场机会，保证市场识别客观公正、科学性高、操作性强。

(4) 建立完善的市场信息系统和进行经常性的市场研究。从上面所说的各种寻找和发现市场识别机会的途径和方法，我们可以看到，如果企业没有一个完善的市场信息系统和进行经常性的市场研究，而只靠主观臆断或偶然性的分析预测，要想发现市场识别机会并把它转变成为成功的企业市场营销，那是不可想象的。

所以，完善的市场信息系统和经常性的市场研究工作是企业寻找和市场识别机会的基础和关键，企业必须高度重视。

3.6.4　战略识别——TI

识别就是寻找差别，就是求异，就是发现与众不同之处。战略的可识别性就在于企业的战略应千差万别，各不相同。即你打你的优势，我发挥我的长处；你打你的市场，我打我的市场，各自发挥各自的高招、绝招。不同行业的企业是这样，相同行业的企业也是这样。在这个问题上，我国企业，特别是国有企业，由于历史原因和体制的束缚，企业无战略现象颇为严重。少数试点企业虽迫于上面的行政要求，不得不做个战略发展规划，但只是纸上谈兵，流于形式。症结之一，这些战略发展规划共性居多，缺乏个性。因此，不具有战略的可识别性，其战斗力必然很差。因此，凡不具备战略识别的策划，基本都是失败的策划，而失败的战略策划，对企业的发展将产生致命的消极影响，其危险性是不言而喻的。因此，战略的可识别性越强，个性越突出，战略所发挥和产生的作用越大。要想策划出具有突出个性的战略，就要求策划人对企业的情况、历史和现状必须有深入的了解，对宏观和中观的产业政策也应有足够的把握加上高知识、高智慧的创造性劳动才能发挥应有的效应。

从这个意义上说，战略的可识别性是至关重要的。记得有位哲人说过，"世上没有完全相同的两片树叶"，讲的就是差别。一个人走在大街上，在众多的人流中，一眼便能认出他(她)的亲人和朋友，而且不会认错，就是因为他(她)的亲人和朋友与众不同，这就是识别。企业亦然。

战略识别是组织设计、组织变革的前提，只有正确识别战略，为组织设计或组织变革奠定必要的基础。战略识别一般通过战略研讨会的方式进行，通过战略研讨会统一思想认识，为公司健康发展提供正确的方向，同时有利于提升公司员工整体的士气。

3.6.5　情感识别——SI

情感识别(Sensation Identity，SI)是企业跳出产品的范畴，以情动人树立品牌形象的识别系统。情感识别系统包括公益活动、公益广告、赞助大型社会活动等内容。

事实上，人与人之间进行情感识别与情感交流存在着一定的客观动机。分工与合作是人类提高社会生产力最有效的方式，人们为了更好地进行分工合作，一方面必须及时地、准确地通过一定的情感表达方式向他人展现自己的价值关系，另一方面必须及时地、准确地通过一定的情感识别方式了解和掌握对方的价值关系，才能够在此基础上，分析和判断彼此之间的价值关系，才能做出正确的行为决策。

总之，情感识别的客观本质或客观动机就是人为了解和掌握对方的价值关系。

由于人与人之间存在不同类型的利益相关性，对方所展现的情感有时是完全准确的方式，有时是夸张掩饰的方式，有时却是完全相反的方式，这时，人就需要不断地调整和修正对方的情感表达的客观价值内容，使自己的情感识别具有更高的及时性、准确性和完整性。

情感诉求是现代企业广泛采用的诉求方式。赋予产品以个性化、人性化或者赞助希望工程、赈灾济荒，发布关注环保、爱惜时间的公益广告，和消费者进行心灵情感上的沟通。情感识别在消费者心目中唤起的认知具有持久性和连续性，有利于品牌忠诚度的建立。

哈药六厂曾以巨额广告投入打开了市场，但其啰唆冗长的产品功能介绍也令社会公众感到厌恶。现在，哈药六厂已意识到其品牌美誉度的缺乏，为了改变这种现状，哈药六厂制作了一系列公益广告，从情感入手改变人们对其品牌的认识和评价，并收到了良好效果。

3.6.6　超觉识别——II

超觉识别(Instinct Identity，II)也称直觉识别，是指利用人们具有的直感力或第六感认知和评价事物的识别系列。超觉，是人体所具有的一种超越时空的感应力，人们有时对并不了解的人和事有一种莫名的喜欢和厌恶。

3.6.7　环境识别——EI

环境识别(Environment Identity，EI)是企业通过创造良好的环境以改变公众对品牌的认知和评价的识别系统。环境识别包括企业所处的市场环境、企业内部环境和企业展现给公众的环境。

在此，环境不仅是一个区域概念，而且应视为一个空间概念，一个社会学、生态学的概念，一个涉及心理学、营销学、公共关系学、竞争学、伦理学、未来学的概念。长期以来，我们对环境重视不够。随着商品经济的发展，环境意识也已逐渐为大家所接受。特别是外商企业和连锁经营进入大陆，以及北京燕莎商城和赛特购物中心的成功，充分展示了环境识别系统的竞争作用。据报道，同样一双皮鞋以中等价格在别的商店销售受阻，在燕莎以 4 倍的高价反而很快销出去了。这说明公众在这里不仅购买商品，而且购买服务和消费环境。环境竞争不仅反映在商业，而且反映在工业、旅游、城建，特别是区域开发中，随着商品经济的发展与社会文明的提高，环境识别系统的竞争将越来越重要。

麦当劳的企业理念 QSCV 中"C"即"Clearing"，麦当劳非常重视店堂环境，无论其连锁店开到何地，都能保证干净、清洁、宽敞、明亮的环境，使全世界的消费者都能在一个舒服的环境享受到麦当劳的美味。

企业环境识别的内容主要包括内部环境识别和外部环境识别。内部环境识别主要有门面是否标明单位名称、标志展示；通道是否美观、实用，是否有宣传设施；楼道、室内的指示系统管理；配套家具、设施的风格、质量、价格；智能化通讯设施；空气清新度；安全设施。

外部环境识别主要是指环境艺术设计；生态植物、绿地；雕塑、吉祥物；建筑外饰如广告、路牌、灯箱；组织环境风格与社区风格的融合程度。

以上七种识别系统之间并无绝对的区分。它们和 MI、BI、VI 的相互交叉，既互相包涵又各有侧重，是从不同角度对 CI 设计的补充和完善。

【随堂思考】

美的公司的一系列品牌如"美的冷静星"、"美的超静星"、"美的智灵星"、"美的健康星"，这是什么品牌命名策略？你还能举出这样命名的例子来吗，并谈谈这样命名的好处？

【本章小结】

(1) 品牌识别(Brand Identity)是指品牌所希望创造和保持的，能引起人们对品牌美好印象的联想物。

(2) 品牌识别系统包括两个层次及十二个方面的内容。核心识别——品牌最重要、永恒的本质，当品牌进入新的市场和产品领域时最有可能保持不变的。延伸识别是由那些完美的品牌识别元素组成的附属的、有意义的类别。以上两个方面包含 12 个元素：产品品牌(产品领域、产品性质、品质价值、用途、来源国)，组织品牌(组织性质、本地化或全球化)，个性品牌(品牌个性、品牌与顾客之间的关系)及象征品牌(视觉意象/暗喻和品牌传统)。

(3) 品牌设计包括有形要素设计及无形要素设计。有形要素包括品牌名称、品牌标识、品牌包装、品牌形象等，无形要素包括品牌核心价值及品牌个性设计。

【基础自测题】

一、单项选择题

1. 在下列品牌要素中，稳定性最强的是(　　)。
A．品牌标志　　　　　B．品牌口号　　　　　C．品牌名称　　　D．品牌标志物

2. 国酒茅台的命名方式属于(　　)。

A．以姓氏人名命名　　B．自创命名　　　　　C．以地名命名　　D．以物名命名

3. 20 世纪最伟大的广告人是(　　)。

A．菲利普·科特勒　　B．大卫·奥格威　　　C．戴维·阿克　　D．詹尼弗·阿克

4. 看到麦当劳就联想到麦当劳叔叔和金黄色拱门标识指的是麦当劳的(　　)。

A．品牌联想　　　　　B．品牌知名度　　　　C．品牌忠诚　　　D．质量感知

二、多选题

1. 一般来说，对于日用品，(　　)非常重要，对于奢侈品，则(　　)较为重要。

A．物理纬度　　　　　B．情感纬度　　　　　C．象征价值纬度

2. 品牌有形要素包括(　　)。

A．名称　　　　　　　B．标志　　　　　　　C．形象代表

D．品牌口号　　　　　E．包装　　　　　　　F．品牌音乐

3. 下列属于多品牌命名的企业有(　　)。

A．美的公司　　　　　B．联合利华　　　　　C．佳能公司

D．宝洁公司　　　　　E．海尔集团

4. 品牌命名的原则包括(　　)。

A．暗示产品利益　　　B．具有促销、广告和说服作用　　　C．与标志物相配

D．与公司形象和产品形象匹配　　　　　　　E．适应市场环境原则

5. 以下属于品牌的五大个性要素的是(　　)。

A．纯真　　　　　　　B．刺激　　　　　　　C．称职

D．成熟　　　　　　　E．粗犷

三、判断题

1. 品牌名称是消费者接受品牌信息最有效的"缩写符号"。(　　)

2. 人们对于高频词的认识程度，在速度和精确性方面都优于低频词。(　　)

3. 企业最好在品牌命名时就考虑到品牌名称的延伸功能。(　　)

4. 在产品客观质量相同的条件下，品牌名称的好坏会产生不同的产品感知质量水平。

(　　)

5. 情感营销的目的就是吸引顾客内心的心情与情绪而创造出难忘的情感体验。(　　)

【思考题】

1. 品牌识别的含义是什么？

2. 阿克品牌识别模型如何理解并应用？

3. 品牌设计的含义与指导原则是什么？

4. 品牌无形要素的设计包括哪些？

5. 品牌有形要素的设计包括哪些？

【案例分析题】　苹果标志的蜕变

塑造一个成功的品牌需要很多东西，苹果作了很多他们该做的工作，而且有些做得还

非常出色，简洁的苹果标志和品牌的整体形象也非常吻合。不过如果你觉得一个公司有个风格独特的标志，就可以进入榜单(指《财富》杂志评出的美国最受尊敬的品牌排行)，那就错了。

对于苹果来说，独特的图形风格是它形象的重要组成部分，而且似乎它生来就是如此，当年他彩虹色调的标志也是同样的风格，人们总是倾向于觉得乔布斯和沃兹从一开始就确立了现在的风格。其实事实并非如此，无论是多么杰出的设计师，如果你去看看他最早的作品，就算不是太糟，感觉上也是有点业余。苹果也是一样，无论现在它看起来有多酷。

最早的苹果标志是牛顿坐在苹果树下的图案，上面还有一句沃兹沃斯的诗句：孤独的牛顿头脑中永远盘旋各种奇怪的想法。标志是 Ronald Wayne 设计的，他也是苹果公司最早的三个合伙人之一。

1977 年，乔布斯和他的合伙人去参加西海岸电脑展，打算在展会上推出第二代苹果电脑 Apple II 。他们非常重视这次展会，希望给人留下一个深刻的印象，于是，乔布斯觉得公司的标志有点老套了，想设计个新的。经人介绍他们认识了 Regis McKenna 广告公司，聘请他们来策划当年 4 月的新产品发布活动。不过，Regis McKenna 似乎不太买他们的账，把这个案子推给了一个年轻的客户经理 Bill Kelley，后来就再也没过问过。

Apple II 是世界上第一台可以显示彩色的计算机，所以乔布斯想要一个彩色的标志，广告公司的设计师 Janoff，画出了第一版的彩色苹果标志的草稿。苹果在当年西海岸电脑展上大出风头，彩虹标志也用了很多年。

2003 年，苹果公司将原来的彩色苹果换成了一个半透明的、泛着金属光泽的银灰色LOGO。新标识显得更立体、更时尚和酷，更符合苹果年轻一代消费者的审美观。

不知道苹果如果还用当年牛顿的商标，会不会登上财富杂志最受尊敬企业的榜首，不过有一件事可以肯定，如果那样的话，iPod 的启动画面不会像现在这么好看。但，谁吃了苹果一口，一直以来总是议论纷纷，有人说，是牛顿将掉到他头上的苹果捡起来时，顺手就咬了一口；也有人说，那是夏娃被蛇引诱后吃的那一口苹果，从此以后，人类开始有了智慧。如果说苹果机带给我们智慧，或许显得有点煽情，但有一点可以肯定的是，现在使用苹果机的人，其产品总能带给他们一种虚荣心的满足。

思考：
1. 从苹果标志的演变过程来看，品牌标识设计的原则有哪些？
2. 苹果品牌标志的设计给中国企业哪些借鉴与启示？

【 技能训练设计 】

1. 技能训练：选取某一知名品牌，以 Kapferer 品牌识别模型为原理，分析该品牌识别内容。

2. 5～6 个学生组成一个小组，以小组为单位，选择某一熟悉品牌或自创品牌，分析该品牌的名称及标识设计，并作出评价。

3. 对自己心中的品牌进行创意设计，包括品牌名称、品牌标志、品牌理念等。

第4章 品 牌 传 播

【学习目标】

(1) 了解品牌传播的含义、原则、内容与类型。

(2) 掌握品牌传播的模式。

(3) 掌握品牌整合营销传播的内涵与特点。

(4) 熟练掌握品牌传播工具及应用技巧。

(5) 了解品牌传播工具选择的影响因素。

【导入案例】

UNIQLO 的 "人人试穿" 活动

2011年新年伊始，优衣库在人人网上隆重推出 "2011 人人试穿第一波"，优衣库粉丝们可以通过在优衣库公共主页留言，申请成为优衣库所提供商品的试穿者。申请成功的网友收到免费的优衣库服装后，必须在人人网的个人主页上发表试穿日记和试穿照片，并动员网友对日记进行投票，票高者即可获得网点红包。截至 2011 年 11 月 5 日，优衣库 "2011 人人试穿第一波" 的活动日志有 13 019 人次的阅读量、832 条评论，评论中网友们积极响应，纷纷留言报名参加该活动。2011 年 8 月 15 日，优衣库又展开新一轮的 "优衣库 BABY 装试穿活动"，这一次试穿的主角换成了网友的宝贝们。但是截至 11 月 5 日，该篇日志只吸引了 1843 人次的阅读量、42 条评论，评论中报名参加活动的网友数目占不到总数的一半。请问这是为什么？

【点评】 这一引例表明：品牌传播推广时想要拉近与消费者的距离，有很多的途径，需要借助一些平台。但是进行该营销的平台与目标消费者的契合度以及所推广的产品与该平台的关联度则是活动成败的关键。

4.1 品牌传播概述

一个企业的品牌能否创建成功，能否良性发展，关键在于品牌能否在其标定产品的利益基础上，通过传播与目标顾客进行接触、沟通，进而得到消费者的理解与认可。只有得到目标顾客认可的品牌才能产生品牌价值。

【名人名言】

真正的广告不在于制作一则广告，而在于让媒体讨论你的品牌而达成广告。

——菲利普·科特勒

4.1.1　品牌传播的概念

1. 品牌传播的含义

2005 年我国第一部品牌传播学著作给出了品牌传播的明确定义：品牌传播就是指品牌所有者通过各种传播手段持续地与目标受众交流，最优化地增加品牌资产价值的过程。之后，李明合在《品牌传播创新与经典案例评析》中给出：品牌传播就是品牌所有者以品牌的核心价值为原则，在品牌识别的整体框架下，通过广告、公关、营销推广等传播手段，以达成品牌管理任务的信息管理过程。

本书认为，所谓的品牌传播，就是品牌所有者以品牌的核心价值为最高原则，在品牌识别要素系统的整体框架下，选择广告、公关、销售等多种传播方式，将特定品牌推广出去，不断累积品牌资产，从而达到建立品牌人格形象，并促进市场销售的目的。

品牌传播是打造品牌的行为或过程，也是品牌化的行为或过程；同时，品牌传播也是一种企业管理的战略思想，而不仅仅是一种整合的手段与方法。品牌具有自己的独特个性、附加和象征着特定的文化，便于消费者识别，能给消费者带来特定的属性，并通过属性和文化传递给消费者利益和价值。可以看到，品牌是依附于消费者的一个概念，而品牌本身就是为企业所有，因此，品牌传播在于解决品牌与消费者的沟通问题，通过对品牌进行长期、系统、积极、有效的传播，积累品牌资产，最终达到打造品牌的目的。

品牌传播是社会的经济、市场环境和营销环境发展到一定阶段的产物。中国经济在经历了短缺经济时代否定个体的品牌竞争、改革开放初期阵痛于海外顶级品牌以高昂的品牌价值和整体优势攻城略地，以及国内企业对核心竞争能力数十年来的曲折探索实践之后，才悟出了品牌传播竞天下的道理。

2. 品牌传播的特点

品牌传播是确立品牌意义、目的和形象的信息传递过程，同样包括了信息传播的所有参与因素和类似流程。品牌传播有着其独特的特点：

(1) 品牌传播信息的复杂性。品牌是由两大部分构成的，即品牌的有形部分和无形部分。有形部分主要包括品名、标志、标准色、标志音、代言人、标志物、标志包装、产品、员工等；无形部分主要是指品牌所要表达或隐含的潜藏在产品品质背后的、以商誉为中心的独一无二的企业文化、价值观、历史等。这两部分在组合成品牌含义、参与品牌传播的过程中，会展现出无限的组合可能性和延伸性，这就决定了品牌传播信息的复杂性。

(2) 品牌传播手段的多样性。传播手段的多样性主要体现为品牌传播的手段不仅仅包括广告和公关，事实上能用来协助品牌传播的手段非常丰富。在品牌传播中，一个企业或一个品牌的一言一行、一举一动都能够向受众者传达信息。任何一个品牌接触点都是一个品牌传播渠道，都有可能成为一种新的品牌传播途径和手段。

(3) 品牌传播媒介的整合性。品牌传播媒介是指所有能用来承载和传递品牌信息的介质。新媒介的诞生与传统媒介的新生，正在共同打造一个传播媒介多元化的新格局。品牌传播媒介的整合要求与传播媒介的多元化密切相关。在大传播观念中，所有能够释放品牌信息的品牌接触点都有可能成为一个载体，比如促销员、产品包装、购物袋等。在网络中，接触点更是拥有无限的拓展空间和可能。

(4) 品牌传播对象的受众性。首先，从正常的传播流程看，品牌的信息接受者不都是目标消费者，而是所有品牌信息接触者。其次，从品牌传播的影响意图看，品牌传播的对象应该是受众而不仅仅指的是消费者。这是品牌营销与品牌传播的重要区别。如果将品牌传播的对象描述为消费者，强调的是消费者对于产品的消费，体现了营销获利的观念；而将品牌传播的对象表述为受众，强调的是受众对品牌的认可与接受，体现的是传播上的信息分享与平等沟通观念。

(5) 品牌传播过程的系统性。对品牌的感受、认知、体验是一个全方位的把握过程，并贯穿于品牌运动的各个环节中。受众者对于品牌印象的建立是一个不断累计、交叉递进、循环往复、互动制约的过程。

3. 品牌传播的意义

1) 提高品牌知名度

品牌知名度(Brand Awareness)是指潜在购买者认识到或记起某一品牌是某类产品的能力。它涉及产品类别与品牌的联系。品牌知名度可划分为三个不同层次。

第一层是品牌识别。这是品牌知名度的最低层次。如在一个品牌识别的实验中，给出特定产品种类的一系列品牌名称，要求被调查者说出他们以前听说过哪些品牌。虽然需要将品牌与产品种类关联，但其间的联系不必太强。品牌识别是品牌知名度的最低水平，但在购买者选购品牌时却是至关重要的。研究表明，对消费者进行适度的产品信息暴露与消费者的喜欢程度呈正相关关系。现代广告通过对各类传播媒介进行组合运用来传递信息，具有广泛的信息覆盖面和高接触频度，可以在短时间内让消费者熟悉品牌。

第二层是品牌回想。通常做法是通过给出一个产品的类别，然后让受访者说出他所知道的关于此类别的产品品牌，从而来确定品牌回想。品牌回想与确定品牌识别是不同的，即不向受访者提供具体的品牌名称，所以要回想品牌的难度更大。品牌回想的重要作用在于其往往能够影响潜在购买者的购买决策。购买决策的第一步通常是选择熟知的品牌作为备选组。在这一情况下，要进入备选组的品牌回想就非常关键，因为没有进入备选组的品牌就没有被购买的希望。

第三层是第一提及率，这是品牌知名度的最高层次。这意味着品牌在消费者的心目中拥有远高于其他品牌的优势地位。

2) 确立品质认知度

品质认知度(Perceived Quality)是指消费者对某一品牌在品质上的整体印象。它的内涵包括功能、特点、可信赖度、耐用度、服务度、效用评价以及商品品质的外观。它是品牌差异定位、高价位和品牌延伸的基础。研究表明，消费者对品牌品质的肯定，会给品牌带来相当高的市场占有率和良好的发展机会。如何确立品质认知度？

首先，提高产品质量或服务水平。要提高品质的认知度，第一步要做的就是不断地提高产品的质量或服务水平，企业狠练内功。提供更高品质的产品或服务，这是提升品质认知度的基础。

其次，采用溢价策略。"好品质自然意味着好价格"、"便宜没好货"是一般的常识。因此，根据消费者对品质高低的习惯性判断心理，可以故意把价格定得高一些，采用溢价策略，从而达到使消费者相信产品品质的更高目的。

最后，使品质可知可感化。对于大多数产品来讲，如果不是特意根据消费者对产品品质判断的一些习惯性、常识性认知而进行改进的话，消费者是很难通过肉眼来判断产品的品质的，但是在消费者的眼里会认为当产品具有某些特定的特征时，就会觉得该产品的品质与其他产品有区别。例如，消费者会认为，有大颗果粒的果汁比看不到果粒的果汁含有的果汁成分更多、更天然，农夫果园的"喝前摇一摇"，通过暗示"果汁会沉淀"这一消费者已有的生活认知，来强化产品的品质。

3) 扩展品牌联想

品牌联想(Brand Association)就是指记忆中与品牌相连的每一件事。它包括顾客的想象、产品的归属、使用的场合、企业联想、品牌性格和符号等。

品牌联想是品牌资产的重要组成部分。品牌传播的主要任务就是根据市场状况和消费者的心理特点，选择最适合、最有可能被实现的联想，以及通过各种传播手段的组合运用，使这些联想在消费者的头脑中与产品品牌建立关联性。品牌联想对于培养品牌忠诚度，提高品牌形象有着重要意义。在产品的成长期，积极而正面的品牌联想度可以缩短品牌的成长时间，迅速为品牌赢得消费者认同，并进一步实现消费者对产品的喜爱、偏好、购买等。大致上，品牌联想对于品牌成长的作用可以归结为两个方面：

一方面，品牌联想是引发和增进消费者记忆的关键所在。消费者从身处的环境当中获取的商品、品牌信息往往是零散的，是未经思维加工整理的。因此，消费者对于品牌信息往往是回头就忘，这就要求这些通过不同渠道传递的同品牌信息之间有某种联系，才可能在消费者的潜意识状态下得以加工整理，从而使得消费者最终对品牌有一个清晰的认识。这种相关的联系就是品牌联想。

另一方面，品牌联想是品牌个性化之源。品牌存在于市场上，需要体现其差异性，这种差异性的长期累加便形成了品牌个性。而这种差异性是通过与品牌的各种活动、物品、信息来彰显的。这些活动、物品、信息之间必须有共同的基调、传递一致的价值，这种一致性也就是品牌联想。

任何一种与品牌关联的事件都能扩展品牌联想，产品或服务的特点和优势、包装、分销渠道、品牌名字、标志和口号、广告、促销、公关都能成为创造品牌联想的途径和工具。

4) 建立品牌忠诚度

品牌忠诚度(Brand Loyalty)是指消费者在作出购买决策的过程中，表现出的对某个品牌的心理偏好，对品牌信息做出积极解读的认知倾向。品牌忠诚体现为习惯性的购买行为，与消费者头脑中已经建立的认知和谐密切相关。因此，品牌忠诚度的形成不完全是依赖于产品的品质、知名度、品牌联想及传播，它与消费者本身的特性密切相关，因此，还依赖于消费者的产品使用经历。品牌忠诚使用者的价值在于：

第一，忠诚使用者在营销成本上最低廉，而为企业赢来的利润却最丰厚。有证据表明，品牌忠诚度提高一点，就会导致该品牌利润的大幅度增长。

第二，带动、吸引新的消费者。品牌忠诚度表明每一个消费者都可以以其亲身的品牌使用经验来劝说周围的潜在消费者，成为免费的广告宣传员。

第三，使企业面对竞争有较大的弹性。即有忠诚使用者会对品牌产生依赖感，他们重复购买、重复使用，而对别的品牌的类似产品表现出不自觉的抵抗力。

提高品牌知名度常常被定为品牌传播的短期目标，而巩固品牌知名度则被视为企业品牌传播的长期目标。提高品牌的忠诚度，对一个企业在竞争激烈的市场中求生存、谋发展，不断进行市场开拓极其重要。而广告就是塑造品牌忠诚度的有效方式。余明阳教授认为，"成功的广告能极大地增加顾客的品牌忠诚度。广告对品牌忠诚的影响，国内外学者的研究很多，结论也差不多，即广告不但能产生试用，而且会强化品牌忠诚。对成功的品牌来说，由广告引起的销售量的增加中，只有30%来自于新的消费者。剩下70%的销售量是来自于现有的消费者，这是由于广告使他们对品牌变得更忠诚。"他提出了品牌忠诚形成的作用模式，"认知→试用→态度→强化→信任→强化→忠诚，就是说，由认知产生试用期望，导致试用行为，试用经验形成决定性的态度。这种态度经品牌的广告而强化，被强化的态度如果总是肯定的，就会增加重复购买或重复使用的可能性。如果继续强化，重复购买或重复使用就会转化为对品牌的信任，形成品牌忠诚。"

5) 巩固品牌专有资产

品牌专有资产是指品牌具有的商标、专利等知识产权，如何保护这些知识产权，如何防止假冒产品，品牌制造者拥有哪些能带来经济利益的资源，比如客户资源、管理制度、企业文化、企业形象等。品牌专有资产虽然对品牌资产的构成有间接影响，但是如果消费者/潜在消费者不知道这些专有资产，也就不能直接影响消费者/潜在消费者对其的评价。消费者主要凭借自身对产品质量的感知和基于品牌联想导致的对品牌的认同来评价一个品牌。对某品牌熟悉程度越高，对该品牌的认知就更加深入，对品牌的忠诚度就越高。因此，定期宣传品牌的专有资产，也是相当必要的。

艾克的品牌资产模型是该研究领域中影响非常大的理论，它告诉我们：品牌是代表企业或产品的一种视觉的感性和文化的形象，它是存在于消费者心目之中代表全部企业的东西，它不仅是商品标志，而且是信誉标志，是对消费者的一种承诺。品牌传播的作用就是积累品牌资产，达成某种承诺。由此可以说，消费者才是品牌资产的真正审定者和最终评估者。

4.1.2 品牌传播的原则、内容与类型

1. 品牌传播的原则

品牌传播是一项具有战略价值的活动，对建立品牌资产具有驱动意义。为了保证品牌传播活动目标的实现，品牌传播应遵循一定的原则：

(1) 连续保持企业营销策略与品牌战略的一致性。品牌从创建到被市场承认乃至发展需要较长的时间，关注的是长期效益，而营销更多关注的是短期效益。有时，企业为了实现短期利益目标而采取的一些策略和方法可能会伤及品牌的主要特征，导致品牌定位模糊，

阻碍品牌战略的实施。

（2）传播企业有能力兑现的承诺。品牌传播应传递企业有能力兑现的承诺，如果传播超出企业兑现能力的承诺，最直接的后果将是顾客丧失对品牌的信任。

（3）围绕品牌核心价值建立传播策略。品牌核心价值是积淀品牌资产的源泉，通过品牌传播使品牌核心价值深植于目标公众特别是目标顾客心中，才能形成品牌忠诚，品牌才能具备延伸和发展的空间。

（4）品牌传播演绎鲜明的品牌个性。个性识别造就品牌区别，形成品牌忠诚。无法凸显鲜明个性的品牌传播可能是在为竞争品牌做功课。

（5）以积极的态度回应受众的反馈。品牌传播的过程是品牌与受众之间相互沟通的过程，有反馈意味着顾客对品牌的关注。企业尤其要积极回应搜集到的质疑性、否定性意见。

（6）积极推进品牌社会化。全媒体时代，企业要积极主动邀请目标受众协同传播，并做好信息传播管理。全媒体是整合营销观念的延伸，这种延伸主要体现在受众拥有和其他媒体进行衔接的自媒体。因此，品牌的社会化程度，将是决定品牌生命力的关键指标。

2. 品牌传播的内容

品牌传播的内容就是品牌传播的有关资讯，指由品牌管理者发出的品牌识别及创建、塑造品牌形象、积累品牌资产过程中有关品牌的各种信息。品牌资讯主要由两部分构成：

（1）品牌的静态信息：包括品牌名称、标志设计、口号语、包装设计、色彩组合、品牌内涵以及品牌价值等。

（2）品牌的动态信息：主要是品牌推广经营行为所表现和传达出来的品牌特征。这些行为主要包括品牌定位决策、品牌战略决策、品牌传播策略、品牌营销、品牌保护与维护活动以及品牌创新等。

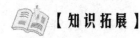 **【知识拓展】**

品牌推广中的十大死穴

在整个企业的营销活动链中，最大的赢利环节依然是经营品牌，品牌愈来愈成为企业能否活得滋润的生命之泉！可口可乐、通用、宝洁等著名品牌的价值是不可估量的，品牌是无形的，而从成功企业经营者走过的足迹我们可看到，品牌之路是一段坚韧不拔的苦旅，可谓"人间正道是沧桑"。那么，困扰企业品牌成功推广无非存在着以下十大死穴。

第一死穴：邯郸学步

人都容易犯红眼病，企业也一样！看到行业巨头走多品牌路线过得如此滋润，心里很是妒美，还难服气，不就是多几个品牌吗？我也可以做。于是乎一哄而上，一夜之间梦想成为"行业巨头"，看似风光无限，殊不知，到头来却落得消化不良而被不明不白地撑死。品牌的种类不在于多，可口可乐的成功就是在软饮行业中。

第二死穴：鼠目寸光

多数老板说不出自己企业的明天，只凭自身经验、个人想象主宰企业，一味模仿，无创新、无鉴别力。脑子里没有一个清晰的品牌战略规划概念、策略，只知道走一步看一步，摸着石头过河，还美其名曰"脚踏实地"。看似稳重，却有随时掉进陷阱的危险，说不定明天企业的发展就会戛然而止。

第三死穴：任人摆布

总以为外来的和尚能念经，高薪聘请"空降兵"。当然品牌企业一般都有实力不俗的优秀职业经理人把控品牌推广与市场运作。但也存在个别职业品德低劣的"职业经理人"，对缺乏鉴别力的老板往往用"三拍"功夫，刚来时"拍脑袋"——夸海口，吹嘘自己多么的厉害，可以将企业带到光明的地方；然后"拍胸膛"——向老板大人下保证，完成或超额完成目标，保证企业挣个银子满盆；最后"拍屁股"——折腾差不多了，老板的赌资也快空了，不行了，怎么办？拍屁股走人呗！留下老板独咽苦泪！

第四死穴：纸上谈兵

以为只要猛打广告，就能快速创建品牌。于是乎千篇一律、毫无新意的广告铺天盖地地出现在消费者面前，看似热闹非凡，却不知没有多少能真正烙在消费者心里！千篇一律的广告极易陷入无休止的广告轰炸怪圈，浪费大量广告资源，却难以出现立竿见影的效果。事实上，这是赌徒心态，难成大业。

第五死穴：守株待兔

开发、生产、营销、资金四大品牌营销要素运作链断裂，零零散散，毫无系统，活脱脱成为一个畸形婴儿。抑或把某一两款功勋产品视为企业的护身神，凭一款老产品吃遍天下，死抱着老产品恋恋不放，结果市场越做越窄，直至走进死胡同，老本也萎缩不治而亡。

第六死穴：随波逐流

不知道企业自身的优势在哪，始终找不到自己的核心竞争力，更谈不上差异化竞争手段和竞争思路，只知人云亦云，一窝蜂似地随大流，品牌、产品、市场等毫无个性可言，久而久之被无情地淹没掉。

第七死穴：怨天尤人

每个老板都感叹缺人才、需要人才。可为何缺？为何需？企业在什么阶段需要什么样的人才？在什么岗位需要配置什么样素质结构的人才？……一问三不知。怎么办？瞎蒙，乱要、乱挖、乱用！到头来血型难融，只像风车一样不断地换人，还一味地抱怨"人才难找啊！"

第八死穴：弱不禁风

不少企业有领导层，但无真正意义上的管理层，没有形成决策层团队，往往由老板个人拍板，随意性管理，而不是规范管理。进入市场就盲目参与广告战、价格战。实际上这些都是在基础不扎实的地基上建造的虚伪的品牌豆腐渣工程。市场一有风吹草动，就会战战兢兢，就会以为世界末日快要来临。

第九死穴：墨守成规

民营企业中，有相当一部分企业(约 90%)是家族企业，从一个家庭作坊起步的，最初的规模很小，老公管厂、老婆管钱，双管齐下，夫妻一条心，黄土变成金，日子过得确实蛮滋润的。但随着企业的发展，盘子大了，市场也变了，家族式管理的局限性显露出来了。如何解决？唯一的办法就是改制、放权，可又有几个老板敢果断改制、真正放权呢？

第十死穴：受制于人

一些企业把代理商当爷供奉，要啥给啥，将渠道掌管大权完全托付给代理商。结果代理商被宠坏了，脾气大了，架子也大了，厂家稍有不对，就要挟、刁难，令企业敢怒不敢言，任其摆布，被其玩弄于股掌之间。

（资料来源：http: //wiki.mbalib.com/wiki/ 品牌推广）

3. 品牌传播的类型

按照品牌信息传递的指向，品牌传播可分为品牌内部传播和品牌外部传播两类。

企业立足市场靠的是品牌的响应，任何一个初建的企业第一步就是打响企业品牌，让消费者知道你的存在。也就是说创业企业的首要工作就是创建品牌，推广品牌。品牌的传播方式有三种。

1) 消费者传播方式

品牌推广的消费者传播方式具体又分为样品、优惠券、付现金折扣、特价包装、赠品、奖金、免费试用、产品保证、联合促销、销售现场展示和表演等几种。

2) 营业传播方式

营业传播方式是品牌传播中最具有针对性和灵活多样的，可以是一次性的，也可以是不定期的。在以下情况，营业传播非常有效：

(1) 品牌类似时，品牌经营者有意利用心理学的方法在顾客心理上造成差异，形成本品牌的特色，这就需要大规模地进行传播活动，多采用营业传播方式。

(2) 在新品牌刚上市的阶段，由于顾客对新品牌是陌生的，需要采用营业传播方式，促使广大消费者认知新品牌。

品牌处于成熟期。为了维持品牌的市场占有率，营业传播方式被广泛采用。常用的营业传播方式主要有举办展览会、展销会、抽奖、时装表演等。

3) 交易传播方式

在品牌传播活动中，用于交易的资金要多于用于消费者的奖金。品牌经营者在交易中耗资是为了实现以下目标：首先，交易传播可以说服零售商和批发商经营该品牌。由于货架位置很难取得，品牌经营者只有经常依靠提供减价商品、折扣、退货保证或免费商品来获得货架。一旦上了货架，就要保住这个位置，这样才有利于提高品牌知名度。其次，交易传播可以刺激零售商积极地通过宣传商品特色、展示以及降价来传播品牌。品牌经营者可能要求在超级市场的人行道旁展示商品，或改进货架的装饰，或张贴减价优惠告示等。品牌经营者可根据零售商完成任务的情况向他们提供折扣。

由于零售商的权力越来越大，品牌经营者在交易传播上的花费会有上升的趋势。任何一个竞争品牌如果单方面中止交易折扣，中间商就不会帮助他推销产品。在一些西方国家里，零售商已成为主要的广告宣传者，他们主要使用来自于品牌经营者的传播补贴。

★4.1.3　中国品牌传播发展阶段

虽然一些中国老字号品牌有上千年的历史，但中国的品牌传播真正开始是在 20 世纪 70 年代末期。1978 年的改革开放成为整个中国经济发展的拐点，企业开始走向市场。

随着市场竞争的日渐激烈，中国企业的品牌传播意识逐渐觉醒，并经历了如下三个大的阶段：

1. 商标意识阶段(1978—1991 年)

改革开放以前，中国基本处于无品牌意识阶段。1979 年，中国开始恢复商标统一注册工作，1983 年《中华人民共和国商标法》正式实施，促使中国企业开始了以注册商标为标志的品牌建设行为。但在此阶段，中国企业对于品牌的认识还普遍停留在商标层面，认为品牌只是一种"识别商品的标记"，致使企业在与外商合资的过程中廉价出售大批民族品牌商标权，使许多民族品牌被封杀雪藏。

2. 名牌意识阶段(1992—1995 年)

1992 年后，随着中国经济市场化的全面启动，进入中国的跨国品牌开始空前繁盛，他们利用贴牌生产(OEM)的方式向中国进行品牌输出，并以此获取高额利润。这种反差促使中国企业认识到品牌的真正价值。与此同时，跨国品牌凭借在媒体上投放大量广告，树立起良好的品牌形象，进而取胜市场；而大批民族品牌则在竞争中纷纷败阵。惨痛的教训让中国企业深切体会到"品牌绝非只是商标，品牌知名度决定了市场占有率，只有创'名牌'才是出路"。除了企业自发实施名牌战略外，中国政府也给予了企业极大的支持。自 20 世纪 90 年代初，由政府或中介组织主导的名牌工程推动了这一时期创名牌的高潮。

3. 品牌经营意识阶段(1995 年至今)

20 世纪 90 年代中期以后，中国企业市场化进程加速，消费市场结构不断升级，这些都促使了各行业在品牌数量、品牌集中度、中外品牌份额等方面的格局转变，同时也说明中国开始全面进入品牌竞争时代。加入 WTO 之后，随着更多国外品牌的进入和扩张，中外品牌开始了新一轮的激烈竞争，市场份额面临着重新分配。

4. 成绩

在 30 多年品牌传播实践的历程中，中国企业有了长足的进步：

(1) 中国涌现出了一批入围世界 500 强品牌的企业。据世界品牌实验室(World Brand Lab)日前公布的 2015 年度《世界品牌 500 强》排行榜，谷歌(Google)得益于美国搜索和广告业务的增长，其扭转了企业下滑的品牌形象，重返第一宝座，苹果(Apple)位居第二，而亚马逊(Amazon)因为电子商务在全球的普及，以创新的服务继续保持季军的位置。中国内地入选的品牌共有 31 个，其中入围百强的品牌有工商银行、国家电网、CCTV、联想、海尔、中国移动以及腾讯。虽然其品牌价值与世界知名品牌还有差距，但这种差距在逐年缩小。

(2) 中国品牌逐渐赢得了消费者的信任，改善了品牌培育和成长的消费环境。在家电、啤酒等行业，中国品牌具有较强的竞争力，并开始超过国外品牌，在消费者中拥有了较高的知名度、美誉度和偏好度。

(3) 企业开始树立成熟的品牌观。消费者对品牌归属问题有了更深刻的理解；战略上开始对品牌内涵和品牌资产有了更充分的认识；致力于探讨如何走向国际并拥有较强的国际竞争力；逐渐形成了本土品牌的创建模式。

4.2　品牌传播模式

　　品牌塑造在于传播推广，品牌形成的过程实际上就是品牌在消费者中的传播过程，也是消费者对某个品牌逐渐认知的过程。

4.2.1　传播的过程与模式

　　品牌的传播推广，实际上是将品牌的相关信息按照品牌拥有者的意图编码传播给品牌利益相关者，从而构建起品牌资产的过程。由此可见，品牌的传播推广实质上就是特定信息的传播。

　　1984 年，传播学的鼻祖拉斯韦尔首次提出了传播过程的五要素，即传播者、信息、媒介、受传者、效果。后经过许多学者的不断完善，又添加了反馈与噪音两个要素，如图 4-1 所示。

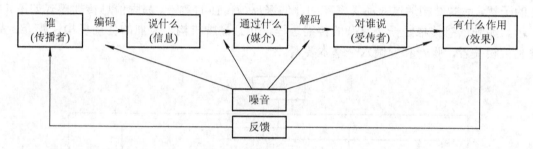

图 4-1　传播过程模式图

　　这个模式强调了有效传播的关键因素。传播者必须知道要把信息传播给什么样的受众，要获得什么样的反应。他们必须是编译信息的高手，要考虑目标接受者倾向于如何破译信息，必须通过能触及目标接受者的有效媒体传播信息，必须建立反馈渠道，以便能够及时了解接受者对信息的反应。

　　要是信息有效，传播者的编码过程必须与受传者的解码过程相吻合。发送的信息必须是受传者所熟悉的。传播者与受传者的经验领域相交部分越多，信息可能越有效。

　　传播者的任务就是把他的信息传递给受传者。然而受传者不一定能够按照传播者预期的那样对信息进行解码，因为在受传者接受信息时存在着选择性接触、选择性理解以及选择性记忆的现象。

1. 选择性接触

　　选择性接触是指人们尽量接触与自己观点相吻合的信息，同时竭力避开相抵触的信息的一种本能倾向。有数据表明，人们每天受到 1600 条商业信息的轰炸，只有 80 条被意识到和大约对 12 条刺激有反应。因此，信息传播者必须设计能赢得受众注意力的信息。

2. 选择性理解

　　选择性理解是受众心理选择过程的核心，又称为信息传播的译码过程，是指受众总要依据自己的价值观念及思维方式对接触到的信息作出独特的个人解释，使之同受众固有的观念是相互协调而不是相互冲突。也就是同样内容的信息对不同的受众来说会有不同的理解，有时甚至是相反的。信息传播者的任务就是力争使信息简明、清楚、有趣和能多次反复，使信息的要点内容得以传递。

3. 选择性记忆

选择性记忆是指受众会根据自己的需求，在已被接受和理解的信息中挑选出对自己有用、有利、有价值的信息，然后将其存储于大脑中。人们只可能在他们得到的信息中对一小部分维持长期的记忆力。信息是否通过受众的短期记忆而进入其长期记忆，取决于受众接受信息复述的次数和形式。信息复述并不意味着简单地重复信息，从某种层面来说是受众对信息的精心提炼，使得短期记忆转化为了长期记忆。

4.2.2　品牌信息传播的模式

从传播学的角度出发，品牌信息的传播沟通，其实质就是品牌机构运用多种传播方式、通过一定的媒介或直接向品牌利益相关者传播有关品牌的信息。在传播过程中，传播受噪音的干扰，品牌结构通过对品牌资产的评估来反馈传播的效果。品牌信息传播模式如图 4-2 所示。品牌信息传播是一个复杂的传播过程，包括品牌机构、专业的传播机构、媒介、品牌利益相关者、噪音和反馈六个基本要素。

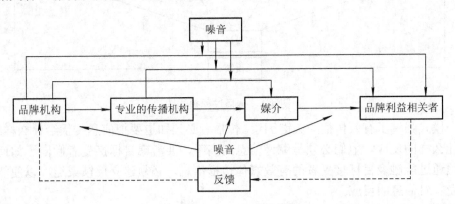

图 4-2　品牌信息传播模式

品牌机构是指品牌的拥有者，也是传播者。专业传播机构是指广告公司、公关公司、品牌顾问公司等营销传播机构，按照品牌机构的要求负责信息的编码。媒介是指报纸、广播、电视、杂志、网络等大众传播媒介以及广告路牌、POP、外包装等一般的信息载体，是信息传播的渠道。品牌利益相关者是指除品牌所有者之外的品牌利益人，包括员工、消费者、零售商、供应商、竞争者、公众和其他利益相关者，是受众。噪音除了指信息传播本身的扭曲、衰减外，主要是指品牌竞争者的信息干扰。反馈主要是指对品牌资产的评估，品牌信息传播效果的好坏直接反映为品牌资产的增减。

信息从品牌机构发出到品牌利益相关者接收有四条途径，按照是否经过媒介，可以分为人员与非人员传播。人员传播的途径是一对一的方式，优点是传播的控制度好，信息损耗少，能够迅速得到大量直接、全面的反馈信息；缺点是传播的速度慢，范围窄。非人员传播是一对多的方式，优点是传播速度快、形式多样；缺点是可控性差，信息损耗大，反馈速度慢。也就是说人员传播与非人员传播各有利弊，品牌机构往往会综合运用两种方式来进行品牌的传播推广。总的来说主要有以下五种传播工具：

(1) 广告。以付款方式进行的创意、商品和服务的非人员展示及促销活动。

(2) 销售促进。各种鼓励购买或销售商品和劳务的短期刺激活动。

(3) 公共关系与宣传。设计各种计划以促进和保护公司形象或它的个别产品。

(4) 人员推销。与一个或多个可能的购买者面对面接触，进而进行产品或劳务的介绍、问题回答和订单取得。

(5) 直接营销。使用邮寄、电话、传真、电子邮件和其他非人员接触工具沟通或征求特定顾客和潜在客户的回复。

4.3 品牌传播工具的选择

从品牌传播的模式来看，品牌传播工具的选择对传播的效果具有重要的影响。本节将分别介绍广告、销售促进、公共关系与宣传、人员推销和直接营销五种常见的传播工具。

4.3.1 广告

1. 广告的定义

广告是广告主以付费的方式，通过一定的媒体有计划地向公众传递有关商品、劳务和其他信息，借以影响受众的态度，进而诱发或说服其采取购买行动的一种大众传播活动。自品牌诞生后使用的传统主流传播工具就是广告，尤其是大众传播媒介广告，在品牌资产建设中起着重要的作用。大众传播媒介广告可以准确无误地刊登或安排播放时间，因此能够较容易地计算出它的出现率，并可全面控制品牌特征信息的内容。关于广告的定义，业界比较认可的是 5M 理论：

任务——Mission：广告的目的是什么？

资金——Money：要花多少钱？

信息——Message：要传送什么信息？

媒体——Media：使用什么媒体？

衡量——Measurement：如何评价结果？

从以上定义可以看出，广告主要具有以下特点：

(1) 广告是一种有计划、有目的的活动。

(2) 广告的主体是广告主，客体是消费者或用户。

(3) 广告的内容是商品或劳务的有关信息。

(4) 广告的手段是借助广告媒体直接或间接传递信息。

(5) 广告的目的是促进产品销售或树立良好的企业形象。

2. 广告的作用

广告一方面能建立一个产品的长期形象，另一方面也能促进快速销售。广告主要传达给地域广阔而分散的购买者，每个显露点只需较低成本，是一种有效的方法。具体来说，广告能起到如下作用：

一是建立知名度。那些不知道这家公司或产品的潜在顾客可能会拒绝与销售代表见面。进一步说，销售代表也不得不花费时间来描述公司及其产品。

二是促进理解。如果某一产品具有新的特点，那么，对此进行解释的沉重负担即可由广告有效地担当。

三是有效提醒。如果潜在顾客已经了解这个产品，但还未准备购买，那么，广告就能不断地提醒他们，它比销售访问要经济得多。

四是进行提示。广告中的回邮赠券是销售代表进行提示的有效途径。

五是合法性。销售代表采用在有影响的杂志上登载公司广告样张的办法可证明公司和其产品的合法性。

六是再保证。广告能提醒顾客如何使用产品，对他们的购买再度给予保证。

 【知识拓展】

世界经典广告语

雀巢咖啡：味道好极了

这是人们最熟悉的一句广告语，也是人们最喜欢的广告语。简单而又意味深远，朗朗上口。

M&M 巧克力：只溶在口，不溶在手

这是著名广告大师伯恩巴克的灵感之作，堪称经典，流传至今。它既反映了 M&M 巧克力糖衣包装的独特 USP，又暗示 M&M 巧克力口味好，以至于我们不愿意使巧克力在手上停留片刻。

百事可乐：新一代的选择

在与可口可乐的竞争中，百事可乐终于找到突破口，它们从年轻人身上发现市场，把自己定位为新生代的可乐，邀请新生代喜欢的超级歌星作为自己的品牌代言人，终于赢得了青年人的青睐。

大众甲壳虫汽车：想想还是小的好

20 世纪 60 年代的美国汽车市场是大型车的天下。伯恩巴克提出 "Think Small" 的主张拯救了大众的甲壳虫，运用广告的力量，改变了美国人的观念，使美国人认识到小型车的优点。

耐克：Just do it

耐克通过以 Just do it 为主题的系列广告，和篮球明星乔丹的明星效应，迅速成为体育用品的第一品牌。

3. 不同媒体广告的优缺点

由于媒体本身的特点，广告登载在不同的媒体上，效果会有所不同。常见媒体广告的具体优缺点如表 4-1 所示。

表 4-1　常见媒体广告的优缺点分析

媒体类型	优　点	缺　点
电视	(1) 传播迅速，造势功能强 (2) 具有很强的吸引力和冲击力 (3) 覆盖范围广 (4) 地区选择性强 (5) 观众数量多，单位传播成本低 (6) 观众群体选择性强 (7) 直观生动，表现形式多样	(1) 总成本高 (2) 信息量有限 (3) 单向沟通
广播	(1) 听众在下意识中接受信息，具有较强侵略性(广播是唯一解放眼球的媒介，并赋予听众无限的想象空间) (2) 传播迅速 (3) 覆盖范围广 (4) 地区选择性强 (5) 听众群体选择性强 (6) 制作简单，发布及时，灵活性大 (7) 总成本小	(1) 遗忘率高，寿命短 (2) 信息量有限 (3) 没有形象效果
报纸	(1) 传播迅速 (2) 覆盖范围广 (3) 地区选择性强 (4) 信息量大 (5) 制作简单，发布及时，时效性强	(1) 保留时间短，发布成本高 (2) 印刷粗糙，表现形式单一 (3) 注目率低 (4) 文盲或无读报习惯群体无法接受信息
杂志	(1) 覆盖范围相对较大 (2) 对地区和读者选择性相对较强 (3) 可保存，传阅率高 (4) 印刷精美，易于表现色彩 (5) 可在杂志里附上商品样品 (6) 注目率高(90%的读者是在全神贯注的状态下阅读杂志)	(1) 成本费用相对较高 (2) 发布不及时 (3) 读者数量相对有限 (4) 版位编排缺乏灵活性
DM 广告	(1) 发布及时，制作简单，信息量大 (2) 地区、读者选择性强，市场针对性强 (3) 单位成本相对较低 (4) 可配合抽奖、兑奖、样品、优惠券等促销活动	(1) 损耗率高 (2) 广告一般出自厂家本身、主观性较强、可信度差 (3) 易引起消费者逆反心理
户外广告	(1) 展示寿命长 (2) 注目率高 (3) 设计灵活 (4) 不太受竞争者干扰(电视、报纸干扰大) (5) 费用较低	(1) 信息量有限 (2) 时效性较差 (3) 很难有特别的创新 (4) 修改难度较大 (5) 不易寻找理想地点

媒体类型	优　点	缺　点
交通广告	(1) 接触面广，观众对象广泛 (2) 制作简单，成本低 (3) 户外广告的其他优点	(1) 接触时间短 (2) 针对性不强，理想路线选择困难 (3) 户外广告的其他缺点
POP广告	(1) 可造势，直接影响效果，渲染购买气氛 (2) 成本低 (3) 广告设计方式灵活	(1) 传播范围有限 (2) 受到零售终端制约
礼品广告	(1) 吸引力强 (2) 对消费者来说很实用，可保存，寿命长 (3) 设计灵活多样	(1) 成本较高 (2) 覆盖范围有限 (3) 信息量有限
包装广告	(1) 美化商品，具有在消费现场的促销能力 (2) 节省费用(包装、商品、广告三位一体) (3) 多用途包装可保存	(1) 传播面窄 (2) 受干扰大
互联网广告	(1) 交互式关系，互动，可反馈 (2) 信息量大，传播迅速 (3) 表现手法多样	(1) 受上网人数限制 (2) 注目率不高，受干扰大
电梯广告	(1) 高有效到达率，少干扰 (2) 目标受众易事先锁定，高频率的接触 (3) 适合中高收入家庭、城市主力消费群体、时尚产品的引领者 (4) 有利于企业进行社区终端渗透营销	(1) 传播内容更新缓慢 (2) 传播内容有限
手机短信	(1) 成本低 (2) 发布及时 (3) 可用于客户关系维护	(1) 可信度差 (2) 受众反感，90%以上的用户反感短信广告

4. 广告媒介策略

因为每种媒体广告各有利弊，因此，品牌实际推广中需要确定合适的广告媒介策略，它决定了品牌信息到达消费者或潜在消费者的最佳途径。广告媒介策略的制定一般需要经过以下程序。

1) 市场分析

虽然通过环境分析可能会得到许多目标市场，但是仍然必须仔细地确定哪一个具体的目标消费群体或潜在的消费群体支持品牌推广，这样才能使品牌推广与客户、客户代表、营销部分以及创作指导一同发挥作用。对有些因素的分析可能需要第一手资料的调研，而另外一些只要从出版物来源中收集信息即可。

2) 确定媒体目标

设定媒体目标的目的是要把品牌推广的目标和战略转变成媒体能够完成的目标。正如通过环境分析可以确立品牌战略目标一样，通过媒体分析也可以确定具体的媒体目标。媒体目标本身只是品牌推广的手段而非目的或终点，相反，它是为了获取品牌推广的目标，也是品牌的目标消费群。媒体目标是为媒体方案所制定的目标，它应该局限于那些通过媒体推广战略能够获取的目标范围。例如，上海耐尔袜业通过以下几步在目标市场中促使公众知晓耐尔：

(1) 在武汉，用三个月时间采用印刷媒体提供目标市场覆盖率 80% 的广告。

(2) 在同样的三个月时间内，广告在其他城市的覆盖率至少达到目标消费者的 60%。

(3) 在冬季和夏季集中最大力量来做广告，而春季和秋季则减少。

媒体推广在确定了媒体目标之后，品牌的媒体推广任务就是要考虑怎样去实现这些目标。影响媒体推广的因素主要有如下几点：

(1) 媒体组合。对于品牌推广来说，许多媒体及其载具都是可用的。通常人们采用单一媒体或单一载具的情况较少，更多的是进行多种组合。品牌推广所追求的目标、产品或服务的特征、预算的规模和个人偏好是选择媒体组合的决定因素。例如，女孩美腿所需要的性感长袜，要求用视觉形象来传播促销更有效，在这种情况下，电视和美腿模特演出是最有效的选择，如果此时采用广播进行推广促销，效果就会较差。同样的，如果促销战略需要用赠券来刺激购买，那么印刷媒体就会凸显其价值。由此可见，每种媒体都有其独特的优势。品牌推广者通过采用某一既定的媒体组合，就能够使他们的媒体推广更加多样化且效果更佳。

(2) 市场覆盖率。品牌推广的媒体战略要对应于不同的目标市场，对不同媒体的重点与非重点加以使用。比如耐尔袜业的媒体计划书中，核心市场确定为 20 岁以上的白领女性，于是，耐尔的品牌经理就从三个方面有重点地选择媒体着手进行品牌推广：一是利用电视扩大品牌知名度和覆盖率；二是组织耐尔模特展示时尚美腿秀；三是利用印刷媒体——精美的张贴图，在全国高校发送以培养潜在的目标消费群。

(3) 地理覆盖率。耐尔的美腿时尚在城市比在农村流行，在东南沿海比在西北内地流行，因此，若耐尔袜业在农村或在西北内地进行大规模的广告促销是不明智的。

(4) 时间选择。无论哪个品牌都想通过品牌推广引起消费者对产品和品牌的持续关注，但实际运用中由于种种原因达不到这一点。最主要的原因就是预算不足。时间安排的关键是怎样科学地选择促销时机，以使它们与最高峰的潜在购买时间相吻合。美国的学者乔治·E·贝尔齐(George E. Belch)把可采用的时间安排方法分为三种：连续式、间歇式和脉动式。

连续式是指一种广告的连续刊播形式，这种连续形式可以是每天、每周或每月，其关键是有规律、连续的形式；间歇式采用一种带有间断的广告期和非广告期，在某些时段内，促销的支出大一些，而有些时间段内可能就没有广告支出；脉动式则是前两种方法的结合。

(5) 创意与情绪。品牌推广的媒体环境也会影响消费者或潜在消费者的认知。通过强调创意的广告运动来促成品牌推广的成功是很有可能的，但是为了实施这一创意，你必须采用能支持这一战略的媒体。而且，由于某种媒体能够产生一种有利于品牌推广的情结，所以它们增强了品牌特征信息的创意性。由于电视声情并茂，极具情感煽动性，因此相对而言，在营造气氛方面比其他媒体更有效；同时，互联网媒体所对应的消费者则是年轻白领和金领一族，在这方面，其他媒体不是其对手。这就要求，在进行媒体推广时，必须考虑创意和情绪方面的因素。

(6) 弹性。有效的媒体推广战略需要有一定的弹性。这主要是因为环境是迅速变化的，促销战略也需要因之作出迅速的调整和变动。有时市场上会出现一些有益于品牌推广的机会，比如一种全新媒体的开发就有可能是一种挑战，这时品牌推广媒体战略亦应有所调整，比如考虑竞争者博弈；有时，某种媒体对品牌推广来说不能获得，比如一些中小品牌对于中央电视台的黄金档而言，由于财力不足而无法获得；最后一种情况是，媒体或某一特定媒体工具的改变可能会导致品牌推广的媒体战略发生变化，比如互联网的出现为品牌推广提供了无限新机会。这些变化因素的波动意味着媒体战略必须具有充分的弹性，这样才能使品牌推广适应具体的情况。如果所制订的推广计划缺乏弹性，就有可能错过良好的机会或者品牌可能无力迎接新的挑战。

(7) 到达率与接触频率。品牌推广有自己的目标，但是同时又受到财政预算的制约，所以必须在到达率与接触频率之间寻求平衡。必须决定是让更多的人看到或听到品牌特征信息还是让更少的人更经常地看到或听到品牌特征信息。要使人们知道某一产品或品牌就必须要有一定的到达率。换句话说，也就是要使潜在消费者能够接触到品牌特征信息。例如，如果品牌推广的目标是使所有的潜在消费者知道新的产品或品牌，那么，品牌推广则需要高到达率。在这里，接触频率是指一个人接触媒体工具的次数。有研究已经估算过，一条商业广告的实际受众比节目的受众低30%。

(8) 财政预算。社会活动讲求效率，经济活动追求效益，消费者考虑的是性价比，我们在进行媒体推广时，也受推广成本的制约，即我们的推广价值在于以最低的成本和最小的浪费来最大限度地把品牌特征信息传播给消费者或潜在消费者。影响这一决策的因素有许多，比如上文所谈到的到达率、接触频率以及可得性。品牌推广试图通过平衡成本与这些因素而达到最佳的推广效果。

3) 评估

在管理领域，所有的计划都要对它们的执行情况进行评估，品牌推广也不例外。在实施了品牌的媒体推广之后，企业需要知道推广是否成功。效果的测量需要考虑两个因素：一是品牌的媒体推广是如何实现媒体目标的；二是这种媒体推广对实现品牌战略目标起何作用。如果推广是成功的，就应该在未来的计划中继续采用它们，如果是失败的，就应该对它们的缺陷进行分析。

4.3.2 销售促进

销售促进是指生产厂家或零售商使用各种短期性的刺激工具，刺激消费者和贸易商较迅速、较大量地购买某一特定产品或服务的行为，有时简称为促销。

1. 销售促进的特征

销售促进的形式很多，但相比其他传播工具而言，有三个明显特征：

(1) 传播信息：它能引起注意并经常提供信息，把顾客引向产品。

(2) 刺激：它采取某些让步、诱导或赠送的办法给顾客某些好处。

(3) 邀请：它明显地邀请顾客来参与目前的交易。

就经济性而言，广告不是最佳选择，因为广告支出费用逐年上升，而媒介环境却在被稀释,观众也日趋散乱。与过去不同,消费者更多是到了店里才做出购买决策,品牌忠诚度不高,对广告无动于衷,许多成熟的品牌区分度也不够。也就是零售的作用似乎越来越大。汤姆·邓肯认为,由于促销可以为品牌产品提供附加值,因而它是直接影响消费者行为最有效的一种品牌推广方式。公司往往使用销售促进工具来促使消费者产生更强烈、更快速的消费反应,销售促进能引起消费者对产品的注意,扭转销售下降的趋势,迅速扩大市场占有率。对消费者的促销,使生产者能够采用歧视定价策略,即对价格敏感性不同的顾客群制定不同的价格,除了向消费者传递紧迫感以外,精心设计的促销活动还能通过传递的信息增加品牌资产,以切实的产品经历帮助消费者建立强大、良好、独特的品牌联想。促销能鼓励中间商保证库存,获得分销渠道,积极支持生产者的努力。Donnelly 营销公司1993 年的促销年报指出,在营销预算总额中,对中间商促销占 47%,对消费者促销占 28%,媒体广告预算占 25%。

从消费者行为的角度来看,促销又有一系列不利之处,如品牌忠诚度降低,品牌切换频繁,对质量感觉下降,对价格敏感性增强等。美国顶级营销机构的一项调研指出,许多人认为,大量地使用赠券和折扣让消费者产生一种低价购买的错误心理预期,并容易使之对品牌产品的价格产生怀疑,对建立长期的品牌偏好不利,有损于品牌的长期形象和定位。另一个缺点就是在某些情况下,促销其实是补贴了那些本来就打算购买此品牌的消费者,而且,品牌的新消费者可能只是因为促销才被吸引购买,并非因为真正认识到了品牌的好处。

销售促进是刺激消费者迅速购买商品而采取的各种促销措施。其目的是扩大销售和刺激人气。由于市场竞争的激烈程度加剧、消费者对交易中的实惠日益重视、广告媒体费用上升、企业经常面临短期销售压力等原因,销售促进受到越来越多企业的青睐。

在产品处于生命周期的投放期和成长期时,销售促进的效果较好;在成熟阶段,销售促进的作用明显减弱。对于同质化程度较高的产品,销售促进可在短期内迅速提高销售额,但对于高度异质化的产品,销售促进的作用相对较小。

一般来说,市场占有率较低、实力较弱的中小企业,由于无力负担大笔的广告费,对所需费用不多又能迅速增加销量的销售促进往往情有独钟。

有时,企业也可以将销售促进与广告、公共关系等促销方式结合起来,以销售促进吸引竞争者的顾客,再用广告和公共关系使之产生长期偏好,从而争取竞争对手的市场份额。

【管理提示】

为了保持品牌销售促进传播的作用,品牌销售促进传播应注意以下问题:
(1) 不当的、缺乏品牌战略引导的促销行为可能会危及品牌定位,损害品牌形象。
(2) 过度促销导致品牌价格敏感度上升,伤害老顾客的情感,损害品牌忠诚。
(3) 创新促销手段,选准时间窗口,规避模仿。

2. 销售促进的实施

企业进行销售促进活动,应重点做好以下工作。

1) 确定推广目标

企业在进行销售促进活动之前,必须确定明确的推广目标。推广目标因不同的推广对象而不同。对消费者来说，推广目标主要是促使他们更多地购买和消费产品，吸引消费者试用产品，吸引竞争品牌的消费者等。对中间商而言，推广目标主要是吸引中间商经销本企业的产品，进一步调动中间商经销产品的积极性，巩固中间商对本企业的忠诚度等。对推销员来说，推广目标就是激发推销员的推销热情，激励其寻找更多的潜在顾客。

2) 选择恰当的销售促进方式

(1) 塑造适宜的商业氛围。商业氛围对于激发消费者的购买欲望具有极其重要的作用。因此，商店布局必须精心构思，使其具有一种适合目标消费者的氛围，从而使消费者乐于购买。

① 营业场所设计。在当代，消费者购物的过程越来越成为一种休闲的过程。人们在忙碌之余逛逛商场，享受五光十色的商品所形成的色彩斑斓的世界，可以使疲惫的身心享受到放松和愉悦。因此，购物环境的好坏已经成为消费者是否光顾的重要条件。

优美的购物环境体现在视觉、听觉、嗅觉等多方面。当我们走进一家大型购物中心，富有特色的店堂布置，宽广宜人的购物空间，井井有条的商品陈列，轻松悦耳的音乐，总使我们流连忘返。一位女士这样描绘她心中的购物环境：空气像大自然一样清新，环境像五星级酒店一样优雅，购物像海边散步一样轻松……

② 商品陈列设计。商品陈列既可以将商品的外观、性能、特征等信息迅速地传递给顾客，又能起到改善店容店貌、美化购物环境、刺激购买欲望的作用。

商品陈列设计要达到以下目标：一是引起顾客的注意和兴趣；二是具有亲和力，一般来说，所有商品应允许顾客自由接触、选择和观看；三是具有美感。独特的造型和色彩搭配容易给人以赏心悦目之感，从而激发顾客的购买欲望；四是传达的信息简单、明确，使顾客容易理解；五是丰富性，丰富的陈列可以制造气势，也可以增加顾客的挑选余地。

商品陈列可以采用以下方法：

第一，便利型的售点陈列。例如，少儿用品的陈列高度要控制在 1～1.4 米，以便少儿发现和拿取；而老人用品则不能放得太低，因为老人下蹲比较困难。

第二，集客型售点陈列。如百事可乐的售点展示往往以大型的产品堆头为主，各种各样的 POP，还摆放譬如百事流行鞋、陆地滑板、个性腕表、背包等时尚用品，整个售点显得时尚、个性，吸引少男少女们趋之若鹜地光顾其销售点。

第三，档次提升型陈列。如服装厂商们巧妙地运用陈列背景、装修氛围、灯光的颜色与照射方向等展示手段，衬托出服装的档次，使得顾客一见就心生喜爱。

第四，凸显卖点的陈列。这是一种强调产品独特卖点的售点展示方法，如宝洁公司的海飞丝洗发水在夏季促销中为了在其原有"去屑"的卖点上加"清凉"的概念，在终端展示的方法上采用冰桶盛放海飞丝的方式，非常直观地给消费者"去屑又清凉"的感觉。

第五，热点比附型陈列。运用这种策略可以拉近品牌与热点事件的关系。如非典流行时期，许多药店将与防治非典有关的药品进行集中陈列，并放在比较显眼的位置。

(2) 选择恰当的销售促进工具。企业可以根据市场类型、销售促进目标、竞争情况、国家政策以及各种推广工具的特点灵活选择推广工具。

① 生产商对消费者的推广形式。如果企业以抵制竞争者为推广促销的目的，则可设计一组降价的产品组合，以取得快速的防御性反应；如果企业的产品具有较强的竞争优势，企业促销的目的在于吸引消费者率先采用，则可以向消费者赠送样品或免费试用样品。

② 零售商对消费者的推广形式。零售商促销的目的是吸引更多的顾客光临和购买。因此，促销工具的选择必须能够给顾客带来实惠。实惠就是吸引力。在推广中，零售商经常采用商品陈列和现场表演、优待券、特价包装、交易印花、抽奖、游戏等推广形式。

③ 生产商对中间商的推广形式。生产商为了得到批发商和零售商的合作与支持，主要运用购买折扣、广告折让、商品陈列折让和经销奖励等方式进行推广。

④ 生产商对推销员的推广形式。生产商为了调动推销员的积极性，经常运用销售竞赛、销售红利、奖品等工具对推销员进行直接刺激。

(3) 制定合理的销售促进方案。一个完整的销售促进方案必须包括以下内容：

① 诱因的大小。即确定使企业成本/效益最佳的诱因规模。诱因规模太大，企业的促销成本就高；诱因规模太小，对消费者又缺少足够的吸引力。因此，营销人员必须认真考察销售和成本增加的相对比率，确定最合理的诱因规模。

② 刺激对象的范围。企业需要对促销对象的条件作出明确规定，比如赠送礼品，是赠送给每一个购买者还是只赠送给购买量达到一定要求的顾客等。

③ 促销媒体选择。即决定如何将促销方案告诉给促销对象。如果企业将要举行一次赠送礼品的推广活动的话，可以采用以下方式进行宣传：一是印制宣传单在街上派送；二是将宣传单放置在销售终端供顾客取阅；三是在报纸等大众媒体上做广告；四是邮寄宣传资料给目标顾客等。

④ 促销时机的选择。企业可以灵活地选择节假日、重大活动和事件等时机进行促销活动。

⑤ 确定推广期限。推广期限要恰当，不可太短或太长。根据西方营销专家的研究，比较理想的推广期限是 3 个星期左右。

⑥ 确定促销预算。一般有两种方式确定预算：一种是全面分析法。即营销者对各个推广方式进行选择，然后估算它们的总费用；一种是总促销预算百分比法。这种比例经常按经验确定，如奶粉的推广预算占总预算的30%左右，咖啡的推广预算占总预算的40%左右等。

(4) 测试销售促进方案。为了保证销售促进的效果，企业在正式实施推广方案之前，必须对推广方案进行测试。测试的内容主要是推广诱因对消费者的效力、所选用的工具是否恰当、媒体选择是否恰当、顾客反应是否足够等。发现不恰当的部分，要及时进行调整。

(5) 执行和控制销售促进方案。企业必须制定具体的实施方案。实施方案中应明确规定准备时间和实施时间。准备时间是指推出方案之前所需的时间，实施时间是从推广活动开始到95%的推广商品已到达消费者手中这一段时间。

(6) 评估销售促进的效果。销售促进的效果体现了销售促进的目的。企业必须高度重视对推广效果的评价。评价推广效果，一般可以采用比较法(比较推广前后销售额的变动情况)、顾客调查法和实验法等方法进行。

3. 销售促进的控制

销售促进是一种促销效果比较显著的促销方式，但倘若使用不当，不仅达不到促销的目的，反而会影响产品销售，甚至损害企业的形象。因此，企业在运用销售促进方式促销时，必须予以控制。

1) 选择适当的方式

我们知道，销售促进的方式很多，且各种方式都有其各自的适应性。选择好销售促进方式是促销获得成功的关键。一般来说，应结合产品的性质、不同方式的特点以及消费者的接受习惯等因素选择合适的销售促进方式。

2) 确定合理的期限

控制好销售促进的时间长短也是取得预期促销效果的重要一环。推广的期限，既不能过长，也不宜过短。这是因为，时间过长会使消费者感到习以为常，削弱刺激需求的作用，甚至会产生疑问或不信任感；时间过短会使部分顾客来不及接受销售促进的好处，收不到最佳的促销效果。一般应以消费者的平均购买周期或淡、旺季间隔为依据来确定合理的推广方式。

3) 禁忌弄虚作假

销售促进的主要对象是企业的潜在顾客，因此，企业在销售促进全过程中，一定要坚决杜绝徇私舞弊的短视行为发生。在市场竞争日益激烈的条件下，企业的商业信誉是十分重要的竞争优势，企业没有理由自毁商誉。本来销售促进这种促销方式就有贬低商品之意，如果再不严格约束企业行为，那将会产生失去企业长期利益的巨大风险。因此，弄虚作假是销售促进中的最大禁忌。

4) 注重中后期宣传

开展销售促进活动的企业比较注重推广前期的宣传。这非常必要。在此还需提及的是不应忽视中后期宣传。在销售促进活动的中后期，面临的十分重要的宣传内容是销售促进中的企业兑现行为。这是消费者验证企业推广行为是否具有可信性的重要信息源。所以，令消费者感到可信的企业兑现行为，一方面有利于唤起消费者的购买欲望，另一个更重要的方面是可以换来社会公众对企业良好的口碑，增强企业的良好形象。

此外，还应注意确定合理的推广预算，科学测算销售促进活动的投入产出比。

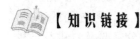 【知识链接】

销售促进的方式、传播特点及对品牌的作用

类 型	做 法	传播特点	对品牌的作用
试用样品	向消费者提供一定数量的免费产品或服务	直接接触品牌产品，成本较高	传播品牌产品的功能利益
同牌赠品	在购买特定产品时以较低的价格或免费提供用于刺激购买该产品	顾客直接接触品牌标定产品或延伸标志产品	探测品牌延伸的可能性
优惠券	持有人在购买指定产品时可以获得特定的优惠额度的一种凭证	券面附载品牌信息，能较强地吸引注意	增强品牌印象和亲和力
折扣	消费者在购买产品时在原价的基础上享受一定百分比的减让，即在价格上给予适当优惠	感受到品牌顾客让渡价值	增加重复购买，培育和维护品牌忠诚

续表

类　型	做　法	传播特点	对品牌的作用
以旧换新	消费者平时用过的产品，在购买特定产品时，享受一定的抵价优惠	感受品牌顾客让渡价值，体现珍视资源的诉求	传播品牌绿色环保意识
特价包装	以比正常价格优惠的价格销售打包商品	以顾客获得价格实利来巩固品牌定位	增加品牌记忆，强化品牌印象
现金返还	产品购买活动结束后给予顾客价格优惠	以顾客获得价格实利来巩固品牌定位	增加品牌记忆，强化品牌印象
购买资料计划	针对顾客购买企业产品或服务的次数和数量来给予奖励	以顾客获得价格实利来巩固品牌定位	建立品牌友好，增加顾客品牌忠诚
奖励	消费者在购买特定产品后有机会获得现金、旅游或者其他产品	顾客参与的品牌文化活动，易形成口碑	传播品牌文化，增加品牌趣味色彩
现场演示	在购买地点或者促销地点进行展览或者演示	突出显示品牌产品属性和特征	展示品牌质量感和信誉感
协同促销	与其他优秀品牌联合促销	利用合作品牌为自身品牌做比附性、关联性广告	利用相关联想，增强品牌形象
减价优惠	在特定的时间和特定的范围内，调低产品的销售价格	维护市场份额，增加直接购买接触	与竞争品牌进行价格竞争

（资料来源：王伟芳. 品牌管理. 大连：大连理工大学出版社，2014.）

4.3.3　公共关系

1. 公共关系的定义

公共关系是指用来促进或保护公司形象及其个别产品的做法，包括新闻发布会、媒体采访、介绍性文章、新闻简报、照片、电影等非人际性的沟通方式以及年度报告、筹资、加入某团体、游说、特殊事件管理及公共事务等。

公共关系作为一门现代科学，是市场经济在现代社会发展的产物。它旨在使品牌组织内部环境与外部环境达到和谐统一，是一种通过品牌推广使品牌与公众尤其是消费者或潜在消费者相互沟通、相互了解，树立品牌良好形象的一种传播活动。公共关系是以较低的成本通过公关活动引起新闻媒体和公众的关注，以期达到较大的推广效果的一种手段。它在为品牌"扬名立万"的同时，还通过各种活动与消费者或潜在消费者沟通情感，"攻心为上"，希望获得消费者心理上的认可，消除心理距离，增大重复购买率。在这里，公共关系扮演的是一个谈心者的角色，以推广沟通为途径，使消费者与品牌"恋爱"，在心中产生共鸣，使消费者在情感上倾斜、欣赏、依恋、追随该品牌。通过与消费者的对话，达到提升品牌魅力、巩固品牌形象、积累品牌资产的作用。

2. 公共关系的特征

与其他传播工具相比，公共关系有以下明显特征：

(1) 高度可信性。新闻故事和特写对读者来说要比广告更可靠、更可信。

(2) 消除防卫。很多潜在顾客能接受宣传，但回避推销人员和广告。作为新闻的方式将信息传递给购买者要比销售导向的信息传播更有效。

(3) 戏剧化。公共宣传像广告那样，有一种能使公司或产品惹人注目的潜能。一个深思熟虑的公共关系活动同其他促销组合因素协调起来将取得极大的效果。

 【知识链接】

麦当劳巧用公关活动

麦当劳每年在广告上投入约 100 万美元，同时开展折扣、赠送、开奖等形形色色的促销策略。为了庆祝"巨无霸"25 周年，麦当劳除了基本的广告和促销手段以外，还集中在一段时间里开展了全面的"巨无霸媒介出击"活动。

(1) 发动当地、全国及世界范围内的媒体介绍"巨无霸"的起源及发展。

(2) 在"巨无霸"的故乡匹兹堡开展周年庆联欢活动。

(3) 美国各大广播和电视媒体普遍报道匹兹堡的联欢活动，对麦当劳代表的采访，展示过去和现在的"巨无霸"广告等。

麦当劳的调查指出，此次媒体出击活动带来了 3 亿次左右的公共形象展示(报纸60%，电视30%，广播10%)。通过周年庆，消费者对麦当劳品牌的偏好程度也上升了 119%，与往年同期相比，"巨无霸"的销售量增长了 13%。

3. 有效公关的要点

有效的公共关系首先要得到社会的认可，公关活动不是凭空想象出来的，而应该从社会的现实情况出发，挖掘创意点，使公关活动自身具有较大的社会意义和社会价值，符合社会情感需要，从而引起公众的注意，使公关活动效果最大化。公关活动有时要通过轰动效应来扩大活动影响，提高知名度。但寻求轰动效应，必须不落俗套，另辟蹊径。因此，一个有效的公共关系要注意以下的"公关九意说"：

(1) 政府同意。公共关系活动必须遵守政府的有关政策、法律和法规，接受政府对品牌管理活动的宏观控制和指导，及时与政府有关部门沟通信息，不可违反政策法规，使自己陷入深渊。

(2) 营销主意。公共关系活动的展开，不仅仅是为了活动本身的宣传效果，其主旨是为了品牌营销，否则，公关活动的根本意义将不存在。

(3) 深刻寓意。公共关系应该主题鲜明、含义深刻，通过公关活动的实施和开展，给公众留下深刻而良好的印象，使之在活动内容之外增加社会附加值，通过良好的社会关系，推动品牌的增强。

(4) 企业愿意。公共关系是一种内求团结、外求发展的职能，所以公共关系活动的实施不能离开企业内部的上下支持，更离不开内部团结和团队精神，只有这样才能更好地进行公关操作。

(5) 策划得意。精心的策划是公关活动成功的关键，不经过精心和高质量的策划，策划的效果不理想，公关活动是很难搞成功的。

(6) 顾客乐意。俗语说得好，"有钱难买我愿意"。没有消费者的认同和支持，公关活动以及品牌推广活动绝不可能成功，消费者就像水，品牌似舟，无水怎能行舟？

(7) 领导留意。政府部门的支持是公关活动成功的又一重要因素。品牌的公关活动得到政府的支持越大，其所产生的效果越好，没有哪一个公关活动能完全抛开政府部门或公共管理部门而成功。

(8) 媒体注意。公共关系活动的目的是在公众中树立良好的品牌形象，扩大品牌的影响，以积累品牌资产，如若没有大众媒体的参与，公众不知有此事，何来形象塑造？只有借助大众媒体，才能拓展公关活动影响的广度和深度，才能深化品牌的内涵。

(9) 要有创意。公共关系的艺术成分多于科学成分，尽管它以科学为后盾，但是，公关艺术中创造性的因素大大多于逻辑的因素。

　【知识链接】

中国 2014 年度公共关系行业基本状况

2014 年，受国家宏观经济调控的影响，中国公共关系市场增长缓慢。据调查估算，整个市场的年营业规模约为 380 亿元人民币，年增长率为 11.5% 左右。

随着新媒体时代的不断发展，公共关系业务的结构性变化也逐渐凸显。传统公关业务增速放缓，而新兴公关业务(如数字化传播、新媒体营销等)发展迅猛。总体而言，作为新兴产业的公共关系行业，行业的成长速度仍然要高于整体经济发展的增速，具体如图 4-3 所示。

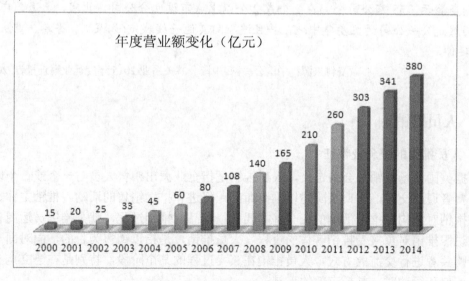

图 4-3　公关行业年度营业额

调查显示，2014 年度中国公共关系服务市场的前 5 位为汽车(26.9%)、快速消费品

(14.1%)、医疗保健(10%)、通信(7.7%)、互联网(5.4%)，其他如 IT、制造业、房地产等占35.9%。医疗保健及互联网行业的迅猛发展，使此领域的公共关系业务需求也随之增加。

据统计，35 家公司中网络公关业务营业收入在 3000 万元以上的公司为 14 家，比去年增加 4 家。整个市场中，新媒体业务占公关总体业务的 30.3%，网络公关的收入占总营业收入的 26.6%。

35 家开展网络公关业务的公司中，16 家提供舆情监测服务(46%)，15 家提供危机处理服务(43%)，30 家提供产品推广服务(86%)，30 家提供企业传播服务(86%)，24 家提供事件营销服务(69%)，22 家提供口碑营销服务(63%)，26 家提供整合传播服务(74%)，如图 4-4 所示。

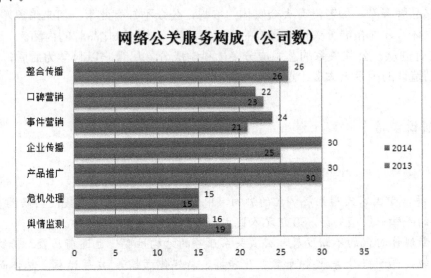

图 4-4　网络公关服务构成情况

调查显示，35 家公司全部在 2 个或 2 个以上城市设立分公司，北京、上海、广州和成都仍然是公关公司的主要集中地，并且逐渐向其他一线城市(如深圳、香港、重庆、杭州等)延伸。

(资料来源：中国公关网.中国公共关系业 2015 年度行业调查报告.2016.5)

4.3.4　人员推销

1. 人员推销的概念及特征

根据美国市场营销协会的定义，人员推销是指企业派出销售人员与一个或一个以上的潜在消费者通过交谈，作口头陈述以推销商品，促进和扩大销售的活动。推销主体、推销客体和推销对象构成推销活动的三个基本要素。商品的推销过程，就是推销员运用各种推销术，说服推销对象接受推销客体的过程。人员推销，是指以销售为目的，面对面与一个或多个购买者进行交流的方式。人员推销在买卖过程的某个阶段，特别是在建立购买者的偏好、信任和行动时，是最有效的工具。

相对于其他促销形式，人员推销具有以下特点：

(1) 注重人际关系，与顾客进行长期的情感交流。情感的交流与培养，必然使顾客产生惠顾动机，从而与企业建立稳定的购销关系。

(2) 具有较强的灵活性。推销员可以根据各类顾客的特殊需求，设计有针对性的推销策略，容易诱发顾客的购买欲望，促成购买。

(3) 具有较强的选择性。推销员在对顾客调查的基础上，可以直接针对潜在顾客进行推销，从而提高推销效果。

(4) 及时促成购买。人员推销在推销员推销产品和劳务时，可以及时观察潜在顾客对产品和劳务的态度，并及时予以反馈，从而迎合潜在消费者的需要，及时促成购买。

(5) 营销功能的多样性。推销员在推销商品的过程中，承担着寻找客户、传递信息、销售产品、提供服务、收集信息、分配货源等多重功能，这是其他促销手段所没有的。

2. 人员推销的一般步骤

人员推销一般经过七个步骤：

(1) 寻找潜在顾客。即寻找有可能成为潜在购买者的顾客。潜在顾客是一个"MAN"，即具有购买力(Money)、购买决策权(Authority)和购买欲望(Need)的人。寻找潜在顾客线索的方法主要有：向现有顾客打听潜在顾客的信息；培养其他能提供潜在顾客线索的来源，如供应商、经销商等；加入潜在顾客所在的组织；从事能引起人们注意的演讲与写作活动；查找各种资料来源(工商企业名录、电话号码黄页等)；用电话或信件追踪线索，等等。

(2) 访问准备。在拜访潜在顾客之前，推销员必须做好必要的准备。具体包括：了解顾客，了解和熟悉推销品，了解竞争者及其产品，确定推销目标，制定推销的具体方案等。不打无准备之仗，充分的准备是推销成功的必要前提。

(3) 接近顾客。接近顾客是推销员征求顾客同意接见洽谈的过程。接近顾客能否成功是推销成功的先决条件。推销接近要达到三个目标：给潜在顾客一个良好的印象；验证在准备阶段所得到的信息；为推销洽谈打下基础。

【随堂思考】

一推销员走进银行经理办公室推销伪钞识别器，见女经理正在埋头写一份东西，从表情看很糟，从桌上的混乱程度可以判定经理一定忙了很久。推销员想：怎样才能使经理放下手中的工作，高兴地接受我的推销呢？观察发现，经理有一头乌黑发亮的长发。于是推销员赞美道："好漂亮的长发啊，我做梦都想有这样一头长发，可惜我的头发又黄又少。"只见经理疲惫的眼睛一亮，回答说："没以前好看了。太忙，瞧，乱糟糟的。"推销员马上送上一把梳子，说："梳一下更漂亮，你太累了，应休息一下。注意休息，才能永葆青春。"这时经理才回过神来问："你是……?"推销员马上说明来意。经理很有兴趣地听完介绍，并很快决定买几台。这位经理为什么这么快就接受了推销员的推销？

(4) 洽谈沟通。这是推销过程的中心。推销员向准客户介绍商品，不能仅限于让客户了解你的商品，最重要的是要激起客户的需求，产生购买的行为。养成 JEB 的商品说明习惯，能使推销事半功倍。

所谓 JEB，简而言之，就是首先说明商品的事实状况(Just Fact)，然后将这些状况中具有的性质加以解释说明(Explanation)，最后再阐述它的利益(Benefit)及带给客户的利益。熟练掌握商品推销的三段论法，能让推销变得非常有说服力。

(5) 应付异议。推销员应随时准备应付不同意见。顾客异议表现在多方面，如价格异议、功能异议、服务异议、购买时机异议等。有效地排除顾客异议是达成交易的必要条件。一个有经验的推销员面对顾客争议，既要采取不蔑视、不回避、注意倾听的态度，又要灵活运用有利于排除顾客异议的各种技巧。

(6) 达成交易。达成交易是推销过程的成果和目的。在推销过程中，推销员要注意观察潜在顾客的各种变化。当发现对方有购买的意思时，要及时抓住时机，促成交易。为了达成交易，推销员可提供一些优惠条件。

(7) 事后跟踪。现代推销认为，成交是推销过程的开始。推销员必须做好售后的跟踪工作，如安装、退换、维修、培训及顾客访问等。对于 VIP 客户，推销员特别要注意与之建立长期的合作关系，实行关系营销。

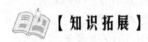 【知识拓展】

推销的 3H 和 1F

推销是由三个 H 和一个 F 组成的。第一个"H"是"头"(Head)，推销员需要有学者的头脑，必须深入了解顾客的生活形态、价值观以及购买动机等，否则不能成为推销高手；第二个"H"代表"心"(Heart)，推销员要有艺术家的心，对事物具有敏锐的洞察力，能经常地对事物感到一种惊奇和感动；第三个"H"代表"手"(Hand)，推销员要有技术员的手，推销员是业务工程师，对于自己推销产品的构造、品质、性能、制造工艺等，必须具有充分的知识。"F"代表"脚"(Foot)，推销员要有劳动者的脚，不管何时何地，只要有顾客、有购买力，推销员就要不辞劳苦，无孔不入。

因此，具有"学者的头脑"、"艺术家的心"、"技术员的手"和"劳动者的脚"是成为一个推销员的基本条件。

4.3.5　直接营销

根据美国直接营销协会(DMA)给出的直接营销的定义，直接营销是在非固定的销售场所，以销售人员直接面向消费者销售商品或服务的一种销售模式。常见的直接营销形式有：面对面推销、直接邮寄营销、电话推销、传真推销、电子邮件、电视直销、网络直销等。直接营销在现代社会被广泛应用于消费者市场、企业对企业市场和慈善募捐。

1. 直接营销的特征

直接营销具有以下明显特征：

(1) 非公众性。信息一般发送至特定的人，而不给予其他人。

(2) 定制特色。信息为某人定制以满足他的诉求并发给他。

(3) 及时性。为了发送给某个人，信息准备得非常快捷。

(4) 交互反应。信息内容可根据个人的反应而改变。

直接营销的最主要特点是它可以提供个性化的服务，可以针对个人设计个人化的信息，且具有可测性。但是它的人工成本过高，只能适用于小范围的群体且要求目标对象清楚。

2. 几种常见的直接营销方式

(1) 面对面推销。这是最基础和最原始的直销方式。一般是公司依靠专业的销售队伍访问预期客户，发展他们成为顾客，并不断增加业务。这种方式多应用于保险业、金融证券业、化妆品业等，例如保险代理商、雅芳小姐等。

(2) 直接邮寄营销。这是指向一个有具体地址的人邮寄报价单、通知、纪念品或其他项目。直接邮寄的好处在于，能够有效地选择目标市场，可实现个性化，比较灵活，比较容易检测各种结果。在 20 世纪 80 年代，在传统的信件邮寄的基础上，又发展出来传真传送邮件、E-mail 传送邮件以及声音传送邮件的新方式。

(3) 目录营销和电视营销是直接经销中最普通的形式。电视直销的重要性在日益增长。其他的媒体形式，如杂志、报纸和收音机也可以用于直接营销。

(4) 网上营销的渠道有两种：商业网上服务和因特网。网上广告为买方提供方便，对卖方来说成本较低。公司上网可选择创建电子商店前台，参与论坛、信息组合公告牌，网上广告，使用电子邮件。然而，并非所有的公司都能上网；每个公司必须分析网上获得的收益是否能够弥补其成本。

4.3.6　传播工具选择的影响因素

企业在进行品牌传播工具选择和组合时，菲利普·凯特勒认为需要考虑以下因素：销售产品的市场类型，采用推动还是拉动战略，怎样使有所准备的消费者进行购买，产品在产品生命周期所处的阶段以及公司的市场安排。

1. 产品市场类型

品牌传播工具的有效性因消费者市场和工业市场的差异而不同。经营消费品的公司一般都把大部分资金用于广告，随之就是销售促进、人员推销和公共关系。一般来说，人员推销着重于昂贵的、有风险的商品。

2. 推动与拉动战略

品牌传播推广组合较大程度上受公司选择推动还是拉动战略以创造销售机会的影响。如图 4-5 所示，对这两战略加以对照，推动战略要求使用销售队伍和贸易促销，通过销售渠道推出产品，制造商采取积极措施把产品推销给批发商，以此类推，直至产品推销给消费者。拉动战略要求在广告和消费者促销方面使用较多的费用，建立消费者的需求欲望。如果这一战略是有效的，消费者就会向零售商购买这一产品，零售商就会向批发商购买这一产品，批发商就会向制造商购买这一产品。比如，利威尔兄弟公司偏重于推动战略，宝洁公司则偏重于拉动战略。

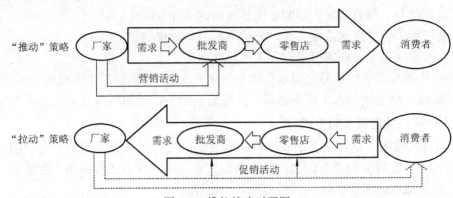

图 4-5　推拉战略对照图

3. 购买者准备阶段

品牌传播推广工具在不同的购买者准备阶段有着不同的成本收益。广告和公共宣传在创声誉阶段起着十分重要的作用，远远超过了其他工具。顾客的理解力主要受广告和人员推销的影响，顾客的信服大都受人员推销的影响，而广告和销售促进对他们的影响则较小。销售成交主要受到人员推销和强大促销的影响。产品的重新订购大多受人员推销和销售促进的影响，并且广告的提醒在某种程度上也起了一定的作用。很明显，广告和宣传推广在购买者决策过程的最初阶段是最具有成本效应的，而人员推销和销售促进应在顾客购买工程中的较晚阶段采用，以获得最佳的效应。

4. 产品生命周期阶段

在产品生命周期的不同阶段，促销工具有着不同的效应。

(1) 在引入阶段，广告和宣传推广具有很好的成本效应，随后是人员推销，以取得分销覆盖面积和销售促进从而推动产品试销。

(2) 在成长阶段，由于消费者的相互传告，需求自然可保持其增长的势头。因此，所有的促销工具的成本效应都在降低。

(3) 在成熟阶段，销售促进比广告的成本效应更大，广告的成本效应比人员推销更大。

(4) 在衰退阶段，销售促进的成本效应继续保持较强的势头，广告和宣传的成本效应则降低了，而销售人员只需给产品最低限度的关注即可。

5. 公司的市场安排

对于排在顶端的品牌，能从广告对销售促进的关系上导出更多的利益。对顶端的三个品牌，广告费用花在销售促进的比率越高，投资回报率就越高。这排除了第四位或更差的品牌，因为随着广告费用的由低到高，盈利能力在下降。

★4.4　整合营销传播

4.4.1　整合营销传播的产生及核心思想

1. 整合营销传播的产生

20 世纪 90 年代，整合营销传播的出现改变了营销人员的思维方式，建立了营销领域新的里程碑。整合营销传播的出现，正如整合营销传播之父唐·舒尔茨所说，"真正改变整合传播并使其应用变得日益广泛的不是传播者，相反，整合传播发展的动力有两种：一种是组织的外部因素，即呈现各种形式的信息技术；另一种是组织内部因素，即高层管理者对传播从业者的计算能力和职位工作的新的要求。"(唐·舒尔茨《二十一世纪营销传播的变化》)。

信息技术的发展和推广为整合营销传播提供了可能性。20 世纪 90 年代以来，以数字化革命(Digital Revolution)、光纤通信革命(Optical Fiber Revolution)和电脑革命(Computer Revolution)等三大技术革命为媒介的信息高速公路(Information Highway)极大地改变了企业的经营方式。信息技术成为包括个人和组织在内用来加快和简化各种传播、讨论、交易甚至是沟通的必要工具，也为营销人员购买数据，了解消费者的媒体习惯、收入、消费状况，了解其购买决策过程和作出购买决策的信息来源提供了便利。促使整合传播改变的另一个主要因素是"传播规划(包括内部的和外部的)管理评价"特性的改变。高层管理者越来越关注对传播投资回报的衡量，即对投入传播规划的投资的产出、市场或组织结果的衡量。

市场环境的变化促使企业的营销重点发生改变是整合营销传播产生的又一因素。4C 理论给人们提供了一种全新的角度，这种角度改变了营销思考的重心，用唐·舒尔茨教授的话来说就是，过去营销的座右铭是"消费者请注意"，而现在则是"请注意消费者"。同时，媒体之间竞争日益激烈，媒体越来越细分化对整合营销传播的产生起了重要的推动作用。媒体细分化使营销传播的成本上升，效果下降。这使营销人员越来越感觉到要采用多种传播工具，并把它们有效地结合起来，运用整合的思想，传播同一主题。

美国广告代理协会给出的定义：一种作为营销传播计划的概念，确认一份完整透彻的传播计划有其附加价值存在，这份计划应评估各种不同的传播技能在策略思考中所扮演的角色。例如一般广告、直销回应、销售促进及公共关系一并将之组合，透过天衣无缝的整合提供清晰、一致的信息，并发挥最大的传播效果。整合营销传播的原理如图 4-6 所示。

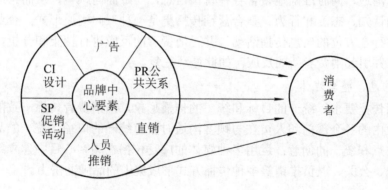

图 4-6　整合营销传播的原理

2. 整合营销传播的核心思想

整合营销传播的核心思想是将与企业进行市场营销所有关的一切传播活动一元化。整合营销传播一方面把广告、促销、公关、直销、CI、包装、新闻媒体等一切传播活动都涵盖到营销活动的范围之内；另一方面则使企业能够将统一的传播资讯传达给消费者。所以，整合营销传播也被称为 Speak With One Voice(用一个声音说话)，即营销传播的一元化策略。

整合营销传播是以消费者为核心重组企业行为和市场行为，综合、协调地使用各种形式的传播方式，以统一的目标和统一的传播形象，传递一致的产品信息，实现与消费者的双向沟通，迅速树立产品品牌在消费者心目中的地位，建立品牌与消费者长期密切的关系，更有效地达到广告传播和产品行销目的的活动。

1) 以顾客价值为导向

传统营销理论的核心是 J·麦卡锡在 20 世纪 60 年代提出的 4P 理论。90 年代以来，劳特朗(Lauteborn)的 4C 理论受到人们越来越多的关注。4C 理论研究的是：

(1) 消费者的需要和欲求(Consumer Wants and Need)。企业要生产消费者所需要的产品而不是卖自己所能制造的产品。

(2) 消费者满足欲求需付出的成本(Cost)。企业定价不是根据品牌策略而要研究消费者的收入状况、消费习惯以及同类产品的市场价位。

(3) 产品为消费者所能提供的方便(Convenience)。销售的过程在于如何使消费者快速、便捷地买到该产品，由此产生送货上门、电话订货、电视购物等新的销售行为。

(4) 产品与消费者的沟通(Communication)。消费者不只是单纯的受众，本身也是新的消费者。企业必须实现与消费者的双向沟通，以谋求与消费者建立长久不散的关系。整合营销传播理论的核心就是 4C 理论。正如唐·舒尔茨所说：传统营销的座右铭是"消费者请注意"，而现在则是"请注意消费者"。以顾客价值为导向的整合营销传播，不仅要求把消费者作为传播活动的出发点和归宿，更要求把消费者作为整个传播过程中每一环节的焦点。

2) 实行接触式管理、双向沟通

传统营销理论主要通过广告等促销手段向消费者单向传递信息，把消费者视为被动的信息接受者。整合营销传播则更加注重接触管理，强调在信息传递过程中的每一环节都要与消费者进行沟通，同时准确地整合各种营销信息，一致面向顾客，从而帮助顾客建立或强化对品牌的认知、态度和行为。整合营销传播更是一种双向沟通形式。企业通过建立顾客资料库，进行全方位的信息传播活动，并对消费者的反应进行搜集和分析，再与消费者进行新的沟通并引起消费者新的反应，如此循环往复。

3) 统一信息、整合媒体

整合营销传播要求以统一的目标和统一的传播形象，向消费者传播一致的营销信息。这就要求企业内的各个部门和人员在与顾客沟通时要有统一的口径、统一的品牌个性、统一的顾客利益点和统一的创意；运用多种媒体的广泛传播在顾客心目中建立统一的品牌形象；运用广告、公关、人员推销等多种传播方式形成集中的品牌冲击力。

4.4.2　品牌整合营销传播

1. 品牌整合营销传播的涵义

品牌整合营销传播(Integrated Marketing Communication，IMC)是指把品牌等与企业的所有接触点作为信息传达渠道，以直接影响消费者的购买行为为目标，是从消费者出发，运用所有手段进行有力的传播的过程。这一过程对于消费者、客户和其目标中的或潜在的目标公众来说，通常应该是协调权衡的，并且具有说服力。

IMC 不是将广告、公关、促销、直销、活动等方式的简单叠加运用，而是了解目标消费者的需求，并反映到企业的经营战略中，持续、一贯地提出合适的对策。为此，应首先决定符合企业实情的各种传播手段和方法的优先次序，通过计划、调整、控制等管理过程，有效地、阶段性地整合诸多企业传播活动，然后将这种传播活动持续运用。

IMC 不是一种表情、一种声音，而是以更多的要素构成的概念。IMC 的目的是直接影响听众的传播形态，IMC 考虑消费者与企业接触的所有要素(如品牌)。

从企业的角度看 IMC，以广告、促销、公共关系等多种手段传播一贯的信息，整合传播战略，以便提供品牌和产品形象。

从媒体机构上看 IMC，不是个别的媒体实施运动，而是以多种媒体组成一个系统，给广告主提供更好的服务。

从广告公司的角度看 IMC，不仅是广告，而且灵活运用必要的促销、公共关系、包装等诸多传播方法，把它们整合起来，给广告主提供服务。

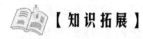 【知识拓展】

麦当劳的整合营销传播

麦当劳是世界上规模最大的快餐连锁集团之一，在全球的 120 多个国家有 29 000 多家餐厅。1990 年，麦当劳来到中国，在深圳开设了中国的第一家麦当劳餐厅；1992 年 4 月在北京的王府井开设了当时世界上面积最大的麦当劳餐厅，当日的交易人次超过万人。从 1992 年以来，麦当劳在中国迅速发展。1993 年 2 月广州的第一家麦当劳餐厅在广东国际大厦开业；1994 年 6 月，天津麦当劳第一家餐厅在滨江道开业；1994 年 7 月，上海第一家麦当劳餐厅在淮海路开业。数年间，麦当劳已在北京、天津、上海、重庆四个直辖市，以及广东、广西、福建、江苏、浙江、湖北、湖南、河南、河北、山东、山西、安徽、辽宁、吉林、黑龙江、四川和陕西等 17 个省的 74 个大中城市开设了 460 多家餐厅，在中国的餐饮业市场中占有重要地位。

作为世界首屈一指的快餐连锁集团，麦当劳近年来在全球各地市场受到了多方面的挑战：市场占有上，2002 年 11 月 8 日，麦当劳宣布从 3 个国家撤出，关闭 10 个国家的 175 家门店，迅速扩张战略受阻。在中国大陆，麦当劳的门店数仅为肯德基的 3/5。品牌定位上逐渐"品牌老化"。肯德基主打成年人市场，麦当劳 50 年坚持走小孩和家庭路线，迎合妈妈和小孩。但近年人们的婚姻和婚育观念的改变，晚婚和单身的现象日渐平常，消费核心群体由家庭群体向 24 岁到 35 岁的单身无子群体转变，麦当劳的定位以及品牌的概念恰与此偏离。投资策略上，麦当劳在中国一直坚持自己独资开设连锁店。截止 2003 年 7 月底，麦当劳在中国都没有采取肯德基等快餐连锁的特许经营的扩张方式。公司管理上，迅速扩张的战略隐患逐渐暴露。麦当劳最引以为豪的就是其在全球的快速而成功的扩张，在 2002 年麦当劳缩减扩张计划之前，麦当劳在全球新建分店的速度一度达到每 8 小时一家，而这种快速扩张也使得麦当劳对门店的管理无法及时跟进，比如一些地区正在恶化的劳资关系以及滞后的危机处理能力。在广州麦当劳消毒水事件中，店长反应迟缓，与消费者争执，都损坏了企业的品牌形象。民族和文化意识上的隔阂也给麦当劳带来了麻烦。与可口可乐、万宝路一样，麦当劳与"美国"这一概念捆绑在一起，其效应就如一把双刃剑，既征服了市场，也引来了麻烦。从中东乃至穆斯林掀起的抵制美国货运动，到"9·11"事件后麦当劳餐厅的爆炸事件，都说明了"美国"品牌的负面效应。现代社会，快餐食品对健康的影响逐渐为越来越多的人重视，这成为麦当劳的又一难题。2003年3月5日的"两会"上，全国政协委员张皑建议严格限制麦当劳、肯德基的发展；世界卫生组织(WHO)也正式宣布，麦当劳、肯德基的油煎、油炸食品中含有大量致癌毒素。

在各种因素的综合作用下，2002年10月麦当劳股价跌至7年以来的最低点，比1998年缩水了70%，并在2002年第四季度第一次出现了亏损。为改变这种情况，2002年初，麦当劳新的全球首席营销官拉里·莱特(Larry Light)上任，并策划了一系列整合营销传播方案，实施麦当劳品牌更新计划。

2003年，麦当劳在中国台湾、新加坡等地推出了"和风饭食系列"、"韩式泡菜堡"，在中国大陆推出了"板烧鸡腿汉堡"，放松标准化模式，发挥本地化策略优势，推出新产品，顺应当地消费者的需求。2003年8月，麦当劳宣布，来自天津的孙蒙蒙女士成为麦当劳在内地的首个特许加盟商，打破了中国内地独资开设连锁店的惯例。2003年9月2日，麦当劳正式启动"我就喜欢"品牌更新计划。麦当劳第一次同时在全球100多个国家联合起来用同一组广告、同一种信息进行品牌宣传，一改几十年不变的"迎合妈妈和小孩"的快乐形象，放弃坚持了近50年的"家庭"定位举措，将注意力对准35岁以下的年轻消费群体，围绕着"酷"、"自己做主"、"我行我素"等年轻人推崇的理念，把麦当劳打造成年轻化、时尚化的形象。同时，麦当劳连锁店的广告海报和员工服装的基本色都换成了时尚前卫的黑色。配合品牌广告宣传，麦当劳推出了一系列超"酷"的促销活动，比如只要对服务员大声说"我就喜欢"或"I'm loving it"，就能获赠圆筒冰激凌，这样的活动很受年轻人的欢迎。2003年11月24日，麦当劳与"动感地带"(M-Zone)宣布结成合作联盟，并在全国麦当劳店内同步推出了一系列"我的地盘，我就喜欢"的"通信+快餐"的协同营销活动。麦当劳还在中国餐厅内提供WiFi服务，让消费者可以在麦当劳餐厅内享受时尚的无线上网乐趣。2004年2月12日，麦当劳与姚明签约，姚明成为麦当劳全球形象代言人。姚明将在身体健康和活动性、奥林匹克计划以及"我就喜欢"营销活动和客户沟通方面发挥重要作用。2004年2月23日，麦当劳推出"365天给你优质惊喜，超值惊喜"活动，推出一项"超值惊喜、不过5元"的促销活动。在2004年2月23日到8月24日期间，共有近10款食品价格降到了5元以内。2004年2月27日，麦当劳宣布，将其全球范围内的奥运会合作伙伴关系延长到2012年。此举一次性地将其赞助权延长连续四届奥运会。这一为期八年的续约延续了麦当劳在餐馆和食品服务领域向2006年意大利都灵冬季奥运会、2008年中国北京奥运会、2010年加拿大温哥华冬奥会以及2012年伦敦奥运会的独家销售权，还可以在全球营销活动中使用奥运会的五环标志，并获得对全球201个国家和地区的奥运会参赛队伍的独家赞助机会。

经过一系列的努力，麦当劳2003年11月份销售收入增长了14.9%，亚太地区的销售收入增长了16.2%。公司的股价逆市上涨，创下了16个月以来的新高。JP摩根集团2003年12月称，麦当劳在全球经营已经有了很大的改变，并将麦当劳的股票评级从"一般市场表现"调升至"超出市场表现"。

思考题:

1. 整合营销传播的含义是什么?麦当劳是通过哪些具体措施来实施其整合营销传播计划的?

2. 在广告宣传、营业推广和公共关系方面,谈谈你对麦当劳有什么更好的建议。

(资料来源:晁钢令,楼尊. 市场营销学. 4 版. 上海:上海财经大学出版社,2014.)

2. 品牌整合营销传播的特点

1) 目标性

IMC 是针对明确的目标消费者的过程。IMC 的目标非常明确和具体,它并不是针对所有的消费者,而是根据对特定时期和一定区域的消费者的了解和掌握,并根据这类目标消费者的需求特点而采取的措施和传播过程。虽然 IMC 也能影响或辐射到潜在的消费者,但不会偏离其明确的目标消费者。

2) 互动交流性

IMC 旨在运用各种手段建立企业与消费者的良好沟通关系。这种沟通关系不是企业向消费者的单向信息传递,而是企业与消费者之间的双向交流。

沟通是以消费者需求为中心,每一个环节都是建立在对消费者的认同上,它改变了传统营销传播的单向传递方式,通过传播过程中的反馈和交流,实现双向的沟通。有效的沟通进一步确立了企业、品牌与消费者之间的关系。

3) 统一性

在传统营销传播理论的指导下,企业在广告、公关、促销、人员推销等方面的行为都是由各部门独立实施的,没有一个部门对其进行有效的整合和传播。在这种情况下,有很多资源重复使用,甚至不同部门的观点和传递的信息都无法统一,造成品牌形象在消费者心目中的混乱,影响了最终的传播效果。

IMC 对企业的资源进行合理的分配,并按照统一的目标和策略将营销的各种传播方式有机地结合起来,表现同一个主题和统一的品牌形象,使企业的品牌形成强大的合力,推动企业品牌的发展。

4) 连续性

IMC 是一个持续的过程,通过不同的媒体重复宣传同一个主题、统一形象的信息,并且这是一个长期的过程,以达到累积消费者对企业品牌形象的注意力和记忆度的目的。

5) 动态性

IMC 改变了以往从静态的角度分析市场、研究市场,然后再设法去迎合市场的做法。强调以动态的观念主动地迎接市场挑战,更加清楚地认识到企业与市场之间互动的关系和影响,创造新的市场。

3. 品牌整合营销传播的要素

IMC 的要素主要指营销传播中的各种方式,具体如下:

(1) 广告。广告是对企业观念、商品或服务进行明确诉求的一种方式。广告的直接诉求特点能够使消费者迅速对企业品牌有一个理性的认识。通过广告全面介绍产品的性能、质量、用途、维修安装等，消除消费者购买的疑虑，而广告的反复渲染、反复刺激，也会扩大产品的知名度，从而激发和诱导消费者购买。

(2) 促销。促销是为鼓励消费者购买产品、服务的一种短期刺激行为。促销对产品、服务的直接销售影响更大，对品牌也具有一定的强化作用。

(3) 公关。在处理企业与公众关系中，合理运用策略，建立企业良好的形象。公关对品牌形象有着积极的影响，能增加企业品牌的知名度和美誉度。

(4) 事件营销。通过一些重大的事件，为企业品牌建设服务。事件营销对企业品牌的影响是直接的，而且产生的效应也较为长久。

(5) 人员销售。企业销售人员直接与消费者交往，完成产品销售的同时，与消费者建立有效的联系。销售人员与消费者建立的关系是持续的，将会为企业创造更多的品牌忠诚跟随者。

(6) 营销。通过多种广告媒介，让其直接作用于消费者并通常要求消费者作出直接反应。直接营销的方式主要有电话销售、邮购、传真、电子邮件等，通过与消费者建立直接关系，可以提升企业品牌形象。

(7) 企业领导者魅力。企业领导是企业品牌文化的一个缩影，借助企业领导者的魅力和个人风采(如企业领导者传记、个人理念等)提升企业的品牌形象。

(8) 关系营销。利用企业与外部环境建立的关系，进行品牌形象建设。外部关系包括与媒体、供应商、中间商、终端零售商、终端服务商等的关系。

4. 品牌整合营销传播的作用

(1) 提升企业品牌形象。IMC 建立在目标消费者需求的基础上，迎合了消费者的利益，引发消费者的兴趣和关注；IMC 明确的目的性传播，给目标消费者留下了深刻的印象；与目标消费者的双向沟通，增强了消费者对企业价值、品牌的认同；与目标消费者关系的建立，巩固了企业的品牌形象。

(2) 节约经营成本。由于 IMC 的传播优势，使企业的各种资源得到有效的整合和优化，从而减少了企业生产和流动的成本。

(3) 提高企业的利润能力。企业经营成本的节约，提高了企业的利润能力；企业与消费者关系的建立和传播效果的增强，推动了企业产品销售、服务增进；消费者对产品、服务的重复消费，提高了企业的销售额，同时节约了传播和流通成本。

5. 品牌整合营销传播的原则

(1) 以消费者为核心。IMC 的出发点是分析、评估和预测消费者的需求。IMC 站在消费者的立场和角度考虑问题、分析问题，并通过对消费者消费行为、特征、职业、年龄、生活习惯等数据的收集、整理和分析，预测他们的消费需求，制订传播目标和执行计划。

(2) 以关系营销为目的。IMC 的目的是发展与消费者之间相互信赖，相互满足的关系，并且促使消费者对企业品牌产生信任，使其品牌形象长久存在消费者心中。这种关系的建立，不能单单依靠产品本身，而是需要企业与消费者建立和谐、共鸣、对话、沟通的关系。

尽管营销并没有改变其根本目的——销售，但达到目的的途径却因消费者中心的营销理论发生了改变。由于产品、价格乃至销售策略的相似，消费者对于大众传媒的排斥，企业只有与消费者建立长期良好的关系，才能形成品牌的差异化，IMC 正是实现关系营销的有力武器。

(3) 循环原则。以消费者为中心的营销观念决定了企业不能以满足消费者一次性的需求为最终目的,只有随着消费者的变化调整自己的生产经营与销售,才是未来企业的生存发展之道。消费者资料库是整个关系营销以及 IMC 的基础和起点,因而不断更新和完善资料库成为一种必需。现代计算机技术以及多种接触控制实现了生产商与消费者之间的双向沟通,由此可以掌握消费者态度与行为的变化情况。

可以说,没有双向交流,就没有不断更新的资料库;没有不断更新的资料库,就失去了 IMC 的基础。因而建立在双向交流基础上的循环是 IMC 的必要保证。

【随堂思考】

现代企业品牌传播方式受哪些因素的影响比较多?

【本章小结】

品牌的传播推广是品牌资产建设和增值的重要环节。本章从品牌传播的含义、原则等基本概念入手,讲解了一般信息的传播模式,突出了品牌信息的传播沟通模式。同时,介绍了各类品牌传播沟通的工具以及传播工具组合选择的影响因素。最后,指出了整合营销传播是信息传播的关键,并阐述了品牌整合营销传播的内涵、特点、要素及原则等。

【基础测试题】

一、选择题

1. 最能立竿见影,对顾客刺激性最强的促销手段是(　　)。

A. 人员销售　　　　B. 广告　　　　　C. 销售促进　　　D. 公共关系

2. 不同广告媒体所需成本是有差别的,其中最昂贵的是(　　)。

A. 报纸　　　　　　B. 电视　　　　　C. 广播　　　　　D. 杂志

3. 企业邀请记者参观考察企业,记者撰写了一篇报道企业的文章刊登在报纸上,这种活动叫做(　　)。

A. 人员推销　　　　B. 广告　　　　　C. 公共关系　　　D. 销售促进

4. 被称为"沉默的推销员"是品牌的(　　)。

A. 名称　　　　　　B. 广告　　　　　C. 包装　　　　　D. 图案

5. 下列对于电视广告描述错误的是(　　)。

A. 适宜做企业形象宣传广告　　　　　B. 成本低廉,延续时间长

C. 形象生动,感染力较强　　　　　　D. 市场反应快,娱乐性强

二、名词解释

1. 品牌传播

2. 广告

3. 人员推销

4. 公共关系

5. 直接营销

6. 品牌整合营销传播

【思考题】

1. 品牌传播的特点有哪些？

2. 什么是品牌信息传播模式？

3. 品牌传播推广的工具有哪些，简述其优缺点。

4. 简述品牌整合营销传播的内涵与特点。

【案例分析题】

案例分析 1：

《十面埋伏》的整合营销传播策略

2004 年，张艺谋导演的《十面埋伏》牵动了不少中国人的神经，也引起了世界的关注。美联社评出的 2004 年世界十大最佳电影，《十面埋伏》列为第五位。美国影评人称誉《十面埋伏》为 2004 年最绚丽的电影。

尽管看过《十面埋伏》的不少中国观众觉得中了《十面埋伏》的埋伏，但《十面埋伏》的营销策略，的确给我们提供了一个整合营销传播的极佳范例：

1. 准确的市场定位

《十面埋伏》定位为武侠片，是其成功的开始。一来因为早有《英雄》成功在前，二来以电影市场最具消费能力的 16～45 岁的人群分析，武侠片较之言情、历史、文艺等影片消费潜力更大。

2. 充分利用明星效应，借用大腕明星作为品牌拉力

张艺谋导演选择刘德华、章子怡、金城武主演，一方面是为了剧情的考虑，最重要的是这些导演和演员个个都有着自己固有的影迷，这样增加了人们对影片的期待。

3. 眼花缭乱的事件营销

在影片拍摄过程中，接二连三的事件赚足了人们的眼球。

(1) 演员受伤事件。2003 年 11 月初，《十面埋伏》在乌克兰拍摄，不想连遭意外。因为张艺谋追求真实性的缘故，主演刘德华、章子怡及武术指导程小东都先后在乌克兰受伤。不久，另一男主角金城武也未能幸免。这一系列事件自然惹人瞩目。

(2) 剧照偷拍事件。2003 年 11 月 13 日，北京《明星 BIGSTAR》周刊率先公开发表了《十面埋伏》多幅场景照和服装效果图；11 月 20 日，《明星 BIGSTAR》又在封面发表了同一记者拍摄的刘德华、章子怡练剑的大幅照片。剧照刊出后，《十面埋伏》制作方认为该周刊通过"不正当手段"获得图片，侵害了剧组商业利益。进而，表示将状告《明星 BIGSTAR》，《明星 BIGSTAR》则立刻做出反应，称自己的行为没有违法。12 月 2 日，"偷拍"事件发生戏剧性变化，双方突然握手言和。

(3) 梅艳芳事件。

① 演员选定梅艳芳。《十面埋伏》的另一个卖点就是请梅艳芳出演角色，伴随着梅艳芳重病辞演的种种传闻，一度形成热点。

② 宋丹丹出现。因梅艳芳病故，媒体曝出所谓"宋丹丹将接替已故的梅艳芳，成为《十面埋伏》片主角"的"猛料"。

(4) 主题曲事件。主题曲先是传章子怡主唱，后又"辟谣"说《十面埋伏》有曲无歌。2004 年 3 月 19 日，最终谜底揭开，这是张艺谋所有影片中第一次启用国际歌坛巨星凯瑟琳来演唱主题曲，具有极大的炒作价值。

(5) 海外发行将片名改为《情人》事件。2004 年 4 月 8 日《十面埋伏》海外发行片名改为《情人》，制片人不满但无奈妥协。

(6) 戛纳参展事件。首先是炒作《十面埋伏》在戛纳电影节参展而不参赛，引起国内的一片惊异与猜疑。后在 2004 年 5 月 17 日，《十面埋伏》在第 57 届戛纳电影节上举办了首映式，1000 多位媒体记者提前观看了《十面埋伏》，放映结束后，观众起立鼓掌，掌声长达 20 余分钟。

(7) 片名抢注事件。2004 年 6 月，有消息称张艺谋遭遇"埋伏"，一个生产汽车旅游冰箱、凉垫等"冷门"产品的公司先下手为强，给以擅长商业运作的张艺谋来了个"埋伏"，抢注了"十面埋伏"商标。一波未平，又出现了 www.shimianmaifu.com 的域名抢注事件。

4. 活动造势，制造冲击力

2004 年 7 月 10 日，耗资 2000 万的《十面埋伏》全球首映庆典在北京工人体育场举行，李宗盛、张信哲、SHE、刀郎、美国歌剧女王巴特尔等人组成了强大的明星阵容。全国有 6 个分会场通过卫星直播首映礼，辅以歌舞表演，200 家电视台的转播使许多观众享受到了这道免费的演唱会大餐。

5. 发行方式奇招迭出

(1) 招商全面出击。早在 2004 年 4 月，印刷精美的招商书就已经寄给了各大院线和国内众多著名企业公司。招商书做得十分专业，还主动曝光了许多精彩剧照，包括章子怡和金城武在乌克兰金黄花海中策马而行，章子怡长袖善舞的惊艳造型等。《十面埋伏》的招商范围涉及了各个领域，招商项目多达 10 余项，包括首映式冠名、贴片广告预售、央视黄金时段广告、音像制品广告、纪录片发行广告、路牌广告，等等。

(2) 采用新的合作方式。《十面埋伏》首映式打破了以往与院线合作的惯例，选择当地的广告公司联合与商家合作。

(3) 海外发行先于国内发行，且收益丰厚。《十面埋伏》北美发行权卖了约 1.15 亿元人民币，日本发行权卖了 0.85 亿元，二者相加正好 2 亿元，而《十面埋伏》的总投资是 2.9 亿元，再算上海外其他地区的发行权收入以及所有 VCD 版权收入，《十面埋伏》的海外收益十分丰厚。

(4) 与企业联手。2004 年 6 月 15 日，方正科技隆重召开"方正纵横四海，惊喜十面埋伏——方正科技携手《十面埋伏》创新中国影音卓越传奇"暑促启动新闻发布会。从方正科技的路牌、海报、网络、平面广告等一系列铺天盖地的广告宣传攻势中，都可以看见《十面埋伏》的精彩剧照，而到方正科技专卖店的消费者还将领取到《十面埋伏》明星照。

(5) 为了赢得胜利，《十面埋伏》还使出了"锦衣计"。这一计的主体"情织衫"是《十面埋伏》中金城武在逃亡途中赠予章子怡的那件锦衣，"杀伤力"则是潜在的感情因素——男女之间亡命天涯时刻那间迸发出的激情。于是，不但将"锦衣"推选为影片唯一的衍生产品，还订了 1000 件锦衣在全球首映庆典上亮相。

正是这一系列全方位的营销策略的应用,《十面埋伏》取得了骄人的票房收入。2004年7月16日零点首映,全国票房高达170多万元,首映3天票房高达5500万元。截至2004年8月9日,《十面埋伏》总票房已达1.536亿元,创造了2004年单片票房最高纪录,比2004年超级进口大片《指环王3》8326万、《后天》8223万元和《特洛伊》6907万元的票房增加了7000~8000多万元,使《十面埋伏》在暑期档与进口大片的竞争中,捍卫了国产电影的应有地位,同时还显示出中国电影向全球电影市场迈进的信心和实力。

问题:

(1)《十面埋伏》的营销策略体现了整合营销传播的哪些特点和要求?

(2)《十面埋伏》的营销策略有哪些值得我们借鉴?

(3)《十面埋伏》的整合营销传播策略的应用还有哪些不足?

案例分析2:

啤酒业:卖口味还是卖形象?

最新的调查发现:青啤、燕京、华润、哈啤、百威等五大啤酒品牌在企业形象方面都有比较良好的市场表现,但离消费者的理想标准还有一定距离。青啤和燕京有很好的基础,但优势并不突出,与其他品牌差距不大。

当你看到一杯冒着雪白泡沫的啤酒,是想小酌一口,还是联想到啤酒企业的形象?

啤酒消费者在产品与企业形象之间建立了直接的联系,这是益普索华联信咨询有限公司在对10个城市2060名消费者调查分析后得出的结论。调查表明,消费者在判定啤酒品牌价值、产品质量和口味是否适合自己时,所用到的"指标"包含了许多超越产品自身的内容,更多是企业整体形象如酿造工艺、技术实力、管理水平等。

水源选料是首要品质。由于啤酒行业同质化竞争强烈,产品差异程度小,调查发现,有四个因素影响消费者对啤酒品牌的选择。

在消费者看来,保证产品品质的首要条件是水源纯净和选料天然,这表现在竞争力上是产品的新鲜。

其次是生产酿造工艺和生产设备的先进程度。它是技术力量的集中体现,企业必须有足够的资金实力以保证酿造工艺和生产设备的维护与更新,生产酿造工艺的陈旧和疲劳,最终将通过产品品质的下降表现出来。

再者,拥有众多专业人才和先进的管理经验,尤其是专业的酿酒师,保证向市场提供配方独特和高品质产品。企业在专业人才上的实力会增强消费者对产品品质的信心。

最后,产品的大众化程度,包括企业知名度高、产品有很高的市场占有率、产品能满足不同消费者需要、产品适合消费者个人需要等。

★ 青啤、燕京尚未脱颖而出

青岛啤酒在企业形象表现上名列前茅,在许多影响企业形象的因素上处于领先地位。如产品选料天然、水源纯净无污染、产品配方独特、技术力量强、拥有先进的酿造工艺、引进国外先进的生产设备、历史悠久、企业知名度高、产品获得政府部门认证、拥有先进管理经验等。企业形象的不足主要集中在新产品不够多,产品与大众消费者的相关性差,产品在各地区的普及率比较低,地区发展不平衡,没有建立起全国性的优势地位。

燕京啤酒集团的企业形象表现虽然不如青啤,但消费者对它整体评价比较高。在影响啤酒企业形象的因素上优势明显。如水源纯净无污染、产品选料天然、技术水平比较高、资金实力雄厚、产品获得政府部门认证等。企业形象的不足集中在产品配方不够独特、专业人才不足而且管理水平受到消费者挑剔、生产设备改造缓慢等。此外，燕京啤酒的整体知名度不高，除在北京的企业形象表现突出外，在其他地区则表现一般。

华润啤酒集团在企业形象上没有特别的优势，但它借助合资方 SAB 啤酒公司(全球第二大啤酒集团)的专业优势，在很短的时间里拉近了与青啤和燕啤的距离，并超越哈啤和百威。该集团采用购并当地主导品牌，然后整合到华润旗下的策略，迅速提高了竞争力。在沈阳和大连，华润啤酒集团已经在"技术水平高"、"产品适合需要"和"选料好"上给消费者留下了较强印象；在收购成都蓝剑啤酒一年后，华润啤酒集团的企业形象在成都也取得不错的表现。企业形象上的不足在于消费者对华润啤酒集团了解较少，企业知名度不高。

哈尔滨啤酒集团作为一个老牌国营啤酒企业，除了历史悠久并拥有很高的企业知名度外，其他方面没有表现出优势。

百威是较早进入中国啤酒市场的国际性品牌。目前除了较高的企业知名度外，在其他方面也没有形成突出的优势，与哈啤相比，技术力量和酿造工艺上有所超越。

★ 购并扩张不能动摇品质

面对啤酒行业集团化经营的大趋势，购并扩张是不可避免的选择。但在实施过程中，如何保持企业在水源和选料方面的优势，如何保证收编企业在酿造工艺和生产设备方面的更新，如何保证收编企业在人才和管理方面的跟进，将是啤酒企业需要重点解决的问题。调查发现，随着青岛啤酒在国内的并购扩张、生产的本地化，消费者对青岛啤酒在产品选料上的优势、先进管理经验上的优势和青岛啤酒的领先地位表现出一定的担心。消费者也对燕京啤酒在购并扩张中如何保持"水源纯净"和"产品选料天然"抱有担心，而且随着市场竞争的加剧，它还面临着如何保持"技术水平高"优势的问题。华润啤酒面临着由于进入中国市场时间较短，购并的地方品牌与华润啤酒集团的连接还没有很好地建立起来的问题。调查也发现，在产品质量稳定性方面给消费者以信心，对构建企业持续竞争力非常重要，历史悠久虽然是企业表现优势的重要"卖点"，还必须在悠久历史的基础上创新和发展。

请结合市场营销学的相关知识分析案例：为什么我国没有全国乃至全球具有极强竞争力的啤酒品牌？

【技能训练设计1】 模拟推销演练

步骤：在授课老师的指导下，选择某种产品，2 人为一组，一位学生扮演推销员，一位学生扮演顾客，进行模拟推销演练，然后再进行角色互换，直到两人都能正确地、熟练地、恰到好处地进行推销为止。

具体要求：

(1) 精心地进行模拟推销准备。(10 分)

(2) 角色扮演神态自然，情景模拟逼真，口齿清楚，语言流利。(20 分)

(3) 举止文雅，语言得体，卖点分析到位，有一定可信度和诱惑力。(45 分)

(4) 总结情景模拟的收获，分析存在的问题。(25 分)

情景一：某油脂股份有限公司召开中层以上管理人员会议，会议由总经理主持，经营副总经理作中心发言。总经理：同志们！我公司目前正面临一场严峻的挑战。这次会议主要研究应变对策，现在请公司主管经营的副总经理先谈谈意见，然后，各位出计献策。

说明：

(1)"味唯美"油已率先通过认证成为全国首家绿色食用油。

(2)"味唯美"油为某省技术监督局推荐产品和全省公认名牌。

(3)以金龙鱼食用油为首的小包装油已经在全国大城市展开激烈竞争，"味唯美"油作为一个新产品难以与其竞争产品抗衡。

(4)公司销售部只有4个人，而且2人是油脂厂的生产工人，销售部经理是本市一家濒临倒闭的国营瓷厂的一名业务员，处于找关系推销和等客上门的被动状态。

模拟开始：……

情景二：新手如何推销

王玲玲是刚毕业的大专生，近期她应聘到一家销售公司做一名基层业务员。上班的第一天，销售部经理吩咐他们一同进来的五名业务新手先看看公司产品说明资料和熟悉合同、销售政策，并告诉他们两天后就要出差到市场上谈客户、找经销商。王玲玲第一次做业务，心里没有底，她问经理，公司还有没有专门的业务培训，经理回答：做业务的以市场为本，你跑一跑就知道啦。王玲玲开始焦虑不安，她不知如何独立面对市场。如果你是王玲玲的朋友，你将如何帮助她？

说明：王玲玲作为一名刚入门的新手，她的焦虑可能来自"三怕"：一是行业知识不熟，怕自己不懂行规；二是业务流程不熟，怕被客户讥笑；三是没有什么业务技巧，怕自己空手而归。

模拟开始：……

【技能训练设计2】　品牌传播工具实践练习

5~6个学生组成一个小组，以小组为单位，选择某一熟悉企业的产品品牌或自创品牌，分析该品牌目前的传播工具有哪些，具体表现是什么，这样的品牌推广能取得什么样的反应，同时指出不同传播工具的适用范围及优缺点。

要求：按照老师的要求制作PPT，汇报各组成果。

第5章 品牌延伸

【学习目标】

(1) 了解品牌延伸的涵义与特点。
(2) 理解品牌延伸的作用。
(3) 掌握品牌延伸的策略与准则。
(4) 品牌延伸的风险及规避。

【导入案例】

娃哈哈的品牌延伸策略

娃哈哈集团有限公司的前身只是一个校办企业的经销部，到 1990 年该公司凭借一句"喝了娃哈哈，吃饭就是香"的儿童营养液的广告词，使"娃哈哈"的名字享誉大江南北，公司资产也突破亿元大关。1994 年，娃哈哈投身对口支援三峡库区移民建设，组建了娃哈哈涪陵分公司，产值利税连年快速增长，成为三峡库区最大的对口支援企业之一，跻身重庆市工业企业 50 强。随后，公司将产品链延伸至儿童饮料、食品领域，并随着企业的壮大，产品进一步向食品和成人饮料领域扩张。1996 年，公司以部分固定资产作投入与世界 500 强、位居世界食品饮料业第六位的法国达能集团等外方合资成立五家公司，通过引进资金和技术，发展民族品牌，娃哈哈再次步入了高速发展的快车道。1998 年，企业在饮料界主动扛起向国际大品牌挑战的大旗，推出了"中国人自己的可乐——娃哈哈非常可乐"，现年产销量已超 60 万吨，与可口可乐、百事可乐形成三足鼎立之势。

企业在发展的过程中始终坚持产品质量是企业的生命线，严把质量关，使产品在消费者中的知名度和美誉度进一步提升。娃哈哈为了使产品能够迅速地占领市场，企业创建了独特的"联销体"营销模式。联销体基本构架为：总部——各省区分公司——特约一级经销商——特约二级经销商——二级经销商——三级经销商——零售终端，与集团直接发展业务关系的为特约一级经销商，目前有 1000 多个，这种营销模式使企业的产品能够以最快的速度到达消费者手中，保证了其市场的领军地位。

2002 年，企业继续秉承着为广大中国少年儿童带去健康和欢乐的企业宗旨，进军童装行业，提出了"打造中国童装第一品牌"的豪言壮语。企业引进欧美的设计人才，以一流的设备、一流的设计、一流的面料，高起点进入童装业，按国际"环保标准"组织生产，并采取零加盟费的方式吸引全国客商加盟，在全国首批开立了 800 家童装专卖店，一举成为中国最大的童装品牌之一。

目前，娃哈哈集团的产品已经包括饮用水、乳品、碳酸饮料、果汁饮料、茶饮料、运动饮料、罐头食品、医药保健品、瓜子、童装十大类。娃哈哈集团已经成为中国最大的食品、饮料生产企业，全球第五大饮料生产企业，仅次于可口可乐、百事可乐、吉百利、柯特这4家跨国公司，在全国27个省市建有80余家合资控股、参股公司，在全国除台湾外的所有省、自治区、直辖市均建立了销售分支机构，拥有员工近2万名。2005年，公司实现营业收入141亿元，娃哈哈在资产规模、产量、销售收入、利润、利税等指标上已连续8年位居中国饮料行业首位，成为目前中国最大、效益最好、最具发展潜力的食品饮料企业。

最近，娃哈哈正在开发一种与功能饮料相区别的营养素饮料，打算用的名称是"非常6+1"，现在娃哈哈正着手该商标的注册，如果该商标注册成功，则会给企业带来一个具有巨大潜在价值的品牌。娃哈哈为了适应市场竞争，使自己的产品能在国际市场上站稳脚跟，企业正积极向日化行业扩展，走多元化的发展道路，使企业的规模进一步扩大，为向国际市场进军储备力量。

(资料来源：http://www.docin.com/touch_new/previewHtml.do?id=10253879028 from=singlemesseage)

【点评】 从娃哈哈的成长、发展壮大的进程，我们不难看出，娃哈哈走出了一条适合自身的品牌延伸之路。所谓的品牌延伸就是借助原有品牌建立起来的质量或形象声誉，将原有品牌的名称用于产品线的扩张或推出的新产品。它是企业在推出新产品时通常采用的策略，也是企业品牌资产利用的重要手段。国内的诸多企业都十分重视品牌的延伸，一项来自调查公司的调查结果显示：现在市场上推出的新产品89%是同品牌同类别的产品，6%是同品牌不同类别的产品，只有5%是以新品牌的方式上市的新产品。由此可见，品牌延伸在推动企业进行新产品开发和增强企业品牌影响力方面发挥着重要的作用。

5.1   品牌延伸概述

严峻的经济环境使得在市场上导入新产品的成本日益提高，且竞争日趋激烈。许多公司由此逐渐意识到，企业有价值的资产之一便是自己的品牌。为了降低导入新产品的风险和成本，越来越多的企业开始使用在市场上已经具有知名度的品牌对新产品进行品牌延伸。

品牌延伸不仅在市场上、在实践中获得了广泛的应用，而且品牌延伸是近年来产品经理的指导性战略之一(Anker，1991z KeEEer，1992)。除了在市场上的广泛应用外，品牌延伸在学术界也获得了广泛的关注。

【名人名言】

品牌延伸就是指一个现有的品牌名称使用到一个新类别的产品上，它并不是简单地借用表面上的品牌名称，而是对整个品牌资产的策略性运用。

——菲利普·科特勒

5.1.1 品牌延伸的概念

品牌延伸作为一种经营战略，在 20 世纪初就得到了广泛的应用。诞生于 20 世纪初的一些国际品牌，如 Benz，Satchi 等，都曾采用过类似的策略，但是作为一种规范的经营战略理论，品牌延伸则是在 20 世纪 80 年代以后才引起国际经营管理学界的高度重视。品牌延伸的本源含义是指企业把原有的品牌用到新产品上，以此来降低新产品的营销成本并尽快促成新产品推广成功的策略。著名品牌战略专家翁向东认为，品牌延伸后品牌麾下有多种产品，所以就形成了综合品牌战略(也叫"一牌多品战略"、"统一家族品牌战略"或"伞状品牌战略")。

大卫·艾克认为，品牌延伸是指企业利用购买者对某一等级现有品牌名称的熟悉，推出另一等级的产品线。

国内学者薛可认为，品牌延伸是指在已经确定的品牌地位的基础上，将原有品牌运用到新的产品或服务中，从而期望减少新产品进入市场的风险，以更少的营销成本获得更大的市场回报。

品牌延伸策略是把现有成功的品牌用于新产品或修正过的产品上的一种策略。此外，品牌延伸策略还包括产品线的延伸(Line Extension)，即把现有的品牌名称使用到相同类别的新产品上，推陈出新，从而推出新款式、新口味、新色彩、新配方、新包装的产品。

当一个企业的品牌在市场上取得成功后，该品牌就具有了市场影响力，会给企业创造超值利润。随着企业的发展，企业在推出新的产品时，自然要利用该品牌的市场影响力，品牌延伸就成为自然的选择。这样不但可以省去许多新品牌推出的费用和各种投入，还通过借助已有品牌的市场影响力，将人们对品牌的认识和评价扩展到品牌所要涵盖的新产品上。

品牌延伸从表面上看是扩展了新的产品或产品组合，实际上从品牌内涵的角度，品牌延伸还包含着品牌情感诉求的扩展。如果新产品无助于品牌情感诉求内容的丰富，而是降低或减弱情感诉求的内容，该品牌延伸就会产生危机。不应只看到品牌的市场影响力对新产品上市的推动作用，而应该分析该产品的市场与社会定位是否有助于品牌市场和社会地位的稳固，两者是否兼容。

品牌延伸亦是根据 TaMber(1981)和 Aaker&Keller(1990)等主要学者的看法，即沿用原品牌推出新类别的产品。TaMbcr(19N)借助企业成长机会矩阵指出了产品线延伸和品牌延伸的本质区别，故而将品牌延伸明确地定义为使用原有品牌推出不同类别的其他产品。

品牌延伸是品牌策略的重要方面。对于拥有顾客忠诚的某种品牌来说，怎样才能使品牌永葆吸引力，使其能长期受到顾客的青睐和高度的忠诚呢？答案是应不断追求品牌的延伸并准确把握和运用品牌延伸策略。

本书综合上述观点，将品牌延伸(Brand Extensions)定义为：将某一著名品牌或某一具有市场影响力的成功品牌使用到与成名或原产品完全不同的产品上，凭借现有品牌产生的辐射力，事半功倍地形成系列名牌产品的一种名牌创立策略。因而，有人形象地将其称为"搭名牌便车"策略。品牌延伸并非只是简单借用表面上已经存在的品牌名称，而是对整个品牌资产的策略性使用。品牌延伸策略可以使新产品借助成功品牌的市场信誉在节省促销费用的情况下顺利地占据市场。

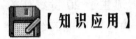【知识应用】

"万宝路" 品牌延伸策略的启示

"万宝路"作为卷烟王国的领导品牌，将香烟"粗犷、豪迈、阳刚"的品牌个性和"自由进取的开拓者"的品牌形象原封不动地赋予了 Marlboro ClassicsE 服饰。将香烟品牌用于服饰、打火机和钟表等生活风格的产品，在禁烟浪潮此起彼伏的时期，不失为一种规避法律风险而进行烟草传播的极具创意的想法。在比利时和法国禁止烟草广告后，"万宝路"牌服饰、打火机和火柴的广告就开始替代"万宝路"牌香烟广告，这种品牌延伸同时也就是间接的香烟广告。有广告人士评论："人们并不愚蠢，他们很快就能通过打火机和火柴识别香烟品牌。"

品牌延伸让企业可以充分利用品牌优势，并可以通过延伸来不断巩固品牌的核心价值，对于在控烟背景下的卷烟品牌运作和产业延伸有很好的借鉴意义。国外诸多烟草品牌就是在品牌延伸策略的带动下，将香烟品牌和众多产品与服务联系在一起，维护与提升了原有品牌的核心价值、个性和形象。而在品牌延伸后，品牌价值非但没有因为跨行业运作而降低，其影响力反而大大增加了。

(资料来源：吴振翔，烟草在线专稿)

5.1.2　品牌延伸的优劣势

1. 品牌延伸的优势

1) 顾客的视角

(1) 品牌延伸有助于减少新产品的市场风险。新产品推向市场首先必须获得消费者的认识、认同、接受和信任，这一过程就是新产品品牌化。而开发和创立一个新品牌需要巨额费用，不仅新产品的设计、测试、鉴别、注册、包装设计等需要较大投资，而且新产品和包装的保护更需用较大投资。此外，还必须有持续的广告宣传和系列的促销活动。这种产品品牌化的活动旷日持久且耗资巨大，它往往超过直接生产成本的数倍、数十倍。如在美国消费品市场，开创一个新品牌大约需要 5 千万至 1 亿美元，这显然不是一种新产品能承受的，没有巨大财力支撑就只能被扼杀。品牌延伸，是指新产品一经问世就已经品牌化，甚至获得了知名品牌赋予的勃勃生机，这可以大大缩短新产品被消费者认知、认同、接受、信任的过程，极为有效地防范了新产品的市场风险，并且可以节省巨额开支，有效地降低了新产品的成本费用。

(2) 品牌延伸有益于降低新产品的市场导入费用。在市场经济高度发达的今天，消费者对商标的选择，体现在"认牌购物"上。这是因为很多商品带有容器和包装，商品质量不是肉眼可以看透的，品牌延伸使得消费者对品牌原产品的高度信任感有意或无意地传递到延伸的新产品上，促进了消费者与延伸的新产品之间信任关系的建立，大大缩短了新产品的市场接受时间，降低了广告宣传费用。

2) 企业的视角

(1) 品牌延伸是企业推出新产品、快速占有并扩大市场的有力手段，是企业对品牌无形资产的充分发掘和战略性运用，因而成为众多企业的现实选择。

品牌延伸可以加快新产品的定位，保证企业新产品投资决策迅速、准确。尤其是开发与本品牌原产品关联性和互补性极强的新产品时，它的消费与原产品完全一致，对它的需求量则与原产品等比例增减，因此它不需要长期的市场论证和调研，原产品逐年销售增长幅度就是最实际、最准确和最科学的佐证。由于新产品与原产品的关联性和互补性，它的市场需求量也是一目了然的。因此它的投资规模大小和年产量多少是十分容易预测的，这样就可以加速决策进程。

(2) 品牌延伸有助于强化品牌效应，增加品牌这一无形资产的经济价值。品牌原产品起初都是单一产品，品牌延伸效应可以使品牌产品向多种领域辐射，就会使部分消费者认知、接受、信任本品牌，强化品牌自身的美誉度、知名度，这样品牌这一无形资产也就不断增值。

品牌延伸能够增强核心品牌的形象，能够提高整体品牌组合的投资效益，即整体的营销投资达到理想经济规模时，核心品牌和主力品牌都将因此而获益。

2. 品牌延伸的劣势

品牌延伸如果使用不当，将会给原有品牌的经营带来一定的负面效应。

(1) 削弱原品牌形象，丧失原有优势，造成品牌资产贬值。曾享有"钢笔之王"的派克钢笔，本是一款高档产品，人们购买的目的不仅仅是为了书写，更主要是购买一种形象、体面、气派。但在彼得森上任后，大量生产经营每只仅 3 美元的大众钢笔。结果不仅没能打进低档钢笔市场，却让对手克罗斯公司乘虚而入，高端市场销量只及对手的一半，让派克得不偿失。因为派克笔经营低档笔后，其"钢笔之王"的形象和美名受到损害，不能再满足人们以派克为荣和体现身份的心理需要，它失去消费者也就在情理之中。

(2) 品牌定位模糊，淡化品牌特征。品牌之所以能给消费者留下良好的印象，主要是其初始效应的作用，若企业推出各种各具特色的产品，难免会模糊消费者对产品的印象。如娃哈哈，刚开始是定位于儿童营养食品的品牌，它一出现就以鲜明的形象获得孩子们喜爱。之后它又接二连三地推出娃哈哈纯净水和关帝白酒等产品，越来越偏离儿童的定位。纯净水广告中帅哥美女做出的"我的眼里只有你"已使品牌内涵变得模糊，丧失了其在儿童市场上的独特优势，更淡化了品牌的特征。

(3) 品牌形象错位，造成消费者心理冲突。有些企业在进行跨行业产品延伸时，不顾核心产品的定位和兼容性，把同一品牌用于两种不同产品中，当这两种产品用途发生矛盾时，消费者就会通过联想产生心理冲突。我国三九集团本以"999"胃泰这种药物起家，产品最后竟然延伸到了啤酒。通常消费者把"999"视为胃药，现在喝起九九九啤酒，也就不知道自己喝的是药还是酒，喝带着"心理药味"的啤酒自然不是一种享受。这种产品延伸会给消费者心理带来一定的负面影响。

5.2　品牌延伸的原则

企业要充分发挥品牌延伸的作用，同时也应当有效地规避品牌延伸的风险，那就必须先对是否可以进行品牌延伸以及该延伸到哪些领域做出正确的决策，所以必须遵循一定的原则。

5.2.1　品牌延伸要以品牌资产的积累为基础

企业首先要使其品牌有相应的积累后才能进行品牌延伸，并借助原有品牌在顾客心目中的形象来进行信念产品的开发和推广。

1. 树立积极的品牌意识

在市场竞争中，企业的竞争主要集中在品牌的竞争上，确立企业的品牌是企业成功的保障，也是企业品牌延伸的前提。娃哈哈在创建时就十分注重企业产品的品牌效应，并充分认识到企业发展需要具有影响力的品牌做支撑。娃哈哈在最初的产品名称设计时花费了很大功夫，向社会广泛征集产品的名称，并通过专家对产品的名称进行市场学、心理学、传播学和社会学等方面的论证，最后确定"娃哈哈"这个产品名称。随后，通过研发系列新产品，扩大娃哈哈的市场影响力，娃哈哈在消费者心目中的影响日益增强，企业采取了一系列加速该品牌资产积累的措施。

2. 产品质量是品牌积累的关键

产品质量是企业的生命线，如果创业的产品存在质量问题，不仅不会提升企业品牌的知名度，反而会削弱原有品牌的形象，无法实现品牌资产积累的目的。娃哈哈在品牌积累的进程中十分重视产品的质量。为了确保产品的质量，使产品更能体现品名"可信、安全、欢乐"的内涵，企业采取了一系列保障产品质量的措施：引进先进的技术设备，确保产品的质量；运用科学的生产方法，严格操作；通过组建公司—分厂—车间三级质量监督网路，对产品实施质量监督，并实施产品质量否决制；开展爱岗敬业教育，运用职业道德保障产品的质量。娃哈哈通过控制产品质量措施，使顾客对其产品的品质认知度进一步加深。

5.2.2　保证延伸产品与核心品牌的关联性

一个企业从现有的品牌向新产品延伸，除了有强势品牌资产的积累，还应注重延伸产品与核心产品的关联性。

1. 有共同的主要成分

主力品牌与延伸品牌在产品构成上应当有共同的主要成分，即具有相关性。主要成分是指商品的价格档次、品牌定位、目标市场等。品牌的资产就是品牌的最大优点，这个优点必须沿用到延伸品牌中，让目标消费者一看就能知道这个品牌有什么个性。否则，消费者就会不理解两种不同的产品为何存在于同一品牌识别之下。如巨人电脑向脑黄金口服液延伸，就显得特别勉强，并导致失败，因为二者共同的主要成分太少了。以同产品类别和同行业类别的产品延伸为主，确保关联性。

【视野拓展】

　　皮尔·卡丹(Pierre Cardin)服装在消费者眼里是成功的品牌，如果将这一品牌延伸到中低档服装市场，那绝对不是明智之举。延伸的主要目的是要与品牌的好印象连接起来，共同的成分强化了这一连接点，延伸就容易成功。若两者的共同主要成分太少，延伸就失去了效果，同时也将给主力产品的品牌带来负面影响。

2. 相同的服务系统

　　从营销到服务，如果能联系在一起，品牌延伸自然理所当然，否则，就显得不伦不类。如雅戈尔从衬衣延伸到西服，服装业的营销和服务是一致的，品牌延伸自然到位。服务系统相同是指延伸产品与核心产品的售前服务和售后服务应该完全一致，使消费者不会产生差异感，使他们产生"和原来的一样好"的感觉。这样延伸品牌就不会伤害核心品牌的定位。如蓝宝石集团从手表延伸到生命红景天(营养保健品)，饮食行业和机械行业之间在服务体系上难以找到相似部分；而雅戈尔从衬衣延伸到西服，从香脆饼干延伸到宜人月饼，伴侣产品(如雀巢的咖啡与伴侣、牙刷与牙膏、打印机与墨粉)，由于营销和服务存在相同之处，品牌延伸就可能成功。

3. 技术上密切相关

　　主力品牌与延伸品牌在技术上的相关度是影响品牌延伸成败的重要因素。如三菱重工在制冷技术方面非常优秀，因此，它自然将三菱冰箱的品牌延伸到三菱空调，海尔品牌延伸大致也是如此。相反，春兰空调与其富兰虎、春兰豹摩托车的形象没什么相关性，很难使消费者产生技术优势联想。

4. 使用者相似

　　使用者在同一消费层面和背景之下，也是品牌延伸成功的重要因素。像金利来，从领带到腰带到衬衣到皮包，都紧盯白领和绅士阶层的消费，延伸得比较成功。从产品品质到价位，都定位于成功的、成熟的男士。这样定位准确的品牌延伸不会乱套。如日本的康贝爱、国内的好孩子延伸到婴儿童车、纸尿裤、童装都很成功；例如，娃哈哈成功延伸到罐头食品、医药保健品、瓜子、童装等产品，表面上看起来娃哈哈所延伸的系列产品之间的相关性程度不高，比派克向低价笔延伸相关程度低，但结果却是成功的，主要原因是使用者相似。

5. 有共同的核心价值

　　品牌延伸的论述中最为常见的是相关论，即门类接近、关联度较高的产品可共用同一个品牌。但是，关联度高才可以延伸的理论，一遇到完全不相关的产品成功共用同一个品牌的事实，就显得苍白无力。比如：万宝路从香烟延伸到牛仔服、牛仔裤、鸭舌帽、腰带，也获得了很大的成功。这说到底是因为品牌核心价值能包容表面看上去相去甚远的系列产品。登喜路(Dunhill)、都彭(S.T.Dupont)、华伦天奴(Valentino)等奢侈消费品品牌麾下的产品一般都有西装、衬衫、领带、T恤、皮鞋、皮包、皮带等，有的甚至还有眼镜、手表、打火机、钢笔、香烟等跨度很大、关联度很低的产品，但也能共用一个品牌。因为这些产品虽然物理属性、原始用途相差甚远，但都能提供一种共同的效用，即身份的象征、达官贵人的标志，能让人获得高度的自尊和满足感。此类品牌的核心价值是文化与其象征意义，主要由情感性与自我表现性利益构成，故能包容物理属性、产品类别相差甚远的产品，只要这些产品能成为品牌文化的载体。同样，都彭、华伦天奴、万宝龙既然贵为顶级奢侈品品牌，去生产单价为 200～300 元的 T 恤、衬衣、钢笔(万宝龙最便宜的钢笔都不低于 1200元)就会掉价和降低品牌档次，这样的品牌延伸就会失败。二战之前，美国的豪华车并非凯迪拉克而是派卡德(Packard)。派卡德曾是全球最尊贵的名车，是罗斯福总统的坐驾。然而，派卡德利令智昏，在 20 世纪 30 年代中期推出被称为"快马"(clipper)的中等价位车型，尽管销路好极了，但派卡德的王者之风渐失、高贵形象不复存在了，从此走向衰退。这与派克生产 3～5 美元的低档钢笔而惨遭失败有惊人的相似之处。说到底都是因为新产品与原有的品牌核心价值相抵触，延伸破坏了品牌的核心价值，

　　这不仅证明了核心价值是品牌延伸决策的中心，还再一次证明了相关论只是一个表象。因为派克只是从高档笔延伸到低档笔，无论高档低档都还是笔，无疑是关联度很高的延伸，按照相关论应该是成功的，结果是失败的。关联度高只是表象，关联度高导致消费者会因为同样或类似的理由而认可并购买某一个品牌才是实质。尤其是那些以档次、身份及文化象征为主要卖点的品牌，一般很难兼容中低档产品，否则会破坏品牌的核心价值。

5.2.3　个性化、感性化的产品不宜做延伸品牌

　　品牌的质量保证是消费者与客户购买产品的主要原因时，品牌可延伸于这一系列产品，如电器、工业用品；但是可细分、个性化、感性化和细腻化的产品很难与别的产品共用同一品牌。南韩乐喜-金星的 LG 品牌用于所有的电器、手机、显示器、零部件乃至电梯、乳胶漆、幕墙玻璃，而化妆品却用蝶妆(Debon)品牌。因为用户选择电器、手机、乳胶漆、幕墙玻璃等产品品牌时，最重要的一点就是要对品牌的品质有所认同。LG 作为国际大品牌，无疑能给人踏实感和品质有保证的感觉；而化妆品是极其感性化和个性化的产品，品牌名、包装、设计、广告、文化内涵能否获得消费者的审美认同是成功的关键，光靠硬邦邦的品质保证无法获得消费者的厚爱。因此，化妆品的品牌名、包装、广告要富有女性化色彩，给人以柔和、浪漫的感觉和美的遐想。所以 LG 公司不得不给化妆品专门推出一个新品牌"蝶妆——Debon"。

5.2.4　适宜财力和品牌推广力弱的企业

　　品牌延伸通常适合一些财力及品牌推广力弱的企业。有的理论家曾举出汽车公司推多品牌来抨击国内一些企业的品牌延伸，如只一个通用就有凯迪拉克、别克、欧宝等十多个品牌。其实这是两回事，首先汽车是一个差异性很大的产品，可以明显细分出不同的市场，需要多个个性化的产品品牌来吸引不同的消费群。同时，我们还不能忽视汽车的价值很高，支撑得起推广多品牌的巨额成本开支。瑞士的许多名表厂推广多品牌，如欧米茄、雷达都属于同一个公司，也是因为产品价值较高。故汽车业与名表行业推多品牌有其特殊性，丝毫也不能借此断定其他行业品牌延伸是错误的。P&G 较少进行品牌延伸，一方面是因为行业与产品易于细分化，可以通过性格迥异的多个品牌来增加对不同消费群体的吸引力；另一方面是因为 P&G 拥有雄厚的财力和很强的品牌营销能力。有些国内学者言必宝洁、通用。但国内的企业与它们比实在是差异性太大，大都应通过品牌延伸来迅速壮大自己。即使像

通用这样财大气粗、富可敌国的公司也感到推广多品牌的艰辛，开始是从几十个品牌中挑出几个重点品牌加以培养，主要推凯迪拉克、欧宝、雪佛莱、别克。

5.2.5　适宜容量小的企业

　　企业所处的市场环境与企业产品的市场容量也会影响品牌决策，有时甚至会起决定性作用。台湾企业是运用品牌延伸策略最频繁的，连许多不应该延伸的行业也是一竿子到底，同一个品牌用于各种产品，这与其成长的市场环境有关。在发展初期，由于缺乏拓展岛外市场的实力，几乎所有台湾企业的目标市场都局限在岛内。消费品的市场容量是以人口数量为基础的，而岛内人口基数仅为 2000 多万，任何一个行业的市场容量都十分有限，也许营业额还不够成功推广一个品牌所需的费用。所以更多的是采用"一牌多品"策略，如：台湾的统一和味全两个公司的奶粉、汽水、茶、饮料、果汁、方便面一概冠以"统一"、"味全"的品牌名。

　　统一集团甚至把统一品牌延伸用于蓄电池。统一蓄电池因为很少被汽车业以外的人士所认知，故不会对统一的方便面、饮料的销售带来不良影响，同时汽车业专业人士又会很自然地想到，统一怎么说也是一个大企业，对蓄电池的投资不是小打小闹，在资本上足以保证获取优秀的人力资源、先进的技术及精良的设备，故其品质是有保证的。统一公司用统一品牌，既能以较低的成本推广蓄电池，也能加快业内人士对品牌的接受，同时对主业的副作用也十分有限。随着台湾企业拓展大陆市场和国际化进程的加快，为适应市场竞争的需要，有些企业应该会减少品牌延伸策略的运用频率，采用"一牌一品"或"一品多牌"策略。

5.3　品牌延伸路径

5.3.1　产品线延伸

　　20 世纪 70 年代以后，国际企业界新产品的开发风险急剧增加，即使是使用狭义品牌延伸策略，其风险与成本也会逐步增加，从而迫使企业更加依赖以产品线延伸的方式来获得规模经济效应。对于一个品牌来说，恰当的产品延伸策略需要严格地对其真实成本进行评估，既要根据短期的经济考虑，又要根据对品牌资产的长期评估来得出结论。一个成功的品牌管理人员必须清楚地理解品牌的核心资产要素，如果每次产品线延伸都能增强品牌的资产，那些提高产品忠诚度的机会也就会更大。当企业发展到一定规模和较成熟的阶段，想继续做强做大，攫取更多的市场份额，或是为了阻止、反击竞争对手时，往往会采用产品延伸策略，利用消费者对现有品牌的认知度和认可度，推出副品牌或新产品，以期通过较短的时间、较低的风险来快速盈利，迅速占领市场。

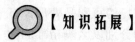【知识拓展】

宝洁公司的产品延伸策略

　　宝洁公司是一家美国的企业。它的经营特点：一是种类多，从香皂、牙膏、漱口水、洗发精、护发素、柔软剂、洗涤剂，到咖啡、橙汁、烘焙油、蛋糕粉、土豆片、卫生纸、化妆纸、卫生棉、感冒药、胃药，横跨了清洁用品、食品、纸制品、药品等多种行业；二是许多产品大都是一种产品多个牌子，以洗衣粉为例，他们推出的牌子就有汰渍、洗好、欧喜朵、波特等近10种品牌。在中国市场上，香皂用的是舒肤佳，牙膏用的是佳洁仕，卫生巾用的是护舒宝，仅洗发精就有"飘柔"、"潘婷"、"海飞丝"三种品牌。要问世界上那个公司的牌子最多，恐怕非宝洁莫属。

产品线延伸有三种具体的形式，即向上延伸、向下延伸和双向延伸。

1. 向上延伸策略

向上延伸策略是指企业从中低档产品的品牌向高档产品延伸，进入高档产品市场。一般来讲，向上延伸可以有效地提升品牌资产价值、改善品牌形象，一些国际著名品牌，特别是一些原来定位于中档的大众名牌，为了达到上述目的，不惜花费巨资，以向上延伸策略拓展市场。例如，日本企业在汽车、摩托车、电视机等行业多采用此种方式。20世纪60年代率先打入美国摩托车市场的本田公司将其产品系列从低于125CC延伸到1000CC的摩托车，雅马哈紧跟本田陆续出了500CC、600CC、700CC摩托车，还推出一种三缸四冲程轴驱动摩托车，从而在大型旅行摩托车市场上展开了有力的竞争。

企业采用向上延伸策略的主要理由是：

(1) 高档产品畅销，销售增长较快，利润高。

(2) 企业估计高档产品市场上的竞争者较弱，易于被击败。

(3) 企业想使自己成为生产种类齐全的企业。

然而国内很多企业，这条路似乎走得不是那么顺利。比较典型的例子是熊猫手机，熊猫手机一直定位在中低档国产手机上，在获得一定的品牌认可度之后，熊猫集团不惜花费巨资，推出高档手机，企图打入高档市场，最终碰得灰头土脸，一败涂地。当年的马志平私下聊天时曾不无苦恼地说，熊猫手机的技术及质量并不逊于同类竞争品牌，却始终卖不出好价钱，似乎怎么都改变不了消费者对熊猫手机——低档手机的印象。

所以采取向上延伸策略也要承担一定的风险，如可能引起生产高档产品的竞争者进入低档产品市场，进行反攻，未来的顾客可能不相信企业能生产高档产品，企业的销售代理商和经销商可能没有能力经营高档产品。

2. 向下延伸策略

向下延伸策略即企业以高档品牌推出中低档产品，通过品牌向下延伸策略扩大市场占有率。一般来讲，采用向下延伸策略的企业可能是因为中低档产品市场存在空隙，销售和利润空间较为可观，也可能是在高档产品市场受到打击，企图通过拓展低档产品市场来反击竞争对手，或者是为了填补自身产品线的空当，防止竞争对手的攻击性行为。

这一策略运用得炉火纯青的当属宝洁集团。在经过多年的中国市场培育和品牌形象打造之后，宝洁已经在中国市场深入人心，飘柔、潘婷、海飞丝等品牌分别以区隔精准的功能定位和高档的品牌形象赢得良好的知名度和美誉度，随着中国洗涤日化行业竞争的不断加剧，当越来越多的国产品牌以更占优势的价位和强力的广告宣传纷纷抢占市场时，宝洁不得不改变策略，推出一系列平民价位的产品，给竞争对手以有力的打击。更重要的是，宝洁这一举措丝毫无损于它一贯的高档形象，反而给人更具亲和力的感觉，不可谓不厉害。

但是运用向下延伸策略也存在着较大的风险。因为大多数人们选择高档品牌正是因为这些品牌在他们心中体现了身份和地位，显示出它们的独特性。这些品牌在市场上被称为象征性品牌，如果派生出一个中低档的大类，利用高档品牌的声誉，吸引购买力水平较低的顾客，慕名购买这一品牌中的低档廉价产品就会使品牌贬值，极易损害品牌高品位的声誉，风险较大。因此，必须将原高档品牌与其延伸品牌之间适当拉开差距，采用不同名称的子品牌，这样既可以开拓低端市场，又可以对原有品牌的核心价值予以保留。劳力士用蒂陀(Tudor)品牌，就是很成功的实践。

【知识应用】

延伸的底线在哪里？

任何事物的发展都有底线。对企业而言，最头疼的一个问题是：产品线延伸，底线在哪里？

海尔开始卖药了，雕牌出牙膏了，春兰做摩托车了⋯⋯这种同一品牌的跨类延伸暴露出中国企业在品牌延伸上的急功近利。事实也证明，消费者往往对此类品牌延伸并不买账，雕牌牙膏很快淡出市场，情急之中推出"纳爱斯"牙膏救市。

根本的症结在于，延伸产品的特性与品牌的核心价值不相适应。很多企业在进行品牌延伸时往往只看到市场空隙背后巨大的利润空间，而忽略对自身的品牌定位及品牌核心价值的分析，比如，现有品牌的核心价值是在哪个层面上，这个层面是否支持即将进行的产品线延伸，并且支持到什么程度。

如果不针对这些问题做严谨、理性的分析，那么盲目进行品牌延伸就会给消费者一种类似"挂羊头，卖狗肉"的混乱感，继而产生不信任，不仅达不到预期的市场效果，还会对原有品牌形象造成损害，可谓"赔了夫人又折兵"。

在品牌延伸中，品牌核心价值决定了品牌延伸的最大范围。如果具有相同的核心价值，即使是在类别差异甚大、属性各不相同的产品之间也可以进行延伸，反之亦然。

3. 双向延伸策略

双向延伸策略是指原定位于中档产品市场的企业掌握了市场优势以后，决定向产品大类的上、下两个方向延伸，一方面增加高档产品，另一方面增加低档产品，扩大市场阵地。例如，韩国的 LG 在中国的品牌策略是非常成功的，从进入中国市场之初，LG 品牌一直是以高端形象示人，但产品价位却定位在中档，给消费者既实惠又有面子的感觉。在这样一种品牌形象基础上，一旦实行产品双向战略，既无损于 LG 原有的品牌形象，又有利于掌握市场优势，扩大市场阵容。

5.3.2 主副品牌策略

主副品牌策略是以已经在市场上取得成功的品牌为主要驱动力，再对新产品和具有战略意义的产品取一个代号(而不是用型号等来标识)来彰显出其超越于一般产品的优点和个性。它是指一个主品牌涵盖企业的系列产品，同时给各个产品打造一个副品牌，以副品牌来突出不同产品的个性形象。一般是同一产品使用一主一副两个品牌。

比如"海尔-神童"洗衣机，副品牌神童传神地表达了电脑控制、全自动、智慧等产品特点和优势，但消费者对"海尔-神童"的认可、信赖乃至决定购买，主要是基于对海尔的信赖，因为海尔作为一个综合家电品牌，已拥有很高的知名度和美誉度，其品质超群、技术领先、售后服务完善的形象已深入人心。若在市场上没有把海尔作为主品牌进行推广，而是以神童为主品牌，那是十分困难的。一个电器品牌要让消费者广为认可，没有几年的努力和大规模的广告投入是不可能的。

【案例分享】

乐百氏"健康快车"

乐百氏"健康快车"是一个以副品牌低成本推广新产品并激活主品牌的典型案例。"健康快车"是乐百氏在 1998 年推出的最新一代乳酸奶产品，在一般 AD 钙奶的基础上又加入了双歧因子。"健康快车"一经问世便大获全胜，全年的销售额超过 4 亿元(当年整个娃哈哈的销售额也只有 20 多亿)。在通货紧缩、消费低迷的 1998 年，乐百氏"健康快车"非凡的业绩无疑成了营销广告界一道美丽的风景线。

"健康快车"明快而朗朗上口，过目入耳就能让人难以忘怀。它妙趣横生而栩栩如生地展现了全新一代保健乳酸奶的特有品质。

乐百氏副品牌——健康快车起到的作用：

(1) 让人感受到全新一代和改良产品的问世。"健康快车"一出现在乐百氏后面，就能让人感到乐百氏新一代产品进入市场了。大凡名字取得很棒的副品牌都有这样的效果，正如消费者认为松下"画王"、TCL"巡洋舰"是采用尖端技术、质量功能有突破性进步的新彩电效果是一样的，而用型号、成分来标识新产品就会逊色很多。

(2) 创造了全新的卖点。追求更好的产品是消费者的天性，"健康快车"先声夺人，让消费者知道了乐百氏新产品的到来，无疑创造了全新的卖点。

(3) 反哺主品牌。给主品牌拓展了品牌联想，注入了新鲜感和兴奋点，妙趣横生而获得了新的心理认同。音色纯美、联想积极、充满趣味的"健康快车"无疑给成熟品牌乐百氏注入了新鲜感，并获得新的心理认同，反而吸引了情感性消费，被消费者广泛记忆。

(资料来源：http://wenku.baidu.com/view/b36c7779168884868762d673.html?from=search)

针对主副品牌策略，主要的基本特征和运用策略如下。

1. 企业宣传的重心是主品牌，副品牌处于从属地位

企业必须最大限度地利用已有的成功品牌。相应地，消费者识别、记忆及产生品牌认可、信赖和忠诚的主体也是主品牌。这是由企业必须最大限度地利用已有成功品牌的形象资源所决定的，否则就相当于推出一个全新的品牌，成本高、难度大。

当然，副品牌经过不断的推广，在驱动消费者认同和喜欢的力量上与主品牌并驾齐驱的时候，主副品牌就演变成双品牌的关系。当超过主品牌的时候，副品牌就升级为主品牌，

原先的主品牌就成为担保品牌和隐身品牌。如喜之郎-水晶之恋在刚刚上市的时候，水晶之恋是以副品牌的身份出现的，随着水晶之恋在市场上受到消费者越来越大的认同，水晶之恋成为了消费者认同和企业推广的重心即主品牌了，原来的主品牌喜之郎就降格为担保品牌了。

2. 根据企业营销的实际情况选取副品牌

对产品的品类和特点进行描述，但没有实际性增进消费者对产品的认同和喜欢，一般称之为描述性副品牌。如海尔电熨斗的副品牌"小松鼠"，亲切、可爱，特别适用于小家电，但仅仅增加了消费者接触"小松鼠"的兴趣，对吸引消费者实质性认同和购买海尔电熨斗的作用十分有限。

能彰显产品的个性并有效驱动消费者认同的副品牌称之为驱动型副品牌。如海尔洗衣机的副品牌"小小神童"，能栩栩如生地彰显出产品的卖点，消费者会因为副品牌的内涵而认同乃至购买该产品。

3. 主副品牌之间的关系不同于母子品牌之间的关系

主副品牌主要由品牌是否直接用于产品及刚才所提到的认知、主体识别所决定。只有企业品牌直接用作产品品牌而且顾客认同的主体就是企业品牌的时候，企业品牌才成为主品牌，如"海尔-帅王子冰箱"、"三星-名品"彩电，"海尔"与"帅王子"，"三星"与"名品"是主副品牌关系。

当产品的主品牌不是企业品牌而是另外一个品牌时，企业品牌和产品品牌之间的关系就是母子品牌的关系，子品牌本身就是一个主品牌。"通用"与"凯迪拉克"、"雪佛莱"则属于企业品牌与产品品牌之间的关系，因为一般消费者对凯迪拉克认知崇尚主要是通过"凯迪拉克是美国总统座驾"、"极尽豪华"、"平稳舒适如安坐在家中"等信息而建立的。"通用"这一形象在促进人们对凯迪拉克的崇尚赞誉方面所能起的作用是很有限的。事实上，美国通用汽车公司在宣传凯迪拉克时，一般都尽量降低通用的分量，如在杂志广告中只把"GM"用小号字编排在角落，凯迪拉克的车身上没有标"GM"字眼，只是在发动机和说明书上才会出现"GM"字样，即采用了隐身品牌架构。P&G 出现在"飘柔"、"海飞丝"、"护舒宝"、"舒肤佳"的产品和广告中但比例较小，是典型的企业品牌与产品品牌之间的担保架构关系。

副品牌主要使用于单个产品或者特点非常接近的系列产品。母子品牌的架构关系，适用于产品品牌旗下产品非常多元、差异较大的情形，如美极下面有鸡精、酱油、方便面等。企业品牌与产品品牌的架构下，产品品牌本身是独立于企业品牌的主品牌，旗下还可以有副品牌，比如通用汽车与别克是企业品牌和产品品牌之间的关系，别克作为产品品牌，与林荫大道、君越、凯越等品牌之间是主副品牌的关系。

4. 副品牌一般都直观、形象地表达产品优点和个性形象

"松下-画王"彩电主要优点是显像管采用革命性技术，画面逼真自然、色彩鲜艳，副品牌"画王"传神地表达了产品的这些优势。红心电熨斗在全国的市场占有率超过 50%，红心是电熨斗的代名词。新产品电饭煲以"红心"为主品牌并采用"小厨娘"为副品牌，在市场推广中，既有效地发挥了红心作为优秀小家电品牌对电饭煲销售的促进作用，又避免了消费者心智中早已形成的红心等于电熨斗这一理念所带来的营销障碍。因为"小厨娘"不仅与电饭煲等厨房用品的个性形象十分吻合，而且洋溢着温馨感，具有很强的亲和力，

真是美名值千金。

5. 副品牌具有口语化、通俗化的特点

副品牌采用口语化、通俗化的词汇，不仅能起到生动形象地表达产品特点的作用，而且传播快捷广泛，易于较快地打响副品牌。"画王"、"小厨娘"、"东宝-小金刚"柜式空调，"海尔-帅王子""TCL-巡洋舰"超大屏幕彩电等均具有这一特点。

6. 副品牌比主品牌内涵丰富、适用面窄

副品牌由于要直接表现产品特点，与某一具体产品相对应，大多选择内涵丰富的词汇，因此适用面要比主品牌窄。而主品牌的内涵一般较单一，有的甚至根本没有意义，如海尔等。像 Panasonic、Sony 在英文里无非是两个发音很美的单词而已，其中作为副品牌的"精显"使主品牌长虹一改过去在市场和认知上的颓势。主品牌名松下、索尼的译名没有任何字面意义。海尔、松下、索尼用于多种家电都不会有认知和联想上的障碍。副品牌则不同，"小厨娘"用于电饭煲等厨房用品十分贴切，能产生很强的市场促销力，但用于电动刮胡刀、电脑则会力不从心。因为"小厨娘"本身丰富的内涵引发的联想会阻碍消费者认同接受这些产品。同样"小海风"用作空调、电风扇的副品牌能较好地促进空调、电风扇的销售，若用于微波炉、VCD 则很难起到促进销售的作用。

7. 副品牌一般不额外增加广告预算

采用副品牌后，广告宣传的重心仍是主品牌，副品牌从不单独对外宣传，都是依附于主品牌联合进行广告活动。这样，一方面能尽享主品牌的影响力；另一方面，副品牌识别性强、传播面广且张扬了产品个性形象。故只要把在不采用副品牌的情况下，本来也要用于该产品宣传的预算用于主副品牌的宣传，其效果就已经超过只用主品牌的策略了。

5.3.3　特许经营策略

特许经营策略是指特许经营权拥有者以合同约定的形式，允许被特许经营者有偿使用其名称、商标、专有技术、产品及运作管理经验等从事经营活动的商业经营模式。而被特许人获准使用由特许权人所有的或者控制的共同商标、商号、企业形象、工作程序等。但由被特许人自己拥有或自行投资相当部分的企业。

特许经营最早起源于美国，1851 年 Singer 缝纫机公司为了推展其缝纫机业务，开始授予缝纫机的经销权，在美国各地设置加盟店，撰写了第一份标准的特许经营合同书，在业界被公认为是现代意义上的商业特许经营起源。特许经营权是指特许人拥有或有权授予他人使用的注册商标、企业标志、专利、专有技术等经营资源的权利。在特许经营权中，品牌和技术是核心，品牌一般表现为特许人拥有或有权授予他人使用的注册商标、商号、企业标志等；技术包括特许人授予被特许人使用的专有技术、管理技术等。

特许经营作为以品牌连锁为核心的品牌延伸方式，欲使特许人与受许人共享的品牌能够得到发展，使品牌在特许经营这个总品牌延伸方式下得到增值，这不仅需要塑造统一的外部形象，而且还要有维系品牌内在质量和外在形象的专有技术、独特配方和有效的经营方式、管理控制手段等的继承与发扬。

目前特许经营的主要类型有：第一种单体特许，即特许人赋予被特许人在某个地点开

设一家加盟店的权利；第二种区域开发特许，即特许人赋予被特许人在规定区域、规定时间开设规定数量的加盟网点的权利；第三种二级特许，又称为分特许，特许人赋予被特许人在指定区域销售特许权的权利，在这种类型中，被特许人具有双重身份，既是被特许人，同时又是分特许人；第四种代理特许，即特许人授权被特许人招募加盟者，被特许人作为特许人的一个代理服务机构，代表特许人再招募被特许人，为被特许人提供指导、培训、咨询、监督和支持。

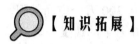 **【知识拓展】**

麦当劳的特许经营

从众多特许经营商中，麦当劳公司的特许经营非常成功且极具特色，值得我们学习和借鉴。麦当劳公司成立于 1955 年，它的前身是麦当劳兄弟 1937 年在美国的加利福尼亚州开设的一家汽车餐厅。1948 年，兄弟俩对餐厅业务进行了大胆的改革，压缩了食品的品种，引进了自助式服务方式，把厨房操作改为流水线作业，加快了食品的产出速度，适应了人们快节奏的生活需要，顾客对此很满意。为了使生意做得更大，麦当劳兄弟产生了以特许加盟的方式经营连锁店的想法，并做出了尝试。1953 年，一个名叫尼尔·福克斯的人向麦当劳兄弟付了 1000 美元，取得了特许经营权，接着又先后批准了十几家特许加盟店。这些特许加盟店没有义务遵循麦当劳的经营管理制度，结果使麦当劳的形象和声誉受到损害。

1954 年，雷·克罗克看到了麦当劳特许加盟和连锁经营的发展前景，经过一番努力，他得到麦当劳兄弟的授权，处理麦当劳特许经营权的转让事宜。1961 年，雷·克罗克买下了麦当劳公司的所有权，并且大刀阔斧地改进了特许加盟和连锁经营制度，使麦当劳得到迅速发展。麦当劳作为世界上最成功的特许经营者之一，以其引以为傲的特许经营方式，成功地实现了异域市场拓展、国际化经营。其在特许经营发展历程中，积累了许多非常宝贵的经验。

对特许方来说，特许经营可谓是一种低风险、低成本的品牌延伸或市场扩张模式。其一，实现低成本市场扩张：吸引民间游资加入盟主的特许经营网络，使原来由盟主独家投资的事业变成一个多元投资的事业，大大降低了市场扩张的成本和风险。其二，实现品牌的快速提升：特许经营的专卖性质使品牌得以快速良性提升。其三，优化企业的经营管理：特许经营的实质就是对成功的克隆，就要求企业对内部的经营管理进行规范化运作，并将其成功的经验形成可传播、可转让的知识。这个过程就是一个对资源进行优化整合的过程。

对于受许方来说，特许经营虽意味着放弃自有品牌，却也能获得不少益处：其一是入行易：对于完全没有生意经验的人，可在较短的期间内入行，大大降低创业风险。其二是免开发：加盟商可不必自设研发部门，而享受产品/服务开发带来的利益。其三是免杂务：盟主总部统筹处理促销、进货乃至会计等管理事务，加盟商可专心致力于日常营运。其四是信誉高：加盟商承袭盟主的商誉，等于给顾客吃下了定心丸。其五是规模经济：加盟商可通过盟主便宜地买进物料，甚至可以得到信用贷款。

★5.4   品牌组合战略

5.4.1   品牌组合管理

1. 品牌组合的含义

据统计，目前美国、日本市场上有多达 220 万个产品品牌，欧盟有 300 万个产品品牌，中国市场上有 170 万个产品品牌。而且全球的新产品品牌还以每年 60 万个的速度在递增。这就意味着昔日一个公司品牌仅仅代表一个产品或服务的局面发生了根本性的变化，很多公司拥有众多的产品品牌。同时意味着如何处理好公司内部的品牌关系，以及规划和管理好公司内部的品牌结构是国内外众多企业发展需要解决的重大问题。

品牌组合通常是指公司出售的每一特定品类所包含的所有品牌和品牌线(某一产品下出售的全部产品，包括原始产品、产品线和品类延伸产品)的组合。广义地说，品牌组合是指企业所拥有以及所管理的所有品牌间系统的结构性关系。

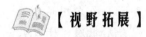【视野拓展】

中国移动品牌组合现状表

品牌	产品					
	通信服务	综合数据	集团应用	邮箱服务	生活娱乐	商务辅助
动感地带	飞信	彩信	V 网	—	快讯	—
神州行	亲情号码	移动梦网	E 网业务	Black Berry	手机导航	手机证券
全球通	会议电话	集团信使	IP 直通车	手机邮箱	音乐随身听	移动商信通

企业所处的市场环境、内部资源、品牌竞争力的现状各不相同，总体品牌各有差异。因此，品牌延伸的策略选择也就不同。

2. 品牌组合管理

企业品牌组合中的品牌各自拥有不同的地位，对企业整体市场的表现所起作用也各不相同。所以，对企业的品牌进行组合管理就是要取长补短，共同发挥各种品牌的作用，提升企业在整体市场的竞争力。

1) 品牌组合中的增量管理

企业为了区别新市场或进入新市场，通过一定的途径增加品牌数量，以提高品牌组合的效益和效率。企业的品牌可以有三个来源：第一是自创品牌，它是为不同类型的产品在不同市场启用新的品牌名，塑造新的品牌形象，用于区别不同市场的个性与偏好，如华龙集团自创"今麦郎"进入方便面的高端市场，以与其中端市场区别。第二是并购品牌，是企业为了迅速进入某个市场，而并购这个市场中已有品牌的做法，如宝洁收购"吉利"品牌进入剃须刀市场。第三种是联合品牌，它是企业为了利用他人的资源打开某个市场，通过合资或合作的形式，共同建立一个混合品牌或联盟品牌。表 5-1 反映了三种途径之间的差异比较，企业可以根据实际情况加以选择。

表 5-1　建立品牌组合的三种途径

途径	评 价 标 准		
	速度	控制	投资
自创品牌	慢	高	中
购并品牌	快	中	高
联盟品牌	中	低	低

2) 品牌组合中的减量管理

当一个品牌组合中的品牌成员已经多到影响企业资源利用、绩效产出，超出其管理能力时，适当的减量管理势在必行。

在对企业进行品牌组合的减量管理时，可以借鉴波士顿矩阵的分析方法，如图 5-1 所示。将波士顿矩阵中的"业务"改成"品牌"，以计算品牌的市场增长率和相对市场份额。(市场增长率大于 10%的为高市场增长率，相对市场份额大于 1.0X 的为高相对市场份额，X 为市场最大竞争者的市场份额)，然后将品牌组合中的品牌分成四类：问题品牌、明星品牌、金牛品牌和瘦狗品牌。

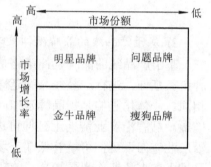

图 5-1　波士顿矩阵品牌分析示意图

通过这个矩阵来分析，一般瘦狗品牌应该从品牌组合中剔除，一些发展前景不好的金牛品牌和没有得到很好发展的问题品牌要进行仔细斟酌分析，决定去留，才能保证品牌组合的健康和资源的有效利用。

5.4.2　品牌架构组合战略

1. 单一品牌战略

单一品牌战略就是企业进行品牌延伸时，多种产品合用同一品牌。单一品牌延伸有利于品牌形象的统一，特别是某一产品获得成功后，借助其品牌，其他产品就会很容易被市场所接受，从而减少营销成本。例如"娃哈哈"从儿童营养口服液起家，逐步延伸到果奶、八宝粥、纯净水等。

根据产品组合的有关理论，按照产品单一性程度的不同，可以将专业化品牌延伸策略按产品的相似程度细分为基于产品项目的品牌延伸策略、基本产品线的品牌延伸策略和伞品牌延伸策略。

1）基于产品项目的品牌延伸策略

基于产品项目的品牌延伸策略是指使用单一品牌对企业同一产品线上的所有产品进行标定，从而进行品牌延伸。

同一产品线上产品的生产技术在某些方面存在联系，在功能上相互补充，往往可以用来满足同一消费群体不同方面的需求，因而产品项目品牌延伸中新产品与品牌及原产品的相关性较强，一般来说，此类延伸容易取得成功。

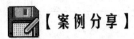【案例分享】

东湖集团山西老陈醋

山西东湖集团是一家著名的醋生产企业，企业围绕着"醋"做文章，在山西久负盛名的"老陈醋"这一产品下，进行了产品项目的延伸，又开发出饺子醋、面食醋、姜味醋、保健醋等多种产品，使"东湖"这一品牌在同一产品线内进行强势扩张。由于产品质量好，也因为"东湖"的声誉，因此这一相关性极强的产品项目延伸策略成功地得以实施。

(资料来源：山西老陈醋——东湖集团. http: //www.sxlcc.com/lcc/)

2）基于产品线的品牌延伸策略

基于产品线的品牌延伸策略是指使用同一品牌标定不同产品线中的产品，从而进行品牌跨类延伸。进行产品线品牌延伸，也应寻找一定的相关性，保持品牌内涵价值的相似或相同。一体化延伸是指品牌延伸向原有领域的上游或者下游延伸，可使品牌成长空间更为广阔。品牌沿产业链向上延伸可进入高端产品市场(区分产业链的上游和下游)；反之品牌沿产业链向下延伸可填补低端市场空白，扩大市场占有率。如丰田在丰田轿车享誉全球后又推出雷克萨斯作为更加高端的轿车品牌。

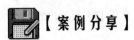【案例分享】

金利来的品牌延伸

金利来公司在进行品牌延伸时，成功地运用了产品线品牌延伸策略。金利来系列男士用品在高收入男性阶层中备受青睐，"金利来，男人的世界"这一广告语也为人们认知、认同。金利来公司在扩张前对市场做了详实调查，逐步推出了新的男士用品，从而实现了扩张。金利来陆续地推出了皮带、皮包、钱夹、T恤衫、西装、钥匙扣等男士服装和饰品，还推出了男士皮鞋，从而使"金利来，男人的世界"得到进一步体现，成功地实现了企业的品牌延伸。

(资料来源：http: //www.goldion-china.com)

基于产品项目和产品线进行品牌延伸，要注意到其局限性：

（1）产品项目或产品线都是相对有限的，因而可能限制已有品牌资源的延伸范围，使品牌资源不能最大程度地发挥其潜在价值。

(2) 产品项目或产品线品牌策略要求与已有产品相近或相关，有重大创新的突破性新产品常在延伸中受到影响，这样会阻碍企业的创新步伐。此时应尽力创建与新产品相适应的新品牌。

(3) 不同产品使用同一品牌，若其中一种出现负面问题，其他产品也会受到不良影响。

(4) 品牌下行或上行延伸，可能会遇到重新定位带来的系列问题，需要对品牌内涵进行调整。

3) 伞品牌延伸策略

所谓伞品牌延伸策略，是宣传上使用的一种品牌延伸策略，也就是企业所有产品不论相关与否均使用同一品牌进行传播。伞品牌延伸要基于以下考虑：

(1) 伞品牌本身拥有较强的品牌力和行业优势地位。

(2) 企业拥有保证不同行业不同业务产品品质的能力。

实行伞品牌延伸策略较为成功的案例就是飞利浦公司。该公司生产的音响、电视、灯、手机等产品，都冠以同一品牌名。另外，雅马哈公司生产的摩托车、钢琴、电子琴都以 Yamaha 品牌销售。这两家企业都成功地运用了伞品牌延伸策略。

2. 复合品牌战略

复合品牌战略就是指赋予同一种产品两个或两个以上的品牌。这种产品组合架构不仅集中了一品一牌的优点，而且还有增加宣传效果等优势。这也是品牌延伸策略的一种。

复合品牌中的主品牌代表产品的声誉，是产品品牌识别的重心和价值取向，副品牌则代表该项产品的特征与个性形象，是顾客的情感取向。"海尔-金王子"冰箱品牌中，海尔是复合品牌中的主品牌，"金王子"是副品牌，主副品牌构成的复合品牌共同标定"金王子"这一产品。此种策略在品牌延伸路径中有详细的说明，此处不做赘述。

3. 多品牌战略

多品牌战略从狭义上是指企业对同一种或同类产品或服务使用两个或两个以上品牌的战略。从广义上看，是指一个企业的产品或服务基于自己的某种目的或不同的消费需求而使用多个品牌的战略。

采用多品牌战略的企业可以根据各目标市场的不同利益，分别制定不同品牌的品牌战略。这一战略的核心竞争优势是：通过对每个品牌进行准确定位，以满足不同消费者的需求，尽可能增加市场份额。通俗的说，多品牌战略就是给每一种产品冠以一个品牌名称，或是给每一类产品冠以一个品牌名称。多品牌战略主要包括两种情况：一是在不同的目标市场上，对同种产品分别使用不同的品牌；二是在同一市场上，对某种产品同时或连续使用不同的品牌。

 【案例分享】

宝洁公司的多品牌战略

宝洁公司在中国推出了四个品牌洗发水：海飞丝、飘柔、潘婷、沙宣，每一品牌都以基本功能上的某一特殊功能为诉求点，吸引着有不同需求的消费者。希望自己免去头屑烦恼的人会选择海飞丝；希望自己头发营养、乌黑亮泽的人会选择潘婷；希望自己头发舒爽、柔顺、飘逸潇洒的人会选择飘柔；希望自己头发保湿、富有弹性的人会选择沙宣。

1) 采用多品牌策略的优点

(1) 多品牌具有较强的灵活性。没有一种产品是十全十美的，也没有一个市场是无懈可击的，每一个市场都为企业提供了许多平等竞争的机会，关键在于企业能否及时抓住机遇，在市场上抢占一席之地。见缝插针就是多品牌灵活性的一种具体表现。

(2) 多品牌能充分适应市场的差异性。消费者的需求是千差万别、复杂多样的，不同地区有不同的风俗习惯；不同的时代有不同的审美观念；不同的人有不同的爱好追求，而多品牌可以很好地适应这种差异性。

(3) 多品牌有利于提高产品的市场占有率。多品牌策略最大的优势便是通过给每一个品牌进行准确定位，从而有效地占领各个细分市场。如果企业原先单一产品的适用范围较窄，难以满足扩大市场份额的需要，此时可以考虑推出不同档次的品牌，采取不同的价格水平，形成不同的品牌形象，以抓住不同偏好的消费者。多品牌策略不仅仅是企业满足消费需求的被动选择，也是企业制定竞争战略的主动选择。对市场攻击者和挑战者而言，其抢占市场的一个惯用伎俩就是发展出一个专门针对某一细分市场的品牌来逐渐蚕食对手的市场；对市场领导者而言，与其坐等对手来占据某一细分市场，不如自己先发展出一个品牌去抢占，实施有效防御，从而锁定不同目标消费群。

(4) 多品牌能增强企业的抗风险能力。使用多品牌策略可以避免因为企业的某一种产品市场推进失败或其他原因所带来的品牌危机。由于不同品牌在对外宣传上也都相对独立，因而即便是某一品牌出了问题，也很难波及企业的其他品牌，很大程度地降低了企业的经营风险。此外，还可以避免一个品牌同时出现高、低、中各档次产品的现象。因为在大多数时候一个品牌只能代表一个核心特征，而不能同时支撑两个或两个以上完全不一样的概念。

(5) 促使企业内部品牌间的适度竞争。多品牌策略将外部市场竞争机制引入企业内部，形成集团内部各品牌之间的市场竞争和自行淘汰机制，有利于培养品牌自身的生存能力。尤其在狭义的多品牌运作中，尽管企业将其生产、经营的同一类产品根据市场细分成了不同的品牌，但作为同一类产品，它们之间总存在一定的可替代性，所以内部品牌间形成竞争是不可避免的。如果因为害怕内部竞争而不去做，竞争对手就会推出新品瓜分市场，但如果自己跟自己竞争，不管谁胜了，市场还是在自己手里，最终的胜利者都是本公司，而且在竞争中企业各部门会有更大的动力，可以促进发展、提高效率。

2) 采用多品牌策略的不足

(1) 运作成本高。规模化的生产给企业带来的是产品的低成本，规模越大，生产单个产品的边际成本就越低。制造商生产的产品中各品牌的一致性越强，就越能节约成本。多品牌中各品牌面对的是细分市场，产品特性有别，这就限制了规模化的程度，致使单位成本偏高，尤其对一个新进入的品牌，这是一个很不利的因素。多品牌中各品牌的目标消费群体不同，相较于单一品牌，能在渠道、促销、广告方面相互借用的机会就相对偏少，致使推广成本也增大。

(2) 管理难度加大。多品牌策略需要进行协调，包括从产品创新与包装改变，到经销商关系与零售商促销过程。大型的品牌组合也需要经常进行价格变动与库存调整，这些工作会消耗管理资源。此外，品牌扩增为企业带来最大成本的时段，不是现在，而是在未来。那些在市场中具有大型组合品牌的公司最头疼的，往往是品牌之间的经费配置问题。这类冲突的阴影笼罩企业，常常挥之不去，让他们在面临更加专注的竞争对手时，显得脆弱不堪。

4. 联合品牌策略

联合品牌延伸策略就是保留每个参与者的品牌名称，并在客户认同基础上进行的两个或多个品牌的合作策略。合法的参与方是独立的实体，目的是建立一个新的产品、服务或企业。狭义的定义通常认为联合品牌是通过联合两个或多个品牌生成一个唯一的、独特的产品或服务。联合品牌最早出现在酒店行业，1980 年，红龙虾(Red Lobster)在假日饭店(Holiday Inn)开设了餐馆后，Juliette Boone 依此提出了联合品牌的概念。由于联合品牌具有投资少、见效快等特点，联合品牌的使用开始向各个行业扩展。

联合品牌的组成形式可以是两个高价值品牌或者两个低价值品牌的联合，也可以是一个高价值(强势)品牌与一个低价值(弱势)品牌的联合。

联合品牌战略具有许多优势：第一，联合品牌中各独立品牌所代表的产品属性可以对单一产品进行属性的互补诠释；第二，联合品牌可以改进企业的服务质量；第三，联合品牌可以促进新市场的获得或原有市场的维护；第四，通过和知名品牌的联合，可以提高弱势企业品牌的知名度，改善企业品牌形象，提升品牌价值；第五，使用联合品牌可以扩充企业的销售渠道，利用本品牌的产品优势和另一品牌强大的销售渠道，可使双方受益，实现协同效应；第六，联合品牌可以促使企业间进行并购，特别是当双方并购后的股份近似相等时；第七，联合品牌可以让合作伙伴在使用联合品牌时支付一定的费用，从而直接获利。这也是联合品牌战略中常见的手段。

★5.5　品牌延伸的风险及规避

与其他市场策略一样，盲目的品牌延伸也存在着不容忽视的风险，定位大师 RIES 在《广告攻心战略——品牌定位》一书中将其称为"品牌延伸陷阱"。

5.5.1　品牌延伸的风险

1. 稀释品牌定位

将品牌界定为消费者的，才能把握品牌延伸的精髓。每种商品在人们心中就是一个梯子，而该种商品的不同品牌则代表着梯子上的不同阶段，当其中某个品牌在消费者心中树立了一定的位置时，那这个品牌就成了公司这一类产品的代称。这时如果延伸产品的质量不好，将会损害原有品牌的好形象。如果品牌延伸使得消费者不再将一个特定的符号与一个特定的产品(企业)相联系时，那么"品牌稀释"就产生了。如"金利来，男人的世界"将金利来品牌定位表达得简洁明了，然而精巧的"金利来"女用包却模糊了品牌定位，不仅削弱了原有品牌男子汉的阳刚之气，而且也未能得到女士们的欢心。又如一向定位于高档品市场的"派克"，为扩展市场将其品牌用于每支售价仅 3 美元的低档笔，非但没有打入低档笔市场，反而丧失了一部分高档笔市场。这些都是品牌延伸不当所带来的品牌稀释效应。

2. 导致消费者心理冲突

如果将品牌延伸到与原市场不相容或毫不相干的产品上时，品牌认知就会弱化，甚至使消费者产生心理冲突。试想"海尔香水"、"波音番茄酱"这样的品牌延伸会在消费者的心目中造成多大的混乱，如果不是"假冒伪劣"，那一定是企业的决策者疯了。虽然这仅仅是打个比方，但在营销实践中，由于品牌延伸不当而导致消费者心理冲突的案例却并不少见。如荣昌集团将"荣昌肛泰"的品牌延伸至纯净水，"活力 28"洗衣粉将其品牌延伸至纯净水等，不能不说是品牌延伸的败笔之作。美国斯科特公司生产的舒洁牌卫生纸在卫生纸市场上是头号品牌，但随着舒洁餐巾纸的出现，消费者心理发生了微妙的变化，正如美国广告学专家艾·里斯在介绍这一案例时所做的幽默评价："舒洁餐巾纸和舒洁卫生纸到底哪个才是为鼻子策划的？"结果舒洁卫生纸的头牌位置很快被宝洁公司的恰敏牌卫生纸所取代。

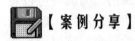 **【案例分享】**

999 胃泰与九九九啤酒

早年，三九集团成立不久，专注 999 胃泰的品牌经营，并取得成功，以至顾客把"999"视为"胃泰"这种药物(产品)的代名词。后来，三九集团把"999"品牌跨类延伸到啤酒产品。"九九九冰啤酒，四季伴君好享受"的广告语引起顾客的心理矛盾，表现在两个方面：其一，顾客看到九九九啤酒，很快联想起 999 胃泰这种药，于是，啤酒就带上了"心理药味儿"，喝着关联到药味儿的啤酒，很难说是一种享受；其二，"胃泰"保护和改善胃功能的利益定位与过多饮用啤酒会伤胃的经验相抵触，使顾客对品牌核心价值产生了疑惑。

3. 株连效应

所谓株连效应，是指当扩展品牌经营不善时，会影响核心品牌在消费者心中的形象。许多产品使用同一品牌或同一系列品牌，其品牌关联度大，集聚于同一品牌之下的几种产品，可能会因为一种产品的经营失败而波及其他产品的信誉，由此导致公众对整个品牌的全盘否定，正所谓"城门失火，殃及池鱼"，这就是品牌延伸的"株连效应"。如雀巢婴儿奶粉曾在 20 世纪七八十年代因品质问题和宣传不当，引发了多达九个国家抵制雀巢品牌的运动，抵制运动持续了七年，导致雀巢公司利润直接损失 4000 万美元，其他业务都不同程度地受到了影响。再如美国吉尔伯特公司有着 58 年制造儿童玩具的历史，但 1961 年公司决定品牌延伸，改变了公司原来只制造男孩玩具的传统，把目光瞄准女孩。但由于新推出的女孩玩具价格低、质量差，加之对女孩玩具市场缺乏应有的了解，结果使顾客大为失望，使公司作为高质量男孩玩具制造商的形象受到了极大的影响。

4. 跷跷板效应

RIES 提出的"跷跷板效应"认为，当延伸品牌的产品在市场竞争中处于绝对优势时，消费者就会把原强势品牌的心理定位转移到延伸品牌上，这样就无形中削弱了原强势品牌的优势。如美国的"Heinz"腌菜曾是市场的主导品牌，而当企业把"Heinz"番茄酱做成市场领导产品后，"Heinz"在腌菜市场的头号地位就被另一品牌"Vlasic"所代替，由此产生了此涨彼消的"跷跷板"效应。"登喜路"原是一家很有名的烟草经营企业，后因为发展羊毛衫成为其著名产品，而让消费者认为它不是一家专心致力于生产烟草的企业，因而失去了其在烟草市场的领导地位。

总之，品牌延伸像一把双刃剑，运用得当，可以使新产品搭乘老品牌的声誉便车，一荣俱荣；运用不当，则易掉进延伸陷阱，使整个品牌战略一损俱损。因此，在选择品牌延伸策略时，应该权衡利弊、审时度势，合理把握延伸界限，才能规避风险、克敌制胜。

5.5.2 品牌延伸风险的规避

1. 把握时间界限，谨防过早延伸

品牌延伸的目的就是要借助已有品牌的声誉和影响推出新产品，因此，品牌延伸的前提就是这一品牌必须是强势品牌，有很高的品牌忠诚度。如果企业一味急功近利，东方未亮就想西方亮，在品牌形象尚未完全确立之时就肆意进行延伸，结果必然是稀薄的品牌资产无法抵御新产品上市所带来的巨大风险，延伸效应无从产生，主导产品声誉也受损。

2. 明确范围界限，谨防过度延伸

品牌延伸一方面要保持新产品与原产品定位一致，使其在目标市场、消费群体、品质档次、服务系统等方面能够一脉相承，维护和强化原品牌定位；另一方面，要保持新产品与原品牌的核心价值一致，或丰富、深化核心品牌形象，或彰显、张扬品牌个性，避免盲目跟进、误入延伸陷阱。从对大量营销例证的统计分析看，以下几种情形属过度延伸活动，须引起企业高度警惕：

(1) 行业跨度大的、非相关多元化下的品牌延伸。像三菱这样多元化发展的成功案例实属凤毛麟角，而像巨人集团那样延伸失败的例证却比比皆是。因此，品牌延伸不轻易介入与主导产品无关的产品领域是一种相对明智的选择。

(2) 产品线向下延伸，即以原高档品牌推向中低档市场的行为。低档产品往往会破坏原品牌的高品质形象，增大品牌延伸风险，致使公司利益受损，如前面提及的派克公司，因此须谨慎从事。

(3) 导致消费者认知失调的品牌延伸。此点前文已经阐述，此处不再累述。

3. 积极使用复合品牌

复合品牌即在主品牌保持不变的前提之下，对各个新产品增加一个子品牌，如"海尔-小神童"、"海信-静音王"、"乐百氏-健康快车"等。据美国学者研究发现，全世界列于前20位的日用品品牌中，有52%的产品在使用复合品牌策略。复合品牌既可以借用到主品牌的资产，又可由子品牌来突出单个产品的差异化特征。由于子品牌的限定，消费者对产品的认知不会过分依赖主品牌的类别意义，因此可以避免由于子品牌形象不佳而对主品牌形象造成侵蚀的现象.

【随堂思考】

选择一个品牌延伸实例，分析该品牌采用的是哪一种延伸策略，效果如何？

【本章小结】

(1) 品牌延伸是指将某一著名品牌或某一具有市场影响力的成功品牌使用到与原产品完全不同的产品上，凭借现有品牌产生的辐射力，事半功倍地形成系列名牌产品的一种名牌创立策略。

(2) 品牌延伸途径主要包括产品线延伸、主副品牌延伸、特许经营。

(3) 品牌架构组合战略包括单一品牌战略、复合品牌战略、多品牌战略、联合品牌战略。

(4) 品牌延伸的原则包括：品牌延伸要以品牌资产的积累为基础，保证延伸产品与核心品牌的关联性，个性化、感性化的产品不宜做延伸品牌，品牌延伸适宜于财力及品牌推广力弱和容量小的企业。

(5) 最后揭示了品牌延伸的风险和规避方法。

【基础自测题】

一、单项选择题

1. 在相同的产品类型中引进其他品牌，其品牌战略是(　　)。
A. 品牌延伸　　　　　B. 多品牌　　　　　C. 新品牌　　　　　D. 产品线扩展

2. 在现有的产品类别中增加新的产品项目，并以同样的品牌名称推出，是(　　)战略。
A. 品牌延伸　　　　　B. 多品牌　　　　　C. 新品牌　　　　　D. 产品线扩展

3. 以现有品牌名称推出新产品是(　　)。
A. 品牌延伸　　　　　B. 多品牌　　　　　C. 新品牌　　　　　D. 产品线扩展

4. 为某一新增产品类别设立一个新的品牌名称是(　　)。
A. 品牌延伸　　　　　B. 多品牌　　　　　C. 新品牌　　　　　D. 产品线扩展

5. 宝洁公司的洗发水产品使用了海飞丝、潘婷、飘柔、沙宣等品牌，这种决策称为(　　)。
A. 品牌质量决策　　　　　　B. 家族品牌决策
C. 品牌扩张决策　　　　　　D. 多品牌决策

二、多项选择题

1. 企业采用统一品牌策略(　　)。
A. 能吸引不同需求的消费者　　　B. 可降低新产品宣传费用
C. 有助于塑造企业形象　　　　　D. 有助于显示企业实力
E. 适合于企业产品质量水平大体相当的情形下

2. 按照复合在一起的品牌的地位或从属程度来划分，复合品牌策略一般可以分为(　　)。
A. 多品牌策略　　　　　　　　B. 主副品牌策略

C．分类品牌策略 D．统一品牌策略

E．品牌联合策略

【思考题】

1. 什么是品牌延伸？
2. 品牌延伸的原则有哪些？
3. 品牌延伸的路径有哪些？
4. 什么是品牌组合？品牌组合战略有哪些？
5. 如何进行品牌组合管理？
6. 如何理解品牌延伸的风险？简述品牌延伸风险规避的方法。

【案例分析题】 奇瑞汽车有限公司的品牌延伸

奇瑞汽车有限公司于 1997 年由 5 家安徽地方国有投资公司投资 17.52 亿元注册成立，1997 年 3 月 18 日动工建设，1999 年 12 月 18 日，第一辆奇瑞轿车下线。2007 年 8 月 22 日，奇瑞公司第 100 万辆汽车下线，标志着奇瑞已经实现了通过自主创新打造自主品牌的第一阶段目标，正朝着通过开放创新打造自主国际名牌的新目标迈进。

奇瑞汽车 2006 年销售 30.52 万辆，比 2005 年增长 61.5%；2007 年销售 38.1 万辆，比 2006 年增长 24.8%。2007 年，奇瑞汽车出口 11.98 万辆，海外市场再次实现翻番，销量增加了 132%，轿车出口量连续五年居中国第一。

奇瑞公司自成立以来，一直坚持发扬自立自强、创新创业的精神，坚持以"聚集优秀人力资本，追求世界领先技术，拥有自主知识产权，打造国际知名品牌，开拓全球汽车市场，跻身汽车列强之林"为奋斗目标，在激烈的市场竞争中，不断增强核心竞争力，经过 10 年的跨越式发展，奇瑞公司已拥有整车、发动机及部分关键零部件的自主研发能力、自主知识产权和核心技术，目前已成为我国最大的自主品牌乘用车研发、生产、销售、出口企业，为应对更为残酷的竞争和更快发展奠定了一定的基础。

奇瑞公司现有轿车公司、发动机公司、变速箱公司、汽车工程研究总院、规划设计院、试验技术中心等生产、研发单位，具备年产整车 65 万辆、发动机 40 万台和变速箱 30 万套的生产能力。现已投放市场的整车有 QQ3、QQ6、A1、瑞麒 2、旗云、开瑞 3、A5、瑞虎 3、东方之子、东方之子 Cross 等十个系列数十款产品。截至 2007 年年底，奇瑞公司拥有员工 2.5 万人，总资产达到 220 多亿元。

作为立志创自主品牌的奇瑞公司，早在产品上市之初就确立了"'顾客满意'是公司永恒的宗旨，为顾客提供'零缺陷'的产品和周到的服务是公司每位员工始终不渝的奋斗目标"的质量方针，并于 2001 年 2 月顺利通过 ISO9001 国际质量体系认证。2002 年 10 月，公司又在国内同行业率先通过了德国莱茵公司 ISO/TS 16949 质量管理体系认证。质量上的常抓不懈，使奇瑞汽车在各类国际、国内检测中全部达标，并荣获由国家人事部、国家质量监督检验检疫总局联合授予的"全国质量工作先进集体"称号和我国权威部门信用评定的最高等级"中国 21315 质量信用 AAA 等级"企业称号。

经过几年的持续改进和不断完善，奇瑞公司的品牌形象和企业形象得到迅速提升。2006 年 10 月，"奇瑞"被认定为中国驰名商标，并入选"中国最有价值商标 500 强"第 62 位。

同年 2 月，奇瑞公司被美国《财富》杂志评为"最受赞赏的中国公司"第 2 位，成为我国唯一一家进入此排行榜前 25 位的汽车制造企业。2007 年 6 月，奇瑞公司入选 2007 年度"最具全球竞争力中国公司"20 强；同年 12 月，入选"发展中国家 100 大竞争力企业"。根据国际汽车制造商协会(OICA)的统计，2006 年奇瑞公司汽车产量位居全球汽车行业第 27 位。

2001 年，奇瑞轿车正式上市，当年便以单一品牌完成销售 2.8 万辆；2002 年，奇瑞轿车产销量突破 5 万辆，成功跻身国内轿车行业"八强"之列，成为行业内公认的"车坛黑马"。2005 年销售 18.9 万辆，比上年增长 118%，全国轿车市场占有率达 6.7%，在我国轿车行业排名第七。2006 年销售 30.52 万辆，比上年增长 62%，全国市场占有率达 7.2%，2007 年销售 38.1 万辆，比 2006 年增长 24.8%。位居全国轿车行业第四。

2006 年，奇瑞实现年产销量超 30 万辆，成为我国第一家年销售乘用车达 30 万辆级的自主品牌，同时也是中国汽车史上继大众和通用之后，第三个达此量级的品牌，位列国内乘用车企业销量四强。

从奇瑞官方网站上可以得到这样一些数据：2001 年 6 月，奇瑞第 1 万辆汽车下线；2003 年 3 月，奇瑞第 10 万辆汽车下线；2005 年 4 月，奇瑞第 30 万辆车下线；2006 年 3 月 28 日，奇瑞第 50 万辆汽车下线。2007 年 3 月，奇瑞第 80 万辆汽车下线。2007 年 8 月 22 日，奇瑞公司第 100 万辆汽车下线。可以得出，奇瑞的产能每年都在以越来越快的速度进行扩张，而背后支撑这种"扩张"的无疑是奇瑞自身品牌形象的提升。

目前，奇瑞已经拥有的十个系列数十款产品中，东方之子、瑞虎、AS、旗云、QQ 等车型均在各自细分领域扮演着"标杆先锋"的角色。据相关机构统计，在 2006 年我国最畅销的十大轿车品牌中，自主品牌占据 3 席，奇瑞旗下的 QQ 和旗云均榜上有名；在 2006 年销量排名前五的 SUV 品牌中有三个自主品牌，其中瑞虎名列其中。2007 年，排名前十位的轿车品牌中有奇瑞的 QQ。消费者在买车时最为关心的依然是性价比。价格在短期内仍是制约消费者购车的首要因素，如何以较低的价格买到质量较好的车型是消费者最关心的。奇瑞通过自主研发为自主品牌走出了一条新的道路。奇瑞把自己的目标锁定在了丰田雷克萨斯的品牌战略上，雷克萨斯自 1989 年诞生以来，通过 20 年的努力已经成功跻身世界豪华车行列。豪华不是靠说出来的，如今的豪华品牌哪一个不是历史悠久，出身高贵。不过如今作为世界汽车工业界老大的丰田，旗下豪华车品牌雷克萨斯可以说是一个特例。丰田的成功确实值得国内的汽车企业好好学习。

奇瑞自主研发的中高端品牌瑞麒和威麟可谓是丰田雷克萨斯的翻版。但奇瑞十分明白自己的位置，跟大多数自主品牌一样，奇瑞单一品牌之下几乎全部都是百姓车，在消费者心目中"百姓车"的形象已根深蒂固。要改变公众心目中的形象又谈何容易，于是奇瑞就专门为中高端车型推出了全新的品牌瑞麒和威麟。经过五年呕心沥血、潜心研究，终于在 2009 年把瑞麒和威麟推向了市场。瑞麒和威麟为了保证源于奇瑞高于奇瑞的造车理念，不仅单独设立全新的品牌，而且还赋予了瑞麒和威麟全新的品牌理念 Engines & Drivers，这是一种中国智慧的表现，体现了一种中国式的平衡观和发展观。就像中国文化中的阴和阳一样，每个人，每个组织都是事业和生活的引擎，也是人生和社会进步的推动者。同时，Engines & Drivers 在构成瑞麒和威麟品牌内涵、充分体现其对消费群体理解的同时，也进一步将奇瑞汽车的企业品牌推向了新的高度。奇瑞此举也拉开了自主品牌中高端市场争夺战的序幕。

　　厂家把瑞麒 G5 定位在中高级低端市场，竞争对手锁定以马自达 6、蒙迪欧致胜等为代表的低端中高级轿车，但是笔者认为瑞麒 G5 定位在 A+ 级更合适。瑞麒 G5 车身长达 4714 mm、宽 1794 mm、高 1473 mm，轴距达到了 2700 mm，有些比上(中高级)不足比下(中级)有余。所以笔者认为，瑞麒 G5 的竞争对手应该是自主品牌奔腾 B70、荣威 550，以及合资品牌思域、卡罗拉、速腾等 A+ 级车型。

　　2010 年 4 月 23 日，北京车展首日，利昂内尔·安德雷斯·梅西签约中国汽车品牌瑞麒，成为了 CNN(美国有线电视新闻网络)北京国际车展专题报道的头条新闻；同时，北京车展瑞麒品牌展区大屏幕中梅西对瑞麒品牌的祝辞，吸引了来自世界各地的媒体记者，"Messi"成了车展中媒体记者提及频率最高的关键词之一，梅西和瑞麒的联姻成了世界媒体的聚焦点。而针对这一新闻事件，国内外新闻媒体在大篇幅报道的同时也展开评论，媒体舆论认为梅西与瑞麒品牌具有很多的契合点，这是瑞麒品牌选择梅西作为商业形象的重要原因。

　　梅西专注于事业的责任感、球场上的智慧和创造力以及高超的球技，还有他国际化的明星形象都与瑞麒品牌的责任、智慧、国际化、创新性、高科技的品牌内涵一致。同时，梅西是整个球队前场和后场的最佳衔接者和指挥者，是球队的灵魂，是中场的 Engines 和关键进球的 Drivers，而瑞麒品牌的品牌理念恰恰就是 "Engines & Drivers"，二者可谓不谋而合。

　　据悉，瑞麒品牌作为国内高端品牌的代表，在创立之初就将消费人群锁定在新商务精英阶层，他们是社会进步的 Engines & Drivers，是一群兼具责任、智慧、国际化、创新性、高科技的社会精英，实际上这个人群就是梅西在中国的缩影。

　　针对瑞麒品牌和梅西正式携手，有报道称："在国际球坛，梅西被誉为 '世界足球的未来'；在中国，瑞麒品牌旗下主力车型 G5，创造了领先其他中国汽车品牌的奇迹和成就，也代表了中国汽车的未来。梅西与瑞麒，是 '世界足球的未来' VS '中国汽车的未来' 的最佳组合"。

　　瑞麒和威麟品牌的成功运作，使一个由开瑞、瑞麒、威麟、奇瑞四条品牌线并举，拥有多款互补的精品车型，多条营销渠道支撑的"大奇瑞"框架浮出水面。2009 年品牌布局的完成为大奇瑞奔向更高远的目标奠定了坚实的基础。

　　思考：

　　(1) 奇瑞汽车的品牌延伸策略是如何实施的？你认为它的延伸策略是否成功？

　　(2) 结合实际谈谈企业在进行品牌延伸时存在的风险和规避的方法。

【技能训练设计】

　　1. 搜集可口可乐品牌延伸的有关资料。

　　2. 根据所掌握的可口可乐品牌发展状况的资料，为可口可乐制定详细的品牌延伸发展策略方案。

　　3. 任务要求：了解该品牌的发展策略，了解该品牌延伸的现状，分析其市场合理性；结合该行业外部环境，企业内部战略和资源状况等各约束条件，给出合理的品牌延伸战略；同时制定详细的品牌延伸策略方案。

4. 活动组织：将班级成员分成若干小组，每组 5～8 人。采取组长负责制，组员合理分工，团结协作。安排专人负责记录和整理。小组充分讨论，认真分析，形成小组的总结报告。最后由各小组在班级上进行策略方案的展示。

第 6 章　品牌危机管理

【学习目标】

(1) 了解品牌危机的基本概念与分类。

(2) 了解品牌危机的生命周期和成因。

(3) 掌握品牌危机管理的概念和品牌危机处理策略。

【导入案例】

加多宝品牌危机管理

1. 加多宝公司带领王老吉成为"中华第一罐"

加多宝公司是"加多宝(中国)饮料有限公司"的简称，是一家隶属鸿道集团的港资企业。1995 年推出第一罐红色罐装凉茶"王老吉"，为配合开拓全国市场策略，集团先后在广东东莞、浙江绍兴、福建石狮、北京、青海、杭州、武汉成立生产基地，并有多处原材料生产基地，经营的红色易拉罐装王老吉凉茶的销售额超过 100 亿元人民币，成为销售额超越了可口可乐和百事可乐的中国罐装饮料市场第一品牌，带领王老吉成为"中华第一罐"。2008 年，加多宝为汶川地震灾区捐出 1 亿元，2010 年，青海玉树地震捐出 1.1 亿元。在香港陈鸿道有"佛商"之称号。2010 年，他带领的加多宝牵手亚运，作为中国民族品牌的杰出代表，将依托国际性大型体育赛事，加速国际化进程，成为一个世界级的饮料品牌。

2. 加多宝失去"王老吉"商标使用权

2010~2012 年间，广药集团和加多宝集团就"王老吉"商标的使用权问题一直争议不断，最终以加多宝败诉而结束了这段商标使用权的争议，广药集团拿回了"王老吉"商标的使用权。2012 年 5 月，加多宝经营了 10 多年、创下年销售额 180 亿元神话的王老吉品牌被广药集团收回。加多宝不再使用"王老吉"，也因此失去了现成的凉茶第一品牌——王老吉，转而重新树立新的凉茶品牌。

3. 加多宝品牌危机处理

2012 年，加多宝销售额 70 亿元(除去上半年王老吉的销售数据)，广药王老吉 17 亿元。双方"分手"之后，加多宝的销售额从 0 到 70 亿元，王老吉的销售额却从 180 亿元降到 17 亿元。2013 年，加多宝的销售额 200 亿元，王老吉销售 65 亿元。双方运作品牌的能力高下立见，形成巨大的落差。那么，加多宝究竟是如何实现惊天大逆转的呢？

(1) 快速反应，防止危机蔓延。2012 年 5 月 11 日加多宝集团被宣判暂停使用"王老吉"

商标，而在 5 月 16 日，被暂停使用"王老吉"商标的加多宝公司在北京召开"王老吉"商标败诉媒体说明会。在新闻发布会上，加多宝正式向外界宣布，"以后的加多宝凉茶就是现在的王老吉"，包装近似一致，配方、口感、销售渠道都不变，只是，以后市场上将暂无红罐的王老吉。尽管王老吉的"东家"广药集团也于同时宣称，该公司将推出"自己"的红罐王老吉。

(2) 坚决执行。仲裁结果公布 40 多天后，加多宝产品全部铺到了终端，与国内同步，海外的终端也都完成了更换。所有终端的促销员、业务员都会讲同样一句话"全国销量领先的红罐凉茶改名加多宝，还是原来的配方，还是熟悉的味道，怕上火，喝加多宝"。

加多宝集团上下两万人，就实现了硬件、软件的"加多宝"化，所有员工都抱着破釜沉舟的勇气，上下齐心，准备进行品牌的反击战。

(3) 传播放大，夏季中国最强音。启动更名战役之后，除了常规的广告投放之外，加多宝还加大了大品牌、大事件的关联投放，将定位战略进一步放大。加多宝通过独家冠名中国好声音，通过正宗凉茶和正版音乐的完美结合，让加多宝正宗凉茶的认知深深地植根于消费者心智之中，更实现了品牌正宗和领导者地位的有效输出，实现了与竞品的区隔。

(4) 无法复制的核心竞争优势。加多宝能够在凉茶行业复制成功，除了定位，上面所说的站在王老吉"巨人的肩膀上"，第三点则是依靠自己的 DNA，这也是王老吉永远无法复制的秘密武器。这个秘密武器，用专业术语来说，是战备配制。

(5) 品牌恢复，继续传播企业信息。更名广告在 2012 年底被禁之后，加多宝一方面在法律上争取更多的时间，一方面推出了下一条主广告语："怕上火，更多人喝加多宝。中国每卖 10 罐凉茶，7 罐加多宝。配方正宗，当然更多人喝。怕上火，喝加多宝。"这条广告语比原来的杀伤力提高了 10 倍以上。著名财经观察员金错刀这样点评，"加多宝找到了杀手级的武器"。

【点评】品牌是企业的一项重要资产，品牌资产来源于品牌联想。品牌危机由品牌事件演化而成，是品牌联想朝着不利于品牌的方向变化的状态。品牌危机管理应该包含对危机事前、事中、事后所有方面的管理，要抓住品牌危机产生的原因，遵循品牌危机处理的原则来处理危机。

(资料来源：http://wenku.baidu.com/view/19dbaacb336c1eb91b375d34.html)

6.1　品牌危机概述

6.1.1　品牌危机的概念

1. 危机的定义

人们一直试图全面而确切地为危机下个定义，但是实际上，危机事件的发生却有着千变万化的现实场景，很难一言以蔽之。有人认为，只有中国的汉字能圆满地表达出危机的内涵，即"危险与机遇"，是组织命运"转机与恶化的分水岭"。下面来总结下众多学者对危机的理解和判断。

美国心理学家凯普兰从 20 世纪 50 年代中后期开始系统地研究危机，他最先系统地提出危机的概念。他认为，每个人都在不断努力保持一种内心的稳定状态，保持自身与环境的平衡与协调。当重大问题或变化发生使个体感到难以解决、难以把握时，平衡就会打破，内心的紧张不断积蓄，继而出现无所适从甚至导致思维和行为的紊乱，即进入一种失衡状态，这也就是危机状态。简言之，危机意味着稳态的破坏。

赫尔曼：危机是指一种情境状态，在这种形势中，决策主体的根本目标受到威胁，供其作出决策的反应时间很有限，而且这一切的发生也出乎决策主体的意料。

里宾杰：危机是对于企业未来的获利性、成长乃至生存发生潜在威胁的事件。他认为，一个事件发展为危机，必须具备以下三个特征：其一，该事件对企业造成威胁，管理者确信该威胁会阻碍企业目标的实现；其二，如果企业没有采取行动，局面会恶化且无法挽回；其三，该事件具有突发性。

福斯特：危机具有四个显著特征：急需快速作出决策、严重缺乏必要且训练有素的员工、相关物资资料紧缺以及处理时间有限。

巴顿：危机是一个会引起潜在负面影响的、具有不确定性的事件，这种事件及其后果可能对组织及其员工、产品、资产和声誉造成巨大的伤害。

罗森塔尔：危机是对一个社会系统的基本价值和行为架构产生严重威胁，并且在时间性和不确定性很强的情况下必须对其作出关键性决策的事件。

班克思：危机是对一个组织、公司及其产品或名声等产生潜在的、负面影响的事故。

关于危机的定义，不同的学者从不同的角度，大同小异地揭示了危机的本质。综上所述，危机是突然发生或可能发生的，危及组织形象、利益、生存的突发性或灾难性事故、事件等，这些事故、事件等一般都能引起媒体的广泛报道和公众的广泛关注，对组织正常的工作造成极大的干扰和破坏，使组织陷入舆论压力和困境之中。处理和化解危机事件，将危机转化为塑造组织形象的契机是对组织公共关系工作水平最具挑战性的考验。

结合危机定义的理解，总结危机的特点如下：

(1) 突发性。千里之堤，毁于蚁穴。企业内部因素所导致的危机爆发前都会有一些征兆，但由于人为疏忽，对这些事件习以为常，视而不见，因此危机的爆发经常出乎人们的意料，危机爆发的具体时间、实际规模、具体态势和影响深度是始料未及的。如 1999 年 6 月 9 日，比利时有 120 人在饮用可口可乐之后发生中毒，其中有 40 人是学生。中毒者表现出呕吐、头昏眼花、头痛等症状。同一时期，法国也有 80 人出现同样症状。拥有 113 年历史的世界知名品牌可口可乐面临着巨大的信任危机。所以，企业在日常运营中突然爆发令企业始料不及的危机，一般都具有突发性的特点。

(2) 破坏性。由于危机常具有"出其不意、攻其不备"的特点，不论什么性质和规模的危机，都必然会不同程度地给企业造成破坏，而且由于决策的时间以及信息有限，往往会导致决策失误，进而产生无可估量的损失。如号称中国食品工业百强、中国企业 500 强、农业产业化国家重点龙头企业的三鹿集团，先后荣获全国"五一"劳动奖状、全国先进基层党组织、全国轻工业十佳企业、全国质量管理先进企业、科技创新型星火龙头企业、中国食品工业优秀企业等省以上荣誉称号 200 余项，然而，因为三聚氰胺事件，三鹿集团停产整顿，有关责任人受到严厉惩罚，最终三鹿集团破产。由此可见，不论什么类型的危机，都会不同程度地具有一定的破坏性。

(3) 机遇性。所谓危机，意味着既有危险也有机遇，危机其实是危险和机遇的分水岭。

危机也是商机，如果对危机予以正确的处理，可能孕育着新的机遇，成功化解企业危机，是危机管理的精髓。20 世纪 80 年代初期，美国强生公司遇到了前所未有的危机——强生公司的主打产品泰诺胶囊被当作杀人工具，导致七人死亡。经过美国联邦调查人员和强生制药的员工调查发现，有氰化物注入泰诺胶囊里。随后，全国各大电视台每天晚上在黄金时段纷纷报道泰诺胶囊事件；芝加哥的警察每天开着装有扩音喇叭的车在居民区内警告勿用泰诺胶囊；美国食品药物管理局也向民众发出警告，告诫民众不要再服用泰诺胶囊；市场调查表明，每十个过去使用过这种药的人，至少有六人说他们以后将不再用这种药了。强生总共召回的药数是 3100 万瓶，零售价值 1 亿美元。而后，强生公司又发出了 45 万封电报请各医疗单位提高警惕，并且设立了专用电话线，来解答各界的疑问和咨询。短短十几天时间，泰诺胶囊全线停产，这几天内，强生的损失就高达 10 万美元，股票价值直线下降。伯克坦诚地站到公众面前，用事实说话，用爱心讲理，用真诚温和的言词来证明"我们是无辜的"，他告诉公众，公司和他们都是受害者。通过召开记者招待会、举办各种消费者答疑和活动，用他们的真诚换取消费者的谅解。泰诺事件发生后，强生公司面对危机的举动，使强生制药不但没有受到声誉上的损害，反而增强了强生制药在民众心目中的可信度，巩固了泰诺在止痛药类中龙头老大的地位，而强生泰诺胶囊危机也成为危机管理的经典之作。连哈佛大学商学院的市场学教授 S·格瑟也说："这是在市场学里看到的最成功的危机处理案例。"

(4) 不确定性。危机并不是一种静态的存在，而是动态发展的，其潜伏、爆发、发展、结束的规律和趋势并不能被准确把握。一方面，事情的开端无法进行常规预测；另一方面，事件在发展过程中也瞬息万变，无法准确地判断。如影响非常大的"9·11"事件。

(5) 时间的紧迫性。对企业来说，危机事件一旦爆发，其破坏性的能量就会被迅速释放，并呈快速蔓延之势，如果不能及时控制，危机会急剧恶化，使企业遭受更大损失。尤其是物联网时代，信息传播速度加快，加上危机的连锁反应，如果给公众留下反应迟缓、漠视公众利益的形象，势必会失去公众的同情、理解和支持，损害品牌的美誉度和忠诚度。因此对于危机处理，可供做出正确决策的时间是极其有限的，而这也正是对决策者最严峻的考验。

(6) 影响的社会性。危机发生后，不同的社会成员受到的影响不同。危机事件的社会影响是指危机发生后，由于其破坏性及不确定性，对社会公众所造成的心理和行为等方面的一系列改变，如对遇难者的同情与关注、心理恐慌、价值观发生变化、自身采取的规避行为等。危机事件的社会影响具有多样化、非结构性、复杂性的特点，其对一个社会系统的基本价值和行为准则架构的影响所涉及的主体具有社会性。

【知识应用】

全聚德改变传统的烤鸭方式引争议

2008 年年初，中国青年报与新浪网联合开展的一项调查显示，76.8%的公众反对全聚德改用电子烤炉制作烤鸭，62.8%的人担心这样做会使北京烤鸭"快餐化"。这一调查源于全聚德在上市前夕透露：将大力推广使用电子傻瓜烤炉来制作烤鸭。一般情况下，烤鸭制作过程需要 1 个多小时，而电子炉可大大缩短制作时间。全聚德表示：为保持电炉烤鸭与传统烤鸭的果木香味完全一致，会将特制的天然果汁提前喷涂在鸭坯上。但不少人还是对口味的差异性提出了质疑，担心在北京大多数饭店烤鸭只卖 38 元至 58 元一套的情况下，一直坚守 198 元一套的老字号全聚德会因为更换电烤炉而降低产品品质。

2. 品牌危机的内涵

在瞬息万变的产品竞技场上，产品是不是名牌决定着一个产品甚至是一家企业的兴衰成败。在老百姓眼里，名牌产品必定名至实归。因此，企业千方百计创名牌，千方百计实施名牌战略。然而，市场的变幻莫测又决定了任何一个名牌都有可能遇到意想不到的事故，一个正在走俏的名牌突然被市场吞噬、毁掉已不是一件新闻；有百年历史的名牌一下子跌入谷底甚至销声匿迹也已不再是耸人听闻的新鲜事。

历年来，品牌危机事件频繁发生，如 2006 年，麦当劳食品安全问题不断；2007 年，手机巨头诺基亚的一款型号为 5500 的手机产品被曝光键盘经常出现脱落问题，对待消费者投诉采取刻意隐瞒、息事宁人的态度问题，事涉品牌道德；2008 年，阿迪达斯因对中国国旗的不当使用，而被指涉嫌违反《中华人民共和国国旗法》，导致产品被召回；2009 年，丰田汽车因零部件出现缺陷，召回汽车 68.8 万辆，严重影响了丰田品牌价值；2010 年，央视 3.15 晚会上曝光的惠普笔记本电脑大规模质量问题严重影响了企业品牌声誉；2011 年，国家质检总局公告显示蒙牛生产的一批次产品被检出黄曲霉毒素 M_1 超标 140%，严重影响了企业品牌；2012 年，耗资 3.3 亿元的 12306 火车订票网站因频频瘫痪惹人诟病，被推入质疑的漩涡当中；2013 年 4 月，《京华时报》报道称，农夫山泉瓶装水的生产标准还不如自来水，5 月北京市质监局介入调查，农夫山泉桶装水因标准问题停产；2014 年，马航客机失联事件；2015 年，台湾导游爆康师傅馊水油内幕，台湾各界掀起"灭顶运动"；2016 年，H&M、优衣库为代表的快时尚大牌发展速度正逐渐出现放缓，快时尚品牌的存在感及其在消费者心目中的竞争力正逐步降低。所以，品牌危机是品牌生命历程中无可回避的一种现象，国内外知名品牌在其成长过程中也大都经历过。故本书将品牌危机的内容归纳为形象危机、公共关系危机和信任危机三方面。

1) 品牌危机是形象危机

企业形象危机是指企业在生产和运行中，由于内部管理不善、企业家自身形象问题或者企业不当竞争行为等在社会公众和消费者中产生负面影响和评价，降低企业在社会公众中的信任度和威信。在品牌危机这个名词出现之前，声誉危机、形象危机经常被提及，即使现在，形象危机仍可以作为品牌危机的代名词。

2) 品牌危机是公共关系危机

公共关系危机是指由于组织自身或者组织外部社会环境中某些事情的突然发生，执行操作不当而引起的对企业有负面影响甚至带来灾难的事件和因素，对组织声誉及其相关产品、服务声誉产生不良影响、导致组织在公众心目中的形象受到严重破坏的现象。一个企业的品牌与公众关系，包括品牌与社会的关系、品牌与顾客的关系、品牌与政府的关系、品牌与媒体的关系和品牌与员工的关系等，任何一个方面的公众对品牌不信任，都会使社会公众对品牌产生质疑和判断，最终品牌危机演化为公共关系危机。

3) 品牌危机是信任危机

信任危机表示社会人际关系产生了大量的虚伪和不诚实，人与人的关系发生了严重危机，彼此都无法相信对方的真诚和忠诚，因此不敢委对方以重任的现象。品牌危机的出现，使得消费者对该品牌产生质疑，认为企业并没有按照品牌宣传的那样真诚对待社会和消费者，消费者对品牌产生了不信任，甚至认为该企业生产的产品是有害的、不合格的，品牌危机进而成为信任危机。

因此，品牌危机与形象危机、公关危机和信任危机并没有绝对的区别，可能是研究对象和研究角度不同而已。品牌危机贯穿于品牌产生到发展的各个环节中，只有充分认识品牌危机产生的原因、影响因素，合理对品牌危机进行管理和预防，才能保证品牌的良好成长。

故综上所述，所谓品牌危机是指在企业发展过程中，由于企业自身的失职、失误，或者内部管理工作中出现缺漏等，从而引发的突发性品牌被市场影响、吞噬、毁掉甚至销声匿迹，公众对该品牌的不信任感增加，销售量急剧下降，品牌美誉度遭受严重打击等现象。

6.1.2 品牌危机的表征

1. 品牌形象受损

品牌危机是形象危机。由于品牌危机的发生，使得企业形象和品牌形象受到影响，品牌的经济和战略优势大大降低，并且在短时间内很难恢复。如2009年2月1日，奥运金牌得主菲尔普斯吸食大麻的照片被英国媒体曝光，舆论震惊。尽管菲尔普斯在第一时间道歉，但美国游泳协会还是给予其三个月的禁赛处罚。随后，菲尔普斯在美国的两家赞助商宣布解除与其的代言合约。这一事件的发生令刚刚聘请菲尔普斯为代言人的一汽马自达措手不及，菲尔普斯吸食大麻的丑闻将一汽马自达推向了危机的漩涡。

2. 品牌美誉度下降

品牌危机的发生，会让消费者对品牌产生一些物质的和非物质的联想。物质的联想导致消费者对品牌产品的功效失去信心，对品牌的信任度下降；非物质的联想导致消费者对品牌的接受度下降。

3. 顾客信任度下降

品牌危机是信任危机，品牌信任是企业实施品牌战略、建立忠诚客户关系的基础。可靠度和对消费者的承诺是其主要内涵，商品内在质量、外在形象以及企业的价值观、顾客认同感是影响品牌信任的主要因素。一旦发生品牌危机，将直接影响顾客的信任度。当前，国内食品安全问题频发，消费者纷纷抛弃国内产品，开始追求洋品牌，视洋品牌为安全、可靠的象征，并付出数倍于产品成本的价格，去享受洋品牌们所谓的高质量。然而，在肯德基的"豆浆门"和麦当劳的"消毒水"事件后，洋快餐也频频出现食品安全问题，洋快餐的顾客信任度在下降，诚信危机也开始显现。

4. 销售利润率下降

品牌危机导致企业形象受损、品牌受损，使顾客的信任度下降，进而影响顾客对该品牌的选择，使该品牌相关产品的销量降低，致使销售利润率下降。随着智能手机市场竞争越来越激烈，2016 年 4 月，苹果迎来了 13 年来最坏的两个消息。首先是业绩，标普全球市场播报显示，2016 年第二财季(截至 3 月 26 日)，苹果公司每股收益为 1.9 美元，低于分析师们 2 美元的预期；利润更是同比下滑高达 18%；不仅如此，苹果的营收也低于预期，同比下滑了 13%，这是 2003 年以来苹果公司首次出现季度营收同比下滑。业绩之后是糟糕的股价，尽管苹果股票收盘时跌幅只有 0.69%，价格为 104.35 元/股；但在盘后的交易当中(财报是盘后公布的)，苹果股价暴跌约 8%。刚刚过去的这一天，苹果总市值蒸发了 486 亿美元。

5. 企业内部人员流失

品牌危机的产生，企业员工是危机最直接的感受者，情绪最容易受到影响，会导致企业人员流失。一方面，严重的品牌危机会影响企业的发展规模和发展前景，导致企业裁员或企业薪资没有得到提升，进而导致企业人员流失；另一方面，品牌危机的产生，会使员工对企业失去信心，或企业不真诚的行为产生的信任危机，会使企业员工降低对企业的忠诚度。

6. 媒体的负面报道

随着媒介技术的发展，新闻信息总量以几何级的速度在增长，媒体之间的竞争也更加激烈，媒体的焦点更多集中于能抢夺受众注意力的新闻事件上。一旦发生品牌危机，各大新闻媒体一定会争先恐后地选择更加具有刺激性的文字和语气色彩来描述危机事件。2009 年 11 月 24 日，海口市工商局向消费者发布了农夫山泉和统一企业三种饮料总砷含量超标的消息。消息一出，统一和农夫山泉深陷"砒霜门"的新闻遍布各大门户网站。

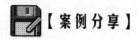

【案例分享】

携程"泄密门"风波

2014 年 3 月 22 日晚间，国内漏洞研究机构乌云平台曝光称，携程系统开启了用户支付服务接口的调试功能，使所有向银行验证持卡所有者的接口传输数据包均直接被保存在本地服务器，包括信用卡用户的身份证、卡号、CVV 码等信息均可能被黑客任意窃取。

当时正处于央行对第三方支付表示质疑的关口，加上漏洞关乎携程数以亿计的用户财产安全，舆论对于这一消息表示了极大的关注，用户由此引发的恐慌和担忧亦如野火一般蔓延开来。根据中国上市公司舆情中心监测数据显示，从"泄密门"事发至截稿时止，以"携程+安全漏洞"为关键词的新闻及转载量高达 120 万篇之多，按照危机事件衡量维度，达到"橙色"高度预警级别。

3 月 22 日晚 23 时 22 分，携程官方微博对此予以回应，称漏洞为公司技术调试中的短时漏洞，并已在两小时内修复，仅对 3 月 21 日、22 日的部分客户存在影响，目前没有用户因受到该漏洞的影响而造成相应财产损失，并表示将持续对此事件进行通报。这一说法引发了用户的重重回击。认证为"广西北部湾在线投资有限公司总裁"的严茂军声称,携程官方信息完全在瞎扯,并附上信用卡记录为证。作为携程的钻石卡会员,他早于 2 月 25 日就曾致电携程,他的几张绑定携程的信用卡被盗刷了十几笔外币,但当时携程居然回复"系统安全正常"。他以强烈的语气提出,携程应该加强安全内测,尽快重视和处理用户问题,水能载舟,亦能覆舟。这一微博得到了网友将近 900 次转发,评论为 150 条,大多对其表示支持。3 月 23 日,携程官方微博再以长微博形式发表声明称,93 名潜在风险用户已被通知换卡,其余携程用户用卡安全不受影响。不过,其微博公关并未收到很好的成效,不少网友在其微博下留言,以质问语气表达不信任的态度:怎么证明携程没有存储其他客户的 CVV 号?怎么才能确认用户的信用卡安全? 等等。面对质问,携程客服视若无睹,仅以"关于您反馈的事宜,携程非常重视,希望今后提供更好的服务"等官方话语加以回应。

3 月 26 日,21 世纪网直指,携程保存客户信息违反银联的规定,携程不是第三方支付机构,无权保留银行卡信息。另一方面,PCI-DSS(第三方支付行业数据安全标准)规定了不允许存储 CVV,但携程支付页面称通过了 PCI 认证,同样令人费解。

《21 世纪经济报道》更是简单明了地表示:在线旅游网站中,只有去哪儿已经引入该认证标准,此前携程曾有意向接入该系统,但是公司工作人员去考察之后发现,携程系统要整改难度太大,业务种类多且交叉多,如果按照该系统接入而整改,架构都会有所变化。

针对上述质疑,携程一直保持着沉默,而不少业内人士已经忍不住跳出来指责其"闭着眼睛撒谎"。3 月 27 日,《中国青年报》更是发表题为《大数据时代个人隐私丢哪儿了》的署名文章,谴责企业"在用户不知情的情况下收集有限的数据,在一定程度上忽略了人的权利"。

6.1.3 品牌危机的分类

1. 突发性品牌危机和渐进性品牌危机

从形态上,品牌危机可以分为突发性品牌危机和渐进性品牌危机。

1) 突发性品牌危机

突发性品牌危机又分成四种类型:

(1) 形象类突发性品牌危机。由反宣传事件引发的突发性品牌危机。反宣传一般有两种:一种是对品牌不利情况的报道(情况是属实的),像品牌产品生产条件恶劣,企业偷税漏税、财务混乱、贪污舞弊等报道;另一种是针对品牌的歪曲事实的报道。

(2) 质量类突发性品牌危机。质量类突发性品牌危机是指在企业发展过程中,由于企业自身的失职、失误或者内部管理工作中出现的缺漏,而造成产品在质量上出现问题,从而引发的突发性品牌危机。

(3) 技术类突发性品牌危机。指已经投放市场的产品,由于设计或制造技术方面的原因,而造成的产品存在缺陷,不符合相关法规、标准,从而引发的突发性品牌危机。

(4) 服务类突发性品牌危机。指企业在向消费者提供产品或服务的过程中,由于其内部管理失误、外部条件限制等因素,造成了消费者的不满,从而引发的突发性品牌危机。

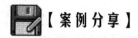

【案例分享】

淘宝"提价风波"

2011 年 10 月 10 日，淘宝商城官方发布了《2012 年度淘宝商城商家招商续签及规则调整公告》，公告规定：2012 年向商家收取的年费将从现行的每年 6000 元调整到每年 3 万元或 6 万元两档，大部分商家作为服务信誉押金的消费者保证金将从现行的 1 万元调整到 1 万元至 15 万元不等。年费和保证金的大幅提高使得许多淘宝商城的小卖家无力承担，不得不面临从商城退回到淘宝集市的选择。10 月 11 日晚间，淘宝商城受到数千自称"中小卖家"网民的集体"攻击"。10 月 12 日凌晨，淘宝官网发出紧急公告，称愿意接受任何对于淘宝商城规则的看法和建议，但绝不容忍因为有不同的意见而去侵害其他无辜商家的暴行，并称已向警方报案。10 月 15 日，淘宝商城官方微博发表《淘宝商城释疑 2012 新规》，从 16 个方面阐述了淘宝制定新规的初衷和目的，澄清集资谣言。10 月 17 日下午，阿里集团宣布增加投资 18 亿，马云于当日发表演讲，反淘宝联盟停止了攻击。11 月 29 日，淘宝冲突事件最终以和解收场。2012 年 1 月 11 日，淘宝商城在北京举行战略发布会，宣布更换中文品牌"淘宝商城"为"天猫"。

2) 渐进性品牌危机

渐进性品牌危机的发展是循序渐进的，容易被忽视，而一旦爆发则具有毁灭性。

渐进性品牌危机的表现类型有品牌战略制定和执行失误、品牌延伸策略失误、品牌扩张策略失误和品牌内外部环境恶化四种。

(1) 品牌战略制定和执行失误包括品牌战略展望提出的失误、目标体系建立的失误以及品牌策略制定和品牌策略执行的失误。

(2) 品牌延伸策略失误。一是，品牌本身还未被广泛认识就急于推出该品牌的新产品；二是，品牌延伸后出现新老产品形象定位相互矛盾的现象；三是，延伸速度太快超过品牌支持力。

(3) 品牌扩张策略失误。品牌扩张策略主要有两种：一是收购品牌；二是自创品牌。品牌扩张的风险受消费者需求重心的转移、国家及地方政策的影响等。

(4) 品牌内外部环境恶化。内部环境指品牌持有公司的内部状况；外部环境主要包括消费者、竞争对手、分销商、市场秩序、舆论与宏观环境等因素。

2. 核心要素品牌危机和非核心要素品牌危机

根据品牌危机是否为核心，品牌危机可以分为核心要素品牌危机和非核心要素品牌危机。

1) 核心要素品牌危机

核心要素品牌危机主要是由于消费者对品牌认同的改变，导致品牌联想等核心要素的改变。Dawar、Lei(2009)通过实证研究指出，真实或者虚假的品牌主张都会造成品牌危机，跟危机的核心越相关造成的危害性就越大。例如，农夫山泉砒霜门事件、肯德基麦当劳涉嫌致癌危机，这些负面信息会直接影响品牌形象，影响和改变消费者的品牌联想，造成消费者对品牌的不信任和怀疑，导致品牌危机。

2) 非核心要素的品牌危机

非核心要素的品牌危机可以归类为与品牌资产不直接相关的危机，例如，品牌延伸的失败、品牌技术革新失效以及企业违背社会责任等问题给企业品牌带来的危机。例如，王石的"捐款门"事件，国美的黄光裕涉嫌违规资本运作这两件事情，虽然造成了一定的品牌负面影响，若企业能及时采取相应策略，则有可能会中止或者消除危机对品牌的负面影响。

3. 主动性的品牌危机与被动性的品牌危机

根据品牌危机是否由企业自身原因造成，将其分为主动性的品牌危机与被动性的品牌危机。

1) 主动性的品牌危机

主动性品牌危机是指由于企业自身经营管理不善导致的产品质量问题以及虚假宣传广告、企业不遵守社会责任或者商业道德伦理混乱等导致的一系列危害品牌的负面事件。从消费者的归因角度出发，主动性的品牌危机是企业能够控制而且应该承担的责任，这样的感知让消费者容易选择放弃与品牌之间的关系，从而导致品牌关系的断裂。

2) 被动性的品牌危机

由于外部环境的变化、竞争对手的恶意造谣中伤、媒体的不实报道以及政府的限制性法规出台等因素引发的危机。消费者会认为企业是值得同情和理解的，消费者会选择继续保持或者暂时放弃与该品牌之间的关系。这种危机会导致品牌关系的扭曲或者暂时的断裂，如果企业能采取积极的应对策略，将有可能尽快恢复和重塑消费者与品牌之间的关系。

4. 行业性和非行业性品牌危机

根据品牌危机是否会引发产品大类或者行业的危机，将其分为行业性品牌危机和非行业性品牌危机两类。

1) 行业性品牌危机

 【延伸阅读】

马桶盖折射出的是行业品牌危机

近日，有媒体报道称，春节期间，有多达45万中国游客赴日消费，购物消费近60亿人民币。电饭煲等传统热门商品依然畅销，温水洗净马桶盖成为今年的一大购物热门。日本当地媒体称，马桶盖几乎处于断货状态。而家住杭州的王先生赴日本旅行，在大阪的电器商场，王先生惊奇地发现，马桶盖的外包装上赫然印着"Made in China"，产地竟是杭州下沙。(3月1日浙江在线)

有道是"出口转内销，哪能不挨刀"，原来天价的日本大米和遭疯抢的马桶盖一样，原产地都是中国，所以此事和产品质量无关，因为产品都是同一种产品，只不过由中国出口到国外后被人花了高价又买了回来，经历了一番奇妙的"自由行"。那为什么同一个产品，在国内和国外的境遇有如此大的差别，说到底，还是用户对本国同类产品的不信任，中国本土品牌取信于民的过程任重而道远啊。

一个品牌的建立和倒塌，印证了那句话，"其兴也勃焉，其亡也忽焉"。就像多年前的国产奶粉，中国改革开放 30 多年，经济得到迅猛的发展，国人对健康的需求也在不断提升，那时的奶粉市场如此庞大，各路群雄各据一方，争相推出有竞争力的产品想赢得相应的市场份额，但是一个三聚氰胺就让国人一夜之间失去了对国产奶粉的信任，尽管此后有关部门作了种种努力，又是晒安全合格、童叟无欺的数据，又是邀请用户们现场参观奶源，但是国产奶粉不安全的形象早就深入人心了。就说这次中国游客在日本抢购马桶盖和大米，我们也不能责备中国用户对日本产品太迷信，实在是之前同类国产的产品太让人失望，不然一些比较高级的洗手间也不会清一色的都是 TOTO，吃饭时追求软生活质量的人也不会言必称泰国、日本大米了。

要想挽回国产品牌流失的信任度，当务之急是必须从纠正行业不正之风做起，要制定一个全行业遵守的行业行为准则，因为现在我们产品的危机已经不是个别品牌的问题，而是"一损俱损，一荣俱荣"，单个产品的好坏已经影响到整个行业，比如说奶粉行业，一个三鹿倒下了，其他的国产奶粉品牌就不知道何时能站起来。在此基础上，要加强产品质量和注重产品形象的维护，这一点中国的电子产品特别是智能手机行业就做得相当不错。我们既有华为、中兴这样注意产品技术和产品文化的企业，又有小米这个能找到市场切入点的生产商，我们的消费者才不会迷信国外的手机品牌，而是理性地选择包括国产手机在内的产品。希望其他行业能从这些国产手机品牌的成功经验中得到启示，做强做大，使国产品牌的形象不断深入人心。

(资料来源：新浪网，文/阳春桃，2015/3)

行业危机的发生将导致消费者对整个行业的怀疑和不信任，有可能会造成整个行业的损害。2006 年，笔记本电脑频发爆炸事件，戴尔、苹果、索尼等厂商都先后宣布召回存在安全隐患的某些型号笔记本电脑的电池。2008 年三鹿"三聚氰胺"事件发生之后，在整个乳品行业中引发了一场风波，一时之间消费者对所有的乳制品都不信任，甚至改变长期形成的喝牛奶的习惯，选择豆浆、米粥等替代品。2010 年丰田车全面召回，引发整个日系汽车的产品召回事件，这些都属于典型的行业危机。

2) 非行业性品牌危机

非行业性品牌危机是相对于行业性品牌危机而言的，是单个企业的危机事件，对整个行业没有造成影响，只对单个发生危机的企业造成影响。这种危机的影响范围小，局限在企业范围之内，对行业的破坏性几乎没有，对社会的影响性也非常小。

5. 产品质量危机和非产品质量危机

根据从属关系，品牌危机可以分为产品质量危机和非产品质量危机。

1) 产品质量危机

产品质量危机是指因产品质量问题而导致的对企业运转和信誉乃至生存产生重大威胁的紧急或灾难事件。由产品质量问题引起的品牌危机是各种危机中最为常见的一种。可能主要是由于生产技术落后、生产流程不科学、产品质量危机意识欠缺和产品质量管理体系不规范等原因造成的。产品质量危机的出现直接引发消费者的不信任和不购买，直接影响企业的销量和市场占有率。如广州本田的婚礼门，浙江省温州市平阳县昆阳镇龙山公园游乐场"狂呼"项目发生意外事故，均是由于产品质量问题导致的品牌危机。

2) 非产品质量危机

非产品质量危机是指由非产品质量问题引发的危机，会导致消费者对品牌关注度的降低，模糊消费者的品牌认知。非产品质量问题主要是由于企业在生产经营决策中对产品的品种、包装、结构、生产经营的程序、技术、布局、规范等方面与市场需求脱节，短时间内造成产品大量积压，使企业生产经营的运转发生严重问题。如2010年"肯德基秒杀门"，不是因为产品质量问题遭遇危机，而是由于承诺没有兑现，造成诚信危机。还有曾经轰动全国的富士康十三连跳，并非由于产品质量问题导致的危机，而是企业经营管理策略的问题，使企业陷入被质疑的危机。

6.2 品牌危机发生

6.2.1 品牌危机的生命周期

辩证唯物主义认为一切事物都是过程，世界是过程的集合体。危机的产生并不是毫无征兆。可能经过一段长时间的积累潜伏，从危机的产生到结束需要经过一定的周期，危机处理者根据危机在不同周期体现出的不同特点，采取相应的策略。

在危机管理的阶段性划分方面已积累了丰富的成果，现归纳总结如下。

美国联邦安全管理委员会把公共危机管理分为减缓(缓和)、预防(准备)、反应(回应)和恢复四个阶段。

危机管理专家米特罗夫(Mitroff)的五阶段模型(1994)如下：

(1) 信号侦测：识别危机发生的警示信号并采取预防措施。

(2) 探测和预防：组织成员搜寻已知的危机风险因素并尽力减少潜在损害。

(3) 控制损害：危机发生阶段，组织成员努力控制危机的发展态势，使其不影响组织运作的其他部分或外部环境。

(4) 恢复阶段：尽可能快地让组织正常运转。

(5) 学习阶段：组织成员回顾和审视所采取的危机管理措施，并整理使之成为今后的运作基础。

最基本的三阶段模型，即把公共危机管理分成危机前(Precrisis)、危机(Crisis)和危机后(Postcrisis)这三个大的阶段，每一阶段又可分为不同的子阶段。

根据美国著名危机管理专家史蒂文·芬克提出的四阶段生命周期模型(1986)。芬克用医学术语形象地对危机的生命周期进行了描述：第一阶段是潜伏期(Prodromal)，线索显示有潜在的危机可能发生；第二阶段是爆发期(Breakout or Acute)，具有伤害性的事件发生并引发危机；第三阶段是延续期(Chronic)，危机的影响持续，同时也是努力清除危机的过程；第四阶段是痊愈期(Resolution)，危机事件已经解决。

下面以史蒂文·芬克的四阶段生命周期模型为例，详细分析品牌危机的生命周期。

(1) 潜伏期。危机从小到大再到爆发前的这一时段都可以称为潜伏期，在该时期进行危机处理是最好的。此期的管理重点是危机因子的识别，这一阶段就是理想的危机管理阶段，危机管理的本质是在安定、客观的环境下对组织内外部各种危机因子的识别。经营环境的复杂性，对每个企业来说"出错"都是可能的，要想不让危机影响到企业的发展和生存，企业要建立敏感的"危机因子"识别机制，能及时、准确地找到企业的危机因子所在，以便采取措施，对症下药，及早根除。

(2) 爆发期。危机爆发是一种表现和一种结果，它的爆发是一种从量变到质变的过程，它始于小问题，不经意间越变越大。所以，如果管理层没有认识到并且把它有效控制，到一定程度后，就会形成质变，这种质变就是危机事件爆发，会使企业处于危机状态。此期所有的矛盾都集中到一起，通常所讲的危机的主要特性就是指的危机状态期的特点。企业应快速启动危机应对机制，防止危机恶化。这种应对机制与应急预案不同，它是为危机团队争取时间以便实施适当的应急预案。

(3) 持续期。持续期即经过一段时间缓冲，危机破坏程度可能有所降低，但影响范围仍在持续扩大，甚至波及其他相邻领域。该时期也是努力消除危机的时期。随着处理措施有序的进行，危机处理者逐渐掌握更丰富准确的信息，对已经采取的措施进行评估和调整，开始着手准备品牌危机的恢复工作。

(4) 痊愈期。通过危机爆发期和持续期的处理，危机逐步得到解决，事态逐步得到控制。在危机痊愈期，并不意味着危机完全消除，这一时期需要管理层做很多善后和修复工作，此时期一旦被管理层忽略，可能错过转危为安的时机或引发新一轮的危机。所以，在危机的恢复期，并不意味着危机的结束，是更需得到领导重视的一个重要阶段。不管什么样的危机，企业或多或少都会在商誉、金钱上受到损失，真正将危机作为机遇是很少的，重要的是总结经验教训。危机的出现说明了企业在运作、管理上是有瑕疵的，要以危机的发生为契机，彻底审视企业的战略、营运，使企业焕发新生。这就要求把危机期间的所有反应都详细记录，在危机平息期仔细评估，危机期间哪些是做好的，哪些没有做好。这些经验都是非常宝贵的财富，要把这些经验运用于危机后的企业管理中。因为谁也不能预料下一次危机什么时候到来。

综上所述，品牌危机的发生要经历四个周期。图 6-1 结合"强生有毒门"事件，分析危机潜伏期、爆发期、持续期和痊愈期四个时期的危机演变及每个时期品牌危机的破坏性程度，进而为下一节品牌危机处理做铺垫。"强生有毒门"事件生命周期的阶段及关键节点如图 6-1 所示，从中可以看出，品牌危机一旦发生，需要经历不同的阶段，且只有采取强有力的措施才能使危机得以控制，并最终痊愈。相反，会使持续期延长，危机破坏程度增加。

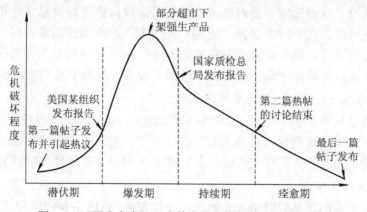

图 6-1 "强生有毒门"事件生命周期的阶段及关键节点

6.2.2　品牌危机的影响因素

1. 外部因素

1) 来自媒体的因素

互联网时代，互联网为企业品牌提供了品牌传播平台和发展机遇。但是，互联网媒体信息的广泛传播，也会为企业的品牌危机管理增加难度。一方面，互联网信息复杂、传播速度快的特点，会使企业信息传播速度加快，使得品牌危机更难以控制；另一方面，新媒体时代，媒体信息多样化，真实度降低，甚至传播恶意抹黑企业品牌形象或者虚假信息给消费者，都会伤害到企业信誉和企业形象，进而引起企业品牌危机。

2) 其他方面的因素

其他因素主要包括自然灾害和假冒品牌产品的影响：

(1) 自然灾害指非人为原因造成的品牌危机的总和，既包括天气、地质灾害以及瘟疫等自然现象带来的灾害，还包括迫于其他自然规律非人力所能控制的原因造成的伤害，如企业领袖或企业关键人物的突然死亡等。

(2) 假冒品牌产品的影响。名牌产品因其占有极大的市场份额、具有较高的信誉而备受消费者青睐，也理所当然地成为造假者、制冒者首当其冲的造假对象，大到"奥迪"汽车，小到剃须刀、电熨斗、方便面，各路假冒货肆意充斥市场，践踏着大街小巷的每一处角落，严重程度令人触目惊心。假冒货的身影无处不在，一些假冒的名牌产品招摇过境，给国家的信誉造成了严重的影响。特别是最近几年，出口到俄罗斯、捷克斯洛伐克、东南亚甚至欧美的产品有相当一部分都是假冒产品，不仅使当地消费者深受其害，同时，国家的形象和声誉也受到了严重的影响，在有些国家，"中国货"已成了劣质产品的代名词。值得一提的是，制造假冒名牌产品招摇撞骗的并不仅仅是国人，国际上也有一些不法分子假冒我国的产品。据统计，假冒我国名牌产品的数量已经超过"正宗产品"的出口量，国外进口商进口到劣质产品后返过头找我国生产名牌产品的企业算账的事也时有发生。

2. 内部因素

1) 产品质量存在缺陷

已经投放市场的产品，由于设计或制造技术方面的原因，而造成产品存在缺陷，不符合相关法规、标准，从而引发质量问题。产品质量出现问题是导致品牌危机的主要原因之一，如中美史克"康泰克"PPA 风波、三菱"帕杰罗"刹车油管风波、可口可乐污染事件和雀巢婴儿食品事件等。另外在企业发展的过程中，由于自身的失职、失误，或者内部管理工作中出现缺漏，而造成产品在质量上出现滑坡现象，从而引发消费者的不满。

2) 品牌产品单一、老化、不适应市场变化

最典型的就是福特 T 型车危机了，T 型车在最初的 10 年一直在市场上独领风骚，但是福特公司忽视了市场需求变化，市场占有率急速下降，陷入了前所未有的危机，这个时候福特才如梦初醒，关闭了 T 型车生产线，全力研制 A 型车，这才使得福特公司重获新生。

3) 品牌内涵设计错误

品牌理念是企业创建品牌时赋予其的核心价值观念，它既是企业经营思想的集中反映，

又是企业战略思维的高度概括，对企业的经营发展起着重要作用，如"海尔，真诚到永远！"的品牌文化。文化特征是决定品牌外在形式的基本原则，是品牌的核心。其中，文化差异是品牌的基础，国家也是品牌的文化根源。如可口可乐、IBM、耐克代表美国文化，三菱、丰田、索尼体现日本文化。品牌个性即品牌特征。品牌要脱颖而出，必须要有差异，有一个或几个明显的特征以示区别，但品牌个性又要与企业形象相吻合，不能有冲突现象，具备了这些条件，品牌个性才算安全

4) 管理机制不健全

有一套健全的管理机制，企业才能更好的发展，然而并非每个企业都会这样，因为没有有效的管理机制而引发危机的企业是存在的。主要表现有：

(1) 缺乏监控系统。监控系统是企业管理必备的良药。打一个不太恰当的比喻，没有监控系统的企业就如一个不知饥饱的人，这个人一见到能吃的东西就往自己肚里塞，而不知吃饱了没有，更不知肚子能否撑得下，这样做的结果只有两个：一是此人被撑死，一是此人得病。对于一个企业而言，制度的实施、员工的工作、领导的决策都须监控，如果一个企业缺乏有效的监控体系，制度未得到合理、正常的实施，员工、领导的工作偏离轨道，他们都不会发觉，即使是危机到来，他们也不会对此事先警觉，进行有效的预防和控制。

(2) 危机管理制度不健全。危机管理制度是危机管理的基础，是企业朝更好方向发展的保护伞，它的健全与否对企业的影响很大。如果它不健全，企业就不会对危机进行预防，也不会对此有效控制，更不会对具体危机具体应对。就是因为危机管理制度不健全，台湾华航 20 世纪 80 年代发生了大空难，损失颇大。

3. 深层原因

1) 企业品牌文化薄弱

品牌不仅是产品的标志，也是文化的载体，优秀的品牌通常都有深刻的文化内涵。品牌文化是企业围绕品牌建设所体现出来的企业文化及经营哲学的综合体，只有将产品当作一种文化形象来宣传，借助文化传递产品，将品牌文化紧紧地与消费者所关注的内容联系在一起，才能提高产品的价值，增强产品的市场亲和力。然而，我国很多企业在品牌经营中，忽视了品牌文化的建设，致使品牌形象模糊，品牌定位不清，也因此导致品牌忠诚度和美誉度下降，品牌危机抵御能力弱。

2) 品牌核心价值缺乏

一种产品能够为消费者带来的价值是多方面的，任何品牌都应该具有核心价值，例如"宝马"传递"安全舒适"。品牌的核心价值是品牌忠诚度和美誉度的基础。国内很多企业简单地把品牌知名度等同于品牌价值，只注重商品显性特征的差异化，而对品牌资产的价值缺乏应有的理解和重视。

3) 品牌战略规划缺失

部分企业为了获得短期利益，不顾产品、价格、渠道、促销等营销策略是否跟得上就盲目加大广告投入，甚至依赖炒作手段，期望品牌能在一夜之间成熟。缺乏战略性的广告投入，虽然能在一定程度上增加产品的知名度，但由于忽视品牌成长的客观规律和成熟的必要条件，造成品牌畸形发展，生命力极其脆弱。

4) 品牌延伸策略失误

企业一定要注意品牌延伸安全，否则就会进入品牌延伸误区，出现品牌危机。这主要有三种情况：一是，品牌本身还未被广泛认识就急于推出该品牌的新产品，结果可能是新老产品一起死亡；二是，品牌延伸后出现的新产品的品牌形象与原产品的品牌形象定位互相矛盾，使消费者产生心理冲突和障碍，从而导致品牌危机；三是，品牌延伸速度太快、太多，超过了品牌的支持力。

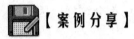【案例分享】

达芬奇造假之谜

2011 年 7 月 10 日，央视"每周质量报告"播出"达芬奇天价家具'洋品牌'身份被指造假"，随后达芬奇召开新闻发布会，新闻发言人潘庄秀华现场泣不成声，但是流泪公关并没有获得消费者的原谅，媒体对该公司部分国际品牌家具提出了质疑，主要集中在某些产品产地标注问题、质量问题以及不规范宣传问题。8 月 31 日，沸沸扬扬的达芬奇家居"产地造假门"终于有了官方调查结论。上海市工商局公布，经查实，达芬奇家居公司存在部分"卡布丽缇"家具质量不合格、产品标签标注和广告宣传不规范三大问题。而伪造原产地的问题，工商表示尚未发现有力证据。11 月，达芬奇与媒体展开口水战，坚称广东卫视"故意以达芬奇造假之谜的虚假新闻诬陷栽赃"，12 月，达芬奇坚称"从未造假"，并且说"不服上海市工商局的行政处罚决定，将依法对该局提起行政诉讼，追究违法行政的法律责任"。期间接受《新世纪》周刊采访，使公司一时成为公众焦点。

6.3　品牌危机管理

6.3.1　品牌危机管理的概念

危机管理最早由史蒂文·芬克在《危机管理——为不可预见危机做计划》一书中进行了系统的阐述。危机管理在我国起步较晚，90 年代才开始传入我国。现在，对企业进行危机管理已经是相当一部分企业的共识。危机在我国是一个普遍现象，京沪两地半数企业处于危机状态。海尔、华为等一些企业就很重视危机管理。品牌作为企业的一项无形资产，如何不让危机波及企业的品牌，这就涉及到危机中的品牌管理。品牌危机管理，即企业在发生危机时对企业的品牌进行管理，让品牌资产保值甚至增值。和危机一样，目前国内外对于危机管理的定义也还没有统一的认识，不同的学者从各自研究的角度给予了危机管理不同的诠释，其中具有代表性的有如下几种。

中国台湾学者邱毅认为，危机管理是组织为降低危机所带来的威胁而进行的长期规划与不断学习、反馈的动态调整过程。为了使这一过程能高效率地进行，危机管理小组的编制是绝对必要的。

罗伯特·希斯认为，危机管理包含对危机事前、事中、事后所有方面的管理。他认为，有效的危机管理需做到：转移或缩减危机来源、范围和影响，提高危机管理的地位，改进对危机冲击的反应管理，完善恢复管理以能迅速有效地减轻危机造成的损害。他认为通过寻找危机根源、本质以及表现形式，并分析它们所造成的冲击，人们就能通过降低风险和缓冲管理来更好地进行危机管理。

哥伦比亚大学教授 Philip Hensiowe 认为，危机管理就是对任何可能发生危害组织的紧急情境的处理。

总结以上各位学者对于危机管理的观点，本文认为，品牌危机管理是指在品牌生命周期中，企业针对可能发生的危机和已经发生的危机采取适当的管理活动，以尽可能避免导致危害品牌价值事件的发生，以及在危机发生后能有效减轻危机所造成的损害，使品牌能尽早从危机中恢复过来，或者为了某种目的而让危机在有控制的情况下发生等。

品牌危机管理是一种使危机对品牌造成的潜在损失最小化并有助于控制不良事态发展的职能管理，应该包括对危机的事前、事中和事后所有方面的管理。有效的危机管理应该是一个有始有终的过程，而不仅仅是对某个单独的危机事件的反应。

【名人名言】

品牌的出现是伴随消费者的不安全感而来的。

——让·诺尔·卡菲勒(法国品牌专家)

6.3.2　品牌危机处理的原则

著名危机管理专家劳伦斯·巴顿在其著作《组织危机管理》中明确提出如下危机管理的原则。大多数管理者身处危机事故中，都希望能正确的行动。他们首先的关注点，正如公众所期望的那样，都投向了受害者。公司越大，人们对它做出反应的期望值就越高。研究表明，公众对索尼、宝洁和雀巢的期望值远远高于一个小小的地方银行。小公司反应迟钝时，人们很容易原谅它们，但是一旦大机构否认存在危机，或者对公众的抗议没有迅速做出反应，公众就会感到很惊奇，甚至对公司表现出明显的敌意。

一个好的危机管理者必须亲临第一线，一定要谦卑地面对受害者，向他们表示歉意，并承诺要迅速查清事实。就像丘吉尔在第二次世界大战中指挥英军时所说，"在危机中，人们希望目睹领袖的容颜，直接接受他的指挥。"人们渴望真诚坦率，希望事情恢复正常。事故发生之后，人们要求与人打交道，而不是与不能谋面的组织打交道。

对灾难要有足够的准备，在人员、医疗设施和技术工具方面做好事前准备。公司无法控制舆论，但是可以影响公众舆论。重大危机总会在事后留下心灵创伤，这种创伤的范围常常是无法估量的，所以要做好危机中的心理恢复。加强与媒体的沟通，如果公司对媒体的报道置若罔闻，或者处置不当，那就是拿公司的命运做赌注。

罗伯特·西斯则提出三项危机管理原则，即获取时间、降低成本和获得更多。国内著名危机管理学者薛澜教授从社会公共管理的角度提出处理危机应遵从的八项原则，即时间性原则、效率性原则、协同性原则、安全性原则、合法性原则、科学性原则、程序性原则和适度性原则。虽然不同企业对不同危机的处理方式不一样，但笔者认为有些原则是所有企业在处理品牌危机时都应遵循和把握的。

1. 预防为主原则

预防原则是指危机管理者要在危机管理中始终保有危机防范意识，积极进行危机防范准备、危机征兆识别和警示机制建设，有计划地进行危机日常演习、员工应急状态教育等活动，力求将危机发生的概率降低，将危机发生后的损失减小。对危机的积极预防是控制潜在危机中花费最少、最简便的一种方法。对待危机要像奥斯本所说的那样，"使用少量钱预防，而不是花大量钱治疗"。

2. 快速反应原则

大量的企业危机案例表明，如果在危机爆发初期企业采取积极行动，企业各方面的损失就会减小很多。这和危机的特征有关：危机往往是突发事件，发展势态难以预料，破坏性强，涉及范围会扩大。所以，一旦危机爆发，企业必须在尽可能短的时间里采取果断措施，无论是对受害者、消费者、社会公众还是新闻媒介，都应尽可能成为首先到位者，从而减缓或消除危机蔓延。加拿大道化学公司的唐纳德·斯蒂芬森认为，"危机发生的第一个24小时至关重要，如果你未能很快地行动起来并已准备好把事态告知公众，你就可能被认为有罪，直到你能证明自己是清白的为止"。

3. 真实性原则

"家丑不可外扬"是中国固有的一个观念，如果这种观念被应用到企业危机管理中则会造成比危机本身更为严重的影响，使企业不但继续受到危机的影响，而且还会出现诚信危机。因为当危机爆发后，公众最不能忍受的事情并非危机本身，而是企业故意隐瞒事实真相，不与公众沟通，不表明态度，使公众不能及时地了解与危机有关的一切真相。因此，发生危机后，企业应该及时主动向公众讲明事实真相，遮遮掩掩反而会增加公众的好奇、猜测甚至反感，延长危机影响的时间，增强危机的伤害力，不利于危机局面的控制。

4. 全员性原则

企业危机处理不仅是几位领导、几位专家的事，企业的员工也不只是危机处理的旁观者，也是参与者。让所有员工了解危机的性质、规模、影响及处理方法，并参与危机处理，不仅可以发挥其宣传作用，减轻企业的内部压力，也可以让员工在企业危机中经受特殊的锻炼，增强企业凝聚力。

5. 统一性原则

危机处理必须冷静、有序、果断，以及做到三个统一，即指挥协调统一、宣传解释统一、行动步骤统一，而不可失控、失序、失真，否则只能造成更大的混乱，使局势恶化。

6. 创新性原则

世界上没有两次完全相同的危机，也就没有完全相同的处理办法。因此，危机处理既要充分借鉴成功的经验，也得要根据危机的实际情况，尤其要借助新技术、新信息和新思维，进行大胆创新。

以上只是企业应遵循的主要原则，品牌危机管理者在遵循这些原则进行危机处理时，应根据危机在不同生命阶段的特点，灵活应用这些原则。这是因为在危机管理的不同阶段，工作的内容和重点解决的问题是不同的，管理者应清楚地知道当前的工作重点是什么，应遵循的主要原则是什么。

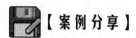【案例分享】

3.15 淘宝"刷单"事件

2016 年央视 3.15 报道称，在淘宝网、大众点评和美丽说等电商平台上，部分商户存在刷单现象。只要商家支付商品的本金和刷客的佣金，刷手们就能按照商家的要求完成刷单和刷信誉的任务。据央视报道，在淘宝上，即使没有真实货品的淘宝店也能有高信誉。只要支付给"刷客"千元佣金，便可在三天内立马升级为蓝钻，拥有 200 多条好评。即使店内没有一件真实商品，也可通过网上的"代发空包"服务，将一件件并不真实存在的包裹签收。

阿里巴巴回应：

(1) 感谢央视曝光互联网刷单这一灰黑产业，让更多的人了解和抵制这一毒瘤。

(2) 虽然淘宝打击刷单一直处于高压态势，技术不断升级，但刷手通过 QQ 群、QT 语音群、微信群、空包网、YY 语音聊天室、黑快递完成隐蔽而庞大的刷单产业链，利用平台没有执法权的无奈，如同一条肥硕的蚂蟥紧紧地吸附在电商平台及网络世界。

(3) 我们呼吁并强烈希望国家有关执法司法部门严厉打击上述环节中的灰黑产业从业者，形成司法判例和有效的打击力度及震慑态势，净化社会诚信环境。

(4) 我们也希望给各种刷单行为和组织提供刷单温床和基地的有关平台企业，共同行动起来，齐心协力，共同打击，让灰黑势力失去庇护的平台，共同净化我们的网络和生活。

6.3.3　品牌危机管理组织

面对复杂多变的环境和各种可能出现的品牌危机，企业都必须迅速决策、快速执行，才有可能转危为安，或者化危为机。而一个系统化、专业化的危机管理组织机构则是成功进行品牌危机管理的保障，它应该具备行动迅速、配合默契、职责明确的要素，以便在品牌危机发生时快速启动危机管理程序，并然有序地开展应对和处理危机的工作，最大限度地挽回损失。鉴于品牌危机本身的特点以及处理应对的需要，品牌危机管理组织同企业其他类型的组织相比就有显著的不同，这也影响到企业设立品牌危机管理组织的方式。

1. 组织构成

1) 组织领导者

企业通常依据品牌危机发生的范围及程度来确定由哪一层级的管理者参与危机管理组织，消费者一般却期望更高层的管理者给予权威和明确的答复。因为品牌危机实质是消费者对品牌及企业形象的信任危机，稍低层级的管理者由于职责和权力的限制，难以作出让消费者认可和相信的决策，也不可能调配足够的资源来补偿消费者的损失并取得其他利益相关者的肯定。所以，企业的高层管理者加入品牌危机管理组织，有利于在关键时刻作权威决策，有利于企业各部门和人员的协调及资源整合，使危机应对措施得到快速、正确的执行。当然，这也对品牌危机管理组织的领导者提供了能力要求。有学者(弗林)指出，危机管理领导者的个人能力包括：领导能力、沟通技巧、委派能力、管理团队的能力、决策水平、对情景进行评价的能力、计划和执行的能力以及沉着镇静的风范。其中很多素质是一个高层管理者所必须具备的，但在品牌危机管理状态下，这些要求往往会根据想要唤起消费者的响应程度而相对提高，一般会超越以往他所面临的管理情景。能否力挽狂澜，首先取决于企业领导者在本组织及关键利益相关者中的影响力和其所倡导的价值观及企业文化的社会化程度。

2) 专业公关人员

公共关系人员在品牌危机管理中的作用十分重要，其不仅要对消费者的各种诉求作出积极的回应和解释，使他们不致倍感冷落，也要及时和正确地将企业的正面信息或客观情况传达给目标受众及相关组织。尤其对于谣言或其他不正当竞争所造成的品牌危机，公关人员所建立的社会关系网络此时就能发挥"净化器"和"保护膜"的作用，使品牌形象得以尽快修复或免受更大的损失。有学者提出了品牌危机管理的"全员性原则"，认为让员工了解品牌危机处理过程并参与品牌危机处理，不仅可以发挥其整体宣传作用，而且可以通过发动全员参与减轻企业内外压力，重新树立公众对企业及品牌的信心。而专业公关人员的加入更有助于管理程序的优化和棘手问题的处理，他们对沟通中出现的问题更敏感，对组织及利益相关者关系的异常更具洞察力，对危机信息的加工、处理也相对更科学、规范。因此，发挥专业公关人员的优势，加上全员参与，可使危机管理组织的社会影响力更广泛。

3) 新闻发言人

相对于公关人员宽泛的社会影响而言，新闻发言人更为"官方化"，展示着企业对品牌危机的积极态度和正面形象。新闻发言人制度较为充分地体现了信息一致性原则，其核心任务是将企业应对品牌危机的原则、措施及当前的进程和成效及时地传播给社会公众。对已经造成损失的顾客，发言人应表明企业的赔偿和安抚方案，努力消除他们的焦虑或对立情绪；对存在观望或对企业表示关注的社会群体，发言人应表明企业在品牌危机管理上的体制机制和总体部署，以争取他们的认可和肯定；对于不明真相的其他社会公众，及时告知他们客观真实的信息，就可以避免危机的蔓延和扩散。新闻发布会或媒体见面会是比较常用的方式，也是很多组织机构常态化的沟通渠道，品牌危机管理中的信息传播更应加以充分利用，企业应该非常慎重地选择其新闻发言人，其任何不当的表述或承诺，都只会使品牌危机恶化。有些情况下，企业的最高领导者应该亲自充当新闻发言人的角色。

4) 法律顾问

品牌危机一旦发生，部分消费者的利益就会受到损害，通过法律途径维权是消费者及其他相关方经常采取的正当行为。对于企业而言，也需要配备专业法律顾问。一方面，为制定下一步的危机管理措施提供法规指导和建议，避免不当行为加重危机；另一方面，在维护消费者及其利益相关方正当权益的同时，保护企业不受额外索要的威胁或者某些对企业的恶意侵害。寻找法律保护和支持，可以使危机处理过程更公开透明，使危机处理的结果更加客观公正，对舆论的引导和化解矛盾纠纷都有很大的帮助。但三株口服液"赢了官司，输了市场"的教训警示企业及其法律顾问，不要把消费者或其他利益相关者放在完全对立的一面，制定的措施不仅要合法，还应该合情与合理。这也对法律顾问的专业性及经验丰富程度提出了要求。有时企业甚至会组建律师团来针对品牌危机管理决策提供法理和情理方面的支持。

5) 后勤支持人员

在品牌危机处理的过程中，领导机构和执行团队，企业及其他机构和人员都可以看做是危机管理组织的后勤支持人员。行政人员要通过高效、规范的运作，及时传达上下、内外信息，承担烦琐但必不可少的文案等工作；人力资源部门配合领导机构甄选、委任、激励危机管理组织中的各个成员，对企业员工进行危机管理决策的宣传教育；财务部门提供紧急财务分析报告和危机应对建议，快速调整资源利用方案，为应对危机筹备各项经济资源；其他职能部门也都应该在危机管理领导机构的协调下，快速有效地执行危机应对方案和计划。任何运转不力的机构或部门，都可能成为整个企业在特殊情况下的"短板"，这无疑会增加品牌危机应对的困难程度。因此，组织文化和价值观的社会化程度会影响整个企业应对品牌危机的能力和效果。这就警示企业，在危机意识的培养上，应该未雨绸缪，把危机应对当成经常性的工作来开展。

6) 消费者代表

让消费者代表参与品牌危机管理组织对企业来说是一件比较困难的事情。首先，品牌危机发生后多数消费者短期内难以再相信企业，其次，消费者没有义务和必要参与企业的品牌危机管理过程，除非消费者是危机当事人或品牌忠实的拥护者。但是，品牌危机管理也应该遵循"群众路线"，好的管理决策"从消费者中来，到消费者中去"。尽管消费者不会全程参与企业的危机管理组织，但在品牌危机管理的任何阶段都可以诚挚地邀请消费者代表甚至"意见领袖"的加入。因为"意见领袖"可以成为沟通的纽带，传达化解危机的正面信息，也可以成为阻碍沟通的屏障，或者制造流言成为危机的扩散者。因此，加强对"意见领袖"的管理、引导和控制是进行品牌危机信息管理的关键。消费者代表或"意见领袖"不仅是信息传播的纽带和节点，也可以提供符合消费者需要的针对性建议，为危机管理决策提供支持和帮助。企业通过让消费者代表参与品牌危机管理的一部分市场表现形式是，邀请消费者作为企业的"质量监督员"。例如，2015 年作家六六通过京东网购买的"天天果园"樱桃产品出现质量问题，因为向企业投诉的过程被企业忽视，进而将事件曝光到网络上，发展成为一次网络事件，引起该企业的品牌危机。企业在引导舆论平息纠纷的同时也邀请作家六六作为企业的"质量监督员"，作为"意见领袖"的公关和消费者参与的管理模式。

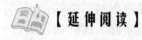 **【延伸阅读】**

危机处理组织——可口可乐中毒事件

1999 年 6 月中旬，比利时发生了中小学生饮用可口可乐中毒事件，不久，法国的消费者也在饮用可口可乐后出现不适症状，随即在欧洲大陆引起公众的极度心理恐慌。比利时和法国政府被迫宣布禁售可口可乐。可口可乐股票直线下跌，品牌形象和公司声誉受到极大破坏，已拥有 113 年历史的可口可乐公司，遭受了从未有过的重大危机。

在可口可乐公司首席执行官依维斯特的带领下，通过一系列的危机处理使可口可乐回到市场，使中毒事件平息，下面总结其得以快速解决危机的原因：

(1) 未雨绸缪。可口可乐平时都有危机处理小组，一旦危机发生，电话如潮而至时，训练有素的接线员是公关的第一道门户。每年危机处理小组都要接受几次培训，培训内容如：模拟记者采访，模拟处理事件过程；几个人进行角色互换，总经理扮演品控人员，公关人员扮演总经理之类。这样可以从不同的角度来为事态全局服务。

(2) 严密高效的组织协作。在危机发生时，可口可乐几小时内就可以联络到总裁，不管他正在做什么。

(3) 危机发生时，控制局势。危机一旦发生，企业必须在公众面前展现出公开、诚实和勇于承担责任的形象，而这一形象的展现，主要通过媒体来完成。

(4) 及时沟通。可口可乐公司通过媒体将自己亲笔签名的道歉信公开，承诺撤货、赔偿和赠送可乐，减轻危机给人们带来的恐惧以及恐慌带来的损害。在危机过程中，公司一些训练有素的接线员站在沟通的最前沿，以团结协作、真诚友善的态度面对公众。

2. 组织模式

1) 临时组织

多数企业把品牌危机管理组织当成了"临时救火队"。成立危机管理团队实际上是在危机状态下聚合资源、集中权力的一种管理模式，将平时分散在不同组织部门的危机管理功能汇总于专门机构。诚然，品牌危机管理小组是一个跨部门的管理机构，是为了应对企业所面临的异常状况而临时组建的组织，职责是"扑火"。在品牌危机发生时，对危机情况进行调查，提供具体的处理方案，与利益相关者进行信息沟通，迅速控制危机，防止危机的进一步扩大。消除危机的负面影响。品牌危机管理组织的临时性决定了，当危机状况解除，这个组织会因为使命结束而解散。这样做的优点是节约了企业资源，增强了反应的灵活性；缺点是过于仓促，协调配合能力相对较弱。

2) 常设组织

把品牌危机管理组织做成企业的常设机构，类似于"专业消防队"，即企业内部应该有制度化、系统化的有效危机管理机制，有危机恢复方面的业务和组织机构，有危机发生之前就已经建立的管理体系。此机构通常由企业高层管理者(如 CEO)牵头组建，核心领导小组、危机控制小组、联络沟通小组等机构组成。职责上不仅包括在危机发作之后的危机处理和应对，还包括危机发生之前企业成员危机意识的培养，消费者反应信息的收集与分析，对各种潜在的危机进行预警，制定危机管理预案，对员工的危机管理培训与演练等。不仅在硬件上有正式的品牌危机管理机构，也有软件上的操作流程及实施步骤。这样做的优点是因事先有所准备所以协调配合能力强，执行迅速；缺点是会占用较多的企业资源。

6.3.4　品牌危机的处理

本节根据美国著名危机管理专家史蒂文·芬克提出的四阶段生命周期模型，总结企业应该采取的品牌危机应对策略。

1. 潜伏期的预防与准备

英国危机管理专家迈克尔·里杰斯特认为，预防是解决危机的最好办法。正如古语所说的，"生于忧患，死于安乐"，品牌危机管理的重中之重不在于如何处理已出现的危机，而在于如何辨别企业品牌运营过程中潜伏着的危机，以及如何未雨绸缪，做到"有备无患"。企业上下在对待品牌危机事件上应该具有"防火意识"，时刻警惕破坏性因素，密切关注有关品牌危机的信息，并尽量为潜在的品牌危机做好应对准备。然而，许多管理者由于忙于应付日常事务或过分强调"完全预防是可望而不可即的"的事实，而忽视了控制潜在品牌危机最经济、最简便的方法——预防与准备。

1) 培养企业全员危机意识，加强员工危机训练

伊索寓言里有这样一个小故事。森林里有一只野猪不停地对着树干磨它的獠牙，一只狐狸见了不解地问："现在没有看到猎人，你为什么不躺下来休息享乐呢？"野猪回答说："等到猎人出现了再来磨牙就来不及啦！"野猪抗拒被捕猎的利器，不是它那锋利的獠牙而是它那超前的"危机意识"。同样，在当今市场环境竞争态势瞬息万变的社会里，没有危机意识的企业，将随时面临着经营的困难，因为危机是不可避免的。正因为有了张瑞敏的"永远战战兢兢，永远如履薄冰"，才成就了今日的海尔，正因为比尔·盖茨有着"我们离破产永远只有十八个月"的观念，才缔造了巨大的电子帝国。不仅企业的领导要具有危机意识，企业所有的员工也要具备这样的意识。因此，企业要对员工进行品牌危机教育，唤起和强化他们的危机意识，使之感到危机时刻在身边，威胁着他们和公司的发展。这样，才能及早防范，将危机消灭在萌芽状态。例如，深圳华为老总任正非就曾以"华为的冬天"为题对企业员工进行危机教育，文中"狼来了"的危机意识增强了企业面对危机与风险的应对能力，在意识的高度上保障了华为的持续发展。

另一方面，企业在向员工灌输危机意识的同时，也应重视对员工的相关培训和预案的演习。如果员工不具备应有的应变能力和应急处理的知识、技巧，那么即使他们有着很强的危机意识，企业有着完善的危机管理预案，在危机发生时，企业危机管理实施的效果也肯定会大打折扣。因此，企业要通过规章制度的制定、灌输和执行，以及组织短期培训、专题讲座、知识竞赛等活动，加强对企业员工的危机培训，增强企业员工的应变能力和心理承受能力，使员工掌握应对危机的基本策略。

2) 建立有效的品牌危机预警防范系统

危机预警系统是指组织为了能在危机来临时尽早地发现危机的来临，建立一套能感应危机来临的信号，并判断这些信号与危机之间关系的系统。通过对危机风险源、危机征兆进行不断地监测，从而在各种信号显示危机来临时，及时地向组织或个人发出警报，提醒组织或个人对危机采取行动。监测防范是危机管理的第一个阶段，是为了有效地预防和避免危机的发生，在某种程度上，这一阶段是整个危机管理中最重要的一个环节。有效的监测防范可以把可能引起危机的因素消灭在萌芽阶段，避免或降低危机带来的损害。品牌危机预警防范系统就是致力于从根本上防止危机的形成和爆发，是对企业品牌危机进行超前管理的系统。笔者认为建立一个有效的危机预警防范系统主要包含以下几个方面。

组建品牌危机管理小组。只有做好组织上的准备，有备无患，才能更好地应对品牌危机的爆发。品牌危机管理小组的职责主要在于对企业可能面临的各种危机进行全面清晰的预测，为处理危机制定有关的策略和步骤；对企业所有的员工进行危机培训，使每一位员工都有危机意识；在遇到危机时，对工作进行全面指导和咨询，并能够监督危机的发展及有关公司政策的执行；在危机结束时，能够及时调整公司的各种行为，运用各种手段恢复

公众对公司的信任，重新塑造公司美好形象。

品牌危机管理小组是处理危机的骨干力量，应该由具有较高专业素质和较高领导职位的人士组成。人员要涉及公司领导、销售、生产、财务、人力资源、法律、公关等诸多部门，并在此基础上，对小组成员进行培训，对队伍组织加以改造，以便在危机发生时能冲锋陷阵，在企业的日常事务中也可以服务企业。其中，小组的领导不一定非要由公司总裁担任，但必须在企业内部具有影响力，能够有效控制企业，能够推动危机管理小组工作的顺利进行。

必须制定应急预案。应对各类突发公共事件及具有实际操作性的新闻处置工作。有备才能无患，应急工作应该是常态的。预案最重要的作用在于，遇到危机时能够快速反应，有应变的办法与措施，可以立即援引，避免贻误时机。根据不同事件和事件的不同程度，引导舆论工作预案可能要准备几个，把预案明确的责任和各项防范措施落到实处，充分发挥各类预案的作用，一旦突发事件发生，要立即启动，从实际出发，选择适用的预案。依据预案的要求，有序发布信息，组织记者采访，有效地引导和影响媒体对事件的报道，营造对事件处置有力的舆论环境。要增强预案的系统性、针对性和可实施性，充分发挥预案所具有的预防危机和应对危机的双重作用。

监测危机成因要素，制定危机应对计划。这一部分主要有以下三个步骤：

第一步，搜集与危机相关的信息。品牌危机管理小组应收集与危机有关的外部环境信息和企业内部经营信息，识别品牌危机成因要素。外部环境信息尽可能包括政治、经济、政策、科技、金融、各种市场、竞争对手、供求信息和消费者等与企业发展有关的信息；内部信息重点包括能灵敏、准确地反映企业生产、经营、市场和开发等发展变化的生产经营信息和财务信息。

第二步，对信息进行分析、评估。企业在收集了大量与危机相关的信息后，就要对这些信息进行分析、评估。通过对企业所在的内、外部环境地分析研究，掌握客观环境的发展趋势和动态，了解与危机事件发生有关的微观动向，及时识别企业中的薄弱环节和内外环境中的不确定因素，找出能导致危机的征兆性信号，及早进行必要的防范，努力遏制危机的发生。在对与危机相关的信息进行分析后，就需要进一步对识别出的品牌危机成因要素进行管理优先性排序。该排序一般从以下三方面考虑：由某一品牌危机成因要素导致品牌危机的可能性、影响后果的严重性以及对该成因要素进行防范与处理所需资源(如企业人、财、物、管理技能时间等)的多少。确立了各种危机的优先次序后，企业则应根据自身的条件，以有限的资源、时间、资金来管理最严重的危机成因要素。

第三步，制定危机应对计划。在第二节对品牌危机生命周期的分析中，提出了并非所有品牌危机都有潜伏期，也就是说对于突发性品牌危机，企业是很难通过预测得知的，即使是潜伏性品牌危机，由于各种原因，企业也会忽视它的征兆。因此，企业除了必须对已识别并评估出的若干重要品牌危机成因要素进行管理，还要制定科学、合理、周密的危机应对计划，以便为将来的品牌危机防范、准备、应对过程提供指引，不会在危机发生时不知如何应对。危机处理应对计划要形成书面方案，并使之制度化、规范化。为保证品牌危机处理计划的全面性和客观性，企业可聘请专业公关公司来主持或协同编撰。一个好的危机应对计划，应当使管理者明确，当各种危机发生时，组织应该采取什么样的对策、通过什么样的程序进行有效处理，明确什么人在什么时间做什么事。因此，在制定危机应对计划时，应该注意以下几个问题：

(1) 要系统地收集制定危机应对计划所需要的信息，否则，将可能导致危机处理工作的疏漏，带来难以预料的损失和影响。

(2) 计划要全面。要对可能发生的所有品牌危机按照性质、程度进行分类，针对每一类品牌危机成因要素制定出具体的对策。

(3) 计划要有层次性。不同管理层次的部门要有不同的行动计划，危机处理计划可以使企业各级管理人员做到心中有数，一旦发生危机，不会手忙脚乱，可以根据计划从容决策和行动，掌握主动权，对危机迅速做出反应。

(4) 计划要细致。所有制定的程序和细则在用词上必须明确，避免出现歧义，比如，马上、原则上、一般情况下等。

(5) 计划要求可操作性强。计划制定者要尽可能地与计划执行者进行沟通，让执行者参与计划地制定，从而使所有制定的程序和细则在操作中具有可行性。

(6) 计划要灵活以及具有时效性。对不同的危机采取的应对策略是不同的，因此作为指导性的处理计划要灵活，能应用到各种危机。此外，企业还应根据其发展战略和社会经济环境的变化，借鉴同行企业的经验和教训，定期对计划进行修改和完善。

3) 构建良好的媒体关系

在现代信息社会里，媒体作为一种重要的社会力量，它的影响力达到了前所未有的巨大程度，尤其是网络的发展，使得媒体的传播速度呈现出闪电般的迅捷，在品牌危机管理中发挥着重要的作用。在危机潜伏期，如果媒体能够及时发现危机发生的前兆并向组织传递潜在危机的信息，就会防范危机的爆发；而在危机突发期，如果组织能够利用好媒体的力量，将能够有效地控制危机、加速危机的解决；如果组织不能很好地与媒体合作，危机很有可能继续加剧并恶化，最终发展为更大范围的危机。因此，好的媒体关系能够为品牌的传播起到推波助澜的作用，有助于企业危机处理的顺利进行，而坏的媒体关系不仅不利于企业营造良好的舆论环境，甚至可以把企业拖向死亡。媒体关系的构建则成为企业品牌危机管理中很重要的一环节，媒体关系的好坏对于品牌的打造、形象的树立和危机的管理起到最为关键的作用。

建立良好的媒体关系并非一朝一夕的事情，因此，企业平时应建立并维护良好的媒体合作平台，定期与媒体进行沟通，获得媒体的信任与支持，注重加强与相关方面的联系和沟通，而不是到了危机发生才"临时抱佛脚"。譬如，定期给相关媒体邮寄相关材料(内部报纸、领导人的活动、公司的一些重大活动及举措等)，请他们刊登。尽管大部分材料不能刊登，但时间长了，总会对公司有所印象；建立新闻发言人制度，与政府、媒体和社会公众保持良好的沟通，一旦出现危机迹象，能够在第一时间内获取相关信息，及时果断地采取措施，即使已经处于危机之中，也可以通过提高沟通效率，缩短危机时间，减少损失。

2. 爆发期和持续期的品牌危机处理

尽管有着周密的危机预警防范，但是再周详的防范也可能会出现遗漏，或者因为企业不可控的外部因素而出现恶性事件，因此，品牌危机还是可能会爆发。品牌危机一旦爆发，便会迅速破坏品牌形象，并且使企业出现人心散乱的危险局面，因此，企业必须及时、果断地作出科学而有效的决策，引导舆论、稳定人心、迅速查清品牌危机原因，抑制危机事件蔓延，缓解紧急情况，避免急迫过程中的盲目性和随意性，防止危机处理过程中出现重复和空位现象，并最终圆满解决危机，使企业及其品牌尽快从危机中恢复过来，重塑品牌及企业的良好形象。

1) 成立危机指挥中心，制定危机应对策略

危机指挥中心在危机爆发时由专责单位来处理。因平时训练有素，具有沟通及决策的功能，可减少个人因压力而产生的曲解、慌乱、失真情形，从而有效迅速地解决危机。指挥中心应致力于尽快弄清危机的真相，查明事件发生的时间、地点、背景、人员伤亡、财产损失、事态发展、控制措施、相关部门和人员的态度以及公众在危机中的反应，并提出具体的解决方案，领导、指挥、协调企业完成危机的处理。

在制定危机的处理对策时要注意三个方面的问题：一是对策必须具有可行性，能在现有条件下付诸实施；二是对策应充分考虑到可能出现的各种情况和问题，做多种准备，不能简单从事；三是重视专家的意见，因为危机的出现，有时是在企业领导层不太熟悉的领域，而专家对自身涉及领域的问题有专门的知识和经验，专家的意见可以弥补企业领导层知识和经验的不足，特别是在事态基本得到控制的情况下，制定对策更应该重视专家的意见；四是针对计划做好物资、人员等方面的准备。计划的实施需要一定的物资资源做基础。一方面，计划的编制要考虑现有的资源，在资源可实现的前提下编制计划；另一方面，根据制定好的计划，要使所需的资源尽快到位，有足够的物资资源做保障。

2) 沟通管理

品牌危机发生后，除了应该把危机真相尽快告诉最关心此事的人以外，还应加强与企业的各个利益相关者的沟通，通过与各个利益相关者进行信息、思想及情感的交流活动，以求降低危机的冲击，尽快解决危机。

(1) 与企业员工的沟通。企业要及时、明确地将实际情况中可以公开的信息向员工传达，尤其是那些涉及到员工切身利益的部分。与员工及时沟通，既可以激发员工的使命感和责任感，还有利于安定人心，保持员工工作的积极态度，更有利于保持企业口径一致。

(2) 外部沟通。相比内部沟通，品牌危机管理的外部沟通则更为复杂和难以控制，尤其是在信息技术高度发达的现代社会中，媒体对信息传播具有很强的加速、放大和扭曲效应。一旦危机发生，企业要以坦诚、解决问题的态度直面媒体和公众，积极主动与外部公众沟通，使所有的利益相关者尽快获得真实的信息，并与之保持良性的互动。与外部沟通的主要对象有：顾客、新闻媒体、其他利益相关者如社会公众、经销商、政府机构等。

① 与顾客的沟通。在市场经济中，顾客对于企业的重要性是不言而喻的，美国希尔顿饭店创始人希尔顿先生就有句名言，"一、顾客永远是对的，二、即使是顾客错了，请参看第一条。"但是企业在处理品牌危机时应如何对待顾客，却不是每个企业都清楚的。

在危机中，顾客会关心企业的一举一动，无论他们是否是危机的受害者，他们需要判断自己曾经对于企业的选择是否正确，以后是否还值得信赖该企业。很多企业认为不能让顾客知道危机，否则就可能失去这些顾客，这是错的。你不可能阻止顾客对危机的了解，顾客不从你这里了解危机，他们就会通过媒体、你的渠道商、甚至你的竞争对手那里获得危机信息，那样顾客知道的信息有可能是不规范的甚至是错误的，这种情况下，顾客会认为企业不负责任，对企业是有害无益的。相反，如果顾客能从你这里获得有关危机的信息，

不仅表现了企业对顾客的尊重，还会有意识地引导顾客少受流言蜚语的影响。所以企业要站在顾客的角度，发现顾客关心的问题，及时通过合适的渠道向顾客发布有关危机的信息，尤其是顾客关心的核心部分；对于受害者，则要直接与受害者接触，认真了解受害者的情况，表示真诚的歉意，并实事求是地承担起相应的责任。

② 与媒体的沟通。企业除了在平时要与媒体保持建立良好的关系，当出现品牌危机后，也必然要与媒体打交道，并且解决危机最关键的部分就是如何面对媒体，因为对于危机，如果没有传播，可能就不会成为真正的危机。例如三株的常德事件官司，即使三株官司打输了也不过赔偿几十万元，这对当时的三株来说可谓九牛一毛。可此事在全国广为传播，分销商和消费者纷纷退货索赔，使三株迅速陷入困境。至少从形式上看，三株这次危机与传播直接相关，而各种媒体是传播的主要渠道。此外，如果公司管理人员不能对外提供充足的正面信息，媒体就会通过其他渠道寻求消息，追求危机的新闻制造点和制造者，所以一旦出现危机，及时、正确地与媒体进行沟通，是品牌危机管理的关键所在。

③ 与其他利益相关者的沟通。与社会公众的沟通方面，社会公众作为企业的外部公众，是企业生产、销售、公关潜在的对象，对企业会有无形的压力。危机也许只涉及到一部分的企业消费者，但是潜在地会影响到其他的公众，他们会据此重新判断企业产品或服务的价值问题。企业要注意争取社会公众的理解、支持与信任，防止社会信任的丧失是头等大事，这就意味着企业要积极主动地做出某种表示或说明来挽救企业声誉。

与经销商沟通方面，能否对经销商进行有效管理，调动各级经销商的积极性，很大程度上决定了企业能否生存。当发生危机时，生产企业应及时与经销商进行沟通，给予更多的解释和承诺，必要时要以自身的经济损失换来经销商的忠诚，才能取得经销商的谅解和支持。这样有利于保障整体危机公关措施得以全面有效地贯彻、执行，为以后的重整旗鼓作好准备。

与政府机构沟通方面，政府机构作为最权威的相关者，他们对于企业的评价往往具有起死回生的力量。事实上，挽救危机的一个关键也是争取这些权威机构的鉴定支持，他们的结论往往是公正评判的最终依据，是消费者和社会公众对企业重新建立信任的基础。

总之，在品牌危机管理中，沟通是最重要的工具，如果身处危机中的管理者与危机将涉及的人之间不能进行有效沟通的话，这些利益相关者就无法评估危机及其影响，也就无法作出正确有效的反应。危机一旦发生，企业一方面应以最快的速度派出得力人员调查事故起因，安抚受害者，尽力缩小事态范围；同时，企业应该确定谁是风险利益攸关者以及他们如何看待该风险，综合制定公司应对危机的立场基调，统一对外沟通口径。另一方面，企业应主动与政府部门和新闻媒介，尤其是与具有公正性和权威性的传媒联系，说明事实真相，尽力取得政府机构和传媒的支持和谅解。最后，企业的危机公关要主动，要尽力争取说话机会，使所有的风险利益攸关者尽快获得坦率和诚实的相关信息。

3. 痊愈期的恢复重振管理

1) 品牌危机恢复重振的目的

一方面，尽力消除品牌危机的负面影响，将企业的财产、设备、工作流程和人员恢复到正常运营状态，另一方面，应对企业品牌形象与企业自身形象进行重塑与强化，进一步强化和提升品牌，以求得"企业反弹得比危机前更好"。

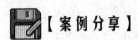
【案例分享】

康菲渤海油田漏油事件

6月21日，微博曝料康菲和中海油合作开发的油田漏油，康菲作为作业方受到了公众质疑，在此过程中康菲虽然多次道歉，但对监管部门的要求置之不理，欺瞒公众，在与媒体沟通中又一再出现问题，给公众留下了"傲慢"、"撒谎"的不良印象。11月11日，国家海洋局官方网站正式公开蓬莱19-3油田溢油事故原因的调查结论，康菲石油中国有限公司被指违规操作，造成重大责任事故。12月，河北渔民对康菲提起诉讼，要求责任方康菲公司赔偿经济损失4.9亿余元。2012年1月25日，农业部、康菲、中海油总公司分别公告：康菲出资10亿元，用于解决河北、辽宁省部分区县养殖生物和渤海天然渔业资源损害赔偿和补偿问题。

2）制定危机恢复重振计划

当危机已得到基本控制，不再产生明显的损害时，危机管理的重点工作就应转移到危机的恢复上来。这时，需要着手制定危机恢复计划，以便指导具体的危机恢复行动。一般来说，危机恢复计划应包括的项目主要有：背景情况简介，危机恢复目标，计划的拟订者和执行人，计划的物资准备、适用条件和有效期，危机恢复对象，恢复过程的沟通策略，对员工的恢复策略以及对企业形象的恢复策略。

3）品牌危机恢复重振的策略

危机恢复管理中十分重要的一个方面就是，对危机处理过程中发现的问题有针对性地开展一系列的企业形象恢复管理活动。包括投放企业形象广告、产品广告；推出企业全新的产品和服务；调整企业的管理团队，引进新的形象良好的高层人物；公布企业新的市场拓展计划和产品发展计划等。通过一系列有针对性的形象恢复管理活动，充分利用公众对企业的注意力未减弱之前的宝贵时间，改变公众对企业的印象并增加其对企业未来的信心。

4）恢复时期的主要工作

危机所造成的影响很难随问题的解决而立即消除，所以还应做好善后工作，将不利影响彻底消灭，并借机拨乱反正，给企业带来新的发展，改进工作中的薄弱环节。为了防止危机的再发生，需要吸取教训，充分了解公众需求，针对企业各项工作的薄弱环节，逐一加以改进。

(1) 增强员工防危意识。借危机事件对员工进行教育，以真实的事件来感染员工，引起员工的重视，激发员工的忧患意识，增强其时刻抵御危机的意识。同时，总结企业在危机处理过程中的经验教训，以供所有员工警惕和借鉴，并趁热打铁，加强应对和处理危机所需要的知识和技能等方面的培训，借机扩大企业知名度。

(2) 测评企业品牌形象，总结危机管理教训和经验。在品牌危机处理告一段落后，也是企业退一步反省思考，进行品牌形象测评和总结品牌危机防范与处理中的经验教训的时刻，这是企业能从品牌危机中"获利"的重要举措。一方面，企业要做好危机后品牌形象的调研、分析和评价，要了解危机给品牌形象造成了多大的影响，品牌美誉度及忠诚度的受损程度及恢复情况如何，这是危机平息后使企业品牌重新得到顾客承认与认可的重要的基础性工作，是重振品牌声誉的重要决策依据。另一方面，要进行危机总结，这是危机管理的一个重要环节，它对制定新一轮的危机预防措施有着重要的参考价值。对危机发生的原因、预防措施的执行及危机处理过程进行系统调查和全面回顾；对危机管理工作进行全面评价，包括对预警系统的组织和工作内容，危机计划、危机决策和处理等各方面的评价，详尽列出危机管理工作中存在的各种问题；并实事求是地撰写出详尽的危机处理报告，为以后处理类似的品牌危机提供依据，从根本上杜绝危机事件的再次发生。

(3) 重振品牌形象。危机发生时，即使企业采取了积极有效的措施，处置了危机，品牌的形象也仍然有可能受到一定的负面影响，因此，企业品牌危机得到解决并进入痊愈期后，还远远不是企业品牌危机管理的结束，企业品牌危机管理还要进入重塑和振兴品牌形象的阶段。只有当企业恢复或重新建立企业的良好声誉和美好声望，企业的品牌再度得到社会公众的理解、支持与合作，品牌危机才谈得上真正转危为安。

品牌形象重振主要包含两个方面：一是在企业内部，要以诚实和坦率的态度安排各种交流活动，以形成企业与其员工之间的上情下达、下情上达、横向连通的双向交流，保证信息畅通无阻，增强企业管理的透明度和员工对企业组织的信任感；要以积极和主动的态度，动员企业组织全体员工参与决策，做出组织在新的环境中的生存与发展计划，让全体员工形成乌云已经散去，曙光就在前头的新感受；要进一步深化全员危机意识，完善企业管理的各项制度和措施，有效地规范组织行为，并为下一次可能的品牌危机做好准备。二是在企业外部，企业品牌危机重振的整体要求是：制定一个有效的形象管理计划，并通过实事求是地兑现承诺(行动)与外部沟通(言语)来改进企业品牌的新形象。首先，企业应通过对诚信原则的恪守，以此反映企业对完美品牌形象和企业信誉的一贯追求。承诺意味着信心和决心，企业通过品牌诉诸承诺，将企业的信心和决心展现给顾客及社会公众，表示企业将以更大的努力和诚意换取顾客及社会公众对品牌及企业的信任，是企业坚决维护品牌形象和信誉的表示；承诺同时也意味着责任，企业通过品牌诉诸承诺，使人们对品牌的未来有了更大更高的期待，人们接受了"以后将得到更多"的愿望而信任品牌及企业。其次，企业要吸纳外部利益相关者参与到重振的企业管理中来，让其感受他们在企业危机重振中是受重视的。最后，要加大对外宣传、沟通力度。危机期间，品牌形象和企业信誉大为减损。在品牌危机平息后，为了重塑、强化品牌形象，企业理应积极主动地加大宣传力度，让顾客及社会公众感知品牌新形象、体会企业的真诚与可信。例如，与企业息息相关的公众保持联络，及时告诉解除危机后的新局面和新进展，或争取做出一定的、过硬的服务项目和产品在社会上公开亮相，从本质上改变公众对企业的不良印象。

综上所述，品牌的危机管理是一个复杂的系统工程，只有企业重视它，不断去探索品牌经营过程中危机处理的好办法和手段，企业对品牌危机处理的能力才能逐步增强。

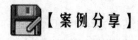 **【案例分享】**

老罗砸西门子冰箱事件

2011 年 9 月，老罗英语培训创始人罗永浩连续发布微博，指西门子冰箱存在"门关不严"问题。罗永浩的微博很快得到众多西门子用户的响应,最终形成西门子用户集体维权行动。11月20日,罗永浩为首的西门子冰箱用户,到西门子公司北京总部进行"维权",并现场砸了三台冰箱。当天晚间,西门子中国官方回应称,所涉冰箱产品系合资公司博世家电独立生产、销售并提供售后服务,产品并无质量问题。对此,罗永浩并不满意。12月20日下午,罗永浩在北京海淀剧场举办沟通会,向媒体及网友表达对西门子冰箱门事件的看法,在现场进行了第二次砸西门子冰箱的行动。沟通会上,罗永浩向西门子家电提出三个要求:用客户留下的资料群发邮件和手机短信通知(冰箱门关不紧的问题)、所有西门子和博世品牌家电产品包装内夹一页通知、西门子家电的官方主页挂一年公告。

★6.4　品牌保护

6.4.1　品牌保护的内涵及意义

1. 品牌保护的内涵

所谓品牌保护,是指用各种营销手段和法律手段来保护品牌形象及品牌自身利益。品牌保护主要包括:品牌经营保护、法律保护与自身保护。品牌经营保护是指采取各种经营手段与措施,保护与提高品牌形象。例如,强化服务、提高服务质量、改进产品质量、提高技术水平、改善工艺和工艺配方、完善营销策略和改善企业文化等。品牌自我保护主要是指企业努力采取措施保护品牌秘密、保护自身利益、不损坏自身形象等。品牌法律保护主要指依据各种法律和采取法律措施来保护自身利益和消费者利益,如打击假冒伪劣,采取有力措施保护消费者利益,提供质量担保、质量承诺等一系列措施与手段。

2. 品牌保护的意义

品牌作为企业的重要资产,其市场竞争力和品牌的价值来之不易。但是,市场不是一成不变的,因此也需要企业不断地对品牌进行维护。

(1) 品牌保护有利于巩固品牌的市场地位。企业品牌在竞争市场中的品牌知名度、品牌美誉度下降以及销售、市场占有率降低等品牌失落现象使之成为老化品牌。对于任何品牌都存在品牌老化的可能,尤其是在当今市场竞争如此激烈的情况下。因此,不断对品牌进行维护,是避免品牌老化的重要手段。

(2) 品牌保护有助于保持和增强品牌生命力。品牌的生命力取决于消费者的需求。如果品牌能够满足消费者不断变化的需求,那么,这个品牌就在竞争市场上具有旺盛的生命力,反之就可能出现品牌老化。因此,不断对品牌进行维护以满足市场和消费者的需求是很有必要的。

(3) 品牌保护有利于预防和化解危机。市场风云变幻、消费者的维权意识也在不断增高,品牌面临来自各方面的威胁。一旦企业没有预测到危机的来临,或者没有应对危机的策略,品牌就面临极大的危险。品牌维护要求品牌产品或服务的质量不断提升,可以有效地防范由内部原因造成的品牌危机,同时加强品牌的核心价值,进行理性的品牌延伸和品牌扩张，有利于降低危机发生后的波及风险。

（4）品牌保护有利于抵御竞争品牌。在竞争市场中，竞争品牌的市场表现将直接影响到企业品牌的价值。不断对品牌进行维护，能够在竞争市场中不断保持竞争力。同时，对于假冒品牌也会起到一定的抵御作用。

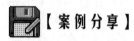
【案例分享】

"鳄鱼"之争

法国"LACOSTE"右嘴鳄鱼和新加坡的"CARTELO"左嘴鳄鱼，争夺中国大陆市场的"正宗"地位。一个是法国的"LACOSTE"，另一个是新加坡的"CARTELO"，两者不约而同使用鳄鱼图形为商标的服装品牌，近日为了争夺在中国大陆市场的"正宗"地位，在上海展开了商标侵权诉争。上海市二中院宣判，驳回法国"鳄鱼"的所有诉请。法院认为，两家"鳄鱼"在商标使用上，未构成混淆性近似。而且从市场实际情况来看，两者已拥有各自的消费群，在市场上已形成客观的划分，成为可区别的标识。从上述案例也可以看出，类似商标也成为新《商标法》规范中的重要内容。

（资料来源：http://www.cqn.com.cn/news/zgzlb/diliu/29435.html）

6.4.2　品牌保护的内容

人们通常所说的对品牌的保护分为两大类，第一类叫硬性保护，第二类叫软性保护。硬性保护主要是指对品牌的注册保护，它包括纵向和横向全方位注册，不仅对相近商标进行注册，同时也对相近行业甚至所有行业进行注册。这将在本节后续详细阐述。

软性保护是指企业在品牌的管理中，严防做出与品牌核心价值不一致的行为，比如推出与品牌核心价值不吻合的产品或产品概念，推出与品牌核心价值不一致的传播与活动等。因此，需要对品牌实行软性的保护。软性保护从类别上又分为纵向保护和横向保护两种。纵向保护是指在时间上，品牌应该坚持一个主题去传播，不要轻易改变主题，推出与主题不一致的广告；在品牌的管理过程中，应该坚持"用一个声音说话"。横向保护是指在同一时期品牌的推广上，广告、公关、促销等行为应该协调一致，不能相互冲突、相互抵消。比如一家烟草公司，公司总部没有统一的销售规划，使得各地的推销活动呈现出五花八门的局面，即使同一个活动，也会出现许多不同的声音。人们知道，只有万众一心、一齐发声，声音才会整齐洪亮、响彻云霄，如果大家发出的声音不一致，只能是嘈杂无比的噪声。品牌的横向保护需要通过协调统一的营销方式和管理手段来实现，并且需要整个公司营销体系的计划配合。

6.4.3　品牌的法律保护

企业品牌的法律保护主要涉及两个方面，即注册权和商标权，其中商标权是品牌保护的核心。商标权是对商标各种权利的统称，包括商标专用权、商标许可权、商标转让权、商标续展权、商标诉讼权和商标废置权等。

品牌的实质是对消费者的号召力和影响力，这种力量的来源就是品牌的名称，即通常所称的商标。有些企业的品牌名称同其商标不一致，需要区别对待。但对大多数企业的品牌来说，法律保护的主要内容是品牌商标权，以防止不法个人或组织侵犯企业的品牌商标权。法律保护是品牌资产保护的最主要途径之一，具有权威性、强制性和外部性。商标权法律保护的内容包括受到商标法保护的商标名称、图形及其组合。在企业经营实践中，品牌名称(标志)保护与商标名称(标志和组合)保护通常是同时进行的，两者具有不可分割性，因此，我们在研究品牌的经营、管理和保护时也是采取这种一贯做法。不过，在实践中，品牌名称(标志)与商标保护的法律依据有一定的差距，我们将分别对待。

【案例分享】

与印度牙医 logo 撞车的滴滴出行

2015 年 9 月 9 日，滴滴打车宣布更名为滴滴出行，并发布了新 logo。但消息刚发出，即被人指出，其新 logo 与印度某牙医机构的标识构图极其相似，并且挑战某"水果"的广告用语也不规范。滴滴立即在微博上删除了公告。

当天中午，滴滴出行在官微回应称，创意撞车纯属意外，发布前两天，滴滴创意人员才看到了印度类似作品——"见鬼了!"但滴滴仍然保留了这个最符合产品内涵的方案，并已在和对方沟通进行处理。

1. 品牌名称(标志)的法律保护

当品牌名称(标志)与商标名称(标志)合二为一时，品牌名称和品牌标志的保护是相对简单的，即通过商标法就可以达到对其有效保护的目的。否则，企业要想有效地保护品牌名称(标志)，就必须采取一些新的方法和途径，具体包括以下内容。

1) 进行主动和事前保护

企业的品牌名称和品牌标志要想取得主动和事前的有效保护，按照中国的商标法，只有注册商标才能受到商标法和有关法规的保护，否则是不能受到商标法保护的。因此，将品牌名称特别是那些已经成为名牌的品牌名称转换为具有法律意义的商标名称(标志)，而对品牌名称进行有效保护，无疑是一条捷径。

2) 进行事中和事后保护

如果排除第一种保护方法，则对品牌名称、标识只能进行事中和事后保护，特别是事后保护。事后保护的基本含义是：当一个企业所拥有的、具有独特意义的特有名称(标志)被侵权时，按照《中华人民共和国反不正当竞争法》和《中华人民共和国著作权法》的有关规定，企业可以从法律的角度寻求对其具有资产性的名称等进行合理的保护。对于企业特有名称的保护，法律规定是详尽和科学的。例如，《中华人民共和国反不正当竞争法》中指出，擅自使用知名商品特有的名称、包装，或者使用与知名商品近似的名称、包装等，造成与他人的知名商品相混淆，使购买者误以为是该种商品的行为为不正当行为。这对企业具有十分重要的意义。一个具有品牌保护意识的企业必须做到：

(1) 推出新产品时应在积极注册商标的同时，设计出具有独创性的品牌名称和标志，像康师傅的"雪米饼"、日本佳能公司的"大眼睛"等。但也有企业在进行品牌名称设计时，没有经过深思熟虑，没有考虑以后这一名称是否可以受到企业保护的问题。前者在未来的商战中将占据主动权，而后者则有可能会将自己花费巨资创出的名称拱手送给他人。

(2) 在品牌经营过程中，密切注视其他企业是否存在侵犯本企业品牌名称的行为。在有些情况下，对企业品牌名称的侵权行为具有间接性，如将知名商品的品牌名称稍加修改予以使用，或将知名商品的品牌名称与自己的品牌名称连缀使用等。

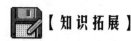【知识拓展】

商标在我国早期的发展

我国最早使用商标的是北宋时期的山东刘家"功夫针"铺，其使用的"白兔"商标中心图案是一只白兔，旁刻"济南刘家功夫针铺，认门前白兔儿为记"，图形下方还有文字"收买上等钢条，造功夫细针，不误宅院使用。客转与贩，别有加绕，请记白。"它图文并茂，且用于"功夫针"上的"白兔标识"，与提供商品的"刘家铺子"(商号)分别存在，已基本具备了现代商标的大部分特征。但由于中国封建时期重文轻商，宋代并没有对商标进行保护的官方榜文，直到清代才有了对他人商品标识冒用行为的地方禁令。1904年，清政府颁布了我国第一部商标法——《商标注册试办章程》。

2. 商标的法律保护

我国商标法对商标保护制定了非常详尽和科学的条款，因此企业只要遵照商标法的要求，正确使用和管理商标就可以保护好商标。经过合法注册的商标，在法律上的权利包括商标专用权、商标许可权、商标转让权、商标续展权等。

1) 商标法律保护的内容

(1) 商标专用权的保护。商标专用权是指商标经核准注册或法律规定赋予商标所有人对其商标的独占使用权。商标专用权是商标权最基本也是最主要的内容之一，没有商标专用权，商标权也就失去了存在的意义。《中华人民共和国商标法》第五十一条指出，注册商标的专用权，以核准注册的商标和核定使用的商品为限。第五十二条规定有如下行为之一的，均属侵犯注册商标专用权：

① 未经商标注册人许可，在同一种商品或者类似商品上使用与其注册商标相同或者近似的商标的。

② 销售侵犯注册商标专用权的商品的。

③ 伪造、擅自制造他人注册商标标识或者销售伪造、擅自制造的注册商标标识的。

④ 未经商标注册人同意，更换其注册商标并将该更换商标的商品又投入市场的。

⑤ 给他人的注册商标专用权造成其他损害的。

具体实施标准有：

① 注册商标专用权的保护以核准注册的商标为限。如果商标注册人实际使用的商标与核准注册的商标不一致，不仅自身的商标专用权得不到有效保护，而且还有可能带来四种

后果：一是，构成自行改变注册商标的文字、图形或其组合的违法行为；二是，在自行改变的商标与核准注册的商标有明显区别，同时又标明注册标记的情况下，构成冒充注册商标的违法行为；三是，若改变后的商标同他人的注册商标近似，会构成侵犯他人商标专用权的行为；四是，因连续三年不使用，导致注册商标被撤销。

② 注册商标专用权的保护以核定使用的商品为限。

【案例分享】

"景田"告"新乐升"侵权

因北京新乐升绿业食品有限公司(以下简称新乐升公司)旗下生产的桶装水与自家的桶装水水桶外观相似，深圳市景田食品饮料有限公司(以下简称景田公司)将新乐升公司告上朝阳法院，诉请判令其销毁产品及模具，并赔偿 15 万元。记者日前获悉，朝阳法院审理了该件侵犯外观设计权纠纷案。该案也是朝阳法院开审的首件专利权纠纷案。

庭上，原告称周敬良是景田公司的法人代表，对"景田"牌系列瓶(桶)装水的外包装拥有外观设计专利权，专利名称和专利号一直被许可使用至今。后来，原告发现被告经营的一种桶装水的外包装与"景田"桶装水的外包装很相似，故诉至朝阳法院判令被告停止使用该外观设计，销毁侵权产品及生产模具，并赔偿经济损失 15 万元。

庭上，被告则辩称没有侵犯对方专利权，因为该公司使用的水桶与原告家的水桶，无论从材料、凹槽，还是透明或磨砂等方面看，两种水桶都有很大差异，且自家的外观设计也取得了专利证书，所以不会误导消费者。

依照《中华人民共和国专利法》第十一条第二款、第五十九条第二款、第六十五条之规定，判决如下：

一、被告北京新乐升绿业食品有限公司于本判决生效之日起十日内赔偿原告深圳市景田食品饮料有限公司经济损失 2 万元；

二、被告北京新乐升绿业食品有限公司于本判决生效之日起十日内赔偿原告周敬良、深圳市景田食品饮料有限公司合理支出 15 000 元；

三、驳回原告周敬良、深圳市景田食品饮料有限公司的其他诉讼请求。

(资料来源：Openlaw《周敬良等与北京新乐升绿业食品有限公司专利权权属、侵权纠纷一审民事判决书》)

如果商标注册人实际使用的商品与核定使用的商品不一致，不仅不能有效保护自身的商标专用权，而且也有可能带来三种后果：一是，超出核定商品范围使用注册商标，构成冒充注册商标的违法行为；二是，因连续三年未在核定的商品上使用，导致注册商标被撤销；三是，因超出核定商品范围(与核定使用的商品类似的除外)使用注册商标，构成侵犯他人商标专用权的行为。

(2) 商标许可权的保护。商标许可权是指商标权人可以通过签订商标使用许可合同，许可他人使用其注册商标的权利。许可人应当监督被许可人使用其注册商标的商品质量，被许可人必须在使用该注册商标的商品上标明被许可人的名称和商品产地。商标使用许可合同应当报商标局备案，商标使用许可合同未经备案的，不影响该许可合同的效力，但当事人另有约定的除外。商标使用许可合同未在商标局备案的，不得对抗善意第三人。商标使用许可的类型主要有独占使用许可、排他使用许可、普通使用许可等。

(3) 商标转让权的保护。商标转让权是指商标权人依法享有的将其注册商标依法定程序和条件，转让给他人的权利。几乎所有的国家都规定，对一个商标注册所包含的商品不能部分转让，如果是联合商标，不能只转让其中的一个，必须将整个商标一并转让。商标权的转让有两种情形：一种是继承转让，另一种是合同转让。不论哪一种转让，必须向商标主管机关申请办理转让手续。

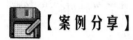 【案例分享】

冒用奥林匹克 LOGO 体育用品商判赔 20 万

泰山体育产业集团有限公司经第 29 届奥林匹克运动会组织委员会合法授权，成为北京 2008 奥运会体操、柔道、跆拳道、摔跤、拳击和田径器材供应商，在上述六个项目上获得赞助标志使用许可。福建省伟志兴体育用品有限公司在自己的公司网站上使用"2008奥运会跆拳道比赛场地、装备"，"2008 奥运会摔跤比赛的场地、设施、器材"等商业用语，并在网页右侧使用了北京奥运会会徽标志图案。泰山集团公司发现后，到法院状告福建伟志兴公司侵犯其奥林匹克标志专有权。

福建省高院认为：泰山集团公司经北京奥组委授权可以在体操、柔道、跆拳道、摔跤、拳击和田径六个项目上使用(注：其权利具有排他性)奥林匹克标志，享有"北京 2008奥运会体操、柔道、跆拳道、摔跤、拳击和田径器材"等授权称谓，其合法权利受法律保护。福建伟志兴公司未经奥林匹克标志权利人许可，在其网页上使用上述商业用语以及北京奥运会会徽标志图案，足以使他人误认为该公司与奥林匹克标志权利人之间有赞助或者其他支持关系，既损害了奥林匹克标志权利人的合法利益，也侵犯了泰山集团公司作为跆拳道、摔跤、拳击、柔道等奥运项目器材供应商的合法权益。

判决：省高院终审判决福建伟志兴公司立即停止侵权，赔偿泰山集团公司 20 万元的损失。

(资料来源：http://fj.ccn.com.cn/news2.asp?unid=131673)

(4) 商标续展权的保护。商标续展权是指商标权人在其注册商标有效期届满时，依法享有申请续展注册，从而延长其注册商标保护期的权利。注册商标的有效期为 10 年，自核准注册之日起计算。注册商标有效期满，需要继续使用的，应当在期满前 6 个月内申请续展注册；在此期间未能提出申请的，可以给予 6 个月的宽展期。每次续展注册的有效期为10 年，自该商标上一届有效期满次日起计算。宽展期满仍未提出申请的，注销其注册商标。

2) 商标注册方面应注意的问题

(1) 提前注册，及时续展。只有经过国家注册的品牌才能成为法律保护的商标。商标一经注册，所有人即依法取得商标专用权，他人不得仿制假冒，不得在同种商品或类似商品上使用与注册商标相同或相近的商标，否则就是侵犯商标法。商标既可由本企业独自使用，也可依法有偿转让或特许他人使用。著名的皮尔·卡丹公司就是通过在许多国家特许他人使用其商标而获取巨额利润的。名牌商标既是企业开拓市场、控制市场的利器，也是为企业带来超额利润的摇钱树，国内外许多著名企业都是凭借其拥有的知名商标支撑和发展起来的。

品牌法律保护要求企业具有战略观念，将其具有市场发展前景的商品品牌及时注册，使之成为受法律保护的商标，并积极预防他人抢注。据统计，现在约有 1000 个中国品牌已经被其他国家和地区抢注。

(2) 实施全方位注册。这是指将纵向注册和横向注册、国内注册和国际注册、传统注册和网上注册相结合，并注意防御性商标的注册。如露露集团不仅将"露露"商标在国内注册，(40 个类别)而且在多个其他国家进行了注册，并注册了网络实名；娃哈哈集团为了有效防止其他企业模仿和抄袭自己的品牌，在"娃哈哈"之后，又注册了"娃娃哈"、"哈哈娃"、"哈娃哈"等一系列防御性商标。

(3) 在地域上坚持辐射原则。考虑到进军异国市场，在企业品牌的运营实践中，对品牌注册要坚持地域辐射原则，即品牌注册的地域要广泛，不仅在某个国家或地区注册，还应意识到品牌在异国异地受到法律的保护，在多个国家或地区注册，获得该国或该地区的法律保护。实施商标地域辐射策略有两种：一是申请国际注册，根据我国 1989 年加入的《商标国际注册马德里协议》，申请人在国内办完商标注册手续后，向设在日内瓦的世界知识产权组织国际局提出一次申请和交纳一定费用，就可以在所有协定成员国办理商标注册手续；二是到各国逐国注册，即分别向各个国家直接提出商标注册申请，目前在尚未加入《商标国际注册马德里协议》的国家申请商标注册，只能通过这种途径。

(4) 在范围上坚持宽松有余的原则。这是指企业申请注册时，不应仅在某一类或某一种商品上注册，而应同时在很多类商品上注册。近年来，越来越多的企业意识到品牌或商标是参与国内外市场竞争的有力武器，故多采用一标多品的注册原则。一标多品注册，也称为占位注册，它有利于防止甚至能够杜绝竞争对手使用与自己的商品相同的商标生产经营其他类别的商品，以免在市场上引起混淆，减损品牌或商标的市场利益。也就是说，如果品牌注册范围过于狭窄，就会为其他企业抢位留下余地，进而有可能影响自己品牌的整体利益。

(5) 申请原产地保护。我国名优特产丰富，在中国加入 WTO、融入世界经济一体化的今天，怎样利用好这一笔巨大的历史文化遗产，提高产品特别是农产品的国际竞争力，申请原产地保护是一条十分有效的途径。

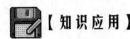

【知识应用】

外商投资企业注重品牌保护

中国外商投资企业协会优质品牌保护委员会近日在京颁发"2015～2016 年度知识产权保护十佳案例"奖项。案例分为刑事案件和非刑事案件两大类，包括各类知识产权行政执法与司法案件。施耐德电气中国公司在刑事案件和非刑事案件名单中均位列榜首。

在广东深圳杨建涛假冒"APC"注册商标案、深圳市施耐德宝光科技有限公司等侵犯注册商标专用权系列案、温州陶氏侵犯注册商标专用权纠纷案中，施耐德电气因与执法、司法机关积极协作而获奖。其中，"杨建涛"案与"深圳市施耐德宝光科技有限公司等"案件在刑事案件十佳案例和非刑事案件十佳案例名单中也均位列榜首。施耐德电气已经连续三年获"知识产权保护十佳案例"奖项。

3. 品牌的自我保护

在法制不是很健全、执法力度不是很大、地域保护主义强烈的情况下，企业对品牌资产的自我保护构成品牌资产保护的另一个重要方面。企业打假就是企业品牌自我保护的一种重要形式，当然打假需要全社会的配合，需要综合治理，作为企业更应当学会自我保护。

1) 商标权的保护

企业应定期查阅商标广告，一旦发现侵权行为，应及时提出异议，以阻止他人的侵权商标获得注册。

2) 运用高科技的防伪手段

如企业通过不易仿制的防伪标志、使用防伪编码等手段，同时主动向社会和消费者介绍辨认真假商标标识的知识，这不仅可为自己的品牌产品加上一道"防伪"保护伞，也为行政执法部门打击伪劣产品提供了有效的手段。

3) 协助有关部门打假

当注册商标的专用权受到损害时，企业应采用有力的手段，协助有关部门打假，制止侵权者的不法行为。

4) 注重向消费者宣传识别真伪的知识

如果消费者能分辨真伪，也就分得清真货和假货，假冒产品也就可以从根本上予以杜绝。因此，企业应广泛利用新闻媒体、公关等形式向消费者宣传本产品的专业知识，让消费者了解产品，掌握一定的商品知识，明白真假之间的区别，只有这样，假冒伪劣产品才能成为无本之木。

5) 商业机密的保护

一般来讲，企业保护自己商业机密的方法主要有：

(1) 申请专利。企业拥有专利就意味着企业拥有了对市场的控制权，他既是品牌之"矛"——通过技术许可证贸易进一步扩张市场，又是品牌之"盾"——排斥其他企业进入这一技术领域。可以说，专利是企业维护自己品牌地位的重要手段。

(2) 严守商业秘密。商业秘密是指不为公众所知悉的，能为权利人带来经济利益、具有实用性并经权利人采取保密措施的技术信息和经营信息。其主要包括企业的生产方法、技术、程序、工艺、设计、配方、计划、销售和市场信息、客户名单等，大多数是企业赖以生存的基础，凝聚着企业的劳动和汗水。

💾【案例分享】

江西珍视明药业有限公司诉重庆市某保健品有限公司侵犯商标专用权案

案情：原告是"珍视明"注册商标的专用权人，该注册商标核定使用商品为第五类的眼药水和卫生消毒剂等。2006 年 2 月~2009 年 2 月和 2009 年 7 月~2012 年 6 月，该商标被江西省工商行政管理局和江西省著名商标认定委员会认定为江西省著名商标。2010 年，珍视明公司从被告重庆某保健品公司处购买了"珍视明(滴眼液)"红色包装、蓝色包装两种产品各 21 盒。在其外包装盒正面左上角用较小字体标注"某品牌"商标，上部显著位置用较大并且加粗的字体标注"珍视明"，在"珍视明"字体右下方用较小字体标注"(滴眼液)"。包装盒背面与正面的标注方式相同。包装盒两侧面的左边中部显著位置用较大并且加粗的字体标注"珍视明"，字体右下方用较小字体标注"(滴眼液)"。生产企业为河南郑州某医药保健品有限公司。

审判：重庆市第五中级人民法院经审理认为涉案产品将"珍视明(滴眼液)"作为商品名称，并且突出强调"珍视明"，与注册商标"珍视明"仅在字形上有细微区别。涉案的"珍视明(滴眼液)"与珍视明药业公司"珍视明"商标核准使用的商品同属于第五类商品，构成对珍视明公司注册商标专用权的侵犯。被告作为专业经营保健食品、百货的公司，其销售的"珍视明(滴眼液)"与珍视明公司生产的"四味珍层冰硼滴眼液(珍视明滴眼液)"同属第五类商品，应当知道"郑州某医药保健用品有限公司"并非"珍视明"注册商标的权利人。作为专业经销商，对于进货渠道是否正规、经销商是否有授权、如何鉴别产品真伪应有比普通公众更高的注意义务。被告进货时没有尽到应有的注意义务，不能免除赔偿责任。遂判决被告立即停止销售使用"珍视明"字样标识的涉案"珍视明(滴眼液)"，封存、销毁含有"珍视明"商标字样的涉案"珍视明(滴眼液)"包装物及标识，并赔偿原告经济损失和合理支出共计 1 万元。

提示：销售侵犯注册商标专用权产品未尽合理注意义务不能免除赔偿责任。

商业秘密一般是企业为克服专利的局限性而设立的，因为一种新技术如果申请专利，虽能获得专利权，但却必须以公开这一技术为代价，这就会为竞争对手进一步研究并超越这一专利技术的开发提供了可能；同时专利的保护也有一定的年限，超过该年限专利的技术就不再受到法律的保护。在知识产权保护方面，企业除可以申请专利保护外，还可以采取高度保密的措施，使之成为专有技术，可口可乐就是典型的例子。企业必须牢固树立保密观念，制定严格的保密制度，以保护企业的利益和品牌的地位。

(3) 谢绝技术性参观。技术性参观也是商业间谍们获取情报的途径之一。因此，品牌经营者有必要谢绝技术性参观。

4. 品牌的经营保护

从本质上讲，企业的经营活动是品牌资产得以维持和增值的源泉。因此，企业应在自身的经营过程中，讲信誉、重质量，进行科学管理、强调顾客满意，从战略上对品牌的管理和保护给予高度的重视。具体应做到如下几点：

(1) 以市场为中心，全面满足消费者需求。在市场经济优胜劣汰的规则下，几乎每天都有新品牌诞生，同时每天也有旧品牌消亡。品牌资产并不是一旦拥有即终身不变，而是随着市场环境的变化、消费者需求的变化而不断起伏的。要想维持品牌的知名度、保持顾客的忠诚，就必须不断迎合消费者的兴趣和偏好，赋予品牌新特征，这就要求品牌经营者始终围绕着让消费者满意来进行。

(2) 苦练内功，维持高质量的品牌形象。"质量第一"是品牌经营保护的根基，"以质取胜"是永不过时的真理。卓越的品牌是靠优异的产品质量创造出来的，尤其是企业在实施品牌战略上，没有始终如一过硬的产品质量，没有持之以恒周到的客户服务，品牌资产就会消失。要想在激烈的竞争中生存、在消费者挑剔的眼光下发展，企业唯有制定切实可行的质量发展目标，经常采用国际标准和国外先进标准，形成一批高质量的名优产品，提高品牌产品的市场占有率。

(3) 严格管理，锻造强势品牌。企业要想锻造强势品牌，必须从技术、生产、营销等方面严格要求，加强管理。在技术方面要保持领先，能够比同类竞争产品具有更多的功能和更优的品质，给消费者带来更多的利益和效用，使之产生"物有所值"乃至"物超所值"的满足感，促使他们对企业产品形成品牌偏好。此外还要严守技术秘密、统一技术标准。在生产方面要按有效需求组织产销，不能盲目扩大产销，片面追求一时的市场占有率。企业应按照目标市场的有效需求，有计划地安排产销量，巧妙维持供求平衡，保持旺盛的市场需求，避免因扩产过量而最后不得不削价竞销，导致品牌声誉受损的不良后果。在营销策略方面要保持与消费者沟通的连续性，维持标准定价，保持价格控制权，避免恶性竞争，切忌恶性价格战及行业内的相互攻击诋毁。

(4) 实施差异化策略，进行品牌再定位。差异化是现代企业参与市场竞争的基本战略之一。差异化的实质就是形成企业产品独有的特色，以明显区别于竞争者提供的同类产品，从而形成某种相对垄断的局面，在激烈的竞争中赢得一席之地。产品差异可以存在于多个方面，但相当一部分企业产品与其独特的原料、配方、工艺或其他技术秘密相关。

【随堂思考】

品牌危机的分类中，除了文中所表述的分类外，还有哪些分类方式？

【本章小结】

本章在分析危机和品牌危机概念的基础上，对品牌危机的表征和分类做了详细分析，并针对品牌危机发生的必然性和成因，详细分析了如何进行品牌危机管理，进而分析了品牌保护的具体内容。通过对品牌危机地正确处理和品牌保护，将减少危机发生的可能性，提高危机发生后的对应能力。

【基础自测题】

一、单项选择题

1. 品牌注册保护即是品牌(　　)保护。

A. 硬性　　 B. 软性　　 C. 自我　　　　 D. 经营

2. 对品牌的保护，首当其冲的就是(　　)的保护。

A. 自我　　 B. 社会　　 C. 经营　　　　 D. 法律

3. 在危机的混乱局面中的人们有一种强烈的希望回到原来状态的心理，这体现了危机特点中的(　　)。

A. 突发性　 B. 破坏性　 C. 不确定性　 D. 信息不充分

4. 外部来源的危机风险是(　　)。

A. 技术环境的变化　　　　　　　　　　 B. 生产过程中的危机

C. 人力资源管理不当产生的危机　　　　D. 竞争导致的危机

二、多项选择题

1. 人们通常所说的对品牌的保护分为(　　)。

A. 硬性保护　　　　B. 商标保护　　　　C. 软性保护

D. 品牌要素保护　　E. 品牌名称(标志)的保护

2. 品牌法律保护的内容主要包括(　　)。

A. 硬性保护　　　　B. 商标保护　　　　C. 软性保护

D. 品牌要素保护　　E. 品牌名称(标志)的保护

3. 史蒂文·芬克提出的危机管理四阶段生命周期模型，四个阶段分别是(　　)。

A. 潜伏期　　　　　B. 持续期　　　　　C. 爆发期

D. 痊愈期　　　　　E. 控制期

【思考题】

1. 品牌危机的表征有哪些？

2. 品牌危机处理的原则有哪些？

3. 品牌危机管理组织的构成。

4. 简述品牌保护的内容。

5. 简述品牌危机的内涵。

6. 简述品牌保护的内涵。

【案例分析题】　双汇"瘦肉精"事件危机管理分析

　　双汇集团是以肉类加工为主的大型食品集团，在 2006 年中国企业 500 强排序中位列 154 位。然而在 2011 年 3 月 15 日，央视曝光济源双汇"瘦肉精"事件后，中国的肉类老大双汇集团受到了重创，市场上的双汇产品纷纷下架，而且双汇的品牌形象严重受损。面对这汹涌而来的危机，双汇集团随即开展了一系列的危机管理活动。

　　在双汇瘦肉精事件被曝光的第二天，双汇集团便发布了公开声明，承认济源双汇集团使用瘦肉精猪肉，向公众致歉，并对济源双汇总经理、主管副总经理、采购部长、品管部长予以免职，济源双汇停产整顿。3 月 19 日，国务院派督察员调查瘦肉精事件，河南沁阳清查过程被指走过程。3 月 20 日，河南首次通报了双汇冷鲜肉瘦肉精抽检呈阳性。3 月 21 日，济源双汇无限期停产整顿，双汇发展重组存在隐患。3 月 22 日，济源双汇公司确认 17 头瘦肉精生猪，国务院工作组要求彻查"瘦肉精"事件，严肃究责。3 月 23 日，双汇紧急召开了 4000 多人规模的全国经销商视频会议，以应对下架危机，希望能够重新启动市场。3 月 25 日，双汇集团再次召开全国供应商视频会议，试图安抚处境艰难的供应商。同时河南"瘦肉精"肇事来源基本查明，发现 3 个制造窝点。4 月 1 日，双汇再次召开"万人道歉大会"，包括双汇集团所有管理层、漯河本部职工、经销商、部分新闻媒体等万人参加，双汇再次致歉并发布整顿举措，拟引入第三方机构监测产品。4 月 10 日，协会称双汇瘦肉精"万人道歉大会"系公关公司策划，将双汇的诚信问题又一次推到了风口浪尖。济源双汇食品有限公司是漯河双汇集团在济源投资建设的一家集生猪屠宰和肉制品加工于一体的工厂。该公司的危机起源于 2011 年 3 月 15 日，央视 3·15 特别节目《"健美猪"真相》中曝光河南孟州等地养猪场采用违禁动物药品瘦肉精，双汇旗下济源公司是收购企业之一。面对这突如其来的"危机"，3 月 16 和 17 日，双汇集团连续两天在其官方网站上就"瘦肉精"事件发布声明，向消费者致歉，并责令济源分厂停产整顿，将每年 3 月 15 日定为"双汇食品安全日"。虽然双汇集团及时对济源公司进行了停产整顿，对相关负责人也进行了免职等处罚，但是，双汇却把矛头指向了源头的养殖户和政府相关部门的监管不力，而没有深刻反思自身问题所在。一直以来，双汇集团的宣传口号是"十八道检验、十八个放心"，然而这十八道检验中竟没有包含瘦肉精这一检验内容。更令人匪夷所思的是，"瘦肉精"猪肉就算在养殖环节中没有被发现，但在贩运、屠宰和销售中也能顺利通过，最终还流入双汇这样以质量把关严格著称的知名肉制品企业。

而最具戏剧性的场面发生在 3 月 31 日双汇集团举行的万人职工大会上，这次大会进一步激化了双汇集团与消费者之间的矛盾。在大会上与双汇集团董事长万隆鞠躬致歉形成鲜明对比的是，经销商高呼"双汇万岁、万总万岁"的惊人场面。更让人质疑双汇道歉诚意的是，4 月 18 日双汇公告公布了"瘦肉精"事件的调查结果，称"瘦肉精"事件是由于个别员工在采购环节执行检测时没有尽责，致使少量"瘦肉精"生猪流入济源分厂。在危机的冲突阶段，双汇仍然避重就轻的检讨自己对消费者的危害行为，只是自以为是的简单道歉，但是却没有显示出其应有的诚意。

在危机的恢复阶段，双汇集团开始在消费者心目中重塑产品质量和品牌声誉的良好形象。4 月 6 日，双汇肉制品陆续在各大超市恢复上架，重庆区域经理马经理为让市民相信重新上架的双汇产品质量安全，带着促销人员现场大吃双汇火腿肠，以此打消消费者的疑虑。同时，双汇集团还把生猪在线"头头检测"作为一个工序，每年投入 3 亿元资金保障食品安全，实行开放式办厂，邀请广大消费者、新闻媒体和政府部门到企业参观考察和监督，引入第三方检测机构，进行专业化质量安全服务，做到产品更优、企业更强。为了在激烈的市场竞争中迅速恢复市场份额，双汇集团在危机恢复阶段急需做的工作是重建消费者对双汇品牌的信任。在开放式办厂的举措中，我们看到了双汇集团透明化办厂，接受广大消费者、媒体和政府监督的决心。双汇力图建立过硬的产品质量，投入 3 亿元的检测资金，但是，与这些可量化的货币投入相比较，双汇用 20 多年时间所树立的放心肉品牌受到了质疑，这项无形价值的损失对于双汇集团未来发展的被影响是无法估量的。

思考： 结合双汇"瘦肉精"事件，总结品牌危机的生命周期及品牌危机产生的原因，品牌危机处理的原则。

【技能训练设计】

5 个学生组成一个小组，以小组为单位，选择某一个发生品牌危机的企业，分析其品牌危机产生的原因、应对策略等，形成总结报告。

★第7章　品牌管理前沿理论及实践

【学习目标】

(1) 了解工业品品牌管理策略。

(2) 了解服务品品牌管理策略。

(3) 了解网络产品品牌管理策略。

【导入案例】

ING 公司的品牌管理策略

ING 是荷兰一家金融服务组织，要把其整个品牌推向美国市场。品牌挑战包括如下内容：建立基本品牌熟悉度是商业活动的首要目标，购买欲和品牌信息传达是次要目标。

为推广品牌，该公司举行了为期 6 个月的商业活动，包括电视广告、杂志广告和网络广告。商业活动的预算比例是电视 68%、杂志 17%、网络 15%。

Marketing Evolution 公司随机调研了部分 ING 目标客户。这些受访者都曾接触过 ING 的电视、杂志和网络广告。另外，对网络受访者的附加抽样包括提供网络广告影响的附加分析。这些受访者在商业活动进行前、进行中和完成后都接受了调研(所谓的连续性跟踪研究)，通过此研究衡量品牌认知度的提高与电视、杂志和网络广告的关系。对于网络附加试验，受访者分为两组进行调查：一组接触网络广告(通过 Cookies 跟踪)；另一组不接触，而是看一个非 ING 的广告。由于数据收集伙伴的限制，Marketing Evolution 公司无法提供一个真实的体验设计，这是标准 XMOS 过程的一部分。Marketing Evolution 公司使用了他们专有的净化程序来匹配曝光与非曝光的受访者，使分析的结果接近真实的试验设计。

通过研究最重要的发现是：事实上，在商业活动中，为每种媒体进行的预算分配是达成多种活动目标的最优组合。更重要的是媒体组合比单一媒体本身带来的效果更好。ING15%的预算分配给互动广告，在商业行为中被证明效果是很理想的。Marketing Evolution 公司创造了一个索引来衡量营销目标回报率，查看每种媒体单独的广告效果及组合在一起的效果。运用这种成本效益衡量方式，对品牌认知有相当大程度的提高并想了解最优价格的是看到三种媒体广告的受访者。

提升品牌熟悉度在商业活动中是一重要目标。杂志广告与网络广告的组合与三种媒体组合相比，成本效率略微偏高。电视广告与三种媒体组合相比，如果达到同样的效果，需要花费双倍的成本。在提升购买欲和传达品牌信息上，ING 展示了其新的想法。研究还发现，至今为止三种媒体结合比单种媒体的广告效果好很多。在网络频率方面，四种展示对于提升熟悉度和购买欲都是最有效的。

【点评】　对于某些商业活动，单一的媒体方式证明是最有效的。这个案例，三种媒体的结合对于达到商业目标是最理想的。在这个商业活动中，15%的预算分配给网络广告是最理想的。

网络广告作为商业广告的组成部分，证明可以改进的一种方式是限制频率，这种频率限制平均起来比四种展示的优化要高。如果商业行为能有一个较低的频率，转换相同的预算而不是两倍、三倍的增长，商业行为将会更成功。

(资料来源：http: //wenku.baidu.com/view/4f639c0bde80d4d8d15a4f39.html)

7.1　工业品品牌管理

7.1.1　工业品品牌管理内涵

1. 工业品品牌与消费品品牌

无论是工业品品牌还是消费品品牌，它们都不是短时间能够培育出来的，是长期文化、技术、品质的沉淀与积累，特别是高端品牌的搭建更要靠时间来沉淀，需要企业在很长时间内以一贯的高品质塑造，在文化和品质方面有很多工作要做。长寿的品牌非常注重产品品质，具备非常强大的产品制造、品质控制能力，以及品牌知名度。

企业只有通过有目的的策划和设计、科学的品牌管理、有序的塑造推广，通过对与客户关系地有效管理之后，才能不断地积累和丰富品牌的内涵，发展相应的品牌价值。企业应始终坚持品牌经营的法则，不断改善管理水平，不断拓展企业的销售范围、改进产品，坚持企业的品牌价值、个性和文化，从而使企业的品牌有很高的知名度、美誉度和忠诚度，以至于在某个产品上获得领导地位，成为某类产品的代名词。只有这样，才能打造稳固、强势和有价值的品牌。

工业品品牌在品牌主张和品牌塑造路径上与消费品品牌有较大的差异。消费品主要是做产品的品牌，是做消费者心中的感觉并和消费者进行情感联系；消费品品牌的核心是满足或者引导消费者的需求，在品牌主张上强调的是功能、利益，特别是情感利益。由于消费品品牌的受众面广，因此塑造路径往往是靠广告的拉动，广而告之。时下惯用的做法是请明星代言，在央视做广告。

而工业产品跟消费者之间有一段距离，所以工业产品在做品牌的时候，它的核心是信任，例如，与用户的信任、与员工的信任、与渠道商的信任等。工业品品牌强调的是专业，品在"工"、牌在"业"。"工"是指企业先进的工艺、领先的技术和一流的设备等；"业"是指品牌传播往往在业内渠道进行，专业传播，是窄而告之。

2. 工业品品牌的内涵

工业品品牌的内涵归纳起来有六个方面，下面以瑞典利乐公司(Tetra Pak)及生产的包装产品"利乐包"为例进行说明：

(1) 属性：该品牌产品区别于其他品牌产品的最本质的特征，如功能、情感、品质等。

当提起利乐时，人们就会想到他们生产的包装产品是适度包装的经典之作，具有对包装物的保护功能，便于运输和储存。

(2) 利益：品牌帮用户解决问题带来的实际好处。利乐让生活变得更简单、更方便、更安全，提高了包装效率，使用利乐的包装产品，更安全、放心。

(3) 风险：品牌对用户担心的风险化解。利乐有效化解了牛奶、果汁、饮料不易存储、运输、保质期短等问题。

(4) 文化：品牌所具有的文化内涵。利乐一直遵循公司创始人鲁宾·劳辛博士的格言："包装带来的节约应超过其自身成本。"这句话的精髓是"节约成本"。利乐包装始终追求在食品的生产、运输和销售过程中，为生产厂家节约成本，同时也给消费者带来安全和便利。

(5) 个性：品牌代表了一定的个性。品牌个性就是品牌的独特气质和特点，是品牌的人性化表现，比如中国 95% 以上的饮料包装使用利乐的包装产品，因为它代表着简单、方便、安全。

(6) 受众：品牌还体现了购买或使用这种产品的是哪一类客户。比如使用利乐包的是牛奶、果汁、饮料和许多其他产品包装系统的企业。

3. 工业品品牌管理内涵

工业品品牌管理有利于企业整体价值最大化，树立差异化竞争优势。对工业品的品牌进行管理主要要符合工业品本身的特点，即消费群体集中化，购买决策复杂化，定制要求突出。

由于行业的特点，我国工业品企业的营销方式一直落后于消费品企业，处于较为低级的层面。直到今天，很多人都还会认为，工业品营销就是吃喝营销，就是"关系"营销，就是拉拢与腐蚀客户的"采购人员"，进行灰色交易，满足他们的吃、拿、卡、要。说到品牌，可能很多工业品企业的决策者还会认为是消费品企业的事情，工业品企业不需要做什么品牌建设工作，更不会像消费品企业那样花很多钱去做品牌传播。大部分工业品企业的领导和销售人员也都认为，产品技术与品牌不是最重要的，搞定"关键人物"、建立良好的客户关系才是最关键的，而这已经成为工业品企业营销过程中的"潜规则"。

在这种传统的营销方式下，工业品企业特别依赖于业务人员的个人能力，如个人的客情关系、谈判能力、客户拜访效率等。由于销售企业要花大量的精力与金钱在请客、送礼、回扣上，这就使得交易成本难以通过交易的规模化来降低，从而造成企业销售成本的实际增加，这样销售企业将通过把这部分增加的成本加在购买方的身上或者降低产品质量的方法来保证自己的利润，从而增加了客户的成本，导致产品质量下降，给客户带来更大的麻烦。

此外，国内工业品企业目前的核心技术几乎都被国外厂家垄断，而且外资或者合资企业在国内也越来越多，行业内的竞争程度加剧，产品的同质化也越来越严重。如果国内企业还是依赖简单的"关系"营销，而不建立自己的核心竞争力，长期发展下去，将使我们企业的产品与这些国外的产品在技术、质量、服务甚至新的营销模式上的差距越来越大，始终无法建立起自己的核心竞争力，无法取得更大的发展。

我们常说，产品和技术是很容易被模仿和超越的，唯有品牌才是企业长久竞争力的核心所在。因此，我国工业品企业不仅需要做品牌，还需要将品牌工作提升到战略高度，从长远着眼，打造企业品牌资产，进行更为高效的"品牌营销"。

但是，品牌资产的累积并不是简单地打广告、喊口号，而是一个系统的战略工程，需要严谨的战略规划及严格的品牌管理，配合能为品牌资产加分的活动，才能创建、维护、发展成为一个强势的品牌。

7.1.2　工业品品牌管理要领

1. 树立品牌战略观念，搭建合理的品牌架构

在我国工业品市场上，产品同质化现象非常严重，尤其是对于那些技术含量低的产品。工业品应改变过去的传统观念，认为工业品是同质化的，不需要品牌或只将商标等同于品牌的观念。我们经常在电视、机场、杂志、户外等各种场所看到有很多国际性工业品企业，像 GE(通用电气)、Intel(英特尔)、AMD(超微半导体公司)、BP(英国石油)、Caterpillar(卡特彼勒)、Bosch(博世)等，它们的产品并不被广大的消费者直接使用或消费，却像消费品那样做大规模的广告宣传，所以它们的大名广为人知，不仅是因为它们的规模大，更是因为这些企业在品牌建设方面的成功。

品牌，这个一直被认为是消费品营销领域的专属名词，如今已经被众多工业品市场上的跨国企业运用得炉火纯青，它们对品牌力量及品牌管理的信奉已经远远超出了发明这一规则的传统消费品市场。而中国的大部分工业品企业对于品牌战略管理依然十分陌生，在品牌战略管理上的知识还十分贫乏。而且，有不少业内人士也简单地认为品牌战略管理就是营销策划、广告创意、广告发布、公关活动与终端促销。翻开很多所谓品牌战略、品牌策划的书籍，里面绝大部分内容都在讲广告诉求、主题定位、电视广告创意、媒介选择、公关活动、新闻软性宣传、终端陈列与生动化等具体的营销广告活动应如何策划与实施。这些，都是停留在"战术"层面的，还没有达到战略的高度。

美国著名品牌专家凯文·凯勒教授认为，品牌战略管理首先要形成一个开放的品牌管理视角与理念，它是品牌管理战略的基础。品牌战略管理是对建立、维护和巩固品牌这一全过程的管理，其核心思想就是有效监控品牌与消费者关系的发展，只有通过品牌管理才能实现品牌的愿景。和君咨询认为，品牌战略是企业战略的重要组成部分，品牌战略的所有工作都是以企业战略为依据的。结合多年的品牌咨询经验和工业品行业的特点，和君咨询将工业品品牌战略管理分为品牌架构、品牌定位、品牌识别、品牌传播、品牌管理等五大部分。

品牌架构是品牌战略的重要组成部分，它规定各品牌的作用，界定品牌之间和不同产品市场背景之间的关系。科学的品牌架构应该是清晰、协调的，它使品牌保持平衡，避免重心模糊、市场混乱和资金浪费。

在消费品行业，多品牌的架构十分常见，比如宝洁、联合利华等，这是因为消费品的消费者数量众多且十分细分，单一的品牌无法满足多个目标市场的需求，在这种品牌架构下，产品品牌相对更为重要。

而对于工业品企业来说，由于目标市场不那么细分，侧重建立一个强大的公司品牌显得更为重要。事实上，国外知名的工业品企业采用单一品牌架构的形式比较多，侧重打造强大的公司品牌，最为典型的就是 GE 了。GE 旗下业务众多，虽然实施了"数一数二"战

略，但并不是每个业务都真的能够做到"数一数二"，尤其是那些新收购的业务。因此，GE 采取了单一品牌架构，利用其优势性的公司品牌战略以掩盖其劣势性的业务品牌战略，作为广域品牌的 GE 公司，品牌由于和多个产品类别联系在一起，使得顾客相信其能在不同环境中取得成功。首先，GE 横跨数十个业务领域产生的领导品牌认知使其可以继续进行新的延伸扩张而成功；其次，GE 公司品牌能够在全公司范围内对各种业务建立横向联系实施统一的品牌建设活动，这种协同效应能够带来成本的节约、工作的简化以及系统的提升。如 GE 对奥运会的赞助可以贯穿所有的业务单位并使其共同受益，又如 GE "梦想启动未来"的宣传计划可以在众多的业务部门之间进行分摊，同样 GE 在某个领域积累的品牌资产可以为其他的领域所分享。

2. 把握环境优势准确进行品牌定位，明确目标市场

品牌定位就是为品牌在市场上树立一个清晰的、有别于其他竞争对手的、符合目标市场客户需要的形象和特征，从而在目标客户心中占据一个有利位置。拥有定位的品牌才是强势品牌，因为它拥有与众不同的概念，当客户产生相关需求时，就会自然而然地把它作为首选。品牌定位的最终目的是在目标客户心智中建立区隔，并通过以下几个步骤来实现：

(1) 分析内外部环境。也就是要对市场环境、竞争对手和企业自身进行分析，分析竞争对手(包括行业领袖)已经成功建立的区隔，找到自身的基本品牌特性。

(2) 从企业自身、利益相关者、竞争者三方面考察。从基本品牌特性中提炼出企业品牌可与竞争品牌区隔的核心价值，寻找区隔概念，在还未被其他竞争对手占领的空白区域寻找可以进行有效区隔的概念。

(3) 找到支撑点，或者是产品，或者是技术，或者是价值观，亦或其他，也就是让区隔概念变得真实可信而非空中楼阁。

品牌定位必须坚持的一个战略原则就是聚焦和专注。一个代表一切的区隔概念实际上什么也不能代表。区隔概念必须进行有效聚焦，才有可能被植入客户的心智之中，成为真正的品牌定位。当然，品牌定位也不是一成不变的，它还要随着企业环境的变化和自身战略的转变而与时俱进。

比如，GE 的品牌定位就发生了几次变化。面向 21 世纪的 GE 希望摆脱原有过于稳定老成的品牌形象，在描述自己最新的品牌核心价值时，他们选择了"可信、领先、可靠、现代、全球、创新、活力和平易"。

3. 进行品牌识别，打造品牌个性

品牌识别不仅仅是一种感官上的符号识别，它是一种具有加强品牌意识、促成品牌联想功能的强大工具。设计完美的品牌要素对品牌创建的作用表现在：在客户对公司缺乏了解的情况下，仅凭对品牌要素的感官体验就能够对品牌产生积极的品牌联想。不要以为品牌识别只对消费品品牌才有用。

国内的工业品企业普遍忽视了品牌识别对品牌创建的重要作用，而成功的跨国企业却恰恰相反，它们能够把品牌识别的作用发挥到极致，并随着企业战略的发展而不断改变。

GE 的 LOGO 以往为黑白两色，随着 2003 年"梦想启动未来"口号的正式推出，GE 也推出了全新的品牌识别体系。GE 新的 LOGO 共有 14 种颜色可供选用，以表达 GE 的创新和活力，同时更接近客户多姿多彩的生活和思维方式。

4. 积极探索品牌传播手段，不断创新

创建品牌的过程其实就是客户与企业相互间建立信任与忠诚关系的过程。首先是让品牌经常与客户见面，互相熟识；然后是让品牌说话，向客户表达自己的思想和个性，倾听客户的想法，并设法与客户产生思想和情感上的共鸣；最后是品牌与客户通过长时间的互相了解而产生信任和忠诚，从而最终实现创建强势品牌的目的。

工业品品牌形成要经过政府(行业管理部门、协议组织)、行业专家、媒体、客户(经销商、最终客户)、竞争对手等诸多社会力量的认可，而如何获得这些社会力量的认可，就成为品牌传播管理工作的方向和目标。

1) 功能价值与情感价值并重原则

传播诉求可分为理性、感性、形象诉求，其中理性诉求的重点在于核心技术工艺、原辅材料、生产加工设备、执行标准、核心零部件等方面，主要是建立理性价值；感性诉求则是力求建立情感价值；形象诉求亦服务于情感价值建立；理性价值是基础，情感价值是升华。

2) 实施整合化传播的原则

长期以来，工业品企业品牌经营的行为是粗放、不成系统的，主要表现在传播没有战略化、传播策略老化、传播手段单一(如以平面宣传品为主，而忽略其他传播手段)、传播媒介狭窄(以专业媒体为主，而忽略了大众媒体)等，导致传播效果有限。归根结底，就是传播缺乏有效整合。

3) 为客户创造更大价值的原则

在此，引用国际营销大师米尔顿·科特勒的观点来说明这个问题：对工业品制造企业来说，最重要的工作不应是围绕创品牌展开的，也就是说，创品牌不是目的，而是要把重点放在为客户创造价值上。你如何降低它的使用成本，如何提高它的盈利能力，需要提供一些科学的、实证的数据，这是工业品制造企业建立品牌的核心。

4) 长期开展品牌传播原则

工业品品牌和消费品一样，如果选择了做品牌这条路，那就要坚定不移地走下去。这有几层意思：把品牌管理战略化；管理机构长设化；坚持资源投入长期化。但需要强调的是，这个"长期化"的过程，也是一个不断调整的过程，或者说是一个否定之否定的过程。工业品品牌传播策略除了企业结合自身情况自行探索与创新之外，还要汲取消费品品牌传播的经验。一般而言，打造工业品品牌要抓好以下几个关键环节：进行品牌长远战略规划、建立品牌传播长效机制、建立个性品牌传播模式、制定实效品牌传播策略、构造品牌传播沟通工具、整合多种品牌传播渠道。

5) 整合多种传播手段原则

(1) 联盟传播。中间型工业品与下游厂商结盟捆绑，共同打造品牌。最为典型的就是 Intel 处理器、AMD 处理器、利乐包装、彩棉，与下游客户共同打造工业品品牌。

(2) 人际传播。由于客户数目较少、购买金额较大、客户在采购及使用过程中需要大量的信息和培训，使得制造商组建嫡系营销队伍直接面对客户销售，成为工业品营销的主要模式。对于工业品，销售人员、服务人员都是良好的传播载体。目前，大多数工业企业都依靠这种人际传播。

（3）展会传播。各种工业产品展示交易会、产品订货会是一个绝佳的传播机会，因此如何在展会现场做好品牌传播文章很关键，尤其是展会现场生动化。

（4）公关传播。通过举办新闻发布会、研讨会、大型论坛进行传播，借助新闻传播，树立企业社会形象。当然，关键是要把握好时机，如新材料、新技术、新设备、新工业采用，以及新产品上市等时机。

（5）渠道传播。工业品营销渠道具有特殊性，很多企业都是采取直销与分销模式，所谓直销就是直接面向下游客户供货，但大都为大客户或重点客户；分销则是依靠经销商或代理商实现异地销售。工业品亦应加强终端形象建设，在经销商或代理商的展销终端塑造品牌形象，打造形象化终端，如工业品专营店、超市。

（6）广告传播。工业品广告正在走出专业媒体，开始注重大众传播媒体，传播大众化把工业品"窄告"变成了真正意义上的"广告"，广告传播正在成为工业品品牌传播的重要手段。比如，国际品牌 GE、英特尔以及国内品牌三一、徐工等都十分重视广告的传播。

（7）员工内部传播。因为员工是品牌的最佳载体，员工的每一次与客户接触，都是在传播品牌。要让所有员工都能真正理解自己的品牌。

7.2　服务品牌管理

7.2.1　服务品牌管理内涵

1. 服务品牌的概念

服务品牌是指在经济活动中，企业通过商品或劳务的服务过程来满足消费者的心理需求的一种特殊的品牌形式。打造服务品牌已经不再是金融、电信、邮政、零售等服务领域企业的专利，生产制造领域也迎来了服务品牌时代。

服务业的品牌管理与工业品牌完全不同，在服务行业，人就是品牌。

2. 服务品牌管理的特点

1) 服务品牌的形象难以树立

世人皆知，品牌管理始于消费产品。在最初的工业时代，品牌的整个理念就是生产一系列质量稳定、价格统一的家居产品。在那之前产品还受掺假之害，要么牛奶里满是脏水和白垩粉，要么果酱里满是红砖粉末。现在我们都想当然地认为所购品牌的产品肯定好用，不会伤害我们——即便是没有他们所宣称的那么好。当然，处在尖端的 IT 业、生物技术和制药等行业都会犯错误。转基因产品让人恐惧，垃圾食品可能的确害人，但尽管如此我们对所购买品牌的产品并没有多少好抱怨的。

而服务业却与工业品领域完全不同。你可能有这样的经历，在严寒中等了一个又一个小时，直到故障服务车终于赶到，处理出毛病的车。回想一下，为什么银行通常是贪婪和低能的代名词？或者为什么电话公司根本不懂如何接电话？许多营销人显然误解了服务品牌的管理，他们好像没有抓住其服务品牌管理的真实含义，因为传统营销人员是与产品一起成长的。一旦产品经过调查、设计、试制并准备投产，就万事大吉，可以造几百、几千或者几百万，产品都不会走样，就像一盒箭牌(Wrigley)口香糖与另一盒没有多大区别，咀嚼时的感觉也是一样。相反，服务品牌依靠人，因此每笔交易都会不同。一盒巧克力不顶嘴、不会累、不着急，随时满足愿望，味道始终如一，而服务品牌并不是这样的，代表公司的人也会发脾气、会累、会情绪不佳。电话服务中心的员工是人，不是冰激凌，始终冷静。所以服务品牌管理比产品品牌管理更困难，更复杂。产品管理是关于产品，服务管理是关于人。

2) 服务品牌质量难以控制

服务是无形的，异质的，生产与消费同时进行，且具有易逝性的特点。大家当然都知道传统产品营销依靠的是理解顾客，靠揣摩出顾客准备买什么或想拥有什么，而服务品牌营销要求一条额外的技巧，即让员工喜爱品牌、呼吸品牌、亲历品牌，使他们在接待顾客时自身就是品牌的展示。要想使品牌服务有效，必须教会那些员工亲历他们服务的品牌，因为对顾客而言，代表品牌的人就是品牌。如果员工表现不当，品牌与顾客之间的关系就会崩溃。教会员工亲历品牌的技巧与人员管理有更多的相似之处，而不是传统的营销管理。

这也就是为什么说经营产品品牌，你可以用 75%的时间、金钱和精力来影响顾客而只用 25%应对剩下的一切。而经营服务品牌你必须用至少 50%时间、金钱来影响自己的员工。优先权正好相反，产品品牌以顾客为先，而服务品牌则以自身员工为先。以大多银行为例，新技术降低了银行对人员的使用量，这使得银行比以前更加节省运营费用。许多银行关停了某些分行，然后把有的东西自动化，以降低他们的运营费用。同时，银行开始对每项业务，甚至客户都没有要求的业务收费。没人能拨打电话投诉，因为他们不知道找谁投诉。这一切的麻烦在于高新科技文化与原有密切接触的文化格格不入。有了信息技术银行可以不用人员，不用纸张，消灭有形资产。

3) 注重顾客体验

服务品牌是在消费者长期的服务体验和企业与消费者的反复沟通中树立的，服务品牌建设的核心在于顾客体验。例如感官体验、参与体验、情感体验等。许多大型金融服务组织认识到他们与顾客关系不佳，都想少量增加运营费而重建良好的客户关系。他们都在重建一个围绕关系管理的系统，即每位顾客至少理论上可以与一位员工建立长期伙伴关系。这实际是改头换面的分行经理制度。有些银行正考虑更进一步，他们注意到一些聪明的商人如迪士尼和耐克都不断强化其零售环境，并开始意识到他们的最主要区域有巨大的资源未经充分开发。他们正考察把多余的分行变成社区中心、网吧、咖啡馆和信息区，且都附带银行及其他金融服务设施。他们认为一旦人们走进来看一看，或许会购买。他们也必须努力训练员工善待顾客，甚至可以在这些地方派驻关系经理。许多银行的业务已经开始满速运转了。

对许多银行来说，在业务中找回服务元素却是在逆当前文化而行。自 20 世纪 70 年代中期开始，银行都会把所有未来的希望寄托在对技术的掌握上。银行已经把对客户的高接触策略扔掉了，即便现在开始明白光靠高科技本身不灵，也较难达到高技术和高接触的平衡。银行清醒地认识到他们为何破坏了自己的品牌，现在他们进入了新的领域——金融服务业，希望引入新的更有效的品牌。英国的 Egg 和 Smile、芬兰的 Solo、法国的 Banque Directe、德国的 ComDirect、西班牙的 Patagon 和日本的 Japan Net Bank 等都是此类。

最好的服务品牌为他们所提供的一切真心感到自豪。视顾客为人，不视其为"收益赚取单位"来服务，员工们也很高兴。总体来说，员工们喜欢在这里上班是因为客人们都注意到这里的服务有多么优质。这些都和传统的消费品营销没有关系。在这里广告是没有用的。

7.2.2　服务品牌管理要领

1. 服务品牌合理命名

从服务品牌名称来看，服务品牌命名经历了一个由同质到差异、由普通到个性、由直白到概念的过程。可以看到，科龙曾提出的"全程无忧服务"、方正科技提出的"全程服务"，从品牌名称上有同质化之感，但在房地产、咨询服务领域的很多企业都打出了易识别、个性化、易于传播的品牌名称，这就是衡量服务品牌名称是否科学、合理的标准。曾经有业内专家提出过"连带品牌"命名模式，即"连带品牌＝主品牌＋服务品牌"，有一定指导意义，不过并不适合于企业服务外包模式下的服务品牌运作。

2. 专业服务运营机构

企业要想打造服务品牌，就必须建立专业品牌管理组织体系，包括组织机构和专业人员配置，负责品牌规划、管理、推广、传播等工作。创维集团在推广"顾客，您是总裁"这一服务理念时，就成立了"创维集团服务文化推广中心"，负责品牌的全面推广与管理工作，遗憾的是创维在品牌名称上的作为不大；汕头PLUS(普乐士)有限公司副董事长兼总经理也表示，建立"贴心24"服务品牌体系并不是销售系统的补充，而是有独立机构、人员的专业服务。

3. 专业服务形象体系

品牌识别系统(BIS)是形成品牌差异并塑造鲜明个性的基础，基本可以分为三个组成部分：理念识别(MI，包括服务宗旨、服务方针、服务哲学、传播定位等)、视觉识别(VI，包括标准色、标准字、LOGO、卡通形象、服务车辆、人员着装等基础要素、应用要素系统)、行为识别(BI，包括服务语言、服务动作规范等)。企业可以把服务品牌化理解为服务品牌营销上的一次变革，首先要"变"的就是理念(MI)部分，以及其他基础部分(如 VI、BI)，然后才是组织、流程的变革。很多企业在打造服务品牌时都意识到了这一"基础工程"，对服务品牌进行了较为完美的诠释。

4. 加强员工培训，从全局观念树立服务品牌理念

企业要有正确的服务理念，并以服务理念来指导看似散的服务活动。服务理念是员工从事服务活动的主导思想意识，反映员工对服务活动的理性认识。服务型公司可以向足球队、精英部队以及其他的相类似组织学习，他们都需要相互依靠，组成一支常胜队伍。未来服务行业中品牌管理的学习典范应该是英军特种空勤队(British Army 或 Special Air Service，一支基于互相支持的精英部队)，或者是巴西足球军团。一定不能分散和独立地管理服务品牌，不应该将服务品牌管理和组织的其他活动隔离开，其力量来自于它是整个业务的中心地位。

但几乎所有公司都由界限严格的不同部门组成，这与现实世界里的客户沟通方式没有

任何联系。"收益赚取单位"的概念只存在于企业总部计划部门的概念里。现实中只有通过处身客户服务环境里，把业务视为一个整体，跨部门合作，才能为客户提供有效服务，而公司结构没有考虑到这些。你注意到你从保险公司买保险和索赔时的不同了吗？他们说话、行事方式和反应速度都截然不同。买保险时，你是好人；索赔时，就怀疑你是骗子。这是因为大多数的保险公司实际上没有内部培训，没让员工了解他们代表什么，让员工学习真正的公司标准和态度是什么。从卖保险单给顾客的一线销售人员那里，主管信用风险和信用诈骗的部门无法了解顾客的历史、品行和诚实度。除非员工们作为一个相互依赖的整体进行合作，否则你无法使他们亲历品牌。通过一系列垂直的部门你无法管理品牌，只有把各部门结合起来，才能有效管理，最容易观察的办法就是审视品牌如何与其受众联系。在经营良好、深谋远虑以服务驱动的公司里，此旅程始于员工招聘的过程。招聘广告、网站、信件、电话联系、电子邮件、面试，然后就是开工仪式、培训，开始从事某项工作、与同事共同学习课程，一直到听取同事们持续的、常规的评估。逐渐地，通过直接的和间接的培训，通过吸收培训内容、观察同事和老板的行为，体验公司或者品牌在自身环境中的存在方式，对品牌真正代表什么的正确感觉就出现了。如果公司想恰当仔细地做好这一切，这就意味着大的机构变革，全部的资金预算过程得重新评估，给无形的东西更多的优先权。人力资源和营销人员之间的合作应该与传统的营销和销售人员的关系一样密切；招聘活动、就职和培训安排都应当引入服务概念；必须把品牌持有者的精神灌输给各种各样的供应商和合伙人们；环境设计必须使员工们看到公司就是它们说的样子；还有员工交流，不应该是谈论不休、涉猎很广，应该是切题的、诚实的、严肃的，这才是他们的正确位置，才是他们一起工作的方式。这会关系到各个部门是开放的还是封闭的。还有时间纪律、穿着规则，以及影响人们在公司内部生活和工作方式的方方面面。这其中任何细节都很重要，因为这是客户所关注的。所有的这一切就必须构建正确的服务理念，让员工一切活动以理念为指导，才能化零散的行为为整体。

5. 准确地进行服务品牌定位，完善服务体系和流程

服务品牌定位是企业设计、塑造与发展品牌的前提。真正以行为做动力的公司，最重要的活动之一就是客户服务，更准确地说就是顾客投诉。仔细分析错在哪里，迅速纠正错误和吸取教训不再重犯，可能是创造一个使服务品牌不断完善的环境的重要因素。顾客投诉，即客户服务，应该是任何服务公司中心的、态度鲜明的活动。营销人员应该积极一贯地监控客户服务，因为正是这个方面向人们展示公司运行情况如何。现在，大家都不愿意做这项工作，因为这一方面杂乱无章，令人不快，而且显然没有什么回报。你可能想不到，有些公司甚至懒得去理睬那些投诉。便宜的、令人不快的低成本、零服务的瑞安航空(Ryanair)公司就以忽视顾客投诉为荣。如果诚实，几乎所有的公司都会承认他们只是敷衍顾客。但是人人都知道，如果其投诉处理得当，顾客的评价可能会带来更多的回报。但大多数时候我们不够关心，也不为所动。这需要在公司从组织架构开始来一场变革。变革是自上而下的，公司最高层必须亲自督促，由合适的品牌管理者组成的小规模但强有力的小组具体引导，同时公司必须建立起一个面向客户的流程和体制来完成这个转型。

6. 科学运作服务品牌传播

服务品牌塑造离不开传播，但在服务品牌传播的过程中，仅凭"说"得好听还不行，

在实际中"做"得好才行。确切地说，服务品牌是实实在在地"做"出来的，因此服务人员才是最实效、最权威的传播大使。世界品牌实验室还认为，在服务品牌的传播方面，公关传播的作用恐怕要优于广告传播，因为服务品牌更需要口碑。对于口碑的形成，双向沟通(公关传播)比单向沟通(广告传播)更有效。因此，企业要把活动传播、事件传播、新闻传播、人际传播等工作做好。当然，这并不是否定广告对于服务品牌建设的作用，在打造服务品牌的过程中，形象广告、信息告知广告(如服务产品信息、服务活动信息)也必不可少。

7.3　网络品牌管理

7.3.1　网络品牌管理内涵

1. 网络品牌的概念

品牌是极有效率的推广手段，品牌形象具有极大的经济价值。根据美国网络对话以及国际商标协会的调查，在网络使用中，有 1/3 的使用者会因为网络上的品牌形象而改变其对原有品牌形象的印象，有 50%的网上购物者会受网络品牌的影响，进而在离线后也购买该品牌的产品。网络品牌差的企业，年销售量的损失平均为 22%。这说明，品牌是无形价值的保证形式，在网上购物品牌更为重要，网站成功的秘诀就在于创造一个响当当的网络品牌。

网络品牌是网络企业(网络企业是指在互联网上注册域名、建立网站、利用互联网进行多样化商务活动的企业，包括以互联网业务为主业的网站企业和传统概念企业转型而来的网络企业)通过网络表现其产品或服务的标志。网络品牌由品牌名称、品牌图案和品牌附属内容三部分构成。

网络品牌营销的内容相对传统品牌发生了明显的变化：传统的企业经营思维方式是"卖产品"，而在网络经济环境则是"卖诚信"。网络品牌经营是一种全新的商务模式，是交易双方和交易内容都不见面的虚拟经营。虽然企业传统品牌经营已十分重视信誉度，但是对于网络化的品牌来说，经营中的诚信对于保证受众选择自己的网站、选购自己的商品起着决定作用。网络经营更要求企业高度重视创立名牌，出售虚拟商务经营诚信。

2. 网络品牌的特点

(1) 品牌的国际化特点。网络经济的全球性决定，网络品牌从诞生就必须以全球范围内的竞争者作为对手，尽管他可能不需要全球范围内的消费者。互联网是一个全球性的市场，没有地理界限，比传统经济的贸易壁垒低很多，国外竞争者很容易进入国内市场。对消费者而言，全球性的互联网提供了更多的选择，除了语言文化的不同，消费者可以选择任何一个产品，不管这个产品是国外的还是本土的。

(2) 品牌的信息存储、输出性特点。网络品牌通过存储、输出信息，促进交易双方的沟通，形成供需纽带。同时通过信息服务宣传品牌产品，最终达到提升企业形象、使品牌利益人获得丰厚回报的目的。

(3) 品牌的虚拟特点。网络品牌基于虚拟的数字空间，企业的运营是在虚拟平台上进行的，企业的用户资料是以数字的形式保存在网络服务器上的，企业的产品是虚拟的产物，没有现实的实体，因此网络品牌具有不稳定性。

(4) 网络品牌的创新性。随着互联网技术更新换代速度的加快，网络品牌必须要适应这种高速的技术创新，即使不能作为新技术潮流的领导者，至少也要作为积极的使用者。除了技术的创新外，更多的是内容上的创新、理念上的创新。而且还要不断发掘最有价值的运营模式，开发最具有吸引力的服务内容。例如阿里巴巴率先发现网络在电子商务领域内的应用，如今它已经成为国际电子商务专家。在互联网上想要比别人更快地发现先机，就必须掌握最新的发展趋势，不断创新。

7.3.2　网络品牌管理要领

1. 品牌管理评估体系发生了改变

1) 统一化

国内品牌管理评估体系必须与国际接轨，有品牌就必须有标准，没有标准，国内的产品就无法出口。比如国内对劳工的管理很薄弱，经常安排加班，这种加班完成的产品，在美国是不要的，它认为这是不正当竞争。

2) 标准化

行业标准越来越高，中国很多企业都没有建立标准，虽然出口很多，但标准很粗糙，标准建设是亟须的。企业、行业、国家都在制定不同的标准，在标准辈出的商业时代，有标准才能进行品牌评估，是否被公众认可，还需要一定的过程。

3) 权威化

随着社会化程度的提高，行业的社会化程度也在提高，标准必须由权威性组织制定，如各行业的领导者，其企业标准的权威性甚至高于行业内的普遍标准，当然社会上也不断出现权威性的组织机构，比如消费者协会，它拥有自己的评估方法，也得到了消费者的普遍认可。

4) 信息化

中国人对信用的评估体系，过去是用人工表单，现在是网络。如中国人民银行，给每个公民都建立了诚信体系，任意一家企业的诚信状况，在各个行业都能查到，这对于评估企业的品牌起到了极大的作用。美国诚信体系也是经过银行来建立的，通过详实的数据库软件将信息共享。品牌管理评估体系的建设，也要像信用体系一样，通过标准化的程序逐步建立、完善。

2. 用户的体验经历对品牌建设影响的权重值已经越来越高

如今，商品品牌的建立将越来越取决于"商品体验"的本质。那么如何把握好品牌商业价值和消费者体验之间的平衡？这种平衡的临界点在哪里？

品牌商业价值和消费者体验之间的平衡，可以从企业给予消费者的让渡价值方面来考虑。让渡价值是企业的产品价值、服务价值、员工素质、企业形象与消费者体验过程中花费的货币成本、时间成本、精力成本、体力成本之间的比值，也就是企业的品牌经过消费者体验后的感受状态，是否接近于消费者使用前对品牌的期望值。如果这种感受状态达不到消费者使用前对品牌的期望值，那么这种平衡便会打折扣；如果这种感受状态等于或高于消费者使用前对品牌的期望值，便可以保持平衡，甚至提高消费者对企业品牌的忠诚度，消费者的体验经历对品牌建设影响的权重值也会越来越高。

这种平衡的临界点就是企业的品牌经过消费者体验后的感受状态与消费者使用前对品牌的期望值接近或吻合，这种临界点也是消费者对企业品牌体验的最重要元素。

3. 将传统与现代的传播方式有机的结合

网络的出现，改变了传统品牌传播的方式，企业在传播知识的时候，更多的是在传播文化，并通过网络这种方式保留下来。拥有品牌的公司，一定会建立自己的网站，一定可以在网上找到它的文化和品牌内涵，甚至成为大众学习、娱乐、模仿的对象。比如可口可乐、微软、沃尔玛、海尔等企业，品牌文化不再具有专有性，而是成为行业学习的对象，形成品牌的价值，这些都是一种品牌传播。

在互联网时代，企业运用传播手段建设品牌，必须将现代的传播和传统手段结合，既要针对目标人群精确传播、实现营销，又要"打巷战"，使企业要传播的信息落地。

当然，随着媒体的大量涌现，企业对媒体的控制力逐渐减弱，在品牌发布的过程中，消费者不参与或者参与少，我们认为这个现象只是暂时的，从营销管理上来说，营销本身就是一个社会沟通和管理的过程，企业与消费者的沟通也要遵循这一规律，消费者对新事物的认知包含"不了解、模糊、了解、认知、接近、接受、亲近、亲密、冲动、拥有、忠诚、跟随"等12个步骤，完成这些步骤，需要一定的时间，当消费者认识并习惯这种方式时，参与会越来越多，所以我们认为，企业唱"独角戏"只是暂时的，不可能长久。

【随堂思考】

在这个高度发展的信息时代，我们把握品牌管理要领时应注意什么？

【本章小结】

通过本章的学习，可掌握工业品品牌的内涵、工业品品牌管理的特点与要领，服务品牌的内涵、服务品牌管理的特点与要领，以及网络品牌的内涵、网络品牌管理的特点与要领。

【基础自测题】

一、名词解释

1. 工业品品牌
2. 工业品品牌管理
3. 服务品牌
4. 网络品牌

二、简答题

1. 简述工业品品牌管理要领。
2. 简述服务品牌管理要领。
3. 简述网络品牌管理要领。

【思考题】

当今企业网络品牌管理中应注意些什么？

【案例分析题】　福特公司的网络品牌营销

1. 挑战

福特汽车公司生产的 F-150 敞篷小型载货卡车 20 多年来一直是全美机动车销售冠军。在 2003 年末，福特公司采取新的广告策略，对其 F-150 敞篷小型载货卡车提出了一个新的概念。如同在同伴案例研究中所描述的，"新的 2004 年 F-150 网络广告拉动销售"商业活动在重大的广告活动中是史无前例的，这一关键事件被福特公司 CEO 威廉姆·福特誉为"福特历史上最重要的广告运作"。

在早期的商业活动中，福特就确信互联网能够成为一个重要的广告运作部分。借助这次商业活动，福特想将互联网度量尺度与整个商业活动尺度进行整合，以更好地了解互联网在支持品牌影响力和新产品销售与租赁上是多么有效。

2. 商业活动

该广告被用英语和西班牙语通过电视、广播、平面、户外广告及电子邮件等进行广泛的宣传。标准单元网络广告(平面、长方形、摩天楼)在与汽车相关的主要网站上出现。此次网络广告活动侧重主要门户网站有高到达率及访问率的页面，包括主页和邮件部分。"数字障碍"宣传是福特公司在底特律的代理商 J. Walter Thomopon 先生的创意。这些数字化障碍在一个月内两个重要日子分开出现。

该商业活动是福特 50 年来最大的一次，也是 2003—2004 年度中最大的一次广告活动。

3. 方法论

Marketing Evolution 公司对看到广告的电视观众和杂志读者及在网上看到广告的受众作了调研。通过在商业活动运行前、进行中和完成后对电视观众和杂志读者的调查(所谓的前后连续性跟踪研究)，来衡量看到广告的受众对品牌认知度的增长情况。网络受众方面，通过名为"体验设计"的一种调查方法来进行调查，向约 5% 浏览过福特广告的受众换为展示美国红十字会控制广告。网络受众也接受了商业活动中电视和杂志广告效果测试。

Marketing Evolution 将 Insight Express 作为数据收集合作伙伴，智威汤逊公司启用了 Double Click 公司管理互动广告活动并实现体验设计的露出、区隔与控制。网站上出现的高成本效益广告，将目标具体集中在市场内部有购车需求的受众。在网上对汽车购买者进行调查时，调研者发现，访问汽车和卡车网页与购买 F-150 间的一个逻辑关系：访问汽车网站的人更有可能购买。总体来说，约 10% 的卡车购买者访问了 MSN 网站。

4. 效果

电视产生了完全达到受众和购买欲冲击的最伟大层次，但是在成本效果上不如其他媒体。出现在与汽车有关的网页上的网络广告，被证实在提升购买欲方面是最有效的。在提升购买欲方面，入口处立放的广告和杂志上的广告比互动广告要贵，但与电视广告相比，它们在单位有效印象成本上有很大价值。

网上商业活动的到达率是惊人的。Com Score 的数据显示：在广告商业活动中，49.6% 的因特网用户看到了广告，39% 的人看到了门户网站的数字路障广告，8.5% 的人看到了汽车网站的广告，1.9%的用户看到了两种广告。

网络广告对销售量的提升有重大意义。整体而言，在调查的时限内，6%的车辆销售可以直接归功于网络广告(不包括点选广告)。点进跟踪销售对除6%以外的销售量提升有重大意义。

汽车网站上的标准单元广告比路障广告的转变率略高，但路障广告的到达率更高，对销售量增加有重大贡献。在市场上的网络广告和数字路障广告的组合是增加销售量的最佳方式。比发现互动广告对实质销售量(甚至不包括点选广告)的增加有重大意义这一新发现更重要的发现是，网络广告的投资收益率是其他非网络媒体的两倍以上。

这个调查跟踪了访问 MSN 网站上汽车与卡车网页的用户，将他们的购买习惯与没有浏览过这些网页的人们做了比较(显示出浏览与购买行为之间的相关性，但不是直接原因)。浏览过网页的人购买 F-150 的可能性大概是没有浏览过网页的人的两倍。

调研人员同样跟踪了数十个搜索网站上的许多相关搜索词的运用。在研究时期，这个搜索术语在所有互联网用户的到达率是 0.6%，但那些输入跟踪搜索单词的人占所有购买汽车用户的3%。其购买 F-150 的可能性，比不使用搜索功能的因特网用户的 4 倍还多。

5. 引示

电子路障广告既相对合算，又产生重要的每天到达率。这些在汽车相关的汽车频道。Marketing Evolution 公司的推测是：他们在互联网上标注了许多其他汽车网站的汽车页面，发现大多数购买者在购买前会先在网上进行调查。同时，线上搜索似乎是最后的选择，并与任何分析的网络元素的销售都有很强的关联性。它的到达率很低，然而被认为是对网络广告和非网络广告的重要补充，但其自身并不是基于到达率的广告的代替品。

思考：福特公司的网络品牌宣传是如何开展的？你认为它的网络品牌管理效果如何？

(资料来源：http://wenku.baidu.com/view/4f639c0bde80d4d8d15a4f39.html)

【 技能训练设计 】

1. 每组独立搜集相关品牌管理的案例资料。

2. 分析该品牌属于生产、服务或网络品牌中的哪一类。

3. 任务要求：了解不同品牌管理过程中的差异性。

4. 活动组织：将班级成员分成若干小组，通过合理分工、小组讨论，形成意见，并由小组安排一人发言。

品牌管理模拟训练题

一、选择题(含单选与多选，每题 1 分，共 10 分)

1. 品牌资产包括(　　)。

A. 品牌认知　　　　　B. 品牌形象　　　C. 品牌联想

D. 品牌忠诚度　　　　E. 其他专利资产

2. 逢年过节时很多人选择"送礼只送脑白金"，这是品牌定位策略中的一种(　　)策略。

A. 概念定位　　　　　B. 档次定位　　　　C. 生活理念定位　　　D. 质量/价格定位

3. 品牌定位中为品牌定位赋予人性化特征的是(　　)。

A. 选位　　　　　　　B. 提位　　　　　　C. 到位　　　　　　　D. 调位

4. 下列不属于广告传播方式的有(　　)。

A. 电视　　　　　　　B. 广播　　　　　　C. 杂志　　　　　　　D. 电视购物

5. 以下不属于品牌形象识别系统理念的是(　　)。

A. 视觉识别　　　　　B. 听觉识别　　　　C. 行为识别　　　　　D. 理念识别

6. 品牌认知的特性有(　　)。

A. 差异性　　　　　　B. 相关性　　　　　C. 尊重度　　　　　　D. 认知度。

7. 认为品牌价值来源于品牌的资产价值，即给企业带来超出无品牌产品销售的溢价收益，它的变化将直接增加或减少公司的货币价值，这是从(　　)阐述品牌价值的来源。

A. 财务角度　　　　　B. 营销角度　　　　C. 经济学的角度　　　D. 利润角度

8. 最先提出品牌概念的是(　　)。

A. 大卫·奥格威　　　B. 舒尔茨　　　　　C. 特劳特　　　　　　D. 尼尔·鲍顿

9. 品牌形象识别系统包括理念识别(MI)、行为识别(BI)和(　　)。

A. 视觉识别　　　　　　　　　　　　　B. 价值识别

C. 产品识别　　　　　　　　　　　　　D. 服务识别

10. 品牌传播四大法宝包含销售促进、公共关系、人员推销和(　　)。

A. 广告　　　　　　　B. 广告曲　　　　　C. 广告语　　　　　　D. 媒体宣传

二、名词解释题(每题 5 分，共 25 分)

1. 品牌

2. 品牌战略

3. 品牌定位

4. 品牌资产

5. 品牌延伸

三、简答题(每题 6 分，共 30 分)

1. 品牌传播推广的工具有哪些？
2. 品牌构成的显性因素有哪些？
3. 企业的常规品牌维系包括哪些？
4. 品牌危机的特征有哪些？
5. 简述品牌形象设计的原则。

四、论述题(每小题 10 分，共 20 分)

1. 结合实际谈谈选择传播工具时要受哪些因素的影响。
2. 在 20 种品牌定位策略中选择一种，结合实际谈谈你的理解。

五、案例分析题(每小题 5 分，共 15 分)

几十年来，百威一直是世界啤酒业的霸主，而且远远领先于第二名。百威的辉煌除了因为它确实是品质一流的啤酒外，独具匠心的品牌定位策略更为其立下了汗马功劳。百威深知，在啤酒业中，"得年轻人者得天下"。所以，当它进入日本市场时，就把目光对准了有极强消费欲的日本青年。日本经济高速发展，日本居民的消费水平名列世界前茅，尤其是年轻人的经济实力和购买潜力绝不容任何一个明智的商家忽视。百威随后的广告策略中，就充分体现了对年轻人的青睐。

百威把自己的主要目标对象定位在 25～35 岁的男性，这与它原有的形象"清淡的"、"年轻人的"十分吻合。在当时的日本，百威虽然赫赫有名，但年轻人喝得更多的是国产啤酒。百威接下来的工作是如何让这些年轻人认可并尝试百威啤酒。

百威对目标人群做了详细的调查，发现日本的男青年在一天工作后，晚间喜欢与朋友一起在外喝酒娱乐，群体性消费的特点很突出，而相对来说，看电视的时间要少得多，电视广告对他们的影响十分有限。于是，百威选择了大众杂志作为突破口。日本的各个行业和社会事业一般都有自己的杂志，每一种杂志周围都聚集了一群固定的年轻读者。百威在这些杂志上刊登颇具震撼力的广告，同时以特别精印的激情海报加强宣传攻势。广告的诉求重心是极力强化品牌的知名度，以突出美国最佳啤酒的高品质形象。在文案的背景图画创意中，将百威啤酒融于美洲或美国的气氛中，如广阔的大地、汹涌的海洋或无垠的荒漠，使读者面对奇特的视觉效果，产生一种深深的震撼感，给受众留下难忘的印象。

很快，百威便打进了日本年轻人的文化阵地，使之成为一种时尚消费和身份地位的象征。在杂志上获得成功之后，百威接着向海报、报纸和促销活动进军，几年后才开始启用电视广告促销。现在，日本年轻人早已把百威啤酒当作自己生活的一部分。他们从过去的追逐时尚转为超前领先，他们形成了这样一种意识，百威是年轻人的，是这个"圈子"的一部分。

问题：

1. 百威在日本细分市场是按什么标准来细分的？它选择这个目标市场的理由是什么？
2. 百威塑造的个性化特征是什么？
3. 百威在日本市场采取的主要分销渠道是什么？联系案例，谈谈这样选择的理由。

参 考 文 献

[1]　孙丽辉，李生校. 品牌管理. 北京：高等教育出版社，2015.

[2]　王伟芳. 品牌管理. 大连：大连理工大学出版社，2014.

[3]　余明阳，刘春章. 品牌危机管理. 武汉：武汉大学出版社，2008.

[4]　樊传果. 品牌学. 郑州：河南大学出版社，2010.

[5]　余明阳. 品牌学. 合肥：安徽人民出版社，2002.

[6]　胡梅，梁儒谦. 产品与品牌管理. 北京：中国农业大学出版社，2008.

[7]　赵越. 企业品牌危机管理研究. 北京：北京工商大学学报，2007.

[8]　王振源，陈晞，王燕榕. 品牌危机周期中的网络舆论角色互动. 当代传播，2012(1)：77-79.

[9]　梁东，连漪. 品牌管理. 北京：高等教育出版社，2011.

[10]　郭国庆. 品牌管理. 大连：大连理工出版社，2014.

[11]　杨芳平. 品牌学概论. 上海：上海交通大学出版社，2009.

[12]　符国群. 消费者对品牌延伸的评价. 中国管理科学，2001(3).

[13]　符国群. 品牌延伸研究：回顾与展望. 中国软科学，2003.

[14]　陈勇星. 品牌延伸的适度原则. 商业时代，2003(15).

[15]　范秀成，高琳. 基于品牌识别的品牌延伸. 天津大学学报，2002(12).

[16]　符国群. 品牌延伸策略研究. 武汉大学学报(哲学社会科学版)，1995.

[17]　江智强. 论品牌延伸成功的基础、条件、关键和保障. 商业研究，2002(12).

[18]　江智强，郭伟. 论品牌成功延伸的基本心理规律. 商业研究，2003(24).

[19]　阿克. 品牌组合战略. 雷丽华，译. 北京：中国劳动出版社，2005.

[20]　余鑫炎. 品牌战略与决策. 大连：东北财经大学出版社，2001.

[21]　舒庆红. 中国品牌经济. 北京：中国财政经济出版社，2000.

[22]　(美)萨姆·希尔(Sam Hill)，(美)克里斯·莱德勒(Chris Lederer). 品牌资产. 白长虹，等译. 北京：机械工业出版社，2004. 03.

[23]　樊传果. 品牌学. 郑州：河南大学出版社，2010.

[24]　张明立，冯宁. 品牌管理. 北京：北京交通大学出版社，2010.

[25]　许铁吉，蔡学平，王云刚. 品牌学概要. 长沙：中南大学出版社，2009.

[26]　余明阳，杨芳平. 品牌学教程. 2版. 上海：复旦大学出版社，2009.

[27]　杨海军，袁建. 品牌学案例教程. 上海：复旦大学出版社，2009.

[28]　余明阳，姜炜. 品牌管理学. 上海：复旦大学出版社，2006.

[29]　(英)马特·黑格著. 品牌失败经典100例. 战凤梅，译. 北京：机械工业出版社，2004.

[30]　(美)艾·里斯，杰克·特劳特. 定位：有史以来对美国营销影响最大的观念. 谢伟山，苑爱冬，译. 北京：机械工业出版社，2013.

[31]　白光. 品牌经营的故事：中外经典品牌故事丛书. 北京：中国经济出版社，2005.

[32]　http://www.chengmei-trout.com/case_detail.aspx?id=85：红罐王老吉品牌定位战略制定过程详解.

[33] http://www.chinadmd.com/file/oe3c6x63ezztv6tsawoapora_1-11.html：品牌定位原则与策略及其关系.

[34] http://wenku.baidu.com：十大汽车品牌定位.

[35] http://www.chebiaow.com/car/shijiemingche/.

[36] 品牌专业期刊：中国品牌，香港：中国现代经济出版社和(香港)中外名牌产品市场推广中心.

[37] 余明阳，杨芳平. 品牌学教程. 上海：复旦大学出版社，2005.

[38] 中国名牌产品监测网：www.chinamp-jc.org.

[39] 全球品牌网 www.globrand.com.

[40] 世界品牌实验室网站，http://www.worldbrandlab.com/.

[41] 李明合. 品牌传播创新与经典案例评析. 北京：北京大学出版社，2011.

[42] 余明阳，朱纪达，肖俊崧. 品牌传播学. 上海：上海交通大学出版社，2005.

[43] http://brand.icxo.com/htmlnews/2005/10/09/682374_2.htm.：品牌策略与品牌传播. 世界品牌实验室，2005-10-09.

[44] 品牌专业期刊. 中国品牌. 香港：中国现代经济出版社和(香港)中外名牌产品市场推广中心.

[45] 余明阳，杨芳平. 品牌学教程. 上海：复旦大学出版社，2005.

[46] 中国名牌产品监测网：www.chinamp-jc.org.

[47] 全球品牌网 www.globrand.com.

[48] 世界品牌实验室网站，http://www.worldbrandlab.com/.

[49] 张明立. 品牌管理. 北京：清华大学出版社.